高等教育应用型本科教材

电路分析基础

李　婧　张　健　保慧琴　主编

西北工業大學出版社

西　安

【内容简介】 本书是根据教育部颁布的高等工业学校“电路分析基础课程教学基本要求”编写的。全书内容共 13 章：电路基本概念与定律，电阻电路等效变换，电路分析基本方法，电路定理，正弦电流电路，耦合电感与理想变压器电路，非正弦周期电流电路，三相电路，网络图论与网络方程，含运算放大器电路，二端口网络，动态电路时域分析和非线性电阻电路。

本书可作为本科院校电子、通信、自动化、信息控制、计算机、信号检测、电力等专业的教材，也可供高职高专院校选择部分章节内容作为教材使用。

图书在版编目(CIP)数据

电路分析基础 / 李婧，张健，保慧琴主编. — 西安：西北工业大学出版社，2022.9

ISBN 978-7-5612-8306-6

Ⅰ. ①电… Ⅱ. ①李… ②张… ③保… Ⅲ. ①电路分析-高等学校-教材 Ⅳ. ①TM133

中国版本图书馆 CIP 数据核字(2022)第 146944 号

DIANLU FENXI JICHU

电 路 分 析 基 础

李婧　张健　保慧琴　主编

责任编辑：付高明　杨丽云　　**策划编辑：**孙显章
责任校对：李阿盟　　**装帧设计：**李　飞
出版发行：西北工业大学出版社
通信地址：西安市友谊西路 127 号　　邮编：710072
电　　话：(029)88491757，88493844
网　　址：www.nwpup.com
印 刷 者：陕西奇彩印务有限责任公司
开　　本：787 mm×1 092 mm　1/16
印　　张：25.5
字　　数：669 千字
版　　次：2022 年 9 月第 1 版　2022 年 9 月第 1 次印刷
书　　号：ISBN 978-7-5612-8306-6
定　　价：88.00 元

前　言

电路分析基础是电子、通信、自动化、计算机等专业的一门重要技术基础课，主要研究电路分析理论的基本概念、基本定律、基本定理与基本方法及其在工程实践中的应用。通过该课程的讲授，培养学生科学思维能力、分析计算能力和理论联系实际的工程思维。

本书在编写的过程中，在注重基础的同时，吸收了很多新教材的新思想，力求体现内容丰富、重点突出、适应性强等特点。本书可满足"应用型本科学生"的培养目标。

全书内容共13章：电路基本概念与定律，电阻电路等效变换，电路分析基本方法，电路定理，正弦电流电路，耦合电感与理想变压器电路，非正弦周期电流电路，三相电路，网络图论与网络方程，含运算放大器电路，二端口网络，动态电路时域分析，非线性电阻电路。内容体系为先静态电路，后动态电路；先恒定电流电路，后正弦电流电路；先正弦电路，后非正弦电路；先稳态电路，后瞬态电路；先线性电路，后非线性电路。书中配有精选典型例题和习题，使学生课后能通过做习题掌握所学基本概念、基本理论、基本方法及实际应用。

本书始终贯穿了现代电路理论的观点和方法，对电路元件以物理原型为基础，但最终升华到严格从数学模型上进行定义；引用拓扑学的成果，把电路视作特定拓扑结构的支路集与节点集；把 KCL，KVL 严谨地建立在电荷守恒、磁链守恒、能量守恒、电路参数集中化假设的基础上；把电路参数定为四个基本变量（电流、电压、电荷、磁链）和两个复合变量（功率和能量）；把电路的基本规律分成三个组成部分——电路元件的规律性，电路的拓扑（互联）规律性，电信号的规律性；加强了端口等效、端口特性、端口线性的概念；将全响应分解为三种方式——零输入响应与零状态响应，自由响应与强迫响应，瞬态响应与稳态响应；把运算放大器作为多端元件引入电路分析中，把图论作为数学基础来列写矩阵形式的电路方程；等等。

本书适合作为高等工科院校有关专业"电路分析基础"课程的教材。本科院校使用时，可全部讲授，或视学时多少和学生实际，筛选一些章或节讲授，如书中带 * 的内容；对于高职高专院校，建议只讲授第1～8章和第12章，同时习题练习也相应减少。同时，本书也为西安明德理工学院的规划教材。

本书的编写与出版，得到了西安明德理工学院和西北工业大学出版社的支持与帮助，得到了通信工程专业团队所有老师的宝贵建议与意见，编者谨致诚挚的谢意。

虽然本书在主观上力求严谨、细致，但由于编者水平有限，书中难免会有疏漏与不足之处，恳请广大读者予以批评指正。

编　者

2022年4月

目　　录

第1章　电路基本概念与定律

内容提要

本章讲述电路的基本概念与定律，包括电路与电路模型，电路的基本物理量，电功率与电能量，电阻元件与欧姆定律，电感元件，电容元件，理想电源，受控电源，基尔霍夫定律，电子习惯电路等。本章内容是电路理论的基本概念与基础。

1.1　电路与电路模型

一、电路的定义①

电流流通的路径称为电路。

二、电路的功能

电路的功能有两个：

(1)实现电能的产生、传输、分配和转化。例如高电压、大电流的电力电路等。

(2)实现电信号的产生、传输、变换和处理。例如低电压、小电流的电子电路及计算机电路、控制电路等。

在电路的两个功能中，前者矛盾的主要方面是“电功率”和“电能”；后者矛盾的主要方面是“电信号”，即电压信号或者电流信号。

三、实际电路

为了实现电路的功能，人们将所需的实际电器元件或设备，按一定的方式连接而构成的电路称为实际电路，图1.1.1(a)所示即为最简单的实际手电筒电路。它是由4个部分组成的：干电池(作为电源)、导线(作为传输线)、开关S(起控制作用)、灯泡(作为用电器，也称负载)。

四、电路模型

把实际的电路加以科学抽象和理想化以后而得到的电路，称为理想化电路，也称电路模型。

实际的电器元件和设备的种类是很多的，如各种电源、电阻器、电感器、电容器、变压器、晶

① 电路的严格定义，见1.9节中的叙述。

体管、固体组件等等,它们中发生的物理现象是很复杂的。因此,为了便于对实际电路进行分析和数学描述,进一步研究电路的特性和功能,就必须进行科学的抽象,用一些模型来代替实际电器元件和设备的外部特性和功能,这种模型即称为电路模型,构成电路模型的元件称为模型元件,也称理想电路元件。理想电路元件只是实际电器元件和设备在一定条件下的理想化模型,它能反映实际电器元件和设备在一定条件下的主要电磁性能,并用规定的模型元件符号来表示。例如:电阻元件表征实际电路中消耗电能的性质;电感元件表征实际电路中产生磁场、储存磁能的性质;电容元件表征实际电路中产生电场、储存电能的性质;电源元件反映实际电路中将其他形式的能量转化成电能的性质。图 1.1.1(a) 所示的实际手电筒电路,即可用图 1.1.1(b) 所示的电路模型来代替。其中电压 U_S 和电阻 R_S 的串联组合即为干电池的模型,电阻 R_l 为导线的模型,电阻 R_L 为电灯的模型。

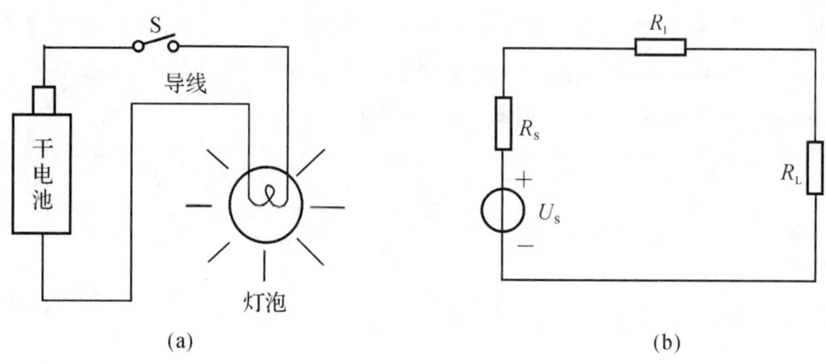

图 1.1.1　实际手电筒电路及其电路模型

以理想电路元件及其组合作为电路理论的研究对象,即形成了电路模型理论。今后我们研究的电路均为模型电路。

五、电路图

将电路模型画在平面上而形成的图称为电路图。电路图只反映各理想电路元件的作用及其相互连接方式,并不反映实际设备的内部结构、几何形状及相互位置。

1.2　电路的基本物理量

电路的基本物理量有电流、电位、电压。

一、电流

(1) 定义:电荷(包括正电荷与负电荷)的定向移动即形成电流。

(2) 电流的大小,即电流强度。单位时间内通过导体横截面的电量称为电流强度,即

$$i(t)=\frac{\mathrm{d}q(t)}{\mathrm{d}t}$$

式中:$\mathrm{d}q(t)$ 为 $\mathrm{d}t$ 时间内通过导体横截面的电量;$i(t)$ 为电流强度。电流强度 $i(t)$ 的国际单位是安[培](A),1A(安[培]) $=1\frac{\text{C(库[仑])}}{\text{s(秒)}}$;另外还有千安(kA),毫安(mA),微安(μA)。1 kA =

10^3 A,1 mA = 10^{-3} A,1 μA = 10^{-6} A。

电流是电路中的一种物理现象,电流强度 $i(t)$ 是描述电流大小的物理量,不可把电流与电流强度混淆。但在实用中为了表述的简便,人们往往把电流强度 $i(t)$ 简称为"电流",因此,在本书中谈到"电流",大多指的就是电流强度 $i(t)$,但有时也兼有双重意义。

当 $i(t)$ 随时间变量 t 变化时,称为变化电流,用 $i(t)$ 表示,也直接把 $i(t)$ 写成小写字母 i,即 i 指的就是 $i(t)$。当 $i(t)$ 不随时间 t 变化时,称为恒定电流,用大写字母 I 表示,此时 $i(t)=I$。

(3) 电流的实际方向。人们已取得共识与认同,规定正电荷定向移动的方向为电流的实际方向(或者负电荷定向移动的反方向为电流的实际方向)。

(4) 电流的参考正方向,简称参考方向。电路中电流的实际方向,在人们对电路未进行分析计算之前是不知道的,因此为了对电路进行分析计算和列写电路方程,就需要对电流设定一个参考正方向,简称参考方向,如图 1.2.1 所示电路中电流 $i(t)$ 的方向就是参考方向(不一定就是电流 i 的实际方向)。若所求得的 $i(t)>0$,就说明电流 $i(t)$ 的实际方向与参考方向一致;若所求得的 $i(t)<0$,就说明 $i(t)$ 的实际方向与参考方向相反。可见,电流 $i(t)$ 是一个标量。

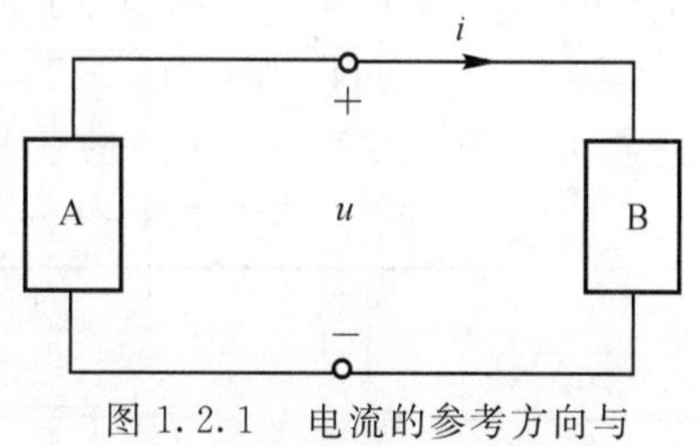

图 1.2.1　电流的参考方向与电压的参考极性

电路中电流的参考方向是任意规定的。电路图中电流 $i(t)$ 的方向恒为参考方向。

二、电位

电场力把单位正电荷从电场中的 a 点沿任意路径移动到无穷远处(此处的电场强度为零)电场力所做的功,称为电场中 a 点的电位,用 φ_a 表示,国际单位为伏[特](V),1V(伏[特]) = $1\,\dfrac{\text{J(焦[尔])}}{\text{C(库[仑])}}$。电位 φ_a 为标量,φ_a 可为正($\varphi_a>0$),可为负($\varphi_a<0$),可为零($\varphi_a=0$)。

三、电压

(1) 定义:电场中 a,b 两点之间的电位之差,称为 a,b 两点之间的电压,用 u_{ab} 表示,国际单位为伏[特](V),即

$$u_{ab}=\varphi_a-\varphi_b$$

若 $u_{ab}>0$,则 a 点的实际电位 φ_a 就高于 b 点的实际电位 φ_b,即 $\varphi_a>\varphi_b$;若 $u_{ab}<0$,则 a 点的实际电位 φ_a 就低于 b 点的实际电位 φ_b,即 $\varphi_a<\varphi_b$;若 $u_{ab}=0$,则 a,b 两点的实际电位相等,即 $\varphi_a=\varphi_b$。可见,电压 u_{ab} 是标量。

同理 $u_{ba}=\varphi_b-\varphi_a$,且 $u_{ab}=-u_{ba}$,即表示 u_{ab} 与 u_{ba} 互为相反数。

为避免数值的过大或过小,有时用加词头的单位表示电压值:千伏(kV),毫伏(mV),微伏(μV)。1 kV = 10^3 V,1 mV = 10^{-3} V,1 μV = 10^{-6} V。

(2) 电压的实际"+""−"极性。人们已取得共识与认同,把实际电位高的点标以"+"极,把实际电位低的点标以"−"极。

(3) 电压的参考"+""−"极性,简称电压的参考极性。电路中电压的实际"+""−"极性,在人们对电路未进行分析计算之前是未知的,因此,为了对电路进行分析计算和列写电路方程,

就需要对电压设定一个参考"+""−"极性。图1.2.1所示电路中电压u的"+""−"极就是参考极性(不一定就是电压u的实际"+""−"极性)。若所求得的a,b两点间电压$u_{ab}>0$,就说明a点的实际电位φ_a高于b点的实际电位φ_b;若$u_{ab}<0$,就说明a点的实际电位φ_a低于b点的实际电位φ_b;若$u_{ab}=0$,就说明a,b两点的实际电位相等。

电压的参考极性是任意设定的。电路图中的"+""−"极性恒为电压的参考极性。

四、电流与电压的关联参考方向

对一个确定的电路元件而言,若电流i的参考方向是从电压u参考极性的"+"极流向"−"极,则称电流i与电压u为关联参考方向,简称关联方向,否则即为非关联方向。如图1.2.1所示电路:对元件A而言,则u与i为非关联方向;对元件B而言,则u与i为关联方向。

现将电流的参考方向与电压的参考极性汇总于表1.2.1中,以便复习和记忆。

表1.2.1 电流的参考方向与电压的参考极性

名　称	电路元件	说　明
电流参考方向	 ○—i→—[元　件]—○	电流的参考方向可任意设定
电压参考极性	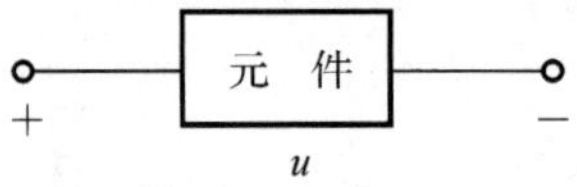 ○(+)—[元　件]—○(−)，u	电压的参考极性可任意设定
u与i为关联方向	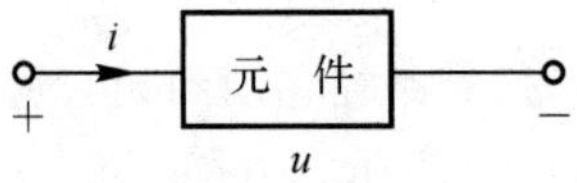 ○(+)—i→—[元　件]—○(−)，u	电流i从"+"流向"−"
u与i为非关联方向	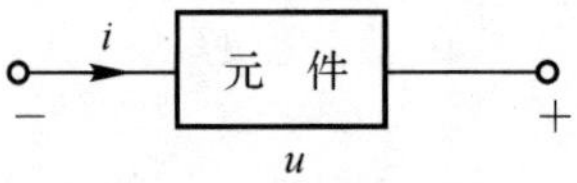 ○(−)—i→—[元　件]—○(+)，u	电流i从"−"流向"+"
"不言而喻"的意义	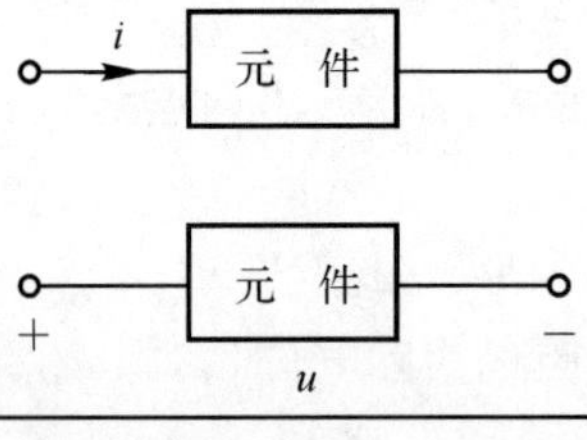 ○—i→—[元　件]—○ ○(+)—[元　件]—○(−)，u	"不言而喻",u与i为关联方向

注:"不言而喻"的意义见1.4节中的叙述。

1.3　电功率与电能量

一、电功率

电场力在单位时间内所做的功,称为电功率,即

$$p(t)=\frac{\mathrm{d}W(t)}{\mathrm{d}t}$$

式中：$\mathrm{d}W(t)$ 为 $\mathrm{d}t$ 时间内电场力所做的功；$p(t)$ 为电功率。电功率也简称功率，电功率 $p(t)$ 是描述电场力做功快慢的物理量。

电功率 $p(t)$ 的国际单位是瓦[特](W)，$1\ \mathrm{W}=1\ \dfrac{\mathrm{J}(\text{焦[尔]})}{\mathrm{s}(\text{秒})}$；兆瓦(MW)，千瓦(kW)，毫瓦(mW)，微瓦(μW)也可表示电功率。$1\ \mathrm{MW}=10^6\ \mathrm{W}$，$1\ \mathrm{kW}=10^3\ \mathrm{W}$，$1\ \mathrm{mW}=10^{-3}\ \mathrm{W}$，$1\ \mu\mathrm{W}=10^{-6}\ \mathrm{W}$。

为了简便，以后把 $p(t)$ 简写为 p。

二、电功与电能量

电场力在时间区间 $t\in[0,t]$ 内所做的功，称为电功，也称电能量，用 $W(t)$ 或 W 表示，其计算公式为

$$W(t)=W=\int_0^t p(\tau)\mathrm{d}\tau$$

式中，$p(\tau)$ 为电功率。电功(电能量)的国际单位为焦[尔](J)，另一个单位为千瓦时(kW·h)(旧称度)，$1\ \mathrm{kW}\cdot\mathrm{h}=3.6\times10^6\ \mathrm{J}$。

三、电路元件的功率

描述电路元件的功率可以有两种定义："吸收的功率"与"发出的功率"。对同一个电路元件而言，"吸收的功率"与"发出的功率"互为相反数，即 $P_{吸}=-P_{发}$ 或 $P_{发}=-P_{吸}$。

如图1.3.1(a)所示的电路中，若电压 u 与电流 i 为关联方向，用"吸收功率"描述，则电路元件吸收的功率为

$$P_{吸}=ui$$

当 $P_{吸}>0$ 时，说明电路元件实际是吸收功率；当 $P_{吸}<0$ 时，说明电路元件实际是发出功率。

若用"发出功率"描述，则图1.3.1(a)电路元件发出的功率为

$$P_{发}=-ui$$

当 $P_{发}<0$ 时，说明电路元件实际是吸收功率；当 $P_{发}>0$ 时，说明电路元件实际是发出功率。

从上述结果可知 $P_{吸}=-P_{发}$ 或 $P_{发}=-P_{吸}$，即对同一个电路元件而言，$P_{吸}$ 与 $P_{发}$ 互为相反数，即不论用哪一种"功率定义"描述，所得结果都是相同且正确的。

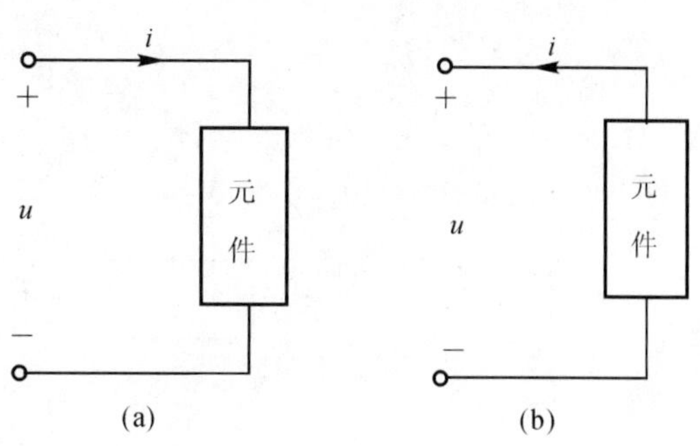

图1.3.1　电路元件的功率

如果电压 u 与电流 i 为非关联方向，如图1.3.1(b)所示，用"吸收功率"的定义描述，则电路元件吸收的功率为

$$P_{吸}=-ui$$

当 $P_{吸}>0$ 时，说明电路元件实际是吸收功率；当 $P_{吸}<0$ 时，说明电路元件实际是发出功率。

若用“发出功率”的定义描述，则图 1.3.1(b) 所示电路元件发出的功率为

$$P_{发}=ui$$

当 $P_{发}<0$ 时，说明电路元件实际是吸收功率；当 $P_{发}>0$ 时，说明电路元件实际是发出功率。

从上述结果同样可知 $P_{吸}=-P_{发}$ 或 $P_{发}=-P_{吸}$，即对同一个电路元件而言，$P_{吸}$ 与 $P_{发}$ 互为相反数，即不论用哪一种“功率定义”描述，所得结果都是相同且正确的。

因为电压 u 与电流 i 都是标量，故电功率 $P=ui$ 或 $P=-ui$ 也是标量。

现将电路元件功率的计算公式汇总于表 1.3.1 中，以便查用和复习。

表 1.3.1　电路元件功率的计算公式

参考方向	电　路	吸收的功率	发出的功率
关联方向	＋ i→ 元　件 －；u	$P_{吸}=ui$	$P_{发}=-ui$
非关联方向	＋ 元　件 ←i －；u	$P_{吸}=-ui$	$P_{发}=ui$

例 1.3.1　如图 1.3.1(a) 所示，已知 $u=10$ V，$i=-2$A；如图 1.3.1(b) 所示，已知 $u=-10$V，$i=2$A。试判断电路元件实际是吸收功率还是发出功率。

解　不论是用“发出功率”的定义，还是用“吸收功率”的定义求解，都会得到正确的解答。对于图 1.3.1(a)，用“发出功率”的定义求解。因为 u 与 i 为关联方向，故该电路元件发出的功率为

$$P_{发}=-ui=-10\times(-2)\ \text{W}=20\ \text{W}$$

因为 $P_{发}=20\ \text{W}>0$，故该电路元件实际是发出功率。

对于图 1.3.1(b)，用“吸收功率”的定义求解。因为 u 与 i 为非关联方向，故该电路元件吸收的功率为

$$P_{吸}=-ui=-(-10)\times 2\ \text{W}=20\ \text{W}$$

因为 $P_{吸}=20\ \text{W}>0$，故该电路元件实际是吸收功率。

四、思考与练习

1.3.1　图 1.3.2 所示电路，试求图 1.3.2(a) 电路元件 A 吸收的功率和图 1.3.2(b) 电路元件 B 发出的功率。(答：0.5 W；0.5 W)

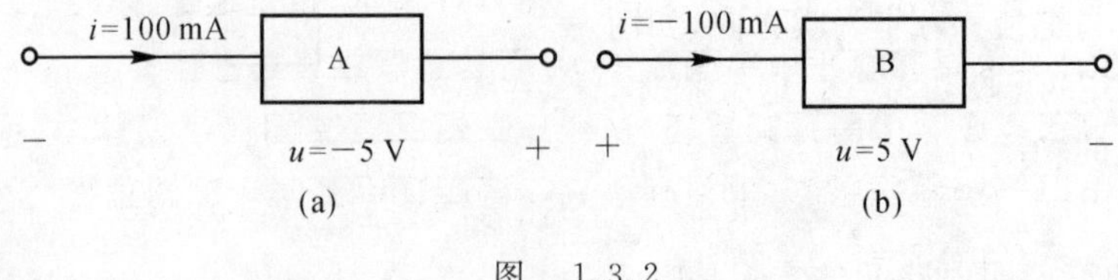

图　1.3.2

1.3.2　图 1.3.3 所示电路，已知 $u=10$ V，$i=-2$ A，试求元件 A 发出的功率和元件 B 吸收的功率，并说明这两个功率之间的关系。(答：－20 W，－20 W，相等)

1.3.3　图1.3.4所示电路，已知$u_1=2$ V，$u_2=-4$ V，$u_3=6$ V，$i=2$ A。试判断A，B，C 3个元件哪个实际是发出功率的，哪个实际是吸收功率的。（答：吸，吸，发）

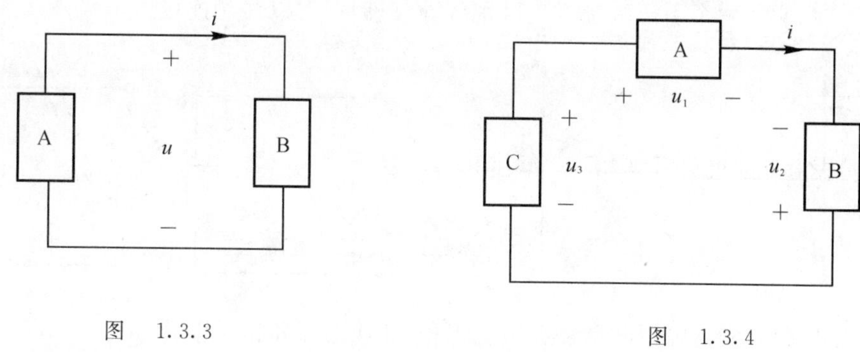

图　1.3.3　　　　　　图　1.3.4

1.4　电阻元件与欧姆定律

一、定义

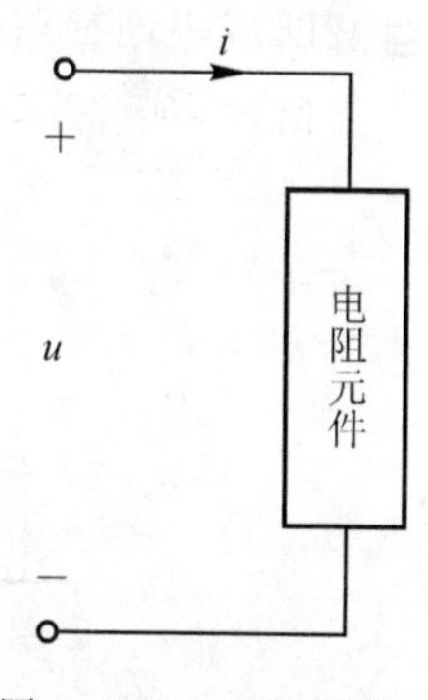

图1.4.1　电阻元件

实际的电阻器以及电灯、电炉、电烙铁等家用电器，在实际使用时，若不考虑它们的电场效应和磁场效应，而只考虑其热效应，即可将它们视为理想电阻元件，简称电阻元件。可见，电阻元件就是实际电阻器的电路模型，它向外有两个引出端，因此电阻元件是二端电路元件，简称二端元件，如图1.4.1所示。

从数学上，将电阻元件定义为：一个二端电路元件，若在任意时刻t，其端电压u与其中电流i之间的关系，可用u-i（或i-u）平面上过坐标原点的曲线确定，即称此二端元件为电阻元件。

二、线性电阻元件

设电阻元件两端的电压u与其中的电流i为关联方向，如图1.4.1所示。若电阻元件的电压u与电流i的关系曲线（称为伏安关系曲线），为通过u-i（或i-u）平面上坐标原点的直线，如图1.4.2(a)(b)所示，则称此电阻元件为线性电阻元件，简称线性电阻。线性电阻元件有如下性质。

（1）直线的斜率为电阻元件的电阻值R，即

$$\tan\alpha=\frac{u}{i}=R=\text{定值}$$

可见，直线的斜率$\tan\alpha$即为电阻元件的电阻值R，这样就可用一个电阻R来作为电阻元件的电路模型，如图1.4.2(c)所示。电阻R的单位为欧[姆]（Ω）。当α为锐角时[见图1.4.2(a)]，$\tan\alpha=R>0$，电阻为正电阻，正电阻为消耗电能的元件。当α为钝角时[见图1.4.2(b)]，$\tan\alpha=R<0$，电阻为负电阻，负电阻为产生电能的元件。

电阻R的倒数G称为电导，即

$$G=\frac{1}{R}$$

电导 G 的单位为西[门子](S)。

(2) $u-i$ 关系曲线关于坐标原点对称，这说明线性电阻元件具有双向性。因此在使用线性电阻元件时，它的两个引出端是没有区别的，在电路中可以任意连接。

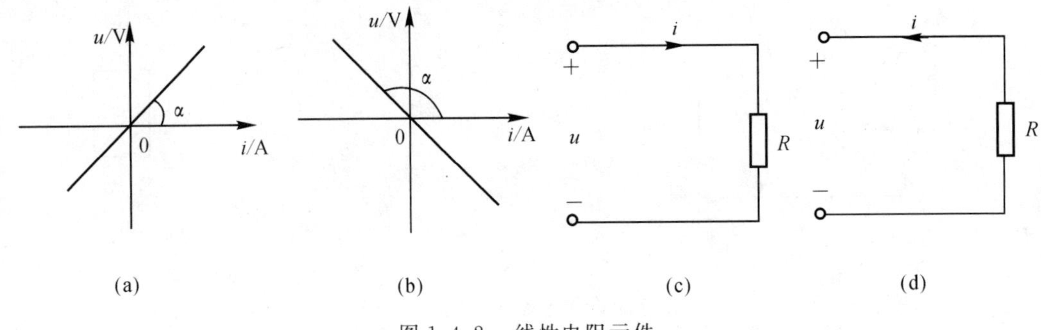

图 1.4.2　线性电阻元件

(3) 线性电阻元件的伏安关系遵循欧姆定律。对于图 1.4.2(c)(u 与 i 为关联方向)，欧姆定律为

$$u=Ri$$

或

$$i=\frac{1}{R}u=Gu$$

但若对于图 1.4.2(d)(u 与 i 为非关联方向)，则欧姆定律为

$$u=-Ri$$

或

$$i=-\frac{1}{R}u=-Gu$$

可见，欧姆定律方程中等号右端是取"+"号还是取"−"号，与电压 u 的参考极性和电流 i 的参考方向密切相关。当 u 与 i 为关联方向时，等号右端取"+"号；当 u 与 i 为非关联方向时，等号右端取"−"号。

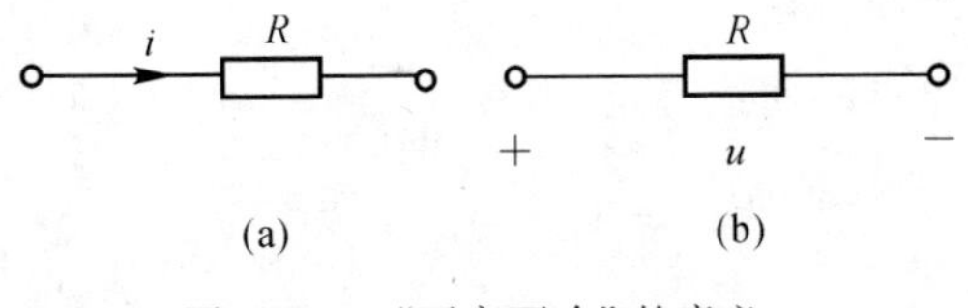

图 1.4.3　"不言而喻"的意义

在电路分析中，为了叙述的简便，往往并不把电阻 R 中电流 i 的参考方向及其两端电压 u 的参考极性同时设定出来，而是只设定两者中之一，如图 1.4.3(a)(b) 所示，此时"不言而喻"，就认为 u 与 i 相互是关联方向，即欧姆定律方程一定为 $u=Ri$，等号右端取"+"号。

三、线性电阻元件的功率与能量

(1) 功率。当 u 与 i 为关联方向时[见图 1.4.2(c)]，电阻 R 吸收的功率为

$$P=ui=Ri^2=\frac{1}{R}u^2$$

当 u 与 i 为非关联方向时[见图 1.4.2(d)]，电阻 R 吸收的功率为

$$P=-ui=Ri^2=\frac{1}{R}u^2$$

从以上两式都可看出：当电阻元件为正电阻(即 $R>0$)时，恒有 $P>0$，即正电阻恒为消耗功率

的元件；当电阻元件为负电阻(即 $R<0$) 时，恒有 $P<0$，即负电阻恒为发出功率的元件。

(2) 电能量。电阻元件在时间区间 $\tau\in[0,t]$ 内吸收的能量为

$$W(t)=\int_0^t p(\tau)\mathrm{d}\tau=\int_0^t R[i(\tau)]^2\mathrm{d}\tau=R\int_0^t[i(\tau)]^2\mathrm{d}\tau$$

可见：当 $R>0$ 时，恒有 $W(t)>0$，即正电阻元件恒为消耗电能的元件，即耗能元件，它把所吸收的电能转化为热能；当 $R<0$ 时，恒有 $W(t)<0$，即负电阻元件恒为产生电能的元件。

四、思考与练习

1.4.1　图 1.4.4 所示各电路，求电压 u，电流 i，电阻 R。[答：(a)$u=10$ V；(b)$R=10$ Ω；(c)$i=-3\cos3t$(A)；(d)$u=-2$ V；(e)$R=-5$ Ω]

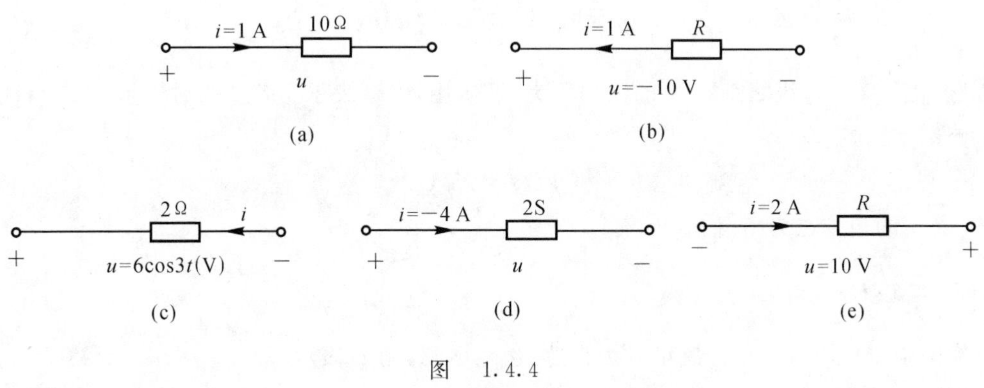

图　1.4.4

1.4.2　某用户安装的是“220 V,3 A”的电能表，家中已有“220 V,60 W”电灯两盏，“220 V,40 W”电灯两盏，“220 V,25 W”电灯一盏，85 W 彩电一台。若想再增加 100 W 的洗衣机和 75 W 的电风扇各一台，问所装电能表能否继续使用？若不能，应选用何种电能表？(答：能)

1.5　电感元件

一、定义

用导线在某种材料做成的芯子上绕制成的螺旋管称为电感线圈，也称电感器，如图 1.5.1(a) 所示，图中 N 为线圈的匝数。若不考虑电感线圈的电场效应和热效应，而只考虑它的磁场效应，则此种电感线圈即可视为理想电感元件，简称电感元件。可见电感元件就是实际电感器的电路模型，它也是二端电路元件。

从数学上，将电感元件定义为：一个二端电路元件，若在任意时刻 t，通过它的电流 i 与其磁链 Ψ 之间的关系，可用 i-Ψ(或 Ψ-i) 平面上过坐标原点的曲线确定，即称此二端元件为电感元件。

二、磁通量与磁链

若给线圈中通以电流 $i(t)$，则电流 $i(t)$ 即要在线圈中产生磁通量 $\phi(t)$，$\phi(t)$ 的参考方向与 $i(t)$ 的参考方向之间符合右手螺旋关系，如图 1.5.1(a) 所示。磁通量 $\phi(t)$ 的单位为韦

[伯](Wb)。

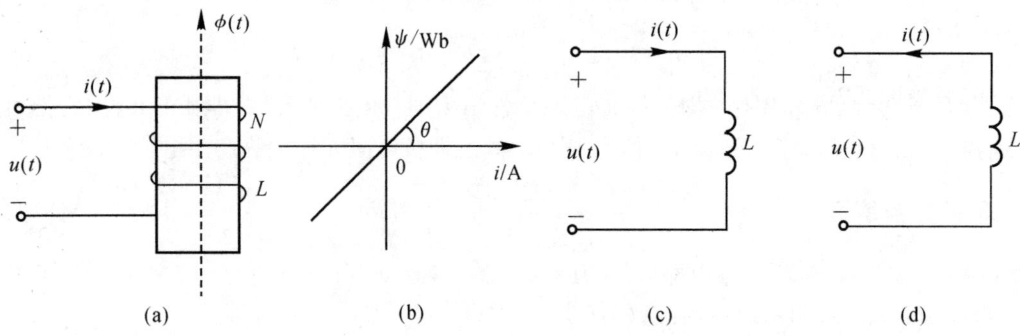

图 1.5.1　电感元件及其电路符号

磁通量 $\phi(t)$ 与线圈匝数 N 的乘积称为磁链,用 $\Psi(t)$ 表示。若认为磁通量 $\phi(t)$ 与线圈的每一匝都交链,则有

$$\Psi(t)=N\phi(t)$$

磁链 $\Psi(t)$ 的单位也为韦[伯](Wb)。

三、电感 L

线圈中单位电流产生的磁链称为自感,也称电感,用 L 表示,即

$$L=\frac{\Psi(t)}{i(t)}=N\frac{\phi(t)}{i(t)}$$

电感 L 表征了电感元件产生磁链的能力。L 大,元件产生磁链的能力就强;L 小,元件产生磁链的能力就弱。

电感 L 的国际单位为亨[利]$\left(1\ \mathrm{H}=1\ \frac{\mathrm{Wb}}{\mathrm{A}}\right)$。$L$ 的单位还使用毫亨(mH),微亨(μH)。$1\ \mathrm{mH}=10^{-3}\ \mathrm{H}$,$1\ \mu\mathrm{H}=10^{-6}\ \mathrm{H}$。

四、线性电感元件

若电感元件的磁链 $\Psi(t)$ 与电流 $i(t)$ 的关系曲线(称为韦安特性曲线)为通过 Ψ-i 平面上坐标原点的直线,如图 1.5.1(b) 所示,则此电感元件称为线性电感元件,直线的斜率即为电感 L,即

$$\tan\theta=\frac{\Psi(t)}{i(t)}=L$$

故有

$$\Psi(t)=Li(t)$$

线性电感元件的电感 L 为一个常量,与电压 $u(t)$ 和电流 $i(t)$ 无关,其电路模型如图 1.5.1(c)(d) 所示。

五、伏安关系

如图 1.5.1(c) 所示,设线性电感元件两端的电压 $u(t)$ 与其中的电流 $i(t)$ 为关联方向,则根据电磁感应定律与楞茨定律,可得线性电感元件电压 $u(t)$ 与电流 $i(t)$ 的关系(称为伏安关

系）为微分关系，即

$$u(t)=\frac{\mathrm{d}\Psi(t)}{\mathrm{d}t}=L\,\frac{\mathrm{d}i(t)}{\mathrm{d}t}$$

这说明电感元件为一动态元件，也称记忆元件或储能元件。

如果 $u(t)$ 与 $i(t)$ 为非关联方向，如图 1.5.1(d) 所示，则其伏安关系为

$$u(t)=-L\,\frac{\mathrm{d}i(t)}{\mathrm{d}t}$$

六、磁场能量

若 $u(t)$ 与 $i(t)$ 为关联方向，如图 1.5.1(c) 所示，则电感元件吸收的功率为

$$p(t)=u(t)i(t)=Li(t)\,\frac{\mathrm{d}i(t)}{\mathrm{d}t}$$

电感元件在时间区间 $\tau\in(-\infty,t]$ 内吸收的能量为

$$W(t)=\int_{-\infty}^{t}p(\tau)\mathrm{d}\tau=\int_{-\infty}^{t}Li(\tau)\,\frac{\mathrm{d}i(\tau)}{\mathrm{d}\tau}\mathrm{d}\tau=$$

$$L\int_{i(-\infty)}^{i(t)}i(\tau)\mathrm{d}i(\tau)=\frac{1}{2}L[i(\tau)]^2\Big|_{i(-\infty)}^{i(t)}=\frac{1}{2}L[i(t)]^2-\frac{1}{2}L[i(-\infty)]^2$$

因必有 $i(-\infty)=0$，故

$$W(t)=\frac{1}{2}L[i(t)]^2$$

即在任意时刻 t，电感元件吸收的能量是与该时刻电流 $i(t)$ 的二次方成正比的，且恒有 $W(t)\geqslant 0$，此能量 $W(t)$ 并不被消耗，而是储存在电感元件的磁场中，故称为磁场能量。因此，电感元件是储能元件。

例 1.5.1　图 1.5.2(a) 所示电路，已知电流 $i(t)$ 的曲线如图 1.5.2(b) 所示。(1) 求电压 $u(t)$ 的曲线，并写出 $u(t)$ 的函数表达式；(2) 求 $t=3$ s 时的磁场能量 $W(3\ \mathrm{s})$；(3) 求电感元件吸收的功率 $p(t)$。

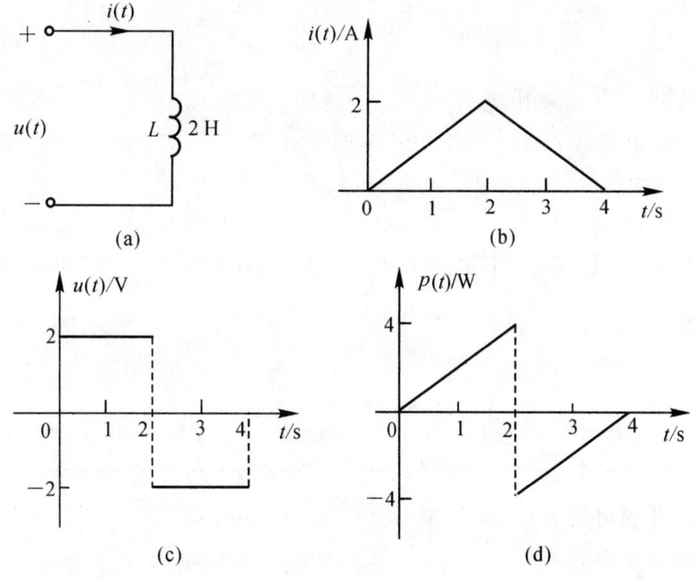

图　1.5.2

解 (1) 根据式 $u(t)=L\dfrac{\mathrm{d}i(t)}{\mathrm{d}t}=2\dfrac{\mathrm{d}i(t)}{\mathrm{d}t}$,可画出电压 $u(t)$ 的曲线,如图 1.5.2(c) 所示,故可写出 $u(t)$ 的函数式为

$$u(t)=\begin{cases}0, & t<0\\ 2\ \mathrm{V}, & 0<t<2\ \mathrm{s}\\ -2\ \mathrm{V}, & 2\ \mathrm{s}<t<4\ \mathrm{s}\\ 0, & t>4\ \mathrm{s}\end{cases}$$

(2) 当 $t=3$ s时,$i(3\ \mathrm{s})=1$ A,故 $t=3$ s时的磁场能量为

$$W(3\ \mathrm{s})=\frac{1}{2}L[i(3\ \mathrm{s})]^2=\frac{1}{2}\times 2\times[1]^2\ \mathrm{J}=1\ \mathrm{J}$$

(3) 电感元件吸收的功率为

$$p(t)=u(t)i(t)$$

$p(t)$ 的曲线如图 1.5.2(d) 所示。由 $p(t)$ 的曲线看出,在时间区间 $t\in[0,2)$ 内,$p(t)>0$,说明电感元件吸收功率;在时间区间 $t\in(2,4]$ 内,$p(t)<0$,说明电感元件发出功率。

七、思考与练习

1.5.1 图 1.5.3(a) 所示电路,已知 $L=2$ H,$i(t)=2$ A。(1) 求电压$u(t)$;(2) 求磁场能量 $W(t)$。(答:0;4 J)

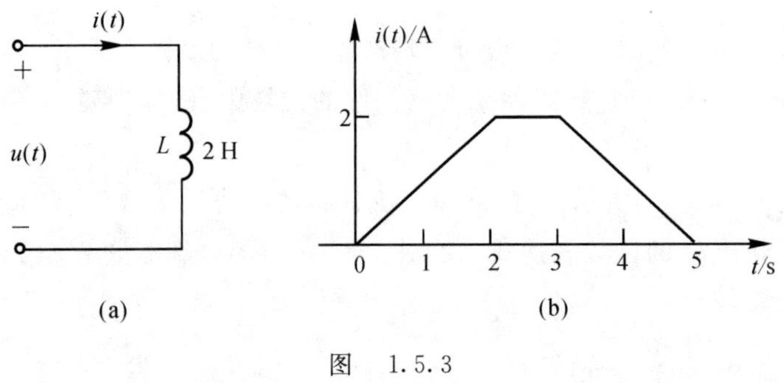

图 1.5.3

1.5.2 图 1.5.3(a) 所示电路,已知 $i(t)$ 的变化曲线如图 1.5.3(b) 所示。(1) 求电压 $u(t)$,写出表达式,画出曲线;(2) 求 $t=1.5$ s时刻电感元件吸收的功率 P 和能量 W。(答:3 W,2.25 J)

1.6 电容元件

一、定义

将两个金属片(或导体)用绝缘介质隔开,即构成一个能储存电量 $q(t)$ 的电器,称为电容器,如图 1.6.1(a) 所示。若只考虑电容器的电场效应而不考虑它的磁场效应和热效应,则此种电容器即可视为理想电容元件,简称电容元件。可见电容元件就是实际电容器的电路模型,它也是一个理想的二端电路元件。

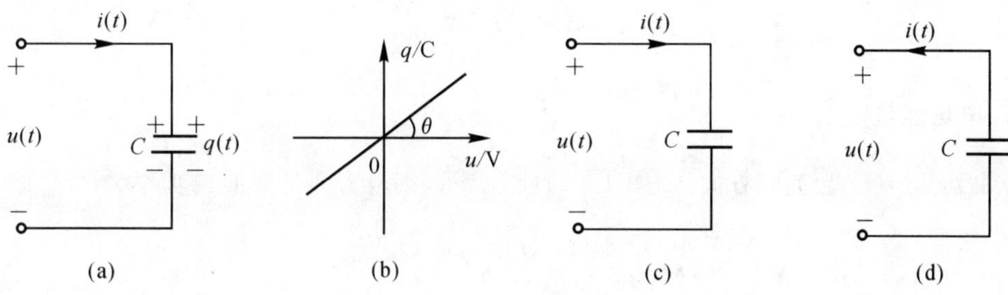

图 1.6.1　电容元件及其电路符号

从数学上，将电容元件定义为：一个二端电路元件，若在任意时刻 t，其端电压 u 与储存的电量 q 之间的关系，可用 u-q（或 q-u）平面上过坐标原点的曲线确定，即称此二端元件为电容元件。

二、电容 *C*

单位电压所储存的电量称为电容元件的电容量，简称电容，用 C 表示。即

$$C=\frac{q(t)}{u(t)}$$

式中，$q(t)$ 为电容元件极板上储存的电量。电容 C 表示了电容元件储存电荷的能力。C 大，元件储存电荷的能力就强；C 小，元件储存电荷的能力就弱。

电容 C 的国际单位为法[拉]$\left(1\ \mathrm{F}=1\ \frac{\mathrm{C}}{\mathrm{V}}\right)$。$C$ 的单位还有微法（μF），皮法（pF）。$1\ \mu\mathrm{F}=10^{-6}\ \mathrm{F}$，$1\ \mathrm{pF}=10^{-12}\ \mathrm{F}$。

三、线性电容元件

若电容元件的电量 $q(t)$ 与电压 $u(t)$ 的关系曲线（称为库伏特性曲线）为通过 q-u 平面上坐标原点的直线，如图 1.6.1(b) 所示，则此电容元件称为线性电容元件，直线的斜率即为电容 C，即

$$\tan\theta=\frac{q(t)}{u(t)}=C$$

故有

$$q(t)=Cu(t)$$

线性电容元件 C 为一个常量，与电量 $q(t)$ 和电压 $u(t)$ 无关，其电路模型如图 1.6.1(c)(d) 所示。

四、伏安关系

如图 1.6.1(c) 所示，设线性电容元件两端的电压 $u(t)$ 与其中的电流 $i(t)$ 为关联方向，则其伏安关系为微分关系，即

$$i(t)=\frac{\mathrm{d}q(t)}{\mathrm{d}t}=C\frac{\mathrm{d}u(t)}{\mathrm{d}t}$$

这说明电容元件也为一动态元件，也称记忆元件。

但若 $u(t)$ 与 $i(t)$ 为非关联方向，如图 1.6.1(d) 所示，则其伏安关系为

$$i(t)=-C\frac{\mathrm{d}u(t)}{\mathrm{d}t}$$

五、电场能量

若 $u(t)$ 与 $i(t)$ 为关联方向，如图 1.6.1(c) 所示，则电容元件吸收的功率为

$$p(t)=u(t)i(t)=Cu(t)\frac{\mathrm{d}u(t)}{\mathrm{d}t}$$

电容元件在时间区间 $\tau\in(-\infty,t]$ 内吸收的能量为

$$W(t)=\int_{-\infty}^{t}p(\tau)\mathrm{d}\tau=\int_{-\infty}^{t}Cu(\tau)\frac{\mathrm{d}u(\tau)}{\mathrm{d}\tau}\mathrm{d}\tau=C\int_{u(-\infty)}^{u(t)}u(\tau)\mathrm{d}u(\tau)=$$

$$\frac{1}{2}C[u(\tau)]^2\Big|_{u(-\infty)}^{u(t)}=\frac{1}{2}C[u(t)]^2-\frac{1}{2}C[u(-\infty)]^2$$

因必有 $u(-\infty)=0$，故

$$W(t)=\frac{1}{2}C[u(t)]^2$$

即在任意时刻 t，电容元件吸收的能量是与该时刻电压 $u(t)$ 的二次方成正比的，且恒有 $W(t)\geqslant 0$，此能量 $W(t)$ 并不被消耗，而是储存在电容元件的电场中，故称为电场能量。因此，电容元件也是储能元件。

例 1.6.1 图 1.6.2(a) 所示电路，已知 $u(t)$ 的曲线如图 1.6.2(b) 所示。(1) 求 $i(t)$ 的表达式，并画出 $i(t)$ 的曲线；(2) 求 $t=5$ s 时的电场能量 $W(5\text{ s})$；(3) 求电容元件吸收的功率 $p(t)$。

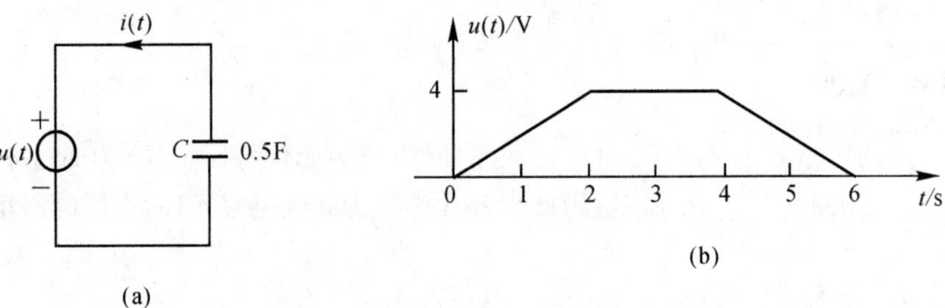

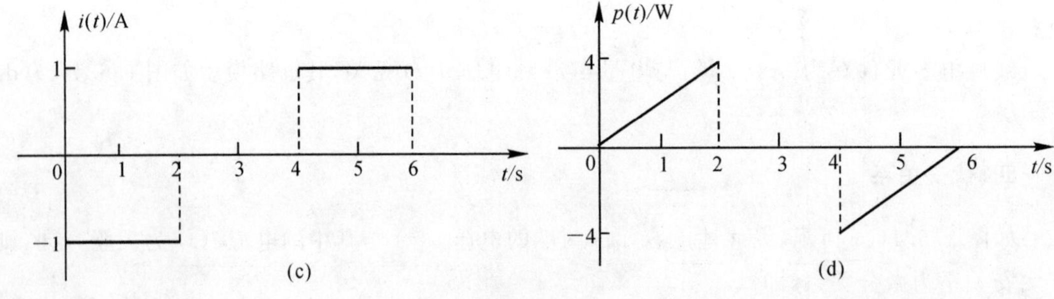

图 1.6.2

解 (1)
$$i(t)=-C\frac{\mathrm{d}u(t)}{\mathrm{d}t}=-0.5\frac{\mathrm{d}u(t)}{\mathrm{d}t}$$

$i(t)$ 的曲线如图 1.6.2(c) 所示，则 $i(t)$ 的表达式为

$$i(t)=\begin{cases}0, & t<0\\ -1\ \text{A}, & 0<t<2\ \text{s}\\ 0, & 2\ \text{s}<t<4\ \text{s}\\ 1\ \text{A}, & 4\ \text{s}<t<6\ \text{s}\\ 0, & t>6\ \text{s}\end{cases}$$

(2)$t=5$ s时，$u(5\ \text{s})=2$ V，故 $t=5$ s时的电场能量为

$$W(5\ \text{s})=\frac{1}{2}C[u(5\ \text{s})]^2=\frac{1}{2}\times 0.5\times 2^2\ \text{J}=1\ \text{J}$$

(3) 电容元件吸收的功率为 $p(t)=-u(t)i(t)$，$p(t)$ 的曲线如图 1.6.2(d) 所示。由图可见：在时间区间 $t\in[0,2)$ 内，$p(t)>0$，说明电容元件吸收功率；在时间区间 $t\in(4,6]$ 内，$p(t)<0$，说明电容元件发出功率。

六、思考与练习

1.6.1　图 1.6.3 所示电路，已知 $C=2$ F，$u(t)=5$ V。(1) 求电流 $i(t)$；(2) 求电场能量 $W(t)$。(答：0；25 J)

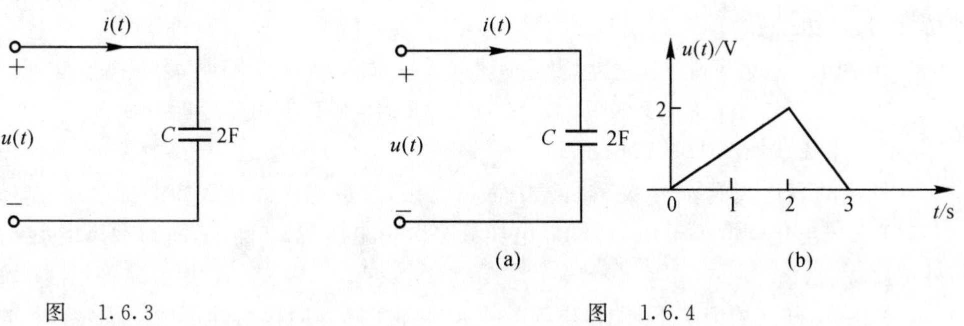

图　1.6.3　　　　图　1.6.4

1.6.2　图 1.6.4(a) 所示电路，已知 $u(t)$ 的变化曲线如图 1.6.4(b) 所示。(1) 求电流 $i(t)$，写出 $i(t)$ 的表达式，画出曲线；(2) 求 $t=1$ s时电容元件吸收的功率 p 和能量 W。(答：2 W；1 J)

1.7　理想电源

一、电源的定义

由于电路的功能有两种，故电源的定义也有两种：

(1) 产生电能或储存电能的设备称为电源，例如发电机、蓄电池等，均为电源。

(2) 产生电压信号或电流信号的设备也称为“电源”，这种“电源”实际上是“信号源”，也称信号发生器，例如实验室中应用的正弦波信号发生器、脉冲信号发生器等。

理想电源是实际电源的理想电路模型，分为两种：理想电压源和理想电流源。

二、理想电压源

1. 定义与电路符号

用来产生电压的电源称为电压源。理想电压源的电路符号如图 1.7.1(a) 所示，它向外有两个引出端，故也为二端电路元件，其中 u_S 为电压源所产生的电压的大小(即数值)，“+”“−”为电压 u_S 的极性，u 和 i 为电压源输出端的电压和电流，分别称为端口电压和端口电流。

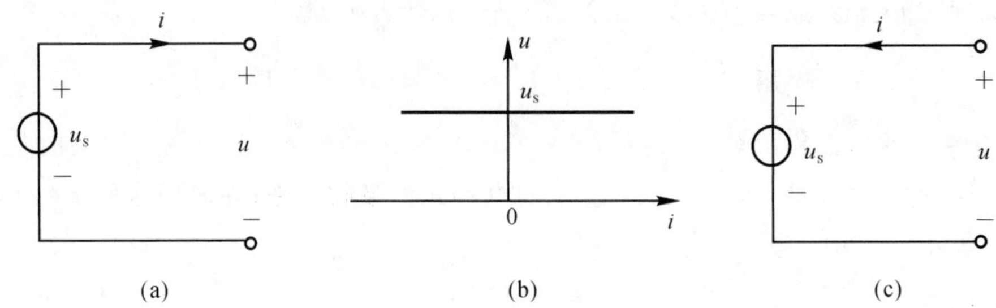

图 1.7.1　理想电压源及其端口伏安关系

2. 端口伏安关系(即 u-i 关系)

理想电压源端口电压 u 与端口电流 i 的关系，称为端口上的伏安关系，也称外部特性，简称外特性，其表达式为

$$\begin{cases} u = u_S = \text{定值}(u\text{完全由电压源自身决定，不受电流}i\text{的约束，即与外部电路无关}) \\ i = \text{不定值}(i\text{的值和实际方向，在}u_S\text{为确定的情况下，仅由外部电路确定}) \end{cases}$$

u 与 i 的关系曲线如图 1.7.1(b) 所示。

从上述的表达式或 u-i 关系曲线中都可看出，理想电压源具有如下特性：

(1) 端口电压 u 恒等于 u_S，即端口电压 u 完全由电压源 u_S 确定，而与端口电流 i 无关，即 u 与外电路无关。

(2) 在 u_S 确定的情况下，端口电流 i 的大小和实际方向仅由外部电路确定，外部电路变化了，电流 i 的大小和实际方向就要变化，但端口电压 u 是不变的，u 恒等于 u_S。

3. 电功率

对于图 1.7.1(a) 所示的电路，电压源电压 u_S 与端口电流 i 为非关联方向，则理想电压源发出的功率为

$$P_{发} = u_S i$$

吸收的功率为

$$P_{吸} = -u_S i$$

但若电压源电压 u_S 与端口电流 i 为关联方向，如图 1.7.1(c) 所示，则理想电压源发出的功率和吸收的功率分别为

$$P_{发} = -u_S i, \quad P_{吸} = u_S i$$

例 1.7.1　图 1.7.2(a)(b) 所示电路。(1) 求端口电压 u 和端口电流 i；(2) 求 10 V 理想电压源发出的功率 $P_{发}$。

解　(1) 对于图 1.7.2(a) 电路，有

$$u = 10\ \text{V}, \quad i = \frac{10 + 20}{10}\ \text{A} = 3\ \text{A}$$

$$P_{发} = ui = 10i = 10 \times 3\ \text{W} = 30\ \text{W}$$

由于 $P_{发} = 30\ \text{W} > 0$，故 10 V 理想电压源实际为发出功率。

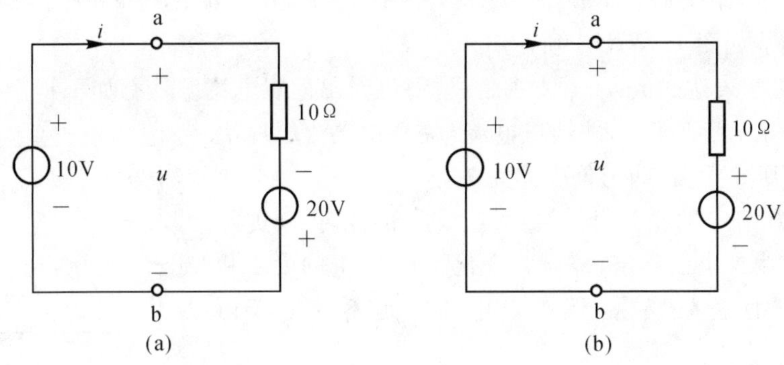

图　1.7.2

(2) 对于图 1.7.2(b) 电路，有

$$u = 10\ \text{V},\quad i = \frac{10-20}{10}\ \text{A} = -1\ \text{A}$$

$$P_{发} = ui = 10 \times (-1)\ \text{W} = -10\ \text{W}$$

$i = -1\ \text{A} < 0$，说明图 1.7.2(b) 电路中电流 i 的实际方向是向"左"流的，即与图 1.7.2(b) 电路中电流 i 的实际方向相反。又由于 $P_{发} = -10\ \text{W} < 0$，故此 10 V 理想电压源实际是吸收功率的。

上述计算结果表明，在此两电路中，端口电压 u 的大小均为 10 V，且"+""−"极性也相同，但电流 i 的大小和实际方向都不相同，这是因为这两个电路中 a，b 端以右的电路(即外电路)是不同的。这些结果都说明了理想电压源的特性。

三、理想电流源

1. 定义与电路符号

用来产生电流的电源称为电流源。理想电流源的电路符号如图 1.7.3(a) 所示，它向外有两个引出端，故也为二端电路元件，其中 i_S 为电流源所产生的电流的大小(即数值)，箭头"↑"为电流 i_S 的方向，u 和 i 为电流源输出端的电压和电流，分别称为端口电压和端口电流。

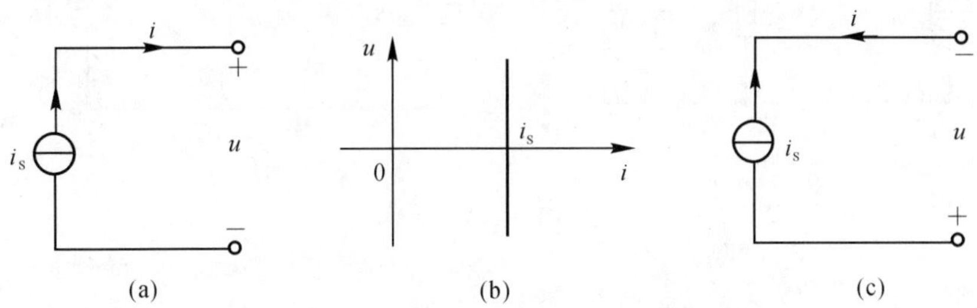

图 1.7.3　理想电流源及其端口伏安关系

2. 端口伏安关系(即 u-i 关系)

理想电流源端口电压 u 与电流 i 的关系，称为端口伏安关系，也称外部特性，简称外特性，

其表达式为

$$\begin{cases} i = i_S = \text{定值}(i\text{ 的值完全由电流源自身决定，不受电压 }u\text{ 的约束，即与外电路无关}) \\ u = \text{不定值}(u\text{ 的值和实际的“+”“−”极，在 }i_S\text{ 为确定的情况下，仅由外电路确定}) \end{cases}$$

u 与 i 的关系曲线如图 1.7.3(b) 所示。

从上述的数学表达式或 $u-i$ 关系曲线，都可看出理想电流源具有如下特性：

(1) 端口电流 i 恒等于 i_S，即端口电流 i 完全由电流源 i_S 决定，而与端口电压 u 无关，即与外电路无关。

(2) 在 i_S 为确定的情况下，端口电压 u 的大小和实际“+”“−”极性仅由外电路确定，外电路变化了，电压 u 的大小和实际“+”“−”极性就要变化，但端口电流 i 是不变的，i 恒等于 i_S。

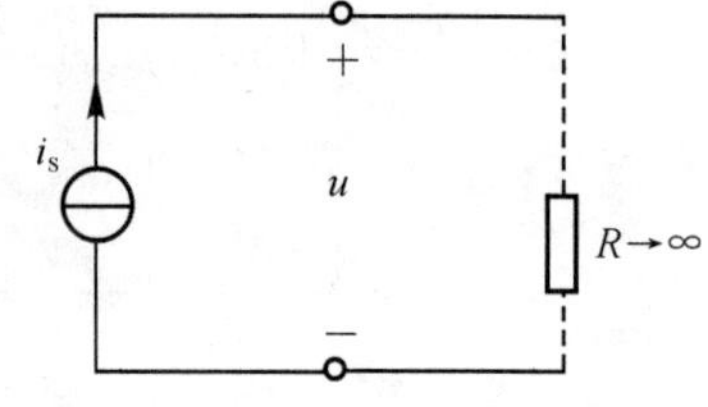

图 1.7.4　理想电流源端口不允许开路

注意：理想电流源的输出端(即端口)不允许断开(即开路)，如图 1.7.4 所示，否则电流源两端的电压(即端口电压) $u = i_S R \to \infty$，这是不允许的。

3. 电功率

如图 1.7.3(a) 所示电路，电流源电流 i_S 与端口电压 u 为非关联方向，则理想电流源发出的功率为

$$P_{\text{发}} = u i_S$$

吸收的功率为

$$P_{\text{吸}} = -u i_S$$

但若电流源电流 i_S 与端口电压 u 为关联方向，如图 1.7.3(c) 所示，则理想电流源发出的功率和吸收的功率分别为

$$P_{\text{发}} = -u i_S,\quad P_{\text{吸}} = u i_S$$

例 1.7.2　图 1.7.5(a)(b) 所示电路。(1) 求端口电流 i 和端口电压 u；(2) 求 2 A 电流源吸收的功率。

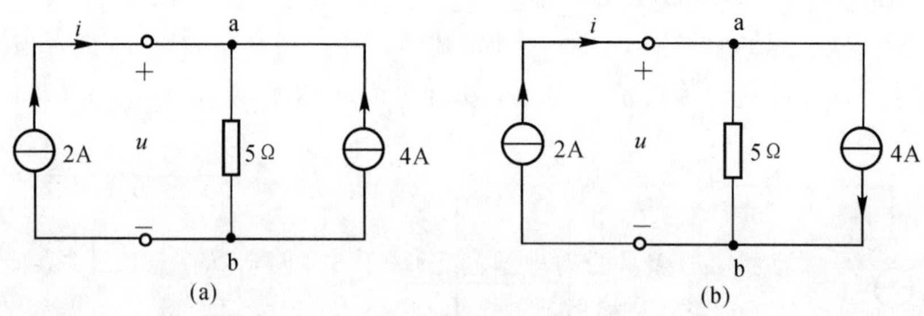

图　1.7.5

解　(1) 对于图 1.7.5(a) 所示电路，有

$$i = 2\ \text{A},\quad u = 5\times(2+4)\ \text{V} = 30\ \text{V}$$

$$P_{\text{吸}} = -iu = -2u = -2\times 30\ \text{W} = -60\ \text{W}$$

由于 $P_{\text{吸}} = -60\ \text{W} < 0$，故 2 A 电流源实际为发出功率。

(2) 对于图 1.7.5(b) 所示电路，有

$$i = 2\ \text{A}, \quad u = 5 \times (2-4)\ \text{V} = -10\ \text{V}$$

$$P_{吸} = -iu = -2 \times (-10)\ \text{W} = 20\ \text{W}$$

$u=-10\ \text{V}<0$,说明电路中电压 u 的实际“+”“−”极性为上“−”下“+”,即与图 1.7.5(a)电路中电压 u 的实际极性相反。又由于 $P_{吸}=20\ \text{W}>0$,故 2 A 电流源实际是吸收功率。

上述计算结果表明,在这两个电路中,端口电流 i 的大小均为 2 A,且方向也相同,但端口电压 u 的大小和实际的“+”“−”极性都不相同了,这是因为这两个电路中 a,b 端以右的电路(即外电路)是不同的。这些结果都说明了理想电流源的特性。

四、独立源

由于理想电压源电压 u_S 的大小和“+”“−”极性,理想电流源电流 i_S 的大小和方向,都是完全由它们自身决定的,而与电路中其他部分的电压和电流无关,故把理想电压源和理想电流源称为独立电源,简称独立源。

五、思考与练习

1.7.1　求图 1.7.6 所示各电路中的电压 u 和电流 i。(答:−12 V,−2 A;−12 V,−2 A)

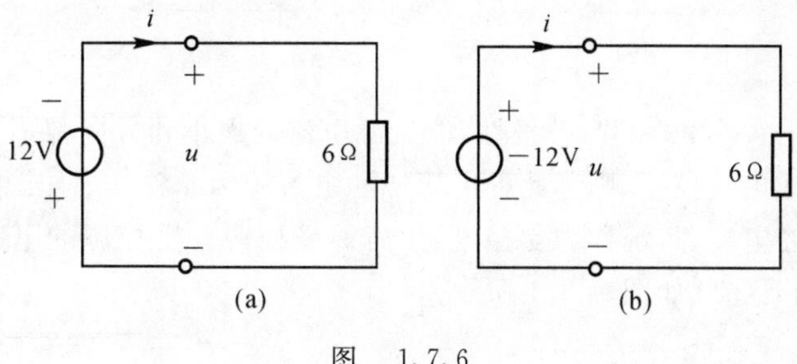

图　1.7.6

1.7.2　求图 1.7.7 所示各电路中的电压 u 和电流 i。(答:−8 V,−4 A;−10 V,5 A)

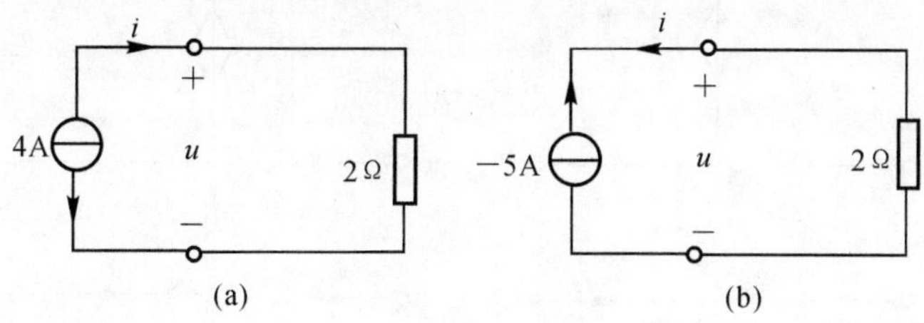

图　1.7.7

1.7.3　图 1.7.8 所示电路,求 $R=5\ \Omega, R=50\ \Omega, R=0, R\to\infty$ 四种情况下的 u, i,并求 10 V 电压源和 2 A 电流源各发出的功率。(答:10 V,2 A,20 W;10 V,0.2 A,2 W;10 V,∞,∞;10 V,0,0)

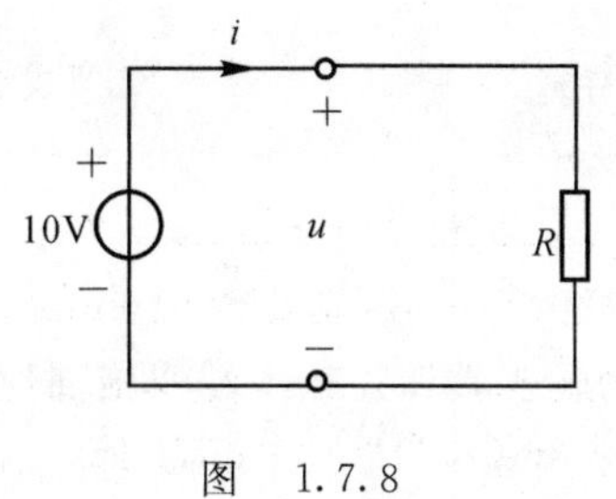

图　1.7.8

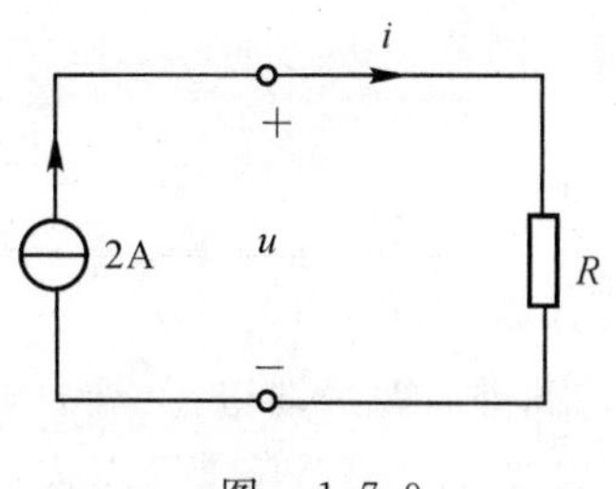

图　1.7.9

1.7.4 图 1.7.9 所示电路,求 $R=5\ \Omega$,$R=50\ \Omega$,$R=0$,$R\to\infty$ 四种情况下的 u,i 和2 A 电流源发出的功率 P_S。(答:10 V,2 A,20 W;100 V,2 A,200 W;0,2 A,0;∞,2 A,∞)

1.7.5 求图 1.7.10 所示电路中各电源实际发出的功率与吸收的功率。(答:100 W,100 W;100 W,100 W)

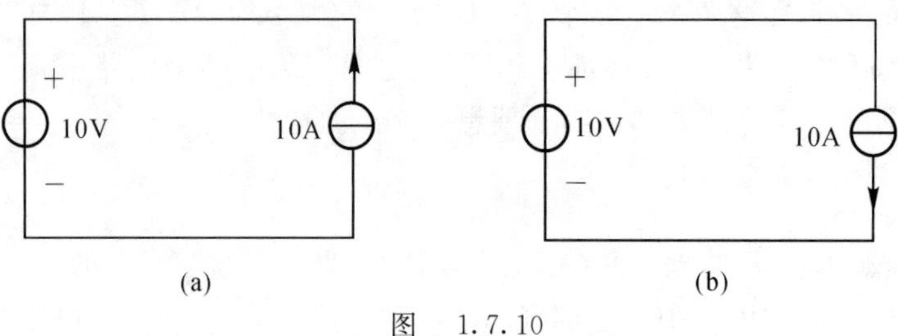

图 1.7.10

1.8 受控电源

一、定义

若电压源电压的大小和“+”“−”极性,电流源电流的大小和方向都不是独立的,而是受电路中其他处的电压或电流控制,则称此种电压源和电流源为非独立电压源和非独立电流源,也称受控电压源和受控电流源,统称为受控电源,简称受控源。受控源的电路符号为菱形,以与独立源的电路符号相区别,如图 1.8.1 所示。

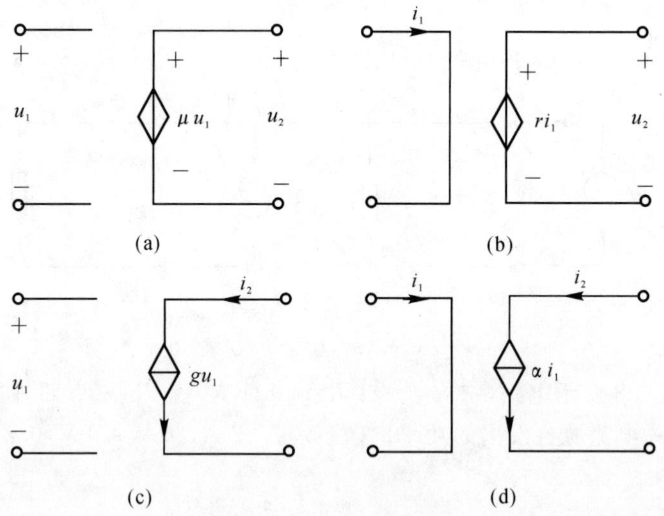

图 1.8.1 受控源及其分类

二、分类

受控源向外有两对端钮,一对为输入端钮,另一对为输出端钮。输入端钮施加控制电压或控制电流，输出端钮则输出被控制的电压或电流。因此，理想的受控源电路可有四种：

(1) 电压控制电压源(Voltage Controlled Voltage Source，VCVS)，如图 1.8.1(a) 所示，其中 u_1 为控制量，u_2 为被控制量，$u_2=\mu u_1$，$\mu=u_2/u_1$ 为控制因子，μ 为无量纲的电压比因子。

(2) 电流控制电压源(Current Controlled Voltage Source，CCVS)，如图 1.8.1(b) 所示，其中 i_1 为控制量，u_2 为被控制量，$u_2=ri_1$，$r=u_2/i_1$ 为控制因子，单位为欧[姆](Ω)。

(3) 电压控制电流源(Voltage Controlled Current Source，VCCS) 如图 1.8.1(c) 所示，其中 u_1 为控制量，i_2 为被控制量，$i_2=gu_1$，$g=i_2/u_1$ 为控制因子，单位为西[门子](S)。

(4) 电流控制电流源(Current Controlled Current Source，CCCS) 如图 1.8.1(d) 所示，其中 i_1 为控制量，i_2 为被控制量，$i_2=\alpha i_1$，$\alpha=i_2/i_1$ 为控制因子，α 为无量纲的电流比因子。

受控源实际上是有源器件(电子管、晶体管、场效应管、运算放大器等) 的电路模型。

三、受控源的性质

受控源在电路中的作用具有两重性：电源性与电阻性。

(1) 电源性。由于受控源也是电源，所以它在电路中与独立源具有同样的外特性，其处理原则也与独立源相同。但应注意，受控源与独立源在本质上不相同。独立源在电路中直接起激励作用，而受控源则不是直接起激励作用，它仅表示“控制量”与“被控制量”的关系。控制量存在，则受控源就存在；若控制量为零，则受控源也就为零。

(2) 电阻性。受控源可等效为一个电阻，而且此电阻可能为正值，也可能为负值，这就是受控源的电阻性。

四、受控源在电路分析中的处理原则

由于受控源在电路中的作用具有两重性，所以受控源在电路分析中的处理原则有两个：① 将受控源与独立源同样对待和处理；② 把控制量用待求的变量表示，作为辅助方程。

例 1.8.1　图 1.8.2 所示电路，$\mu=0.4$，求 i_2 和受控电压源发出的功率 $P_{发}$。

解　这是一个含有受控电压源的电路，其中

$$u_1=2\times 4\ \text{V}=8\ \text{V}$$

$$u_2=\mu u_1=0.4\times 8\ \text{V}=3.2\ \text{V}$$

$$i_2=\frac{u_2}{4}=\frac{3.2}{4}\ \text{A}=0.8\ \text{A}$$

$$P_{发}=\mu u_1 i_2=3.2\times 0.8\ \text{W}=2.56\ \text{W}$$

由于 $P_{发}=2.56\ \text{W}>0$，故受控电压源 μu_1 在电路中起电源的作用，即产生电能的作用。

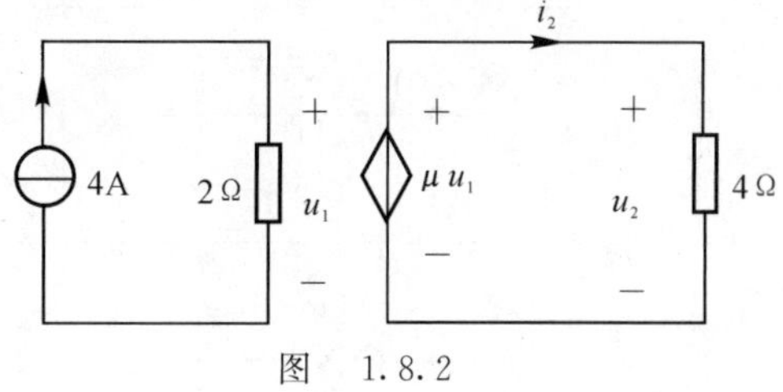

图　1.8.2

五、思考与练习

1.8.1　图 1.8.3 所示电路，$\alpha=0.2$，求 u_2 和受控电流源吸收的功率 $P_{吸}$。(答：−4 V，−1.6 W)

1.8.2　图 1.8.4 所示电路，求电压 u 和受控电流源发出的功率 P。(答：−4 V，32 W)

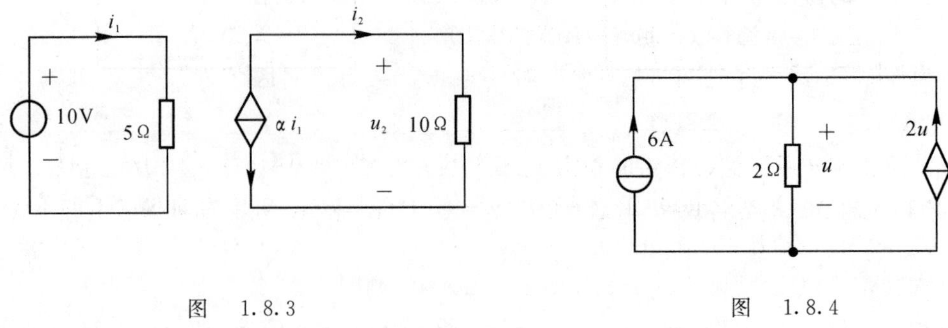

图 1.8.3　　　　图 1.8.4

1.8.3　图 1.8.5 所示电路,求电流 i 和受控源吸收的功率 P。(答:2 A,12 W;−1 A,−30 W)

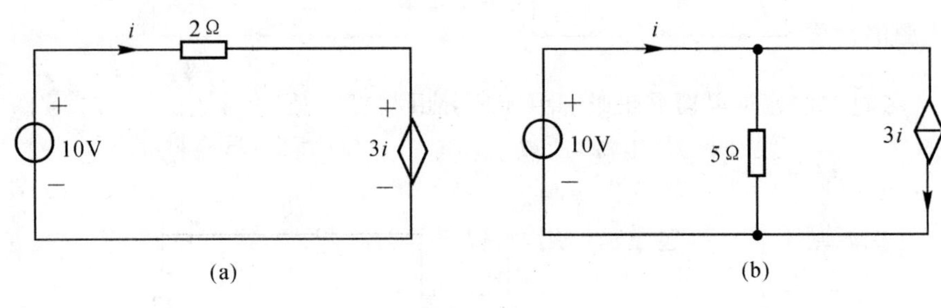

图 1.8.5

现将各种线性电路元件的伏安关系汇总于表 1.8.1 中,以便查用和复习。

表 1.8.1　线性电路元件的伏安关系

元　件	电路(取关联方向)	定　义	伏安关系
电阻元件	$i(t)$ R + $u(t)$ −	电压 u 与电流 i 的关系曲线为通过 u-i 平面上坐标原点的直线	$u(t)=Ri(t)$ $i(t)=\dfrac{u(t)}{R}=Gu(t)$ (欧姆定律)
电容元件	$i(t)$ C + $u(t)$ −	电量 q 与电压 u 的关系曲线为通过 $q-u$ 平面上坐标原点的直线	$i(t)=C\dfrac{\mathrm{d}u(t)}{\mathrm{d}t}$ $u(t)=\dfrac{1}{C}\int_{-\infty}^{t}i(\tau)\mathrm{d}\tau$
电感元件	$i(t)$ L + $u(t)$ −	磁链 Ψ 与电流 i 的关系曲线为通过 $\Psi-i$ 平面上坐标原点的直线	$u(t)=L\dfrac{\mathrm{d}i(t)}{\mathrm{d}t}$ $i(t)=\dfrac{1}{L}\int_{-\infty}^{t}u(\tau)\mathrm{d}\tau$
理想电压源	u_S i + − + u −	用来产生电压的电源称为理想电压源	$u(t)=u_S(t)$ $i(t)=$ 不定值(由外电路确定)

续 表

元　件	电路(取关联方向)	定　义	伏安关系
理想电流源	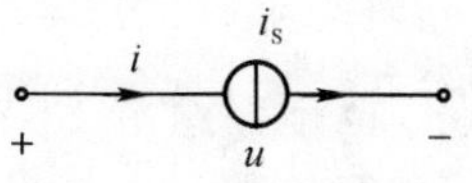	用来产生电流的电源称为理想电流源	$i(t)=i_S(t)$ $u(t)=$ 不定值(由外电路确定)
受控电压源	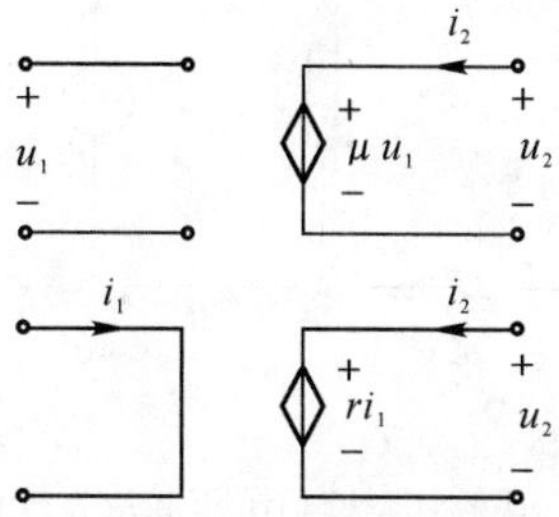	一个支路的电压受另一个支路的电压 u_1 或电流 i_1 控制	$u_2=\mu u_1$ 或 $u_2=ri_1$ $i_2=$ 不定值(由外电路确定)
受控电流源	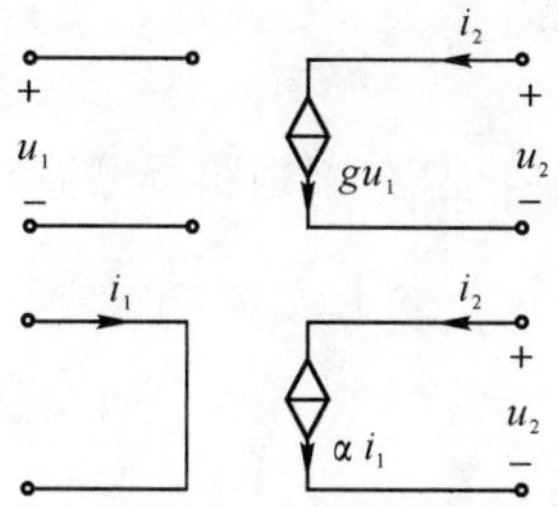	一个支路的电流受另一个支路的电压 u_1 或电流 i_1 控制	$i_2=gu_1$ 或 $i_2=\alpha i_1$ $u_2=$ 不定值(由外电路确定)

1.9　基尔霍夫定律

基尔霍夫定律是电路的基本定律,是电路分析与计算的理论基础。

一、名词术语

我们先以图 1.9.1 所示电路为例介绍有关电路图的一些术语和概念。

(1) 支路。按狭义的定义,把通过同一电流的电路称为支路,图 1.9.1 所示的电路共有 3 条支路:通过同一电流 i_1 的支路 bca;通过同一电流 i_2 的支路 bda;通过同一电流 i_3 的支路 aeb。其中支路 bca 和支路 bda 中既有电阻又有电源,称为有源支路;支路 aeb 中只有电阻而无电源,称为无源支路。支路是电路的基石。

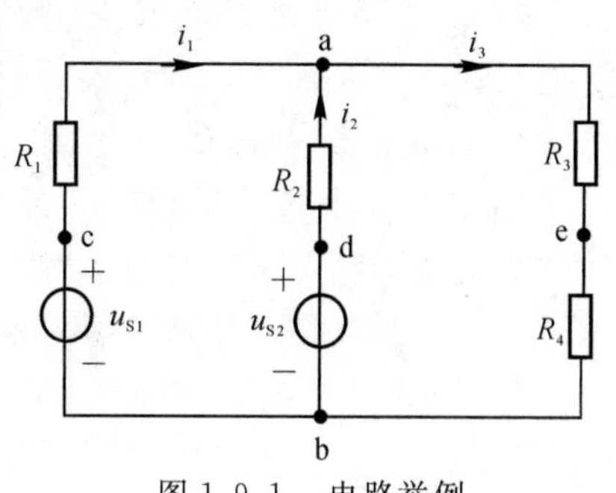

图 1.9.1　电路举例

(2) 节点。按狭义的定义,把 3 条和 3 条以上的支路的连接点称为节点,图 1.9.1 所示的电路中共有两个节点 a 和 b。但要注意,有时也把两个电路元件的连接点称为节点,图中的点 c,d,e 都可分别视为一个节点。

(3) 回路。由支路构成的闭合路径称为回路,图 1.9.1 所示电路中共有 3 个回路,即 adbca

回路，aebda 回路，aebca 回路。

(4) 网孔回路。若回路的内部区域没有任何别的节点和支路，则这样的回路称为网孔回路，简称网孔，图 1.9.1 所示的电路中有两个网孔回路：adbca 回路，aebda 回路。

网孔回路一定是回路，但回路不一定都是网孔回路。

(5) 电路的定义。由支路和节点构成的集合体称为电路，也称电网络。支路是电路的基石。支路电压、支路电流、支路功率是电路分析与求解的基本对象。

二、基尔霍夫电流定律(KCL)

基尔霍夫电流定律(Kirchhoff's Current Law，KCL)是描述电路中各支路电流间相互关系的定律，其数学描述形式有两种：

(1) 在任意时刻 t 流入某个节点的支路电流的总和等于流出该节点的支路电流的总和，即

$$\sum i_{入} = \sum i_{出} \tag{1.9.1}$$

此结论称为基尔霍夫电流定律的第一种表述形式。例如，对于图 1.9.1 所示的电路，设定各支路电流的大小和参考方向如图 1.9.1 中所示，则对节点 a 即有

$$i_1(t) + i_2(t) = i_3(t)$$

(2) 将式(1.9.1) 加以改写即为

$$\sum i_{入} - \sum i_{出} = 0$$

或

$$-\sum i_{入} + \sum i_{出} = 0$$

将上两式可总括写为

$$\sum i(t) = 0 \tag{1.9.2}$$

式(1.9.2) 即为基尔霍夫电流定律的第二种表述形式，即连接在任一个节点上的所有支路电流的代数和恒等于零。在写此方程时，若把流出节点的电流取为"+"，则流入节点的电流即为"−"；反之则相反。例如，对于图 1.9.1 所示电路可写出

$$-i_1(t) - i_2(t) + i_3(t) = 0$$

或

$$i_1(t) + i_2(t) - i_3(t) = 0$$

式(1.9.1) 和式(1.9.2) 统称为基尔霍夫电流定律，它描述了电路中各支路电流间的相互联系。

(3) 基尔霍夫电流定律的推广。基尔霍夫电流定律(KCL) 原是对节点而言的，但把它加以推广，也可适用于包围许多节点的闭合曲面。例如图 1.9.2 所示电路，闭合曲面 S 内部有 3 个节点 ①②③，当设定各支路电流的大小和参考方向如图中所示时，对此 3 个节点可写出 KCL 方程为

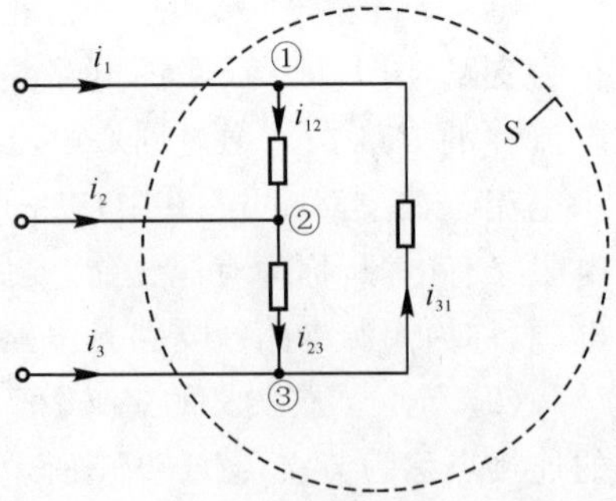

$$i_1 = i_{12} - i_{31}$$

$$i_2 = i_{23} - i_{12}$$

$$i_3 = i_{31} - i_{23}$$

图 1.9.2 KCL 推广于闭合曲面

将 3 式相加得

$$i_1 + i_2 + i_3 = 0$$

写成一般形式即为

$$\sum i(t) = 0 \tag{1.9.3}$$

即流入(或流出)一个闭合曲面的所有支路电流的代数和恒等于零，此即为广义的 KCL。在写此方程时：若把流入闭合曲面的电流视为“+”，则流出闭合曲面的电流即为“−”；反之则相反。

三、基尔霍夫电压定律(KVL)

基尔霍夫电压定律(Kirchhoff’s Voltage Law，KVL)是描述电路中各支路电压间相互关系的定律，其数学描述形式也有两种：

(1) 在任意时刻 t，沿任一回路中所有支路或元件上电压的代数和恒为零，即

$$\sum u(t) = 0 \tag{1.9.4}$$

此结论称为基尔霍夫电压定律(KVL)。

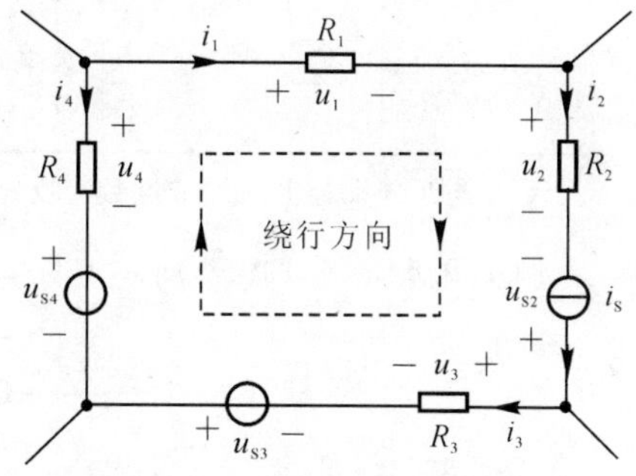

图 1.9.3　电路中的一个回路

在写此方程时，应首先为回路设定一个绕行方向，凡电压的参考极性从“+”到“−”与回路的绕行方向一致者，则该电压项前面取“+”号，否则取“−”号。例如对于图 1.9.3 所示电路，设定各元件电压的参考极性和回路的绕行方向如图中所示，则可列写出该回路的 KVL 方程为

$$u_1 + u_2 - u_{S2} + u_3 - u_{S3} - u_{S4} - u_4 = 0 \tag{1.9.5}$$

将此方程改写为

$$-u_1 - u_2 + u_{S2} - u_3 + u_{S3} + u_{S4} + u_4 = 0$$

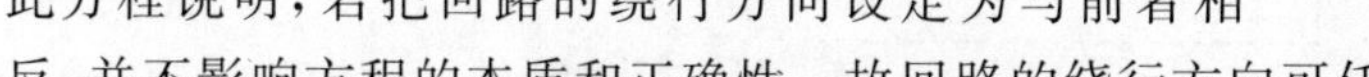

此方程说明，若把回路的绕行方向设定为与前者相反，并不影响方程的本质和正确性。故回路的绕行方向可任意设定。

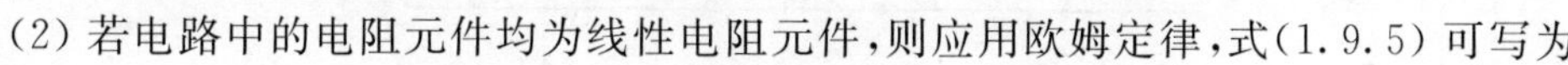

(2) 若电路中的电阻元件均为线性电阻元件，则应用欧姆定律，式(1.9.5)可写为

$$R_1 i_1 + R_2 i_2 - u_{S2} + R_3 i_3 - u_{S3} - u_{S4} - R_4 i_4 = 0$$

即

$$R_1 i_1 + R_2 i_2 + R_3 i_3 - R_4 i_4 = u_{S2} + u_{S3} + u_{S4}$$

推广到一般情况即为

$$\sum R_k i_k = \sum u_{Sk} \tag{1.9.6}$$

由此可知，在任意时刻 t，按照一定的回路绕行方向，沿任一回路中所有线性电阻元件上电压降低的代数和，等于该回路中所有电源电压升高的代数和。式(1.9.6)就是线性电阻电路中基尔霍夫电压定律的一种形式。在写此方程时：凡支路电流的参考方向与回路的绕行方向一致时，等号左端的项前面取“+”号，否则取“−”号；凡电源电压的参考极性从“−”到“+”与回路的绕行方向一致时，等号右端的项前面取“+”号，否则取“−”号。

四、两种约束的概念

基尔霍夫电流定律(KCL)描述了电路中各支路电流之间的约束关系，基尔霍夫电压定律(KVL)描述了电路中各支路电压之间的约束关系，它们都与电路元件的性质无关，而只取决于电路的连接方式，因此称为连接方式约束或拓扑约束，而把所写出的方程称为 KCL 约束方

程和 KVL 约束方程。

电路的另一种约束是电路元件电流与电压关系的约束，即电路元件伏安关系的约束，这种约束与电路的连接方式无关，而只取决于电路元件的性质，称为电路元件约束，简称元件约束。

电路的连接方式约束与电路的元件约束，是电路分析的基本依据，这个理论贯穿于本课程的始终。

现将基尔霍夫定律的表述形式汇总于表 1.9.1 中，以便查用和复习。

表 1.9.1　基尔霍夫定律

名　称	时域表达式	适用范围与条件	独立方程个数
KCL	$\sum i(t)=0$	适用于任意电流函数的任意时刻，集总参数中的任意节点和封闭曲面； KCL 描述了电路中各支路电流间的关系	$n-1$ 个
KVL	$\sum u(t)=0$	适用于任意电压函数的任意时刻，集总参数电路中的任意回路； KVL 描述了电路中各支路电压间的关系	$b-(n-1)$ 个

注：n 与 b 分别为电路的节点数与支路数。

例 1.9.1　图 1.9.4 所示电路，求 i，u 及受控电压源吸收的功率。

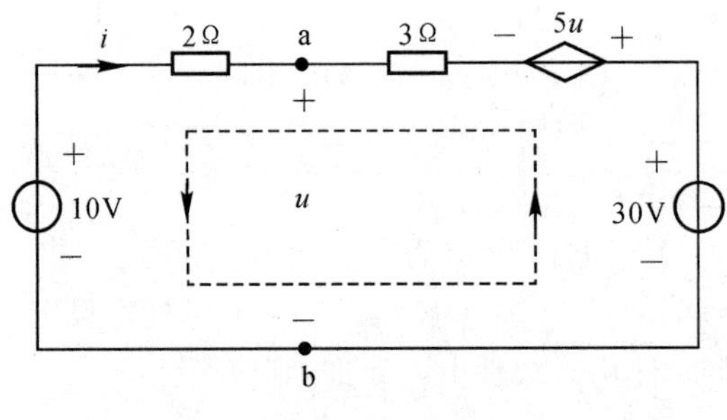

图　1.9.4

解　此电路中含有一个电压控制的受控电压源。求解含受控源的电路，应掌握两条原则：① 受控源与独立源同样处理；② 将受控源的控制量用待求的变量表示作为辅助方程。对所给电路，设定回路的绕行方向为逆时针方向，如图 1.9.4 中所示，于是可列写出 KVL 方程为

$$-(2+3)i=30-5u-10=20-5u$$

又有

$$u=-2i+10$$

联解得

$$i=2\text{ A},\quad u=6\text{ V}$$

受控电压源吸收的功率为

$$P=-5ui=-5\times 6\times 2\text{ W}=-60\text{ W}$$

例 1.9.2　图 1.9.5 所示电路，求 i_1 和电压 u_{ad}。

解　(1) 对节点 b 列写 KCL 方程为

$$i_1=i_1+i$$

故得

$$i=0$$

(2) 对电路左边的回路可列写出 KVL 方程为

$$(2+3)i_1=10-5$$

又
$$i_1=1\ \text{A}$$

故得
$$u_{ad}=3i_1+1i-1-2\times1=(3\times1+1\times0-3)\ \text{V}=0$$

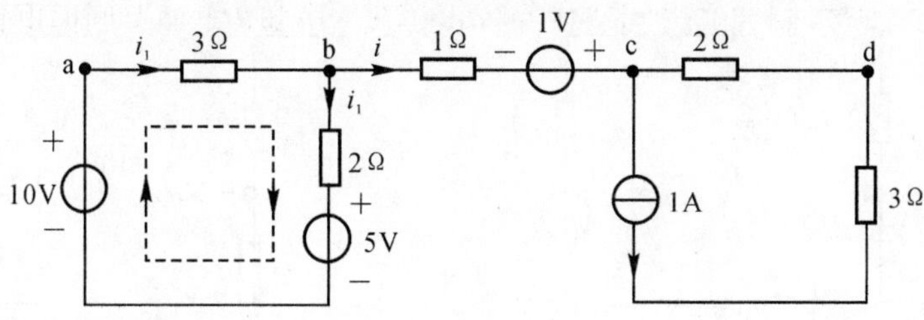

图　1.9.5

例 1.9.3　图 1.9.6 所示电路，求 i，u 及支路 ab 发出的功率。

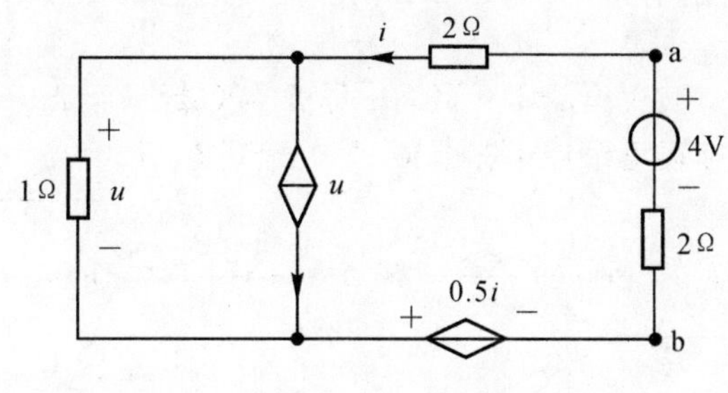

图　1.9.6

解
$$u=(i-u)\times1=i-u$$

故
$$i=2u$$

又
$$u=-2i+4-2i-0.5i=-4.5i+4=-4.5\times2u+4=-9u+4$$

故得
$$u=0.4\ \text{V}$$

又得
$$i=2u=2\times0.4\ \text{A}=0.8\ \text{A}$$

又
$$u_{ab}=2i+u+0.5i=2.5i+u=(2.5\times0.8+0.4)\ \text{V}=2.4\ \text{V}$$

或者
$$u_{ab}=4-2i=(4-2\times0.8)\ \text{V}=2.4\ \text{V}$$

故 ab 支路发出的功率为

$$P_{发}=u_{ab}i=2.4\times0.8\ \text{W}=1.92\ \text{W}$$

五、思考与练习

1.9.1　图 1.9.7 所示电路，求 i，u 及各电源发出的功率。(答：−1 A；10 V；−6 W；10 W)

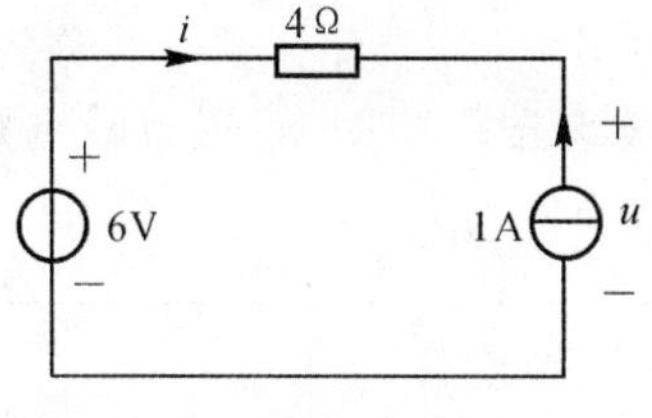

图　1.9.7

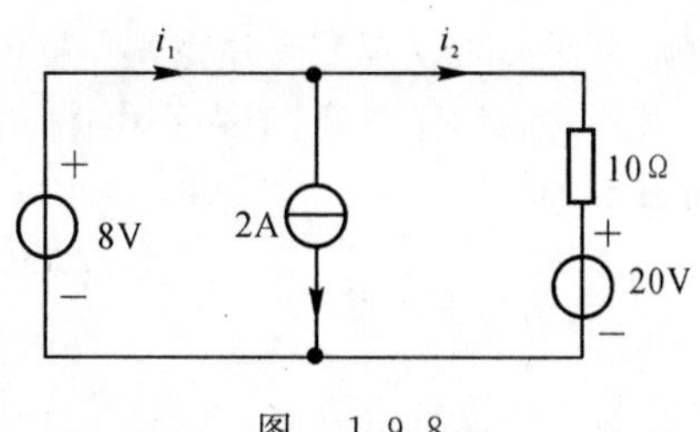

图　1.9.8

1.9.2 图 1.9.8 所示电路，求 i_1,i_2 及 20 V 电压源吸收的功率。（答:0.8 A,－1.2 A,－24 W）

1.9.3 图 1.9.9 所示各电路,求相应电路中的未知量 u,i,R,u_S。(答:－12 V;2 A;5 Ω;14 V)

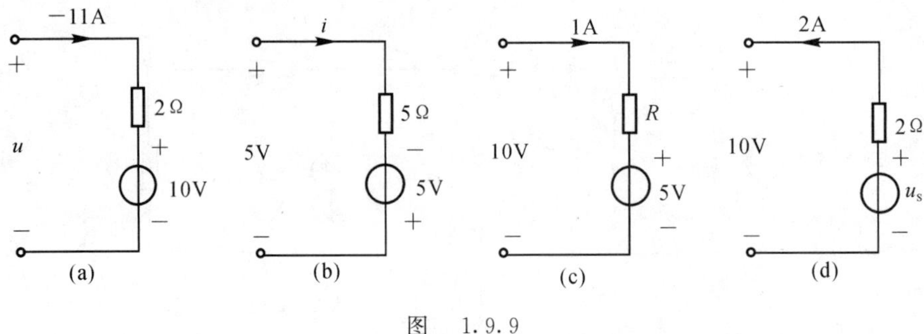

图 1.9.9

1.9.4 图 1.9.10 所示电路,求 i 及 A,B 两点之间的电压 u_{AB}。(答:4 A,53 V)

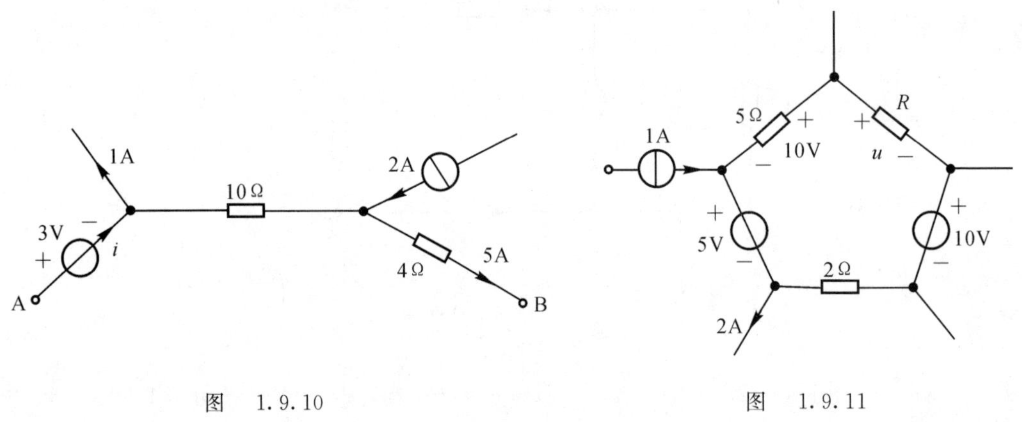

图 1.9.10　　图 1.9.11

1.9.5 图 1.9.11 所示电路,求电压 u。(答:7 V)

1.10 电子习惯电路

一、参考节点

为了电路分析的需要,人们往往设定电路中某一个节点的电位为零,此电位为零的节点即称为参考节点,也称“接地”,并用符号“⊥”表示。在电力工程中常选地球作为参考节点,在电子电路中常选与仪器金属外壳相连接的公共导线作为参考节点,此公共导线称为“地线”。参考节点的选取是任意的,但一个电路中只能选取一个参考节点。图 1.10.1(a) 所示电路中的 o 点即为参考节点。

二、电子习惯电路

在参考节点选定以后,电路中每一个节点与参考节点之间的电压即为相应节点的电位,称为节点电压。如图 1.10.1(a) 所示电路中节点 a 与参考节点 o 之间的电压 $u_{ao}=\varphi_a-\varphi_o=\varphi_a-0=\varphi_a=12\ \text{V}$；同理，节点 b 与参考节点 o 之间的电压 $u_{bo}=\varphi_b-\varphi_o=\varphi_b-0=\varphi_b=-8\ \text{V}$。

为了简化电路图，在电子电路中人们并不把电源直接画出，而将图 1.10.1(a) 所示电路画成图 1.10.1(b) 所示的电路，图 1.10.1(b) 电路即称为图 1.10.1(a) 所示电路的“电子习惯电路”，而图 1.10.1(a) 所示电路则称为一般性电路。

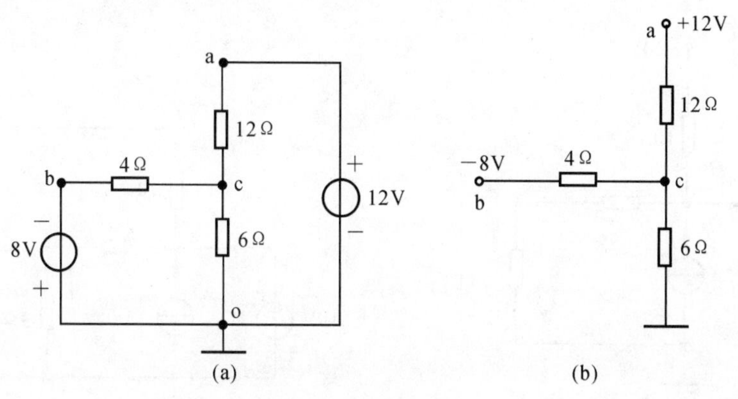

图 1.10.1　电子习惯电路

例 1.10.1　求图 1.10.2(a) 电路中 a 点的电位 φ_a。

解　将图 1.10.2(a) 所示的电子习惯电路改画成如图 1.10.2(b) 所示的一般性电路。故根据图 1.10.2(b) 电路得

$$i=\frac{10+6}{1+3}\ \text{A}=4\ \text{A}$$

故　$\varphi_a=3i-6=(3\times4-6)\ \text{V}=6\ \text{V}$

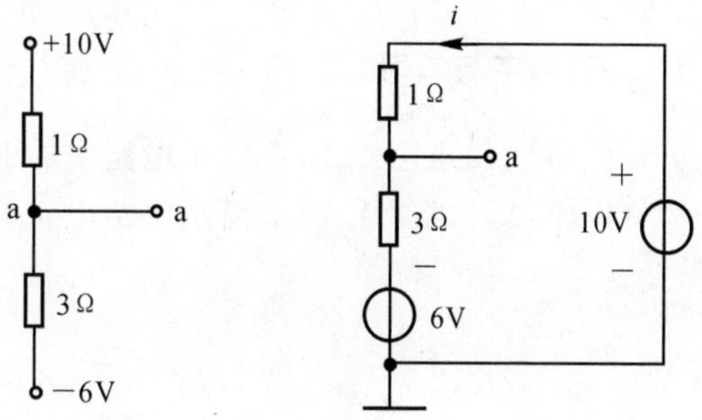

图　1.10.2

例 1.10.2　将图 1.10.3(a) 所示的一般性电路改画成电子习惯电路。

解　对应的电子习惯电路如图 1.10.3(b) 所示。

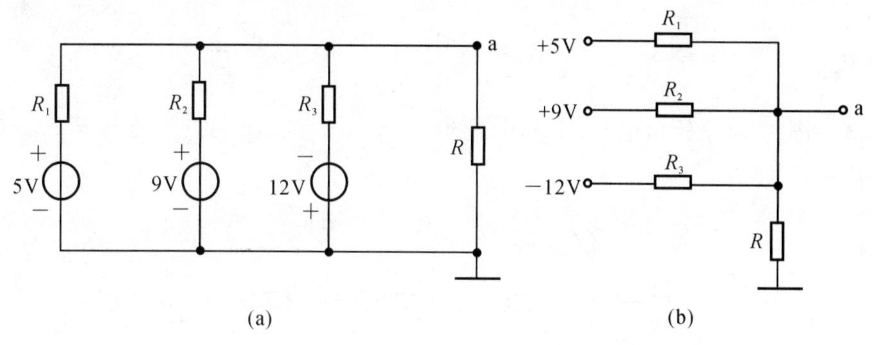

图　1.10.3

例 1.10.3　图 1.10.4(a) 所示电路，求电流 i。

解　将图 1.10.4(a) 所示的电子习惯电路改画成如图 1.10.4(b) 所示的一般性电路。故根据图 1.10.4(b) 所示的电路得

$$i_1=\frac{20+10}{10}\ \text{A}=3\ \text{A},\quad i_2=-\frac{10}{2+3}\ \text{A}=-2\ \text{A}$$

故

$$i=-i_1+i_2-2=(-3-2-2)\ \text{A}=-7\ \text{A}$$

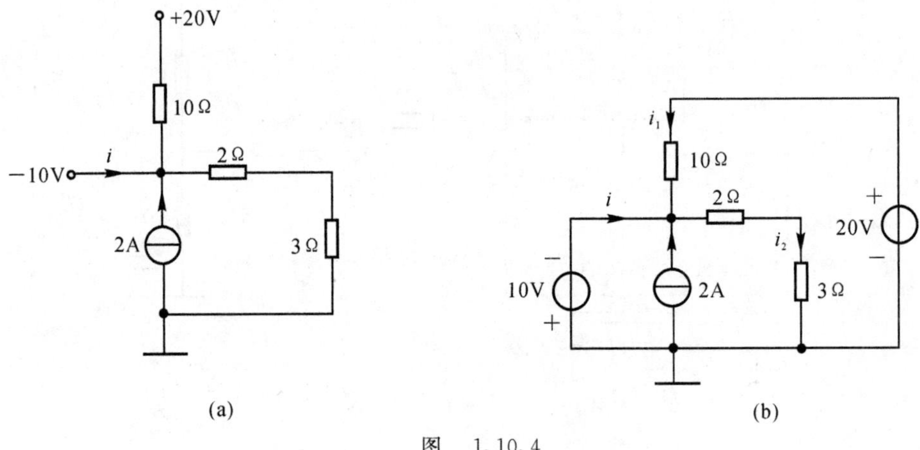

图　1.10.4

三、思考与练习

1.10.1　求图 1.10.5 所示电路中的电流 i。(答：1 A)

1.10.2　求图 1.10.6 所示电路中 a 点的电位 φ_a。(答：−4 V)

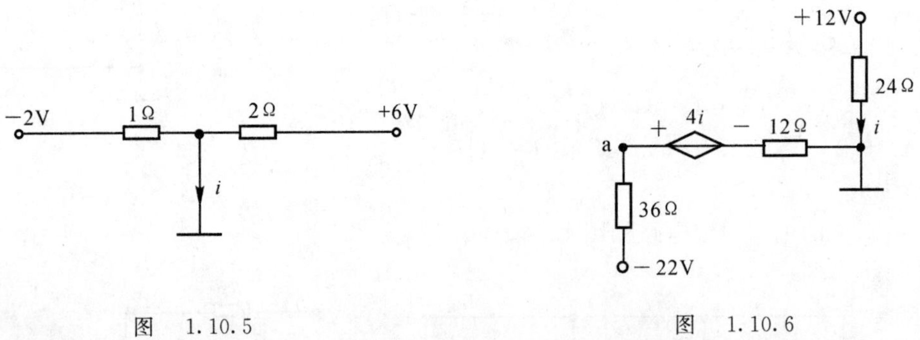

图　1.10.5　　　　图　1.10.6

1.10.3　图 1.10.7 所示电路，求 a，b 点的电位 φ_a，φ_b 和 a，b 两点间的电压 u_{ab}。(答：3 V，2 V，1 V)

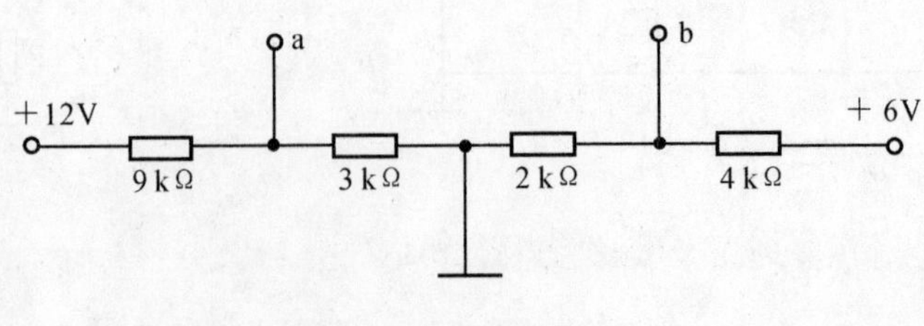

图　1.10.7

习　题　一

1-1　已知电量 $q(t)=2t^2+3t+5(\mathrm{C})$，求 $t=1$ s和 $t=3$ s时的电流值 $i(1)$ 和 $i(3)$。(答：7 A，15 A)

1-2　已知电路中a，b，c三点的电位分别为 $\varphi_a=3$ V，$\varphi_b=2$ V，$\varphi_c=-2$ V。求电压 u_{ab}，u_{ca}，u_{bc}。(答：1 V，－5 V，4 V)

1-3　如图题1-3所示电路。(1) 若 $i=2$ A，$u=5$ V，求该支路吸收的功率 $P_{吸}$；(2) 若 $i=5$ A，$u=-10$ V，求该支路发出的功率 $P_{发}$；(3) 若 $u=5$ V，该支路发出的功率 $P_{发}=10$ W，求 i 的值。(答：10 W，50 W，－2 A)

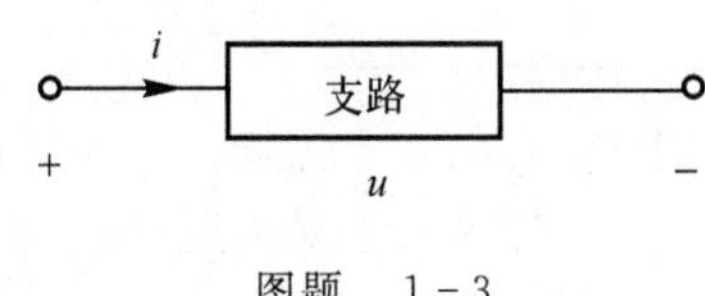

图题　1-3

1-4　如图题1-4所示电路，已知 $u_1=2$ V，$u_2=-4$ V，$u_3=6$ V，$i=2$ A。试用吸收功率的语言判断A，B，C元件哪个实际是发出功率，哪个实际是吸收功率。(答：A吸收，B吸收，C发出)

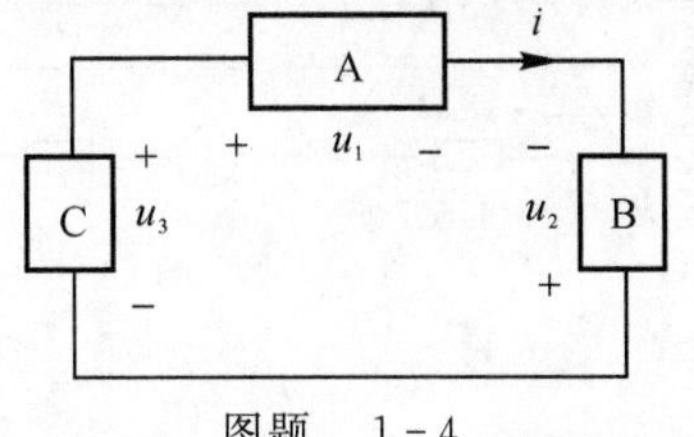

图题　1-4

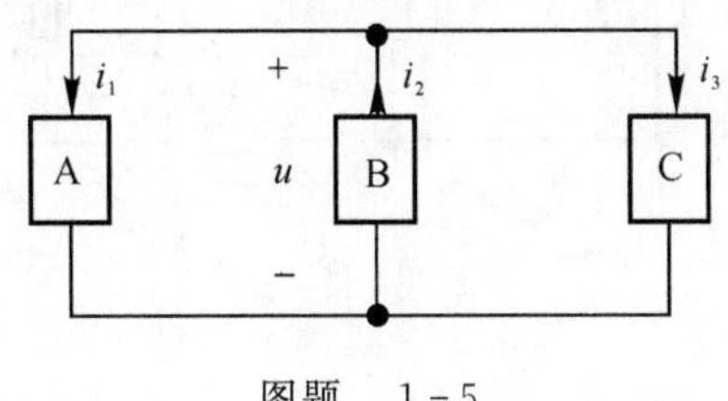

图题　1-5

1-5　如图题1-5所示电路，已知 $i_1=-8$ A，$i_2=-2$ A，$i_3=6$ A，$u=-2$ V。试用发出功率的语言判断A，B，C元件哪个实际是吸收功率，哪个实际是发出功率。(答：A吸收，B发出，C发出)

1-6　如图题1-6所示电路，求该支路发出的功率 $P_{发}$。(答：0.18 W)

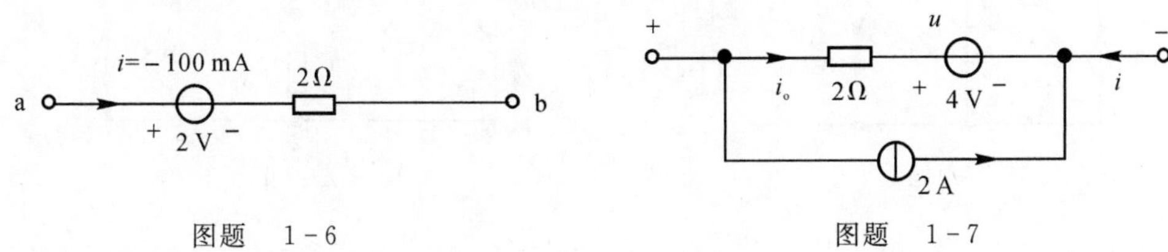

图题　1-6　　　图题　1-7

1-7　如图题1-7所示电路，已知电压 $u=-10$ V。求该支路吸收的功率 $P_{吸}$。(答：50 W)

1-8　如图题1-8(a)所示电路，已知电流 $i(t)$ 的波形如图题1-8(b)所示。(1) 求电压 $u(t)$ 和电感吸收的功率 $P(t)$，并画出它们的波形；(2) 求 $t=1.5$ s时的功率值和磁场能量值。(答：3 W，2.25 J)

1-9　如图题1-9(a)所示电路，已知电压 $u(t)$ 的波形如图题1-9(b)所示。(1) 求电流 $i(t)$ 和电容吸收的功率 $P(t)$，并画出它们的波形；(2) 求 $t=1$ s时的功率值和电场能量值。(答：1 W，0.5 J)

1-10　如图题1-10所示电路，求50 V电压源和2 A电流源吸收的功率。（答：−150 W，−100 W）

1-11　如图题1-11所示电路，求i_S和i_1。（答：−12 A，6 A）

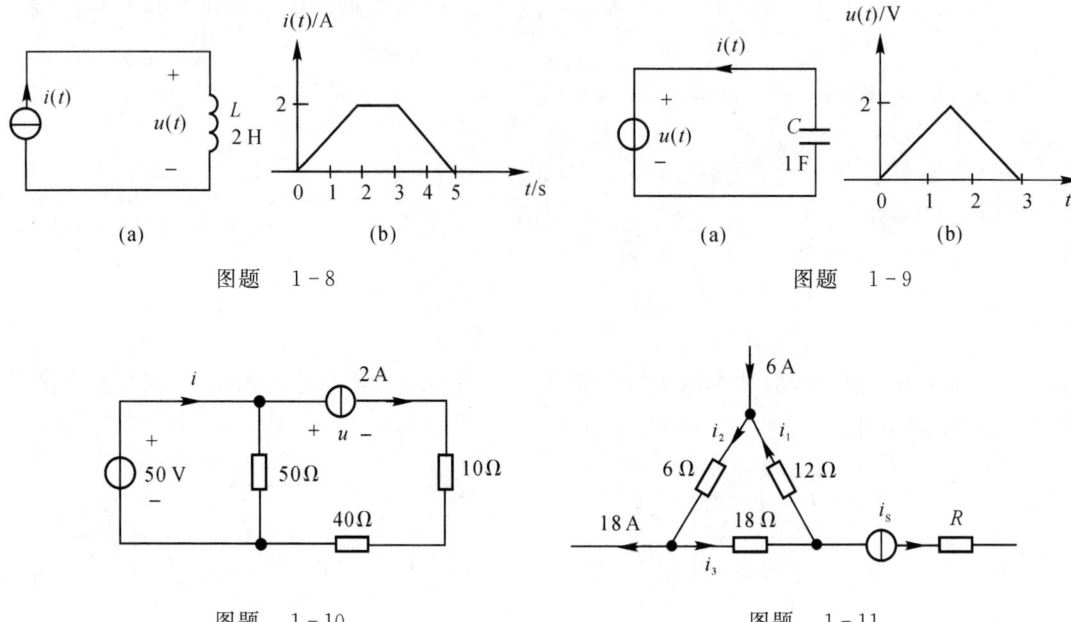

1-12　如图题1-12所示电路，求两个受控源各自发出的功率。（答：−3 W，6 W）

1-13　如图题1-13所示电路，求电流i和受控电压源发出的功率。$\left(答：\frac{4}{3}\ \text{A}，-\frac{8}{3}\ \text{W}\right)$

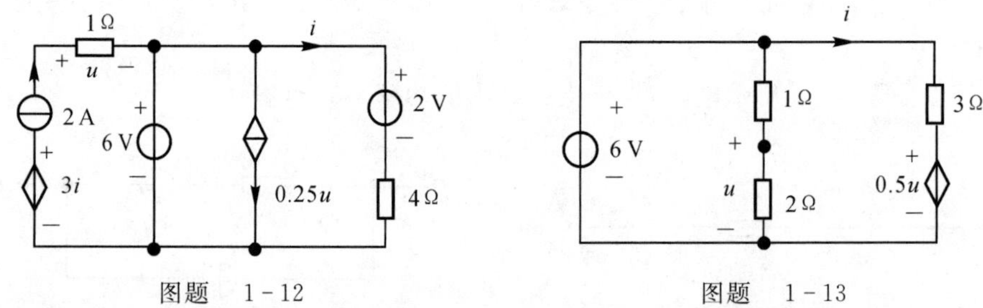

1-14　如图题1-14所示电路，端口a，b开路，求a，b点的电位φ_a，φ_b，并求电压u_{ab}。（答：−2 V，4 V，−6 V）

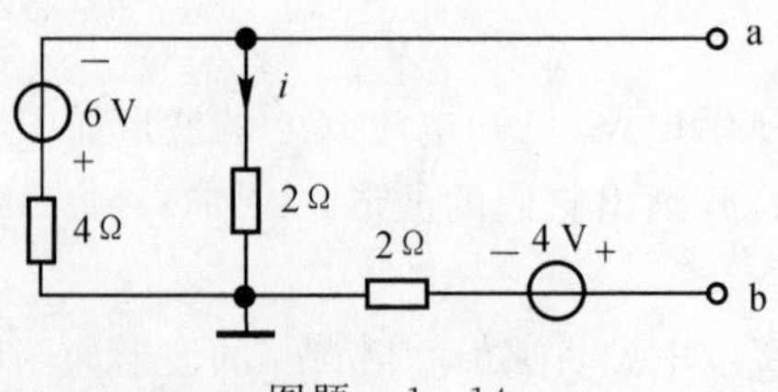

图题　1-14

1-15　如图题1-15所示电路，求i和u，并求右边ab支路发出的功率。（答：1 A，8 V，−6 W）

1－16　将图题 1－16 所示电路画成电子习惯电路。

1－17　将图题 1－17 所示电路画成一般性电路，并求电压 u_{ab}。(答：－2 V)

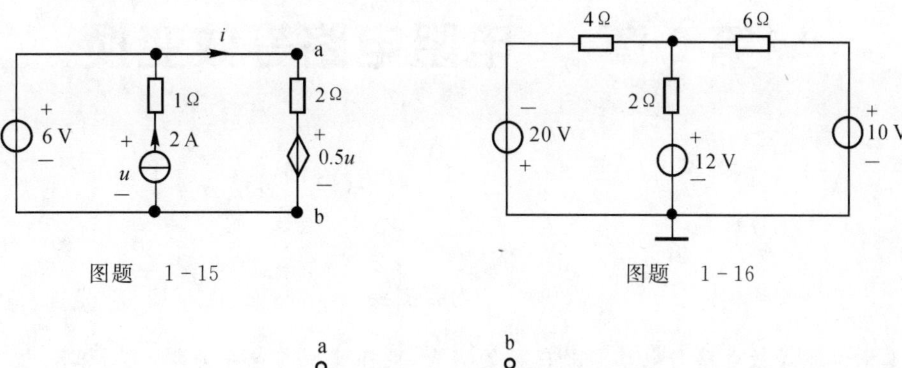

图题　1－15　　　　图题　1－16

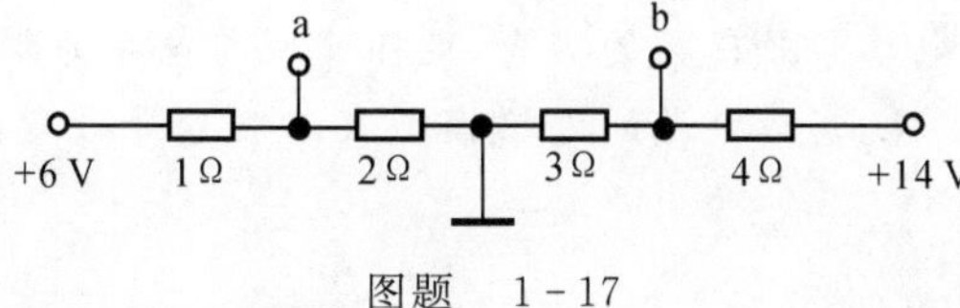

图题　1－17

第 2 章　电阻电路等效变换

内容提要

本章讲述等效电路与电路等效变换的概念，电阻串联与电导并联，无源三端电路及其相互等效变换，独立源的等效变换，实际电源的电路模型及其相互等效变换，单口电路的输入电阻等内容。

2.1　等效电路与电路等效变换的概念

一、端口与一端口电路

向外部有两个引出端且两端上的电流为同一电流（这称为端口条件），这样的两端即构成电路的一个端口，简称一端口或单口，相应的电路称为一端口电路或单口电路。如图 2.1.1 所示的 a，b 端即构成一个端口，此电路即为一端口（即单口）电路，端口上的 u 和 i 分别称为端口电压和端口电流，u 与 i 的关系称为端口的伏安关系，也称外部特性，简称外特性。

二、等效电路

如图 2.1.2 所示的 N_1 和 N_2 是两个内部结构和元件数值均不同的一端口电路，若这两个一端口电路端口上的 u-i 关系（即伏安关系）完全相同，即称 N_1 和 N_2 对端口 u-i 关系而言互为等效电路，简称等效电路。注意，N_1 和 N_2 的内部不一定等效，这里的“等效”，只是对电路外部等效，即对端口等效。

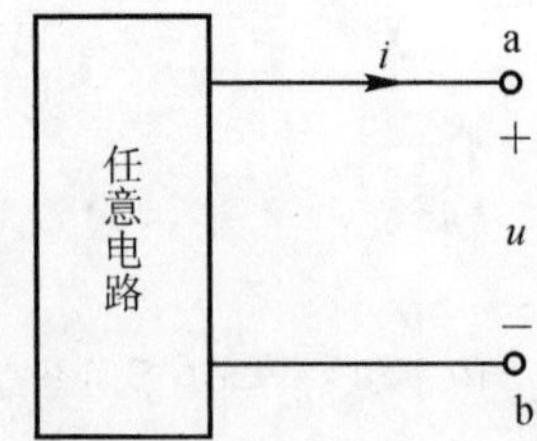

图 2.1.1　端口与一端口电路的定义

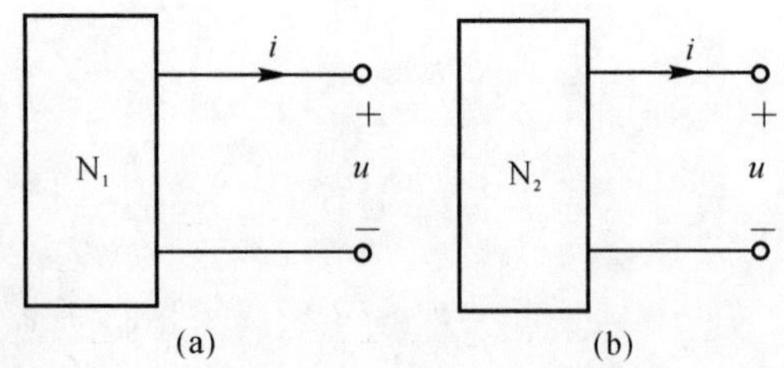

图 2.1.2　等效电路的定义

三、电路等效变换的条件与等效变换

在保持端口上 u-i 关系（即端口伏安关系）不变的条件下，把图 2.1.2 所示的电路 N_1 变换

为电路 N_2，或者把 N_2 变换为 N_1，即称为电路的等效变换，图中 N_1，N_2 两个电路的端口 u-i 关系是完全相同的。可见，等效变换的条件是在变换时，必须保持两个电路端口上的 u-i 关系完全相同。

四、电路等效变换的目的与作用

电路等效变换的目的与作用有 3 个：① 从应用角度看，是为了简化电路的分析计算，把难以求解的电路变得容易；② 从研究的角度看，是为了进一步研究更深层次的电路理论并获得更新的理论成果；③ 电路等效变换本身就是电路理论研究的重要课题和领域之一。

五、思考与练习

2.1.1　试说明图 2.1.3 所示的(a)(b)(c) 三个电路对端口 ab 而言，是否互为等效电路。(答：是)

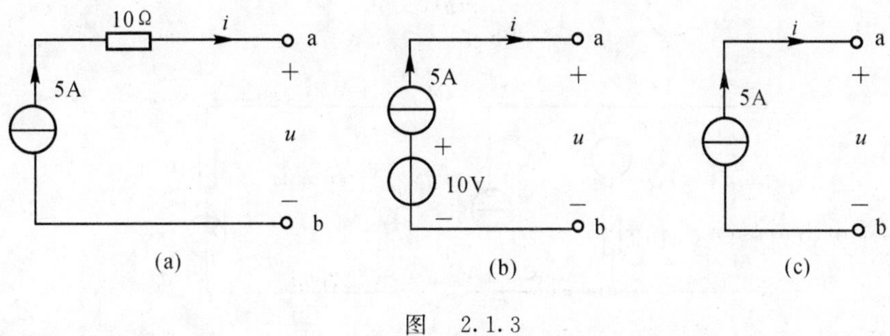

图　2.1.3

2.1.2　试说明图 2.1.4 所示的(a)(b)(c) 三个电路是否互为等效电路。(答：是)

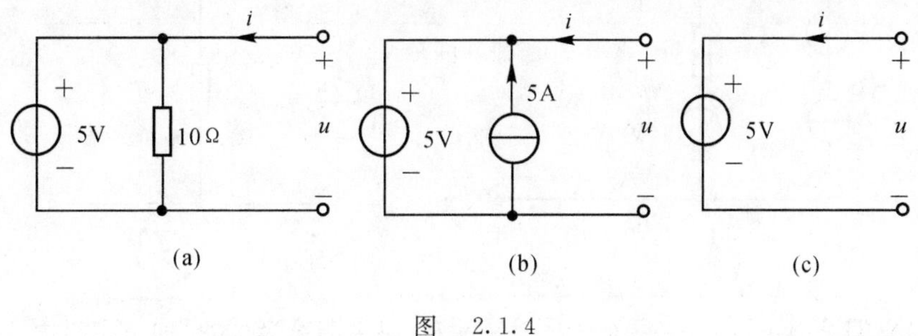

图　2.1.4

2.1.3　试说明图 2.1.5 所示的(a)(b) 两个电路是否互为等效电路。(答：是)

2.1.4　试说明图 2.1.6 所示的(a)(b) 两个电路是否互为等效电路。(答：是)

2.1.5　试说明图 2.1.7 所示的(a)(b) 两个电路是否互为等效电路。(答：是)

2.1.6　试说明图 2.1.8 所示的(a)(b) 两个电路是否互为等效电路。(答：是)

2.1.7　试说明图 2.1.9 所示的(a)(b) 两个电路中 a，b 端以左的电路是否互为等效电路。(答：不是)

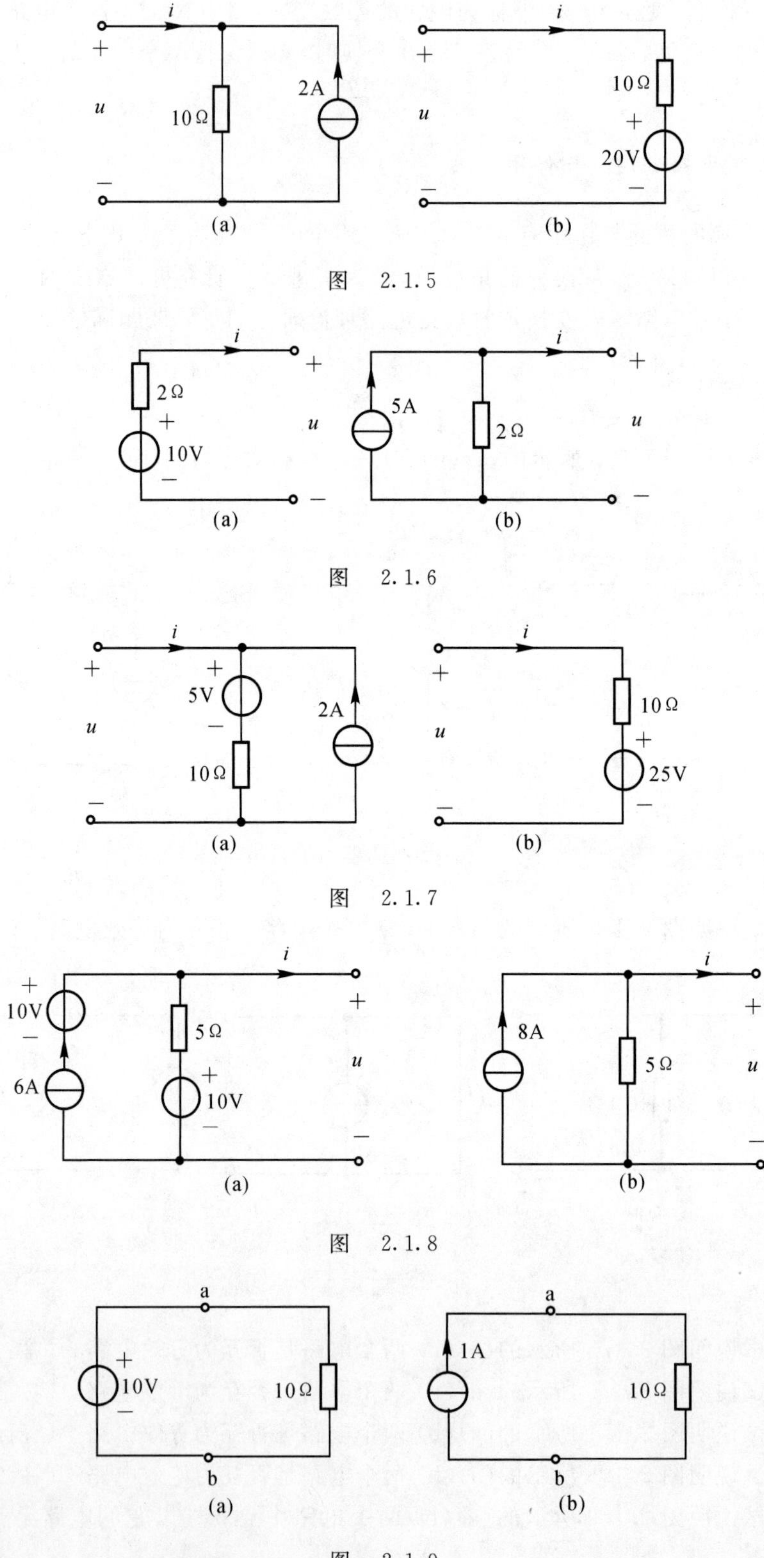

图　2.1.5

图　2.1.6

图　2.1.7

图　2.1.8

图　2.1.9

*2.2　电阻串联与电导并联

一、电阻串联

(1) 定义。若流过各个电阻的电流为同一电流①，则这些电阻即为串联连接，简称串联。如图 2.2.1(a) 所示即为 n 个电阻的串联，因为流过这 n 个电阻的电流均为同一电流 i。

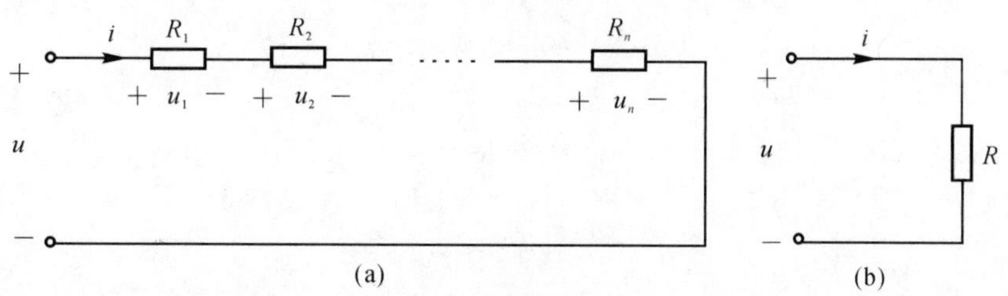

图 2.2.1　电阻的串联

(2) 等效电阻(输入电阻)R。设 u 与 i 为关联方向，故有

$$u = u_1 + u_2 + \cdots + u_n = R_1 i + R_2 i + \cdots + R_n i = (R_1 + R_2 + \cdots + R_n) i$$

故

$$u = Ri$$

式中

$$R = R_1 + R_2 + \cdots + R_n = \sum_{k=1}^{n} R_k$$

R 称为 n 个电阻串联的等效电阻，也称端口上的输入电阻。可见，n 个电阻串联的等效电阻(即输入电阻) 等于 n 个电阻的和。

(3) 等效电路及电流 i 的求解。在引入了等效电阻(输入电阻)R 后，即可作出图 2.2.1(a) 所示电路的等效电路，如图 2.2.1(b) 所示。于是根据图 2.2.1(b) 所示的等效电路，即可求得电流 i，即

$$i = \frac{u}{R} = \frac{u}{\sum_{k=1}^{n} R_k}$$

(4) 电压比与分压公式。因有

$$u_1 = R_1 i$$

$$u_2 = R_2 i$$

$$\cdots\cdots$$

$$u_n = R_n i$$

故有

$$u_1 : u_2 : \cdots : u_n = R_1 : R_2 : \cdots : R_n$$

即各电阻上的电压值与各电阻的值成正比。

又有

$$u_1 = R_1 \frac{u}{R} = \frac{R_1}{R_1 + R_2 + \cdots + R_n} u$$

---

① 同一电流一定相等，但相等的电流不一定是同一电流。同一电流与相等的电流概念不同。

$$u_2 = \frac{R_2}{R_1 + R_2 + \cdots + R_n} u$$

$$\cdots\cdots$$

$$u_n = \frac{R_n}{R_1 + R_2 + \cdots + R_n} u$$

以上各式称为电阻串联的分压公式。

(5) 功率关系。图 2.2.1(a) 电路中各个电阻吸收的功率为

$$P_1 = R_1 i^2$$

$$P_2 = R_2 i^2$$

$$\cdots\cdots$$

$$P_n = R_n i^2$$

故 n 个电阻吸收的总功率为

$$P = P_1 + P_2 + \cdots + P_n$$

即
$$P = R_1 i^2 + R_2 i^2 + \cdots + R_n i^2 = (R_1 + R_2 + \cdots + R_n) i^2 = Ri^2$$

式中,Ri^2 就是图 2.2.1(b) 所示电路中等效电阻 R 吸收的功率。故图 2.2.1(b) 电路中等效电阻 R 吸收的功率,就等于图 2.2.1(a) 电路中 n 个电阻吸收的总功率。

又有
$$P_1 : P_2 : \cdots : P_n = R_1 : R_2 : \cdots : R_n$$

即各电阻吸收的功率与各电阻的值成正比。

二、电导并联

(1) 定义。若加在各个电导两端的电压为同一电压,则这些电导即为并联连接,简称并联。图 2.2.2(a) 所示即为 n 个电导的并联,因为加在这 n 个电导上的电压为同一电压 u。

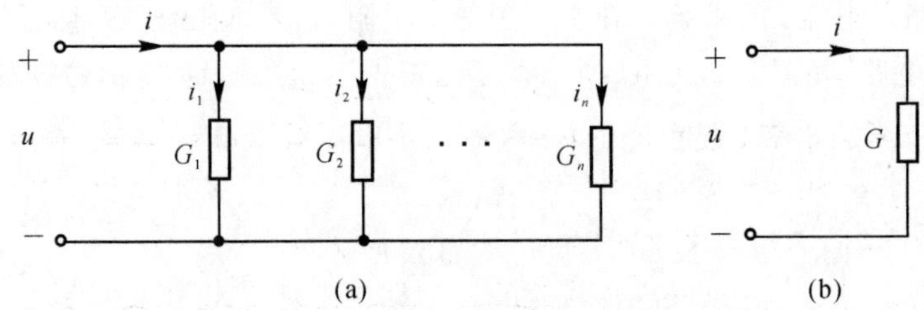

图 2.2.2　电导的并联

(2) 等效电导(输入电导)。设 u 与 i 为关联方向,故有

$$i = i_1 + i_2 + \cdots + i_n = G_1 u + G_2 u + \cdots + G_n u = (G_1 + G_2 + \cdots + G_n) u$$

故
$$i = Gu$$

式中
$$G = G_1 + G_2 + \cdots + G_n = \sum_{k=1}^{n} G_k$$

G 称为 n 个电导并联的等效电导,也称端口上的输入电导。可见,n 个电导并联的等效电导(即输入电导) 等于 n 个电导的和。

(3) 等效电路及电压 u 的求解。在引入了等效电导(输入电导)G 后,即可作出如图 2.2.2(b) 所示的等效电路。于是根据图 2.2.2(b) 所示的等效电路,即可求得电压 u,即

$$u=\frac{i}{G}=\frac{i}{\sum_{k=1}^{n}G_k}$$

(4) 电流比与分流公式。因有

$$i_1=G_1u$$
$$i_2=G_2u$$
$$\cdots\cdots$$
$$i_n=G_nu$$

故有 $$i_1:i_2:\cdots:i_n=G_1:G_2:\cdots:G_n$$

即各电导中的电流值与各电导的值成正比。

又有 $$i_1=G_1\frac{i}{G}=\frac{G_1}{G_1+G_2+\cdots+G_n}i$$

$$i_2=\frac{G_2}{G_1+G_2+\cdots+G_n}i$$
$$\cdots\cdots$$
$$i_n=\frac{G_n}{G_1+G_2+\cdots+G_n}i$$

以上各式称为电导并联的分流公式。

(5) 功率关系。图 2.2.2(a) 所示电路中各个电导吸收的功率为

$$P_1=G_1u^2$$
$$P_2=G_2u^2$$
$$\cdots\cdots$$
$$P_n=G_nu^2$$

故 n 个电导吸收的总功率为

$$P=P_1+P_2+\cdots+P_n$$

即 $$P=G_1u^2+G_2u^2+\cdots+G_nu^2=(G_1+G_2+\cdots+G_n)u^2=Gu^2$$

式中,Gi^2 就是图 2.2.2(b) 所示电路中等效电导 G 吸收的功率。故图2.2.2(b) 电路中等效电导 G 吸收的功率,就等于图 2.2.2(a) 电路中 n 个电导吸收的总功率。

又有 $$P_1:P_2:\cdots:P_n=G_1:G_2:\cdots:G_n$$

即各电导吸收的功率与各电导的值成正比。

(6) 两个电阻的并联。两个电阻并联的电路如图 2.2.3 所示。利用上面 n 个电导并联所得到的公式,可以推导出两个电阻并联的等效电阻为

$$R=\frac{R_1R_2}{R_1+R_2}$$

其分流公式为

$$i_1=\frac{R_2}{R_1+R_2}i,\quad i_2=\frac{R_1}{R_1+R_2}i$$

且有 $$\frac{i_1}{i_2}=\frac{R_2}{R_1},\quad \frac{P_1}{P_2}=\frac{R_2}{R_1}$$

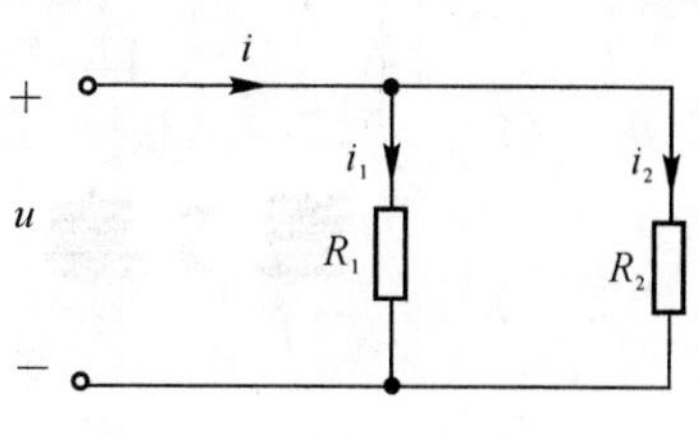

图 2.2.3　两个电阻并联

即两个电阻中的电流之比，吸收的功率之比，都与两个电阻的值成反比。

例 2.2.1 图 2.2.4 所示电路，求 i_1 和 u。

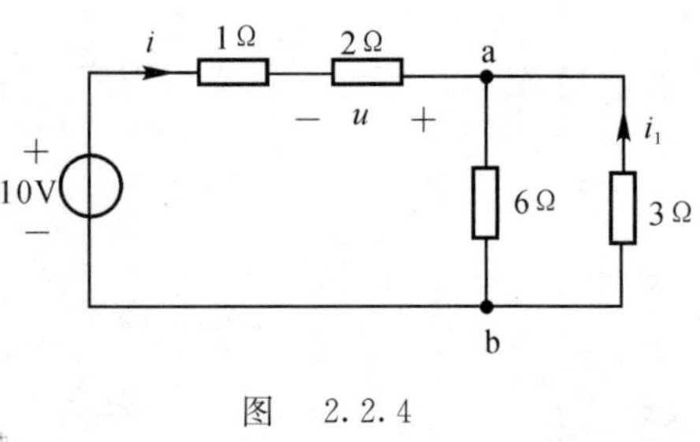

图 2.2.4

解 $R_{ab}=\frac{6\times 3}{6+3}\ \Omega=2\ \Omega$

$$R=1+2+R_{ab}=(3+2)\ \Omega=5\ \Omega$$

$$i=\frac{10}{R}=\frac{10}{5}\ \text{A}=2\ \text{A}$$

$$u=-2i=-2\times 2\ \text{V}=-4\ \text{V}$$

$$i_1=\frac{-6}{6+3}i=-\frac{2}{3}\times 2\ \text{A}=-\frac{4}{3}\ \text{A}$$

例 2.2.2 图 2.2.5(a) 所示电路是一个简单的分压器电路，滑动变阻器的总电阻 $R=1\ 000\ \Omega$，电源电压 $u_S=18$ V，当滑动端 P 在图示位置时，$R_{aP}=600\ \Omega$。(1) 求电压 u_2；(2) 若用内电阻 $R_V=1\ 200\ \Omega$ 的电压表测量 u_2[见图 2.2.5(b)]，求电压表的读数；(3) 若用内电阻$R_V=3\ 600\ \Omega$ 的电压表测量 u_2，求电压表的读数。

解 (1)
$$R_{Pb}=R-R_{aP}=(1\ 000-600)\ \Omega=400\ \Omega$$

$$u_2=\frac{R_{Pb}}{R}u_S=\frac{400}{1\ 000}\times 18\ \text{V}=7.2\ \text{V}$$

(2) 当用电压表测量电压 u_2 时，就相当于在 P，b 两点上并联了一个电阻 R_V，如图 2.2.5(b) 所示。故 P，b 两点之间的等效电阻为

$$R'_{Pb}=\frac{R_{Pb}R_V}{R_{Pb}+R_V}=\frac{400\times 1\ 200}{400+1\ 200}\ \Omega=300\ \Omega$$

进而又得 a，b 两点之间的等效电阻为

$$R_{ab}=R_{aP}+R'_{Pb}=(600+300)\ \Omega=900\ \Omega$$

故得电压表的示数为

$$u_2=\frac{R'_{Pb}}{R_{ab}}u_S=\frac{300}{900}\times 18\ \text{V}=6\ \text{V}$$

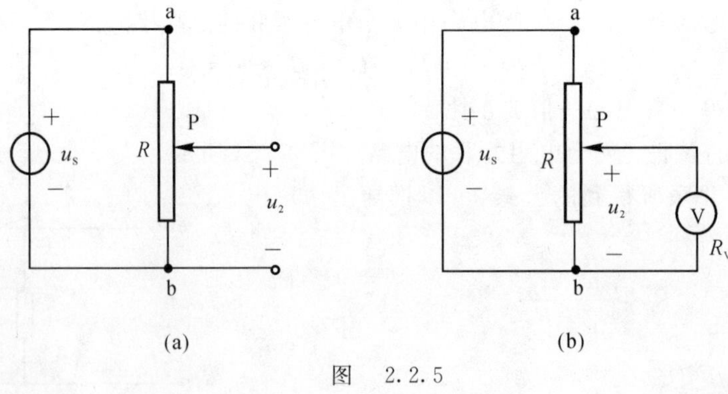

图 2.2.5

(3) 当电压表的内电阻 $R_V=3\ 600\ \Omega$ 时，则有

$$R''_{Pb}=\frac{R_{Pb}R_V}{R_{Pb}+R_V}=\frac{400\times 3\ 600}{400+3\ 600}\ \Omega=360\ \Omega$$

$$R_{ab}=R_{aP}+R''_{Pb}=(600+360)\ \Omega=960\ \Omega$$

故得电压表的示数为

$$u_2=\frac{R''_{Pb}}{R_{ab}}u_S=\frac{360}{960}\times 18\ \text{V}=6.75\ \text{V}$$

由计算结果可见，电压表内电阻 R_V 的值越大，测量的结果越精确。

例 2.2.3　求图 2.2.6(a) 所示电路的端口输入电阻 R_0。

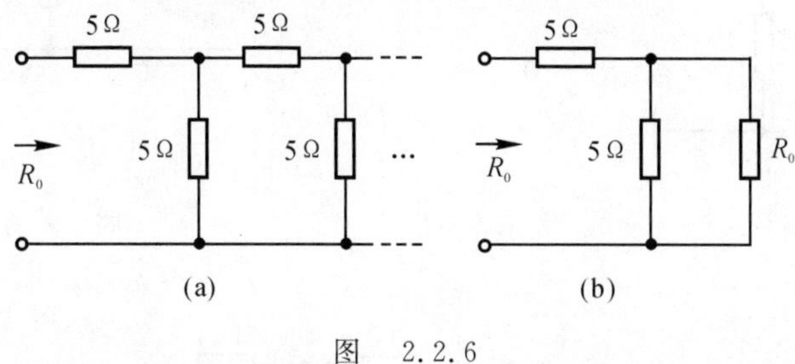

图　2.2.6

解　图 2.2.6(a) 电路的等效电路如图 2.2.6(b) 所示。故有

$$R_0=\frac{5R_0}{5+R_0}$$

解得

$$R_0=8.1\ \Omega\quad(\text{另一负解舍去})$$

例 2.2.4　求图 2.2.7(a) 所示电路的端口等效电阻 R_0。

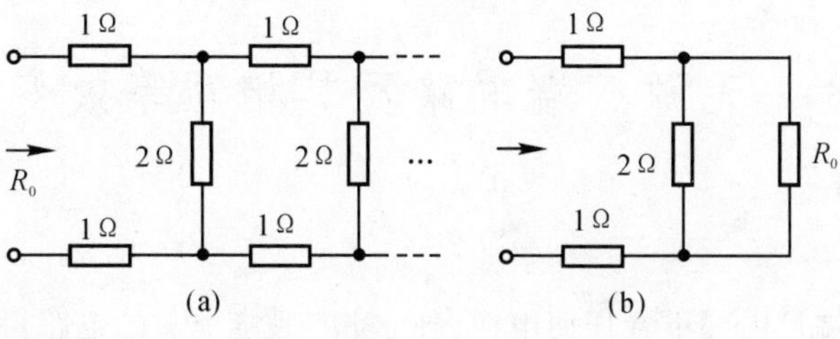

图　2.2.7

解　图 2.2.7(a) 电路的等效电路如图 2.2.7(b) 所示。故有

$$R_0=1+1+\frac{2R_0}{2+R_0}$$

即

$$R_0^2-2R_0-4=0$$

解得

$$R_0=3.236\ \Omega$$

三、思考与练习

2.2.1　图 2.2.8 所示电路，$i=20$ mA，求 R_1，R_2，R_3 的值。（答：250 Ω，200 Ω，50 Ω）

2.2.2　图 2.2.9 所示电路，求电压 u。（答：2 V）

2.2.3　图 2.2.10 所示电路，求 u 和 i。（答：-12 V，-2 A）

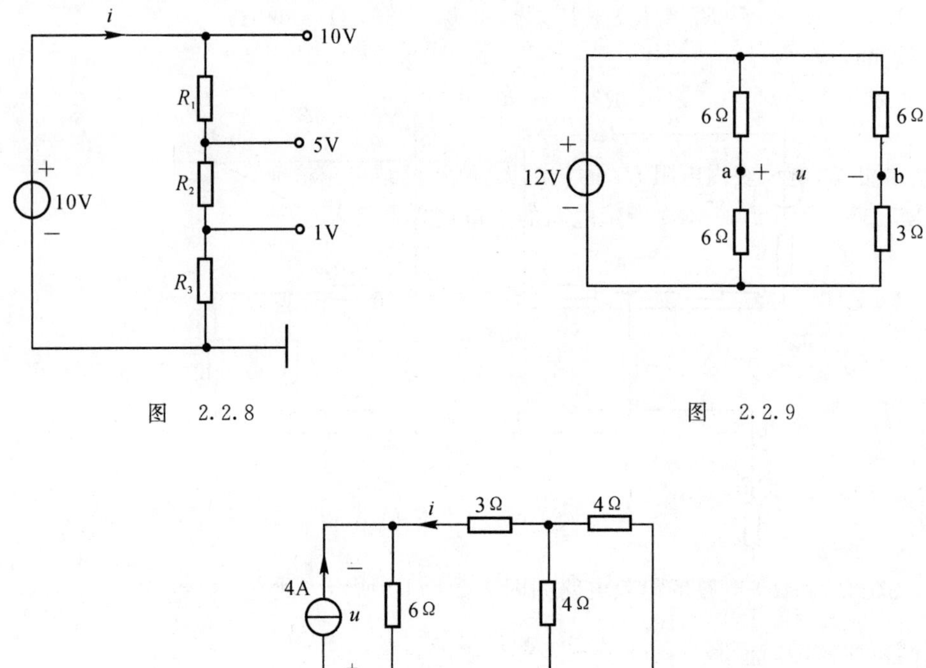

图 2.2.8

图 2.2.9

图 2.2.10

2.3 无源三端电路及其相互等效变换

一、定义

向外有 3 个引出端且内部不含任何电源(独立源与受控源) 的电路,称为无源三端电路。

二、分类

无源三端电路有两种:一种是星形(Y 形) 电路,如图 2.3.1(a) 所示;另一种是三角形(△形) 电路,如图 2.3.1(b) 所示。无源三端电路中的电阻既不是串联的,也不是并联的。

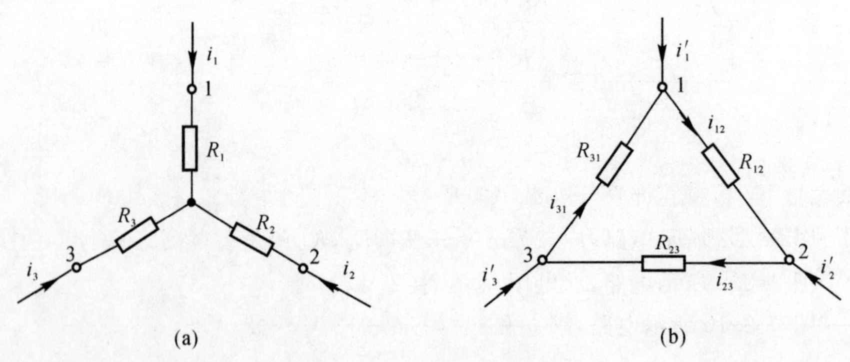

图 2.3.1　无源三端电路

三、等效变换

在电路分析中，可把这两种无源三端电路进行相互等效变换，其条件是对应节点上的端电流相等，即 $i_1=i'_1,i_2=i'_2,i_3=i'_3$，相应两节点的电压相等，即 $u_{12}=u'_{12},u_{23}=u'_{23},u_{31}=u'_{31}$。下面推导它们相互等效变换的公式。

(1) 已知 Y 形电路，求其等效的 △ 形电路，即已知 R_1,R_2,R_3，求 R_{12},R_{23},R_{31}。

对于图 2.3.1(b) 所示电路有

$$\left.\begin{aligned}i'_1=i_{12}-i_{31}=\frac{u'_{12}}{R_{12}}-\frac{u'_{31}}{R_{31}}=\frac{u_{12}}{R_{12}}-\frac{u_{31}}{R_{31}}\\ i'_2=i_{23}-i_{12}=\frac{u'_{23}}{R_{23}}-\frac{u'_{12}}{R_{12}}=\frac{u_{23}}{R_{23}}-\frac{u_{12}}{R_{12}}\\ i'_3=i_{31}-i_{23}=\frac{u'_{31}}{R_{31}}-\frac{u'_{23}}{R_{23}}=\frac{u_{31}}{R_{31}}-\frac{u_{23}}{R_{23}}\end{aligned}\right\}\tag{2.3.1}$$

对于图 2.3.1(a) 所示电路有

$$\begin{cases}u_{12}=R_1i_1-R_2i_2\\ u_{23}=R_2i_2-R_3i_3\\ i_1+i_2+i_3=0\end{cases}$$

此 3 式联解得

$$\left.\begin{aligned}i_1=\frac{R_3}{R_1R_2+R_2R_3+R_3R_1}u_{12}-\frac{R_2}{R_1R_2+R_2R_3+R_3R_1}u_{31}\\ i_2=\frac{R_1}{R_1R_2+R_2R_3+R_3R_1}u_{23}-\frac{R_3}{R_1R_2+R_2R_3+R_3R_1}u_{12}\\ i_3=\frac{R_2}{R_1R_2+R_2R_3+R_3R_1}u_{31}-\frac{R_1}{R_1R_2+R_2R_3+R_3R_1}u_{23}\end{aligned}\right\}\tag{2.3.2}$$

由于应有 $i_1=i'_1,i_2=i'_2,i_3=i'_3$，故式(2.3.1) 和式(2.3.2) 应相等，且对应项的系数也应相等。于是得

$$\left.\begin{aligned}R_{12}=\frac{R_1R_2+R_2R_3+R_3R_1}{R_3}\\ R_{23}=\frac{R_1R_2+R_2R_3+R_3R_1}{R_1}\\ R_{31}=\frac{R_1R_2+R_2R_3+R_3R_1}{R_2}\end{aligned}\right\}\tag{2.3.3}$$

式(2.3.3) 即为由已知的 Y(星) 形连接求等效 △(三角) 形连接的公式。

特例：当 $R_1=R_2=R_3=R_Y$ 时，则有

$$R_{12}=R_{23}=R_{31}=R_\triangle=3R_Y$$

(2) 已知 △ 形电路，求其等效的 Y 形电路，即已知 R_{12},R_{23},R_{31}，求 R_1,R_2,R_3。

由式(2.3.3) 可解得

$$\left.\begin{aligned}R_1&=\frac{R_{31}R_{12}}{R_{12}+R_{23}+R_{31}}\\R_2&=\frac{R_{12}R_{23}}{R_{12}+R_{23}+R_{31}}\\R_3&=\frac{R_{23}R_{31}}{R_{12}+R_{23}+R_{31}}\end{aligned}\right\}\tag{2.3.4}$$

式(2.3.4)即为由已知的△(三角)形连接求等效Y(星)形连接的公式。

特例：当 $R_{12}=R_{23}=R_{31}=R_{\triangle}$ 时，则有

$$R_1=R_2=R_3=R_{\mathrm{Y}}=\frac{1}{3}R_{\triangle}$$

例 2.3.1 图 2.3.2(a) 所示电路。求等效电阻 R_{ab} 及各支路电流。

解 将星形连接的3个2 Ω电阻，等效变换为三角形连接的3个6 Ω电阻，如图2.3.2(b)所示。然后再利用电阻串并联简化原则，将图2.3.2(b)电路简化成图2.3.2(c)所示电路。于是根据图2.3.2(c)得

$$R_{ab}=\frac{4\times3}{4+3}\ \Omega=\frac{12}{7}\ \Omega,\quad i_1=\frac{3}{4+3}\times10\ \mathrm{A}=\frac{30}{7}\ \mathrm{A},\quad u_{ab}=4i_1=\frac{120}{7}\ \mathrm{V}$$

再回到图2.3.2(b)所示电路得

$$i'_2=\frac{u_{ab}}{6}=\frac{20}{7}\ \mathrm{A},\quad i'_3=i'_4=i_5=i_6=\frac{1}{2}(10-i_1-i'_2)=\frac{10}{7}\ \mathrm{A}$$

再回到图2.3.2(a)所示电路得

$$i_2=10-i_1-i_5=\frac{30}{7}\ \mathrm{A},\quad i_3=i_1+i_6-10=-\frac{30}{7}\ \mathrm{A},\quad i_4=i_6-i_5=0$$

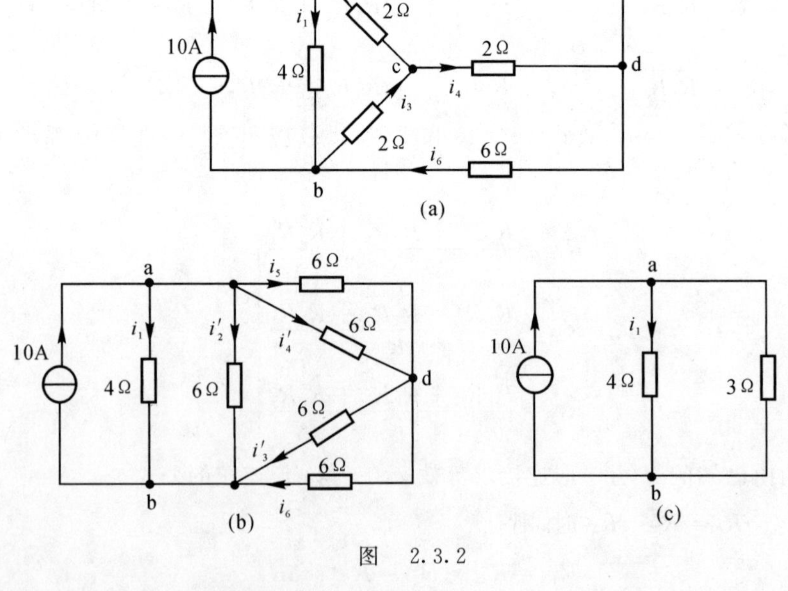

图 2.3.2

例 2.3.2 图 2.3.3(a) 所示电路，求 i 和 u。

解 将a,b,c三个节点之间的△形电路，等效变换为Y形电路，如图2.3.3(b)所示。故

得 a,d 之间的等效电阻为

$$R_{ad}=\left[1.5+\frac{(1+8)(3+6)}{(1+8)+(3+6)}\right]\ \Omega=6\ \Omega$$

故

$$u=2R_{ad}=2\times 6\ \text{V}=12\ \text{V}$$

又

$$i_1=\frac{3+6}{(1+8)+(3+6)}\times 2\ \text{A}=1\ \text{A}$$

$$i_2=2-i_1=(2-1)\ \text{A}=1\ \text{A}$$

故

$$u_{bc}=-1i_1+3i_2=(-1\times 1+3\times 1)\ \text{V}=2\ \text{V}$$

故得

$$i=\frac{u_{bc}}{6}=\frac{2}{6}\ \text{A}=\frac{1}{3}\ \text{A}$$

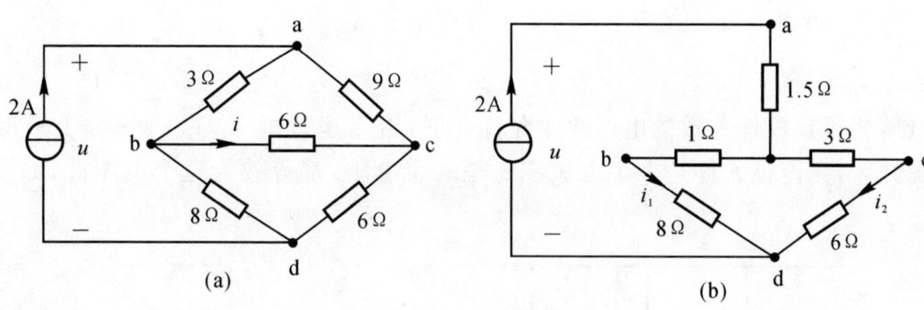

图　2.3.3

四、思考与练习

2.3.1　图 2.3.4 所示电路，求 R_{ab}。(答:1.26 Ω)

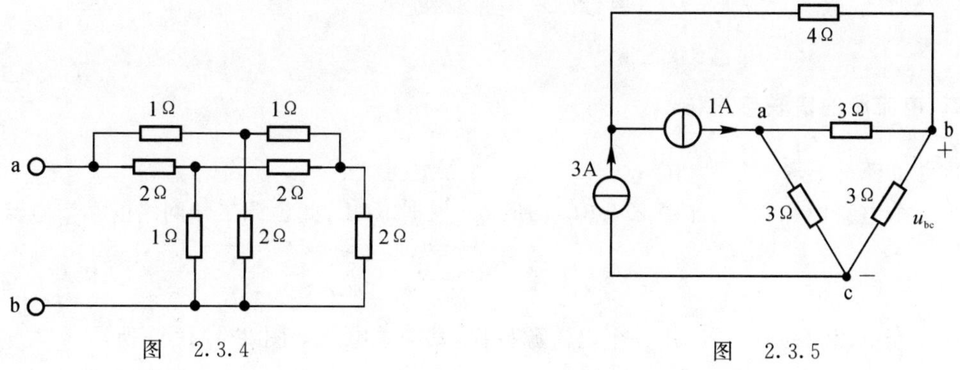

图　2.3.4　　　　图　2.3.5

2.3.2　图 2.3.5 所示电路，求 u_{bc} 的值。(答:5 V)

2.4　独立源的等效变换

一、电压源的串联与并联

1. 电压源的串联

设有 n 个电压源串联，如图 2.4.1(a) 所示。根据 KVL，此含源二端网络的端电压为

$$u_S = u_{S1} + u_{S2} + \cdots + u_{Sn} = \sum_{k=1}^{n} u_{Sk}$$

即 n 个电压源串联,可以用一个电压源替代,其等效电路如图 2.4.1(b) 所示。

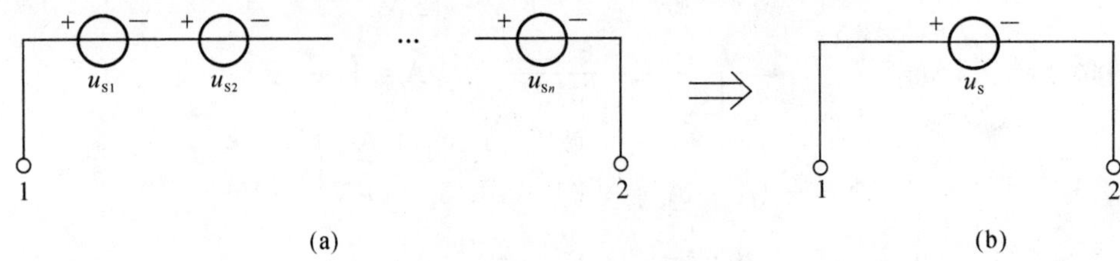

图 2.4.1　电压源的串联等效

2. 电压源的并联

只有电压相等且极性一致的电压源才允许并联,否则违背了 KVL。此时,任一元件或支路与电压源并联,无论该元件是一个电流源还是一个电阻,都等效为这个电压源,如图 2.4.2 所示。

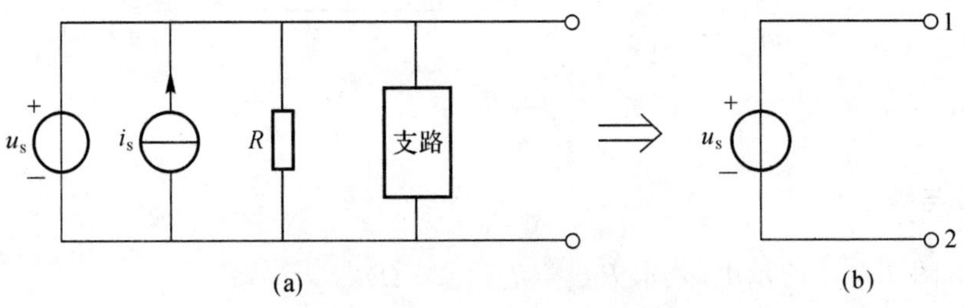

图 2.4.2　电压源的并联等效

二、电流源的串联与并联

1. 电流源的并联

当 n 个电流源并联时,如图 2.4.3(a) 所示。根据 KCL,此含源二端网络的端口电流为

$$i_S = i_{S1} + i_{S2} + \cdots + i_{Sn} = \sum_{k=1}^{n} i_{Sk}$$

即 n 个电流源并联,可以用一个电流源替代,其等效电路如图 2.4.3(b) 所示。

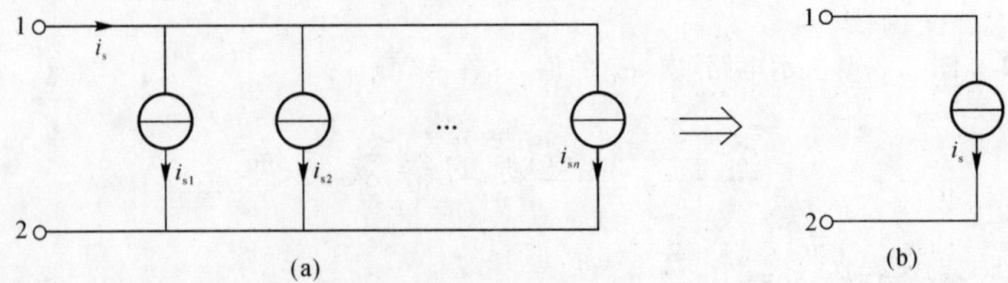

图 2.4.3　电流源的并联等效

2. 电流源的串联

只有电流相等且流向一致的电流源才允许串联，否则违背了 KCL。此时，任一元件或支路与电流源串联，无论该元件是一个电压源还是一个电阻，都等效为这个电流源，如图 2.4.4 所示。

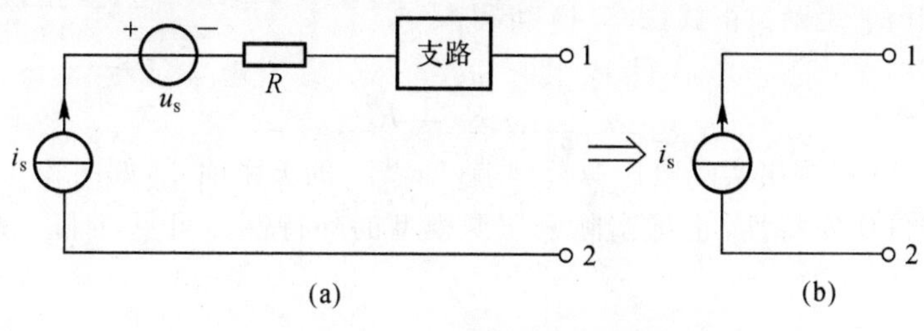

图 2.4.4　电流源的串联等效

2.5　实际电源的电路模型及其相互等效变换

一、实际电压源的电路模型及其端口伏安关系

(1) 电路模型。一个实际的电压源可以用一个电阻 R_S 和一个理想电压源的串联组合来作为它的电路模型，如图 2.5.1(a) 所示，称为实际电压源模型。其中 u_S 为实际电压源的电压，R_S 为实际电压源的内电阻，u 和 i 分别为端口电压与端口电流。

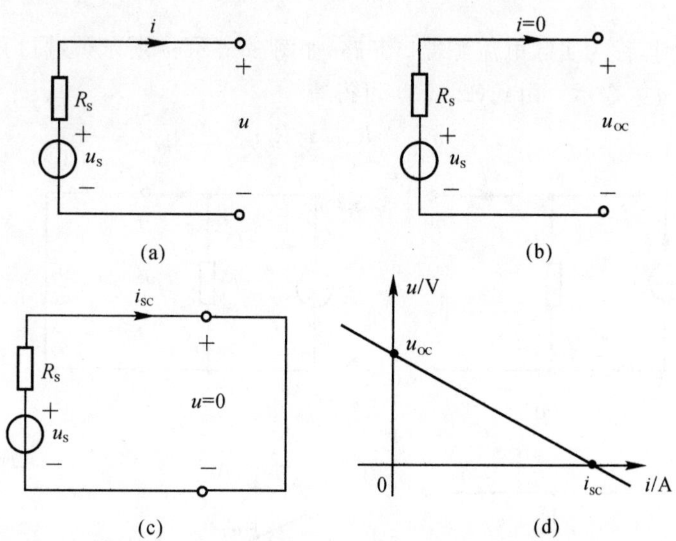

图 2.5.1　实际电压源模型及其端口伏安曲线

(2) 端口伏安关系。根据图 2.5.1(a) 所示电路，可写出实际电压源模型的端口伏安关系为

$$u = u_S - R_S i \tag{2.5.1}$$

当端口电流 $i=0$ 时，称为实际电压源端口开路，如图 2.5.1(b) 所示。端口开路时的电压称为端口开路电压，用 u_{OC} 表示。由式(2.5.1) 可得

$$u_{OC}=u_S$$

当端口电压 $u=0$ 时，称为实际电压源端口短路，如图 2.5.1(c) 所示。端口短路时的电流称为端口短路电流，用 i_{SC} 表示。由式(2.5.1) 可得

$$i_{SC}=\frac{u_S}{R_S}=\frac{u_{OC}}{R_S} \tag{2.5.2}$$

根据式(2.5.1) 可画出实际电压源模型端口 u 与 i 的关系曲线，如图 2.5.1(d) 所示，称为实际电压源的端口伏安特性，也称实际电压源模型的外特性。可见，u 随 i 的增大而直线减小的。

二、实际电流源的电路模型及其端口伏安关系

(1) 电路模型。一个实际的电流源可以用一个电阻 R_S 和一个理想电流源的并联组合来作为它的电路模型，如图 2.5.2(a) 所示，称为实际电流源模型。其中 i_S 为实际电流源的电流，R_S 为实际电流源的内电阻，u 和 i 分别为端口电压与端口电流。

(2) 端口伏安关系。根据图 2.5.2(a) 所示电路，可写出实际电流源模型的端口伏安关系为

$$i=i_S-\frac{u}{R_S} \tag{2.5.3}$$

当端口电压 $u=0$ 时，称为实际电流源端口短路，如图 2.5.2(b) 所示。端口短路时的电流称为端口短路电流，用 i_{SC} 表示。由式(2.5.3) 可得

$$i_{SC}=i_S$$

当端口电流 $i=0$ 时，称为实际电流源端口开路，如图 2.5.2(c) 所示。端口开路时的电压称为端口开路电压，用 u_{OC} 表示。由式(2.5.3) 可得

$$u_{OC}=R_Si_S=R_Si_{SC} \tag{2.5.4}$$

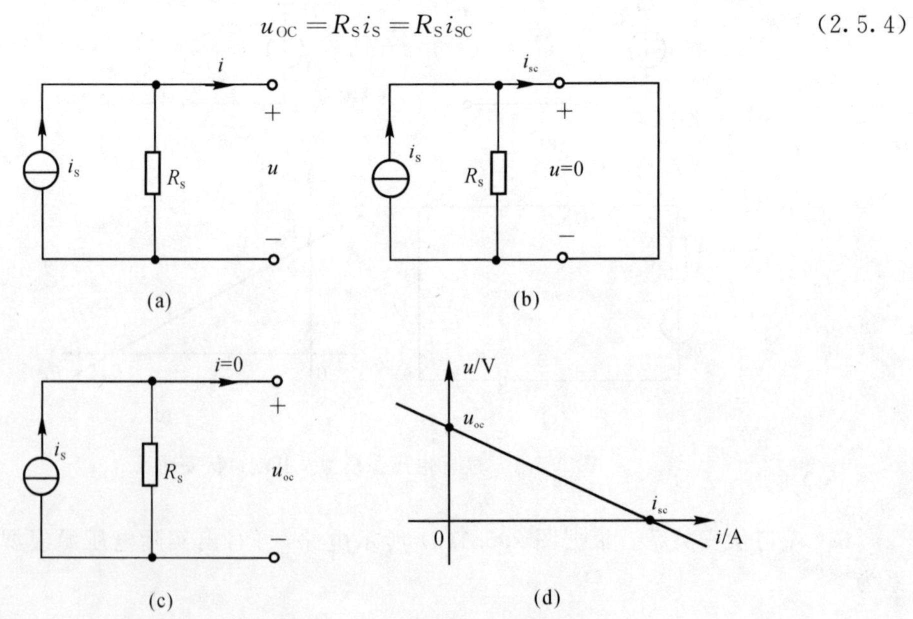

图 2.5.2　实际电流源模型及其端口伏安曲线

根据式(2.5.3)可画出实际电流源模型端口 u 与 i 的关系曲线，如图 2.5.2(d) 所示，称为实际电流源的端口伏安特性，也称实际电流源模型的外特性。可见，u 随 i 的增大也是直线减小的。

又由式(2.5.2)或式(2.5.4)都可以得到

$$R_S = \frac{u_{OC}}{i_{SC}} \tag{2.5.5}$$

式(2.5.5)说明，电压源和电流源的内电阻 R_S，都可通过求端口开路电压 u_{OC} 和端口短路电流 i_{SC} 得到(注意，当出现 $u_{OC} = i_{SC} = 0$ 时，此方法失效)。

三、两种实际电源模型的相互等效变换

为了电路分析的需要，往往需要将实际电压源模型与实际电流源模型进行互相变换，当这种互相变换是在保持两者的外特性(即端口伏安关系曲线)完全相同的原则下进行时，则称为等效变换，等效变换后所得到的电路称为等效电路。下面就来推导它们等效变换的原则与关系式。

(1) 实际电压源模型等效变换为实际电流源模型。实际电压源模型如图 2.5.3(a) 所示。由式(2.5.1)有

$$i = \frac{u_S}{R_S} - \frac{u}{R_S} = i_{SC} - \frac{u}{R_S}$$

式中，$i_{SC} = u_S/R_S$ 为实际电压源模型的端口短路电流。根据上式即可画出与之对应的等效电路，如图 2.5.3(b) 所示，可见为一实际电流源模型，称为实际电压源模型的等效实际电流源模型。将这种等效变换原则总结为 3 条：①u_S 与 R_S 的串联组合变为 i_{SC} 与 R_S 的并联组合；② 等效实际电流源模型的电流$i_{SC} = u_S/R_S$，为实际电压源模型的端口短路电流；③i_{SC} 的方向为从 u_S 的“−”指向 u_S 的“+”。

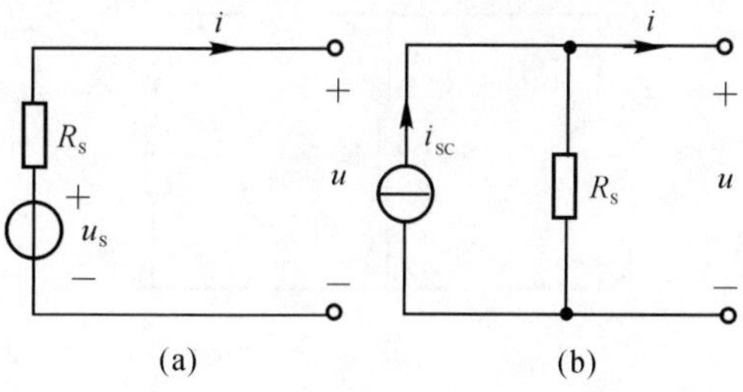

图 2.5.3　实际电压源模型等效变换为实际电流源模型

(2) 实际电流源模型等效变换为实际电压源模型。实际电流源模型如图 2.5.4(a) 所示。由式(2.5.3)有

$$u = R_S i_S - R_S i = u_{OC} - R_S i$$

式中，$u_{OC} = R_S i_S$ 为实际电流源模型的端口开路电压。根据上式即可画出与之对应的等效电路，如图 2.5.4(b) 所示，可见为一实际电压源模型，称为实际电流源模型的等效实际电压源模型。可将这种等效变换原则总结为 3 条：①i_S 与 R_S 的并联组合变为 u_{OC} 与 R_S 的串联组合；

② 等效实际电压源模型的电压 $u_{\mathrm{OC}}=R_{\mathrm{S}}i_{\mathrm{S}}$，为实际电流源模型的端口开路电压；③$u_{\mathrm{OC}}$ 的极性为从“－”到“＋”，与 i_{S} 的方向一致。

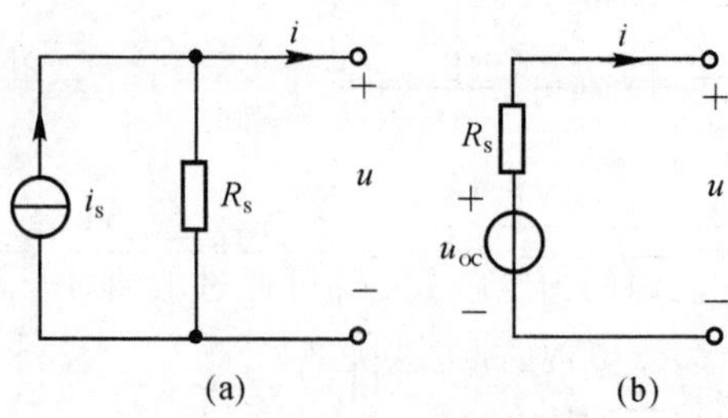

图 2.5.4　实际电流源模型等效变换为实际电压源模型

需要指出 3 点：① 电源模型的等效变换只是对外电路等效，对电源模型内部是不等效的；② 理想电压源与理想电流源不能互相等效变换，即理想电压源不存在与之对应的等效电流源，理想电流源也不存在与之对应的等效电压源。因为对理想电压源($R_{\mathrm{S}}=0$)而言，其端口短路电流 $i_{\mathrm{SC}}\rightarrow\infty$，对理想电流源($R_{\mathrm{S}}\rightarrow\infty$)而言，其端口开路电压 $u_{\mathrm{OC}}\rightarrow\infty$，都不是有限值，故两者之间不存在等效变换的条件；③ 实际受控电压源与实际受控电流源相互等效变换的原则与上述原则相同，其变换结果仍是受控源。

例 2.4.1　图 2.5.5(a) 所示电路，求 i_1，i_2，i_3。

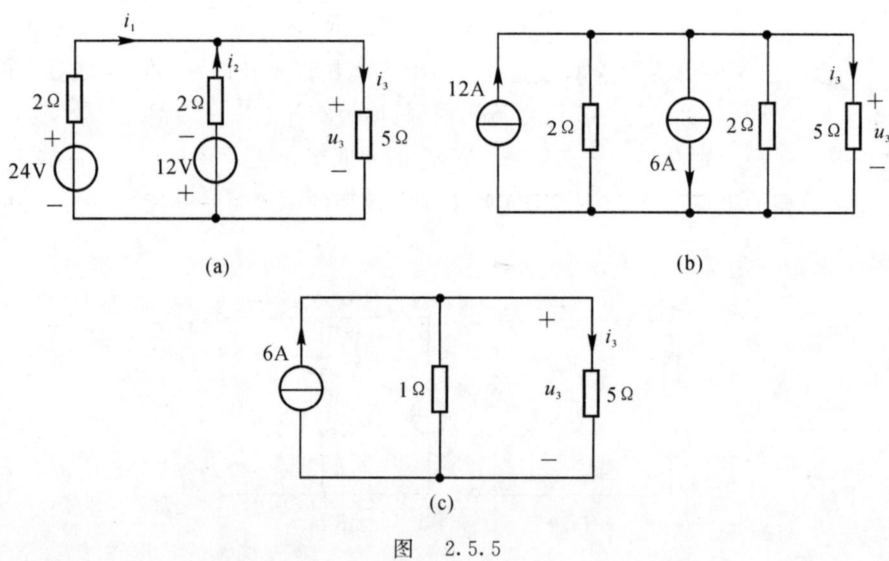

图　2.5.5

解　利用电源模型等效变换的原理，可将图 2.5.5(a) 等效变换为图 2.5.5(b)(c)。于是根据图 2.5.5(c) 即可求得

$$i_3=\frac{1}{1+5}\times 6\ \mathrm{A}=1\ \mathrm{A},\quad u_3=5i_3=5\times 1\ \mathrm{V}=5\ \mathrm{V}$$

再根据图 2.5.5(a) 得

$$i_1=\frac{24-u_3}{2}=9.5\ \mathrm{A},\quad i_2=\frac{-12-u_3}{2}=-8.5\ \mathrm{A}$$

例 2.4.2　图 2.5.6(a) 所示电路，求 i 及受控源吸收的功率。

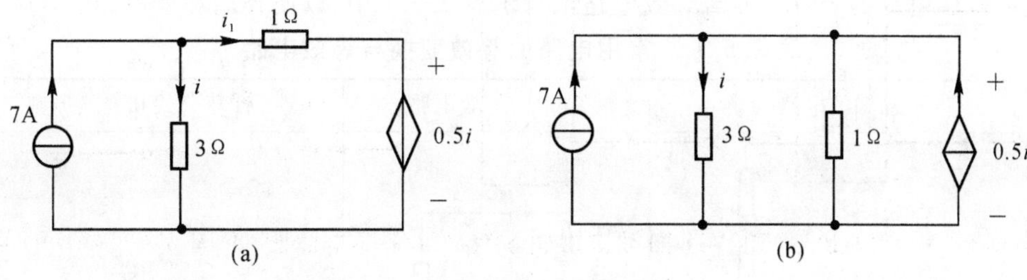

图　2.5.6

解　这是含有受控源的电路。在对含受控源的电路进行等效变换时，控制量 i 所在的支路不能变动，受控源与独立源同样处理。

将图 2.5.6(a) 所示电路等效变换为图 2.4.6(b) 所示电路，于是根据图 2.4.6(b) 所示电路得

$$i=\frac{1}{3+1}(7+0.5i)$$

解得

$$i=2\ \mathrm{A}$$

再回到图 2.5.6(a) 所示电路，得

$$i_1=7-i=(7-2)\ \mathrm{A}=5\ \mathrm{A}$$

故受控电压源吸收的功率为

$$P=0.5ii_1=0.5\times 2\times 5\ \mathrm{W}=5\ \mathrm{W}$$

四、思考与练习

2.5.1　图 2.5.7 所示电路，求 i，u 的值。(答：0.5 A，8 V)

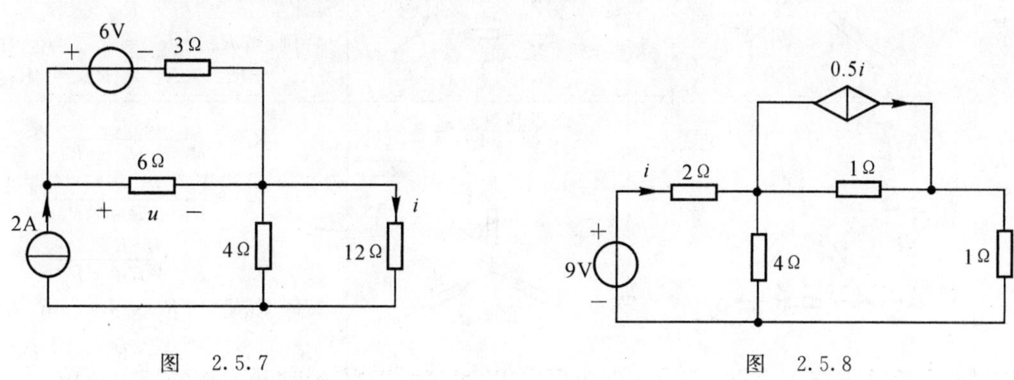

图　2.5.7　　　　图　2.5.8

2.5.2　图 2.5.8 所示电路，求 i。(答：3 A)

2.5.3　图 2.5.9 所示电路，求 i_3 及受控电压源吸收的功率。(答：1 A，9 W)

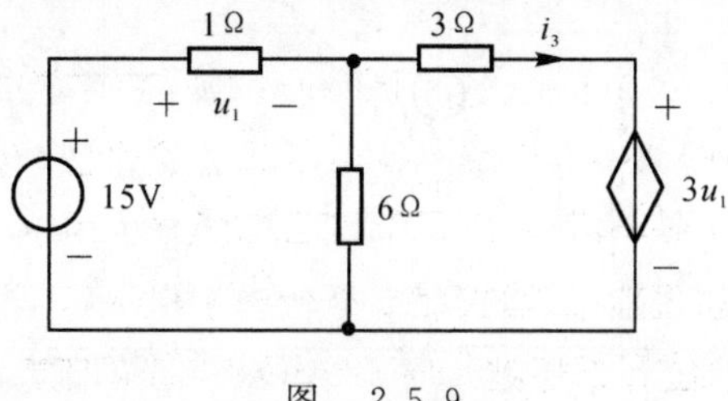

图　2.5.9

现将常用电路的等效变换与等效电路汇总于表 2.5.1 中,以便查用和复习。

表 2.5.1　常用电路的等效变换与等效电路

名　称	已知的电路	待求的等效电路	计算公式和变换原则
电阻串联	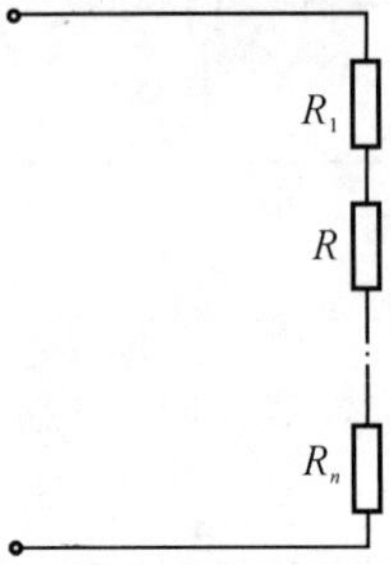 R_1, R, R_n	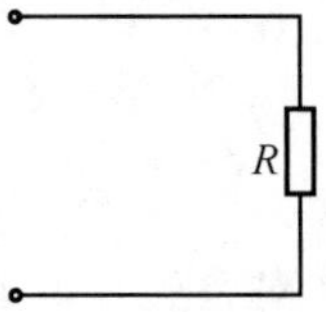 R	$R=\sum_{k=1}^{n}R_k$
电阻并联	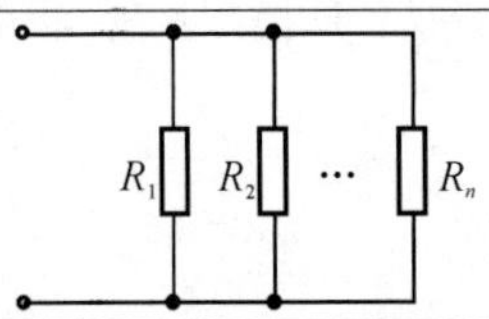 R_1, R_2 … R_n	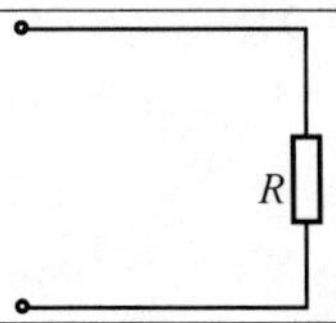 R	$\frac{1}{R}=\sum_{k=1}^{n}\frac{1}{R_k}$
两个电阻并联	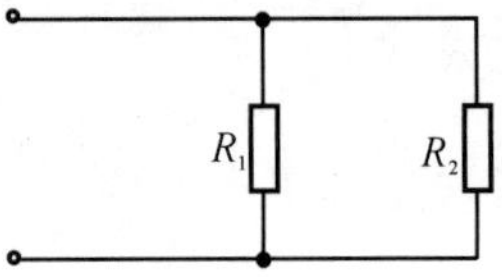 R_1, R_2	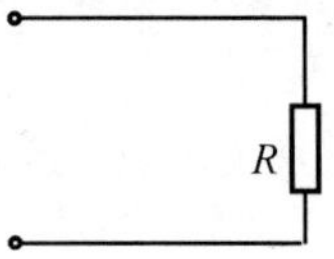 R	$R=\frac{R_1R_2}{R_1+R_2}$
Y变换为△	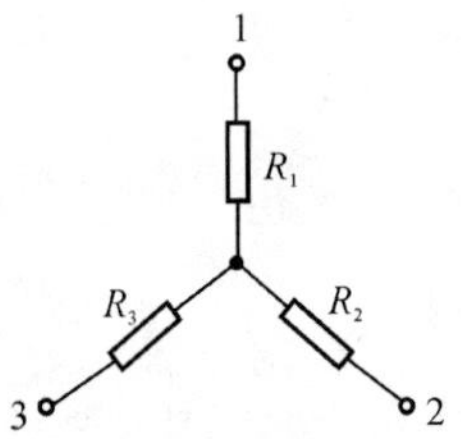 1, 2, 3, R_1, R_2, R_3	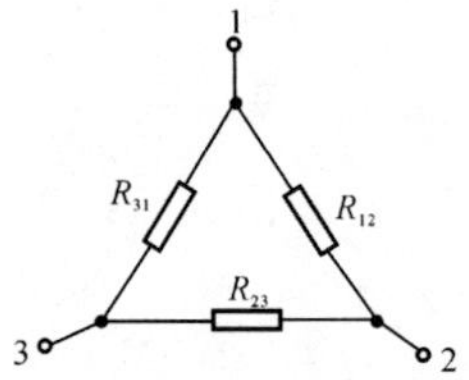 1, 2, 3, R_{12}, R_{23}, R_{31}	$R_{12}=\frac{R_1R_2+R_2R_3+R_3R_1}{R_3}$ $R_{23}=\frac{R_1R_2+R_2R_3+R_3R_1}{R_1}$ $R_{31}=\frac{R_1R_2+R_2R_3+R_3R_1}{R_2}$ 特例:当 $R_1=R_2=R_3=R_Y$ 时 $R_{12}=R_{23}=R_{31}=R_\triangle=3R_Y$
△变换为Y	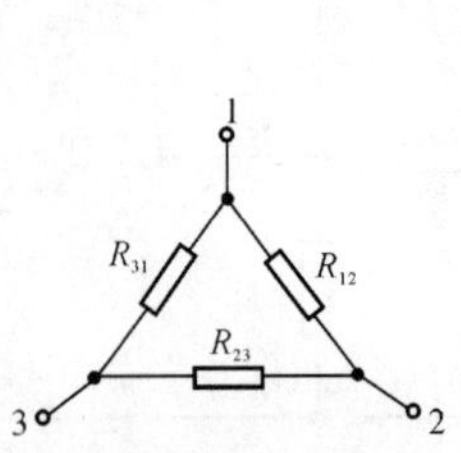 1, 2, 3, R_{12}, R_{23}, R_{31}	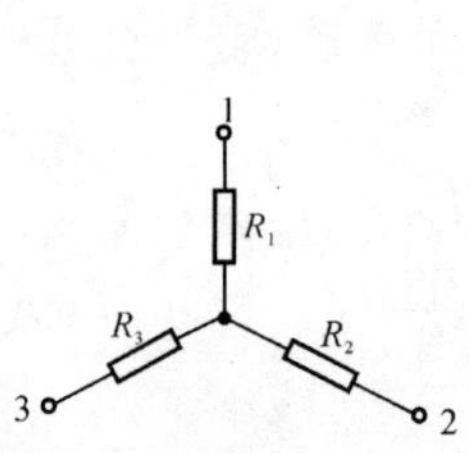 1, 2, 3, R_1, R_2, R_3	$R_1=\frac{R_{31}R_{12}}{R_{12}+R_{23}+R_{31}}$ $R_2=\frac{R_{12}R_{23}}{R_{12}+R_{23}+R_{31}}$ $R_3=\frac{R_{23}R_{31}}{R_{12}+R_{23}+R_{31}}$ 特例:当 $R_{12}=R_{23}=R_{31}=R_\triangle$ 时 $R_1=R_2=R_3=R_Y=\frac{1}{3}R_\triangle$
电压源串联	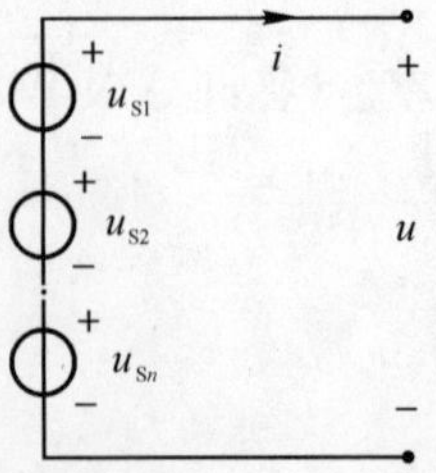 u_{S1}, u_{S2}, u_{Sn}, i, u, +, −	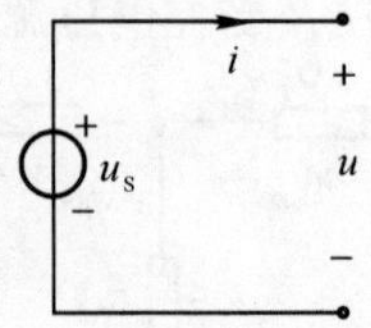 u_S, i, u, +, −	$u_S=\sum_{k=1}^{n}u_{Sk}$ $i=$ 不定值(由外电路确定)

续表

名称	已知的电路	待求的等效电路	计算公式和变换原则
电流源并联	i_S, i_{S1}, i_{S2}, …, i_{Sn}, +, u, −	i, i_S, +, −, +, u, −	$i_S = \sum_{k=1}^{n} i_{Sk}$ u = 不定值(由外电路确定)
理想电压源与任意电路并联	+, u_S, −, 任意电路	+, u_S, −	任意电路对端口而言可等效为开路
理想电流源与任意电路串联	任意电路, i_S	i_S	任意电路对端口而言可等效为短路
实际电压源变换为实际电流源	i, +, R_S, +, u_S, −, u, −	i, i_{SC}, R_S, +, u, −	① u_S 与 R_S 的串联组合变为 i_{SC} 与 R_S 的并联组合 ② $i_{SC} = \frac{u_S}{R_S}$ ③ i_{SC} 的方向为从 u_S 的“−”指向“+” ④ R_S 的值不变
实际电流源变换为实际电压源	i, +, i_S, R_S, u, −	i, R_S, +, +, u_{OC}, −, u_S, −	① i_S 与 R_S 的并联组合变为 u_{OC} 与 R_S 的串联组合 ② $u_{OC} = R_S i_S$ ③ u_{OC} 的“−”、“+”与 i_S 的方向一致 ④ R_S 的值不变

注:实际受控电压源与实际受控电流源相互等效变换原则与独立源相同。

2.6 单口电路的输入电阻

一、输入电阻的定义

对于不含独立源的单口(即一端口)电路,引入输入电阻的概念。

如图 2.6.1(a) 所示电路为不含独立源的单口电路,在 u 与 i 为关联方向时,则定义不含独立源单口电路的端口输入电阻 R_0 为

$$R_0=\frac{u}{i} \tag{2.6.1}$$

但若 u 与 i 为非关联方向时,如图 2.6.1(b) 所示,则

$$R_0=-\frac{u}{i} \tag{2.6.2}$$

R_0 的倒数 G_0 称为输入电导,即

$$G_0=\frac{1}{R_0}=\frac{i}{u}(u\text{ 与 }i\text{ 为关联方向})$$

或

$$G_0=\frac{1}{R_0}=-\frac{i}{u}(u\text{ 与 }i\text{ 为非联方向})$$

根据式(2.6.1) 和式(2.6.2) 即可作出与之对应的等效电路图,如图 2.6.1(c)(d) 所示。

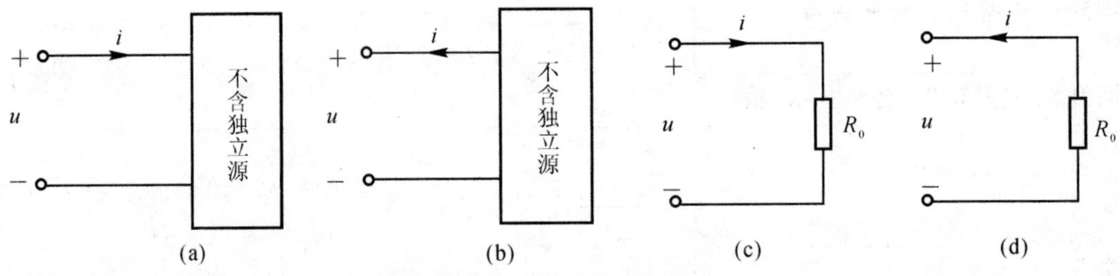

图 2.6.1 输入电阻 R_0 的定义

二、输入电阻的求法

单口电路输入电阻的求解方法,应视单口电路的具体情况确定。

(1) 不含任何电源(独立源与受控源) 的单口电路。求此种单口电路的输入电阻 R_0,可直接利用电阻串联、并联简化和星形-三角形等效变换的方法求解。

例 2.6.1 图 2.6.2(a) 所示电路,求 a,b 端口的输入电阻 R_0。

解 将图 2.6.2(a) 中的 3 个 1 Ω 电阻连接成的 Y 形电路,等效变换为如图 2.6.2(b) 中的 △ 形电路。于是根据图 2.6.2(b) 所示电路,即可求得 a,b 端口的输入电阻为

$$R_0=\frac{3\times 1.5}{3+1.5}\ \Omega=1\ \Omega$$

(2) 含受控源(不含独立源) 的单口电路。求此种单口电路的输入电阻 R_0,应根据输入电阻 R_0 的定义式(2.6.1),用外加电源的方法求解,可以外加电压源,也可以外加电流源。

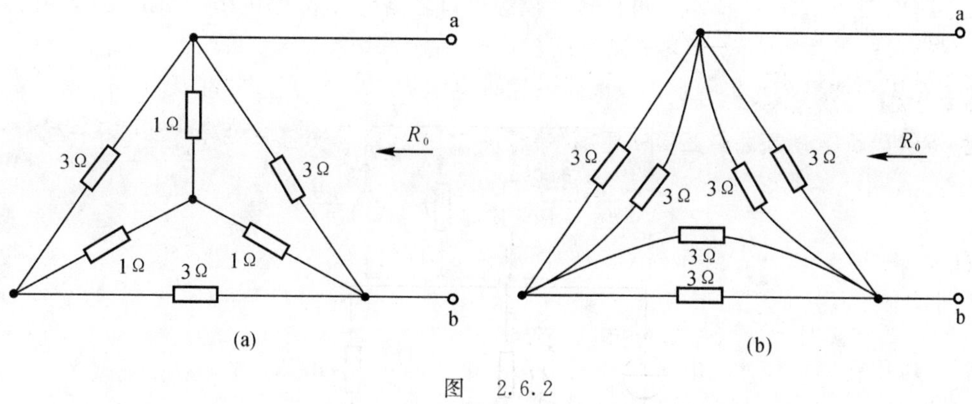

图　2.6.2

例 2.6.2　求图 2.6.3(a) 所示单口电路的输入电阻(等效电阻)R_0。

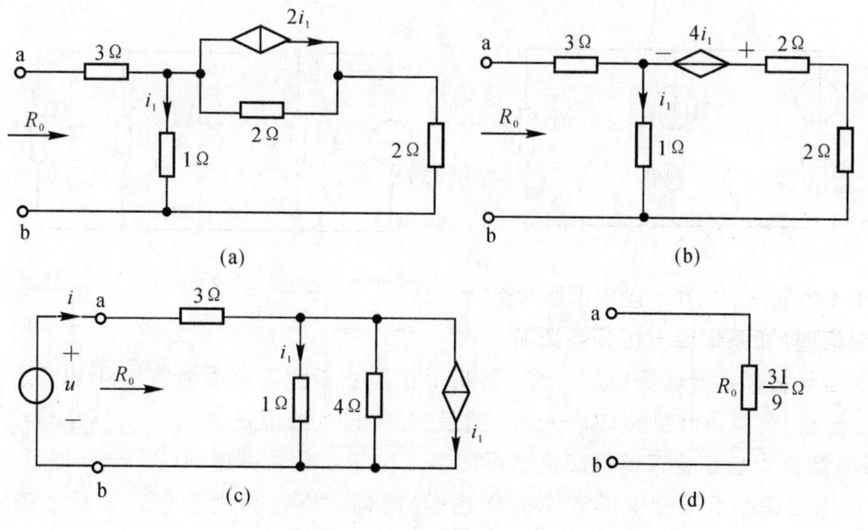

图 2.6.3　含受控源的单口电路

解　先将受控电流源 $2i_1$ 与 2 Ω 电阻的并联组合，等效变换为受控电压源 $4i_1$ 与电阻 2 Ω 的串联组合，其变换原则与独立电压源和独立电流源的相互等效变换原则相同，如图 2.6.3(b) 所示。然后再将受控电压源 $4i_1$ 与电阻(2 Ω + 2 Ω) 的串联组合，等效变换为受控电流源 i_1 与电阻 4 Ω 的并联组合，如图 2.6.3(c) 所示。可见简化后的电路 2.6.3(c) 保留了控制变量 i_1 支路不动。于是根据图 2.6.3(c) 所示电路，从端口 ab 处外施以电压源 u 以求得电流 i，即

$$i = i_1 + \frac{u - 3i}{4} + i_1$$

又有

$$i_1 = \frac{u - 3i}{1}$$

联解即得输入电阻(等效电阻)为

$$R_0 = \frac{u}{i} = \frac{31}{9}\ \Omega$$

其等效电路如图 2.6.3(d) 所示。可见含受控源单口电路的等效电阻为一电阻元件，从而表明了受控源具有电阻性。

例 2.6.3 求图 2.6.4 所示单口电路的输入电阻 R_0。

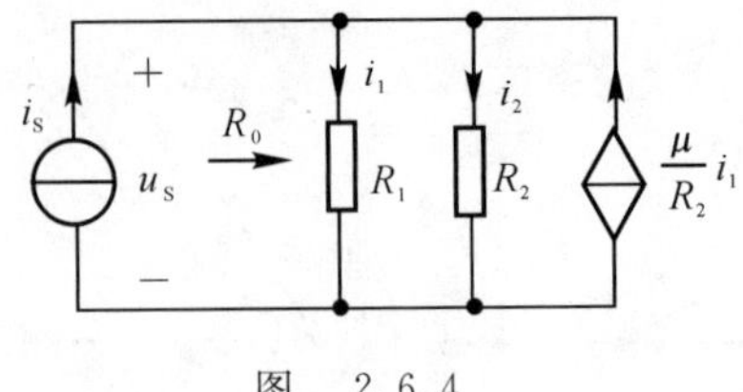

图 2.6.4

解 应用在端口处外施电流源 i_S 的方法求解。故有

$$i_S = i_1 + i_2 - \frac{\mu i_1}{R_2} = \frac{u_S}{R_1} + \frac{u_S}{R_2} - \frac{\mu}{R_2} \times \frac{u_S}{R_1}$$

故得输入电阻为

$$R_0 = \frac{u_S}{i_S} = \frac{R_1 R_2}{R_1 + R_2 - \mu}$$

可见，当 $\mu > (R_1 + R_2)$ 时，R_0 为负值。例如若取 $\mu = 2(R_1 + R_2)$，则 $R_0 = -\frac{R_1 R_2}{R_1 + R_2}$。负电阻表示该含受控源的单口电路是向外电路提供能量。

例 2.6.4 图 2.6.5(a) 电路中的数据已知，求图 2.6.5(b) 电路中的 U_2。

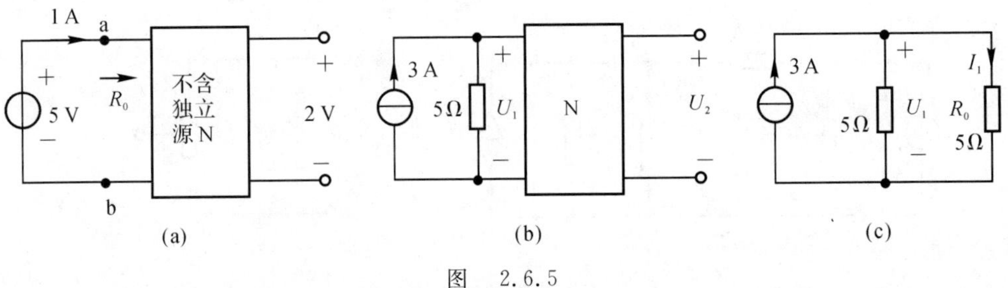

图 2.6.5

解 端口 a,b 向右看去的输入电阻 $R_0 = 5/1 = 5\ \Omega$，于是可做出端口 a,b 的等效电路如图 2.6.5(c) 所示。于是得

$$U_1 = 3 \times \frac{5 \times 5}{5 + 5}\ \text{V} = 7.5\ \text{V}$$

又根据齐次定理有

$$\frac{2}{5} = \frac{U_2}{7.5}$$

得

$$U_2 = 3\ \text{V}$$

例 2.6.5 图 2.6.6(a) 所示电路，求端口的输入电阻 R_0。

解 先把图 2.6.6(a) 等效变换为图 2.6.6(b) 电路。对于图 2.6.6(b) 电路应用外施电压电源法，有

$$I = \frac{1}{2}U_S + \frac{U_S - 4I}{2 + 4}$$

解得

$$R_0 = \frac{U_S}{I} = \frac{10}{4}\ \Omega = 2.5\ \Omega$$

其端口等效电路如图 2.6.6(c) 所示。

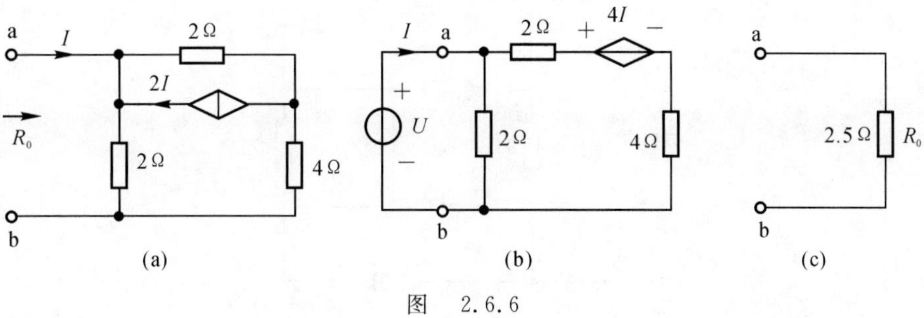

图　2.6.6

现将单口电路输入电阻的各种求法汇总于表 2.6.1 中，以便查用和复习。

表 2.6.1　单口电路输入电阻 R_0 的求解方法

电路类别	求解方法	备　注
只由电阻构成的单口电路	利用电阻的串、并联简化及 Y-△ 形等效变换法求解	
由电阻和受控源构成的单口电路	① 外施电压源 u_S 法：$R_0=\frac{u_S}{i_S}$	这两种方法在本质上是相同的，统称为外施电源法
	② 外施电流源 i_S 法：$R_0=\frac{u_S}{i_S}$	
含独立源的单口电路	① 开路-短路法：$R_0=\frac{U_{OC}}{i_{SC}}$	当 $u_{OC}=i_{SC}=0$ 时，此方法失效
	② 外施电压源 u_S 法：$R_0=\frac{u_S}{i_S}$ ③ 外施电流源 i_S 法：$R_0=\frac{u_S}{i_S}$	用这两种方法时，应使单口电路中的独立源均为零

三、思考与练习

2.6.1　图 2.6.7 所示电路，求 a，b 端口的输入电阻 R_0。(答：1.5 Ω)

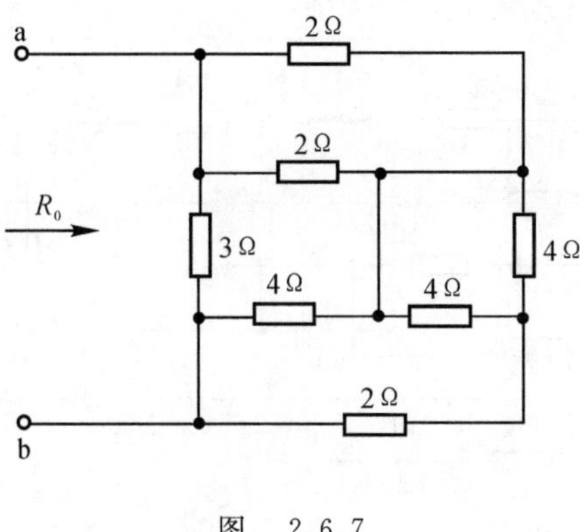

图 2.6.7

2.6.2 求图 2.5.8 所示各电路的端口输入电阻 R_0。$\left[答:R+\gamma;\dfrac{R}{1-\mu};(1+\beta)R;\dfrac{R}{1-gR}\right]$

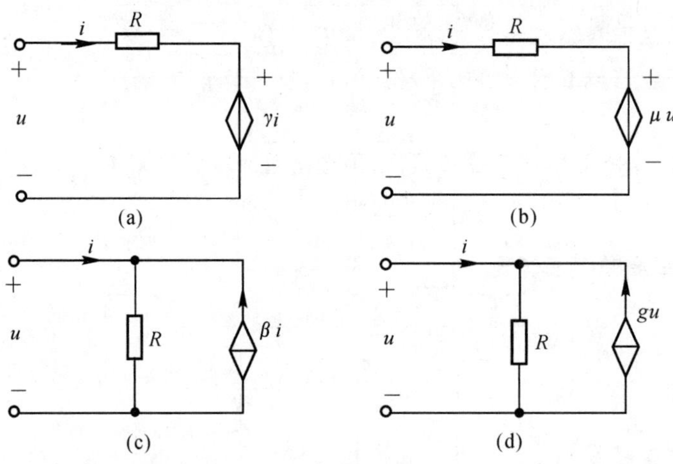

图 2.6.8

2.6.3 图 2.6.9 所示电路,求端口输入电阻 R_0。(答:15 Ω)

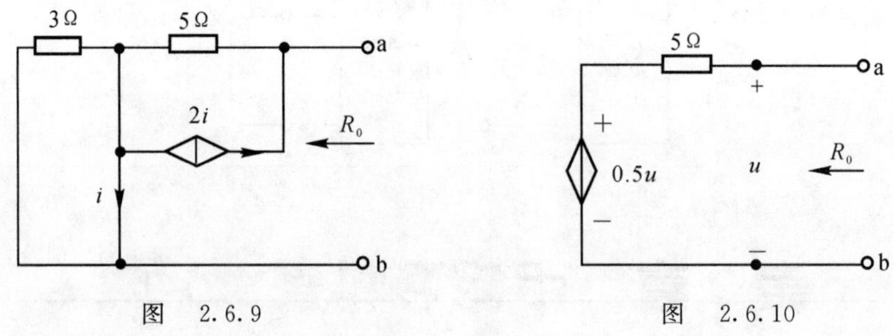

图 2.6.9 图 2.6.10

2.6.4 图 2.6.10 所示电路,求 a,b 端口的输入电阻 R_0 的值。(答:10 Ω)

习　题　二

2-1　试证明图题 2-1(a)(b) 所示两个电路互为等效电路。

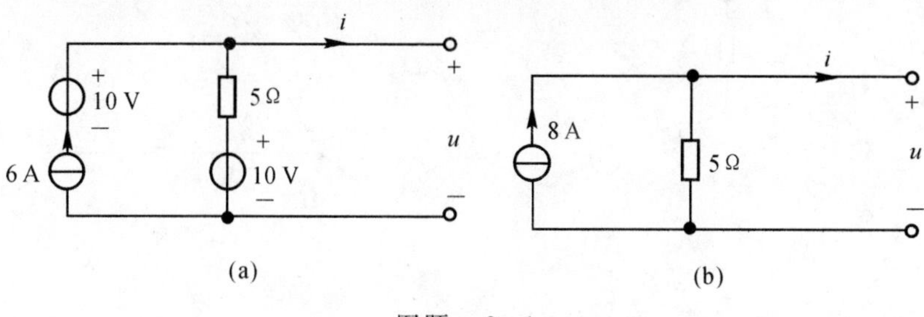

图题　2-1

2-2　试证明图题 2-2(a)(b) 所示两个电路互为等效电路。

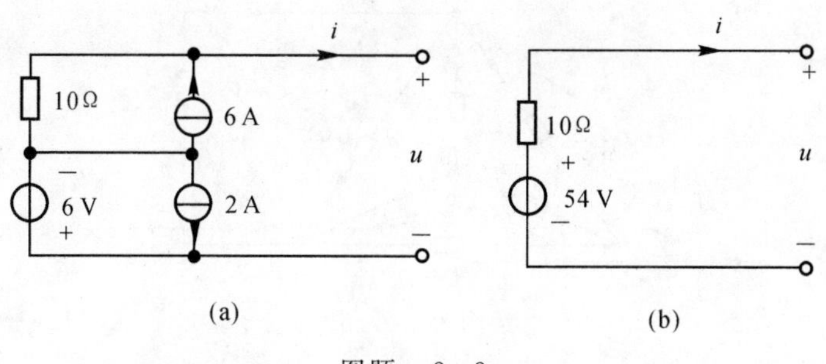

图题　2-2

2-3　求图题 2-3 所示各电路的等效电流源电路。

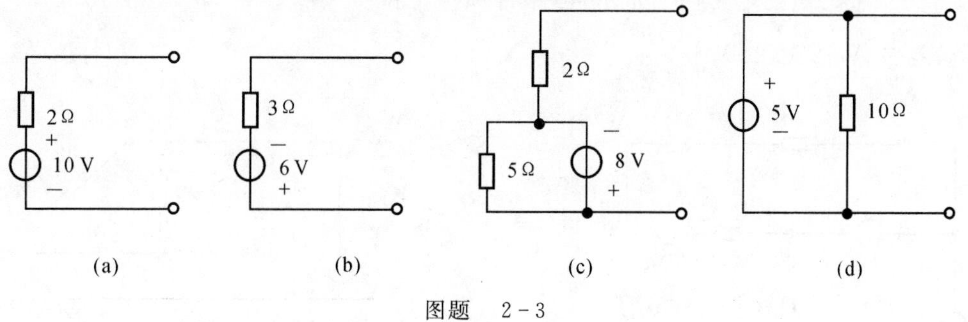

图题　2-3

2-4　求图题 2-4 所示各电路的等效电压源电路。

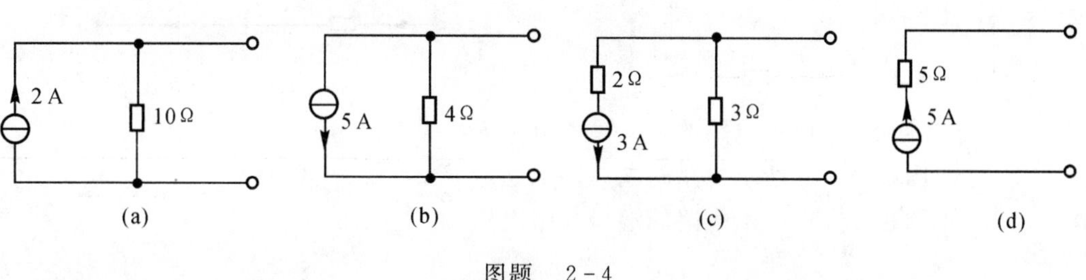

图题　2-4

2－5　求证图题 2－5 所示两个电路互为等效电路。

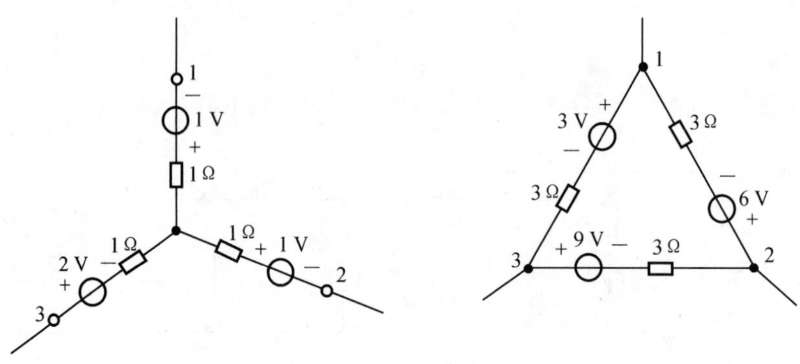

图题　2－5

2－6　如图题 2－6 所示电路，求 i 和电压源支路发出的功率 $P_{发}$。（答：1.5 A，18 W）

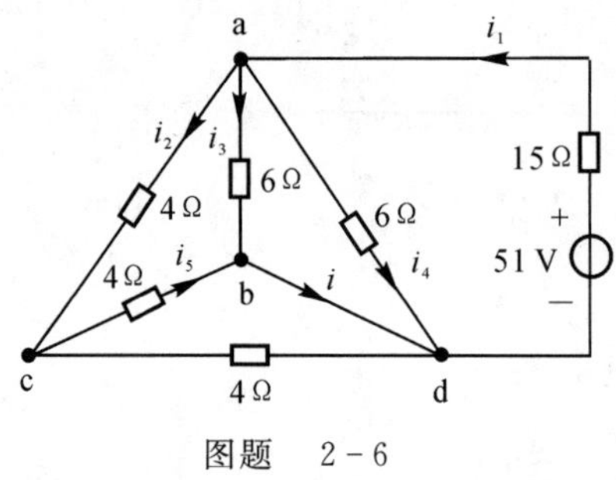

图题　2－6

2－7　求图题 2－7 所示电路中的电压 u_1 和 3 A 电流源吸收的功率 $P_{吸}$。（答：9 V，－39 W）

2－8　求图题 2－8 所示电路中的 i 和 u 及 2 A 电流源发出的功率 $P_{发}$。$\left(答：\frac{1}{3}\ \text{A}，12\ \text{V}，24\ \text{W}\right)$

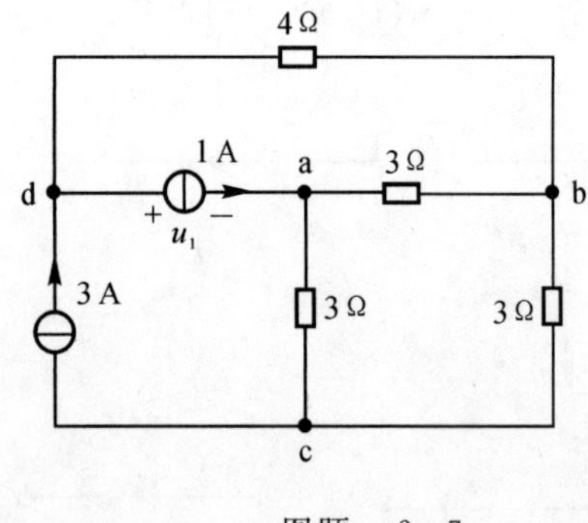

图题　2－7

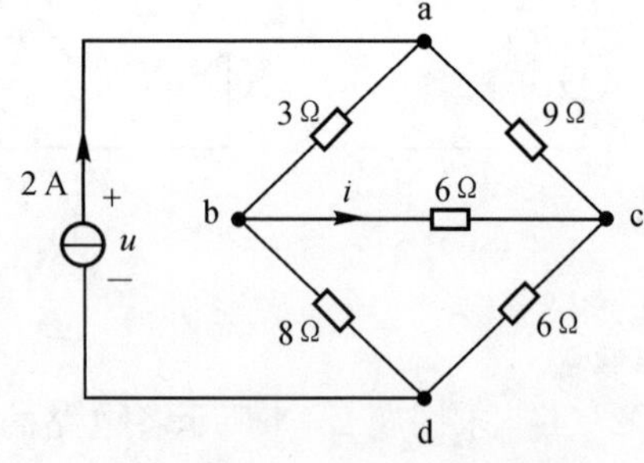

图题　2－8

2－9　求图题 2－9 所示电路的端口输入电阻 R_0。（答：3.6 Ω）

2－10　求图题 2－10 所示电路的端口输入电阻 R_0。（答：－32 Ω）

2－11　求图题 2－11 所示电路的端口开路电压 u_{OC}。（答：－5.2 V）

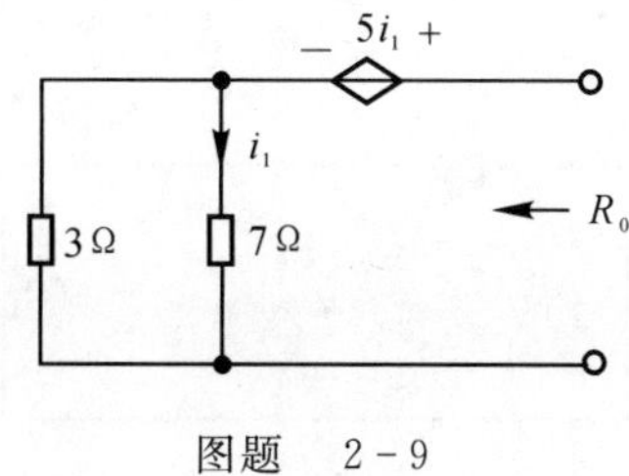

图题　2－9

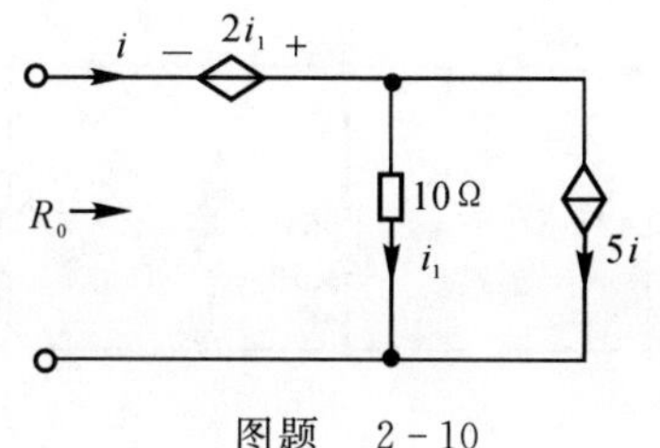

图题　2－10

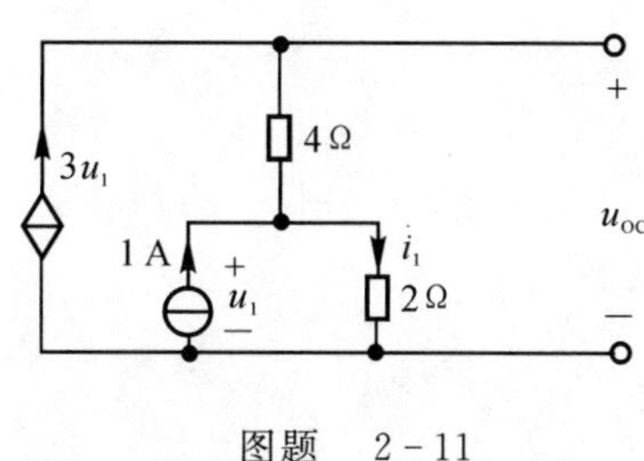

图题　2－11

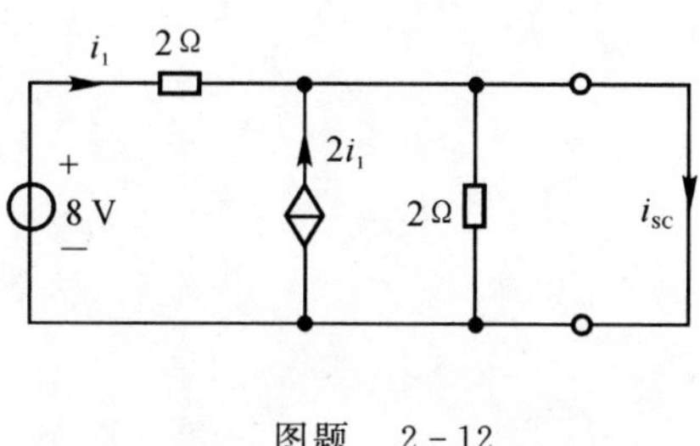

图题　2－12

2－12　求图题 2－12 所示电路的端口短路电流 i_{SC}。(答:12 A)

2－13　求图题 2－13 所示电路中的电流 i_2 与受控电压源 $6i_1$ 发出的功率 $P_{发}$。(答:1.5 A,0)

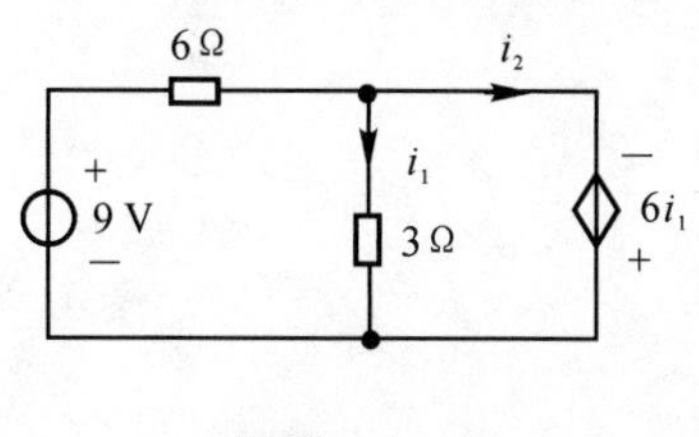

图题　2－13

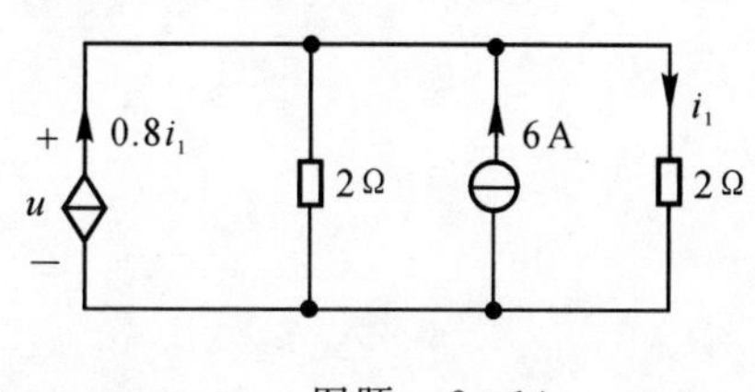

图题　2－14

2－14　如图题 2－14 所示电路,求受控电流源发出的功率 $P_{发}$。(答:40 W)

2－15　如图题 2－15 所示电路,求 $2i$ 受控电压源吸收的功率 $P_{吸}$。(答:－20 W)

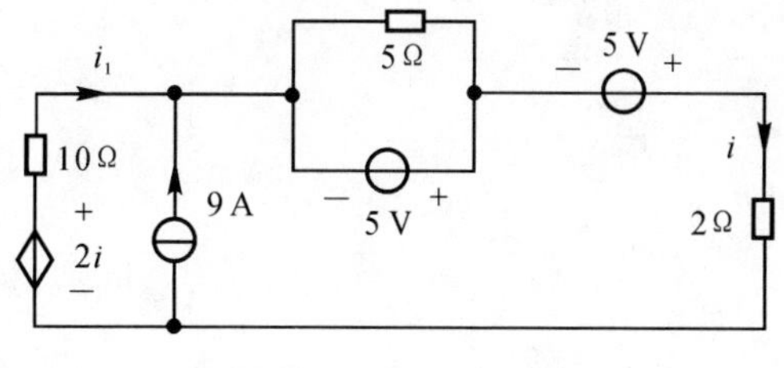

图题　2－15

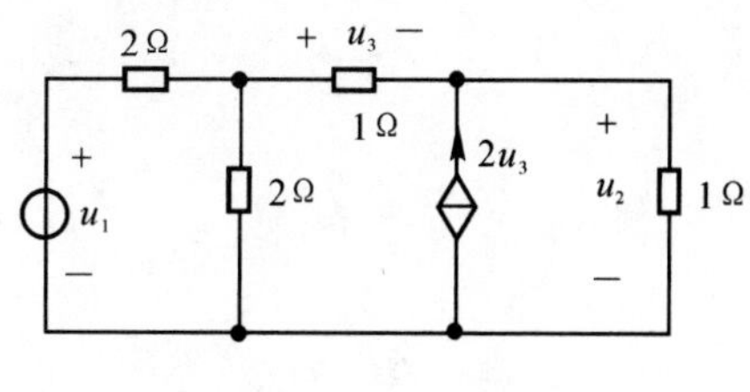

图题　2－16

2－16　如图题 2－16 所示电路,求 $\frac{u_2}{u_1}$ 的值。$\left(答:\frac{3}{10}\right)$

2－17　如图题 2－17 所示电路,求受控电压源吸收的功率 $P_{吸}$。(答:9 W)

2－18　如图题 2－18 所示电路,求受控电流源吸收的功率 $P_{吸}$。(答:－112 W)

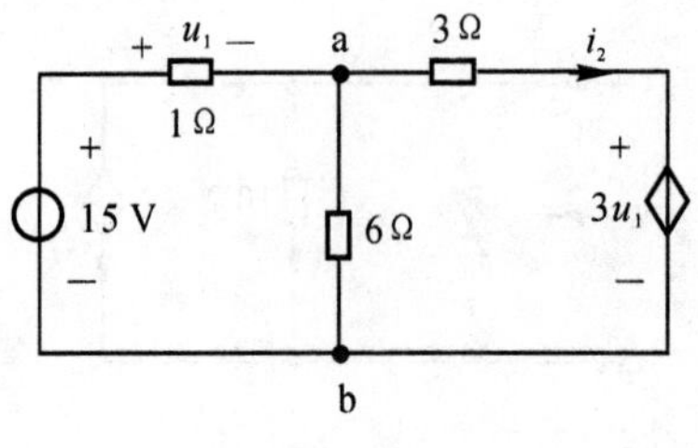

图题　2－17

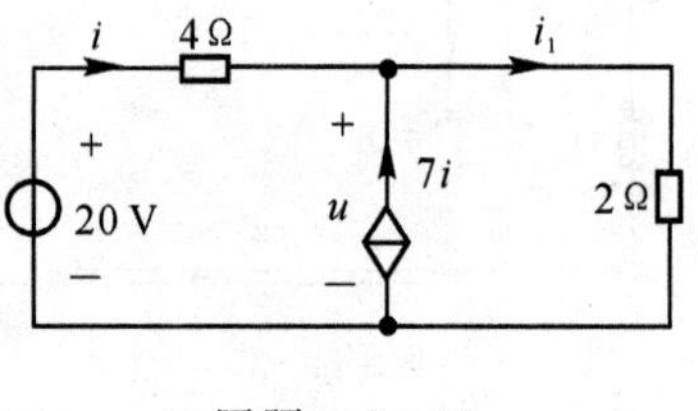

图题　2－18

第3章　电路分析基本方法

内容提要

本章讲述电路分析的基本方法，包括支路电流法，网孔电流法，回路电流法，节点电位法等。支路是电路的基石，支路电流和支路电压是求解电路的基本对象和变量，支路伏安关系的正确列写是学好本章的基础。

3.1　支路电流法

一、含独立源支路的伏安关系

描述支路电压 u 与支路电流 i 之间关系的方程，称为支路的伏安方程，简称伏安关系。根据支路的伏安关系，当支路电压 u 已知时，即可求得支路电流 i；当支路电流 i 已知时，即可求得支路电压 u。

支路的伏安关系只由支路本身确定，而与电路的连接方式无关。

现将常见到的含独立源支路及其伏安关系汇总于表 3.1.1 中。

表 3.1.1　含独立源支路及其伏安关系

支　路	伏安关系
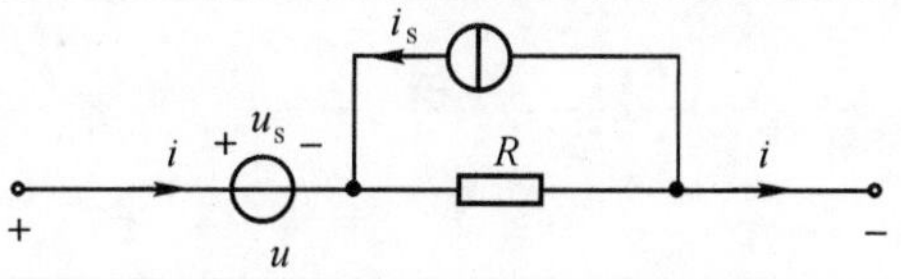	$u = u_S + R(i_S + i)$
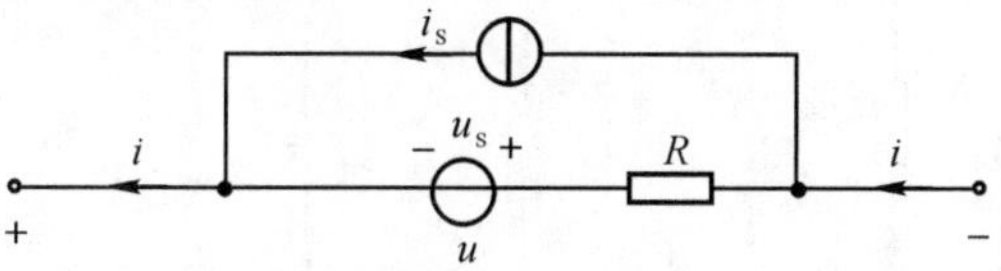	$u = -u_S + R(i_S - i)$
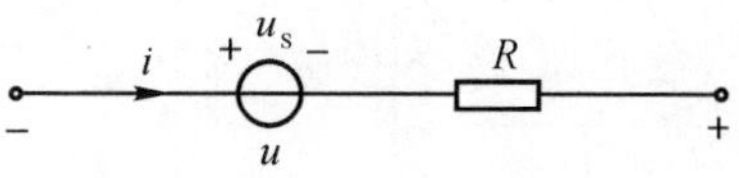	$u = -u_S - Ri$
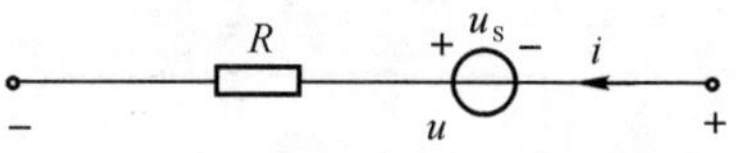	$u = -u_S + Ri$

续 表

支　　路	伏安关系
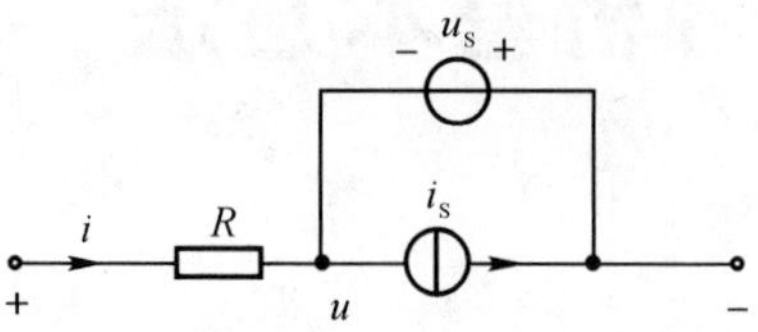	$u=Ri-u_S$
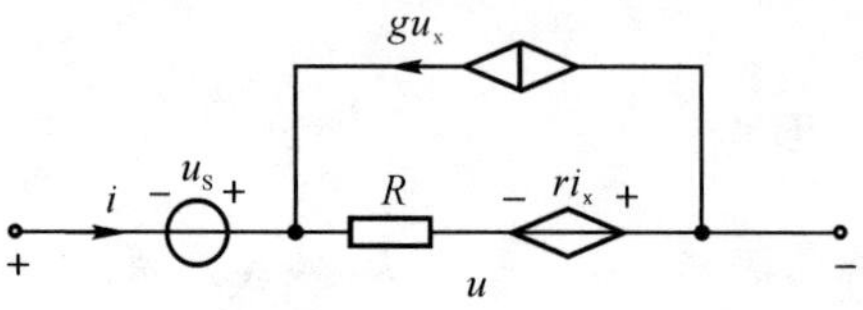	$u=-u_S+R(i+gu_x)-ri_x$

二、支路电流法的定义

设电路有 b 条支路，n 个节点。

直接以 b 个支路电流为待求变量，对 $n-1$ 个独立节点列写 KCL 约束方程；对 $b-(n-1)$ 个独立回路列写 KVL 约束方程，然后对这 b 个独立方程联立求解的方法，称为支路电流法，简称支路法。

三、电路独立方程的列写

以图 3.1.1 所示电路为例来研究用支路电流法求解电路时，电路独立方程列写的方法、原则与规律。该电路有节点 $n(=2)$ 个，有支路 $b(=3)$ 条。任意设定支路电流的大小和参考方向如图 3.1.1 中所示。于是对节点 a，b 可列出 KCL 约束方程（取流出节点的电流为正）为

对节点 a：　　$-i_1+i_2+i_3=0$　　(3.1.1)

对节点 b：　　$i_1-i_2-i_3=0$　　(3.1.2)

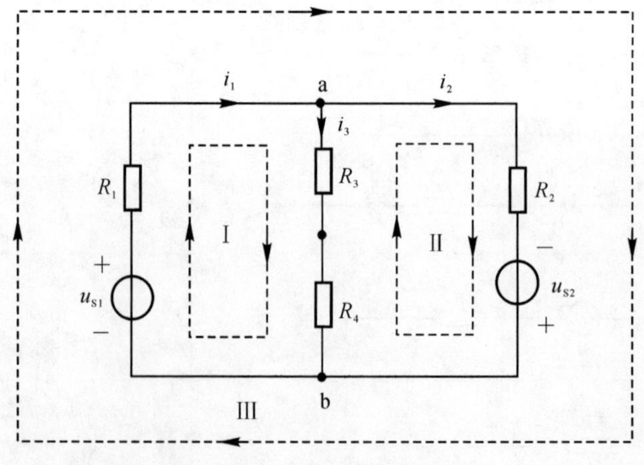

图　3.1.1

显然，这两个方程本质上是相同的，因而不是相互独立的。因此为了使方程独立，只能选取两者中之一，例如选取式(3.1.1)作为一个独立方程。故可得到结论，对具有两个节点的电路，只能列写出一个独立的 KCL 约束方程。我们把能列写出独立 KCL 约束方程的节点称为独立节点，故具有两个节点的电路，只能有且只有一个独立节点。推广之，具有 n 个节点的电路，只能有且只有 $(n-1)$ 个独立节点，余下的一个节点即为非独立节点，也称参考节点。至于选哪些节点作为独立节点，原则上是任意的。例如在图 3.1.1 所示电路中，若选节点 a 为独立节点，则式(3.1.1)即为独立的 KCL 约束方程。

图 3.1.1 所示电路有 3 个回路，故可列写出 3 个回路 KVL 约束方程。在列写回路 KVL 约束方程时，应首先为回路设定绕行方向。回路绕行方向的设定是任意的(无论怎样设定都不会影响计算结果的正确性)，例如设定 3 个回路的绕行方向均为顺时针方向，如图 3.1.1 所示，则可列出回路 KVL 约束方程为

对网孔回路 Ⅰ：　$R_1 i_1 + (R_3 + R_4) i_3 = u_{S1}$　(3.1.3)

对网孔回路 Ⅱ：　$R_2 i_2 - (R_3 + R_4) i_3 = u_{S2}$　(3.1.4)

对外部回路 Ⅲ：　$R_1 i_1 + R_2 i_2 = u_{S1} + u_{S2}$　(3.1.5)

显然，这 3 个方程不互相独立，因为其中的任一个方程都可由其他两个方程相加或相减而得到，例如将式(3.1.3)与式(3.1.4)相加即得到式(3.1.5)。这就是说，在这 3 个方程中，只能有其中的两个方程是独立的，如果选取式(3.1.3)和式(3.1.4)作为独立的 KVL 约束方程，那么独立 KVL 约束方程的个数为 2，正好等于该电路网孔回路的个数。推广到一般情况可得到两个结论：① 独立 KVL 约束方程的个数就等于网孔回路的个数；② 在列写电路的 KVL 约束方程时，为了简便，一般都把回路选定为网孔回路，根据网孔回路列写出的 KVL 方程一定是独立的。因此把能列写出独立的 KVL 约束方程的回路称为独立回路，故网孔回路一定是独立回路，独立回路的个数就等于电路网孔回路的个数。

若选网孔回路为独立回路，选节点 a 为独立节点，则图 3.1.1 所示电路就有 3 个独立的方程，即

$$-i_1 + i_3 + i_3 = 0$$
$$R_1 i_1 + (R_3 + R_4) i_3 = u_{S1}$$
$$R_2 i_2 - (R_3 + R_4) i_3 = u_{S2}$$

若此方程组中的 $R_1, R_2, R_3, R_4, u_{S1}, u_{S2}$ 均为已知，则联立求解此方程组，即可求得 3 个支路电流 i_1, i_2, i_3，这就是支路电流法的含义。

在支路电流 i_1, i_2, i_3 求得后，即可根据支路的伏安方程求出支路电压，进而又可根据已求得的支路电流和支路电压求得支路功率(发出的功率或吸收的功率)。

四、支路电流法的步骤

(1) 画出电路图。

(2) 设定各支路电流的大小和参考方向。

(3) 对 $n-1$ 个独立节点列写 $n-1$ 个独立的 KCL 约束方程。

(4) 选网孔回路为独立回路，设定网孔回路的绕行方向，对网孔回路列写 $b-(n-1)$ 个独立的 KVL 约束方程。

(5) 联立求解所列出的 b 个独立方程，即得 b 个支路电流。

(6) 写出每个支路的伏安关系方程，进而求出 b 个支路电压。

(7) 若有必要，可根据上面求得的支路电压和支路电流，进一步求出各支路的功率（吸收的功率或发出的功率）。

例 3.1.1 图 3.1.2 所示电路，试用支路电流法求各支路电流，支路电压 u_{ab}，中间支路 ab 发出的功率 $P_{发}$。

解 该电路有 3 条支路，两个网孔，两个节点，一个独立节点。

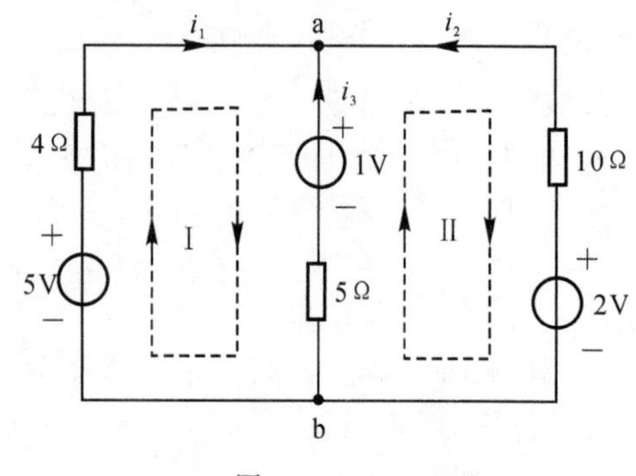

图 3.1.2

(1) 设定各支路电流的大小和参考方向，如图 3.1.2 中所示。

(2) 选节点 a 为独立节点，故对独立节点 a 可列写出 KCL 方程为

$$i_1 + i_2 + i_3 = 0$$

(3) 对网孔回路 Ⅰ 和 Ⅱ 设定绕行方向，如图 3.1.2 中所示。故对网孔回路 Ⅰ 和 Ⅱ 可分别列写出 KVL 方程为

$$4i_1 - 5i_3 = 5 - 1$$

$$-10i_2 + 5i_3 = -2 + 1$$

以上 3 式联立求解得 $i_1 = 0.5\ \text{A}, i_2 = -0.1\ \text{A}, i_3 = -0.4\ \text{A}$。

(4) 支路电压 u_{ab} 为

$$u_{ab} = 1 - 5i_3 = [1 - 5 \times (-0.4)]\ \text{V} = 3\ \text{V}$$

(5) 中间支路 ab 发出的功率为

$$P_{发} = u_{ab} i_3 = 3 \times (-0.4)\ \text{W} = -1.2\ \text{W}$$

例 3.1.2 试用支路电流法求图 3.1.3 所示电路的支路电流，支路电压 u，中间 ab 支路吸收的功率 $P_{吸}$。

解 此电路的特点是电路中除了作用有 54 V 的独立电压源外，还作用有一个 6 A 的独立电流源。因此，为了用支路电流法求解，就必须先给 6 A 的电流源两端任意设定一个未知的电压 u_S，如图 3.1.3 中所示。该电路有 3 条支路，两个网孔回路，两个节点，1 个独立节点。

(1) 设定各支路电流的大小和参考方向，如图 3.1.3 中所示。

(2) 选节点 a 为独立节点，故对节点 a 可列写出 KCL 方程为

$$i_1 + i_3 - i_2 = 0$$

(3) 对网孔回路 Ⅰ 和 Ⅱ 设定绕行方向，如图 3.1.3 中所示。故对网孔回路 Ⅰ 和 Ⅱ 可列写出 KVL 方程为

$$9i_1 - 3i_3 = 54 - u_S$$

$$18i_2 + 3i_3 = u_S$$

又有

$$i_3 = 6\ \text{A}$$

以上 4 式联立求解即得

$$i_1 = -2\ \text{A},\quad i_2 = 4\ \text{A},\quad i_3 = 6\ \text{A},\quad u_S = 90\ \text{V}$$

(4) 支路电压 u 为

$$u = -3i_3 + u_S = (-3 \times 6 + 90)\ \text{V} = 72\ \text{V}$$

(5)ab 支路吸收的功率为

$$P_{吸}=-ui_3=-72\times 6\ \text{W}=-432\ \text{W}$$

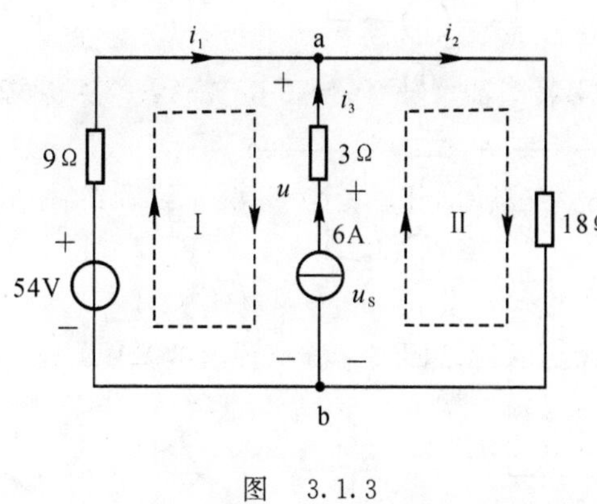

图　3.1.3

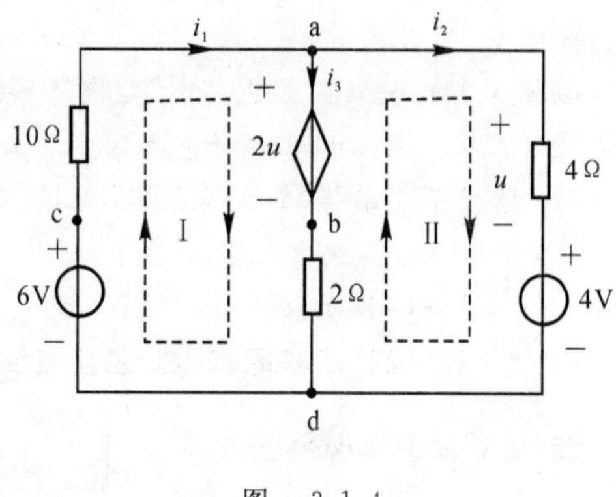

图　3.1.4

例 3.1.3　图 3.1.4 所示电路，试用支路电流法求支路电流，电压 u_{cb}，受控电压源吸收的功率 $P_{吸}$。

解　该电路中含有一个电压 u 控制的电压源 $2u$。求解含受控源的电路时，应把握住两点：① 受控源与独立源同样处理；② 将控制量 u 用待求的变量（支路电流）表示。

(1) 设定各支路电流的大小和参考方向，如图 3.1.4 中所示。

(2) 选节点 a 为独立节点，故对节点 a 可列写出 KCL 方程为

$$i_1-i_2-i_3=0$$

(3) 对网孔回路 Ⅰ 和 Ⅱ 设定绕行方向，如图 3.1.4 中所示。故对网孔回路 Ⅰ 和 Ⅱ 可列写出 KVL 方程为

$$10i_1+2i_3=6-2u$$

$$4i_2-2i_3=-4+2u$$

又有

$$u=4i_2$$

以上 4 式联立求解即得 $i_1=-1$ A，$i_2=3$ A，$i_3=-4$ A，$u=12$ V。

(4) 电压为

$$u_{cb}=10i_1+2u=[10\times(-1)+2\times 12]\ \text{V}=14\ \text{V}$$

(5) 受控电压源吸收的功率为

$$P_{吸}=2ui_3=2\times 12\times(-4)\ \text{W}=-96\ \text{W}$$

五、思考与练习

3.1.1　试写出图 3.1.5 所示各支路的伏安关系方程(用两种形式)。

3.1.2　试用支路电流法求图 3.1.6 所示电路的各支路电流及 ab 支路发出的功率。(答：9.25 A，6.5 A，2.75 A；113.75 W)

3.1.3　试用支路电流法求图 3.1.7 所示电路中各支路电流及受控电压源吸收的功率 $P_{吸}$。(答：−1 A，5 A，6 A；−10 W)

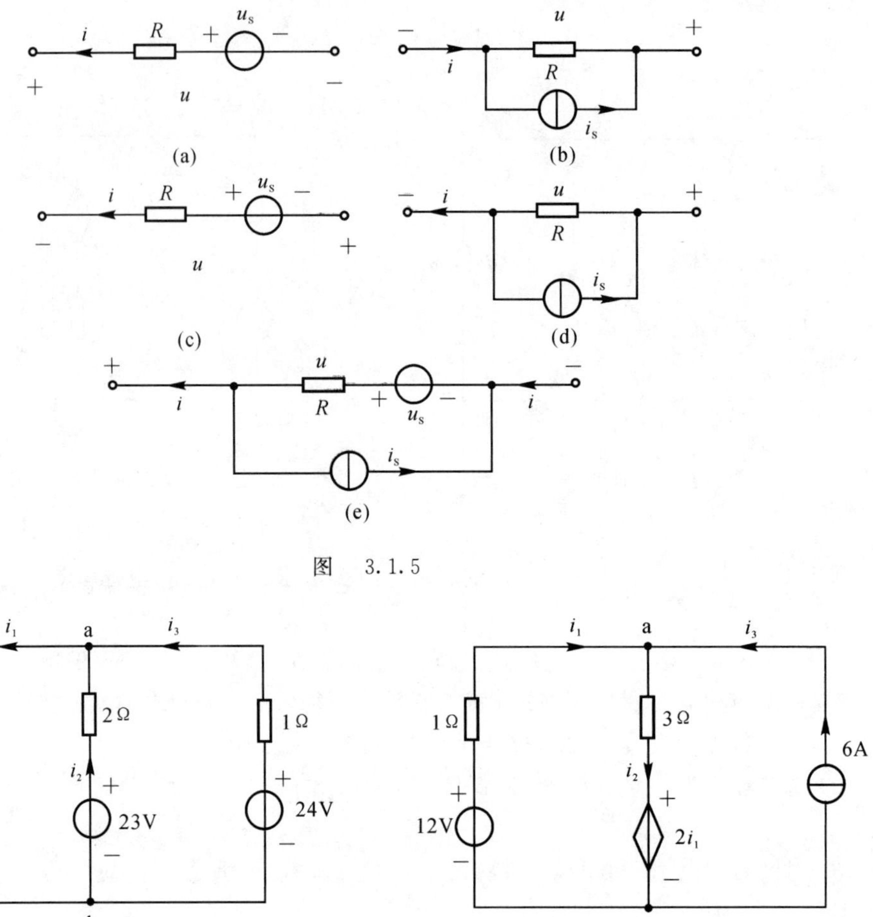

图 3.1.5

图 3.1.6

图 3.1.7

3.2 网孔电流法

一、网孔电流的定义

由人们主观设想的在网孔回路中流动的电流称为网孔回路电流，简称网孔电流。图 3.2.1 中所示的 i_{m1}，i_{m2}，i_{m3} 就是三个相应的网孔电流。网孔电流是一组独立完备的变量。

二、网孔电流法的定义

网孔电流是一组独立完备的变量。以网孔电流为待求变量，依据 KVL 对各网孔回路列写 KVL 约束方程而对电路进行分析的方法称为网孔电流法，简称网孔法。

三、电路独立方程的列写

当电路支路数较多时，求解很烦琐。图 3.2.1 所示电路的支路数 $b=6$，网孔数 $m=3$。用网孔电流为未知量进行求解会减少方程的个数。

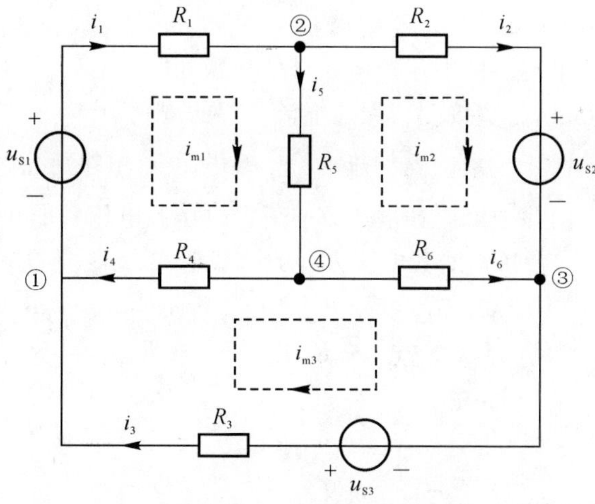

图 3.2.1　网孔电流法

选定各支路电流和网孔电流的参考方向，如图 3.2.1 所示。支路电流可由网孔电流求出：

$$\left.\begin{aligned} &i_1 = i_{m1},\quad i_2 = i_{m2},\quad i_3 = i_{m3} \\ &i_4 = i_1 - i_3 = i_{m1} - i_{m3} \\ &i_5 = i_1 - i_2 = i_{m1} - i_{m2} \\ &i_6 = i_3 - i_2 = i_{m3} - i_{m2} \end{aligned}\right\} \tag{3.2.1}$$

网孔电流的流向是在独立回路中闭合的，对每个相关节点均流进一次，流出一次，因此 KCL 自动满足。因此，如果以网孔电流为变量列写方程进行求解，只需对独立网孔列写 KVL 方程即可。假设网孔的绕行方向与网孔电流方向一致，可得各网孔的 KVL 方程为

$$\left.\begin{aligned} R_1 i_1 + R_5 i_5 + R_4 i_4 &= u_{S1} \\ R_2 i_2 - R_5 i_5 - R_6 i_6 &= -u_{S2} \\ R_3 i_3 - R_4 i_4 + R_6 i_6 &= u_{S3} \end{aligned}\right\} \tag{3.2.2}$$

将式(3.2.1) 代入式(3.2.2) 并整理得

$$\left.\begin{aligned} (R_1 + R_4 + R_5) i_{m1} - R_5 i_{m2} - R_4 i_{m3} &= u_{S1} \\ -R_5 i_{m1} + (R_2 + R_5 + R_6) i_{m2} - R_6 i_{m3} &= -u_{S2} \\ -R_4 i_{m1} - R_6 i_{m2} + (R_3 + R_4 + R_6) i_{m3} &= u_{S3} \end{aligned}\right\} \tag{3.2.3}$$

该方程即为网孔电流方程，为了找出系统化的列写网孔电流方程的方法，将式(3.2.3) 改成如下一般形式：

$$\left.\begin{aligned} R_{11} i_{m1} + R_{12} i_{m2} + R_{13} i_{m3} &= u_{Sm1} \\ R_{21} i_{m1} + R_{22} i_{m2} + R_{23} i_{m3} &= u_{Sm2} \\ R_{31} i_{m1} + R_{32} i_{m2} + R_{33} i_{m3} &= u_{Sm3} \end{aligned}\right\} \tag{3.2.4}$$

式(3.2.4) 中

$$R_{11} = R_1 + R_4 + R_5,\ R_{22} = R_2 + R_5 + R_6,\ R_{33} = R_3 + R_4 + R_6$$

分别为网孔 1,2 和 3 的自电阻，其值分别为各网孔所含支路的电阻之和，恒为正。

$$R_{12} = R_{21} = -R_5,\ R_{13} = R_{31} = -R_4,\ R_{23} = R_{32} = -R_6$$

分别为网孔 1 与 2、1 与 3 和 2 与 3 的互电阻，当网孔电流一律取顺时针方向或一律取逆时针方

向时,其值为负。

$$u_{Sm1}=u_{S1},\quad u_{Sm2}=-u_{S2},\quad u_{Sm3}=u_{S3}$$

分别为各网孔中沿网孔电流方向电压源电压升的代数和。

由上述内容可得,从网络直接列写网孔电流方程的规则为

$$\text{自电阻}\times\text{本网孔电流}+\sum\text{互电阻}\times\text{相邻网孔电流}$$
$$=\text{本网孔中沿网孔电流方向所含电压源电压升的代数和}$$

对于具有 m 个网孔的网络,网孔电流方程的一般形式为

$$\begin{cases}R_{11}i_{m1}+R_{12}i_{m2}+R_{13}i_{m3}+\cdots+R_{1n}i_{mn}=u_{S11}\\R_{21}i_{m1}+R_{22}i_{m2}+R_{23}i_{m3}+\cdots+R_{2n}i_{mn}=u_{S22}\\\cdots\cdots\\R_{n1}i_{m1}+R_{n2}i_{m2}+\cdots+R_{nn}i_{mn}=u_{Snn}\end{cases}$$

四、网孔电流法的步骤

(1) 设定各网孔电流的大小和参考方向(通常都取顺时针方向或者都取逆时针方向)。

(2) 列写各网孔的网孔电流方程。

(3) 联立求解得到各网孔电流。

(4) 设各支路电流的大小和参考方向,根据上面所求得的网孔电流,求出各支路电流。

(5) 求解电路中的其他待求变量。

例 3.2.1 图 3.2.2 所示电路,试用网孔电流法求各支路电流,支路电压 u_{ab},左边支路发出的功率 $P_{发}$。

解 (1) 该电路有两个网孔回路。设定两个网孔电流的大小和参考方向,如图 3.2.2 中所示。

(2) 对两个网孔回路列网子电流方程为

$$\begin{cases}(6+4)i_{m1}-4i_{m2}=8-6\\-4i_{m1}+(4+4)i_{m2}=6+6\end{cases}$$

(3) 联立求解此方程组,即得 $i_{m1}=1$ A,$i_{m2}=2$ A。

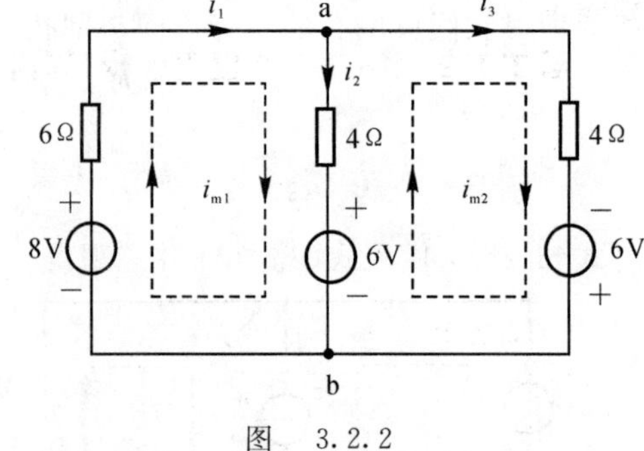

图 3.2.2

(4) 设定各支路电流的大小和参考方向,如图 3.2.2 中所示。于是得

$$i_1=i_{m1}=1\text{ A},\quad i_{m2}=i_{\text{Ⅱ}}=2\text{ A}$$
$$i_3=i_{m1}-i_{m2}=(1-2)\text{ A}=-1\text{ A}$$

(5) 支路电压 u_{ab} 为

$$u_{ab}=4i_3+6=[4\times(-1)+6]\text{ V}=2\text{ V}$$

(6) 左边支路发出的功率为

$$P_{发}=u_{ab}i_1=2\times1\text{ W}=2\text{ W}$$

例 3.2.2 图 3.2.3 所示电路,试用网孔电流法列写出求网孔电流的 KVL 方程,并求各支路电流和各支路电压。

解 该电路有 3 个网孔回路,6 条支路。

(1) 设定3个网孔电流的大小和参考方向，如图3.2.3中所示。

(2) 对3个网孔回路列网孔电流方程为

$$(4+2)i_{m1}-2i_{m2}-4i_{m3}=12$$
$$-2i_{m1}+(3+1+2)i_{m2}-3i_{m3}=-18$$
$$-4i_{m1}-3i_{m2}+(5+3+4)i_{m3}=15$$

(3) 联立求解上述方程组即得3个网孔电流为

$$i_{m1}=3\text{ A},\quad i_{m2}=-1\text{ A},\quad i_{m3}=2\text{ A}$$

(4) 设定各支路电流的大小和参考方向如图3.2.3中所示。于是得各支路电流为

$$i_1=i_{m1}=3\text{ A}$$
$$i_2=-i_{m2}=-(-1)\text{ A}=1\text{ A}$$
$$i_3=i_{m3}=2\text{ A}$$
$$i_4=i_{m1}-i_{m3}=(3-2)\text{ A}=1\text{ A}$$
$$i_5=-i_{m2}+i_{m3}=[-(-1)+2]\text{ A}=3\text{ A}$$
$$i_6=i_{m1}-i_{m2}=[3-(-1)]\text{ A}=4\text{ A}$$

此结果说明，只要网孔电流已知，电路中的所有支路电流就都可求得，也就是说网孔电流是电路分析的一组独立、完备的变量。

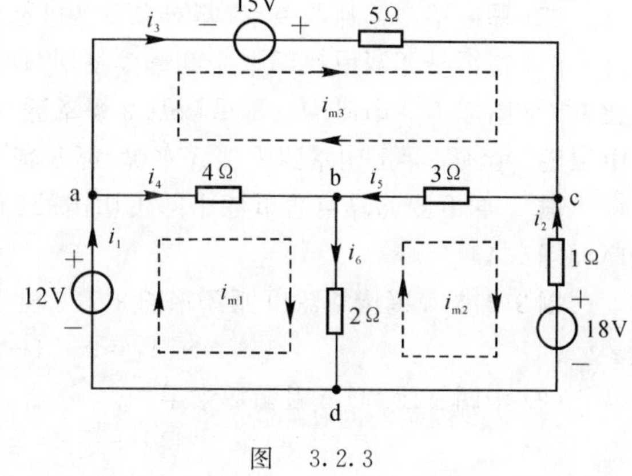

图　3.2.3

(5) 对每条支路写出其伏安方程，即可求得各支路电压为

$$u_{ab}=4i_4=4\times1\text{ V}=4\text{ V}$$
$$u_{ac}=-15+5i_3=(-15+5\times2)\text{ V}=-5\text{ V}$$
$$u_{ad}=12\text{ V}$$
$$u_{bc}=-3i_5=-3\times3\text{ V}=-9\text{ V}$$
$$u_{bd}=2i_6=2\times4\text{ V}=8\text{ V}$$
$$u_{cd}=18-1i_2=(18-1\times1)\text{ V}=17\text{ V}$$

(6) 在求得支路电流和支路电压后，支路功率即可很容易地求得。例如求cd支路吸收的功率为

$$P_{cd}=-u_{cd}i_2=-17\times1\text{ W}=-17\text{ W}$$

其余支路功率的求解同理。

五、含理想电流源的网孔电流法

(1) 理想电流源位于网孔外沿，则电流源提供的电流即为一个网孔电流，可少列一个方程。

(2) 理想电流源位于公共支路，以电流源两端电压为变量，同时补充一个网孔电流与电流源电流间的约束关系的方程。

例3.2.3　图3.2.4所示电路，试用网孔电流法求各支路电流，支路电压u_{ab}，6 A电流源吸收的功率$P_{吸}$。

解　此电路的特点是，电路中除了作用有一个54 V电压源外，还作用有一个6 A电流源。因此，为了用网孔电流法求解，必须先给6 A电流源两端任意设定一个未知的电压u_S，如

图 3.2.4 中所示。

(1) 设定两个网孔回路电流的大小和参考方向，如图 3.2.4 中所示。

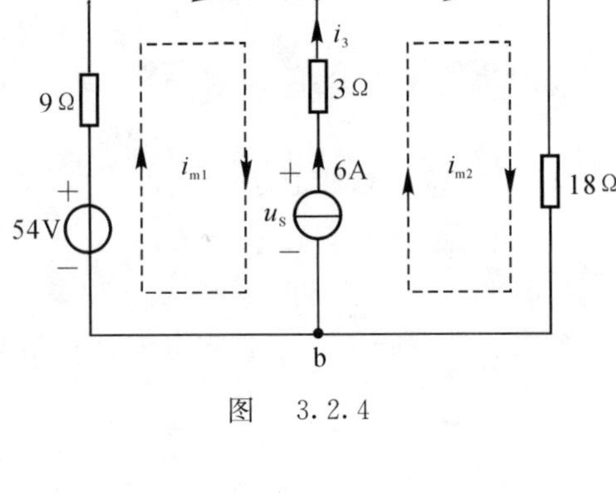

图 3.2.4

(2) 对两个网孔回路列写网孔电流方程为

$$(9+3)i_{m1}-3i_{m2}=54-u_S$$

$$-3i_{m1}+(18+3)i_{m2}=u_S$$

又有 $$-i_{m1}+i_{m2}=6$$

(3) 联立求解上述三式，即得

$$i_{m1}=-2\ \text{A},\quad i_{m2}=4\ \text{A},\quad u_S=90\ \text{V}$$

(4) 设定各支路电流的大小和参考方向如图 3.2.4 中所示。故得 $i_1=i_{m1}=-2\text{A}$，$i_2=i_{m2}=4\ \text{A}$，$i_3=6\ \text{A}$。

(5) 支路电压 $$u_{ab}=-3\times 6+u_S=(-18+90)\ \text{V}=72\ \text{V}$$

(6)6A 电流源吸收的功率为

$$P_{吸}=-6u_S=-6\times 90\ \text{W}=-540\ \text{W}$$

六、含受控源的网孔电流法

当电路中存在受控源时，可以将受控源按独立源一样处理，列写网孔电流方程，再用辅助方程将受控源的控制量用网孔电流表示。

例 3.2.4 图 3.2.5 所示电路，试用网孔电流法求各支路电流，支路电压 u_{ab}，$5u$ 受控电压源发出的功率 $P_{发}$，2 A 电流源吸收的功率 $P_{吸}$。

解 此电路中含有一个电压 u 控制的电压源 $5u$，在求解时，受控源与独立源同样处理，并把控制量 u 用待求的网孔电流变量表示。

(1) 设定 2 A 电流源两端的电压为 u_S，如图 3.2.5 中所示。

(2) 设定两个网孔电流的大小和参考方向如图 3.2.5 中所示。

(3) 对两个网孔回路列写网孔电流方程为

$$i_{m1}=2\text{A},\quad -2i_{m1}+(3+2)i_{m2}=-4-5u,\quad u=2(i_{m1}-i_{m2})$$

(4) 联立求解上述 3 式，即得

$$i_{m1}=2\ \text{A},\quad i_{m2}=4\ \text{A},\quad u=-4\ \text{V}$$

(5) 设定各支路电流的大小和参考方向，如图 3.2.5 中所示。于是得各支路电流为

$$i_1=i_{m1}=2\ \text{A},\quad i_2=i_{m2}=4\ \text{A}$$

$$i_3=i_{m1}-i_{m2}=(2-4)\ \text{A}=-2\ \text{A}$$

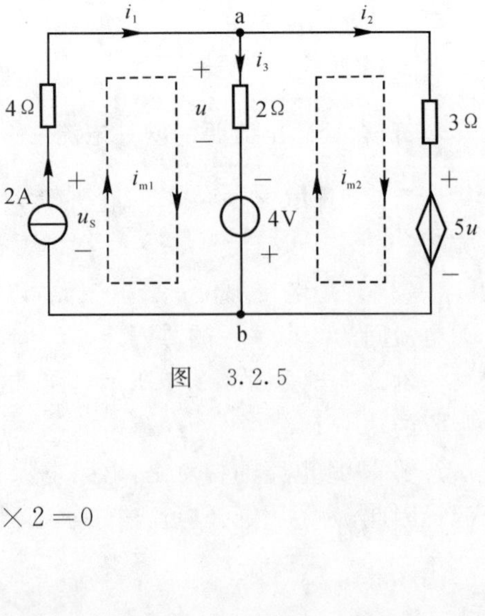

图 3.2.5

(6)$5u$ 受控电压源发出的功率为

$$P_{发}=-5ui_2=-5\times(-4)\times 4\ \text{W}=80\ \text{W}$$

(7) 支路电压 u_{ab} 为

$$u_{ab}=u-4=(-4-4)\ \text{V}=-8\ \text{V}$$

又有 $$u_{ab}=-4i_1+u_S$$

故 $$u_S=u_{ab}+4i_1=-8+4\times 2=0$$

故 2 A 电流源吸收的功率为

$$P_{吸} = -2u_S = -2 \times 0 = 0$$

七、思考与练习

例 3.2.1　图 3.2.6 所示电路，试用网孔电流法求各支路电流。

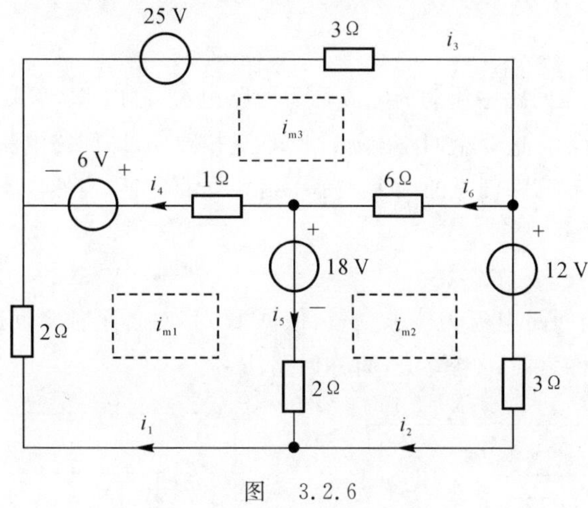

图　3.2.6

例 3.2.2　图 3.2.7 所示电路，试用网孔电流法求各支路电流。

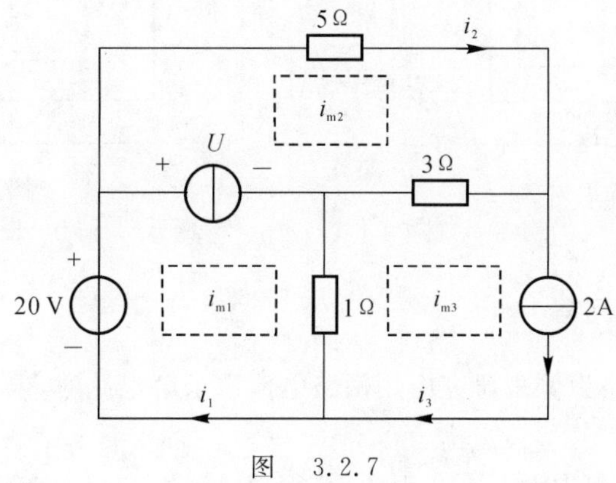

图　3.2.7

例 3.2.3　图 3.2.8 所示电路，试用网孔电流法求各支路电流。

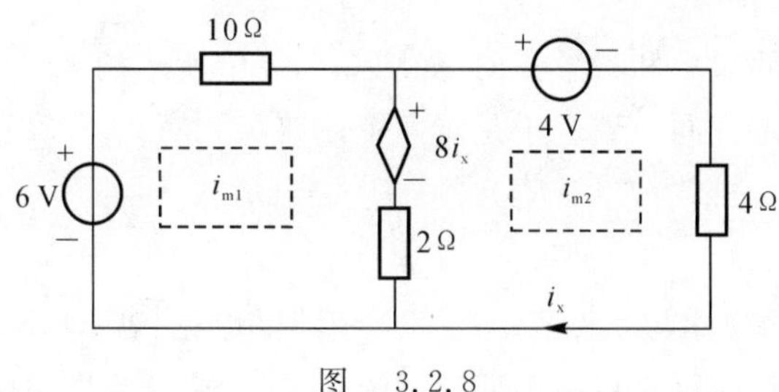

图　3.2.8

*3.3 回路电流法

我们已经知道网孔回路是回路，但回路不一定都是网孔回路。回路概念的外延要大于网孔回路概念的外延，回路包含了网孔回路。

一、回路电流的定义

由人们主观设想的在回路中流动的电流称为回路电流。如图 3.3.1 中所示的 i_{I}，i_{II}，i_{III} 就是该电路中的 3 个回路电流。这 3 个回路电流之间不互相独立，即回路电流不是一组独立变量，在这 3 个回路电流中只能有其中任意的两个才是一组独立的变量，当然也是一组完备的变量。

二、回路电流法

以一组独立完备的回路电流为待求变量，依据 KVL 对各个独立回路列写 KVL 方程而对电路进行分析的方法，称为回路电流法，简称回路法。

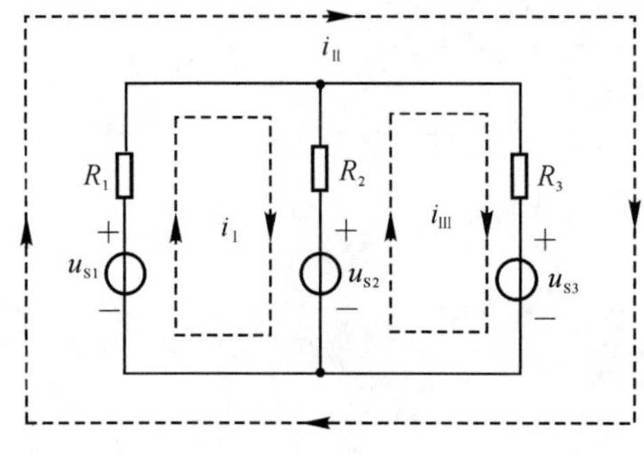

图 3.3.1 回路电流法

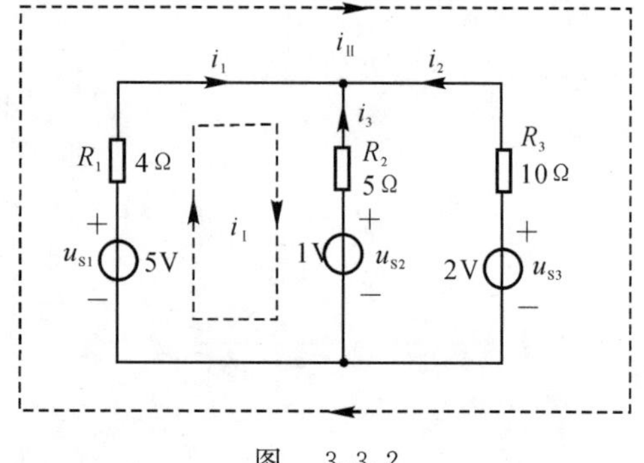

图 3.3.2

三、电路独立方程的列写

以图 3.3.2 所示电路为例来研究应用回路电流法求解电路时，电路独立方程列写的方法、原则与规律。

该电路有 3 个回路，根据在 3.1 节中的论证，它只能有两个独立回路。若选两个网孔回路为独立回路，这就是上一节中讲述的网孔电流法；若选左边的网孔回路和外回路为两个独立回路，这就是回路电流法了。

设定两个回路电流的大小和参考方向，如图 3.3.2 中所示的 i_{I}，i_{II}，而且回路的绕行方向就取为与回路电流的参考方向一致。于是对两个回路可列写出 KVL 方程为

$$(R_1+R_2)i_{\mathrm{I}}+R_1 i_{\mathrm{II}}=u_{S1}-u_{S2} \tag{3.3.1}$$

$$R_1 i_{\mathrm{I}}+(R_1+R_3)i_{\mathrm{II}}=u_{S1}-u_{S3} \tag{3.3.2}$$

方程中“+”“−”号出现的规律与 3.1 节中的完全相同。可见，若 R_1，R_2，R_3，u_{S1}，u_{S2}，u_{S3} 均为已知，则联立求解此方程组，即可求得两个回路电流 i_{I}，i_{II}，这就是回路电流法的含义。

例 3.3.1 在图 3.3.2 电路中，已知 $R_1=4\ \Omega$，$R_2=5\ \Omega$，$R_3=10\ \Omega$，$u_{S1}=5\ \mathrm{V}$，$u_{S2}=1\ \mathrm{V}$，

$u_{S3}=2$ V,试用回路电流法求各支路电流和各支路电压。

解　(1) 求回路电流。选左边的网孔回路与外回路为两个独立回路,并设定两个回路电流的大小和参考方向,如图 3.3.2 中所示。于是对两个回路可列出网孔电流方程为式(3.3.1)和式(3.3.2),将已知数据代入此方程组即为

$$\begin{cases}(4+5)i_{\mathrm{I}}+4i_{\mathrm{II}}=5-1\\4i_{\mathrm{I}}+(4+10)i_{\mathrm{II}}=5-2\end{cases}$$

即

$$\begin{cases}9i_{\mathrm{I}}+4i_{\mathrm{II}}=4\\4i_{\mathrm{I}}+14i_{\mathrm{II}}=3\end{cases}$$

联立求解即得 $i_{\mathrm{I}}=0.4$ A,$i_{\mathrm{II}}=0.1$ A。

(2) 求支路电流。设定各支路电流的大小和参考方向如图 3.3.2 中所示,于是得

$$i_1=i_{\mathrm{I}}+i_{\mathrm{II}}=(0.4+0.1)\text{ A}=0.5\text{ A}$$

$$i_2=-i_{\mathrm{II}}=-0.1\text{ A},\quad i_3=-i_{\mathrm{III}}=-0.4\text{ A}$$

(3) 各支路电压的求法与例 3.1.1 完全相同,不再重复。

四、思考与练习

3.3.1　试用回路电流法求图 3.3.3 所示电路的支路电流,支路电压,支路吸收的功率。(答:$i_{\mathrm{I}}=1$ A,$i_{\mathrm{II}}=2$ A)

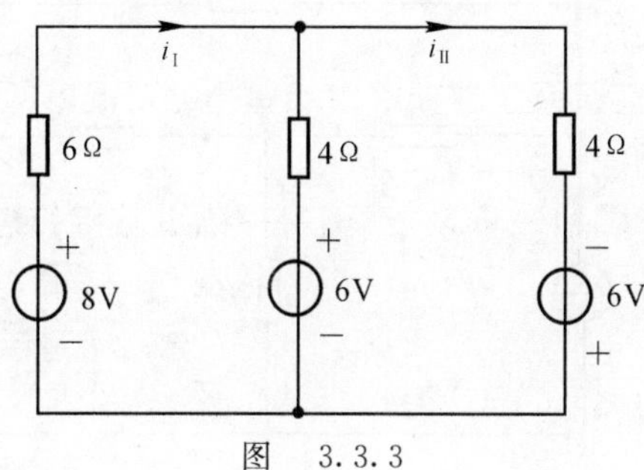

图　3.3.3

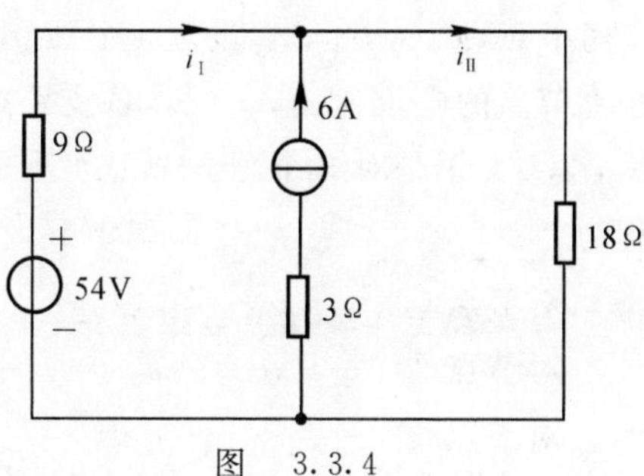

图　3.3.4

3.3.2　图 3.3.4 所示电路,试用回路电流法求各支路电流及支路电压。(答:$i_{\mathrm{I}}=-2$ A,$i_{\mathrm{II}}=4$ A)

3.3.3　图 3.3.5 所示电路,试用回路电流法求电流 i 和电压 u。(答:1 A,7 V)

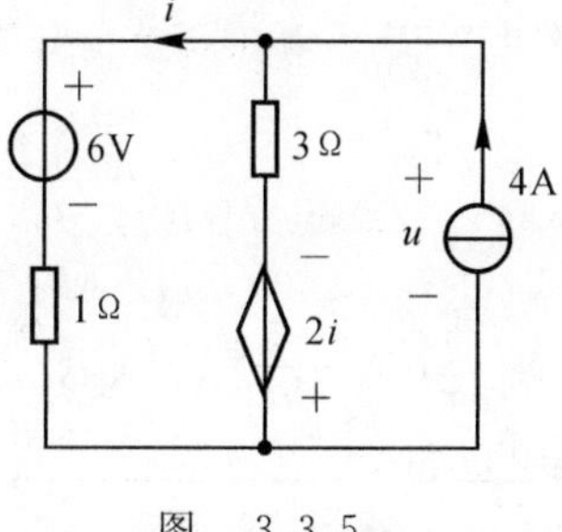

图　3.3.5

3.4 节点电位法

一、参考节点

人为地设定电路中电位为零的节点，称为参考节点。参考节点在电路中用符号“⊥”表示，称为“接地”。参考节点的选取是任意的，但在一个电路中只能选取一个节点作为参考节点。

二、节点电位法的定义

以独立节点电位为待求变量，根据 KCL 对各独立节点列写 KCL 约束方程而对电路进行分析的方法，称为节点电位法，简称节点法。独立方程的个数等于独立节点的个数，即 $n-1$ 个。

三、电路独立方程的列写

以图 3.4.1 所示电路为例来研究用节点电位法求解电路时，电路独立方程列写的方法、原则与规律。

该电路有 4 个节点 ①，②，③，④，选取节点 ④ 为参考节点，则 ①，②，③ 即为 3 个独立节点。设各独立节点的电位为 $\varphi_1,\varphi_2,\varphi_3$，各支路电流为 i_1，i_2,i_3,i_4,i_5。于是对 3 个独立节点可列写出 KCL 方程为

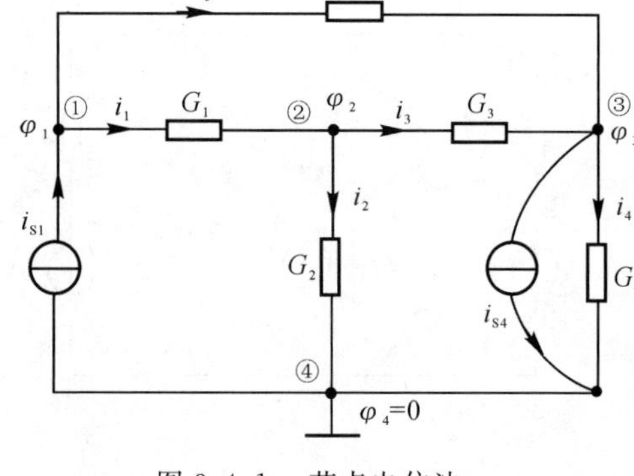

图 3.4.1 节点电位法

$$\left.\begin{aligned}&\text{对节点 ①}: i_1+i_5=i_{S1}\\&\text{对节点 ②}: -i_1+i_2+i_3=0\\&\text{对节点 ③}: -i_3+i_4-i_5=-i_{S4}\end{aligned}\right\}\tag{3.4.1}$$

又有

$$\left.\begin{aligned}i_1&=G_1(\varphi_1-\varphi_2)\\i_2&=G_2(\varphi_2-\varphi_4)=G_2\varphi_2\\i_3&=G_3(\varphi_2-\varphi_3)\\i_4&=G_4(\varphi_3-\varphi_4)=G_4\varphi_3\\i_5&=G_5(\varphi_1-\varphi_3)\end{aligned}\right\}\tag{3.4.2}$$

代入式(3.4.1)并整理得

$$\left.\begin{aligned}&(G_1+G_5)\varphi_1-G_1\varphi_2-G_5\varphi_3=i_{S1}\\&-G_1\varphi_1+(G_1+G_2+G_3)\varphi_2-G_3\varphi_3=0\\&-G_5\varphi_1-G_3\varphi_2+(G_3+G_4+G_5)\varphi_3=-i_{S4}\end{aligned}\right\}\tag{3.4.3}$$

此方程组即为独立节点电位方程组，简称节点方程组。当 G_1,G_2,G_3,G_4,G_5 及 i_{S1},i_{S2} 均已知时，联立求解此方程组，即可求得各独立节点电位 $\varphi_1,\varphi_2,\varphi_3$，这就是节点电位法的含义。

注意，式(3.4.3)中等号左右两端的每一项都为电流，因此该方程组是独立节点的 KCL 约

束方程。

为了找出系统化的列写网孔电流方程的方法，将式(3.4.3)改成如下一般形式：

$$\left.\begin{aligned}G_{11}\varphi_{n1}+G_{12}\varphi_{n2}+G_{13}\varphi_{n3}=i_{S11}\\G_{21}\varphi_{n1}+G_{22}\varphi_{n2}+G_{23}\varphi_{n3}=i_{S22}\\G_{31}\varphi_{n1}+G_{32}\varphi_{n2}+G_{33}\varphi_{n3}=i_{S33}\end{aligned}\right\}\tag{3.4.4}$$

式中

$$G_{11}=G_1+G_3+G_4,\quad G_{22}=G_4+G_5+G_6,\quad G_{33}=G_2+G_3+G_6$$

分别称为节点 1,2 和 3 的自电导，其值分别为与各节点相连的所有支路的电导之和。

$$G_{12}=G_{21}=-G_4,\quad G_{13}=G_{31}=-G_3,\quad G_{23}=G_{32}=-G_6$$

分别为节点 1 与 2、节点 1 与 3 和节点 2 与 3 的互电导，其值为对应两节点间的公共支路电导之和的负值。

$$i_{Sn1}=i_{S1}-i_{S3},\quad i_{Sn2}=0,\quad i_{Sn3}=i_{S2}+i_{S3}$$

分别为流入各节点的电流源电流的代数和。

由上述内容可得，从网络直接列写节点电位方程的规则为

$$\text{自电导}\times\text{本节点电位}+\sum\text{互电导}\times\text{相邻节点电位}$$
$$=\text{流入本节点电流源电流的代数和}$$

对于具有 n 个节点的网络，若以节点 n 为参考节点，则节点电位方程的一般形式为

$$\left\{\begin{aligned}G_{11}\varphi_{n1}+G_{12}\varphi_{n2}+G_{13}\varphi_{n3}+\cdots+G_{1(n-1)}\varphi_{n(n-1)}=i_{S11}\\G_{21}\varphi_{n1}+G_{22}\varphi_{n2}+G_{23}\varphi_{n3}+\cdots+G_{2(n-1)}\varphi_{n(n-1)}=i_{S22}\\\cdots\cdots\\G_{(n-1)1}\varphi_{n1}+G_{(n-1)2}\varphi_{n2}+\cdots+G_{(n-1)(n-1)}\varphi_{n(n-1)}=i_{S(n-1)(n-1)}\end{aligned}\right.$$

四、节点电位法的步骤

(1) 选取参考节点，并设各独立节点的大小。

(2) 列写各节点的节点电位方程。

(3) 联立求解，求出各独立节点的电位。

(4) 利用节点电位求出电路中的其他待求变量。

例 3.4.1　图 3.4.2 所示电路，试用节点电位法求各支路电压、各支路电流，1 A 电流源发出的功率(参考节点已选定)。

解　(1) 求独立节点的电位。设两个独立节点的电位为 φ_1，φ_2，如图 3.4.2 中所示，于是可列出节点电位方程为

$$\begin{cases}(\frac{1}{2}+\frac{1}{2})\varphi_1-\frac{1}{2}\varphi_2=6+1\\-\frac{1}{2}\varphi_1+(\frac{1}{2}+\frac{1}{2})\varphi_2=2-1\end{cases}$$

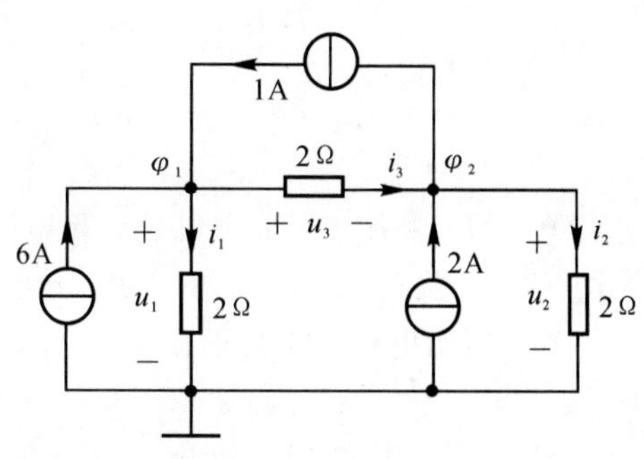

图　3.4.2

即
$$\begin{cases}1\varphi_1-\frac{1}{2}\varphi_2=7\\-\frac{1}{2}\varphi_1+1\varphi_2=1\end{cases}$$

联立求解得 $\varphi_1=10\ \text{V}$，$\varphi_2=6\ \text{V}$。

(2) 求各支路电压。设各支路电压的大小和参考极性如图 3.4.2 中所示，于是得

$$u_1=\varphi_1-0=\varphi_1=10\ \text{V},\quad u_2=\varphi_2-0=6\ \text{V}$$
$$u_3=\varphi_1-\varphi_2=(10-6)\ \text{V}=4\ \text{V}$$

(3) 求各支路电流。设各支路电流的大小和参考方向如图 3.4.2 中所示，故得

$$i_1=\frac{u_1}{2}=\frac{10}{2}\ \text{A}=5\ \text{A},\quad i_2=\frac{u_2}{2}\ \text{A}=\frac{6}{2}=3\ \text{A},\quad i_3=\frac{u_3}{2}=\frac{4}{2}\ \text{A}=2\ \text{A}$$

(4)1 A 电流源发出的功率为

$$P_{\text{发}}=1u_3=1\times4\ \text{W}=4\ \text{W}$$

五、含理想电压源的节点电位法

(1) 选取合适的参考点，设理想电压源的负极性端为参考节点，则另一端节点电位已知，即节点电压等于理想电压源的电压，不必对该节点列写节点电位方程。

(2) 假设理想电压源中流过的电流 I 为变量，将理想电压源的电压与两端节点电位的关系作为补充方程。

例 3.4.2 图 3.4.3(a) 所示电路，试用节点电位法求各支路电压，各支路电流，中间支路吸收的功率。

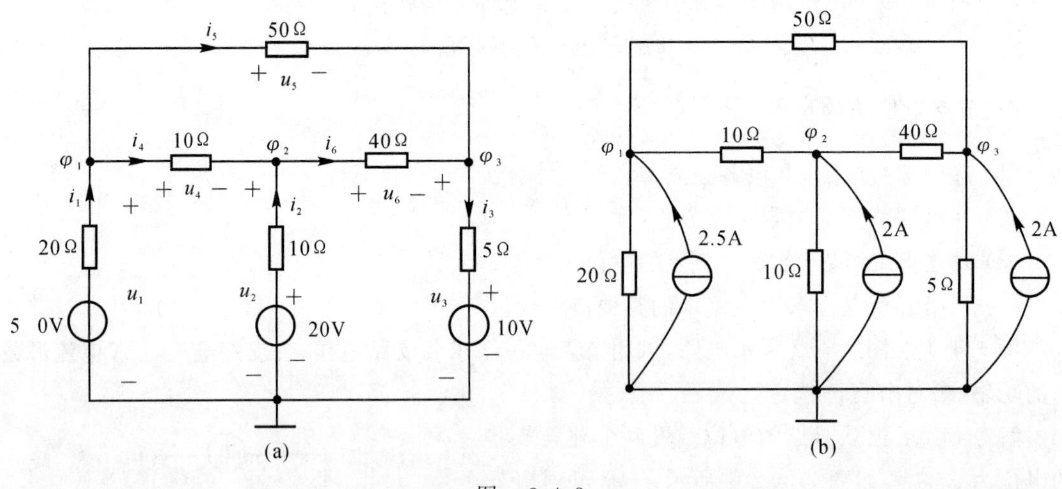

图 3.4.3

解 (1) 求各独立节点电位。该电路有 4 个节点，选参考节点如图 3.4.3 中所示；设各独立节点的电位为 $\varphi_1,\varphi_2,\varphi_3$。为了清楚起见，先将图3.4.3(a) 所示 电路等效变换为图 3.4.3(b) 所示电路。于是根据图 3.4.3(b) 电路可列出节点电位方程为

$$\left.\begin{aligned}\left(\frac{1}{20}+\frac{1}{50}+\frac{1}{10}\right)\varphi_1-\frac{1}{10}\varphi_2-\frac{1}{50}\varphi_3&=2.5\\-\frac{1}{10}\varphi_1+\left(\frac{1}{10}+\frac{1}{10}+\frac{1}{40}\right)\varphi_2-\frac{1}{40}\varphi_3&=2\\-\frac{1}{50}\varphi_1-\frac{1}{40}\varphi_2+\left(\frac{1}{5}+\frac{1}{40}+\frac{1}{50}\right)\varphi_3&=2\end{aligned}\right\}\tag{3.4.4}$$

即

$$\begin{cases}1.7\varphi_1-\varphi_2-0.2\varphi_3=25\\-\varphi_1+2.25\varphi_2-0.25\varphi_3=20\\-0.2\varphi_1-0.25\varphi_2+2.45\varphi_3=20\end{cases}$$

联立求解得 $\varphi_1=30.2\ \text{V}$，$\varphi_2=23.8\text{V}$，$\varphi_3=13.1\ \text{V}$。

(2) 求各支路电压。设各支路电压的大小和参考极性如图 3.4.3(a) 中所示。于是得

$$u_1=\varphi_1-0=\varphi_1=30.2\ \text{V},\quad u_2=\varphi_2-0=\varphi_2=23.8\ \text{V}$$

$$u_3=\varphi_3-0=\varphi_3=13.1\ \text{V},\quad u_4=\varphi_1-\varphi_2=(30.2-23.8)\ \text{V}=6.4\ \text{V}$$

$$u_5=\varphi_1-\varphi_3=(30.2-13.1)\ \text{V}=17.1\ \text{V},\quad u_6=\varphi_2-\varphi_3=(23.8-13.1)\ \text{V}=10.7\ \text{V}$$

(3) 求各支路电流。设各支路电流的大小和参考方向如图 3.4.3(a) 中所示。于是得

$$i_1=\frac{50-u_1}{20}=\frac{50-30.2}{20}\ \text{A}=0.99\ \text{A},\quad i_2=\frac{20-u_2}{10}=\frac{20-23.8}{10}\ \text{A}=-0.38\ \text{A}$$

$$i_3=\frac{u_3-10}{5}=\frac{13.1-10}{5}\ \text{A}=0.62\ \text{A},\quad i_4=\frac{u_4}{10}=\frac{6.4}{10}\ \text{A}=0.64\ \text{A}$$

$$i_5=\frac{u_5}{50}=\frac{17.1}{50}\ \text{A}=0.34\ \text{A},\quad i_6=\frac{u_6}{40}=\frac{10.7}{40}\ \text{A}=0.27\ \text{A}$$

(4) 中间支路吸收的功率为

$$P_{\text{吸}}=-u_2i_2=-23.8\times(-0.38)\ \text{W}=9.044\ \text{W}$$

注意：在求解此电路时，将图 3.4.3(a) 所示电路等效变换为图 3.4.3(b) 所示电路，这只是为了使读者容易理解，在计算熟练以后，这一步是可以省略的，直接根据图 3.4.3(a) 电路即可列写出节点电位方程组，如式(3.4.4) 所示。

例 3.4.3　图 3.4.4(a) 所示电路，试用节点电位法求各独立节点的电位。

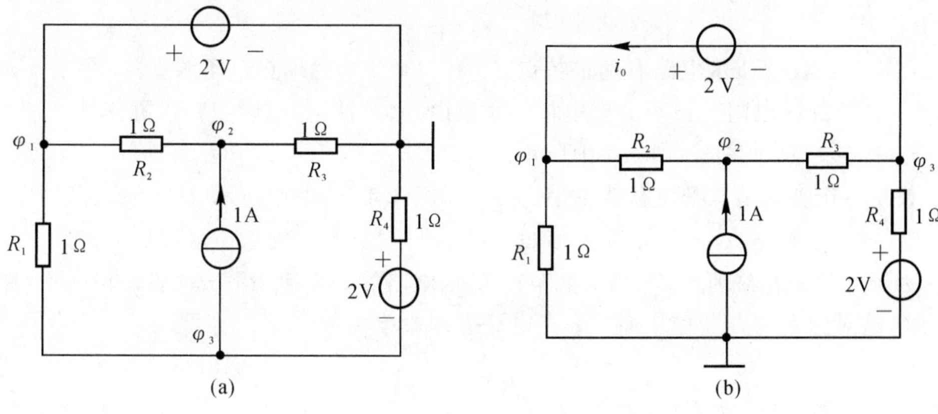

图　3.4.4

解　图 3.4.4(a) 所示电路的特点是，在其中的两个节点之间接有一个 2 V 的理想电压

源，无法将它等效变换为电流源。对于此种电路，若选 2 V 电压源的一端（如负端）作为参考节点，如图 3.4.4(a) 中所示，则其另一端的电位即为已知，即

$$\varphi_1 = 2\ \text{V}$$

这样，该电路就只有两个未知的节点电位 φ_2 和 φ_3 了。设独立节点的电位为 $\varphi_1, \varphi_2, \varphi_3$，如图 3.4.4(a) 中所示，于是可列写出独立节点电位方程为

$$\begin{cases} \varphi_1 = 2 \\ -\dfrac{1}{R_1}\varphi_1 + \left(\dfrac{1}{R_2} + \dfrac{1}{R_3}\right)\varphi_2 - 0\varphi_3 = 1 \\ -\dfrac{1}{R_1}\varphi_1 - 0\varphi_2 + \left(\dfrac{1}{R_1} + \dfrac{1}{R_4}\right)\varphi_3 = -1 - \dfrac{2}{R_4} \end{cases}$$

代入数据并联立求解即得 $\varphi_1 = 2\ \text{V}, \varphi_2 = 1.5\ \text{V}, \varphi_3 = -0.5\ \text{V}$。

若选参考节点如图 3.4.4(b) 中所示，则由于 3 个独立节点电位 $\varphi_1, \varphi_2, \varphi_3$ 均为未知，故必须对 3 个独立节点分别列出方程，且应在 2 V 的理想电压源电路中设定一个未知的电流 i_0（大小和参考方向任意设定），如图 3.4.4(b) 中所示。于是可列写出节点电位方程为

$$\left(\frac{1}{R_1} + \frac{1}{R_2}\right)\varphi_1 - \frac{1}{R_2}\varphi_2 - 0\varphi_3 = i_0$$

$$-\frac{1}{R_2}\varphi_1 + \left(\frac{1}{R_2} + \frac{1}{R_3}\right)\varphi_2 - \frac{1}{R_3}\varphi_3 = 1$$

$$-0\varphi_1 - \frac{1}{R_3}\varphi_2 + \left(\frac{1}{R_3} + \frac{1}{R_4}\right)\varphi_3 = \frac{2}{R_4} - i_0$$

又有

$$\varphi_1 - \varphi_3 = 2$$

将已知数据代入以上 4 式并联立求解得 $\varphi_1 = 2.5\ \text{V}, \varphi_2 = 2\ \text{V}, \varphi_3 = 0.5\ \text{V}, i_0 = 3\ \text{A}$。

读者可进一步求出各支路电压和各支路电流。

六、含电流源串联电阻支路的节点电位法

在利用节点电位法列写方程时，与电流源串联的电阻不出现在自电导或互电导中。

例 3.4.4 图 3.4.5(a) 所示电路，试用节点电位法求各支路电流，支路电压，4 A 电流源发出的功率 $P_{发}$。

解 图 3.4.5(a) 所示电路有两个特点：① 有一个 2 V 的理想电压源支路；② 与 4 A 电流源串联了一个 1 Ω 的电阻。在用节点电位法求解时，必须注意到这些特点，并正确处理。

(1) 选参考节点，如图 3.4.5(a) 中所示。

(2) 设定 3 个独立节点的电位为 $\varphi_1, \varphi_2, \varphi_3$，如图 3.4.5(a) 中所示。

$$\varphi_1 = 2\ \text{V}$$

(3) 为了清楚和容易理解，将图 3.4.5(a) 所示电路等效变换为图 3.4.5(b) 所示电路。于是根据此电路对独立节点 2 和 3 列写节点电位方程为

$$-\frac{1}{2}\varphi_1 + \left(\frac{1}{2} + \frac{1}{2}\right)\varphi_2 - 0\varphi_3 = 4$$

$$-\frac{1}{1}\varphi_1 - 0\varphi_2 + \left(\frac{1}{1} + \frac{1}{1}\right)\varphi_3 = -4$$

(4) 联立求解以上 3 个方程即得 $\varphi_1 = 2\ \text{V}, \varphi_2 = 5\ \text{V}, \varphi_3 = -1\ \text{V}$。

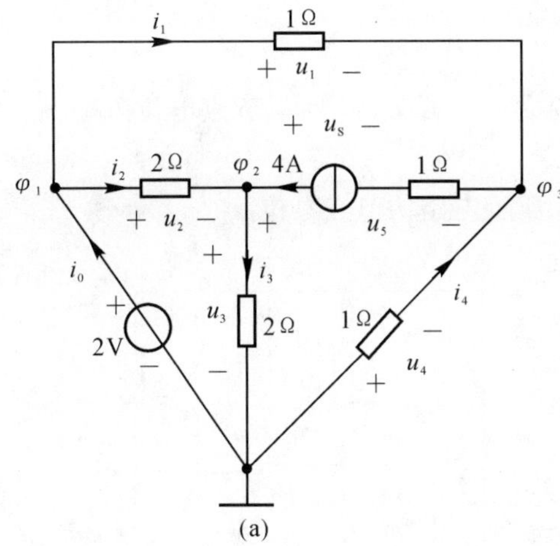

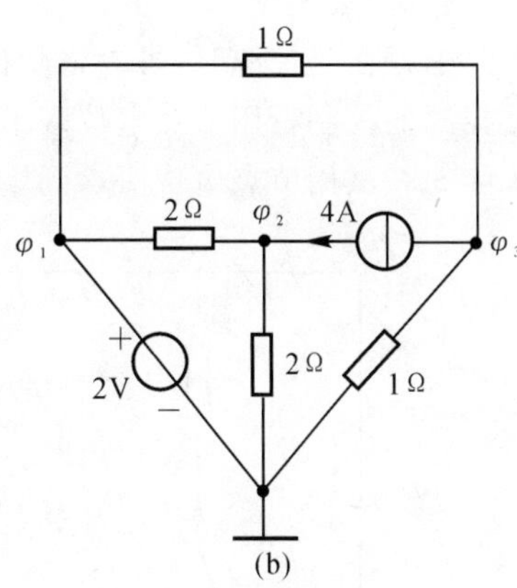

图　3.4.5

(5) 设定各支路电压的大小和参考极性，如图 3.4.5(a) 中所示。故得各支路电压为

$$u_1=\varphi_1-\varphi_3=[2-(-1)]\ \text{V}=3\ \text{V}$$

$$u_2=\varphi_1-\varphi_2=(2-5)\ \text{V}=-3\ \text{V}$$

$$u_3=\varphi_2-0=(5-0)\ \text{V}=5\ \text{V}$$

$$u_4=-(\varphi_3-0)=[-(-1-0)]\ \text{V}=1\ \text{V}$$

$$u_5=\varphi_2-\varphi_3=[5-(-1)]\ \text{V}=6\ \text{V}$$

(6) 设定各支路电流的大小和参考方向，如图 3.4.5(a) 所示。故得各支路电流为

$$i_1=\frac{u_1}{1}=\frac{3}{1}\ \text{A}=3\ \text{A},\quad i_2=\frac{u_2}{2}=\frac{-3}{2}\ \text{A}=-1.5\ \text{A}$$

$$i_3=\frac{u_3}{2}=\frac{5}{2}\ \text{A}=2.5\ \text{A},\quad i_4=\frac{u_4}{1}=\frac{1}{1}\ \text{A}=1\ \text{A}$$

$$i_0=i_1+i_2=[3+(-1.5)]\ \text{A}=1.5\ \text{A}$$

(7) 设 4A 电流源两端电压的大小和参考极性，如图 3.4.5(a) 所示。故有

$$u_5=u_S-1\times 4$$

即

$$6=u_S-4$$

故

$$u_S=10\ \text{V}$$

故 4 A 电流源发出的功率为

$$P_{发}=u_S\times 4=10\times 4\ \text{W}=40\ \text{W}$$

注意：在对概念理解和熟练的基础上，就可不必画出图3.4.5(b) 所示的等效电路，而直接根据图 3.4.5(a) 即可列写出电路的节点电位方程，只是要特别注意，不要把与 4 A 电流源串联的 1 Ω 电阻放到方程中去，即不能写成下面的形式：

$$-\frac{1}{2}\varphi_2+\left(\frac{1}{2}+\frac{1}{2}+\frac{1}{1}\right)\varphi_2-\frac{1}{1}\varphi_3=4$$

$$-\frac{1}{1}\varphi_1-\frac{1}{1}\varphi_2+\left(\frac{1}{1}+\frac{1}{1}+\frac{1}{1}\right)\varphi_3=-4$$

七、含受控源的节点电位法

当电路中存在受控源时，可以将受控源按独立源一样处理，列写节点电位方程，再用辅助方程将受控源的控制量用节点电位表示。

例 3.4.5 试用节点电位法求图 3.4.6(a) 所示电路的节点电位 $\varphi_1,\varphi_2,\varphi_3$。

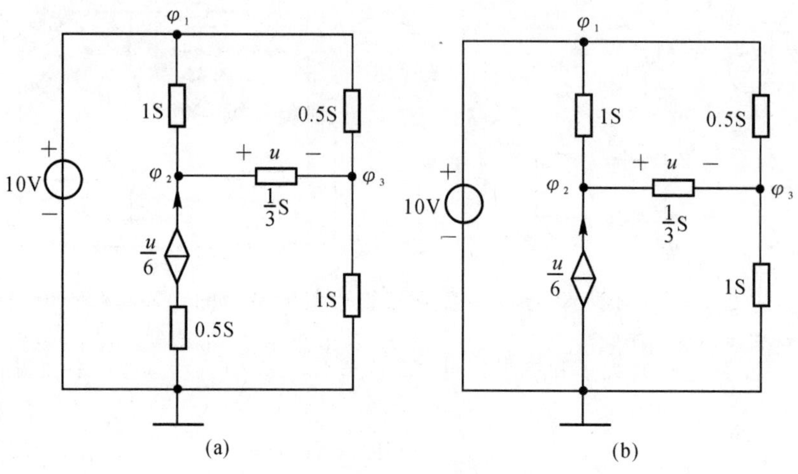

图 3.4.6

解 该电路有两个特点：① 含有一个 10 V 的理想电压源支路；② 含有一个电压 u 控制的电流源 $u/6$。选参考节点如图 3.4.6(a) 中所示。将图 3.4.6(a) 所示电路等效变换为图 3.4.6(b) 所示电路。于是，根据图 3.4.6(b) 对 3 个独立节点可列写出节点电位方程为

$$\varphi_1=10$$

$$-1\varphi_1+\left(1+\frac{1}{3}\right)\varphi_2-\frac{1}{3}\varphi_3=\frac{1}{6}u$$

$$-0.5\varphi_1-\frac{1}{3}\varphi_2+\left(0.5+\frac{1}{3}+1\right)\varphi_3=0$$

又有

$$\varphi_2-\varphi_3=u$$

以上 4 式联解得 $\varphi_1=10\text{V},\varphi_2=9.2\ \text{V},\varphi_3=4.4\text{V},u=4.8\ \text{V}$。

注意：同样要注意，与 $u/6$ 受控电流源串联的电导 0.5 S 不能放到方程中去。

例 3.4.6 图 3.4.7 所示电路，试用节点电位法求独立节点电位 $\varphi_1,\varphi_2,\varphi_3$。

解 此电路的特点是含有一个 $i/8$ 理想受控电压源支路，设其中流过的电流为 i_0，如图 3.4.7 中所示。于是可列出节点电位方程为

$$(3+4)\varphi_1-3\varphi_2-4\varphi_3=-8-3\times1$$

$$-3\varphi_1+(3+1)\varphi_2-0\varphi_3=3\times1+i_0$$

$$-4\varphi_1-0\varphi_2+(5+4)\varphi_3=5\times5-i_0$$

又有

$$\varphi_3-\varphi_2=\frac{1}{8}i,\quad i=4(\varphi_3-\varphi_1)$$

以上 5 式联解得 $\varphi_1=1\ \text{V},\varphi_2=2\ \text{V},\varphi_3=3\ \text{V},i=8\ \text{A},\frac{1}{8}i=\frac{1}{8}\times8\ \text{V}=1\ \text{V},i_0=2\ \text{A}$。

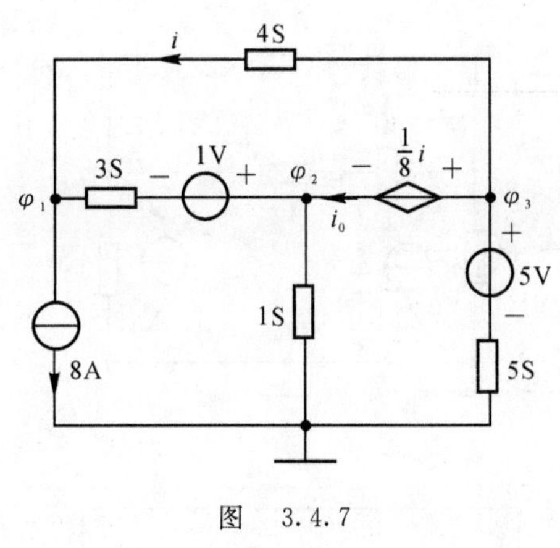

图　3.4.7

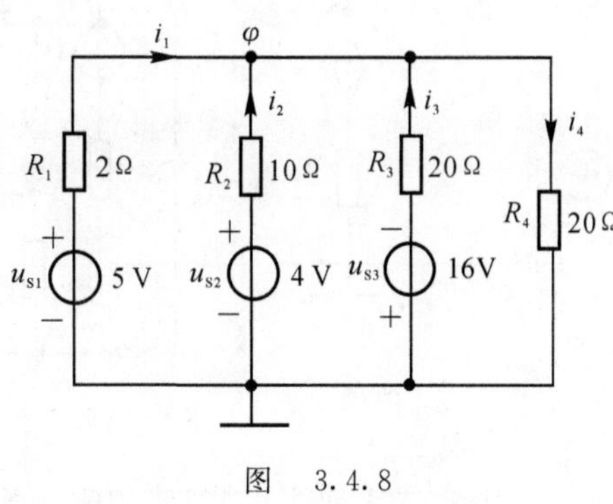

图　3.4.8

例 3.4.7　图 3.4.8 所示电路，试用节点电位法求各支路电流，并求最左边支路发出的功率。

解　此电路的特点是只有两个节点，故只有一个独立节点，网孔数大大多于独立节点数，故用节点法求解最为简便。设独立节点的电位为 φ，于是可列出节点电位方程为

$$\left(\frac{1}{R_1}+\frac{1}{R_2}+\frac{1}{R_3}+\frac{1}{R_4}\right)\varphi=\frac{u_{S1}}{R_1}+\frac{u_{S2}}{R_2}-\frac{u_{S3}}{R_3}+\frac{0}{R_4}$$

故

$$\varphi=\frac{\dfrac{u_{S1}}{R_1}+\dfrac{u_{S2}}{R_2}-\dfrac{u_{S3}}{R_3}+\dfrac{0}{R_4}}{\dfrac{1}{R_1}+\dfrac{1}{R_2}+\dfrac{1}{R_3}+\dfrac{1}{R_4}}=\sum_{k=1}^{4}\frac{\dfrac{u_{Sk}}{R_k}}{\dfrac{1}{R_k}}$$

代入数据解得

$$\varphi=3\ \text{V}$$

设定各支路电流的大小和参考方向如图 3.4.8 中所示，故得

$$i_1=\frac{u_{S1}-\varphi}{R_1}=\frac{5-3}{2}\ \text{A}=1\ \text{A},\quad i_2=\frac{u_{S2}-\varphi}{R_2}=\frac{4-3}{10}\ \text{A}=0.1\ \text{A}$$

$$i_3=\frac{-u_{S3}-\varphi}{R_3}=\frac{-16-3}{20}\ \text{A}=-\frac{19}{20}\ \text{A},\quad i_4=\frac{\varphi}{R_4}=\frac{3}{20}\ \text{A}$$

最左边支路发出的功率为

$$P_{发}=i_1\varphi=1\times3\ \text{W}=3\ \text{W}$$

八、思考与练习

3.4.1　图 3.4.9 所示电路，试用节点电位法求各支路电流，并求中间支路吸收的功率。(答：−1 A,3 A,4 A；−64 W)

3.4.2　图 3.4.10 所示电路，试用节点电位法求电压 u，并求上边支路发出的功率。$\left(答:4\ \text{V};-\frac{4}{3}\ \text{W}\right)$

3.4.3　图 3.4.11 所示电路，试用节点电位法求 u 和 i。(答：15 V，−1 A)

3.4.4　图 3.4.12 所示电路，试用节点电位法求 u 和 i。(答：−6.4 V,7.2 A)

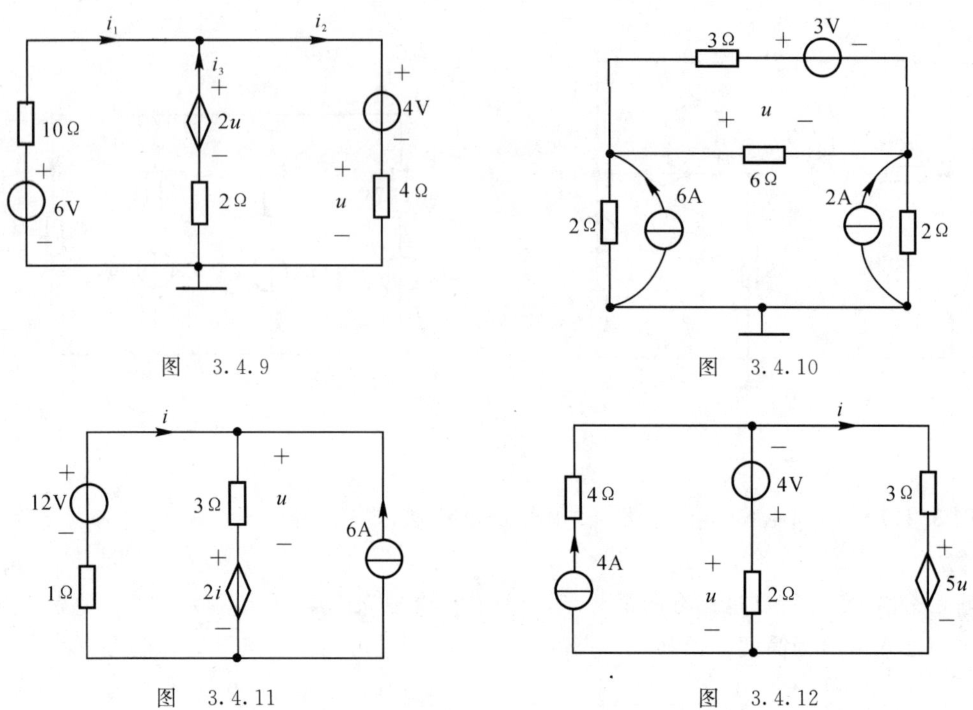

图 3.4.9

图 3.4.10

图 3.4.11

图 3.4.12

现将电路分析的基本方法汇总于表3.4.1中，以便复习和查用。

表 3.4.1 电路分析的基本方法

名 称	定 义	独立方程个数	优、缺点
支路电流法	直接以b个支路电流为待求变量，对$(n-1)$个独立节点列写KCL方程，对$b-(n-1)$个独立回路列写KVL方程，然后对这b个方程联立求解的方法	等于电路的支路数b	当方程个数较多时，宜于用计算机计算
支路电压法	直接以b个支路电压为待求变量，对$(n-1)$个独立节点列写KCL方程，对$b-(n-1)$个独立回路列写KVL方程，然后对这b个方程联立求解的方法	等于电路的支路数b	当方程个数较多时，宜于用计算机计算
$2b$法	直接以b个支路电流和b个支路电压为待求变量，对$(n-1)$个独立节点列写KCL方程，对$b-(n-1)$个独立回路列写KVL方程，再对b个支路列写b个支路伏安关系方程，然后对这$2b$个方程联立求解的方法	$2b$个	当方程个数较多时，宜于用计算机计算
网孔电流法	以网孔电流为独立、完备的待求变量，对网孔回路列写KVL方程，进而对电路进行分析的方法	等于电路网孔的个数	简便、直观，但不灵活
回路电流法	以基本回路电流(即单连支电流)为独立、完备的待求变量，对基本回路列写KVL方程，进而对电路进行分析的方法	等于电路的连支数，即$b-(n-1)$个	灵活性大(因树的构成不是唯一的)

续 表

名　称	定　　义	独立方程个数	优、缺点
节点电位法	以独立节点电位为独立、完备的待求变量，对独立节点列写 KCL 方程，进而对电路进行分析的方法	等于电路独立节点的个数，即 $n-1$ 个	灵活性大(因参考节点的选择不是唯一的)

注：支路电压法和 $2b$ 法，请参看其他电路理论书籍。

习　题　三

3 - 1　图题 3 - 1 所示电路，试用支路电流法求各支路电流，并求中间支路吸收的功率。(答：0.5 A，－0.1 A，－0.4 A，1.2 W)

3 - 2　图题 3 - 2 所示电路，试用网孔电流法求各支路电流，并求右边支路发出的功率。(答：9.25 A，2.75 A，6.5 A，113.75 W)

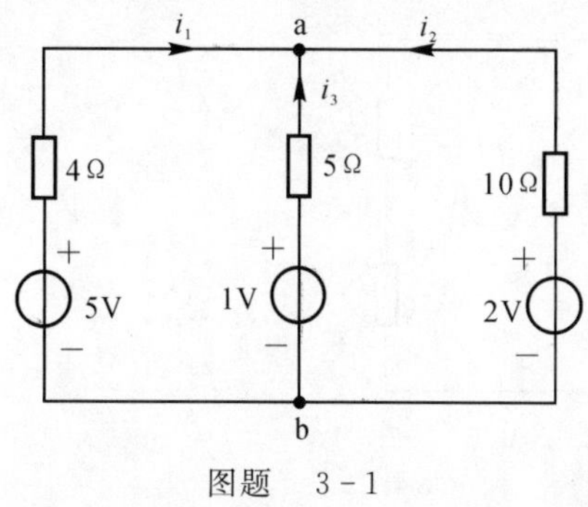

图题　3 - 1

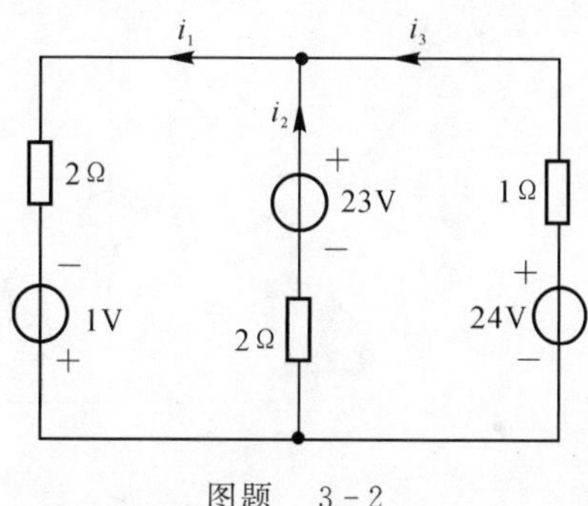

图题　3 - 2

3 - 3　图题 3 - 3 所示电路，求电流 i，并求 $2i$ 受控电压源吸收的功率。(答：1 A，－4 W)

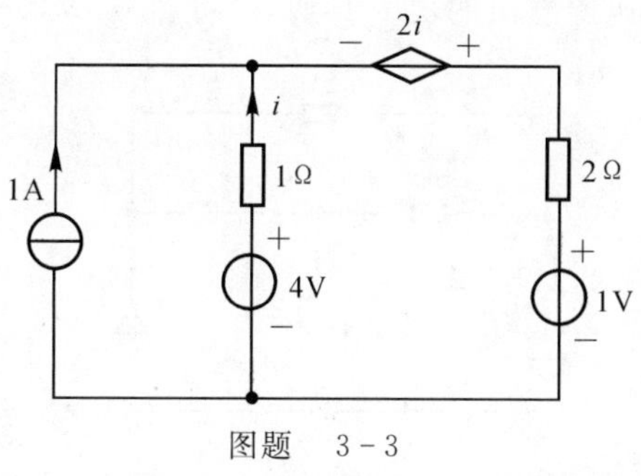

图题　3 - 3

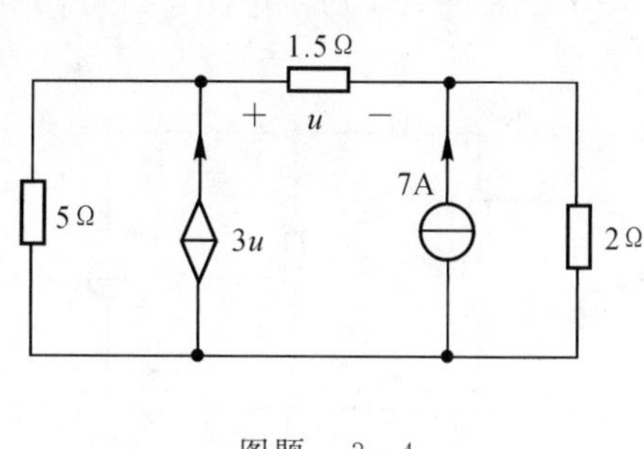

图题　3 - 4

3 - 4　图题 3 - 4 所示电路，求电压 u，并求 $3u$ 受控电流源发出的功率。(答：1.5 V，78.75 W)

3 - 5　图题 3 - 5 所示电路，试用节点电位法求各独立节点的电位，并求 2 A 电流源发出的功率，2 V 电压源吸收的功率。$\left(\text{答：}2\text{ V},\frac{2.5}{3}\text{ V},3\text{ V};\frac{13}{3}\text{ W},-9\text{ W}\right)$

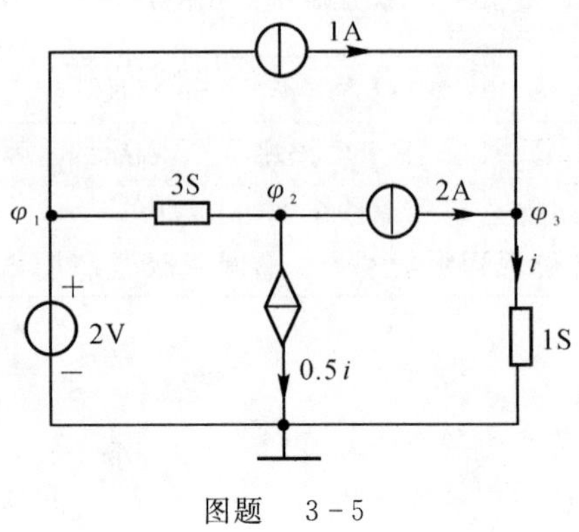

图题 3-5

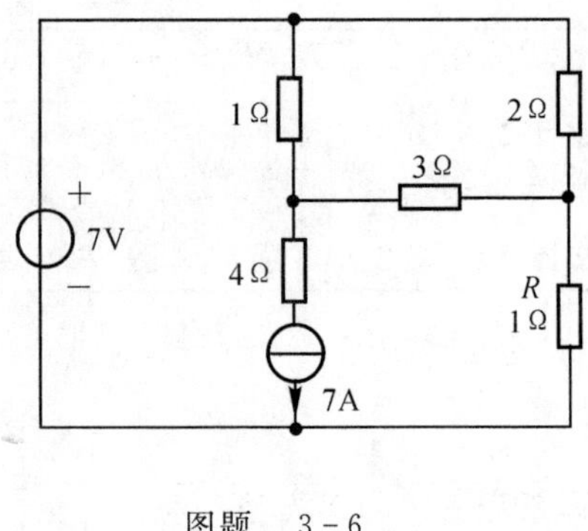

图题 3-6

3-6 图题3-6所示电路，试求电阻$R=1\ \Omega$吸收的功率及7 V电压源发出的功率。(答：4 W，63 W)

3-7 图题3-7所示电路，求电流i和电压u，并求ab支路吸收的功率。(答：6.5 A，7.5 V，−13.5 W)

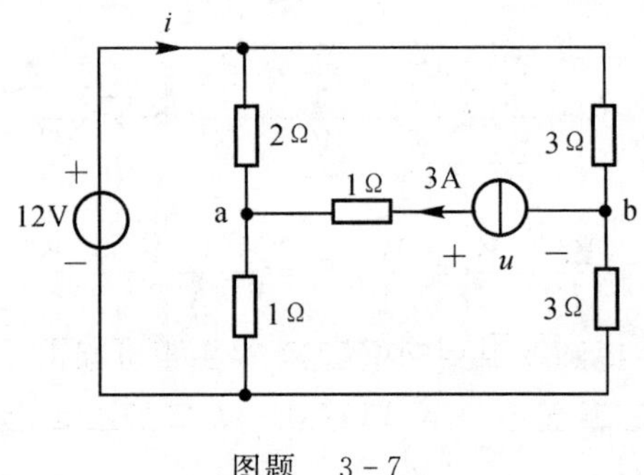

图题 3-7

3-8 图题3-8所示电路，求3 A电流源发出的功率及左边支路吸收的功率。(答：18 W，0)

3-9 图题3-9所示电路，求电压u及4 V电压源发出的功率$P_{发}$。$\left(答：-\dfrac{26}{3}\ \text{V}，96\ \text{W}\right)$

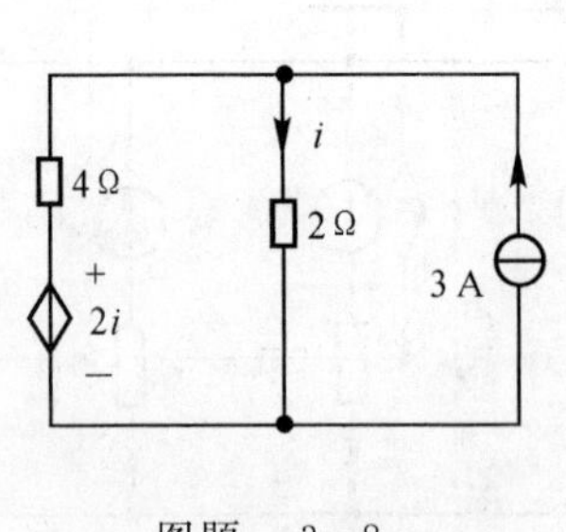

图题 3-8

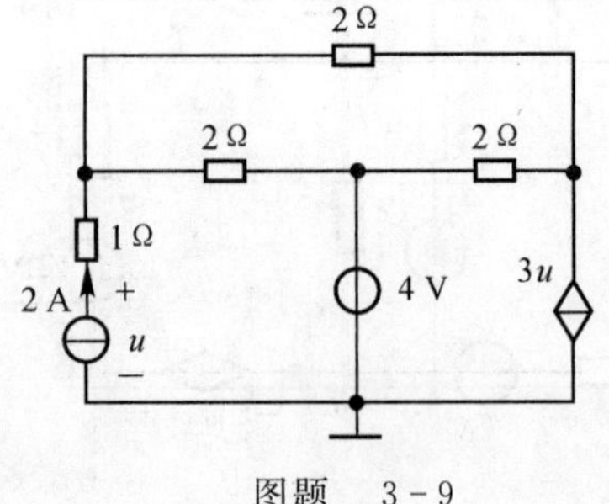

图题 3-9

3-10 图题3-10所示电路，求4 Ω电阻吸收的功率。(答：64 W)

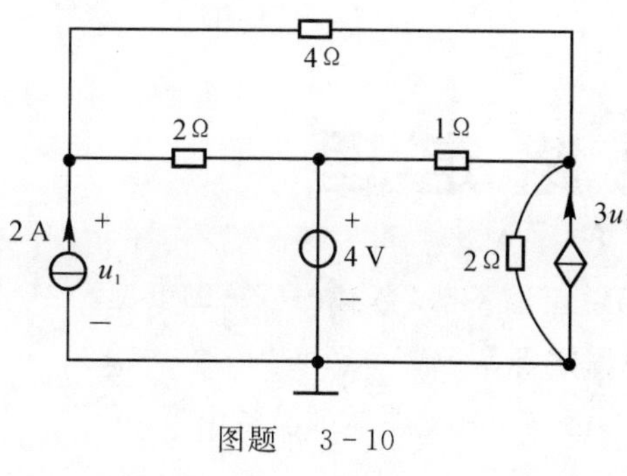

图题　3 - 10

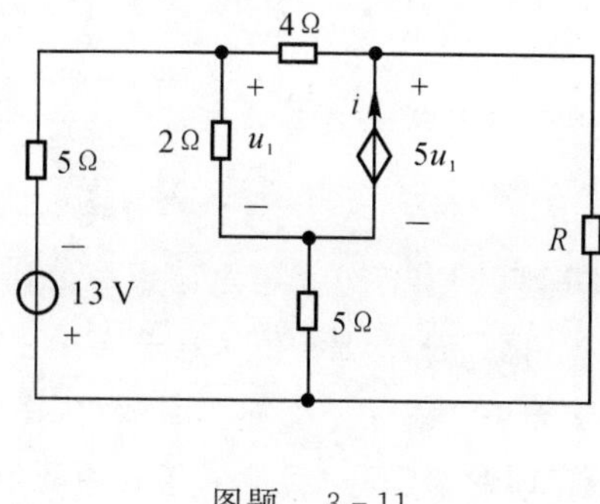

图题　3 - 11

3 - 11　图题 3 - 11 所示电路，已知 $u_1=2$ V，求电阻 R 和电流 i 的值。（答：0，3 A）

3 - 12　图题 3 - 12 所示电路，用节点法求受控电流源发出的功率。（答：94.5 W）

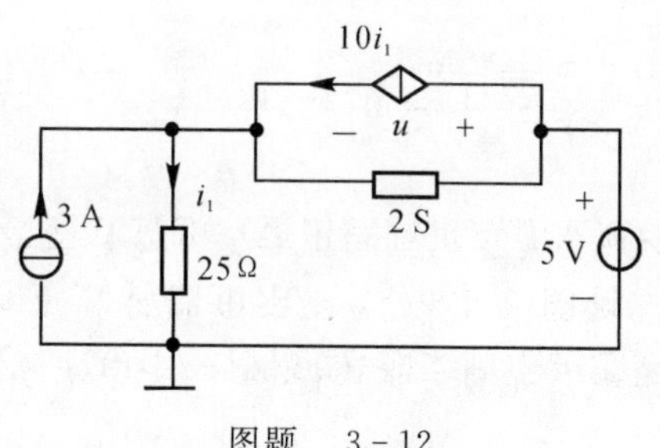

图题　3 - 12

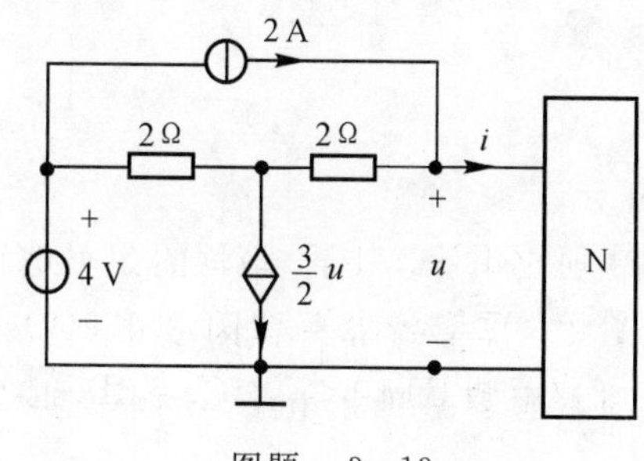

图题　3 - 13

3 - 13　图题 3 - 13 所示电路，已知电路 N 吸收的功率 $P_N=2$ W，求 u 和 i。（答：1 V，2 A；2 V，1 A）

3 - 14　图题 3 - 14 所示电路，求受控电流源的控制系数 α 的值。（答：2）

3 - 15　图题 3 - 15 所示电路，求 $U=0$ 时电流源 I_S 的大小和方向。（答：8/9 A，向左）

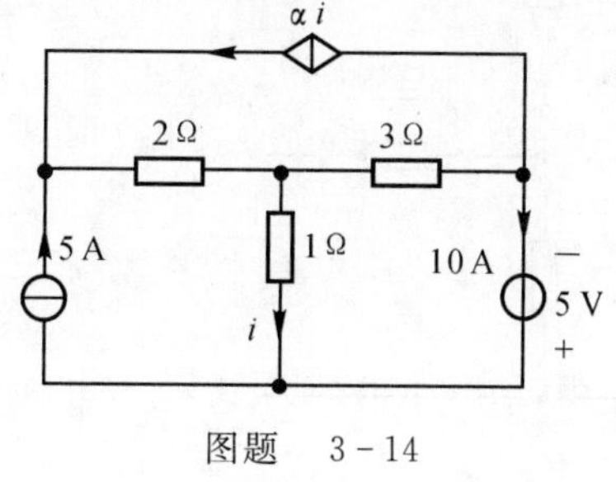

图题　3 - 14

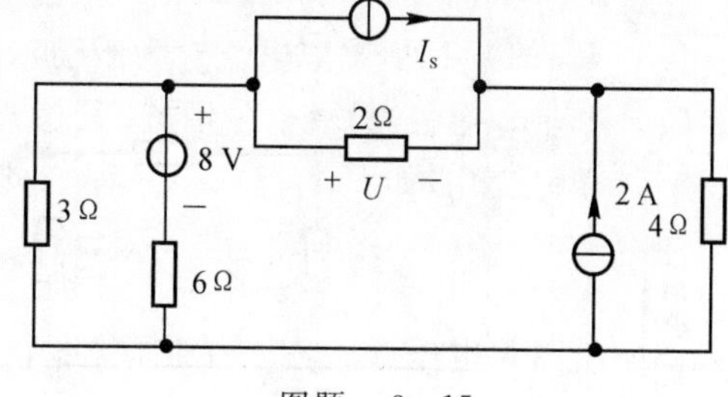

图题　3 - 15

第4章　电路定理

内容提要

本章讲述电路分析的重要定理：叠加定理，齐次定理，替代定理，等效电压源定理，等效电源定理，最大功率传输定理，互易定理。用电路定理分析计算电路。

4.1　叠加定理与齐次定理

一、叠加定理

以图 4.1.1(a) 所示电路为例来说明线性电路的叠加定理。该电路的网孔 KVL 方程为

$$\begin{cases}(R_1+R_2)i_1-R_2i_2=u_S\\ i_2=i_S\end{cases}$$

联解得

$$i_1=\frac{1}{R_1+R_2}u_S+\frac{R_2}{R_1+R_2}i_S=Gu_S+\alpha i_S \tag{4.1.1}$$

式中：$G=\dfrac{1}{R_1+R_2}$；$\alpha=\dfrac{R_2}{R_1+R_2}$ 为两个比例常数，其值完全由电路的结构与参数决定。

由式(4.1.1)可见，响应电流 i_1 为激励 u_S 与 i_S 的线性组合函数，它由两个分量组成。一个分量 Gu_S 只与 u_S 有关，另一个分量 αi_S 只与 i_S 有关。当$i_S=0$(就是将电流源 i_S 开路)时，电路中只有 u_S 单独作用，如图 4.1.1(b) 所示。此时得

$$i'_1=\frac{1}{R_1+R_2}u_S=Gu_S \tag{4.1.2}$$

当 $u_S=0$(就是将电压源 u_S 短路)时，电路中只有 i_S 单独作用，如图 4.1.1(c) 所示。此时得

$$i''_1=\frac{R_2}{R_1+R_2}i_S=\alpha i_S \tag{4.1.3}$$

由式(4.1.1)、式(4.1.2) 和式(4.1.3) 得

$$i_1=i'_1+i''_1=Gu_S+\alpha i_S$$

此结果说明，两个独立电源 u_S 与 i_S 同时作用时在电路中产生的响应 i_1，等于每个独立电源单独作用时在电路中所产生响应 i'_1 与 i''_1 的代数和。将此结论推广即得叠加定理：线性电路中所有独立电源同时作用时在每一个支路中所产生的响应电流或电压，等于各个独立电源单独作用时在该支路中所产生的响应电流或电压的代数和。叠加定理也称叠加性，它说明了线性电路中独立电源作用的独立性。

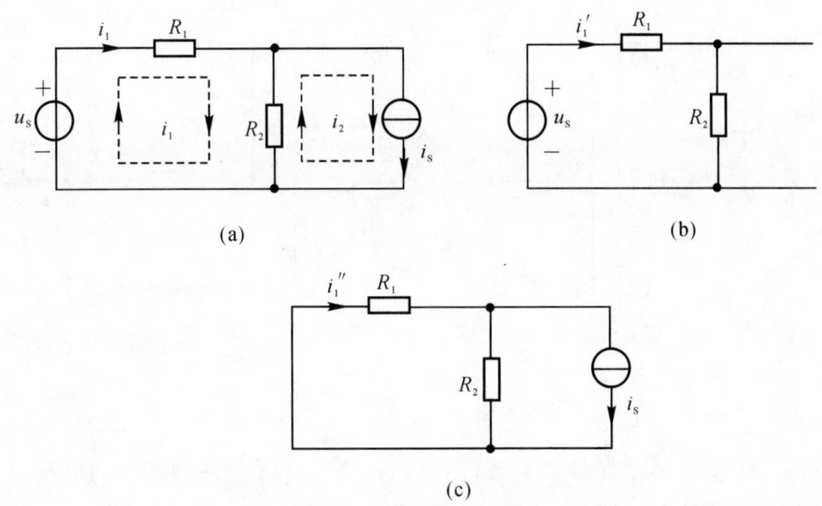

图 4.1.1　叠加定理

应用叠加定理时应强调注意以下几点：

(1) 当一个独立电源单独作用时，其他的独立电源应为零，即独立电压源用短路代替，独立电流源用开路代替。

(2) 叠加定理只能用来求解电路中的电压和电流，不能用于计算电路的功率，因为功率是电流或电压的二次方函数。

(3) 叠加时必须注意各个响应分量是代数和，因此要考虑总响应与各分响应的参考方向或参考极性。当分响应的参考方向或参考极性与总响应的参考方向或参考极性一致时，叠加时取"+"号，反之取"−"号。

(4) 对于含受控源的电路，当独立源单独作用时，所有的受控源均应保留，因为受控源不是激励，且具有电阻性。

例 4.1.1　图 4.1.2(a) 所示电路，试用叠加定理求电压源中的电流 i 和电流源两端的电压 u。

解　求解此类电路，以应用叠加定理最为简便。

当 6 V 电压源单独作用时，6 A 电流源应开路，如图 4.1.2(b) 所示。故得

$$i'_1=\frac{6}{3+1}\ \text{A}=1.5\ \text{A},\quad i'_2=\frac{6}{4+2}\ \text{A}=1\ \text{A}$$

故

$$i'=i'_1+i'_2=(1.5+1)\ \text{A}=2.5\ \text{A}$$

$$u'=1i'_1-2i'_2=(1\times1.5-2\times1)\ \text{V}=-0.5\ \text{V}$$

当 6 A 电流源单独作用时，6 V 电压源应短路，如图 4.1.2(c) 所示。故得

$$i''_1=\frac{3}{3+1}\times6\ \text{A}=4.5\ \text{A},\quad i''_2=\frac{4}{4+2}\times6\ \text{A}=4\ \text{A}$$

故

$$i''=i''_1-i''_2=(4.5-4)\ \text{A}=0.5\ \text{A}$$

$$u''=1i''_1+2i''_2=(1\times4.5+2\times4)\ \text{V}=12.5\ \text{V}$$

故根据叠加定理得

$$i=i'+i''=(2.5+0.5)\ \text{A}=3\ \text{A}$$

$$u=u'+u''=(-0.5+12.5)\ \text{V}=12\ \text{V}$$

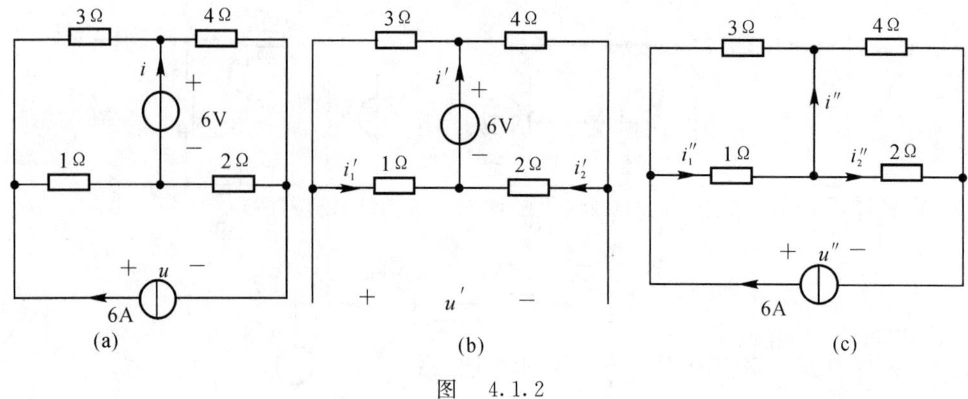

图 4.1.2

例 4.1.2 图 4.1.3(a) 所示电路,试用叠加定理求 3 A 电流源两端的电压 u 和电流 i。

解 该电路中的独立源较多,共有 4 个,若每一个独立源都单独作用一次,需要叠加 4 次,这就比较烦琐了。因此,可以采用“独立源分组”单独作用法求解。

当 3 A 电流源单独作用时,其余的独立源均令其为零,即 6 V,12 V 电压源应短路,2 A 电流源应开路,如图 4.1.3(b) 所示。故

$$i'=\frac{3}{6+3}\times 3\ \text{A}=1\ \text{A},\quad u'=\left(\frac{6\times 3}{6+3}+1\right)\times 3\ \text{V}=9\ \text{V}$$

当 6 V,12 V,2 A 三个独立源分为一组“单独”作用时,3 A 电流源应开路,如图 4.1.3(c) 所示。故

$$i''=\frac{6+12}{6+3}=2\ \text{A},\quad u''=6i''-6+2\times 1=(6\times 2-4)\ \text{V}=8\ \text{V}$$

故根据叠加定理得

$$u=u'+u''=(9+8)\ \text{V}=17\ \text{V},\quad i=i'+i''=(1+2)\ \text{A}=3\ \text{A}$$

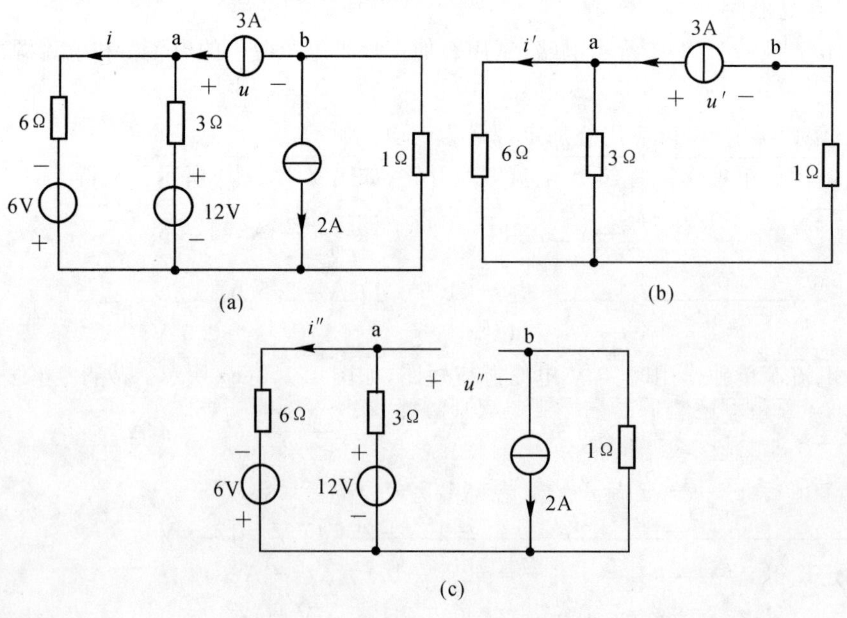

图 4.1.3

例 4.1.3　图 4.1.4(a) 所示电路，试用叠加定理求电压 u 和电流 i。

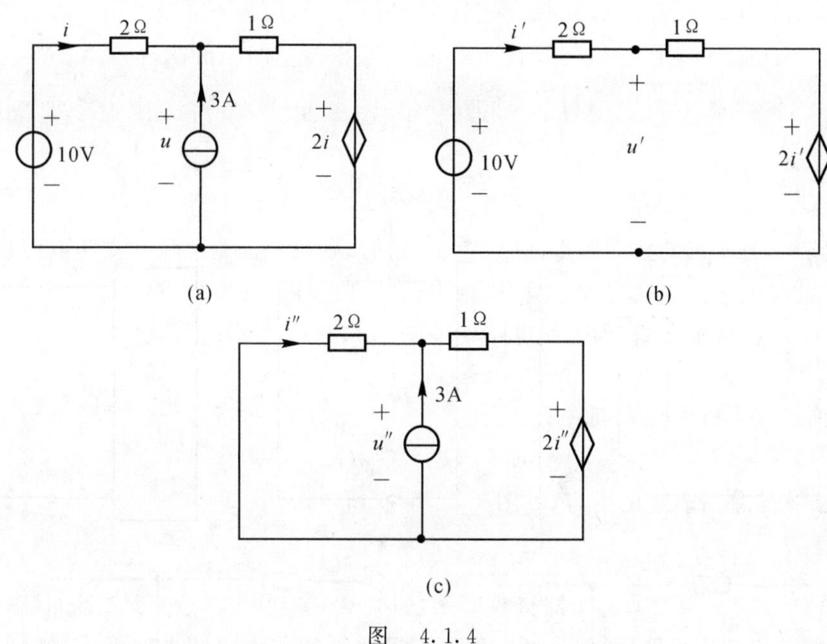

图　4.1.4

解　该电路中含有受控源。用叠加定理求解含受控源的电路，当某一独立源单独作用时，其余的独立源均应为零，即独立电压源应短路，独立电流源应开路，但所有的受控源均应保留，因为受控源不是激励，且具有电阻性。

10 V 电压源单独作用时的电路如图 4.1.4(b) 所示，于是有

$$10=(2+1)i'+2i'=5i'$$

故
$$i'=2\ \text{A}$$

又
$$u'=1\times i'_1+2i'=3i'=3\times 2\ \text{V}=6\ \text{V}$$

3 A 电流源单独作用时的电路如图 4.1.4(c) 所示，于是有

$$-2i''=1(i''+3)+2i''$$

故
$$i''=-0.6\ \text{A}$$

又得
$$u''=-2i''=-2\times(-0.6)\ \text{V}=1.2\ \text{V}$$

故根据叠加定理得
$$u=u'+u''=(6+1.2)\ \text{A}=7.2\ \text{V}$$
$$i=i'+i''=[2+(-0.6)]\ \text{A}=1.4\ \text{A}$$

例 4.1.4　图 4.1.5 所示电路，已知当 $i_S=u_S=0$ 时，$u_2=1$ V；当 $i_S=1$ A，$u_S=0$ 时，$u_2=2$ V；当 $i_S=0$，$u_S=1$ V 时，$u_2=-1$ V。求 $i_S=2$ A，$u_S=-2$ V 时，u_2 的值为多大。

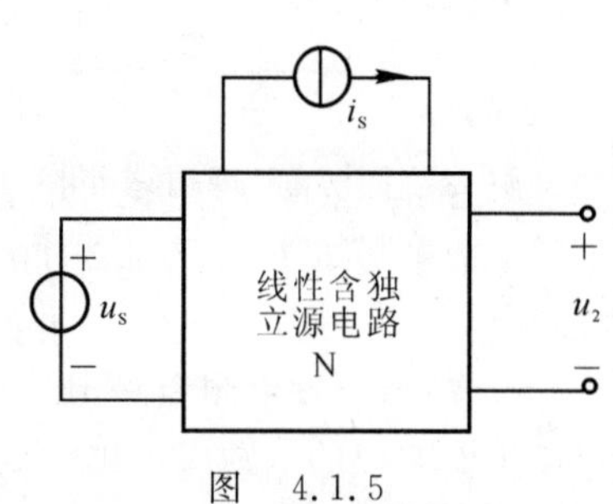

图　4.1.5

解　因为 i_S 和 u_S 是变化的，N 中的独立源是不变的，故根据叠加定理，可设

$$u_2=k_1 i_S+k_2 u_S+k$$

代入已知数据，有

$$1=k_1\times 0+k_2\times 0+k$$

$$2 = k_1 \times 1 + k_2 \times 0 + k$$

$$-1 = k_1 \times 0 + k_2 \times 1 + k$$

联立求解得
$$k = 1,\quad k_1 = 1,\quad k_2 = -2$$

故得
$$u_2 = i_S - 2u_S + 1\ (\text{V})$$

又得
$$u_2 = [2 - 2 \times (-2) + 1]\ \text{V} = 7\ \text{V}$$

二、齐次定理

线性电路中，若所有的独立源都同时扩大 k 倍时，则每个支路电流和支路电压也都随之相应扩大 k 倍，此结论称为齐次定理，也称线性电路的齐次性。证明如下：

如图 4.1.6(a) 所示电路，因为此电路就是图 4.1.1(a) 所示电路，已知

$$i_1 = Gu_S + \alpha i_S$$

给上式等号两端同乘以常数 k，即有

$$ki_1 = Gku_S + \alpha ki_S$$

此结果正是齐次定理所表述的内容，如图 4.1.6(b) 所示。

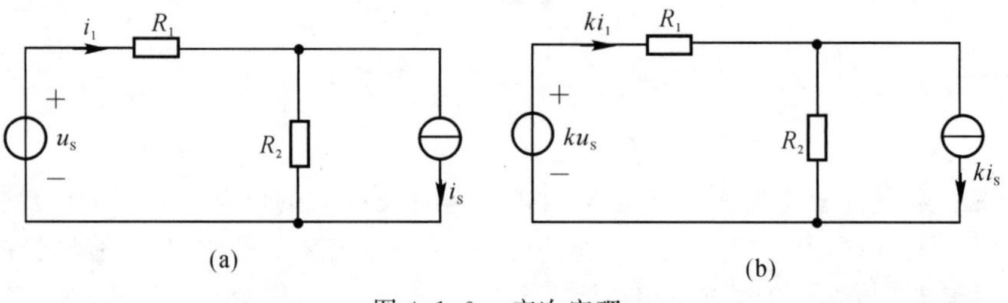

图 4.1.6　齐次定理

例 4.1.5　图 4.1.7(a) 所示电路，试用叠加定理求电流 i，再用齐次定理求图 4.1.7(b) 电路中的电流 i'。

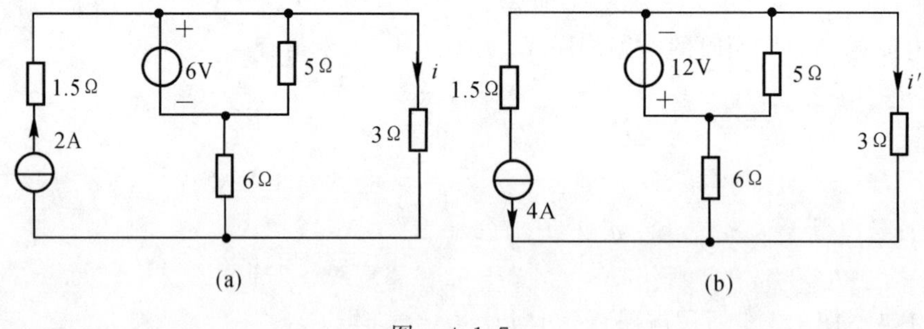

图　4.1.7

解　用叠加定理可求得图 4.1.7(a) 电路中的电流 $i = 2$ A。又因图 4.1.7(b) 电路中的两个独立源都扩大了(−1) 倍，即 $k = -2$，故

$$i' = ki = -2i = -2 \times 2\ \text{A} = -4\ \text{A}$$

特例：若线性电阻电路中只作用有一个独立源，则根据齐次定理，电路中的每一个响应都与产生该响应的激励成正比。

例 4.1.6　图 4.1.8(a)(b) 所示电路，求电流 i_1，u_1 和 i_2，u_2。

解　在图4.1.8(a)中，

$$i_1=\frac{6}{\frac{6\times3}{6+3}+1}\ \text{A}=\frac{6}{3}\ \text{A}=2\ \text{A},\quad u_1=-\frac{3}{3+6}\times2\times6\ \text{V}=-4\ \text{V}$$

在图4.1.8(b)中，由于图4.1.8(b)中的电压源电压为图4.1.8(a)中电压源电压的(−2)倍，即$k=\frac{-12}{6}=-2$，故

$$i_2=ki_1=-2\times2\ \text{A}=-4\ \text{A},\quad u_2=ku_1=-2\times(-4)\ \text{V}=8\ \text{V}$$

需要指出的是，叠加定理与齐次定理是线性电路两个互相独立的定理，不能用叠加定理代替齐次定理，也不能片面认为齐次定理是叠加定理的特例。

同时满足叠加定理与齐次定理的电路，称为线性电路。

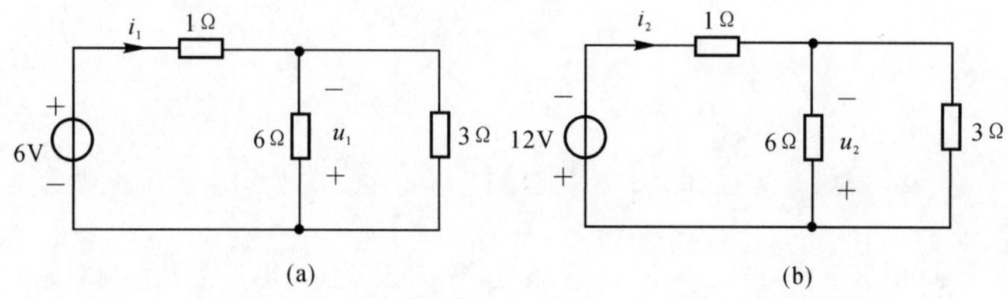

图　4.1.8

三、思考与练习

4.1.1　图4.1.9所示电路，试用叠加定理求电流i。(答：2 A)

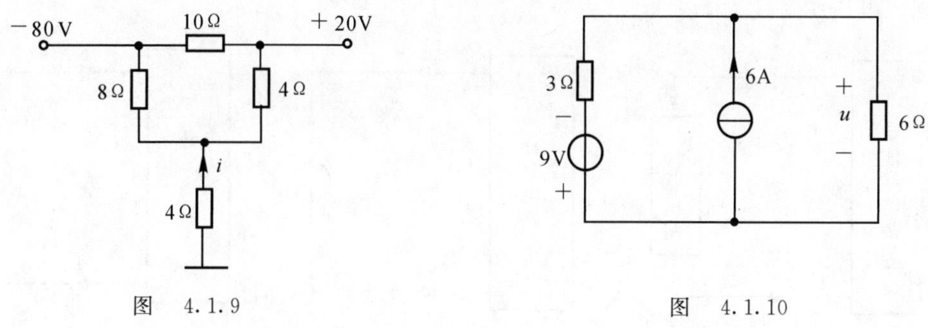

图　4.1.9　　　　图　4.1.10

4.1.2　图4.1.10所示电路，试用叠加定理求电压u。(答：6 V)

4.1.3　图4.1.11所示电路，试用叠加定理求电流i。(答：0.25 A)

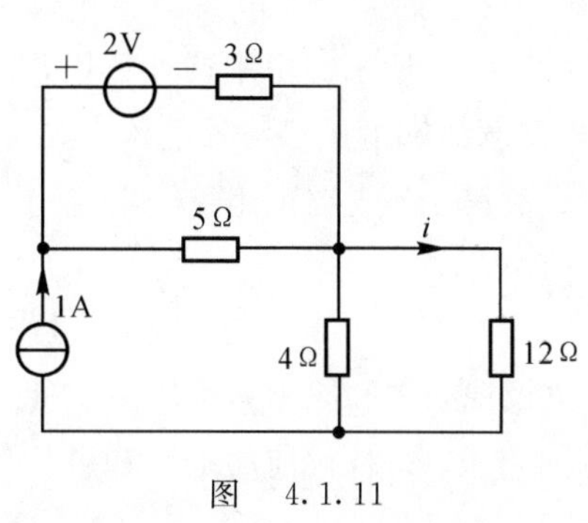

图　4.1.11

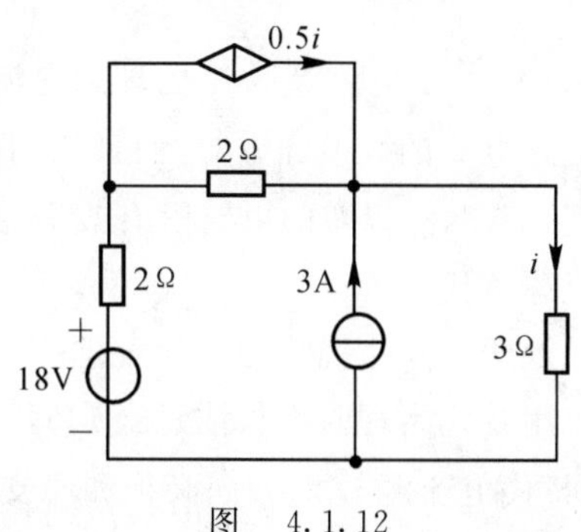

图　4.1.12

4.1.4 图 4.1.12 所示电路，试用叠加定理求电流 i。(答：5 A)

4.1.5 图 4.1.13(a)，(b) 所示电路，试用叠加定理与齐次定理求 i。(答：3 A；-6 A)

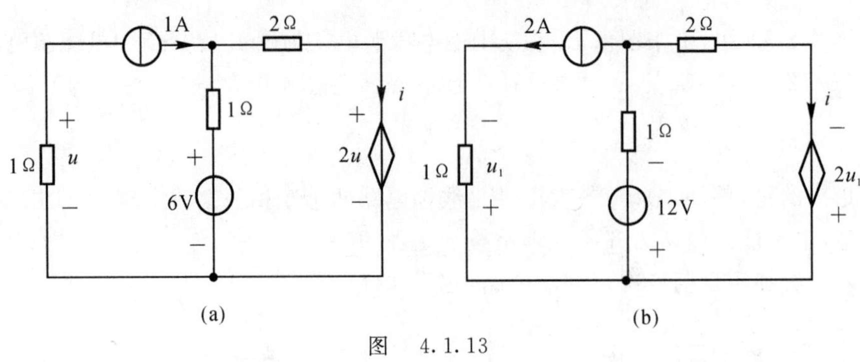

图 4.1.13

4.2 替代定理

图 4.2.1(a) 所示电路，设已知任意第 k 条支路的电压为 u_k，电流为 i_k。现对第 k 条支路作如下两种替代：

(1) 用一个电压等于 u_k 的理想电压源替代，如图 4.2.1(b) 所示。由于这种替代并未改变该支路的电压数值和正负极性，而且我们已经知道流过理想电压源中的电流只与外电路有关(因 u_k 未变)，现 a，b 两点以左的电路没有改变，故必有 $i'_k = i_k$。故第 k 条支路可用一个电压为 u_k 的理想电压源替代。

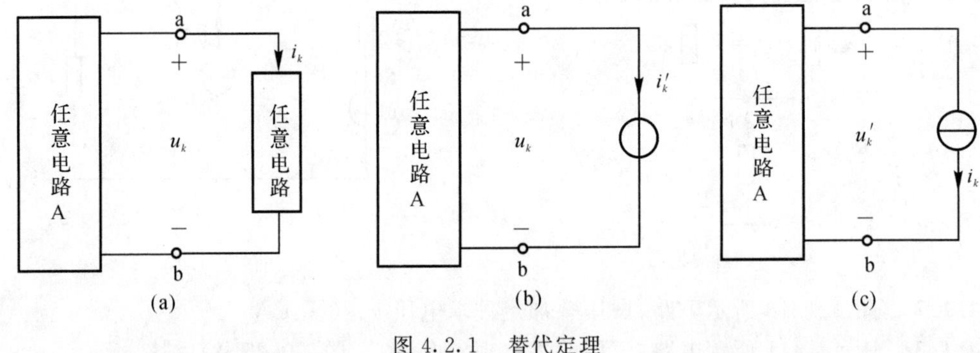

图 4.2.1 替代定理

(2) 用一个电流等于 i_k 的理想电流源替代，如图 4.2.1(c) 所示。由于这种替代并没有改变该支路电流的数值和方向，而且我们已经知道理想电流源的端电压只与外电路有关(因 i_k 未变)，现 a，b 两点以左的电路没有改变，故必有 $u'_k = u_k$。故第 k 条支路可用一个电流为 i_k 的理想电流源替代。

以上两种替代统称为替代定理或置换定理。

应用替代定理时必须注意：① 替代电压源 u_k 的正负极性必须和原支路电压 u_k 的正负极性一致，替代电流源 i_k 的方向必须和原支路电流 i_k 的方向一致；② 替代前的电路和替代后的电路的解答均必须是唯一的，否则替代将导致错误；③ 替代与等效是两个不同的概念，不能混淆。如图4.2.2中的两个电路 N_1 与 N_2 可以互相替代，但 N_1 与 N_2 这两个电路对外电路来说，却不等效，因为理想电压源与理想电流源的外特性（即 u 与 i 的关系曲线）是根本不相同的。

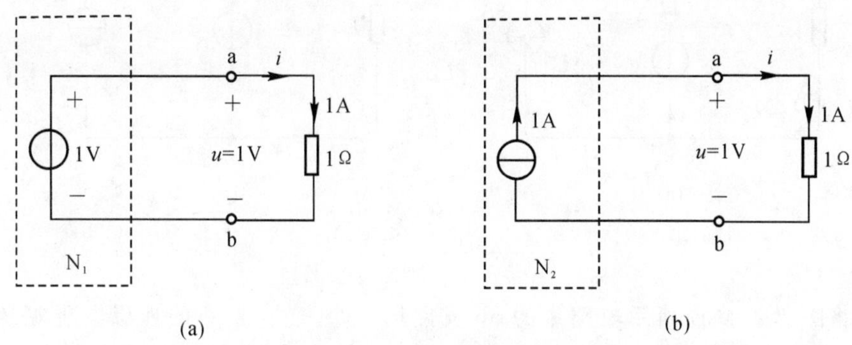

图4.2.2　N_1 与 N_2 可互相替代但不等效

替代定理的实用和理论价值在于：① 在有些情况下可以使电路的求解简便；② 可以用来推导和证明一些其他的电路定理。

例4.2.1　图4.2.3(a)所示电路，已知 $u=8\ \text{V}, i=2\ \text{A}$，求 R_0 的值。

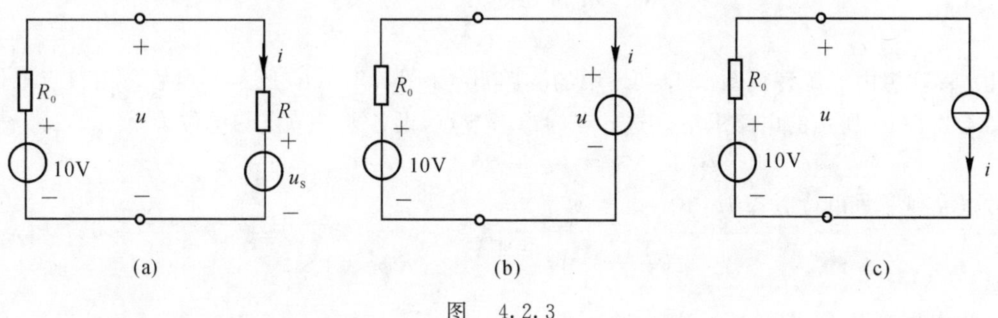

图　4.2.3

解　用两种方法求解。

(1) 一般的方法。根据图4.2.3(a)所示电路，有

$$R_0 i+u=10$$

得
$$R_0=\frac{10-u}{i}=\frac{10-8}{2}\ \Omega=1\ \Omega$$

(2) 用替代定理求。若用电压源替代，则如图4.2.3(b)所示，故有

$$R_0 i+u=10$$

解得
$$R_0=\frac{10-u}{i}=\frac{10-8}{2}\ \Omega=1\ \Omega$$

若用电流源替代，则如图4.2.3(c)所示，故有

$$R_0 i+u=10$$

解得
$$R_0=\frac{10-u}{i}=\frac{10-8}{2}\ \Omega=1\ \Omega$$

例4.2.2　图4.2.4(a)所示电路，已知 $u_{ab}=4\ \text{V}$。试用替代定理求电流 i_1, i_2。

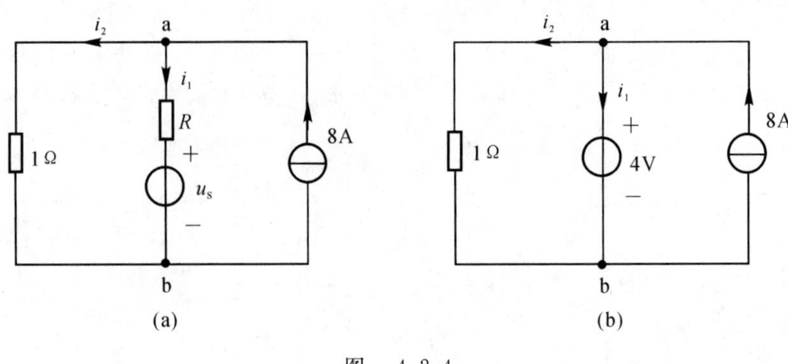

图 4.2.4

解 将图 4.2.4(a) 所示电路中的 ab 支路用一个 $u_{ab}=4$ V 的理想电压源替代，如图 4.2.4(b) 电路所示。故得

$$i_2=\frac{4}{1}\ \text{A}=4\ \text{A},\quad i_1=8-i_2=(8-4)\ \text{A}=4\ \text{A}$$

例 4.2.3 图 4.2.5(a) 所示电路，已知 $u_{ab}=0$，求电阻 R 的值。

解 此题用替代定理求解简便。设 ab 支路中的电流为 i，如图 4.2.5(a) 所示。故有

$$u_{ab}=-3i+3=0$$

故
$$i=1\ \text{A}$$

故用 1 A 理想电流源替代图 4.2.5(a) 中的支路 ab，如图 4.2.5(b) 所示。然后再用节点电位法对图 4.2.5(b) 所示的电路求解。选 d 点为参考节点，设各独立节点的电位为 $\varphi_a,\varphi_b,\varphi_c$。故有

$$\varphi_c=20\ \text{V}$$

对节点 a 列节点电位方程为

$$\left(\frac{1}{2}+\frac{1}{4}\right)\varphi_a-\frac{1}{4}\varphi_c-0\varphi_b=1$$

以上两式联解得 $\varphi_c=20$ V，$\varphi_a=8$ V。

又有
$$u_{ab}=\varphi_a-\varphi_b=0$$

故
$$\varphi_b=\varphi_a=8\ \text{V}$$

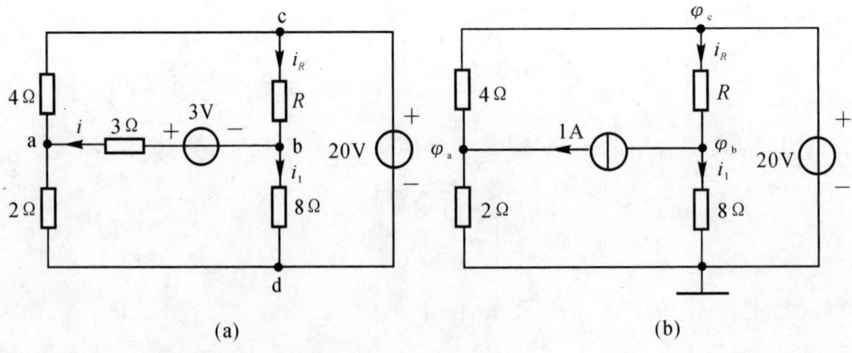

图 4.2.5

设定图 4.2.5(a) 中各支路电流的大小和参考方向如图中所示。故有

$$i_1 = \frac{\varphi_b - \varphi_d}{8} = \frac{8-0}{8}\ \text{A} = 1\ \text{A}, \quad i_R = i + i_1 = (1+1)\ \text{A} = 2\ \text{A}$$

故
$$R = \frac{u_{cb}}{i_R} = \frac{\varphi_c - \varphi_b}{2} = \frac{20-8}{2}\ \Omega = 6\ \Omega$$

例 4.2.4　图 4.2.6(a) 所示电路，改变 R，当 $I=1$ A 时，$U=8$ V；当 $I=2$ A 时，$U=10$ V。求 $U=18$ V 时，I 的值多大？

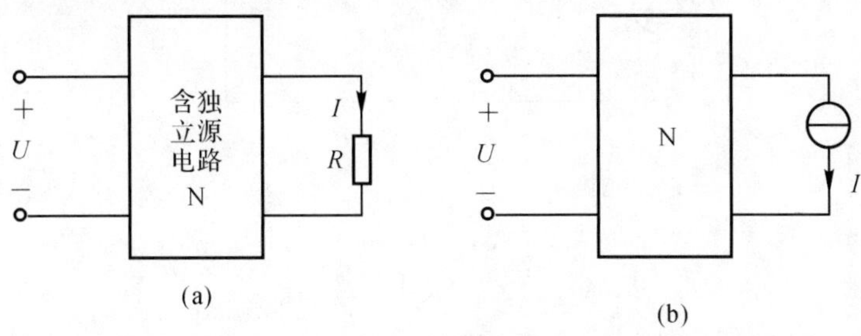

图　4.2.6

解　应用替代定理可得到图 4.2.6(b) 所示电路，故根据叠加定理，设

$$U = aI + b$$
$$8 = a \times 1 + b$$
$$10 = a \times 2 + b$$

联立求解得 $a=2, b=6$。故

$$U = 2I + 6$$

故
$$18 = 2I + 6$$

得
$$I = 6\ \text{A}$$

思考与练习

4.2.1　图 4.2.7 所示电路，(1) 试用一个电压源替代 4 A 电流源，而不影响电路中的电压和电流；(2) 试用一个电流源替代 18 Ω 电阻，而不影响电路中的电压和电流。(答:12 V；2/3 A)

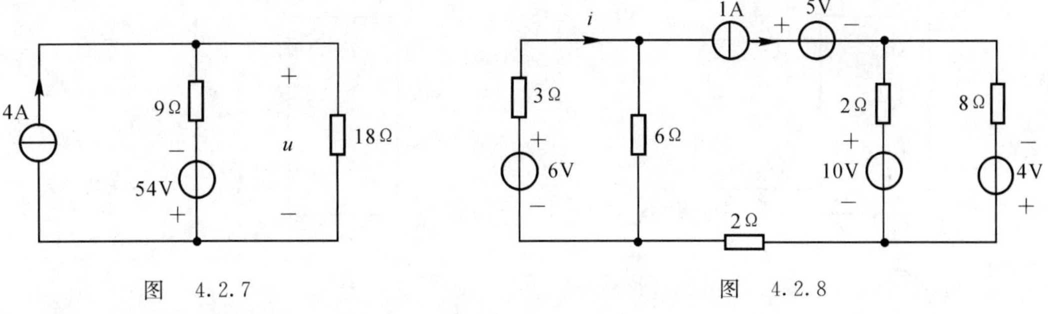

图　4.2.7　　　　图　4.2.8

4.2.2　图 4.2.8 所示电路，试用替代定理求电流 i。(答:4/3 A)

4.2.3　图 4.2.9 所示电路，求电流 i。(答:2 A)

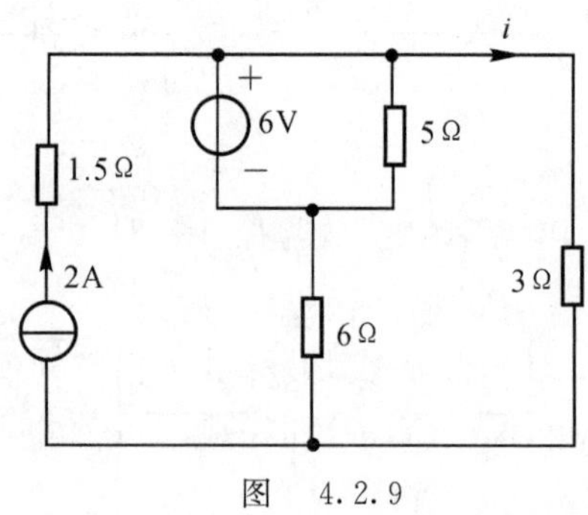

图 4.2.9

4.3 等效电源定理

等效电源定理包括等效电压源定理与等效电流源定理。

一、等效电压源定理

一个线性含独立源单口网络 A，如图 4.3.1(a) 所示，在保持端口电压 u 与端口电流 i 的关系（即外特性）不变的条件下，可用一个电压源等效代替，如图 4.3.1(b) 所示；此电压源的电压等于该线性有源单口网络 A 的端口开路电压 u_{OC}，如图 4.3.1(c) 所示，其内电阻 R_0 等于该线性有源单口网络 A 内部所有独立源为零时所得无独立源单口网络的端口输入电阻，如图 4.3.1(d) 所示。此结论称为等效电压源定理，也称戴维南定理。现证明如下：

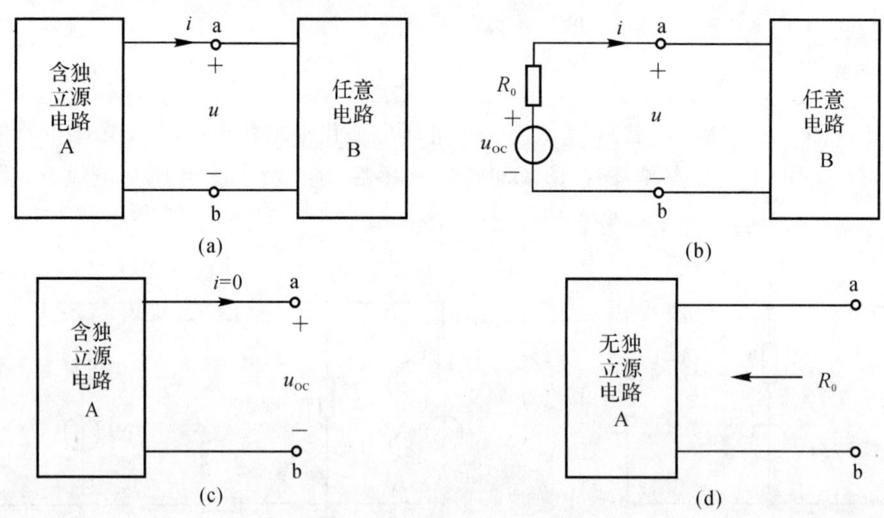

图 4.3.1 等效电压源定理

根据替代定理，可用一个电流等于 i 的理想电流源来等效替代图 4.3.1(a) 电路中的任意电路 B，如图 4.3.2(a) 所示。由于替代后的这个电路是线性的，故根据叠加原理，端口电压 u 等于网络 A 中所有独立源同时作用时所产生的电压分量 u' 与电流源 i 单独作用时所产生的电压分量 u'' 之和，如图 4.3.2(b) 所示。其中 $u'=u_{OC}$，u_{OC} 即为网络 A 的端口开路电压；$u''=$

$-R_0 i$，R_0 即为网络 A 的无源网络的端口输入电阻。于是有

$$u = u' + u'' = u_{OC} - R_0 i$$

与此方程相对应的等效电路如图4.3.2(c)所示。最后再把图4.3.2(c)中的理想电流源i变回到原来的任意电路B，如图 4.3.2(d) 所示。由于图 4.3.2(d) 与图 4.3.2(a) 等效，而图 4.3.2(a) 又与图 4.3.1(a) 等效，故图 4.3.2(d) 与图 4.3.1(a) 等效。（证毕）

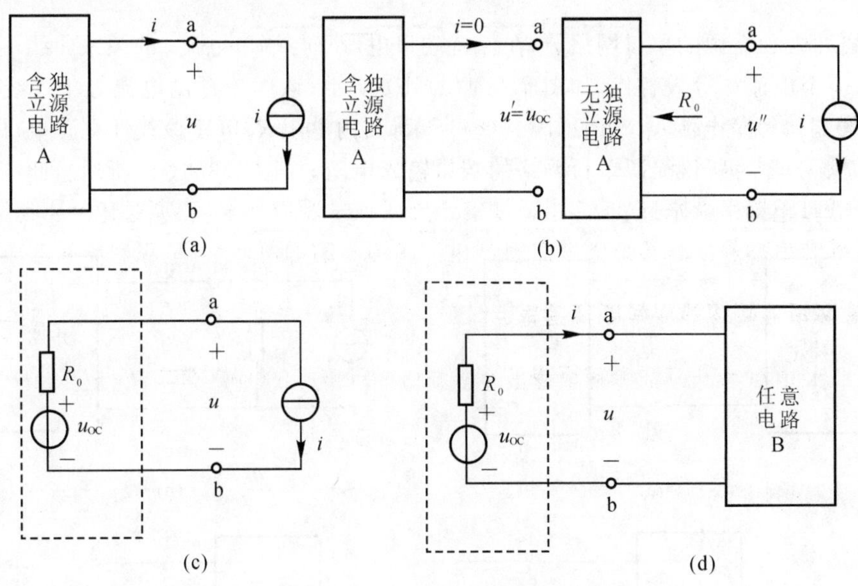

图 4.3.2　等效电压源定理证明

例 4.3.1　图 4.3.3(a) 所示电路，用等效电压源定理求 i，u，P_R。

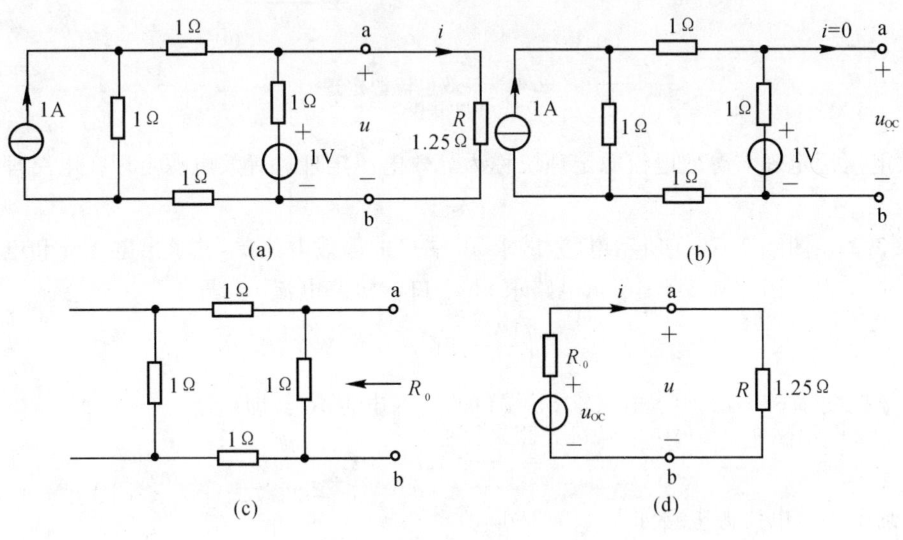

图　4.3.3

解　根据图 4.3.3(b) 求得端口开路电压 $u_{OC} = 1$ V，根据图 4.3.3(c) 求得网络的端口输入电阻 $R_0 = 0.75$ Ω，作出等效电压源电路，如图 4.3.3(d) 所示。于是得

$$i=\frac{u_{\mathrm{OC}}}{R_0+R}=0.5\ \mathrm{A},\quad u=Ri=0.625\ \mathrm{V}$$

$$P_R=Ri^2=ui=0.312\ 5\ \mathrm{W}$$

二、等效电流源定理

一个线性含独立源的单口网络A，在保持端口电压u与端口电流i的关系曲线不变的条件下，也可用一个电流源等效替代，如图4.3.4(a)(b)所示；该电流源的电流等于该线性有源单口网络A的端口短路电流i_{SC}，如图4.3.4(c)所示；其内电阻R_0等于该线性有源单口网络A内部所有独立源为零时所得无源单口网络的端口输入电阻，如图4.3.4(d)所示。此结论称为等效电流源定理，也称诺顿定理。

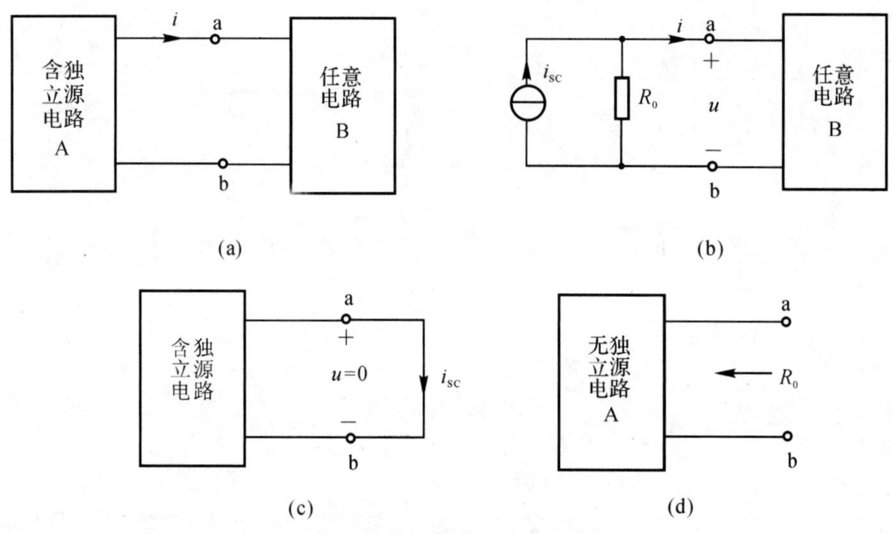

图4.3.4　等效电流源定理

等效电压源定理与等效电流源定理统称为等效电源定理。等效电源定理在电路理论中占有重要地位。

例4.3.2　图4.3.5(a)所示电路，试求ab端口的等效电流源，并求出电压u和电流i。

解　(1) 根据图4.3.5(b)所示电路求ab端口的短路电流i_{SC}，即

$$i_{\mathrm{SC}}=\left(\frac{12}{4}-1\right)\ \mathrm{A}=2\ \mathrm{A}$$

(2) 根据图4.3.5(c)所示电路求ab端口的输入电阻R_0。即

$$R_0=\frac{4\times 12}{4+12}\ \Omega=3\ \Omega$$

(3) 画出等效电流源电路如图4.3.5(d)所示。故

$$i=\frac{1}{2}\times 2\ \mathrm{A}=1\ \mathrm{A}$$

$$u=3i=3\times 1\ \mathrm{V}=3\ \mathrm{V}$$

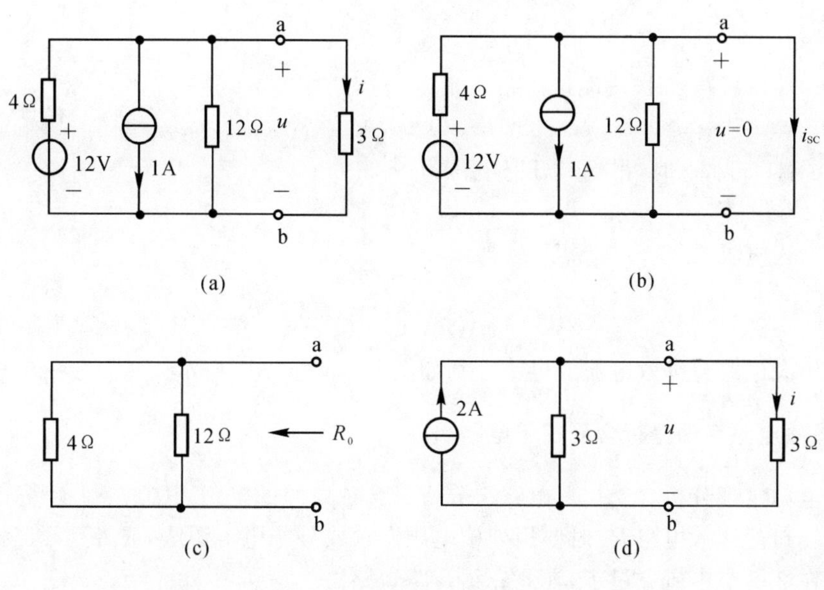

图　4.3.5

例 4.3.3　图 4.3.6(a)所示含独立源的单口网络 A，已知其外特性(即 u 与 i 的关系曲线)如图 4.3.6(b) 所示。试求其等效电压源与等效电流源。

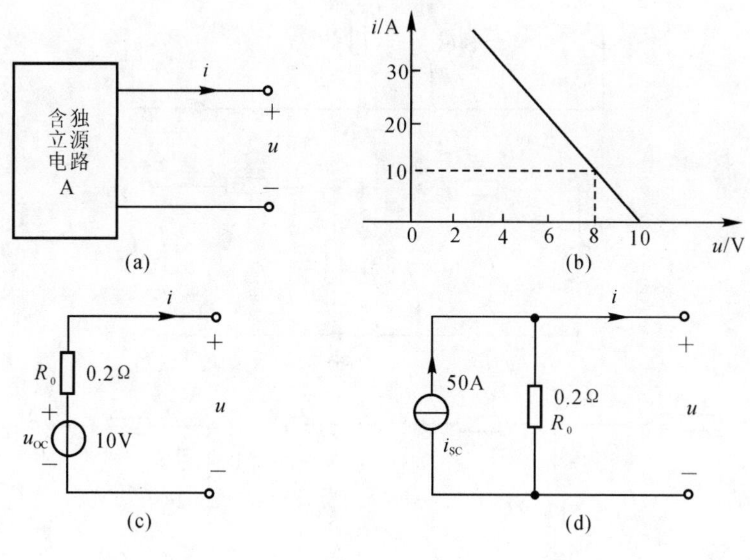

图　4.3.6

解　设外特性曲线的方程为

$$i = au + b$$

将曲线上已知的两个点的坐标代入上式，有

$$\begin{cases} 0 = a \times 10 + b \\ 10 = a \times 8 + b \end{cases}$$

联立求解得 $a=-5,\quad b=50$

故 $i=-5u+50\ \text{A}$

当 $u=0$(端口短路)时,得端口短路电流为

$$i_{SC}=50\ \text{A}$$

当 $i=0$(端口开路)时,得端口开路电压为

$$u_{OC}=10\ \text{V}$$

故又得端口输入电阻 R_0 为

$$R_0=\frac{u_{OC}}{i_{SC}}=\frac{10}{50}\ \Omega=0.2\ \Omega$$

故得等效电压源电路与等效电流源电路分别如图 4.3.6(c)(d) 所示。

三、用等效电源定理分析含受控源电路

用等效电源定理分析含受控源电路与分析只含独立源的电路,其方法与步骤完全相同,只是在求电路端口的输入电阻 R_0 时要用外施电压源法或外施电流源法,或者用开路短路法。前两种方法已在 2.5 节中研究过了,在此介绍开路短路法。

例 4.3.4 用等效电压源定理求图 4.3.7(a) 所示电路中的电流 i_L。

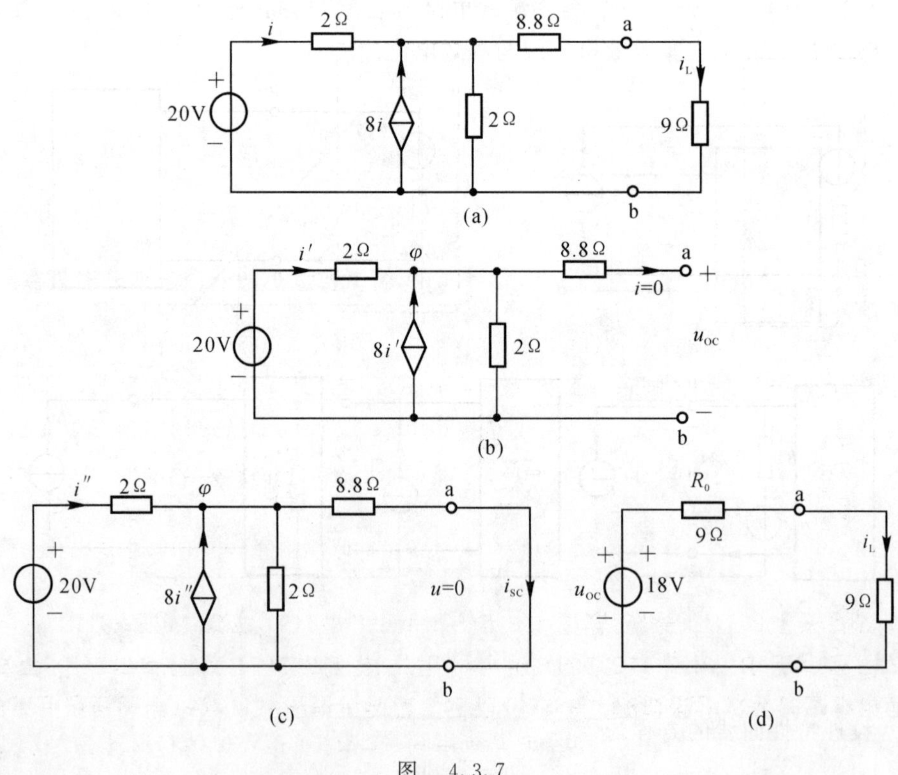

图 4.3.7

解 (1) 根据图 4.3.7(b) 求端口开路电压 u_{OC}

$$\begin{cases}\left(\frac{1}{2}+\frac{1}{2}\right)\varphi=\frac{20}{2}+8i' \\ \varphi=-2i'+20\end{cases}$$

联立求解得

$$\varphi=u_{OC}=18\ \text{V}$$

(2) 根据图 4.3.7(c) 求端口短路电流 i_{SC}

$$\begin{cases}\left(\frac{1}{2}+\frac{1}{8.8}+\frac{1}{2}\right)\varphi=\frac{20}{2}+8i'' \\ \varphi=-2i''+20\end{cases}$$

联立求解得

$$\varphi=2\times 8.8\ \text{V}$$

又得

$$i_{SC}=\frac{\varphi}{8.8}=\frac{2\times 8.8}{8.8}\ \text{A}=2\ \text{A}$$

(3) 端口输入电阻

$$R_0=\frac{u_{OC}}{i_{SC}}=\frac{18}{2}\ \Omega=9\ \Omega$$

(4) 端口等效电压源电路如图 4.3.7(d) 所示。于是得

$$i_L=\frac{u_{OC}}{R_0+R_L}=\frac{18}{9+9}\ \text{A}=1\ \text{A}$$

例 4.3.5　图 4.3.8(a) 所示电路，试用等效电流源定理求电压 u 和电流 i。

解　(1) 根据图 4.3.8(b) 所示电路求端口开路电压 u_{OC}，即

$$(10+10)i'_1=40-20i'_1$$

解得

$$i'=1\ \text{A}$$

故得

$$u_{OC}=10i'_1=10\times 1\ \text{V}=10\ \text{V}$$

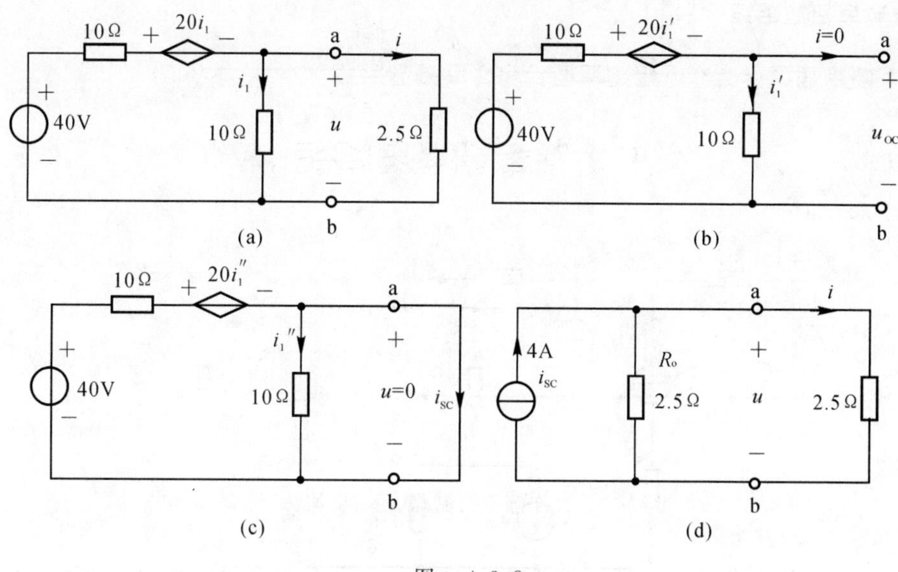

图　4.3.8

(2) 根据图 4.3.8(c) 所示电路求端口短路电流 i_{SC}。因有 $i''_1=0$，故有 $20i''_1=0$，故

$$i_{SC}=\frac{40}{10}\ \text{A}=4\ \text{A}$$

(3) 用开路短路法求 ab 端口的输入电阻 R_0，即

$$R_0=\frac{u_{OC}}{i_{SC}}=\frac{10}{4}\ \Omega=2.5\ \Omega$$

(4) 画等效电流源电路，如图 4.3.8(d) 所示，故

$$i=\frac{1}{2}\times 4\ \text{A}=2\ \text{A},\quad u=2.5i=2.5\times 2\ \text{V}=5\ \text{V}$$

*** 四、关于等效电源定理的几点说明**

(1) 并非任何一个线性含独立源单口网络对外电路来说，都同时存在着等效电压源电路与等效电流源电路，有的两种等效电源电路都存在，如图 4.3.9 所示；有的只存在其中之一，如图 4.3.10 和图 4.3.11 所示；有的两种等效电源电路都不存在，如图 4.3.12 所示。

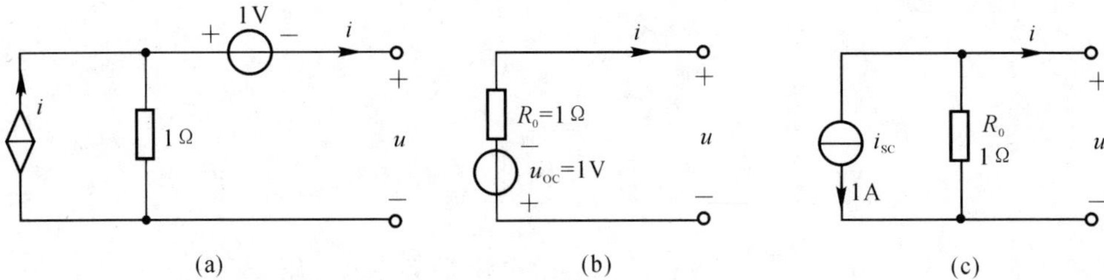

图 4.3.9　两种等效电源电路都存在

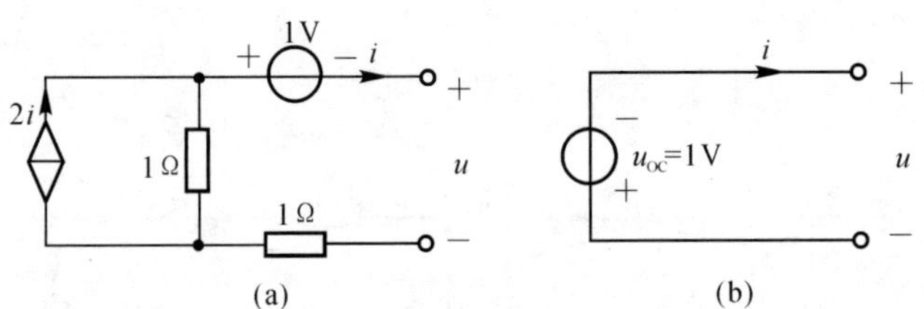

图 4.3.10　只存在等效电压源(理想电压源) 电路

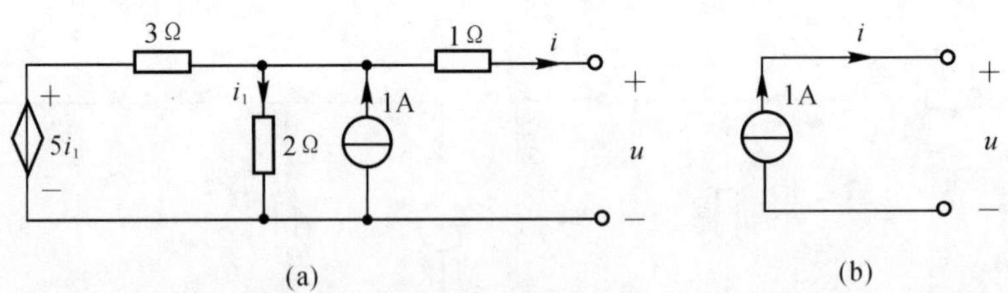

图 4.3.11　只存在等效电流源(理想电流源) 电路

(2) 用开路短路法求单口电路的端口输入电阻 R_0 并不总是有效的。例如对图 4.3.12(a) 所示电路，可求得其开路电压 u_{OC} 与短路电流 i_{SC} 均为零，这样 $R_0=\frac{u_{OC}}{i_{SC}}=\frac{0}{0}$，出现了不定型，这说明这种求 R_0 的方法失效了。这时要求得 R_0，就只能按输入电阻的基本定义式，用外施电源

(电压源或电流源)法求解了。实际上该电路的输入电阻 R_0 并不是不定的,而是完全确定的 8 Ω,如图 4.3.12(b)所示。

(3)内、外两电路之间不能存在任何电的与磁的耦合。

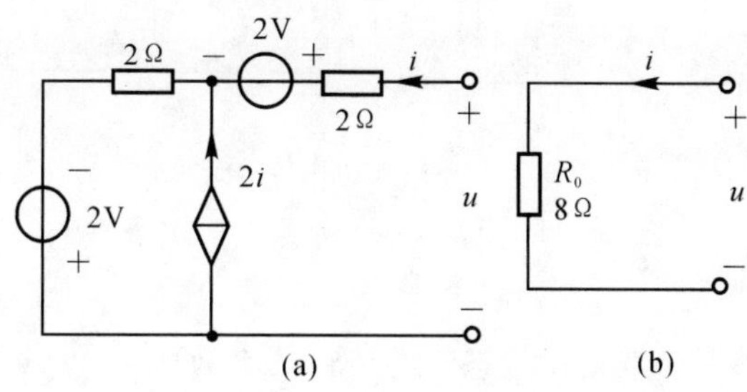

图 4.3.12　两种等效电源电路都不存在

4.4　最大功率传输定理

一、电压源供电电路

图 4.4.1(a)所示为电压源向负载电阻 R 供电的电路。设 u_{OC} 和 R_0 为定值,于是我们会很自然地提出,若 R 的值可变,则 R 等于何值时,它得到的功率最大,最大功率为多大?下面就来回答这些问题。

电路中的电流为
$$i=\frac{u_{OC}}{R_0+R}$$

负载电阻 R 吸收的功率为
$$P=i^2R=\frac{u_{OC}^2}{(R_0+R)^2}R \tag{4.4.1}$$

令
$$\frac{dP}{dR}=\frac{d}{dR}\left[\frac{u_{OC}^2}{(R_0+R)^2}R\right]=0$$

得
$$R=R_0 \tag{4.4.2}$$

即当 $R=R_0$ 时,负载电阻 R 得到的功率为最大。将 $R=R_0$ 代入式(4.4.1),得最大功率为
$$P_{max}=\frac{u_{OC}^2}{4R_0} \tag{4.4.3}$$

二、电流源供电电路

如果是用图 4.4.1(b)所示的电流源向负载电阻 R 供电,则在 i_{SC} 和 R_0 保持不变而 R 的值可变时,同理可推得当 $R=R_0$ 时,负载电阻 R 获得的功率最大,其最大功率为
$$P_{max}=\frac{1}{4}R_0 i_{SC}^2 \tag{4.4.4}$$

归纳以上结果可得结论:用实际的电压源或电流源向负载电阻 R 供电,只有当 $R=R_0$ 时,负载 R 才能得到最大功率,其最大功率为 $P_{max}=\frac{u_{OC}^2}{4R_0}$(对于电压源)或 $P_{max}=\frac{1}{4}R_0 i_{SC}^2$(对于电流源)。此结论称为最大功率传输定理,$R=R_0$ 时的电路工作状态,称为负载与电源匹配。

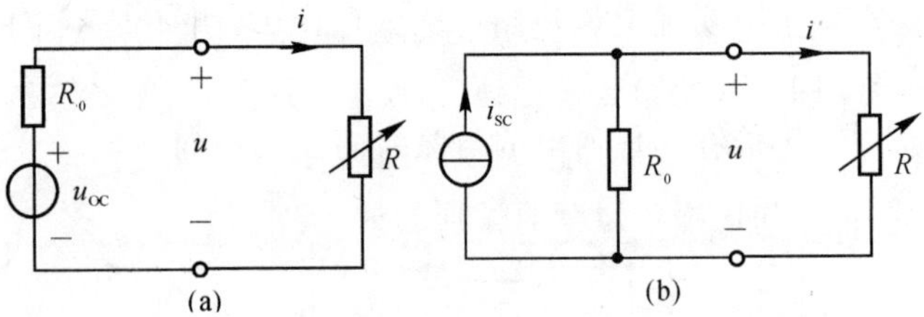

图 4.4.1　最大功率传输定理

三、供电效率 η

用电压源供电的电路在任意工作状态时的传输效率为

$$\eta=\frac{i^2R}{i^2(R_0+R)}=\frac{R}{R_0+R} \tag{4.4.5}$$

由式(4.4.5)可见，R 值越大，η 越高；当 $R\to\infty$ 时，则 $\eta=1$；当 $R=R_0$ 时，$\eta=50\%$，即匹配时电路的传输效率是相当低的，因为有一半电功率被消耗在电源内阻 R_0 上了。因此在电力工程中是不容许电路工作在匹配状态的，只能工作在 $R>R_0$ 的状态下。但在电子工程中，由于传输的功率数值小，获得最大功率成为矛盾的主要方面，而对效率则往往不予计较。因此，在电子工程中总是应尽力使电路工作在匹配状态。

例 4.4.1　图 4.4.2(a)所示电路，求 R 为何值时，它能得到最大功率 P_m，P_m 为多大？

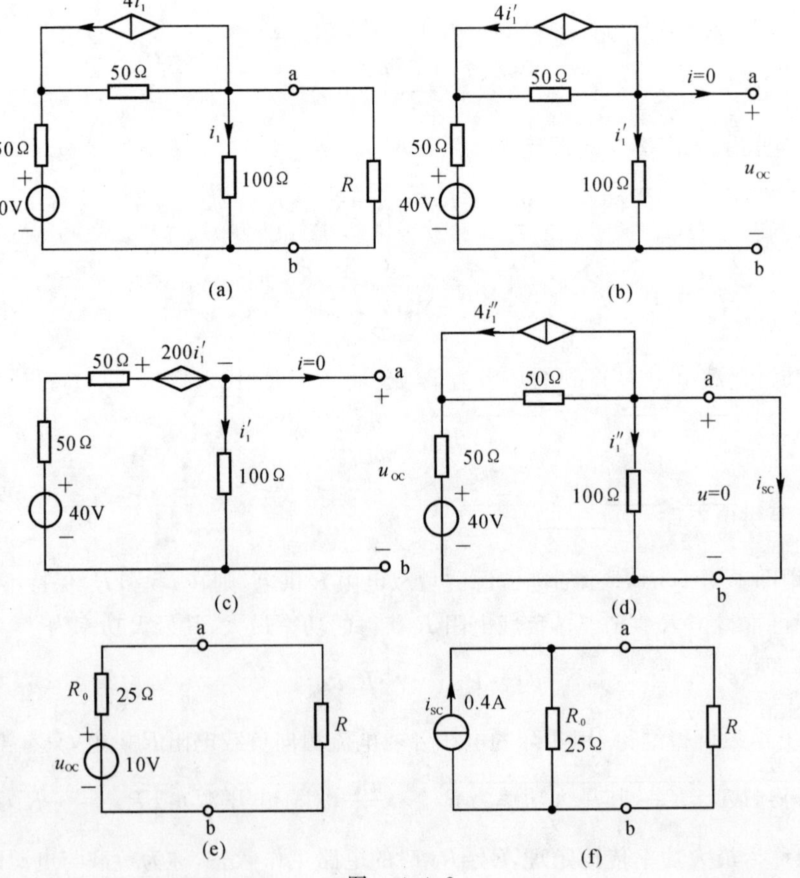

图　4.4.2

解　(1) 根据图 4.4.2(b) 所示电路求端口开路电压 u_{OC}。将图4.4.2(b) 所示电路等效变换为图 4.4.2(c) 所示电路，故有

$$u_{OC}=-200i'_1-(50+50)i'_1+40=-300i'_1+40=-300\times\frac{u_{OC}}{100}+40$$

故得

$$u_{OC}=10\ \text{V}$$

(2) 根据图 4.4.2(d) 所示电路求端口短路电流 i_{SC}。故有

$$i_{SC}=\frac{40}{50+50}\ \text{A}=0.4\ \text{A}$$

(3) 求端口输入电阻 R_0

$$R_0=\frac{u_{OC}}{i_{SC}}=\frac{10}{0.4}\ \Omega=25\ \Omega$$

(4) 于是可画出等效电压源电路与等效电流源电路，分别如图 4.4.2(e)(f) 所示。

(5) 故当 $R=R_0=25\ \Omega$ 时，R 能获得最大功率 P_m，且

$$P_m=\frac{u_{OC}^2}{4R_0}=\frac{10^2}{4\times25}\ \text{W}=1\ \text{W}$$

或

$$P_m=\frac{1}{4}R_0i_{SC}^2=\frac{1}{4}\times25\times0.4^2\ \text{W}=1\ \text{W}$$

例 4.4.2　图 4.4.3(a) 所示电路，求该电路向外可能供出的最大功率 P_m。

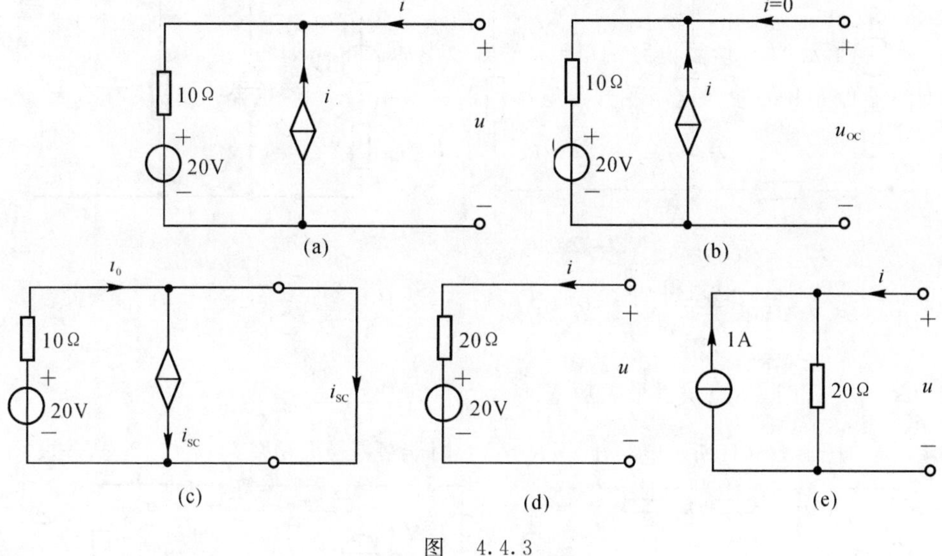

图　4.4.3

解　(1) 根据图 4.4.3(b) 所示电路求端口开路电压 u_{OC}，即

$$u_{OC}=20\ \text{V}$$

(2) 根据图 4.4.3(c) 所示电路求端口短路电流 i_{SC}，即

$$i_0=\frac{20}{10}\ \text{A}=2\ \text{A}$$

故

$$i_{SC}=\frac{1}{2}i_0=1\ \text{A}$$

(3) 求端口输入电阻 R_0，即

$$R_0 = \frac{u_{OC}}{i_{SC}} = \frac{20}{1}\ \Omega = 20\ \Omega$$

(4) 画出等效电压源电路与等效电流源电路，分别如图 4.4.3(d)(e) 所示。

(5) 故该电路可能向外供出的最大功率为

$$P_m = \frac{u_{OC}^2}{4R_0} = \frac{20^2}{4\times 20}\ W = 5\ W$$

或
$$P_m = \frac{1}{4}i_{SC}^2 R_0 = \frac{1}{4}\times 1^2 \times 20\ W = 5\ W$$

例 4.4.3 图 4.4.4(a) 所示电路，已知当 $R=9\ \Omega$ 时，$i=0.4$ A。求 R 为何值时能获得最大功率 P_m，P_m 的值多大。

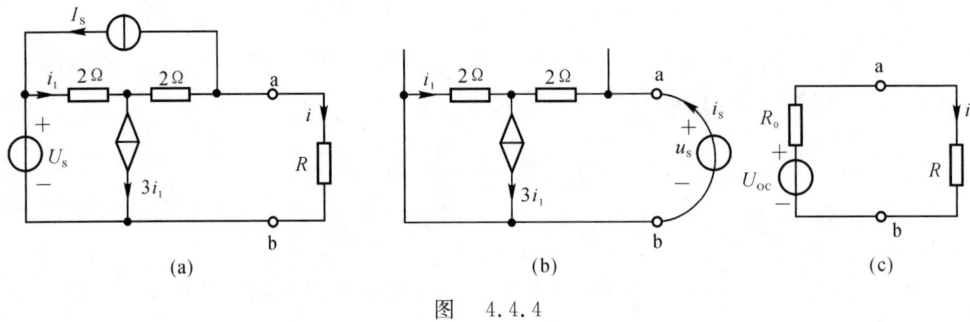

图 4.4.4

解 设图 4.4.4(a) 所示电路端口 a，b 的等效电压源电路如图 4.4.4(c) 所示。其中 R_0 和 U_{OC} 分别为端口 a，b 的输入电阻和开路电压。根据图 4.4.4(b) 电路求 R_0：$i_1 + i_S = 3i_1$，故

$$i_1 = \frac{1}{2}i_S,\quad u_S = 2i_S - 2i_1 = 2i_S - 2\times\frac{1}{2}i_S = i_S$$

故得
$$R_0 = \frac{u_S}{i_S} = \frac{u_S}{u_S} = 1\ \Omega$$

又根据图 4.4.4(c) 电路得

$$U_{OC} = (R_0 + R)i = (1+9)\times 0.4\ V = 4\ V$$

故当 $R = R_0 = 1\ \Omega$ 时，R 能获得最大功率 P_m，$P_m = \frac{U_{OC}^2}{4R_0} = \frac{4^2}{4\times 1}\ W = 4\ W$。

例 4.4.4 图 4.4.5(a) 所示电路，已知 $R=8\ \Omega$ 时能获得最大功率 $P_m = 0.125$ W。求 α 的值。

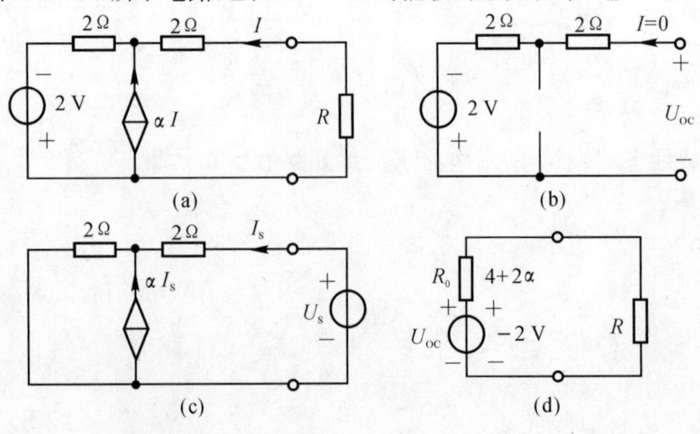

图 4.4.5

解　(1) 根据图 4.4.5(b) 求端口开路电压 $U_{OC}=-2\ \text{V}$。

(2) 根据图 4.4.5(c) 电路求端口输入电阻 R_0。

$$U_S=2I_S+2(\alpha I_S+I_S)=(4+2\alpha)I_S$$

得
$$R_0=\frac{U_S}{I_S}=4+2\alpha\ (\Omega)$$

(3) 作出端口等效电压源电路如图 4.4.5(d) 所示。故有

$$4+2\alpha=8$$

得
$$\alpha=2$$

例 4.4.5　图 4.4.6(a) 所示电路，已知当 $R=3\ \Omega$ 时，$I=3\ \text{A}$；当 $R=2\ \Omega$ 时，$I=2\ \text{A}$。求 R 为何值时能获得最大功率 P_m，P_m 的值多大。

解　设端口的等效电压源电路如图 4.4.6(b) 所示，根据已知条件有

$$U_{OC}=(R_0+3)\times 3=3R_0+9$$
$$U_{OC}=(R_0+7)\times 2=2R_0+14$$

联立求解得 $R_0=5\ \Omega$，$U_{OC}=24\ \text{V}$。故当 $R=R_0=5\ \Omega$ 时，R 能获得最大功率 P_m。

$$P_m=\frac{U_{OC}^2}{4R_0}=\frac{24^2}{4\times 5}\ \text{W}=28.8\ \text{W}$$

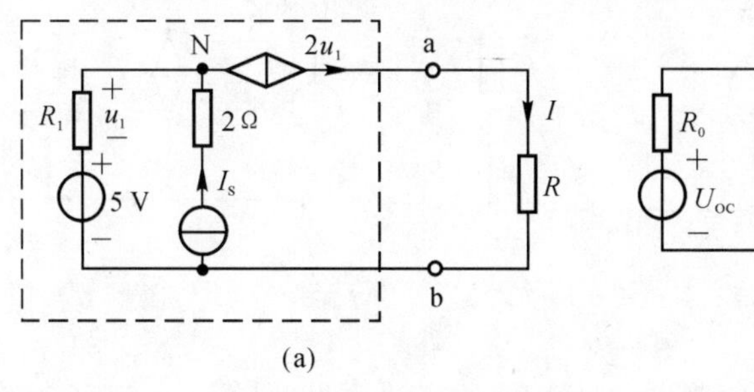

图　4.4.6

四、思考与练习

4.4.1　图 4.4.7 所示电路，R_L 为负载电阻。画有"↗"的 R_L 或 R 表示电阻值可变，试分析 R_L 或 R 为何值时，负载电阻 R_L 能得到最大功率 P_m，P_m 为多大？

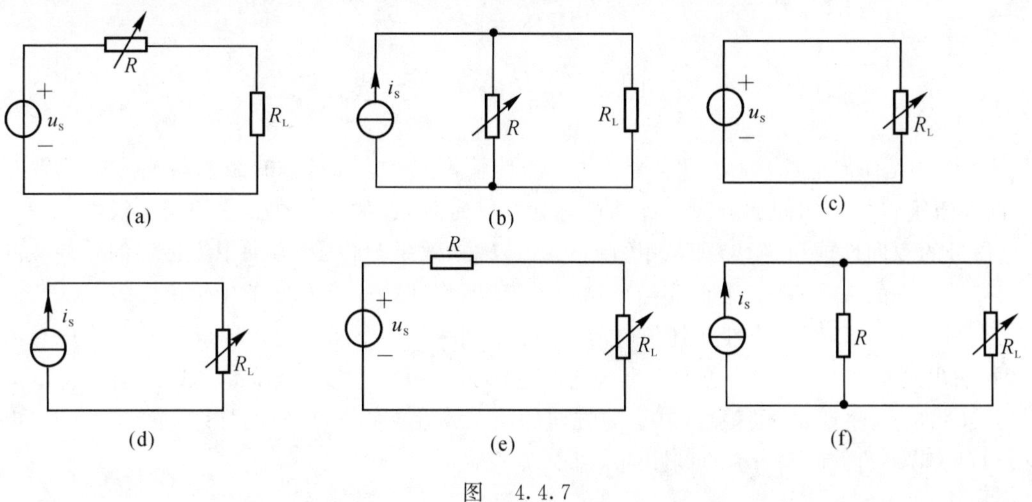

图　4.4.7

4.4.2 图 4.4.8(a)(b) 所示电路，试求 R_L 为何值时，它能得到最大功率 P_m，P_m 为多大？（答：4 Ω，4 W；8 Ω，32 W）

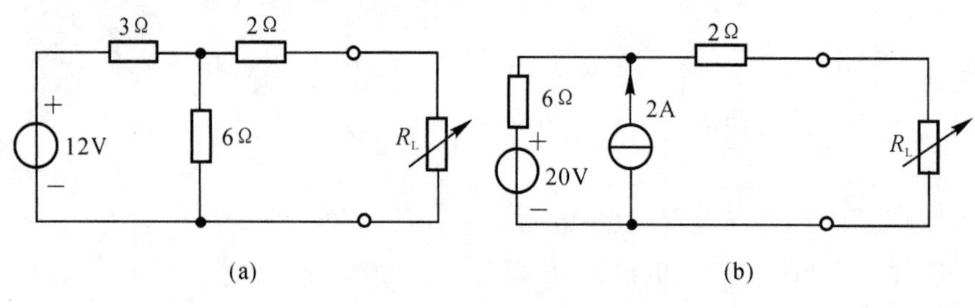

图 4.4.8

4.4.3 图 4.4.9 所示电路，求 R_L 为何值时，它能获得最大功率 P_m，P_m 为多大？（答：10 Ω，40 W）

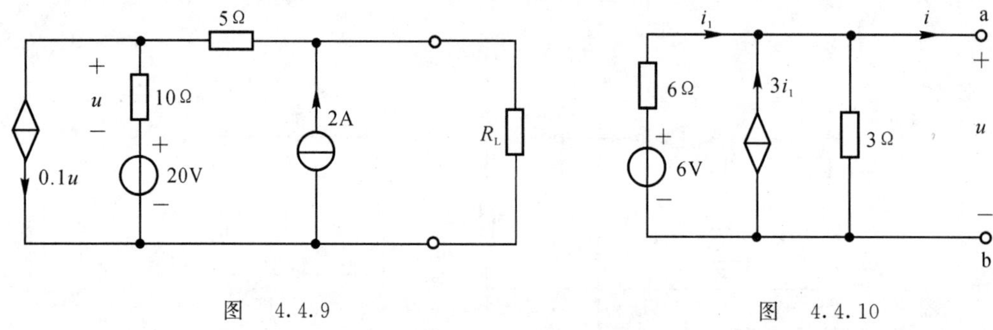

图 4.4.9　　　　图 4.4.10

4.4.4 图 4.4.10 所示电路，求端口 ab 所能向外供出的最大功率 P_m 为多大？（答：4 W）

4.4.5 图 4.4.11 所示电路，已知 $R=10\ \Omega$ 时能获得最大功率 $P_m=160$ W，求含独立源单口电路的等效电压源电路和等效电流源电路。（答：10 Ω，80 V；10 Ω，8 A）

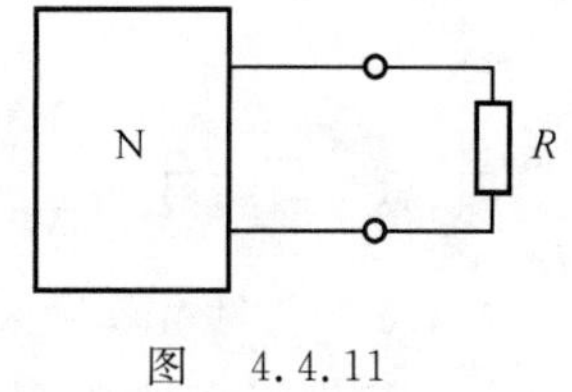

图 4.4.11

*4.5 互易定理

在线性无任何电源（独立源与受控源）的传输网络中，当网络的激励与响应的位置互换时，同一激励将产生相同的响应。此结论称为互易定理，也称互易性。它说明了线性无源网络传输信号的双向性或可逆性，即从甲方向乙方传输的效果，与从乙方向甲方传输的效果相同。

互易定理的内容有三，下面先给出结论，其证明将在第 9 章 9.6 节中给出。

在图 4.5.1(a) 所示线性无任何电源的电阻网络 P 中，设加在输入端口 1，1′ 的为电压激励 u_{S1}，在输出端口 2，2′ 短路导线中产生的响应电流为 i_{II}；今把电压激励 u_{S2} 加在端口 2，2′，如图 4.5.1(b) 所示（注意 u_{S2} 的极性与 i_{II} 的方向的关系），在端口 1，1′ 短路导线中产生的响应电流为 $\hat{i}_{\text{I}}$（注意 $\hat{i}_{\text{I}}$ 的方向与 u_{S1} 的极性的关系），则有

$$\frac{i_{\mathrm{II}}}{u_{\mathrm{S1}}}=\frac{\hat{i}_{\mathrm{I}}}{u_{\mathrm{S2}}} \tag{4.5.1}$$

当取 $u_{\mathrm{S2}}=u_{\mathrm{S1}}$ 时，则有

$$\hat{i}_{\mathrm{I}}=i_{\mathrm{II}} \tag{4.5.2}$$

式(4.5.1) 和式(4.5.2) 的意义即为互易定理一。

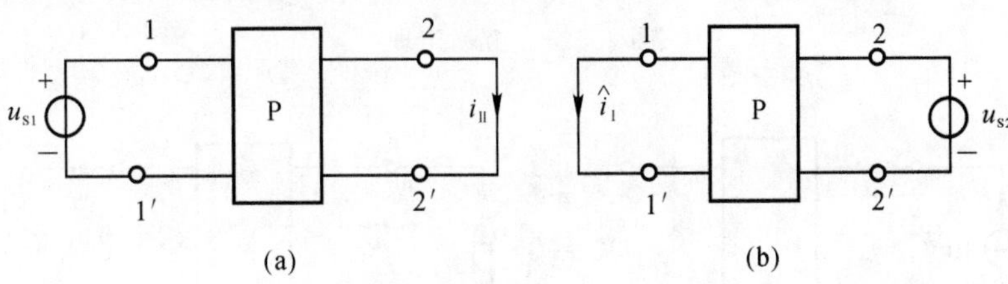

图 4.5.1　互易定理一

如图 4.5.2(a) 所示，设加在 1,1′ 端口的为电流激励 i_{S1}，而在 2,2′ 端口的响应为开路电压 u_{II}；今把电流激励 i_{S2} 加在 2,2′ 端口，如图 4.5.2(b) 所示(注意 i_{S2} 的方向与 u_{II} 的极性的关系)，在 1,1′ 端口的响应为开路电压 $\hat{u}_{\mathrm{I}}$(注意 $\hat{u}_{\mathrm{I}}$ 的极性与 i_{S1} 的方向的关系)，则有

$$\frac{u_{\mathrm{II}}}{i_{\mathrm{S1}}}=\frac{\hat{u}_{\mathrm{I}}}{i_{\mathrm{S2}}} \tag{4.5.3}$$

当取 $i_{\mathrm{S2}}=i_{\mathrm{S1}}$ 时，则有

$$u_{\mathrm{II}}=\hat{u}_{\mathrm{I}} \tag{4.5.4}$$

式(4.5.3) 和式(4.5.4) 的意义即为互易定理二。

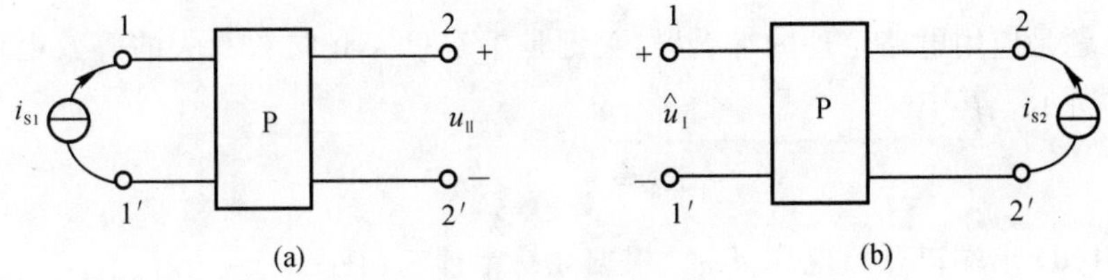

图 4.5.2　互易定理二

如图 4.5.3(a) 所示，设加在 1,1′ 端口的为电流激励 i_{S1}，而在 2,2′ 端口的短路电流为 i_{II}；今把电压激励 u_{S2} 加在 2,2′ 端口，如图 4.5.3(b) 所示(注意 u_{S2} 的极性与 i_{II} 的方向的关系)，在 1,1′ 端口的开路电压为 $\hat{u}_{\mathrm{I}}$(注意 $\hat{u}_{\mathrm{I}}$ 的极性与 i_{S1} 的方向的关系)，则有

$$\frac{i_{\mathrm{II}}}{i_{\mathrm{S1}}}=\frac{\hat{u}_{\mathrm{I}}}{u_{\mathrm{S2}}} \tag{4.5.5}$$

当在数值上取 $u_{\mathrm{S2}}=i_{\mathrm{S1}}$ 时，则在数值上就有

$$i_{\mathrm{II}}=\hat{u}_{\mathrm{I}} \tag{4.5.6}$$

式(4.5.5) 和式(4.5.6) 的意义即为互易定理三。

互易性是线性无源网络的一个重要性质，在分析网络的传输特性以及接收天线的方向性等方面要经常用到，在电路的计算方面也有用处。

满足互易性的网络称为互易网络。

例 4.5.1　图 4.5.4(a) 电路中的数据为已知，求图 4.5.4(b) 中的电流 i。

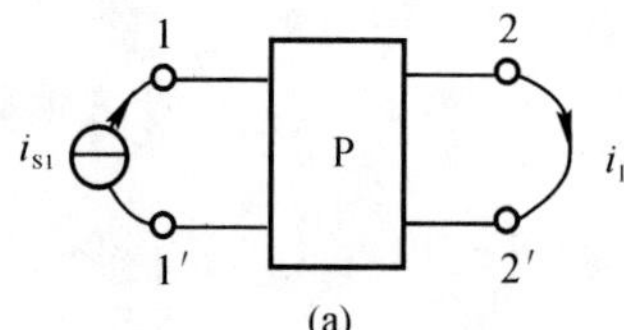

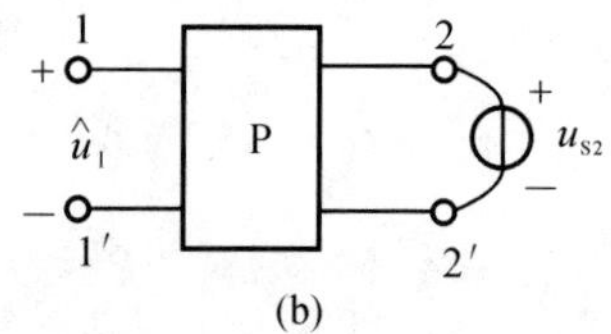

图 4.5.3　互易定理三

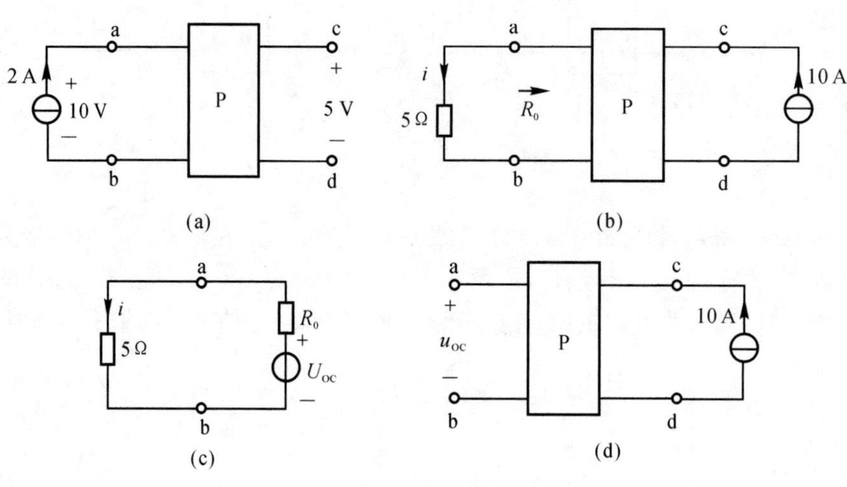

图　4.5.4

解　此题是应用电路定理的综合题，关键是求端口 a,b 向右看去的等效电压源电路，如图 4.5.4(c) 所示。其中

$$R_0=\frac{10}{2}\ \Omega=5\ \Omega$$

根据图 4.5.4(d) 求端口开路电压 u_{OC}。根据互易定理二，有

$$\frac{5}{2}=\frac{u_{OC}}{10}$$

得
$$u_{OC}=25\ \text{V}$$

故得
$$i=\frac{u_{OC}}{R_0+5}=\frac{25}{5+5}\ \text{A}=2.5\ \text{A}$$

例 4.5.2　图 4.5.5(a) 中的 N 为不含任何电源的纯电阻电路，求图 4.5.5(b) 电路中的电流 i 及 2 Ω 电阻吸收的功率 P。

解　设端口 a,b 以右电路的等效电压源电路如图 4.5.5(d) 所示。

(1) 根据图 4.5.5(a) 电路求端口 a,b 向右看去的输入电阻 R_0

$$R_0=\frac{20}{10}\ \Omega=2\ \Omega$$

(2) 根据图 4.5.5(c) 电路和互易定理三求端口 a,b 的开路电压 u_{OC}，即

$$\frac{1}{10}=\frac{u_{OC}}{40}$$

得
$$u_{OC}=4\ \text{V}$$

(3) 根据 4.5.5(d) 电路，得

$$i=\frac{u_{OC}}{2+R_0}=\frac{4}{2+2}\ \mathrm{A}=1\ \mathrm{A},\quad P=i^2\times 2=1^2\times 2\ \mathrm{W}=2\ \mathrm{W}$$

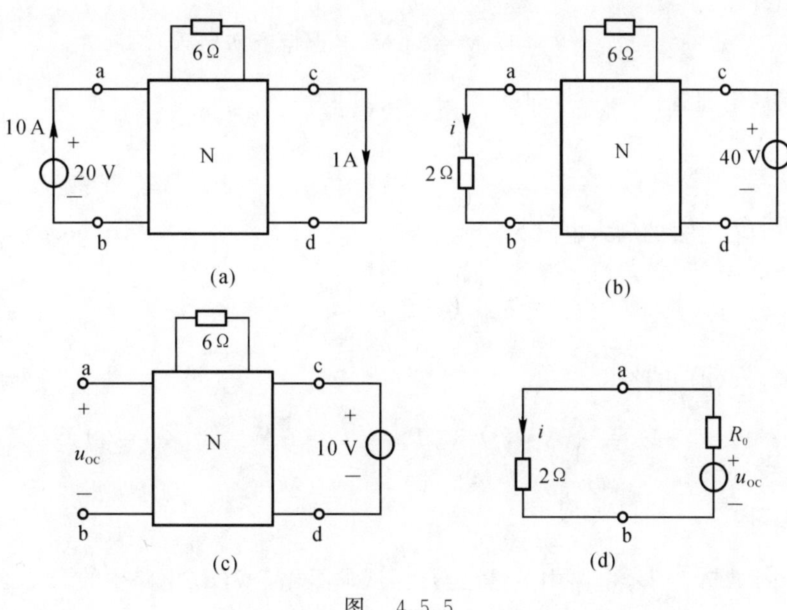

图　4.5.5

例 4.5.3　已知图 4.5.6(a) 所示电路中 2 A 电流源发出的功率 $P_1=28$ W，图 4.5.6(b) 所示电路中 3 A 电流源发出的功率 $P_2=54$ W。(1) 求图 4.5.6(c) 所示电路中两个电流源各自发出的功率为多少？(2) 求图 4.5.6(d) 所示电路中的 I 和 5 Ω 电阻吸收的功率。

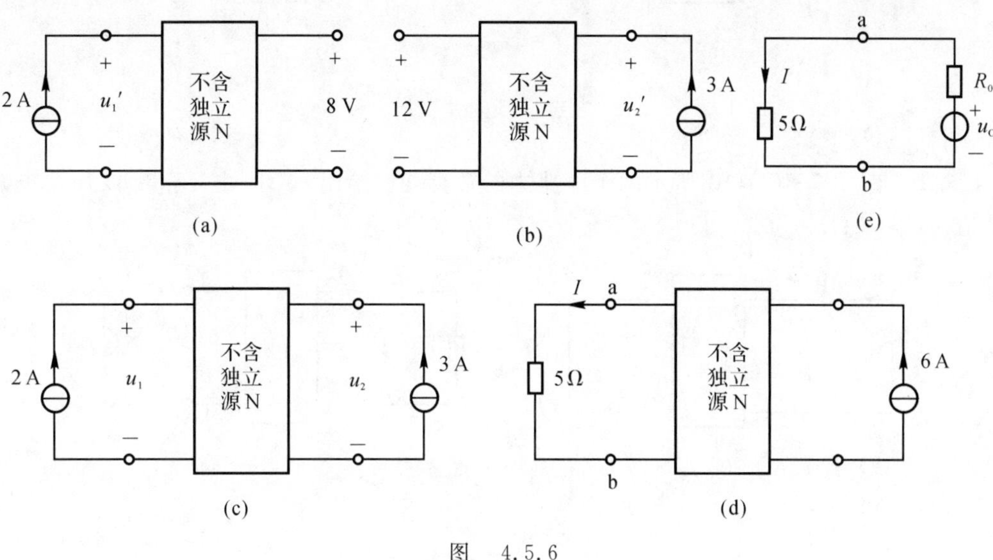

图　4.5.6

解　(1) 在图 4.5.6(a) 电路中有 $28=2u'_1$，得 $u'_1=14$ V；在图 4.5.6(b) 电路中有 $54=3u'_2$，得 $u'_2=18$ V。故根据叠加定理，得图 4.5.6(c) 电路中的 $u_1=u'_1+12=(14+12)$ V=

26 V，$u_2=u'_2+8=(18+8)$ V=26 V，又得图 4.5.6(c) 电路中两个电流源发出的功率分别为 $P_{2A}=2u_1=2\times 26$ W=52 W，$P_{3A}=3\times 26$ W=78 W。

(2) 欲求得图 4.5.6(d) 电路中的 I，关键是求出端口 a，b 的等效电压源电路，如图 4.5.6(e) 所示。其中

$$u_{OC}=2\times 12\ \text{V}=24\ \text{V}\quad（根据齐次定理）$$

又根据互易定理有 $\frac{8}{u'_1}=\frac{I_{SC}}{6}$，即 $\frac{8}{14}=\frac{I_{SC}}{6}$，得

$$I_{SC}=\frac{48}{14}\ \text{A}$$

故得端口 a，b 向右看去的输入电阻为

$$R_0=\frac{u_{OC}}{I_{SC}}=\frac{24}{\frac{48}{14}}\ \Omega=7\ \Omega$$

进而根据图 4.5.6(d) 电路得

$$I=\frac{u_{OC}}{5+7}=\frac{24}{12}\ \text{A}=2\ \text{A},\quad P_{5\Omega}=I^2\times 5\ \text{W}=2^2\times 5=20\ \text{W}$$

思考与练习

4.5.1 图 4.5.7 所示电路中数据已给出，试求图 4.5.7(b) 电路中的 $\hat{i}_1$。(答：5 A)

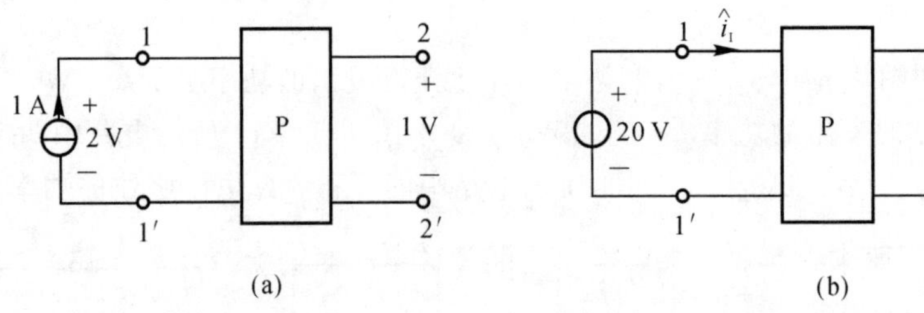

图 4.5.7

4.5.2 图 4.5.8(a)(b) 所示两个电路中的数据均已给出，试求图 4.5.8(b) 所示电路中的 R 值。(答：2 Ω)

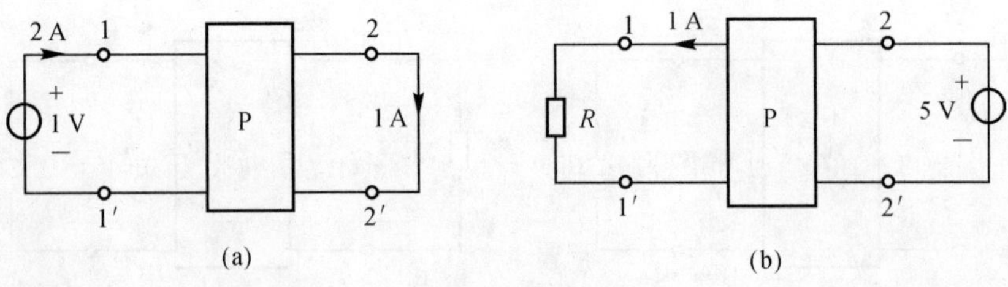

图 4.5.8

现将电路的各种定理汇总于表 4.5.1 中，以便复习和查用。

表 4.5.1　电路的各种定理

名　称	电路或电路的图	结论或求解
叠加定理		线性电路中所有独立源同时作用时在每一个支路中产生的响应电压、电流，等于各个独立源单独作用时在该支路中所产生的响应电压、电流的代数和
齐次定理	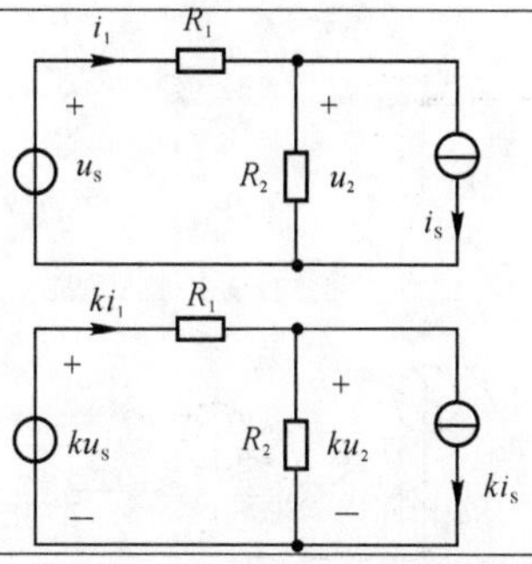	当线性电路中所有独立源同时扩大为 k 倍时，则每个支路电流、电压也随之相应扩大为 k 倍
替代定理	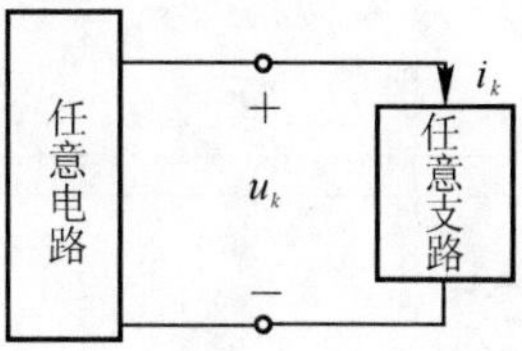	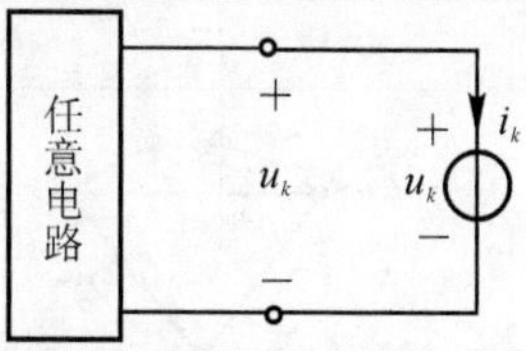 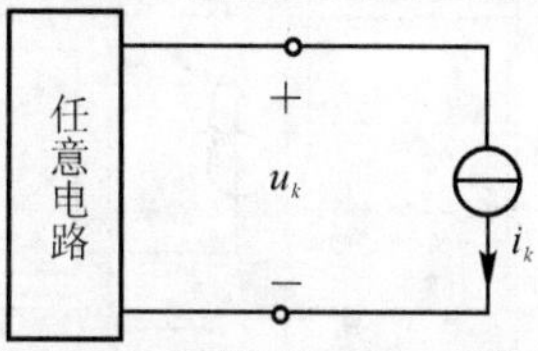
等效电压源定理	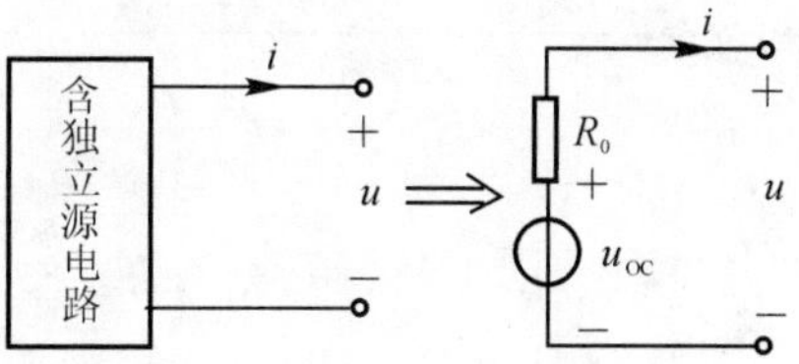	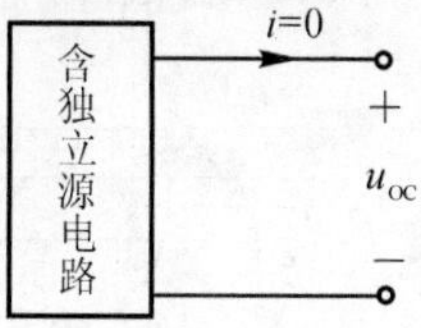 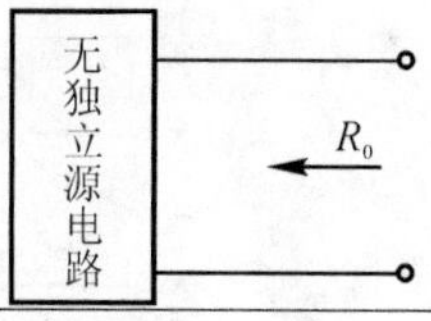
等效电流源定理	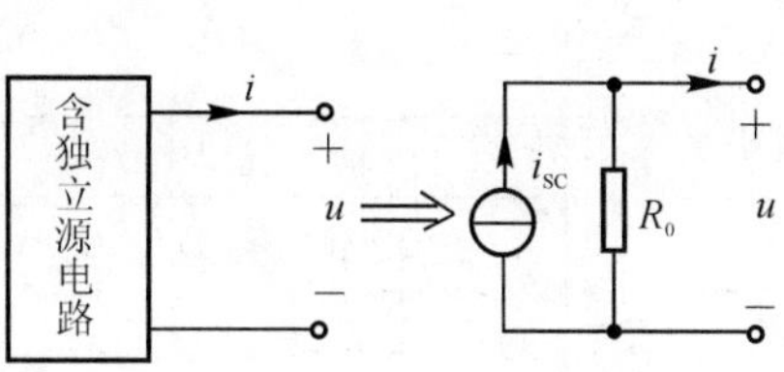	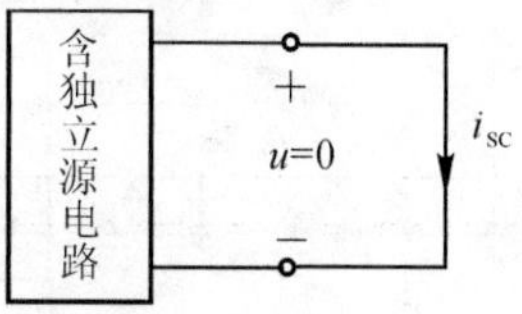 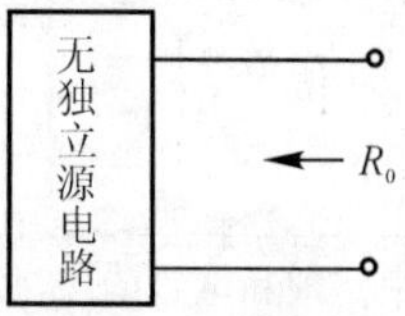

续 表

名　称		电路或电路的图	结论或求解
最大功率传输定理		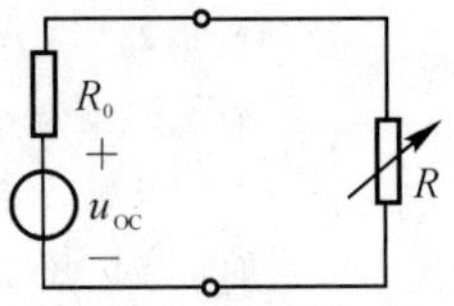	当 $R=R_0$ 时 $P_m=\frac{u_{OC}^2}{4R_0}$
		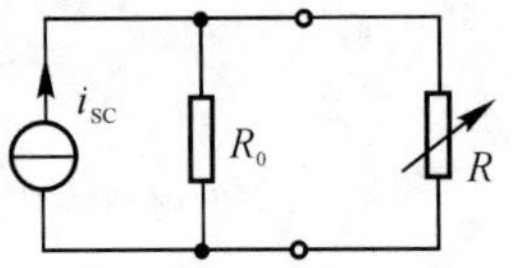	当 $R=R_0$ 时 $P_m=\frac{1}{4}i_{SC}^2R_0$
特勒根定理	定理一	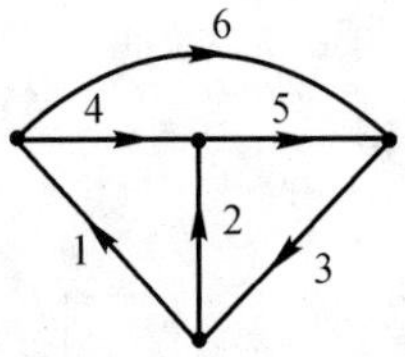	$\sum_{k=1}^{b}u_ki_k=0$
	定理二	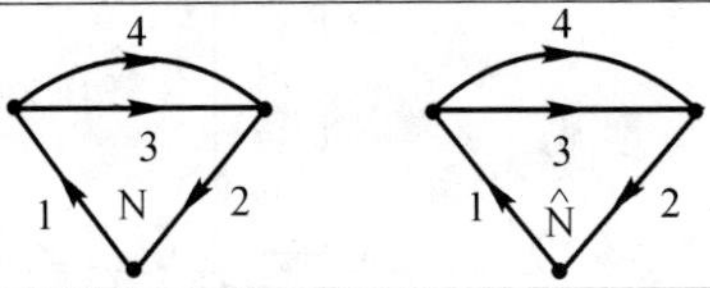	$\sum_{k=1}^{b}u_k\hat{i}_k=0$ $\sum_{k=1}^{b}i_k\hat{u}_k=0$
互易定理	定理一	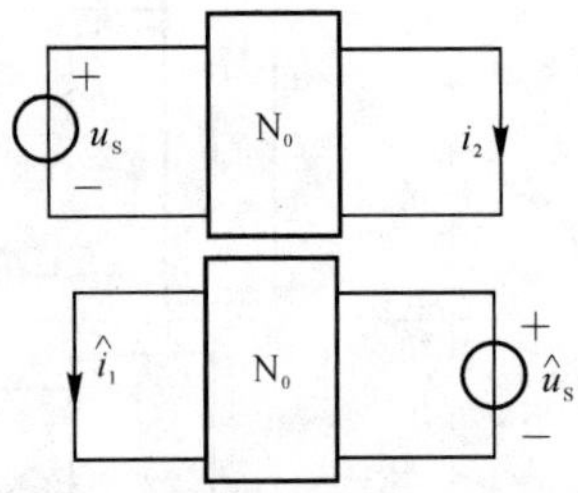	$\frac{i_2}{u_S}=\frac{\hat{i}_1}{\hat{u}_S}$
	定理二	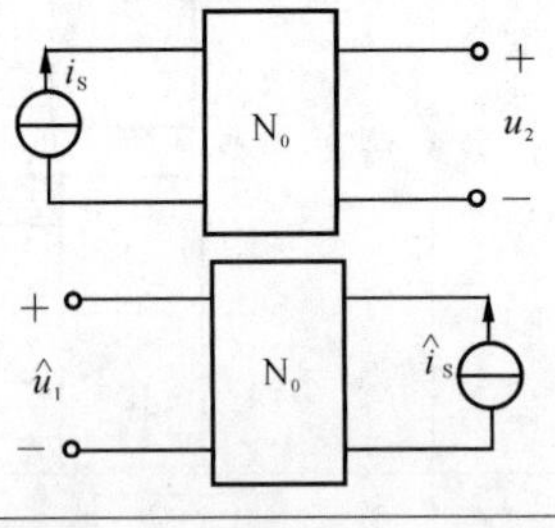	$\frac{u_2}{i_S}=\frac{\hat{u}_1}{\hat{i}_S}$
	定理三	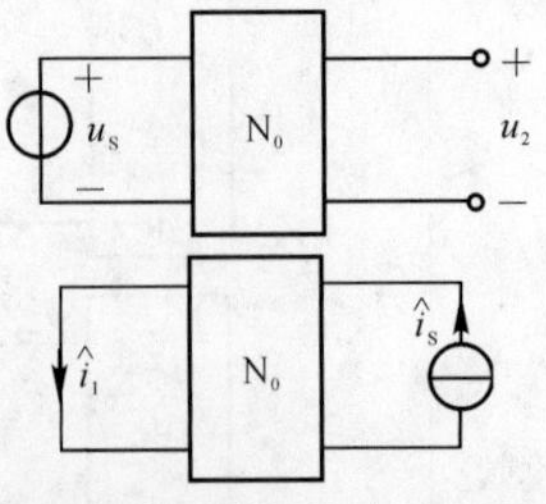	$\frac{u_2}{u_S}=\frac{\hat{i}_1}{\hat{i}_S}$

注：特勒根定理和电路的图，见第 9 章。

习　题　四

4-1　图题4-1所示电路。(1)6 V电压源单独作用时的i'和u'为多大？(2)4 A电流源单独作用时的i''和u''为多大？(3)6 V电压源和4 A电流源共同作用时的i和u为多大？(答：3 A,－3 V；－2 A,－2 V;1 A,5 V)

4-2　图题4-2所示电路。(1)10 V电压源单独作用时的u'为多大？(2)4 A电流源单独作用时的u''为多大？(3)10 V电压源与4 A电流源共同作用时的u为多大？(4)若电压源变为100 V,电流源变为40 A,此时的u为多大？(5)若电压源变为20 V,电流源变为2 A,此时的u为多大？(答:4 V,9.6 V;13.6 V,136 V;12.8 V)

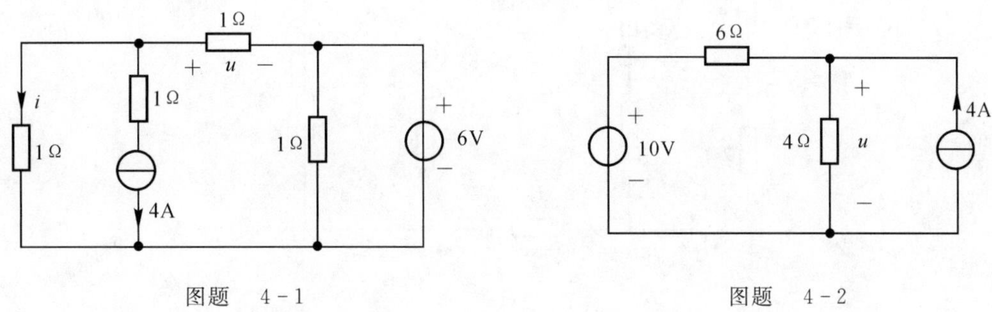

图题　4-1　　　　图题　4-2

4-3　图题4-3所示电路。(1)4 V电压源单独作用时的i'为多大？(2)1 mA电流源单独作用时的i''为多大？(3)4 V电压源与1 mA电流源共同作用时的i为多大？(4)图题4-3(b)所示电路中的i为多大？(答:2.5 mA;0.5 mA;7.5 mA;5.5 mA)

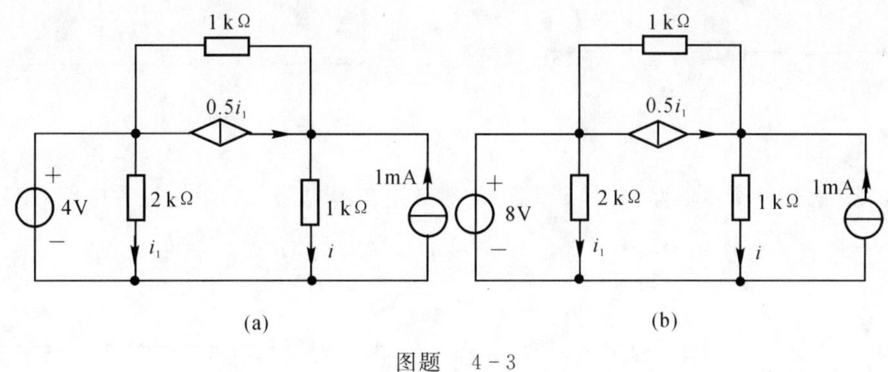

图题　4-3

4-4　图题4-4所示电路,其中N为含有独立源的电路,已知$u_S=0$时,$i=2$ mA;$u_S=20$ V时,$i=-2$ mA。求$u_S=-10$ V时的电流i。(答:4 mA)

4-5　图题4-5所示电路,试用替代定理求电流i。(答:1 A)

4-6　图题4-6所示电路,试用替代定理求电流i。(答:2.5 A)

4-7　图题4-7所示电路,试用替代定理求电压u。(答:30 V)

4-8　图题4-8所示电路。(1)求端口ab的等效电压源电路与等效电流源电路;(2)求$R=2$ Ω时的电压u和电流i。(答:6 V,1 Ω;6 A,1 Ω;4 V,2 A)

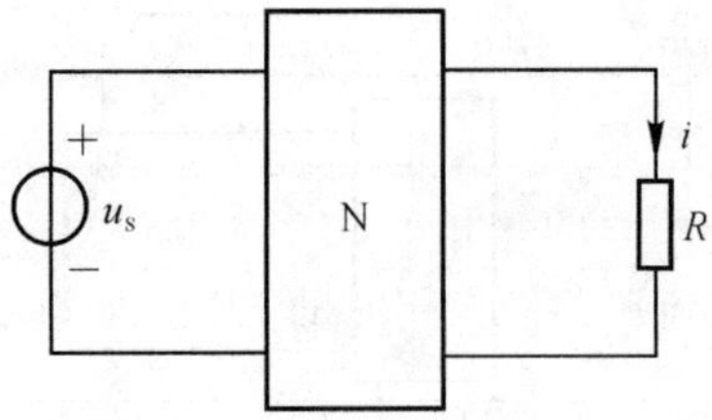

图题 4-4

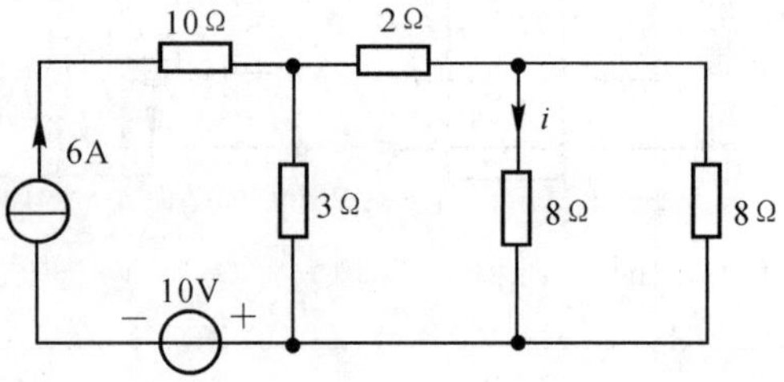

图题 4-5

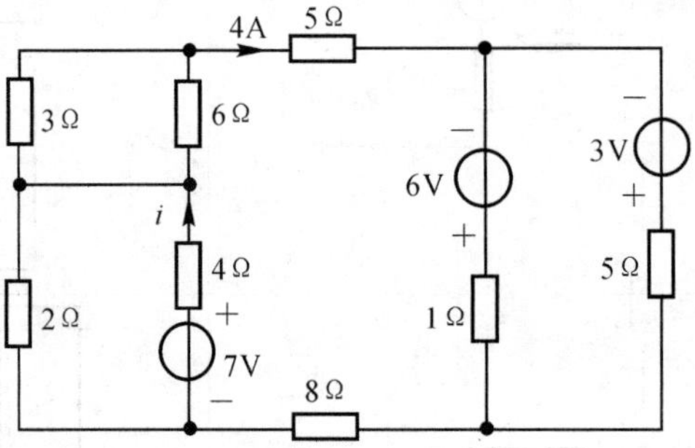

图题 4-6

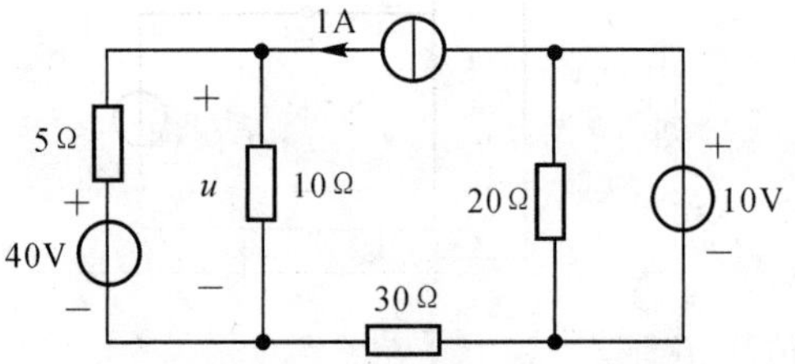

图题 4-7

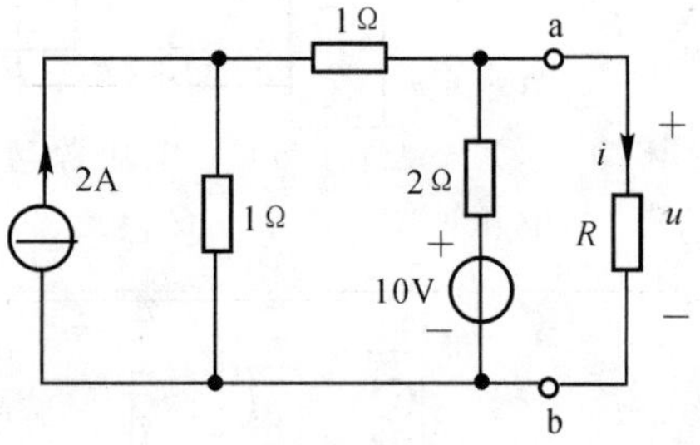

图题 4-8

4-9 图题4-9所示电路。(1)求端口的等效电压源电路与等效电流源电路;(2)求R为可值时,它能获得最大功率P_m,P_m为多大?$\left(答:10\ \text{V},\frac{5}{3}\ \Omega;6\ \text{A},\frac{5}{3}\ \Omega;15\ \text{W}\right)$

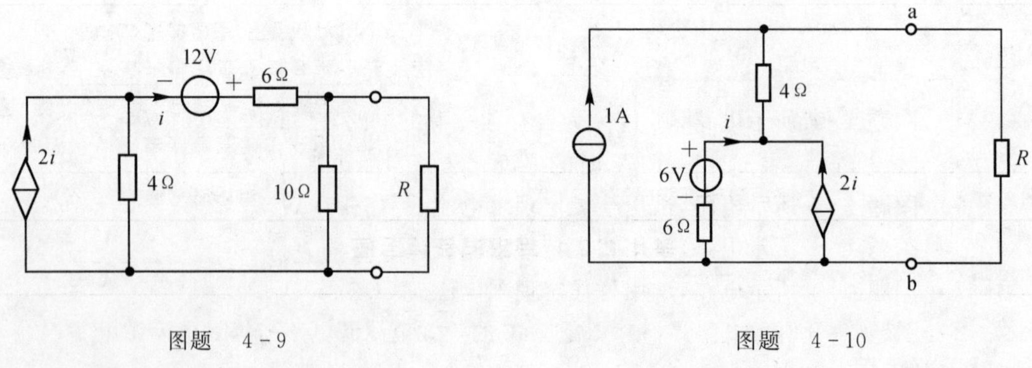

图题 4-9

图题 4-10

4-10　图题 4-10 所示电路。(1) 求端口 ab 的等效电压源电路与等效电流源电路；(2) 求 R 为何值时，它能得到最大功率 P_m，P_m 为多大？（答：12 V，6 Ω；2 A，6 Ω；6 W）

4-11　图题 4-11 所示电路，已知端口伏安关系为 $u=2\times10^3 i+10$ (V)，求电路 N 的等效电压源电路与等效电流源电路。（答：6 V，2 kΩ；3 mA，2 kΩ）

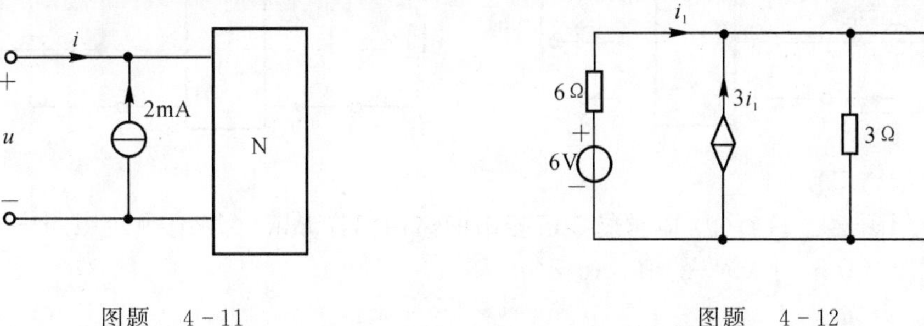

图题　4-11　　　　图题　4-12

4-12　图题 4-12 所示电路。(1) 求端口 ab 的等效电压源电路与等效电流源电路；(2) 求端口 ab 向外电路所能供出的最大功率 P_m。（答：4 V，1 Ω；4 A，1 Ω；4 W）

4-13　图题 4-13 所示电路，已知当 $R=9\ \Omega$ 时，$i=0.4$ A。若 R 可以变化，求 R 为何值时，它可以获得最大功率 P_m，P_m 的值为多大？（答：1 Ω，4 W）

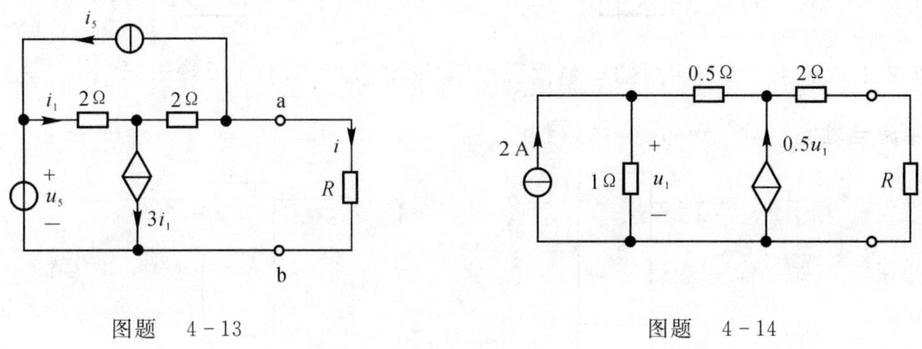

图题　4-13　　　　图题　4-14

4-14　图题 4-14 所示电路，求 R 为何值时它能获得最大功率 P_m，P_m 的值为多大？（答：5 Ω，1.25 W）

4-15　图题 4-15(a) 所示电路，已知当 $i_S=10$ A 时，开路电压 $u_{II}=-2$ V。试求图题 4-15(b) 所示电路中的开路电压 $\hat{u}_I$。（答：4 V）

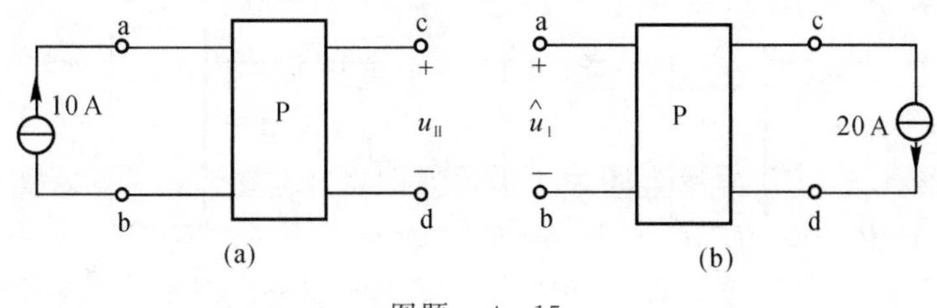

图题　4-15

4-16　图题 4-16(a) 所示电路，已知 $i_1=0.3i_S$；图(b) 电路中，已知 $i_2=0.2i_S$。试用互

易定理求 R_1 的值。(答:15 Ω)

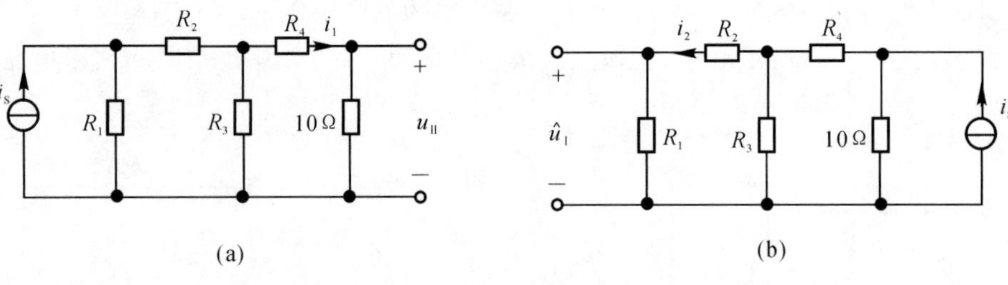

图题 4-16

4-17 图题 4-17(a) 所示电路,已知 $u_1=0.25u_S$;图题 4-17(b) 所示电路中,已知 $u_2=0.15u_S$。试用互易定理求 R_1 的值。(答:6 Ω)

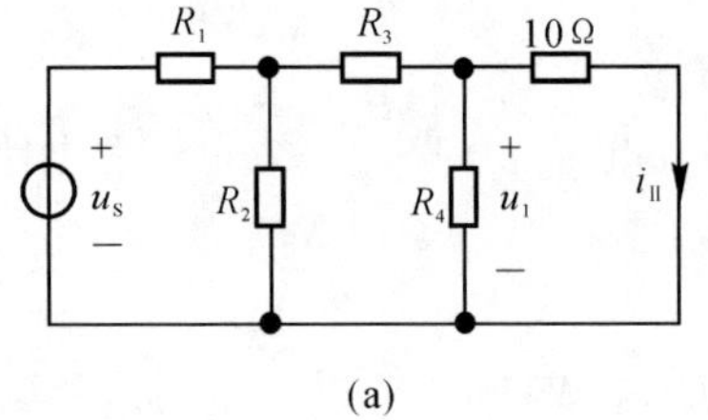

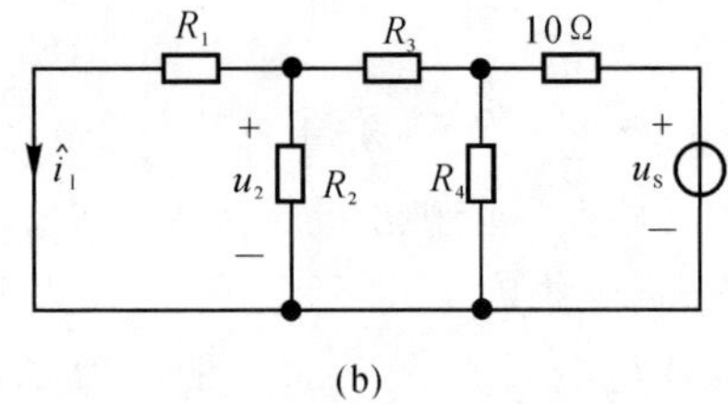

图题 4-17

4-18 图题 4-18(a) 所示互易网络中的数据已给出,已知图题 4-18(b) 所示电路中 5 Ω 电阻吸收的功率为 125 W,求 i_{S2}。(答:20 A)

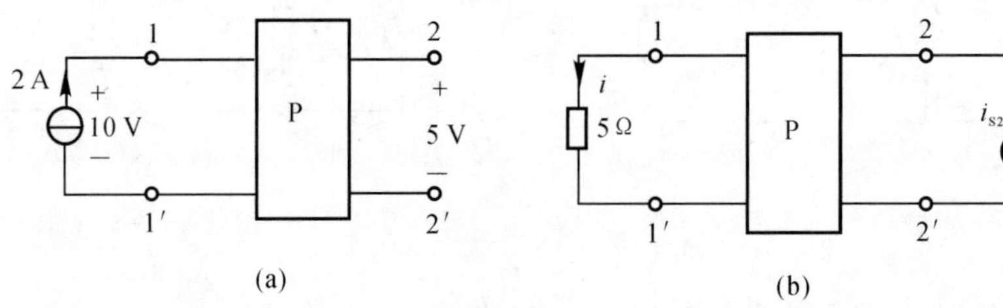

图题 4-18

4-19 图题 4-19(a) 所示互易网络中的数据已给出,已知图题 4-19(b) 所示电路中电流 $i_1=4$ A。求 u_{S2}。(答:100 V)

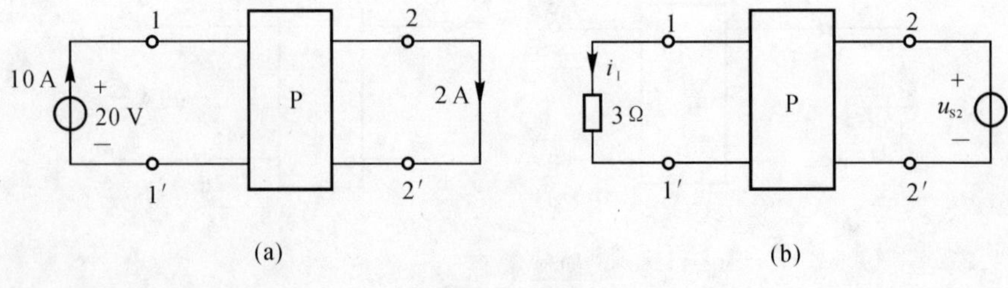

图题 4-19

第 5 章　正弦电流电路

内容提要

本章讲述正弦电流电路的基本概念与基础理论。正弦量的时域表示与相量表示，正弦电量的有效值，电路元件伏安关系的相量形式，KCL 与 KVL 的相量形式，阻抗与导纳及其相互等效变换，正弦电流电路分析——相量法，正弦电流电路的功率，正弦电流电路最大功率传输定理，电路中的谐振（串联谐振与并联谐振）。

5.1　正　弦　量

一、定义

随时间 t 按正弦规律变化的电压 $u(t)$ 和电流 $i(t)$，分别称为正弦电压和正弦电流，统称为正弦电量，简称正弦量。例如正弦电流的时间函数表示式为

$$i(t)=I_{\mathrm{m}}\cos(\omega t+\psi_i),\quad t\in\mathbf{R} \tag{5.1.1}$$

式中：$i(t)$ 为电流的瞬时值；I_{m} 为电流 $i(t)$ 的最大值，也称振幅，它表征了电流 $i(t)$ 的大小；ω 为电流 $i(t)$ 变化的角频率，单位为$\dfrac{弧度}{秒}\left(\dfrac{\mathrm{rad}}{\mathrm{s}}\right)$，它表征了电流 $i(t)$ 变化的快慢；ψ_i 为电流 $i(t)$ 的初相角，单位为弧度(rad)或度(°)；$\omega t+\psi_i$ 称为电流 $i(t)$ 的相位角，简称相位，它确定了电流 $i(t)$ 的瞬时值。$I_{\mathrm{m}},\omega,\psi_i$ 合称为正弦量的三要素，即当 $I_{\mathrm{m}},\omega,\psi_i$ 三个量已知时，正弦量 $i(t)$ 就唯一确定了。

二、正弦波形

正弦量随时间 t 变化的曲线，称为正弦量的波形，简称正弦波，如图 5.1.1 所示。

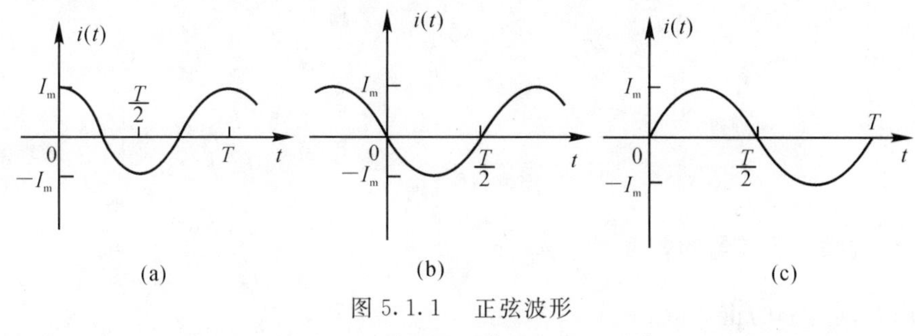

图 5.1.1　正弦波形

(a)$\psi_i=0$；(b)$\psi_i=90°$；(c)$\psi_i=-90°$

三、周期与频率

正弦量变化一个循环所经历的时间称为周期，用 T 表示，单位为秒(s)。正弦量每秒钟变化的循环个数称为频率，用 f 表示，单位为赫[兹](Hz)。显然有

$$f=\frac{1}{T}\text{ 和 }T=\frac{1}{f} \tag{5.1.2}$$

ω 与 T，f 的关系为

$$\omega=\frac{2\pi}{T}=2\pi f \tag{5.1.3}$$

可见 ω 与频率 f 成正比，因此才把 ω 称为角频率(它本来的物理意义是角速度)。ω，T，f 三者都是用来说明正弦量变化快慢的，具有同样的物理意义。

将式(5.1.3)代入式(5.1.1)有

$$i(t)=I_{\mathrm{m}}\cos\left(\frac{2\pi}{T}t+\psi_i\right)=I_{\mathrm{m}}\cos(2\pi ft+\psi_i) \tag{5.1.4}$$

例 5.1.1 已知正弦电流 $i(t)$ 的波形如图 5.1.2 所示，角频率 $\omega=10^3$ rad/s。(1) 求 $i(t)$；(2) 求 $i(t)$ 出现最大值的时刻 t_1。

解 (1) 设 $i(t)=I_{\mathrm{m}}\cos(\omega t+\psi_i)$ A，由于 $I_{\mathrm{m}}=100$ A，$\omega=10^3$ rad/s，故

$$i(t)=100\cos(10^3t+\psi_i)\ (\mathrm{A})$$

当 $t=0$ 时，有 $i(0)=50$ A，故

$$i(0)=50=100\cos(10^3\times 0+\psi_i)$$

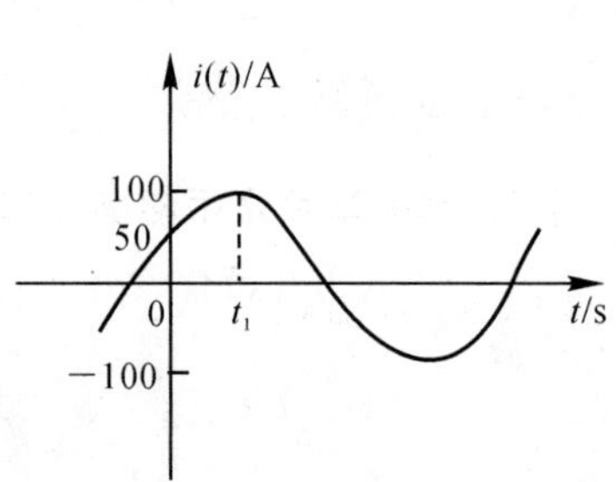

图 5.1.2

故
$$\cos\psi_i=\frac{1}{2}$$

故得
$$\psi_i=\pm\frac{\pi}{3}$$

由于 $i(t)$ 的最大值出现在 $t=0$ 之后，故只能取 $\psi_i=-\frac{\pi}{3}$。故

$$i(t)=100\cos(10^3t-\frac{\pi}{3})\ (\mathrm{A})$$

(2) 当 $t=t_1$ 时，$i(t_1)=100$ A，故有

$$100=100\cos(10^3t_1-\frac{\pi}{3})$$

故
$$\cos(10^3t_1-\frac{\pi}{3})=1$$

故
$$10^3t_1-\frac{\pi}{3}=0$$

故得
$$t_1=\frac{\pi}{3\times 10^3}=\frac{3.14}{3\times 10^3}\ \mathrm{s}=1.047\times 10^{-3}\ \mathrm{s}$$

四、两个同频率正弦量的相位差

设有两个同频率的正弦量

$$u(t)=U_{\mathrm{m}}\cos(\omega t+\psi_u)$$

$$i(t)=I_{\mathrm{m}}\cos(\omega t+\psi_i)$$

则定义它们两者的相位差为

$$\varphi=(\omega t+\psi_u)-(\omega t+\psi_i)=\psi_u-\psi_i$$

可见两个同频率的正弦量的相位差 φ 就等于它们的初相角之差，且为一个常数，与时间变量 t 无关。φ 采用主值范围内的度或弧度为单位。

若 $\varphi>0$，则称 $u(t)$ 在相位上超前 $i(t)$ 一个角度 φ，或 $i(t)$ 滞后 $u(t)$ 一个角度 φ；若 $\varphi<0$，结论正好与 $\varphi>0$ 时的情况相反；若 $\varphi=0$，则称 $u(t)$ 与 $i(t)$ 同相位，简称同相；若 $\varphi=\pm 90^\circ$，则称 $u(t)$ 与 $i(t)$ 在相位上互相正交；若 $\varphi=\pm\pi$，则称 $u(t)$ 与 $i(t)$ 反相位，简称反相。

注意：对于不同频率的正弦量之间，讨论相位差是无意义的。

通常规定相位差 φ 的取值范围为 $0\leqslant|\varphi|\leqslant 180^\circ$。

例 5.1.2　已知两个同频率的正弦电流为

$$i_1(t)=10\cos(100\pi t+30^\circ)\ (\mathrm{A})$$

$$i_2(t)=20\sin(100\pi t-15^\circ)\ (\mathrm{A})$$

求相位差 φ。

解　欲求两个同频率正弦量的相位差，必须将它们用同一种函数表示。因此应将 $i_2(t)$ 写为余弦形式，即

$$i_2(t)=20\cos(100\pi t-15^\circ-90^\circ)=20\cos(100\pi t-105^\circ)\ (\mathrm{A})$$

故

$$\varphi=30^\circ-(-105^\circ)=135^\circ$$

即 $i_1(t)$ 超前 $i_2(t)$ 135°，或 $i_2(t)$ 滞后 $i_1(t)$ 135°。

五、参考正弦量

人为地设定初相角 ψ 等于零的正弦量，称为参考正弦量。参考正弦量的选择是任意的，但在同一个电路中，只能选择一个正弦量作为参考正弦量。

六、正弦量的有效值

由于正弦电量是时间变量 t 的函数，其瞬时值是随时间而变化的，所以不论是测量还是计算都不方便，为此引入有效值的物理量，有效值用大写字母表示。

以正弦电流 $i(t)$ 为例，它的有效值（用大写字母 I 表示）定义为

$$I=\sqrt{\frac{1}{T}\int_0^T[i(t)]^2\mathrm{d}t} \tag{5.1.5}$$

即正弦量的有效值等于该正弦量在一个周期内的方均根值。

有效值的物理意义是，在同一个电阻 R 中先后通以直流电流 I 和正弦电流 $i(t)$，如图 5.1.3 所示，若在正弦电流的一个周期 T 内两者产生的热量相等，即有

$$I^2RT=R\int_0^T[i(t)]^2\mathrm{d}t$$

则

$$I=\sqrt{\frac{1}{T}\int_0^T[i(t)]^2\mathrm{d}t}$$

可见正弦电流 $i(t)$ 的有效值，就是在一个周期 T 内与其产生相等热量的直流电流 I。

将 $i(t)=I_{\mathrm{m}}\cos(\omega t+\psi)$ 代入式(5.1.5)中，经过运算即得

$$I=\frac{I_m}{\sqrt{2}}=0.707I_m$$

同理，正弦电压的有效值（用大写字母 U 表示）为

$$U=\frac{U_m}{\sqrt{2}}=0.707U_m$$

即正弦量的有效值是等于其最大值除以$\sqrt{2}$。故又有

$$I_m=\sqrt{2}I,\quad U_m=\sqrt{2}U$$

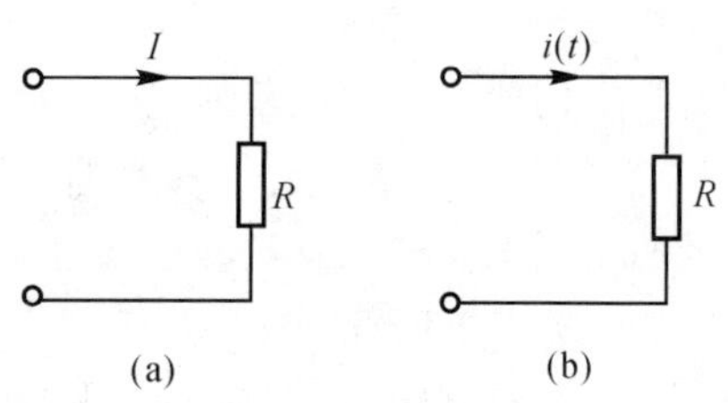

图 5.1.3　正弦量有效值的物理意义

由于有效值能反映正弦电压、正弦电流的电磁效应与热效应，所以通常人们所称正弦电压、正弦电流的大小，除特殊说明外，一般都是指其有效值。例如工业供电电压为 220 V 就是指的有效值；各种电气设备的额定值，电磁式、电动式仪表测量的数值，均是指有效值。

在引入了有效值的物理量后，正弦电流 $i(t)$ 又可表示为

$$i(t)=\sqrt{2}I\cos(\omega t+\psi_i)$$

需要指出，式(5.1.5)不仅是正弦量的有效值的定义式，它也是其他一切周期电量有效值的定义式。

七、思考与练习

5.1.1　图 5.1.4 所示为正弦电流电路，电流 $i(t)$ 的参考方向如图中所示，已知 $i(t)=100\cos(2\pi t-\pi/4)$ (mA)。(1) 画出 $i(t)$ 的波形；(2) 求 $t=0.5$ s，1.25 s 时电流的值，并说明在这些时刻电流的实际方向。（答：－70.7 mA；70.7 mA）

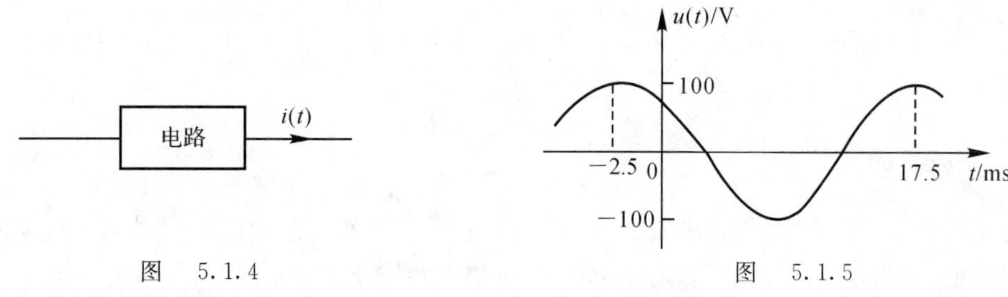

图　5.1.4　　　　图　5.1.5

5.1.2　已知正弦电压 $u(t)$ 的波形如图 5.1.5 所示，试写出 $u(t)$ 的函数式。（答：$100\cos(100\pi t+\pi/4)$ V）

5.1.3　已知同频率的正弦电压与正弦电流为

$$u(t)=100\cos\left(100\pi t+\frac{\pi}{3}\right)\ (\text{V}),\quad i(t)=10\sin(100\pi t+40^\circ)\ (\text{A})$$

求相位差 φ，并说明两者相位超前或滞后的关系。（答：110°）

5.1.4　已知 $u_1(t)=10\cos(100t-30^\circ)$ (V)，$u_2(t)=5\cos(100t+170^\circ)$ (V)，则其相位差为(　　)。（答：B）

(A) －200°　　(B)160°　　(C)200°　　(D)140°

5.1.5　已知 $u(t)=100\cos(10^3t+\pi/3)$ (V)，$i(t)=70.7\cos(10^3t-60^\circ)$ (A)，求 $u(t)$ 与

$i(t)$ 的有效值。$\left(答:\frac{1}{\sqrt{2}}100\ \text{V}=70.7\ \text{V},50\ \text{A}\right)$

5.1.6　已知正弦电压 $u(t)$ 的振幅为 15 V，频率 $f=50$ Hz，初相角 $\psi=15°$。(1) 写出 $u(t)$ 的函数式；(2) 求 $t=0.0025$ s 时刻的相位角和即时值。(答：$u(t)=15\cos(100\pi t+15°)$V；60°，7.5 V)

*5.2　复　　数

一、定义

由实数 a 与虚数 jb 的代数和构成的数称为复数，用 Z 表示，即

$$Z=a+\mathrm{j}b$$

式中：$\mathrm{j}=\sqrt{-1}$，为虚数单位；a 为复数 Z 的实部，b 为复数 Z 的虚部；$a\in\mathbf{R}$，$b\in\mathbf{R}$。

二、复数平面

以实数数轴和虚数数轴为相互垂直的坐标轴而构成的平面，称为复数平面，简称复平面，如图 5.2.1 所示。其中“+1”表示实数数轴，“+j”表示虚数数轴。注意，复数平面与笛卡尔直角坐标平面不是一回事。

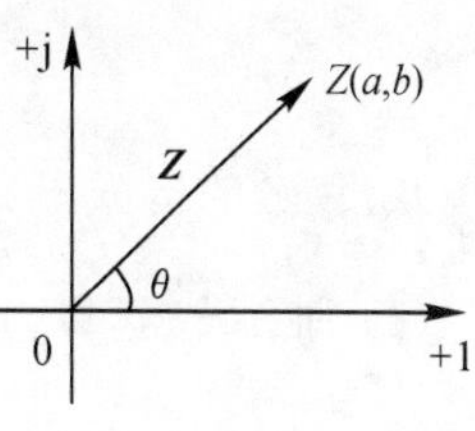

图 5.2.1　复数平面

三、复数的 5 种表示形式

(1) 代数形式：$Z=a+\mathrm{j}b$。

(2) 用复数平面上的“点”表示，如图 5.2.1 中的坐标点 $Z(a,b)$ 所示。

(3) 用复数平面上的向量表示，如图 5.2.1 中的向量 $\boldsymbol{Z}$ 所示。图中 θ 为向量 $\boldsymbol{Z}$(即复数 Z) 的辐角，向量 $\boldsymbol{Z}$(即复数 Z) 的模为 $|Z|=\sqrt{a^2+b^2}$。

(4) 三角函数形式

$$Z=|Z|(\cos\theta+\mathrm{j}\sin\theta)$$

式中

$$|Z|=\sqrt{a^2+b^2}$$

$$\theta=\arctan\frac{b}{a}$$

或

$$a=|Z|\cos\theta,\quad b=|Z|\sin\theta$$

(5) 极坐标形式

$$Z=|Z|\mathrm{e}^{\mathrm{j}\theta}=|Z|\underline{/\theta}$$

极坐标形式也称指数形式。

四、复数相等

设 $Z_1=a_1+\mathrm{j}b_1=|Z_1|\underline{/\theta_1}=|Z_1|\mathrm{e}^{\mathrm{j}\theta_1}$，$Z_2=a_2+\mathrm{j}b_2=|Z_2|\underline{/\theta_2}=|Z_2|\mathrm{e}^{\mathrm{j}\theta_2}$，若 $Z_1=Z_2$，则有

$$a_1=a_2,\quad b_1=b_2$$

或

$$|Z_1|=|Z_2|,\quad \theta_1=\theta_2$$

即实部与实部相等，虚部与虚部相等；或者模与模相等，辐角与辐角相等。

五、共轭复数

若两个复数的实部相等，虚部互为相反数，则这两个复数互为共轭复数；或者若两个复数的模相等，辐角互为相反数，则这两个复数互为共轭复数。即若 $Z_1=a+\mathrm{j}b=|Z|\angle\theta$，$Z_2=a-\mathrm{j}b=|Z|\angle-\theta$，则 Z_1 与 Z_2 互为共轭复数，可表示为 $Z_2=Z_1^*$ 或 $Z_1=Z_2^*$。

六、欧拉公式

$$\mathrm{e}^{\mathrm{j}\theta}=\angle\theta=\cos\theta+\mathrm{j}\sin\theta,\quad \mathrm{e}^{-\mathrm{j}\theta}=\angle-\theta=\cos\theta-\mathrm{j}\sin\theta$$

或

$$|Z|\mathrm{e}^{\mathrm{j}\theta}=|Z|\angle\theta=|Z|(\cos\theta+\mathrm{j}\sin\theta)=|Z|\cos\theta+\mathrm{j}|Z|\sin\theta$$

$$|Z|\mathrm{e}^{-\mathrm{j}\theta}=|Z|\angle-\theta=|Z|(\cos\theta-\mathrm{j}\sin\theta)=|Z|\cos\theta-\mathrm{j}|Z|\sin\theta$$

七、两个重要公式

$$\cos\theta=\frac{\mathrm{e}^{\mathrm{j}\theta}+\mathrm{e}^{-\mathrm{j}\theta}}{2},\quad \sin\theta=\frac{\mathrm{e}^{\mathrm{j}\theta}-\mathrm{e}^{-\mathrm{j}\theta}}{2\mathrm{j}}$$

八、复数的运算

(1) 加、减法运算：宜用代数形式运算。例如设 $Z_1=a_1+\mathrm{j}b_1$，$Z_2=a_2+\mathrm{j}b_2$，则

$$Z=Z_1+Z_2=(a_1+a_2)+\mathrm{j}(b_1+b_2)$$

$$Z=Z_1-Z_2=(a_1-a_2)+\mathrm{j}(b_1-b_2)$$

(2) 乘法运算：宜用极坐标(即指数) 形式运算。例如设 $Z_1=|Z_1|\mathrm{e}^{\mathrm{j}\theta_1}=|Z_1|\angle\theta_1$，$Z_2=|Z_2|\mathrm{e}^{\mathrm{j}\theta_2}=|Z_2|\angle\theta_2$，则

$$Z=Z_1Z_2=|Z_1|\mathrm{e}^{\mathrm{j}\theta_1}|Z_2|\mathrm{e}^{\mathrm{j}\theta_2}=|Z_1||Z_2|\mathrm{e}^{\mathrm{j}(\theta_1+\theta_2)}$$

或

$$Z=Z_1Z_2=|Z_1|\angle\theta_1|Z_2|\angle\theta_2=|Z_1||Z_2|\angle\theta_1+\theta_2$$

(3) 除法运算：宜用极坐标(即指数) 形式运算，即

$$Z=\frac{Z_1}{Z_2}=\frac{|Z_1|\mathrm{e}^{\mathrm{j}\theta_1}}{|Z_2|\mathrm{e}^{\mathrm{j}\theta_2}}=\frac{|Z_1|}{|Z_2|}\mathrm{e}^{\mathrm{j}(\theta_1-\theta_2)}$$

或

$$Z=\frac{Z_1}{Z_2}=\frac{|Z_1|\angle\theta_1}{|Z_2|\angle\theta_2}=\frac{|Z_1|}{|Z_2|}\angle\theta_1-\theta_2$$

(4) $ZZ^*=(a+\mathrm{j}b)(a-\mathrm{j}b)=a^2+b^2=|Z|^2$

或

$$ZZ^*=|Z|\angle\theta|Z|\angle-\theta=|Z|^2$$

例 5.2.1 已知 $Z_1=6+\mathrm{j}8$，$Z_2=4-\mathrm{j}3$。求 Z_1Z_2，Z_1/Z_2。

解 $Z_1=6+\mathrm{j}8=10\angle53.1^\circ$，$Z_2=4-\mathrm{j}3=5\angle-36.9^\circ$

故

$$Z=Z_1Z_2=10\angle53.1^\circ\times5\angle-36.9^\circ=50\angle53.1^\circ-36.9^\circ=50\angle16.2^\circ$$

$$Z=\frac{Z_1}{Z_2}=\frac{10\angle53.1^\circ}{5\angle-36.9^\circ}=2\angle90^\circ=\mathrm{j}2$$

九、j 的作用

$$\mathrm{j}=1\mathrm{e}^{\mathrm{j}90^\circ}=1\angle90^\circ,\quad -\mathrm{j}=1\mathrm{e}^{-\mathrm{j}90^\circ}=1\angle-90^\circ$$

任一个复数 $Z=|Z|\mathrm{e}^{\mathrm{j}\theta}=|Z|\angle\theta$ 乘以 j，就是将 Z 逆时针方向旋转 90°，即

$$jZ = |Z| e^{j\theta} e^{j90°} = |Z| e^{j(\theta+90°)}$$

或
$$jZ = |Z| \underline{/\theta} \underline{/90°} = |Z| \underline{/\theta + 90°}$$

如图 5.2.2(a) 所示。

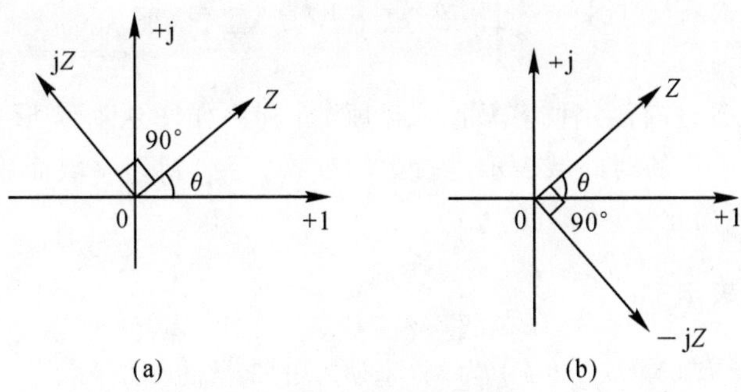

图 5.2.2　j 的作用

任一个复数 $Z = |Z| e^{j\theta} = |Z| \underline{/\theta}$ 乘以(−j)，就是将 Z 顺时针方向旋转 90°，即

$$-jZ = |Z| e^{j\theta} e^{-j90°} = |Z| e^{j(\theta-90°)}$$

或
$$-jZ = |Z| \angle\theta \underline{/-90°} = |Z| \underline{/\theta - 90°}$$

如图 5.2.2(b) 所示。

十、代数形式与极坐标形式的相互变换

(1) 已知代数式 $Z = a + jb$，求极坐标式 $Z = |Z| e^{j\theta} = |Z| \angle\theta$，即

$$|Z| = \sqrt{a^2 + b^2}, \quad \theta = \arctan\frac{b}{a}$$

例 5.2.2　已知 $Z = -4 - j3$，求 Z 的极坐标式 $Z = |Z| \underline{/\theta}$。

解
$$|Z| = \sqrt{(-4)^2 + (-3)^2} = 5, \quad \theta = \arctan\frac{-3}{-4} = -143.1°$$

故
$$Z = |Z| \underline{/\theta} = 5 \underline{/-143.1°} = 5\, e^{-j143.1°}$$

(2) 已知极坐标式 $Z = |Z| e^{j\theta} = |Z| \underline{/\theta}$，求代数式 $Z = a + jb$，即

$$a = |Z| \cos\theta, \quad b = |Z| \sin\theta$$

例 5.2.3　已知 $Z = 10 \underline{/-53.1°} = 10e^{-j53.1°}$，求 Z 的代数式 $Z = a + jb$。

解
$$Z = 10 \underline{/-53.1°} = 10e^{-j53.1°} = 10\cos(-53.1°) + j10\sin(-53.1°) = $$
$$10 \times 0.6 - j10 \times 0.8 = 6 - j8$$

十一、符号 Re 和 Im 的意义

符号 Re 表示取复数 Z 的实部，Im 表示取复数 Z 的虚部。例如设 $Z = a + jb$，则有

$$\mathrm{Re}[Z] = a, \quad \mathrm{Im}[Z] = b$$

故
$$Z = a + jb = \mathrm{Re}[Z] + j\mathrm{Im}[Z]$$

十二、思考与练习

5.2.1　将复数 $Z = -8 + j6$ 化成极坐标形式。(答：$Z = 10 \underline{/143°}$)

5.2.2 将复数 $Z=5\sqrt{2}\angle -45^\circ$ 化成代数形式。(答:$Z=5-\mathrm{j}5$)

5.2.3 已知 $Z_1=10+\mathrm{j}10$,$Z_2=5-\mathrm{j}5$,求 $Z=Z_1Z_2$,$Z=Z_1/Z_2$。(答:$100\angle 0^\circ$;$2\angle 90^\circ$)

5.3 正弦量的相量表示

在时间域里对正弦量进行各种运算是很麻烦的,利用作图法对波形进行运算则更是困难。因此,可设法将正弦量的时间域表示进行数学变换,变换到频率域而用复数表示,这将使正弦量的各种运算大大简化。

一、正弦量的相量表示

以正弦电流 $i(t)=I_{\mathrm{m}}\cos(\omega t+\psi_i)$ 为例,来研究正弦量的相量表示。

因有

$$I_{\mathrm{m}}\mathrm{e}^{\mathrm{j}(\omega t+\psi_i)}=I_{\mathrm{m}}\cos(\omega t+\psi_i)+\mathrm{j}I_{\mathrm{m}}\sin(\omega t+\psi_i)$$

对上式等号两端同时取实部,即

$$\mathrm{Re}[I_{\mathrm{m}}\mathrm{e}^{\mathrm{j}(\omega t+\psi_i)}]=I_{\mathrm{m}}\cos(\omega t+\psi_i)$$

故

$$i(t)=I_{\mathrm{m}}\cos(\omega t+\psi_i)=\mathrm{Re}[I_{\mathrm{m}}\mathrm{e}^{\mathrm{j}(\omega t+\psi_i)}]=\mathrm{Re}[I_{\mathrm{m}}\mathrm{e}^{\mathrm{j}\psi_i}\mathrm{e}^{\mathrm{j}\omega t}]=\mathrm{Re}[\dot{I}_{\mathrm{m}}\mathrm{e}^{\mathrm{j}\omega t}] \tag{5.3.1}$$

式中

$$\dot{I}_{\mathrm{m}}=I_{\mathrm{m}}\mathrm{e}^{\mathrm{j}\psi_i}=I_{\mathrm{m}}\angle\psi_i \tag{5.3.2}$$

复数 $\dot{I}_{\mathrm{m}}$ 称为正弦电流 $i(t)$ 的最大值相量,$\dot{I}_{\mathrm{m}}$ 的模就是电流 $i(t)$ 的最大值 I_{m};$\dot{I}_{\mathrm{m}}$ 的辐角就是电流 $i(t)$ 的初相角 ψ_i。故相量 $\dot{I}_{\mathrm{m}}$ 表征了正弦电流 $i(t)$ 的大小和初相角。

给式(5.3.2)等号两端同除以 $\sqrt{2}$,即

$$\frac{\dot{I}_{\mathrm{m}}}{\sqrt{2}}=\frac{I_{\mathrm{m}}}{\sqrt{2}}\mathrm{e}^{\mathrm{j}\psi_i}=\frac{I_{\mathrm{m}}}{\sqrt{2}}\angle\psi_i$$

故有

$$\dot{I}=I\mathrm{e}^{\mathrm{j}\psi_i}=I\angle\psi_i \tag{5.3.3}$$

式中

$$\dot{I}=\frac{\dot{I}_{\mathrm{m}}}{\sqrt{2}}$$

或

$$\dot{I}_{\mathrm{m}}=\sqrt{2}\dot{I} \tag{5.3.4}$$

复数 $\dot{I}$ 称为正弦电流 $i(t)$ 的有效值相量,$\dot{I}$ 的模就是 $i(t)$ 的有效值 I;$\dot{I}$ 的辐角就是 $i(t)$ 的初相角 ψ_i。相量 $\dot{I}$ 与 $\dot{I}_{\mathrm{m}}$ 具有相同的物理意义。

将式(5.3.4)代入式(5.3.1)中,正弦电流 $i(t)$ 又可表示为

$$i(t)=\mathrm{Re}[\sqrt{2}\dot{I}\mathrm{e}^{\mathrm{j}\omega t}] \tag{5.3.5}$$

用相量 $\dot{I}_{\mathrm{m}}$ 或 $\dot{I}$ 来表示正弦量,就称为正弦量的相量表示,也称频域表示(与时域表示相对应)。相量 $\dot{I}_{\mathrm{m}}$ 或 $\dot{I}$ 表示了正弦量的大小和初相角。可见,当角频率 ω 为已知时,相量 $\dot{I}_{\mathrm{m}}$ 或 $\dot{I}$ 能完整地表征正弦量。

需要强调指出两点:① 相量 $\dot{I}_{\mathrm{m}}$ 或 $\dot{I}$ 可以表示正弦量,但它本身并不就是正弦量,只有将它们乘以 $\mathrm{e}^{\mathrm{j}\omega t}$ 或 $\sqrt{2}\mathrm{e}^{\mathrm{j}\omega t}$ 并取其实部以后才等于正弦量本身,如式(5.3.1)或式(5.3.5)所示。② 相量 $\dot{I}_{\mathrm{m}}$ 或 $\dot{I}$ 一定是复数,但复数不一定都是相量,即不是每一个复数都是用来表示正弦量的。

例 5.3.1 已知正弦电压与正弦电流为

$$u(t)=100\sqrt{2}\cos(2\pi ft-30^\circ)\ (\mathrm{V})$$

$$i(t)=10\sqrt{2}\cos(2\pi ft+60^\circ)\ (\mathrm{A})$$

试写出 $u(t)$ 与 $i(t)$ 的相量。

解
$$\dot{U}_\mathrm{m}=100\sqrt{2}\,\mathrm{e}^{-\mathrm{j}30^\circ}=100\sqrt{2}\ \underline{/-30^\circ}\ \mathrm{V}$$

或
$$\dot{U}=100\mathrm{e}^{-\mathrm{j}30^\circ}=100\ \underline{/-30^\circ}\ \mathrm{V}$$

$$\dot{I}_\mathrm{m}=10\sqrt{2}\,\mathrm{e}^{\mathrm{j}60^\circ}=10\sqrt{2}\ \underline{/60^\circ}\ \mathrm{A}$$

或
$$\dot{I}=10\mathrm{e}^{\mathrm{j}60^\circ}=10\ \underline{/60^\circ}\ \mathrm{A}$$

例 5.3.2　已知角频率为 ω 的两个正弦电压的相量分别为

$$\dot{U}_{1\mathrm{m}}=220\ \underline{/-60^\circ}\ \mathrm{V},\quad \dot{U}_2=110\ \underline{/30^\circ}\ \mathrm{V}$$

求它们各自所表示的正弦电压 $u_1(t)$ 和 $u_2(t)$。

解
$$u_1(t)=220\cos(\omega t-60^\circ)\ (\mathrm{V})$$

$$u_2(t)=110\sqrt{2}\cos(\omega t+30^\circ)\ (\mathrm{V})$$

例 5.3.3　已知正弦电压 $u(t)$ 的相量为 $\dot{U}=-6-\mathrm{j}8\ (\mathrm{V})$，求正弦电压 $u(t)$。

解
$$\dot{U}=-6-\mathrm{j}8=10\ \underline{/-127^\circ}\ \mathrm{V}$$

故
$$u(t)=10\sqrt{2}\cos(\omega t-127^\circ)\ (\mathrm{V})$$

二、相量图

把表示正弦量的相量 $\dot{I}_\mathrm{m}$ 或 $\dot{I}$ 以向量的形式画在复数平面上而得到的图，称为相量图，如图 5.3.1(a)(b) 所示。有时为了简便，也可以不画出虚轴(+j)，只画出实轴(+1)，如图 5.3.1(c)(d) 所示。

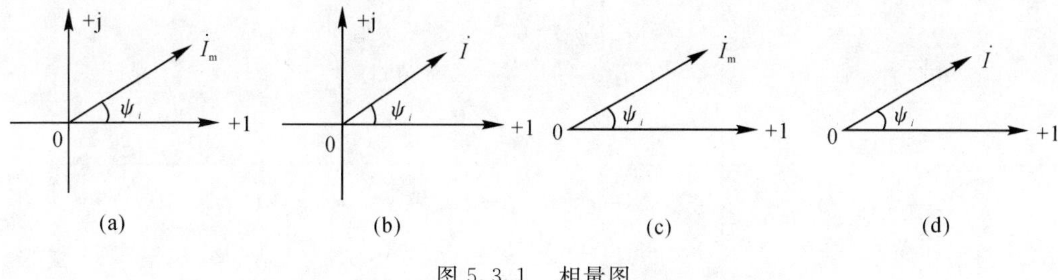

图 5.3.1　相量图

相量图的好处与作用是：① 可以从相量图上一目了然地看出各个相量的大小、初相角以及各相量之间的相位关系；② 可以用相量图进行几何运算。

例 5.3.4　已知电压相量 $\dot{U}=50\ \underline{/-60^\circ}\ \mathrm{V}$，电流相量 $\dot{I}=10\ \underline{/30^\circ}\ \mathrm{A}$。(1) 画出它们的相量图；(2) 求 $\dot{U}$ 与 $\dot{I}$ 之间的相位差 φ。

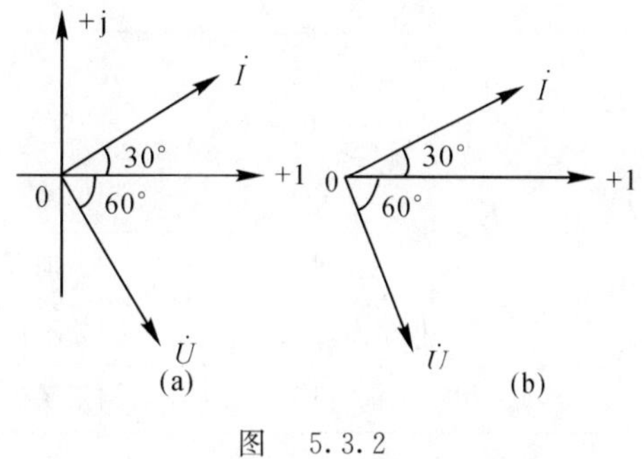

图　5.3.2

解　(1) 相量图如图 5.3.2(a) 所示，也可以简化成如图 5.3.2(b) 所示。

(2) $\varphi=\psi_u-\psi_i=-60^\circ-30^\circ=-90^\circ$

即电压 $\dot{U}$ 超前于电流 $\dot{I}$ (-90°)，或 $\dot{U}$ 滞后于 $\dot{I}$ 90°。

三、思考与练习

5.3.1 试写出下列各正弦量的最大值相量,并画出相量图。

(1)$i(t)=5\cos(100\pi t+60°)$ (A)(答:$5\underline{/60°}$ A)

(2)$i(t)=10\sin(\omega t+30°)$ (A)(答:$10\underline{/-60°}$ A)

(3)$u(t)=-4\cos(100\pi t+45°)$ (V)(答:$4\underline{/-135°}$ V)

5.3.2 试写出下列各正弦量的有效值相量,并画出相量图。

(1)$u(t)=100\sqrt{2}\cos(\omega t-45°)$ (V)(答:$100\underline{/-45°}$ V)

(2)$i(t)=-10\sqrt{2}\sin(\omega t+45°)$ (A)(答:$10\underline{/135°}$ A)

5.3.3 试写出下列各相量所表示的正弦量,设角频率为 ω。

(1)$\dot{I}_m=5+j5$ (A)　　(2)$\dot{I}=-6+j8$ (A)

(3)$\dot{U}_m=-4-j3$ (V)　　(4)$\dot{U}=3-j4$ (V)

5.3.4 已知 $\dot{U}_1=10\sqrt{2}\underline{/-45°}$ V,$\dot{U}_2=-6+j7$ (V),求 $\dot{U}=\dot{U}_1+\dot{U}_2$,并求 $\dot{U}$ 所表示的正弦量 $u(t)$。(答:$u(t)=5\sqrt{2}\cos(\omega t-36.9°)$V)

现将正弦量的表示方法汇总于表 5.3.1 中,以便查用和复习。

表 5.3.1　正弦量的表示方法

时域表示	$u(t)=U_m\cos(\omega t+\psi_u)$ $u(t)=\sqrt{2}U\cos(\omega t+\psi_u)$ $U_m=\sqrt{2}U$
相量表示	$\dot{U}_m=U_m\underline{/\psi_u}=U_m e^{j\psi_u}$　(最大值相量) $\dot{U}=U\underline{/\psi_u}=Ue^{j\psi_u}$　(有效值相量) $\dot{U}_m=\sqrt{2}\dot{U}$
两种表示方法的相互变换	正变换:$u(t)=U_m\cos(\omega t+\psi_u)\rightarrow\dot{U}_m=U_m\underline{/\psi_u}$ $u(t)=\sqrt{2}U\cos(\omega t+\psi_u)\rightarrow\dot{U}=U\underline{/\psi_u}$
	反变换:$\dot{U}_m=U_m\underline{/\psi_u}\rightarrow u(t)=U_m\cos(\omega t+\psi_u)$ $\dot{U}=U\underline{/\psi_u}\rightarrow u(t)=\sqrt{2}U\cos(\omega t+\psi_u)$
同频率正弦量的相位差	$u(t)=\sqrt{2}U\cos(\omega t+\psi_u)$ $i(t)=\sqrt{2}U\cos(\omega t+\psi_i)$ 相位差:$\varphi=\psi_u-\psi_i$
参考正弦量	人为地设定初相角 $\psi=0$ 的正弦量
相量图	把表示正弦量的相量画在复数平面上而得到的图
相量图的应用	相量图是求解正弦电流电路的重要方法之一

5.4　电路元件伏安关系的相量形式

一、电阻元件 R

1. 时域伏安关系

电阻元件 R 的时域电路模型，如图 5.4.1(a) 所示。设 $u(t)$ 与 $i(t)$ 为关联方向，则 $u(t)$ 与 $i(t)$ 的时域伏安关系为

$$\left.\begin{aligned} u(t) &= Ri(t) \\ i(t) &= \frac{1}{R}u(t) \end{aligned}\right\} \tag{5.4.1}$$

式(5.4.1) 对任意的 $u(t)$，$i(t)$ 均成立。

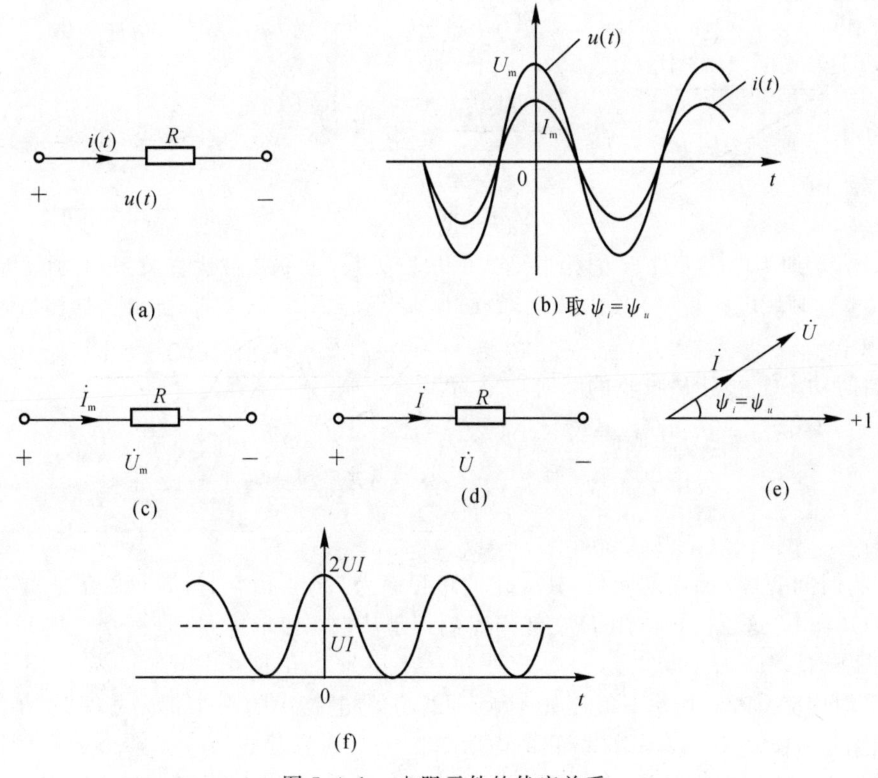

图 5.4.1　电阻元件的伏安关系

设 $u(t)$ 为正弦电压，即

$$u(t) = U_{\mathrm{m}}\cos(\omega t + \psi_u) \tag{5.4.2}$$

则

$$i(t) = \frac{1}{R}u(t) = \frac{U_{\mathrm{m}}}{R}\cos(\omega t + \psi_u)$$

即

$$i(t) = I_{\mathrm{m}}\cos(\omega t + \psi_i) \tag{5.4.3}$$

式中

$$\left.\begin{aligned} I_{\mathrm{m}} &= \frac{U_{\mathrm{m}}}{R} \\ I &= \frac{U}{R} \end{aligned}\right\} \tag{5.4.4}$$

或（第二式）

$$\left.\begin{aligned}\psi_i &= \psi_u \\ \text{或}\quad \varphi &= \psi_u - \psi_i = 0\end{aligned}\right\} \tag{5.4.5}$$

从以上结果，可得出如下3个结论：

(1) 比较式(5.4.2)与式(5.4.3)可知，当$u(t)$为正弦量时，则电阻R中的电流$i(t)$也为同一频率的正弦量。

(2) 由式(5.4.4)可知，$u(t)$与$i(t)$的最大值或有效值的关系，具有欧姆定律的形式。

(3) 由式(5.4.5)可知，$u(t)$与$i(t)$的初相角相等，即$u(t)$与$i(t)$同相位。$u(t)$与$i(t)$的波形如图5.4.1(b)所示(取$\psi_i=0$)。

2. 相量伏安关系

将式(5.4.2)中的$u(t)$和式(5.4.3)中的$i(t)$改写为下式，即

$$u(t) = \mathrm{Re}[\dot{U}_{\mathrm{m}} \mathrm{e}^{\mathrm{j}\omega t}] \tag{5.4.6}$$

$$i(t) = \mathrm{Re}[\dot{I}_{\mathrm{m}} \mathrm{e}^{\mathrm{j}\omega t}] \tag{5.4.7}$$

式(5.4.6)和式(5.4.7)中 $\dot{U}_{\mathrm{m}} = U_{\mathrm{m}} \mathrm{e}^{\mathrm{j}\psi_u} = U_{\mathrm{m}} \angle \psi_u$，$\dot{I}_{\mathrm{m}} = I_{\mathrm{m}} \mathrm{e}^{\mathrm{j}\psi_i} = I_{\mathrm{m}} \angle \psi_i$

将式(5.4.6)与式(5.4.7)代入式(5.4.1)中，即

$$\mathrm{Re}[\dot{U}_{\mathrm{m}} \mathrm{e}^{\mathrm{j}\omega t}] = R\mathrm{Re}[\dot{I}_{\mathrm{m}} \mathrm{e}^{\mathrm{j}\omega t}] = \mathrm{Re}[R\dot{I}_{\mathrm{m}} \mathrm{e}^{\mathrm{j}\omega t}]$$

由于此式对任意时刻t均成立，故有

$$\left.\begin{aligned}\dot{U}_{\mathrm{m}} &= R\dot{I}_{\mathrm{m}} \\ \text{或}\quad \dot{U} &= R\dot{I}\end{aligned}\right\} \tag{5.4.8}$$

式(5.4.8)即为电阻元件R的相量形式的伏安关系，也称频域伏安关系，与其对应的相量电路模型(也称频域电路模型)，如图5.4.1(c)(d)所示。图5.4.1(e)所示为其相量图。

*3. 功率

(1) 瞬时功率。电阻R吸收的瞬时功率为

$$\begin{aligned}p(t) &= u(t)i(t) = \sqrt{2}U\cos(\omega t + \psi_u)\sqrt{2}I\cos(\omega t + \psi_i) = \\ &2UI[\cos(\omega t + \psi_u)]^2 = 2UI\,\frac{1+\cos(2\omega t + 2\psi_u)}{2} = \\ &UI + UI\cos(2\omega t + 2\psi_u)\end{aligned}$$

可见$p(t)$为时间变量t的周期函数，其变化的角频率为2ω，且由于有$|\cos(2\omega t + 2\psi_u)| \leqslant 1$，故必有$p(t) \geqslant 0$。这说明正电阻$R$在任何时刻都是从电源吸取能量，是一个耗能元件。$p(t)$的曲线如图5.4.1(f)所示。

(2) 平均功率。瞬时功率一般用处不大，通常讲的电路中的功率都是指平均功率而言。例如电灯泡的功率为100 W，就是指的平均功率。

平均功率定义为瞬时功率$p(t)$在一个周期T内的平均值，用大写字母P表示。即

$$\begin{aligned}P &= \frac{1}{T}\int_0^T p(t)\mathrm{d}t = \frac{1}{T}\int_0^T UI[1+\cos(2\omega t + 2\psi_u)]\mathrm{d}t = \\ &UI = RI^2 = \frac{U^2}{R} = \frac{1}{2}U_{\mathrm{m}}I_{\mathrm{m}} = \frac{1}{2}I_{\mathrm{m}}^2 R = \frac{1}{2}\,\frac{U_{\mathrm{m}}^2}{R}\end{aligned}$$

平均功率又称有功功率，单位为W。以后把平均功率简称为功率。

二、电感元件L

1. 时域伏安关系

电感元件L的时域电路模型如图5.4.2(a)所示。设$u(t)$与$i(t)$为关联方向，则$u(t)$与

$i(t)$ 的时域伏安关系为

$$u(t)=L\frac{\mathrm{d}i(t)}{\mathrm{d}t} \tag{5.4.9}$$

式(5.4.9) 对任意的 $u(t)$,$i(t)$ 均成立。

今设 $i(t)$ 为正弦电流,即

$$i(t)=I_{\mathrm{m}}\cos(\omega t+\psi_i) \tag{5.4.10}$$

则

$$u(t)=L\frac{\mathrm{d}i(t)}{\mathrm{d}t}=L\frac{\mathrm{d}}{\mathrm{d}t}[I_{\mathrm{m}}\cos(\omega t+\psi_i)]=$$

$$\omega LI_{\mathrm{m}}\cos(\omega t+\psi_i+90^\circ)=U_{\mathrm{m}}\cos(\omega t+\psi_u) \tag{5.4.11}$$

式中

$$\left.\begin{aligned}U_{\mathrm{m}}&=\omega LI_{\mathrm{m}}=X_LI_{\mathrm{m}}\\ U&=\omega LI=X_LI\end{aligned}\right\} \tag{5.4.12}$$

或

U_{m} 与 U 分别为正弦电压 $u(t)$ 的最大值和有效值。

$$X_L=\omega L=2\pi fL$$

X_L 称为感抗,单位为 Ω。

$$\psi_u=\psi_i+90^\circ \tag{5.4.13}$$

ψ_u 为正弦电压 $u(t)$ 的初相角。

从以上结果可得出如下 3 个结论:

(1) 比较式(5.4.10) 与式(5.4.11) 可知,当 $i(t)$ 为正弦量时,则电感 L 两端的电压 $u(t)$ 也为同一频率的正弦量。

(2) 由式(5.4.12) 可知,$u(t)$ 与 $i(t)$ 的最大值或有效值的关系,具有欧姆定律的形式。

(3) 由式(5.4.13) 可知,$u(t)$ 在相位上超前 $i(t)$ 90°,即 $u(t)$ 与 $i(t)$ 的相位差 φ 为

$$\varphi=\psi_u-\psi_i=90^\circ$$

$u(t)$ 与 $i(t)$ 的波形如图 5.4.2(b) 所示(取 $\psi_i=0$)。

2. *感抗频率特性*

因感抗 $X_L=\omega L=2\pi fL$,故感抗 X_L 为角频率 ω 的正比例函数。X_L 随 ω 变化的曲线称为感抗频率特性曲线,简称感抗频率特性,如图 5.4.2(c) 所示。当 $\omega=0$ 时,$X_L=0$;当 $\omega\to\infty$ 时,$X_L\to\infty$,即频率 ω 越高,X_L 就越大。

3. *相量伏安关系*

将式(5.4.10) 中的 $i(t)$ 和式(5.4.11) 中的 $u(t)$ 改写为下式,即

$$i(t)=\mathrm{Re}[\dot{I}_{\mathrm{m}}\mathrm{e}^{\mathrm{j}\omega t}] \tag{5.4.14}$$

$$u(t)=\mathrm{Re}[\dot{U}_{\mathrm{m}}\mathrm{e}^{\mathrm{j}\omega t}] \tag{5.4.15}$$

式(5.4.14) 和式(5.4.15) 中　$\dot{I}_{\mathrm{m}}=I_{\mathrm{m}}\mathrm{e}^{\mathrm{j}\psi_i}=I_{\mathrm{m}}\underline{/\psi_i}$,　$\dot{U}_{\mathrm{m}}=U_{\mathrm{m}}\mathrm{e}^{\mathrm{j}\psi_u}=U_{\mathrm{m}}\underline{/\psi_u}$

将式(5.4.14) 与式(5.4.15) 代入式(5.4.9) 中,得

$$\mathrm{Re}[\dot{U}_{\mathrm{m}}\mathrm{e}^{\mathrm{j}\omega t}]=L\frac{\mathrm{d}}{\mathrm{d}t}[\mathrm{Re}(\dot{I}_{\mathrm{m}}\mathrm{e}^{\mathrm{j}\omega t})]=\mathrm{Re}[L\dot{I}_{\mathrm{m}}\frac{\mathrm{d}}{\mathrm{d}t}\mathrm{e}^{\mathrm{j}\omega t}]=\mathrm{Re}[\mathrm{j}\omega L\dot{I}_{\mathrm{m}}\mathrm{e}^{\mathrm{j}\omega t}]$$

由于上式对任意时刻 t 均成立,故有

$$\left.\begin{aligned}\dot{U}_{\mathrm{m}}&=\mathrm{j}\omega L\dot{I}_{\mathrm{m}}=\mathrm{j}X_L\dot{I}_{\mathrm{m}}\\ \dot{U}&=\mathrm{j}\omega L\dot{I}=\mathrm{j}X_L\dot{I}\end{aligned}\right\} \tag{5.4.16}$$

或

式(5.4.16) 即为电感 L 的相量伏安关系,也称频域伏安关系,其对应的相量电路模型(也称频域电路模型),如图 5.4.2(d)(e) 所示。图 5.4.2(f) 所示为其相量图。

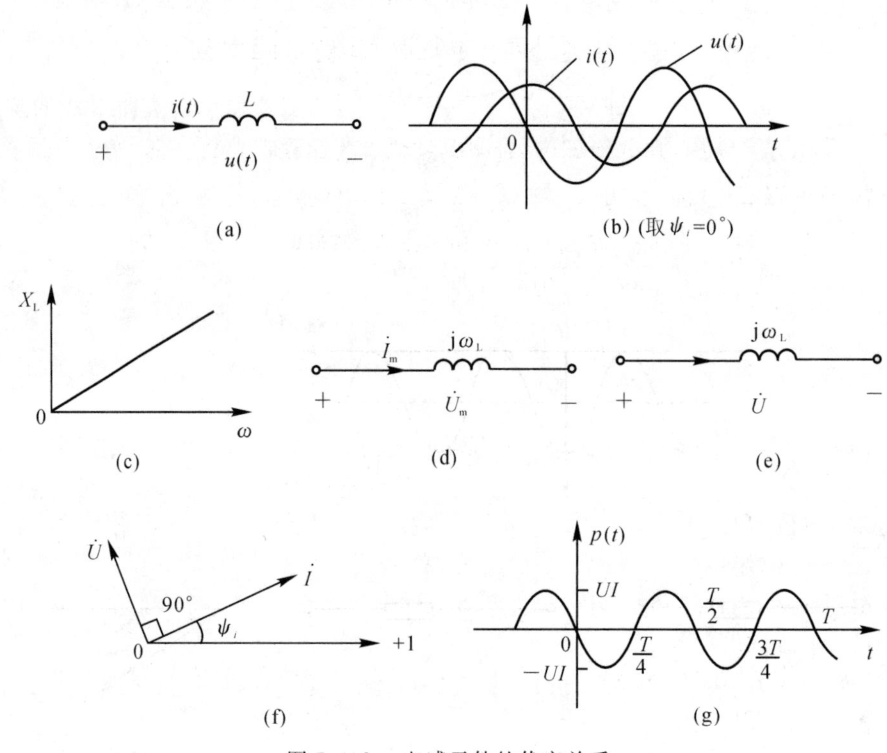

图 5.4.2　电感元件的伏安关系

*4. 功率

(1) 瞬时功率 $p(t)$。为了推证简便,取电流 $i(t)$ 的初相角 $\psi_i=0$,故有 $\psi_u=\pi/2$,则电感元件 L 吸收的瞬时功率为

$$p(t)=u(t)i(t)=\sqrt{2}U\cos(\omega t+\frac{\pi}{2})\times\sqrt{2}I\cos\omega t=$$

$$2UI(-\sin\omega t)\cos\omega t=-UI\sin2\omega t=UI\cos(2\omega t+\frac{\pi}{2})$$

可见 $p(t)$ 为时间变量 t 的正弦函数,其变化的角频率为 2ω,如图 5.4.2(g) 所示。又可看出在第二和第四个 1/4 周期内,$p(t)$ 为正值,这表明电感 L 是从电源吸取能量,但因为是理想电感元件,没有电阻,所以此电能并未转化成热量而消耗掉,而是转化成了磁场能而储存在它的磁场中,此时电感 L 起着负载的作用。但在第一和第三个 1/4 周期中,$p(t)$ 为负值,这表明电感 L 是在向电源输送电能,即把它的磁场能转化为电能再送回电源,此时电感 L 起着电源的作用。

综上所述,可见电感 L 是时而"吞进"功率,时而又"吐出"功率,在一个周期内"吞进"与"吐出"的功率相等,故其平均功率必等于零。

(2) 平均功率。电感元件 L 吸收的平均功率为

$$P=\frac{1}{T}\int_0^T p(t)\mathrm{d}t=\frac{1}{T}\int_0^T UI\cos(2\omega t+\frac{\pi}{2})\mathrm{d}t=0$$

即电感元件 L 不消耗有功功率。

(3) 无功功率 Q_L。无功功率定义为瞬时功率 $p(t)$ 的最大值,用 Q_L 表示,即

$$Q_L=UI=X_LI^2=\frac{U^2}{X_L}=\frac{1}{2}U_\mathrm{m}I_\mathrm{m}=\frac{1}{2}X_LI_\mathrm{m}^2=\frac{1}{2}\frac{U_\mathrm{m}^2}{X_L}$$

其单位为乏(var),以区别于有功功率。无功功率 Q_L 表征了电感 L 中的磁场能量与电源的电能进行交换的最大速率。

三、电容元件 C

1. 时域伏安关系

电容元件 C 的时域电路模型如图 5.4.3(a) 所示。设 $u(t)$ 与 $i(t)$ 为关联方向,则 $i(t)$ 与 $u(t)$ 的时域伏安关系为

$$i(t)=C\frac{\mathrm{d}u(t)}{\mathrm{d}t} \tag{5.4.17}$$

式(5.4.17) 对任意的 $u(t)$,$i(t)$ 均成立。

设 $u(t)$ 为正弦电压,即

$$u(t)=U_{\mathrm{m}}\cos(\omega t+\psi_u) \tag{5.4.18}$$

则

$$i(t)=C\frac{\mathrm{d}}{\mathrm{d}t}[U_{\mathrm{m}}\cos(\omega t+\psi_u)]=\omega CU_{\mathrm{m}}\cos(\omega t+\psi_u+90^\circ)=$$

$$\frac{U_{\mathrm{m}}}{\frac{1}{\omega C}}\cos(\omega t+\psi_i)=I_{\mathrm{m}}\cos(\omega t+\psi_i) \tag{5.4.19}$$

式中

$$\left.\begin{aligned}I_{\mathrm{m}}&=\frac{U_{\mathrm{m}}}{\frac{1}{\omega C}}=\frac{U_{\mathrm{m}}}{X_C}\\ I&=\frac{U}{\frac{1}{\omega C}}=\frac{U}{X_C}\end{aligned}\right\} \tag{5.4.20}$$

或（见上式第二行）

I_{m} 与 I 分别为正弦电流 $i(t)$ 的最大值与有效值。

$$X_C=\frac{1}{\omega C}=\frac{1}{2\pi fC}$$

X_C 称为容抗,单位为 Ω。

$$\psi_i=\psi_u+90^\circ \tag{5.4.21}$$

ψ_i 为正弦电流 $i(t)$ 的初相角。

从以上结果可得出如下 3 个结论:

(1) 比较式(5.4.18) 与式(5.4.19) 可知,当 $u(t)$ 为正弦量时,则电容元件 C 中的电流 $i(t)$ 也为同一频率的正弦量。

(2) 由式(5.4.20) 可知,$i(t)$ 与 $u(t)$ 的最大值或有效值的关系,具有欧姆定律的形式。

(3) 由式(5.4.21) 可知,$u(t)$ 在相位上滞后 $i(t)$ 90°,即 $u(t)$ 与 $i(t)$ 的相位差为

$$\varphi=\psi_u-\psi_i=-90^\circ$$

$u(t)$ 与 $i(t)$ 的波形如图 5.4.3(b) 所示。

2. 容抗频率特性

因容抗 $X_C=\frac{1}{\omega C}=\frac{1}{2\pi fC}$,可见容抗 X_C 为角频率 ω 的反比例函数。X_C 随 ω 变化的曲线称为容抗频率特性曲线,简称容抗频率特性,如图 5.4.3(c) 所示。当 $\omega\to 0$ 时,$X_C\to\infty$;当 $\omega\to\infty$ 时,$X_C\to 0$,即频率 ω 越高,X_C 就越小。

3. 相量伏安关系

将式(5.4.18) 的 $u(t)$ 与式(5.4.19) 的 $i(t)$ 改写为

$$u(t)=\mathrm{Re}[\dot{U}_{\mathrm{m}}\mathrm{e}^{\mathrm{j}\omega t}] \tag{5.4.22}$$

$$i(t)=\mathrm{Re}[\dot{I}_{\mathrm{m}}\mathrm{e}^{\mathrm{j}\omega t}] \tag{5.4.23}$$

式(5.4.22)和式(5.4.23)中 $\dot{U}_{\mathrm{m}}=U_{\mathrm{m}}\mathrm{e}^{\mathrm{j}\psi_u}=U_{\mathrm{m}}\angle\psi_u$， $\dot{I}_{\mathrm{m}}=I_{\mathrm{m}}\mathrm{e}^{\mathrm{j}\psi_i}=I_{\mathrm{m}}\angle\psi_i$

将式(5.4.22)与式(5.4.23)代入式(5.4.17)中，得

$$\mathrm{Re}[\dot{I}_{\mathrm{m}}\mathrm{e}^{\mathrm{j}\omega t}]=C\frac{\mathrm{d}}{\mathrm{d}t}[\mathrm{Re}(\dot{U}_{\mathrm{m}}\mathrm{e}^{\mathrm{j}\omega t})]=\mathrm{Re}[C\dot{U}_{\mathrm{m}}\frac{\mathrm{d}}{\mathrm{d}t}\mathrm{e}^{\mathrm{j}\omega t}]=\mathrm{Re}[\mathrm{j}\omega C\dot{U}_{\mathrm{m}}\mathrm{e}^{\mathrm{j}\omega t}]=\mathrm{Re}\left[\frac{\dot{U}_{\mathrm{m}}}{\frac{1}{\mathrm{j}\omega C}}\mathrm{e}^{\mathrm{j}\omega t}\right]$$

由于上式对任意时刻 t 均成立，故有

$$\left.\begin{aligned}\dot{I}_{\mathrm{m}}&=\frac{\dot{U}_{\mathrm{m}}}{\frac{1}{\mathrm{j}\omega C}}=\frac{\dot{U}_{\mathrm{m}}}{-\mathrm{j}X_C}\\ \text{或}\quad \dot{I}&=\frac{\dot{U}}{\frac{1}{\mathrm{j}\omega C}}=\frac{\dot{U}}{-\mathrm{j}X_C}\end{aligned}\right\} \tag{5.4.24}$$

式(5.4.24)即为电容元件 C 的相量伏安关系，也称频域伏安关系，与其对应的相量电路模型(也称频域电路模型)如图 5.4.3(d)(e)所示，图 5.4.3(f)所示为其相量图。

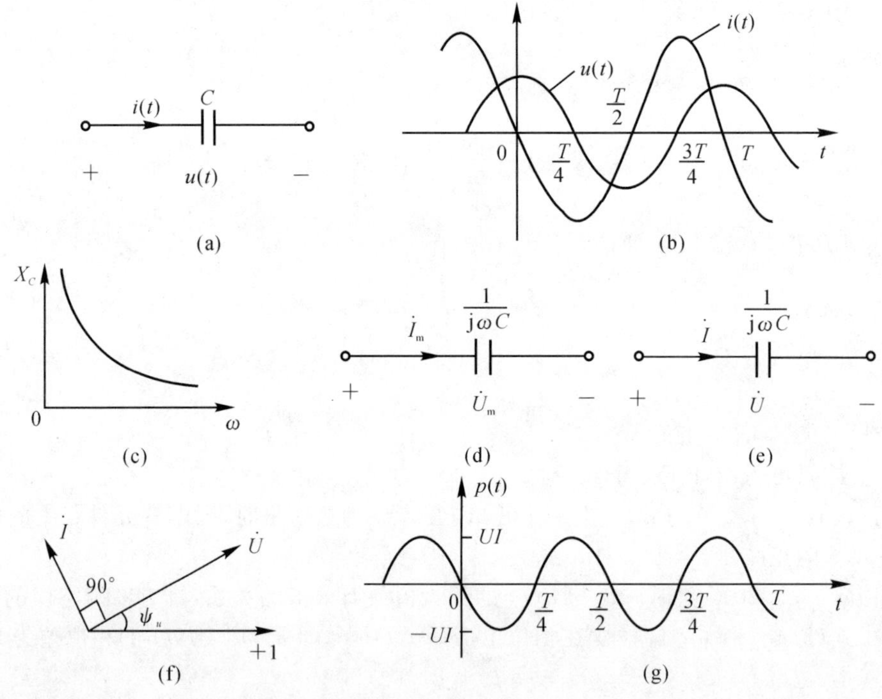

图 5.4.3 电容元件的伏安关系

*4. 功率

(1) 瞬时功率 $p(t)$。为了推证简便，取电压 $u(t)$ 的初相角 $\psi_u=0$，故有 $\psi_i=90°$。则电容元件 C 吸收的瞬时功率为

$$\begin{aligned}p(t)=u(t)i(t)=\sqrt{2}U\cos\omega t\cdot\sqrt{2}I\cos(\omega t+90°)=\\ 2UI\cos\omega t(-\sin\omega t)=UI(-\sin2\omega t)=UI\cos(2\omega t+90°)\end{aligned}$$

故 $p(t)$ 为时间变量 t 的正弦函数，其变化的角频率为 2ω，如图 5.4.3(g)所示。可见在第二个

和第四个 1/4 周期内,$p(t)$ 为正值,这表明电容 C 是从电源吸取能量,但因为是理想电容元件,没有电阻,此电能并未转化成热量而消耗掉,而是转化成了电场能而储存在它的电场中,此时电容 C 起着负载的作用。但在第一个和第三个 1/4 周期内,$p(t)$ 为负值,这表明电容 C 是在向电源输送电能,即把它的电场能转化为电能再送回电源,此时电容 C 起着电源的作用。

综上所述,可见电容 C 是时而"吞进"功率,时而又"吐出"功率,在一个周期内"吞进"与"吐出"的功率相等,故其平均功率必为零。

(2) 平均功率。电容元件 C 吸收的平均功率为

$$P=\frac{1}{T}\int_0^T p(t)\,\mathrm{d}t=\frac{1}{T}\int_0^T UI\cos(2\omega t+90^\circ)\,\mathrm{d}t=0$$

即电容元件 C 不消耗有功功率。

(3) 无功功率 Q_C。无功功率 Q_C 定义为瞬时功率 $p(t)$ 的最大值,用 Q_C 表示,即

$$Q_C=UI=X_CI^2=\frac{U^2}{X_C}=\frac{1}{2}U_{\mathrm{m}}I_{\mathrm{m}}=\frac{1}{2}X_CI_{\mathrm{m}}^2=\frac{1}{2}\frac{U_{\mathrm{m}}^2}{X_C}$$

其单位为乏(var)。无功功率 Q_C 表示了电容 C 中的电场能量与电源的电能进行交换的最大速率。

现将 R,L,C 元件的相量伏安关系归纳总结,如表 5.4.1 所示。

表 5.4.1　*R,L,C* 元件的相量伏安关系

序号	内容	R	L	C
1	时域电路模型	$i(t)$　R $+$　$u(t)$　$-$	$i(t)$　L $+$　$u(t)$　$-$	$i(t)$　C $+$　$u(t)$　$-$
	时域伏安关系	$u(t)=Ri(t)$ $i(t)=\frac{1}{R}u(t)$	$u(t)=L\frac{\mathrm{d}i(t)}{\mathrm{d}t}$	$i(t)=C\frac{\mathrm{d}u(t)}{\mathrm{d}t}$
2	相量电路模型	$\dot{I}_{\mathrm{m}}$　R $+$　$\dot{U}_{\mathrm{m}}$　$-$ $\dot{I}$　R $+$　$\dot{U}$　$-$	$\dot{I}_{\mathrm{m}}$　$\mathrm{j}\omega L$ $+$　$\dot{U}_{\mathrm{m}}$　$-$ $\dot{I}$　$\mathrm{j}\omega L$ $+$　$\dot{U}$　$-$	$\dot{I}_{\mathrm{m}}$　$\frac{1}{\mathrm{j}\omega C}$ $+$　$\dot{U}_{\mathrm{m}}$　$-$ $\dot{I}$　$\frac{1}{\mathrm{j}\omega C}$ $+$　$\dot{U}$　$-$
	相量伏安关系	$\dot{U}_{\mathrm{m}}=R\dot{I}_{\mathrm{m}}$ $\dot{U}=R\dot{I}$ $\dot{I}_{\mathrm{m}}=\frac{1}{R}\dot{U}_{\mathrm{m}}$ $\dot{I}=\frac{1}{R}\dot{U}$	$\dot{U}_{\mathrm{m}}=\mathrm{j}\omega L\dot{I}_{\mathrm{m}}$ $\dot{U}=\mathrm{j}\omega L\dot{I}$ $\dot{I}_{\mathrm{m}}=\frac{\dot{U}_{\mathrm{m}}}{\mathrm{j}\omega L}$ $\dot{I}=\frac{\dot{U}}{\mathrm{j}\omega L}$	$\dot{U}_{\mathrm{m}}=\frac{1}{\mathrm{j}\omega C}\dot{I}_{\mathrm{m}}$ $\dot{U}=\frac{1}{\mathrm{j}\omega C}\dot{I}$ $\dot{I}_{\mathrm{m}}=\frac{\dot{U}_{\mathrm{m}}}{\frac{1}{\mathrm{j}\omega C}}$ $\dot{I}=\frac{\dot{U}}{\frac{1}{\mathrm{j}\omega C}}$

续 表

序号	内容 \ 元件	R	L	C
3	相量图	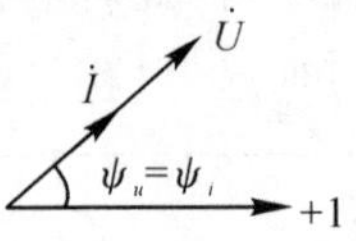 $\dot{U}$ $\dot{I}$ $\psi_u=\psi_i$ +1	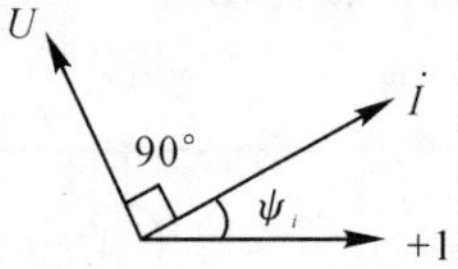 $\dot{U}$ $\dot{I}$ 90° ψ_i +1	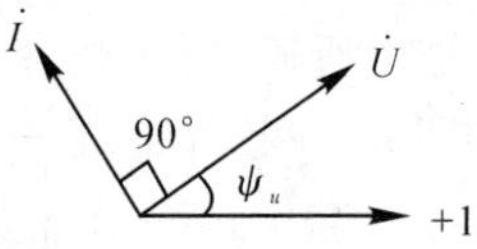 $\dot{I}$ $\dot{U}$ 90° ψ_u +1
4	平均功率	$P=UI=RI^2=\dfrac{U^2}{R}=\dfrac{1}{2}U_m I_m=\dfrac{1}{2}RI_m^2=\dfrac{1}{2}\dfrac{U_m^2}{R}$	$P=0$	$P=0$

四、思考与练习

5.4.1 试写出图 5.4.4 所示各电路元件的时域伏安关系与相量伏安关系，设 $u(t)$ 与 $i(t)$ 为同频率的正弦量，并画出相量图。

5.4.2 试判断下列各式的正确与错误，并改正错误。

(1) $u(t)=\mathrm{j}\omega L i(t)$ (V)

(2) $i(t)=5\cos(\omega t+30°)\ \mathrm{A}=5\angle 30°$ (A)

(3) $\dot{I}_m=\mathrm{j}\omega C\dot{U}_m$ (A)

(4) $X_L=\dfrac{\dot{U}_m}{\dot{I}_m}\ \Omega,\ -\mathrm{j}X_L=\dfrac{\dot{U}_m}{\dot{I}}$ (Ω)

(5) $\dfrac{\dot{U}_m}{\dot{I}_m}=\dfrac{\dot{U}}{\dot{I}}=\mathrm{j}\omega C$ (Ω)

(6) $\dot{U}=\mathrm{j}\omega L\dot{I}_m$

(7) $u(t)=C\dfrac{\mathrm{d}i(t)}{\mathrm{d}t}$ (V)

(8) $i(t)=-L\dfrac{\mathrm{d}u(t)}{\mathrm{d}t}$

(9) $\dot{U}_m=10\sqrt{2}\angle -30°=10\cos(\omega t-30°)$ (V)

(10) $i(t)=\dfrac{1}{\mathrm{j}\omega C}u(t)$

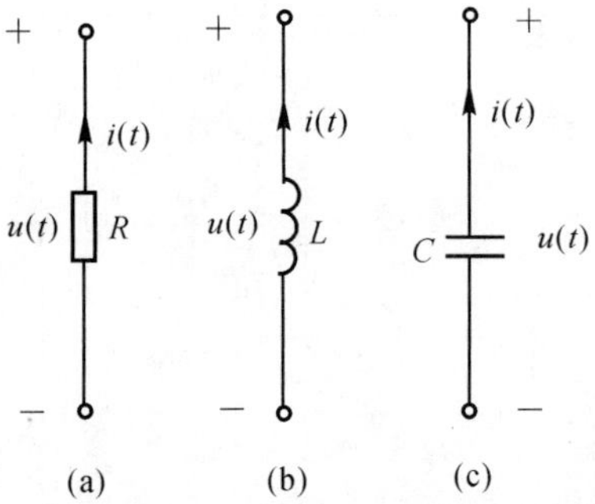

+ − $i(t)$ $u(t)$ R (a) + − $i(t)$ $u(t)$ L (b) + − $i(t)$ C $u(t)$ (c)

图 5.4.4

5.4.3 已知 $L=0.2$ H，$u(t)=6\cos(10t+30°)$ (V)，其电路图如图 5.4.5 所示，求电流 $i(t)$，并画出 $u(t)$ 与 $i(t)$ 的相量图。［答：$i(t)=3\cos(10t+120°)$ A］

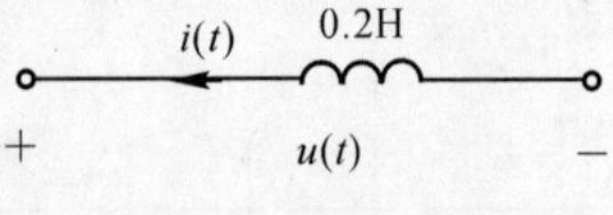

图 5.4.5 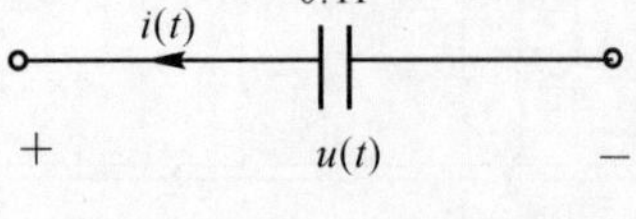　　　　图 5.4.6

5.4.4　图 5.4.6 所示电路，已知 $i(t)=2\cos(2t-45°)$ (A)，求 $u(t)$，并画出 $u(t)$ 与 $i(t)$ 的相量图。[答：$10\cos(2t+45°)$ V]

5.4.5　图 5.4.7 所示电路，已知 $i(t)=5\cos(10^3t+45°)$ A，求 $u_R(t)$，$u_L(t)$，$u_C(t)$，并画出 $i(t)$，$u_R(t)$，$u_L(t)$，$u_C(t)$ 的相量图。[答：$15\cos(10^3t+45°)$ V，$500\cos(10^3t+135°)$ V，$500\cos(10^3t-45°)$ V]

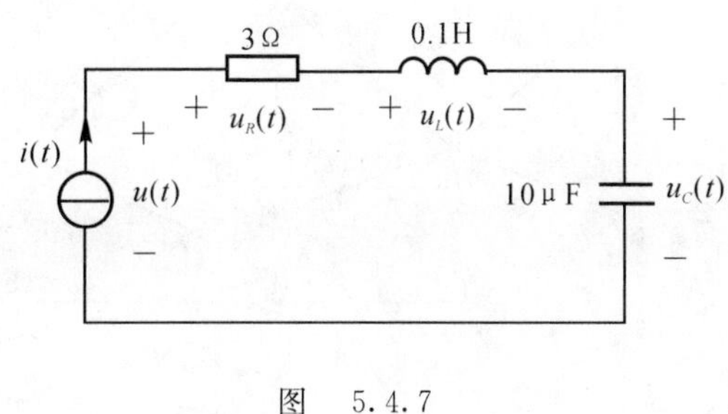

图　5.4.7

5.4.6　已知 3 个电压源的电压为

$$u_A(t)=220\sqrt{2}\cos\omega t\ (\mathrm{V}),\quad u_B(t)=220\sqrt{2}\cos(\omega t-120°)\ (\mathrm{V})$$

$$u_C(t)=220\sqrt{2}\cos(\omega t-240°)=220\sqrt{2}\cos(\omega t+120°)\ (\mathrm{V})$$

(1) 写出 $u_A(t)$，$u_B(t)$，$u_C(t)$ 的有效值相量 $\dot{U}_A$，$\dot{U}_B$，$\dot{U}_C$；(2) 求 $\dot{U}_A+\dot{U}_B+\dot{U}_C$ 的值；(3) 求 $u_A(t)+u_B((t)+u_C(t)$ 的值。(答：$\dot{U}_A=220\ \underline{/0°}$ V，$\dot{U}_B=220\ \underline{/-120°}$ V，$\dot{U}_C=220\ \underline{/120°}$ V；0；0)

5.5　KCL，KVL 的相量形式

一、KCL 的相量形式

图 5.5.1(a) 所示为正弦电流电路中的部分电路，称为时域电路。设连接在节点 A 上的 n 条支路电流均为同频率的正弦电流，即 $i_k(t)=I_{km}\cos(\omega t+\psi_k)$，$k\in\mathbf{N}$，则有

$$\sum_{k=1}^{n} i_k(t)=0$$

即

$$\sum_{k=1}^{n} I_{km}\cos(\omega t+\psi_k)=0$$

即

$$\sum_{k=1}^{n}\mathrm{Re}[\dot{I}_{km}\mathrm{e}^{\mathrm{j}\omega t}]=0 \tag{5.5.1}$$

$$\mathrm{Re}\Big[\sum_{k=1}^{n}\dot{I}_{km}\mathrm{e}^{\mathrm{j}\omega t}\Big]=0$$

式中

$$\dot{I}_{km}=I_{km}\mathrm{e}^{\mathrm{j}\psi_k}=I_{km}\ \underline{/\psi_k}$$

$\dot{I}_{km}$ 为正弦电流 $i_k(t)$ 的相量。由于式(5.5.1) 对任意时刻 t 均成立，故有

$$\left.\begin{aligned}&\sum_{k=1}^{n}\dot{I}_{km}=0\\ &\text{或}\quad \sum_{k=1}^{n}\dot{I}_{k}=0\end{aligned}\right\} \tag{5.5.2}$$

式中

$$\dot{I}_k=I_k\mathrm{e}^{\mathrm{j}\psi_k}=I_k\ \underline{/\psi_k}$$

式(5.5.2) 即为 KCL 的相量形式。它说明连接在节点 A 上的各支路正弦电流相量的代数和为零，如图 5.5.1(b)(c) 所示，称为相量电路模型，也称频域电路模型。

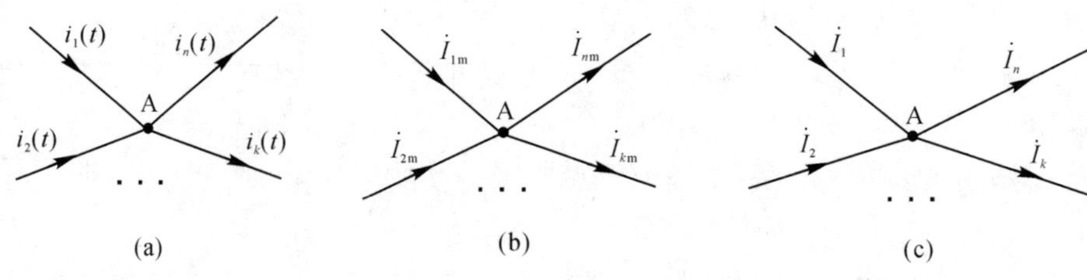

图 5.5.1　KCL 的相量形式

二、KVL 的相量形式

与 KCL 的相量形式同理，可得 KVL 的相量形式为

$$\left.\begin{aligned}\sum_{k=1}^{n}\dot{U}_{km}=0\\ \sum_{k=1}^{n}\dot{U}_{k}=0\end{aligned}\right\}\tag{5.5.3}$$

或

式中　$\dot{U}_{km}=U_{km}e^{j\psi_k}=U_{km}\angle\psi_k$，　$\dot{U}_k=U_k e^{j\psi_k}=U_k\angle\psi_k$

上式中 $\dot{U}_{km}$ 或 $\dot{U}_k$ 为回路中第 k 条支路正弦电压的相量，n 为该回路中支路的个数。

式(5.5.3) 说明，任意回路中各支路正弦电压相量的代数和为零。

现将 KCL，KVL 的相量形式汇总于表 5.5.1 中，以便记忆和复习。

表 5.5.1　KCL，KVL 的相量形式

名　称	KCL	KVL
时域形式	$\sum i(t)=0$	$\sum u(t)=0$
相量形式	$\sum \dot{I}=0$，　$\sum \dot{I}_m=0$	$\sum \dot{U}=0$，　$\sum \dot{U}_m=0$

例 5.5.1　图 5.5.2(a) 所示为正弦电流电路，已知 $u(t)=12\sqrt{2}\cos 2t$　(V)。(1) 求 $i_1(t)$，$i_2(t)$，$i(t)$；(2) 画相量图；(3) 求电阻 R 吸收的平均功率 P。

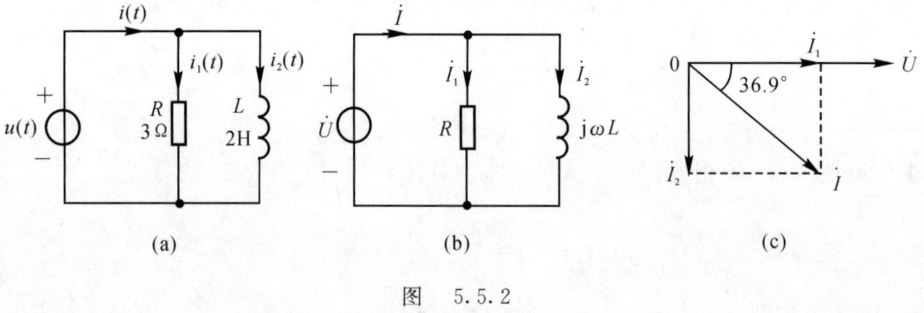

图　5.5.2

解　(1) 图 5.5.2(a) 所示时域电路的相量电路模型如图 5.5.2(b) 所示。其中 $\dot{U}=12\angle 0^\circ$ V，$j\omega L=j2\times 2=j4\ \Omega$。

$$\dot{I}_1=\frac{\dot{U}}{R}=\frac{12\angle 0^\circ}{3}\ \text{A}=4\angle 0^\circ=4\ \text{A}$$

$$\dot{I}_2=\frac{\dot{U}}{\mathrm{j}\omega L}=\frac{12\angle 0^\circ}{\mathrm{j}4}\ \mathrm{A}=\frac{12\angle 0^\circ}{4\angle 90^\circ}\ \mathrm{A}=3\angle -90^\circ\ \mathrm{A}=-\mathrm{j}3\ \mathrm{A}$$

$$\dot{I}=\dot{I}_1+\dot{I}_2=(4-\mathrm{j}3)\ \mathrm{A}=5\angle -36.9^\circ\ \mathrm{A}$$

故得 $i_1(t)=4\sqrt{2}\cos 2t\ \mathrm{A}$，　$i_2(t)=3\sqrt{2}\cos(2t-90^\circ)\ \mathrm{A}$，　$i(t)=5\sqrt{2}\cos(2t-36.9^\circ)\ \mathrm{A}$

相量图如图 5.5.2(c) 所示。

(2) 电阻 R 吸收的平均功率为

$$P=RI_1^2=3\times 4^2\ \mathrm{W}=48\ \mathrm{W}$$

例 5.5.2　图 5.5.3(a) 所示为正弦电流电路，已知 $i(t)=12\sqrt{2}\cos 2t\ (\mathrm{A})$，(1) 求 $u_1(t)$，$u_2(t)$，$u(t)$；(2) 画相量图；(3) 求电阻 R 吸收的平均功率 P。

解　(1) 图 5.5.3(a) 所示时域电路的相量电路模型如图 5.5.3(b) 所示。其中 $\dot{I}=12\angle 0^\circ\ \mathrm{A}$，$\frac{1}{\mathrm{j}\omega C}=-\mathrm{j}\frac{1}{2\times 0.125}\ \Omega=-\mathrm{j}4\ \Omega$。

$$\dot{U}_1=R\dot{I}=3\dot{I}=3\times 12\angle 0^\circ\ \mathrm{V}=36\angle 0^\circ\ \mathrm{V}$$

$$\dot{U}_2=\frac{1}{\mathrm{j}\omega C}\dot{I}=-\mathrm{j}X_C\dot{I}=-\mathrm{j}4\times 12\angle 0^\circ\ \mathrm{V}=-\mathrm{j}48\ \mathrm{V}=48\angle -90^\circ\ \mathrm{V}$$

$$\dot{U}=\dot{U}_1+\dot{U}_2=36-\mathrm{j}48=$$

$$12(3-\mathrm{j}4)=12\times 5\angle -53.1^\circ\ \mathrm{V}=60\angle -53.1^\circ\ \mathrm{V}$$

故得　$u_1(t)=36\sqrt{2}\cos 2t\ (\mathrm{V})$，　$u_2(t)=48\sqrt{2}\cos(2t-90^\circ)\ (\mathrm{V})$

$$u(t)=60\sqrt{2}\cos(2t-53.1^\circ)\ (\mathrm{V})$$

相量图如图 5.5.3(c) 所示。

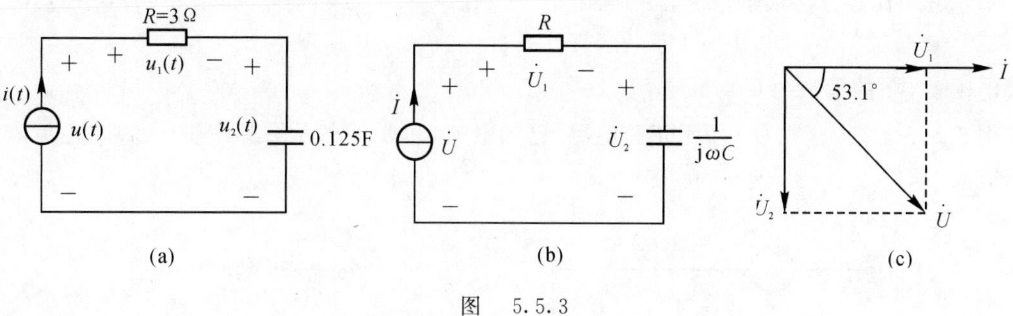

图　5.5.3

(2) 电阻 R 吸收的平均功率为

$$P=RI^2=3\times 12^2\ \mathrm{W}=432\ \mathrm{W}$$

或
$$P=\frac{U_1^2}{R}=\frac{36^2}{3}\ \mathrm{W}=432\ \mathrm{W}$$

例 5.5.3　图 5.5.4 所示电路，已知 $\dot{I}_2=\mathrm{j}2\ \mathrm{A}$，求 $\dot{U}_1$，$\dot{U}$ 和电路吸收的功率 P。

解　$\dot{U}_2=-\mathrm{j}5\dot{I}_2=-\mathrm{j}5\times 2\mathrm{j}\ \mathrm{V}=10\angle 0^\circ\ \mathrm{V}$

$$\dot{I}_1=\frac{\dot{U}_2}{5}=\frac{10\angle 0^\circ}{5}\ \mathrm{A}=2\angle 0^\circ\ \mathrm{A}$$

$$\dot{I}=\dot{I}_1+\dot{I}_2=(2+\mathrm{j}2)\ \mathrm{A}=2\sqrt{2}\angle 45^\circ\ \mathrm{A}$$

$$\dot{U}_1=(2+\mathrm{j}2)\dot{I}=2\sqrt{2}\angle 45^\circ\times 2\sqrt{2}\angle 45^\circ\ \mathrm{V}=8\angle 90^\circ\ \mathrm{V}=\mathrm{j}8\ \mathrm{V}$$

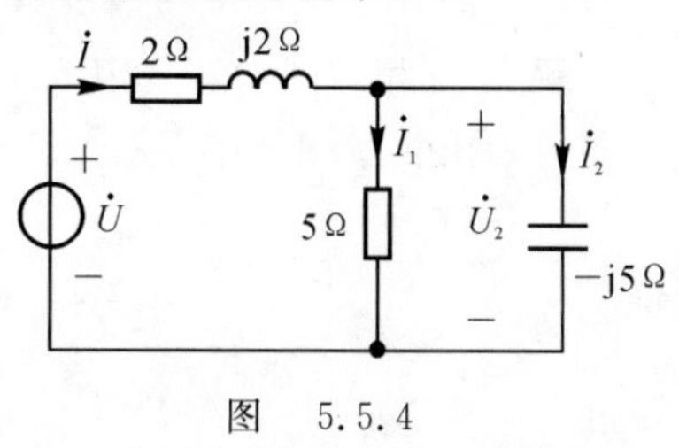

图　5.5.4

$$\dot{U}=\dot{U}_1+\dot{U}_2=\mathrm{j}8+10\angle 0°=(10+\mathrm{j}8)\ \mathrm{V}=12.8\angle 38.7°\ \mathrm{V}$$

$$P=I^2\times 2+I_1^2\times 5=[(2\sqrt{2})^2\times 2+2^2\times 5]\ \mathrm{W}=36\ \mathrm{W}$$

例 5.5.4 图 5.5.5(a) 所示正弦电路，已知电压表 Ⓥ₁、Ⓥ₂ 的示数如图中所示，求电压表Ⓥ的示数。

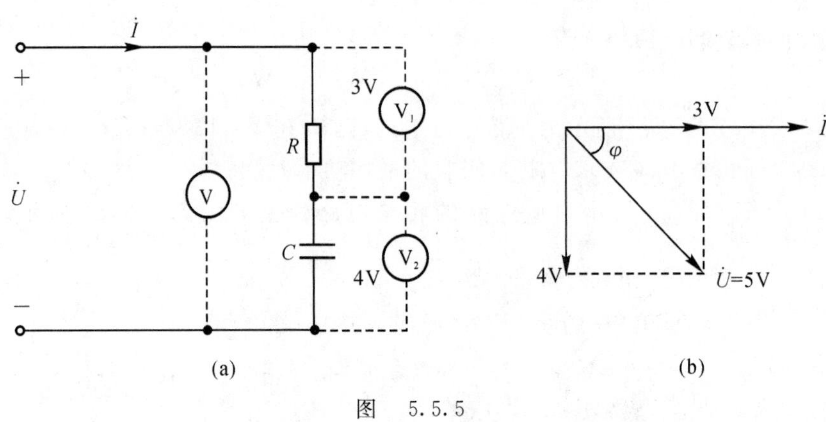

图 5.5.5

解 用相量图求解。因为电流 $\dot{I}$ 是共同的，故选取电流 $\dot{I}$ 为参考正弦量，即取 $\dot{I}=I\angle 0°\mathrm{A}$，于是可画出相量图如图 5.5.5(b) 所示。故由相量图可得

$$U=\sqrt{3^2+4^2}\ \mathrm{V}=5\ \mathrm{V}$$

故电压表 Ⓥ 的示数为 5 V。

本题若用代数方法求解则为，设 $\dot{I}=I\angle 0°\ \mathrm{A}$，则 $\dot{U}_R=3\angle 0°\ \mathrm{V}$，$\dot{U}_C=4\angle -90°=-\mathrm{j}4\ \mathrm{V}$，故

$$\dot{U}=\dot{U}_R+\dot{U}_C=3-\mathrm{j}4=5\angle -53.1°\ \mathrm{V}$$

故得电压表 Ⓥ 的示数为 $U=5\ \mathrm{V}$。

例 5.5.5 图 5.5.6(a) 所示正弦电路，已知电流表 Ⓐ、Ⓐ₁ 的示数如图中所示，求电流表Ⓐ₂的示数。

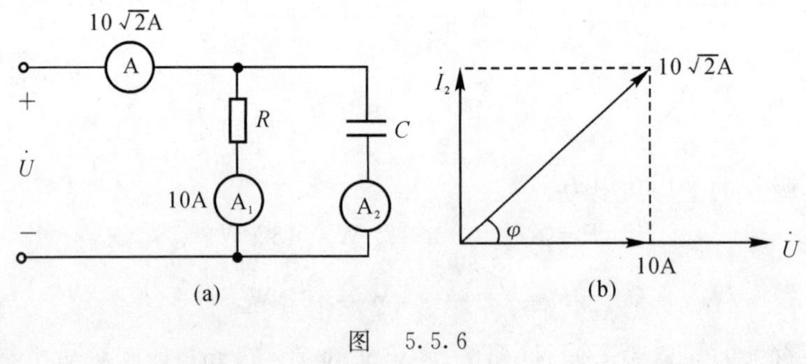

图 5.5.6

解 用相量图求解。因为电压 $\dot{U}$ 是共同的，故选取电压 $\dot{U}$ 为参考正弦量，即取 $\dot{U}=U\angle 0°$，于是可画出相量图如图 5.5.6(b) 所示。故由相量图可得

$$10\sqrt{2}=\sqrt{10^2+I_2^2}$$

即 $$I_2^2=200-100=100$$

故 $$I_2=10\ \mathrm{A}$$

电流表Ⓐ$_2$的示数为 10 A。

本题若用代数法求解则为，设 $\dot{U}=U\angle 0^\circ$ V，则 $\dot{I}_1=10\angle 0^\circ$ V，$\dot{I}_2=I_2\angle 90^\circ=\mathrm{j}\dot{I}_2$，故 $\dot{I}=\dot{I}_1+\dot{I}_2$，设 $\dot{I}$ 的初相角为 φ，于是有

$$10\sqrt{2}\angle\varphi=10+\mathrm{j}\dot{I}_2=\sqrt{10^2+I_2^2}\angle\arctan\frac{I_2}{10}$$

故得

$$10\sqrt{2}=\sqrt{10^2+I_2^2},\quad \varphi=\arctan\frac{I_2}{10}$$

联立求解得 $I_2=10$ A，$\varphi=45^\circ$。

三、思考与练习

5.5.1　图 5.5.7 所示正弦电路，已知电流表Ⓐ$_1$，Ⓐ$_2$，Ⓐ$_3$的示数分别为 6 A，3 A，11 A，求Ⓐ$_4$和Ⓐ的示数。（答：8 A，10 A）

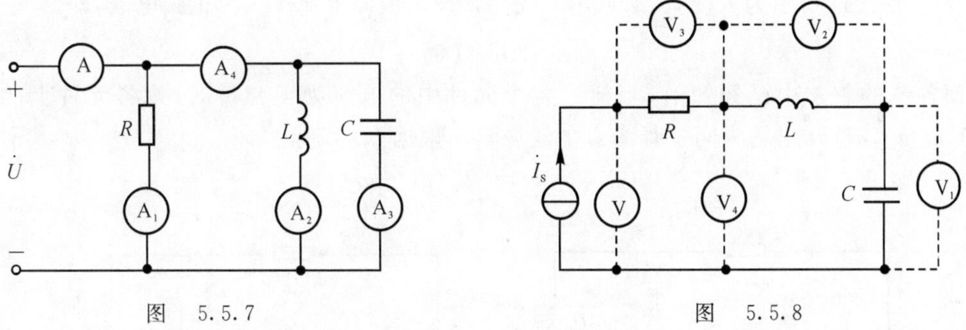

图　5.5.7　　　　图　5.5.8

5.5.2　图 5.5.8 所示正弦电路，已知电压表Ⓥ，Ⓥ$_1$，Ⓥ$_2$的示数分别为 5 V，11 V，8 V，求电压表Ⓥ$_3$和Ⓥ$_4$的示数。（答：4 V，3 V）

5.5.3　图 5.5.9 所示正弦电路，已知Ⓐ，Ⓥ$_1$，Ⓥ$_2$的示数分别为 2 A，17 V，10 V，求电压表Ⓥ的示数。（答：$7\sqrt{5}$ V＝15.65 V）

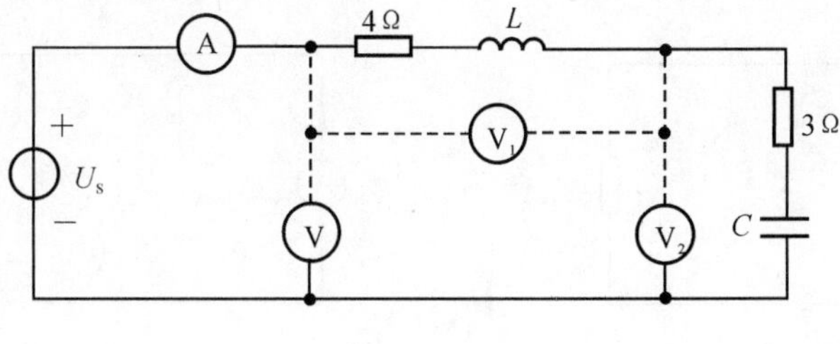

图　5.5.9

5.5.4　图 5.5.10 所示正弦电路，已知 $u(t)=10\sqrt{2}\cos 2t$ V，求 $i_1(t)$，$i_2(t)$，$i(t)$，并画出相量图。［答：$2\sqrt{2}\cos(2t)$ A；$2\sqrt{2}\cos(2t+90^\circ)$ A；$4\cos(2t+45^\circ)$ A］

5.5.5　图 5.5.11 所示正弦电路，已知 $u_R(t)=\sqrt{2}\cos 10^6 t$ V，求 $i(t)$，$u_L(t)$，$u(t)$，并画出相量图。［答：$5\times10^{-3}\sqrt{2}\cos 10^6 t$ A，$0.5\sqrt{2}\cos(10^6 t+90^\circ)$ V，$1.12\sqrt{2}\cos(10^6 t+26.6^\circ)$ V］

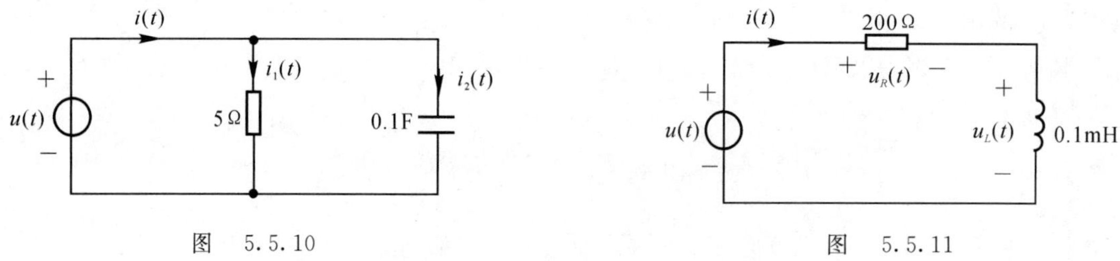

图 5.5.10　　　　图 5.5.11

5.6 阻抗与导纳及其相互等效变换

一、阻抗 Z

1. 定义

图 5.6.1(a) 所示为 R,L,C 时域串联支路。设电流源电流 $i(t)$ 为正弦电流，即

$$i(t)=\sqrt{2}\,I\cos(\omega t+\psi_i)$$

从前面各节的叙述中已经知道，当流过各个元件中的电流为正弦量时，则各元件上的电压 $u_R(t),u_L(t),u_C(t)$ 也均为同一频率 ω 的正弦量。根据 KVL 有

$$u(t)=u_R(t)+u_L(t)+u_C(t)$$

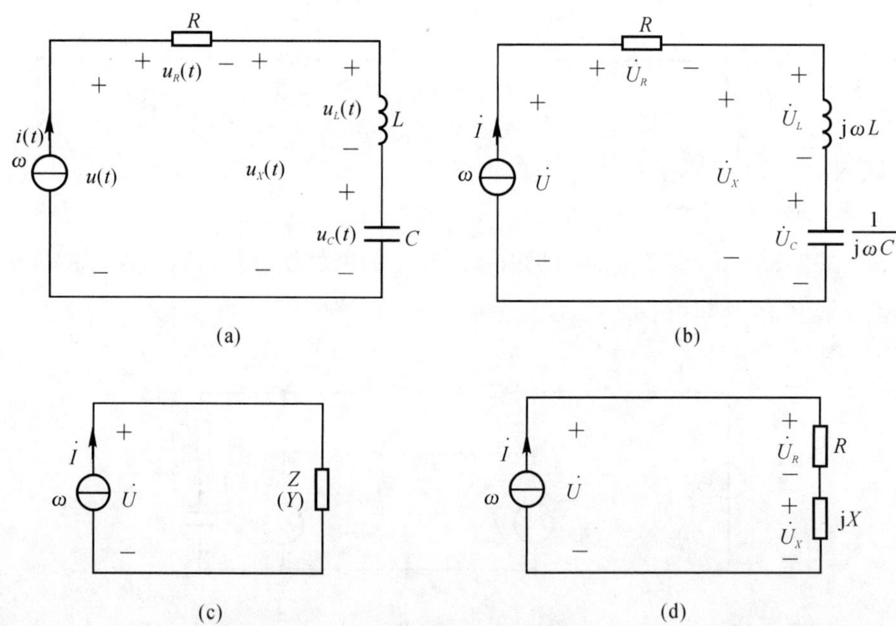

图 5.6.1　R,L,C 串联支路

从数学中知道，3 个同频率的正弦量相加，其和 $u(t)$ 也必为同频率的正弦量。于是即可作出如图 5.6.1(a) 所示时域电路的相量电路模型，如图 5.6.1(b) 所示。其中

$$\dot{I}=I\mathrm{e}^{\mathrm{j}\psi_i}=I\angle\psi_i,\quad \dot{U}_R=R\dot{I}$$

$$\dot{U}_L=\mathrm{j}\omega L\dot{I},\quad \dot{U}_C=\frac{1}{\mathrm{j}\omega C}\dot{I}$$

故根据相量形式的 KVL，可得支路电压为

$$\dot{U}=\dot{U}_R+\dot{U}_L+\dot{U}_C=R\dot{I}+\mathrm{j}\omega L\dot{I}+\frac{1}{\mathrm{j}\omega C}\dot{I}=\left(R+\mathrm{j}\omega L+\frac{1}{\mathrm{j}\omega C}\right)\dot{I}=Z\dot{I} \qquad (5.6.1)$$

式中

$$Z=R+\mathrm{j}\omega L+\frac{1}{\mathrm{j}\omega C}=R+\mathrm{j}\left(\omega L-\frac{1}{\omega C}\right)=R+\mathrm{j}(X_L-X_C)=R+\mathrm{j}X \qquad (5.6.2)$$

$$X=X_L-X_C=\omega L-\frac{1}{\omega C} \qquad (5.6.3)$$

Z 称为 R,L,C 支路的复数阻抗，简称阻抗，其实部 R 为支路的电阻，其虚部 X 称为支路的电抗，Z 和 X 的单位均为欧[姆]（Ω）。

式(5.6.1) 即为 R,L,C 串联支路相量形式的欧姆定律。图 5.6.1(c)(d) 所示则为其等效电路。

将式(5.6.2) 改写为

$$Z=|Z|\mathrm{e}^{\mathrm{j}\varphi_Z}=|Z|\underline{/\varphi_Z}=\sqrt{R^2+X^2}\angle\arctan\frac{X}{R}$$

式中

$$|Z|=\sqrt{R^2+X^2}=\sqrt{R^2+(\omega L-\frac{1}{\omega C})^2} \qquad (5.6.4)$$

$$\varphi_Z=\arctan\frac{X}{R}=\arctan\frac{X_L-X_C}{R} \qquad (5.6.5)$$

$|Z|$ 和 φ_Z 分别为复数阻抗 Z 的模和辐角（称为阻抗角）。$|Z|$ 和 φ_Z 都只与元件的数值有关，且为电源角频率 ω 的函数。

2. 阻抗 Z 的物理意义

由式(5.6.1) 有

$$Z=|Z|\underline{/\varphi_Z}=\frac{\dot{U}}{\dot{I}}=\frac{U\underline{/\psi_u}}{I\underline{/\psi_i}}=\frac{U}{I}\underline{/\psi_u-\psi_i}$$

故

$$|Z|=\frac{U}{I}=\frac{U_{\mathrm{m}}}{I_{\mathrm{m}}},\quad \varphi_Z=\psi_u-\psi_i$$

可见阻抗 Z 的模 $|Z|$ 就等于电压与电流有效值（或最大值）之比，阻抗角 φ_Z 就等于电压 $\dot{U}$ 超前于电流 $\dot{I}$ 的相位差。

3. 阻抗直角三角形与电压直角三角形

由式(5.6.2)、式(5.6.4) 和式(5.6.5) 看出，$|Z|,R,X$ 三者的关系可以用直角三角形表示，如图 5.6.2(a) 所示，称为阻抗直角三角形。若再将阻抗直角三角形的每一个边乘以电流有效值 I，并考虑有 $U=|Z|I,U_R=RI,U_X=XI$，又可得到电压直角三角形，如图 5.6.2(b) 所示，其中 U_R 为电阻电压，U_X 为电抗电压。故又可得到如下的关系式：

$$\cos\varphi_Z=\frac{R}{|Z|}=\frac{U_R}{U},\quad \sin\varphi_Z=\frac{X}{|Z|}=\frac{U_X}{U}$$

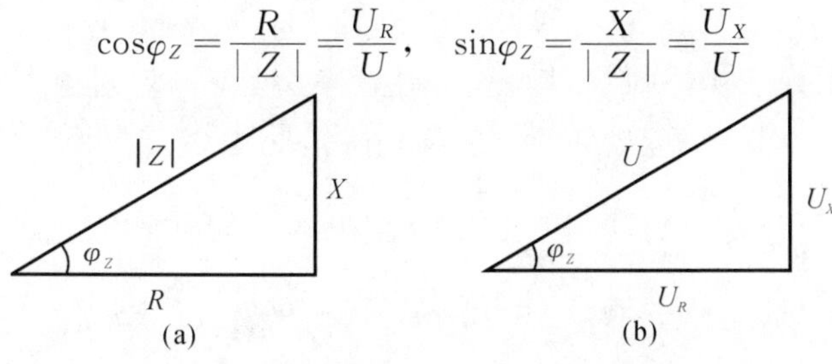

图 5.6.2　阻抗与电压直角三角形

4. 相量图与电路的性质

为了直观醒目，可作出电压与电流的相量图。由于在串联电路中，电流 $\dot{I}$ 是共同的，所以选取电流 $\dot{I}$ 为参考相量，即取 $\psi_i=0^\circ$，$\dot{I}=I\angle 0^\circ$，这并不影响各个相量之间的相互相位关系。

由式(5.6.5)可知：当 $X_L > X_C$ 时，有 $U_L=X_L I > U_C=X_C I$，$\varphi_Z>0$，其相量图如图5.6.3(a)所示，可见 $\dot{U}$ 超前于 $\dot{I}$，电路呈现电感性。

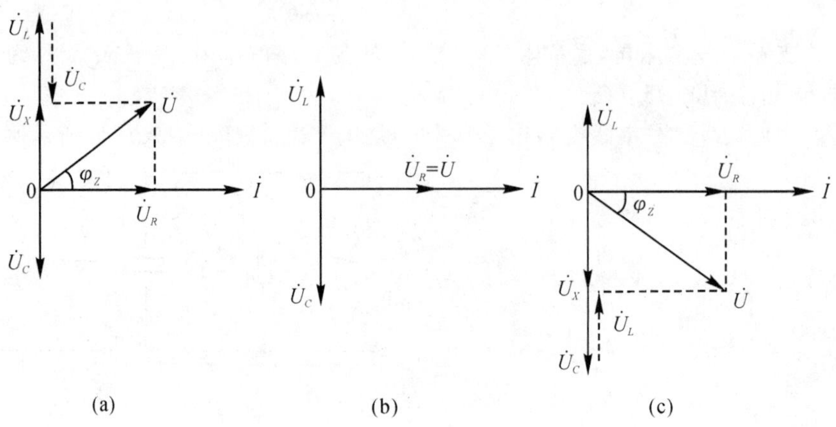

图 5.6.3 R,L,C 串联电路的相量图

当 $X_L=X_C$ 时，有 $U_L=U_C$，$\varphi_Z=0$，其相量图如图5.6.3(b)所示，可见 $\dot{U}$ 与 $\dot{I}$ 同相位，电路呈现电阻性。

当 $X_L<X_C$ 时，有 $U_L<U_C$，$\varphi_Z<0$，其相量图如图5.6.3(c)所示，可见 $\dot{U}$ 滞后于 $\dot{I}$，电路呈现电容性。

例 5.6.1 图5.6.4(a)所示电路，已知电流源电流 $i(t)=10\sqrt{2}\cos 10t$ A，$L=0.8$ H，$C=0.025$ F，$R=3\ \Omega$。(1)求阻抗 Z，说明电路的性质；(2)求 $u_R(t)$，$u_L(t)$，$u_C(t)$，$u(t)$；(3)画出电路的相量图。

解 (1)图5.6.4(a)所示时域电路的相量电路模型如图5.6.4(b)所示，其中

$$\dot{I}=10\underline{/0^\circ}\ \text{A}$$

$$\text{j}\omega L=\text{j}10\times 0.8\ \Omega=\text{j}8\ \Omega,\quad \frac{1}{\text{j}\omega C}=-\text{j}\,\frac{1}{10\times 0.025}\ \Omega=-\text{j}4\ \Omega$$

$$Z=R+\text{j}\omega L+\frac{1}{\text{j}\omega C}=(3+\text{j}8-\text{j}4)\ \Omega=(3+\text{j}4)\ \Omega=5\underline{/53.1^\circ}\ \Omega$$

$$\dot{U}=Z\dot{I}=5\underline{/53.1^\circ}\times 10\underline{/0^\circ}=50\underline{/53.1^\circ}\ \text{V}$$

$$u(t)=50\sqrt{2}\cos(10t+53.1^\circ)\ \text{V}$$

(2)
$$\dot{U}_L=\text{j}\omega L\dot{I}=\text{j}8\times 10\underline{/0^\circ}=8\underline{/90^\circ}\times 10\underline{/0^\circ}=80\underline{/90^\circ}\ \text{V}$$

$$u_L(t)=80\sqrt{2}\cos(10t+90^\circ)\ \text{V}$$

$$\dot{U}_C=\frac{1}{\text{j}\omega C}\dot{I}=-\text{j}4\times 10\underline{/0^\circ}=4\underline{/-90^\circ}\times 10\underline{/0^\circ}=40\underline{/-90^\circ}\ \text{V}$$

$$u_C(t)=40\sqrt{2}\cos(10t-90^\circ)\ \text{V}$$

$$\dot{U}_R=R\dot{I}=3\times 10\underline{/0^\circ}=30\underline{/0^\circ}\ \text{V}$$

$$u_R(t)=30\sqrt{2}\cos(10t)\ \text{V}$$

(3) 电路的相量图如图 5.6.4(c) 所示。可见 $\dot{U}$ 超前于 $\dot{I}$ 的相角差 $\varphi=53.1°>0$，故电路呈现为电感性。

(4)
$$\dot{U}_X=\dot{U}_L+\dot{U}_C=(\text{j}80-\text{j}40)\ \text{V}=\text{j}40\ \text{V}$$

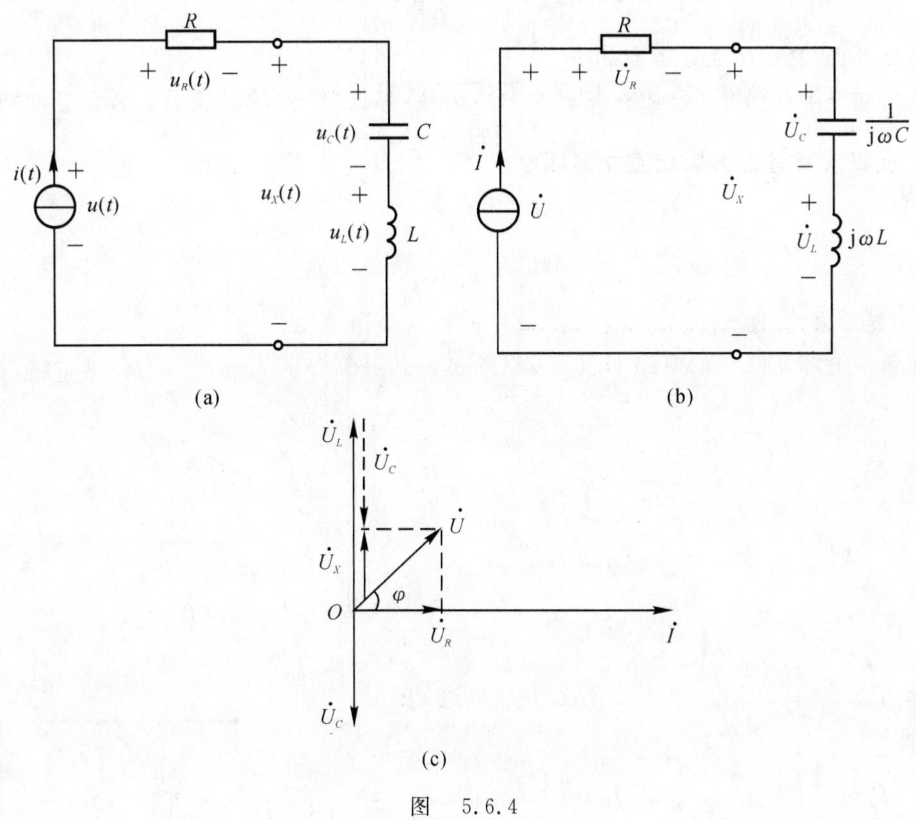

图　5.6.4

二、导纳 Y

对于同一支路，定义阻抗 Z 的倒数为导纳 Y，即

$$Y=\frac{1}{Z}$$

导纳的单位为 S[西(门子)]。

三、R，L，C 单一元件的阻抗与导纳

(1) 单一电阻元件 R 的电路如图 5.6.5 所示，其阻抗为

$$Z=R$$

其导纳为

$$Y=\frac{1}{R}=G$$

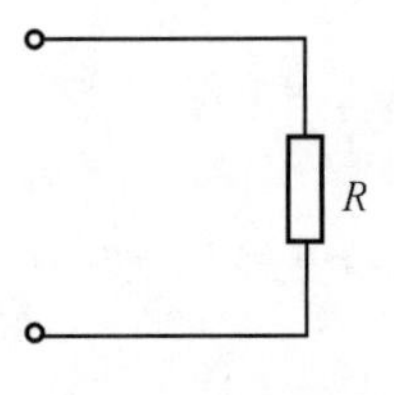

图 5.6.5　电阻电路

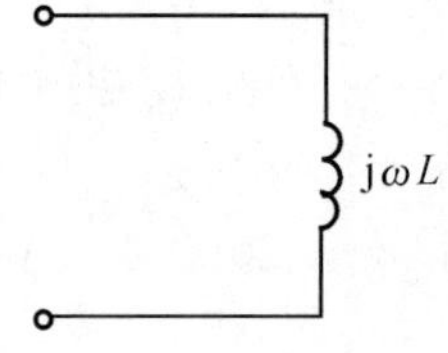

图 5.6.6　电感电路

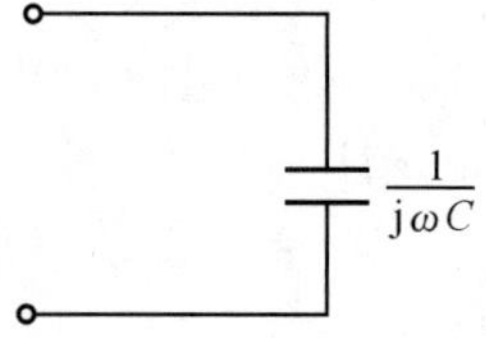

图 5.6.7　电容电路

(2) 单一电感元件 L 的电路如图 5.6.6 所示，其阻抗为

$$Z=\mathrm{j}\omega L=\mathrm{j}X_L$$

其导纳为

$$Y=\frac{1}{\mathrm{j}\omega L}=-\mathrm{j}\,\frac{1}{X_L}=-\mathrm{j}B_L$$

式中

$$B_L=\frac{1}{X_L}=\frac{1}{\omega L}$$

B_L 称为电感 L 的感纳，单位为 S。

(3) 单一电容元件 C 的电路如图 5.6.7 所示。其阻抗为

$$Z=\frac{1}{\mathrm{j}\omega C}=-\mathrm{j}X_C$$

其导纳为

$$Y=\frac{1}{\dfrac{1}{\mathrm{j}\omega C}}=\mathrm{j}\,\frac{1}{X_C}=\mathrm{j}B_C$$

式中

$$B_C=\frac{1}{X_C}=\omega C$$

B_C 称为电容 C 的容纳，单位为 S。

例 5.6.2　图 5.6.8 所示为 R,L,C 并联电路，求电路的导纳 Y。

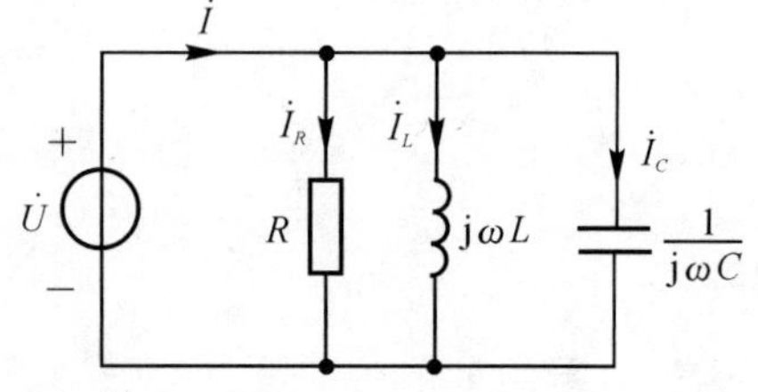

图 5.6.8　R,L,C 并联电路

解　$\dot{I}_R=\dfrac{\dot{U}}{R}$，　$\dot{I}_L=\dfrac{\dot{U}}{\mathrm{j}\omega L}$，　$\dot{I}_C=\dfrac{\dot{U}}{\dfrac{1}{\mathrm{j}\omega C}}=\mathrm{j}\omega C\dot{U}$

$$\dot{I}=\dot{I}_R+\dot{I}_L+\dot{I}_C=\left(\frac{1}{R}+\frac{1}{\mathrm{j}\omega L}+\mathrm{j}\omega C\right)\dot{U}=Y\dot{U}$$

故得导纳 Y 为

$$Y=\frac{1}{R}+\frac{1}{\mathrm{j}\omega L}+\mathrm{j}\omega C=G+\mathrm{j}\left(\omega C-\frac{1}{\omega L}\right)=G+\mathrm{j}(B_C-B_L)=G+\mathrm{j}B$$

式中

$$B=B_C-B_L=\omega C-\frac{1}{\omega L}=-\left(\frac{1}{\omega L}-\omega C\right)$$

B 称为电纳，单位为 S。

例 5.6.3　图 5.6.9(a) 所示为 R,L,C 并联电路，已知正弦电压源电压 $u(t)$ 的有效值 $U=2$ V，$\omega=10^6$ rad/s。求电流 $i(t)$ 的有效值，画出相量图，并说明电路的性质。

解　图 5.6.9(a) 所示时域电路的相量电路模型如图 5.6.9(b) 所示。其中

$$\mathrm{j}\omega L=\mathrm{j}10^6\times 5\times 10^{-6}=\mathrm{j}5=5\,\underline{/90^\circ}\ \Omega$$

$$\frac{1}{\mathrm{j}\omega C}=-\mathrm{j}\,\frac{1}{10^6\times 0.5\times 10^{-6}}=-\mathrm{j}2=2\,\underline{/-90^\circ}\,\Omega$$

设
$$\dot{U}=2\underline{/0^\circ}\ \text{V}$$
故
$$\dot{I}_R=\frac{\dot{U}}{R}=\frac{2\underline{/0^\circ}}{10}\ \text{A}=0.2\underline{/0^\circ}\ \text{A}=0.2\ \text{A}$$
$$\dot{I}_L=\frac{\dot{U}}{\text{j}\omega L}=\frac{2\underline{/0^\circ}}{5\underline{/90^\circ}}\ \text{A}=0.4\underline{/-90^\circ}\ \text{A}=-\text{j}0.4\ \text{A}$$
$$\dot{I}_C=\frac{\dot{U}}{\dfrac{1}{\text{j}\omega C}}=\frac{2\underline{/0^\circ}}{2\underline{/-90^\circ}}\ \text{A}=1\underline{/90^\circ}\ \text{A}=\text{j}1\ \text{A}$$
$$\dot{I}=\dot{I}_R+\dot{I}_L+\dot{I}_C=0.2-\text{j}0.4+\text{j}1\ \text{A}=0.2+\text{j}0.6\ \text{A}=0.632\underline{/71.56^\circ}\ \text{A}$$
故得 $i(t)$ 的有效值为 0.632 A。

电压 $\dot{U}$ 与电流 $\dot{I}$ 的相位差为
$$\varphi=\psi_u-\psi_i=0^\circ-71.56^\circ=-71.56^\circ$$
由于 $\varphi=-71.56^\circ<0$，故电路呈现为电容性。

电路的相量图如图 5.6.9(c) 所示。从相量图中也可看出电压 $\dot{U}$ 是滞后于电流 $\dot{I}$ 的，即电路呈现为电容性。

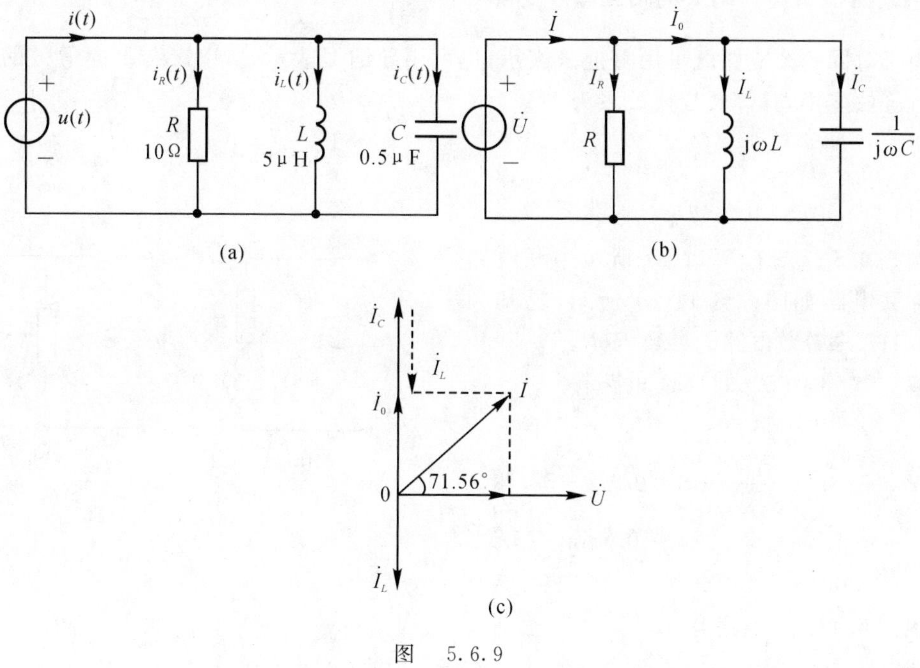

图　5.6.9

例 5.6.4　图 5.6.10(a) 所示正弦电路，已知电压表Ⓥ，Ⓥ_1，Ⓥ_2 的示数如图中所示，求电压表Ⓥ_3 的示数。

解　用相量图求解。因为电流 $\dot{I}$ 是共同的，故选取电流 $\dot{I}$ 为参考相量，即取 $\dot{I}=I\underline{/0^\circ}$ A，于是可画出相量图如图 5.6.10(b) 所示。由相量图可得
$$U_X=\sqrt{10^2-6^2}=8\ \text{V}(-8\text{V 舍去})$$
又有
$$U_X=U_3-3$$
即
$$8=U_3-3$$

故得 $$U_3=(8+3)\ \text{V}=11\ \text{V}$$

故电压表Ⓥ₃的示数为 11 V。

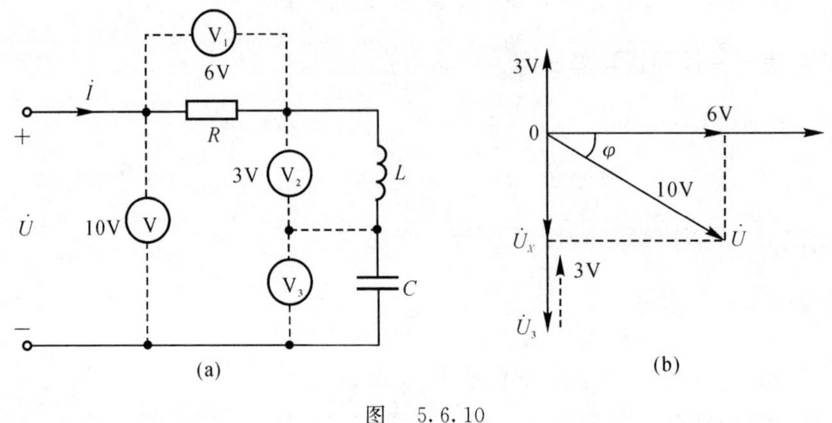

图 5.6.10

*四、阻抗 Z 与导纳 Y 的相互等效变换

由于对同一个支路既可用阻抗 Z 表示，也可用导纳 Y 表示，所以 Z 与 Y 是等效的，故可相互进行等效变换，其等效变换关系为

$$Y=\frac{1}{Z} \quad 或 \quad Z=\frac{1}{Y}$$

(1) 已知 Z，求其等效导纳 Y。

例 5.6.5 图 5.6.11(a) 所示串联电路的等效并联电路如图 5.6.11(b) 所示，已知频率 $f=50$ Hz，求等效电路的参数 R，L。

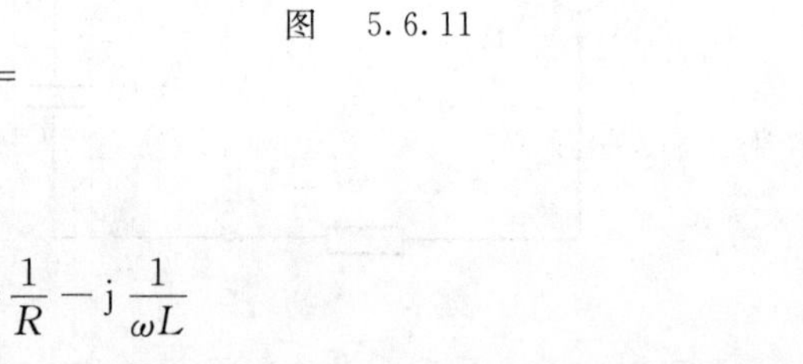

解 对于图 5.6.11(a) 电路有

$$Z=6+\text{j}8\ \Omega=10\underline{/53.1^\circ}\ \Omega$$

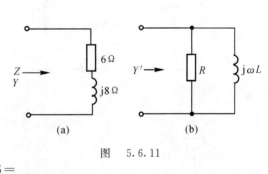

故 $$Y=\frac{1}{Z}=\frac{1}{10\underline{/53.1^\circ}}\ \text{S}=0.1\underline{/-53.1^\circ}\ \text{S}=0.1\cos(-53.1^\circ)+\text{j}0.1\sin(-53.1^\circ)\ \text{S}=0.06-\text{j}0.08\ \text{S}$$

图 5.6.11

对于图 5.6.11(b) 电路有

$$Y'=\frac{1}{R}+\frac{1}{\text{j}\omega L}=\frac{1}{R}-\text{j}\,\frac{1}{\omega L}$$

因为应有 $Y'=Y$，即应有

$$\frac{1}{R}-\text{j}\,\frac{1}{\omega L}=0.06-\text{j}0.08$$

故有 $$\begin{cases}\dfrac{1}{R}=0.06\\[2mm]\dfrac{1}{\omega L}=0.08\end{cases}$$

故得 $\qquad R=\dfrac{1}{0.06}\ \Omega=16.67\ \Omega,\quad L=\dfrac{1}{0.08\omega}=\dfrac{1}{0.08\times 2\pi f}=\dfrac{1}{0.08\times 2\pi\times 50}\ \text{H}=0.04\ \text{H}$

(2) 已知 Y,求其等效阻抗 Z。

例 5.6.6　图 5.6.12(a) 所示并联电路的等效串联电路如图5.6.12(b) 所示,已知 $\omega=5\times 10^3$ rad/s,求等效电路的参数 R,C。

解　对于图 5.6.12(a) 电路有

$$Y=\frac{1}{145}+\text{j}5\times 10^3\times 3.44\times 10^{-6}=0.0069+\text{j}0.0172\ \text{S}=0.0185\ \underline{/68.2^\circ}\ \text{S}$$

故
$$Z=\frac{1}{Y}=\frac{1}{0.0185\ \underline{/68.2^\circ}}\ \Omega=20-\text{j}50\ \Omega$$

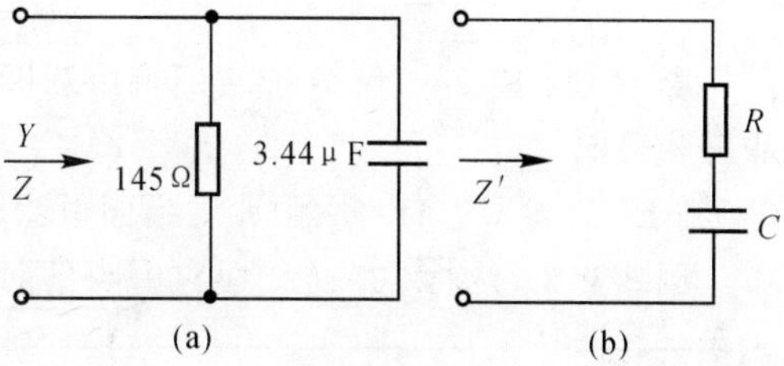

对于图 5.6.12(b) 电路有

$$Z'=R+\frac{1}{\text{j}\omega C}=R-\text{j}\,\frac{1}{\omega C}$$

因为应有 $Z'=Z$,即应有

$$R-\text{j}\,\frac{1}{\omega C}=20-\text{j}50$$

故有
$$\begin{cases}R=20\ \Omega\\ \dfrac{1}{\omega C}=50\end{cases}$$

图　5.6.12

故
$$C=\frac{1}{50\ \omega}=\frac{1}{50\times 5\times 10^3}\ \text{F}=4\ \mu\text{F}$$

现将简单电路的阻抗与导纳及其相互等效变换汇总于表 5.6.1 中,以便查用和复习。

表 5.6.1　阻抗 Z 与导纳 Y 及其相互等效变换

时域电路	相量电路	阻抗 Z	导纳 Y
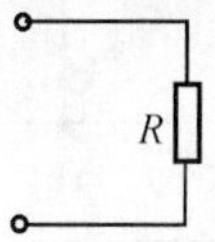 R	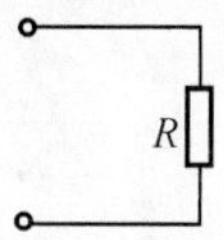 R	$Z=R$	$Y=\dfrac{1}{R}=G$
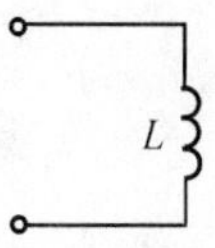 L	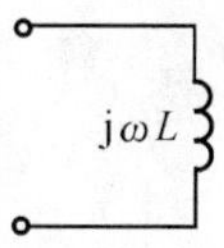 $\text{j}\omega L$	$Z=\text{j}\omega L$	$Y=\dfrac{1}{\text{j}\omega L}$
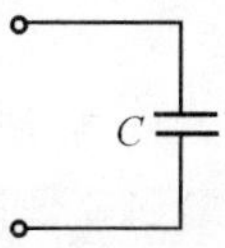 C	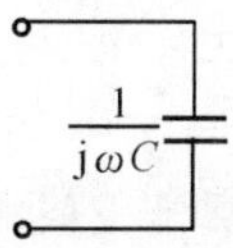 $\dfrac{1}{\text{j}\omega C}$	$Z=\dfrac{1}{\text{j}\omega C}$	$Y=\text{j}\omega C$
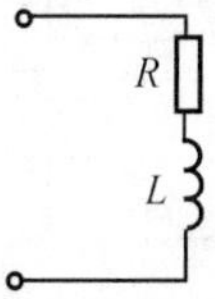 R, L	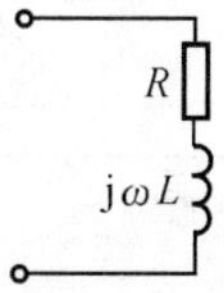 R, $\text{j}\omega L$	$Z=R+\text{j}\omega L$	$Y=\dfrac{1}{Z}$

续 表

时域电路	相量电路	阻抗 Z	导纳 Y
R, C	R, $\frac{1}{\mathrm{j}\omega C}$	$Z=R+\frac{1}{\mathrm{j}\omega C}$	$Y=\frac{1}{Z}$
L, C	$\mathrm{j}\omega L$, $\frac{1}{\mathrm{j}\omega C}$	$Z=\mathrm{j}\omega L+\frac{1}{\mathrm{j}\omega C}$	$Y=\frac{1}{Z}$
R, L, C	R, $\mathrm{j}\omega L$, $\frac{1}{\mathrm{j}\omega C}$	$Z=R+\mathrm{j}\omega L+\frac{1}{\mathrm{j}\omega C}$	$Y=\frac{1}{Z}$

五、思考与练习

5.6.1 图 5.6.13(a) 所示电路，$R=40\ \Omega$，$C=0.25$ F，$\omega=10^5$ rad/s，图 5.6.13(b) 为其等效的串联电路，求 R'，C' 的值。（答：20 Ω，0.5 μF）

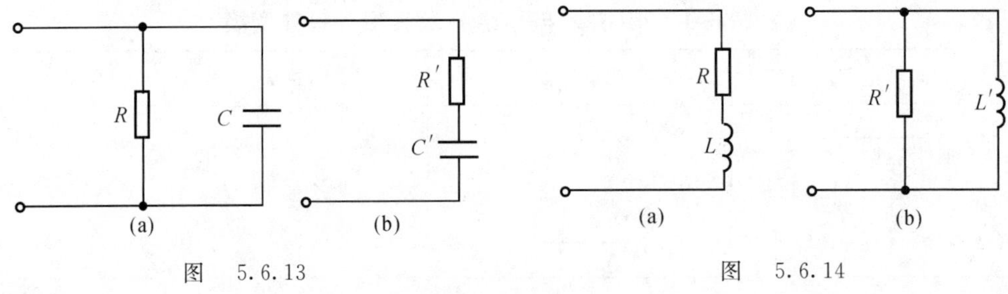

图 5.6.13　　图 5.6.14

5.6.2 图 5.6.14(a)(b) 所示的两电路互为等效，已知 $\omega=10^6$ rad/s，$R=80\ \Omega$，$L=60\ \mu$H，求 R'，L'。（答：125 Ω，166.7 μH）

5.6.3 图 5.6.15 所示电路，已知 $u(t)=12\sqrt{2}\cos 10^3 t$ V，求 $i(t)$，$u_R(t)$，$u_C(t)$，$u_L(t)$，并画出相量图。

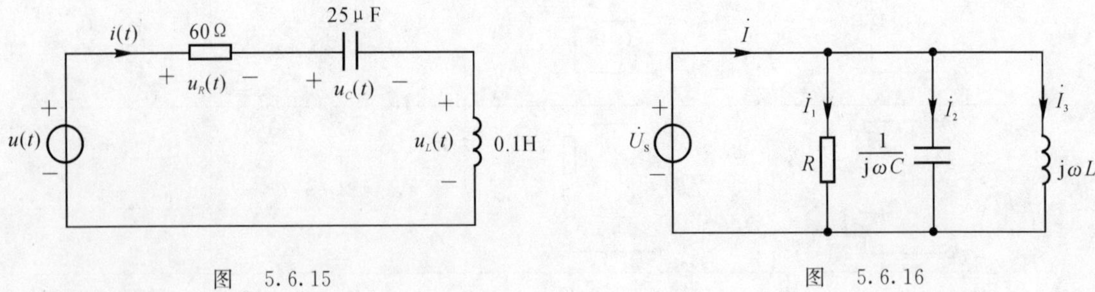

图 5.6.15　　图 5.6.16

5.6.4　图 5.6.16 所示电路，$\dot{U}_S = 10\,\underline{/0^\circ}$ V，$R = 50\ \Omega$，$L = 2.5$ mH，$C = 5\ \mu$F，$\omega = 10^4$ rad/s。求 $\dot{I}_1$，$\dot{I}_2$，$\dot{I}_3$，$\dot{I}$，并画出相量图。（答：$0.2\,\underline{/0^\circ}$ A；j0.5 A；$-$j0.4 A；$0.224\,\underline{/26.6^\circ}$ A）

5.7　正弦电流电路分析 —— 相量法

由于相量形式的KCL，KVL和欧姆定律在形式上与电阻电路中的KCL，KVL和欧姆定律完全相同，所以在本书前四章中关于电阻电路分析的各种方法（支路电流法，网孔电流法，节点电位法）、定理（叠加定理，齐次定理，等效电源定理，替代定理）以及电路的各种等效变换（电压源与电流源的等效变换，星形-三角形等效变换，电阻的串联与并联简化，单口电路的输入电阻），均适用于正弦电流电路的分析，唯一不同的是，在电阻电路中所有的电量都是进行实数计算的，而在正弦电流电路中所有的电量都用相量表示，所有的电量都是进行复数计算的。因此，关于正弦电流电路的各种分析方法就不再赘述了，而是直接引用。

用相量对正弦电流电路进行分析计算，称为相量法。

一、阻抗的串联与并联

例 5.7.1　图 5.7.1(a) 所示电路，$R=8\ \Omega$，$R_1=15\ \Omega$，$R_2=10\ \Omega$，$L=4$ mH，$C=20\ \mu$F，$u(t)=210\sqrt{2}\cos 5\,000t$ (V)。(1) 求电路的输入阻抗 Z；(2) 求 $i_1(t)$，$i_2(t)$，$i(t)$。

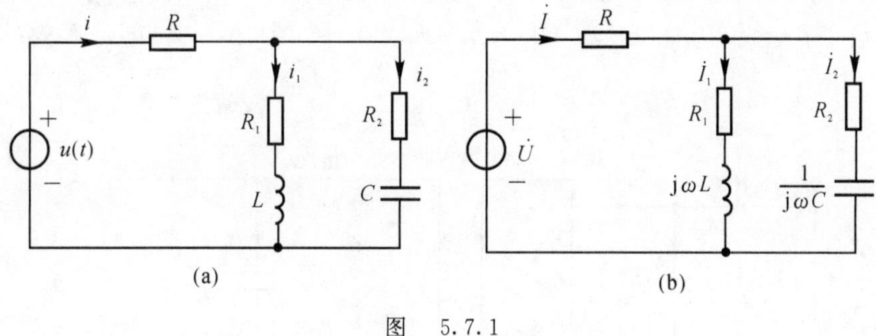

图　5.7.1

解　(1) 该电路的相量电路模型如图 5.7.1(b) 所示。图中 $\dot{U}=210\,\underline{/0^\circ}$ V，$\mathrm{j}\omega L=\mathrm{j}5\,000\times 4\times 10^{-3}\ \Omega=\mathrm{j}20\ \Omega$，$\dfrac{1}{\mathrm{j}\omega C}=-\mathrm{j}\dfrac{1}{5\,000\times 20\times 10^{-6}}\ \Omega=-\mathrm{j}10\ \Omega$。

$$Z_1=R_1+\mathrm{j}\omega L=15+\mathrm{j}20\ \Omega=25\,\underline{/53.1^\circ}\ \Omega$$

$$Z_2=R_2+\frac{1}{\mathrm{j}\omega C}=10-\mathrm{j}10\ \Omega=10\sqrt{2}\,\underline{/-45^\circ}\ \Omega$$

$$Z_{12}=\frac{Z_1Z_2}{Z_1+Z_2}=\frac{25\,\underline{/53.1^\circ}\times 10\sqrt{2}\,\underline{/-45^\circ}}{15+\mathrm{j}20+10-\mathrm{j}10}\ \Omega=$$

$$\frac{353.5\,\underline{/8.1^\circ}}{25+\mathrm{j}10}\ \Omega=\frac{353.5\,\underline{/8.1^\circ}}{26.93\,\underline{/21.8^\circ}}\ \Omega=13.2\,\underline{/-13.7^\circ}\ \Omega=12.8-\mathrm{j}3.12\ \Omega$$

$$Z=R+Z_{12}=8+12.8-\mathrm{j}3.12\ \Omega=20.8-\mathrm{j}3.12\ \Omega=21\,\underline{/-8.5^\circ}\ \Omega$$

(2)
$$\dot{I}=\frac{\dot{U}}{Z}=\frac{210\,\underline{/0^\circ}}{21\,\underline{/-8.5^\circ}}\ \Omega=10\,\underline{/8.5^\circ}\text{A}=9.89+\mathrm{j}1.48\ \text{A}$$

$$\dot{I}_1=\frac{Z_2}{Z_1+Z_2}\dot{I}=\frac{10\sqrt{2}\ \underline{/-45^\circ}}{25+\mathrm{j}10}\times 10\ \underline{/8.5^\circ}\ \mathrm{A}=5.26\ \underline{/-58.3^\circ}\ \mathrm{A}=2.764-\mathrm{j}4.475\ \mathrm{A}$$

$$\dot{I}_2=\frac{Z_1}{Z_1+Z_2}\dot{I}=9.29\ \underline{/39.8^\circ}\ \mathrm{A}$$

或 $\dot{I}_2=\dot{I}-\dot{I}_1=[9.89+\mathrm{j}1.48-(2.764-\mathrm{j}4.475)]\ \mathrm{A}=(7.13+\mathrm{j}5.95)\ \mathrm{A}=9.29\ \underline{/39.8^\circ}\ \mathrm{A}$

故得

$$i_1(t)=5.26\sqrt{2}\cos(5\,000\,t-58.3^\circ)\ \mathrm{A}$$

$$i_2(t)=9.29\sqrt{2}\cos(5\,000\,t+39.8^\circ)\ \mathrm{A}$$

$$i(t)=10\sqrt{2}\cos(5\,000\,t+8.5^\circ)\ \mathrm{A}$$

例 5.7.2 图 5.7.2 所示电路，已知 $I=3$ A，求电流源电流 $\dot{I}_S$ 的有效值 I_S。

解 取 $\dot{I}=3\ \underline{/0^\circ}$ A，则

$$\dot{I}_1=\frac{\mathrm{j}2}{1+\mathrm{j}2}\dot{I}_S,\quad \dot{I}_2=\frac{1}{1-\mathrm{j}2}\dot{I}_S$$

$$\dot{I}=\dot{I}_1-\dot{I}_2=\frac{\mathrm{j}2}{1+\mathrm{j}2}\dot{I}_S-\frac{1}{1-\mathrm{j}2}\dot{I}_S$$

即

$$3\angle 0^\circ=\frac{\mathrm{j}2(1-\mathrm{j}2)-1(1+\mathrm{j}2)}{(1+\mathrm{j}2)(1-\mathrm{j}2)}\dot{I}_S=\frac{3}{5}\dot{I}_S$$

故

$$\dot{I}_S=5\ \underline{/0^\circ}\ \mathrm{A}$$

故 $\dot{I}_S$ 的有效值为 $I_S=5$ A。

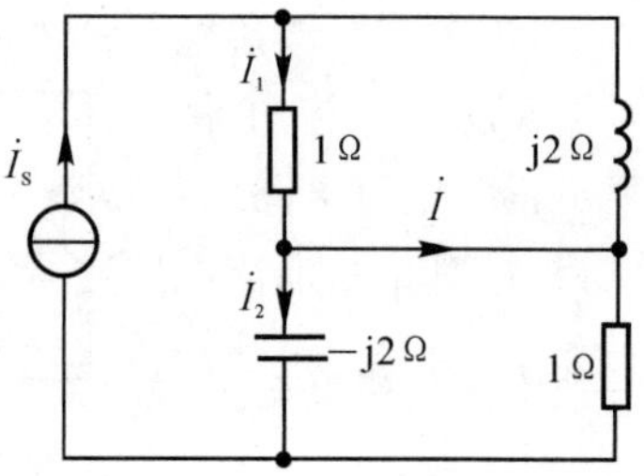

图 5.7.2

例 5.7.3 图 5.7.3(a) 所示电路，N_0 为不含独立源的电路。已知 $u(t)=100\cos(10t+30^\circ)$ V，$i(t)=10\cos(10t+30^\circ)$ A。求与 N_0 等效的最简单串联电路。

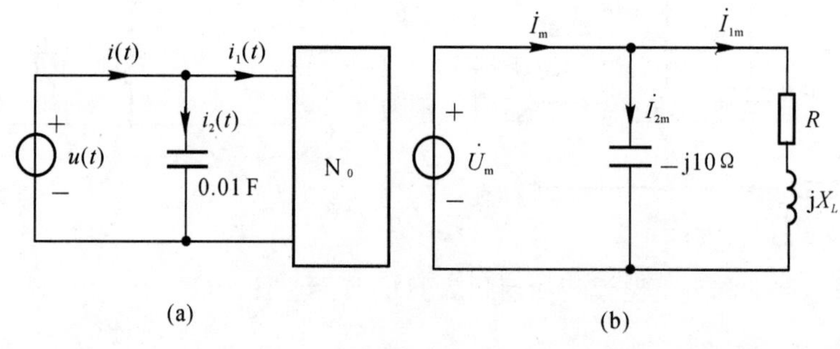

图 5.7.3

解 电压 $u(t)$ 和电流 $i(t)$ 的初相角分别为

$$\psi_u=30^\circ,\quad \psi_i=30^\circ$$

故相角差为

$$\varphi=\psi_u-\psi_i=30^\circ-30^\circ=0^\circ$$

故 $u(t)$ 与 $i(t)$ 为同相位，故 N_0 的最简单串联电路必为电感性阻抗电路（因与 N_0 并联的是一个电容元件 C），如图 5.7.3(b) 所示。

$$\dot{U}_m=100\ \underline{/30^\circ}\ \mathrm{V},\quad \dot{I}_m=10\ \underline{/30^\circ}\ \mathrm{A}$$

$$\frac{1}{\mathrm{j}\omega C}=\frac{1}{\mathrm{j}10\times 0.01}\ \Omega=-\mathrm{j}10\ \Omega$$

$$\dot{I}_{2m}=\frac{\dot{U}}{\frac{1}{j\omega C}}=\frac{100\angle 30^\circ}{-j10}\ A=j10\angle 30^\circ\ A$$

故
$$\dot{I}_{1m}=\dot{I}_m-\dot{I}_{2m}=(10\angle 30^\circ-j10\angle 30^\circ)\ A=(10\angle 30^\circ+10\angle 30^\circ-90^\circ)\ A=(10\angle 30^\circ+10\angle -60^\circ)\ A=10\sqrt{2}\angle -15^\circ\ A$$

故得 N_0 的等效阻抗为

$$Z=\frac{\dot{U}_m}{\dot{I}_{1m}}=\frac{100\angle 30^\circ}{10\sqrt{2}\angle -15^\circ}\ \Omega=5\sqrt{2}\angle 45^\circ\ \Omega=(5+j5)\ \Omega$$

即
$$R=5\ \Omega,\quad X_L=5\ \Omega$$

二、叠加定理

例 5.7.4　图 5.7.4(a) 所示电路，用叠加定理求电流 $\dot{I}$ 的值。

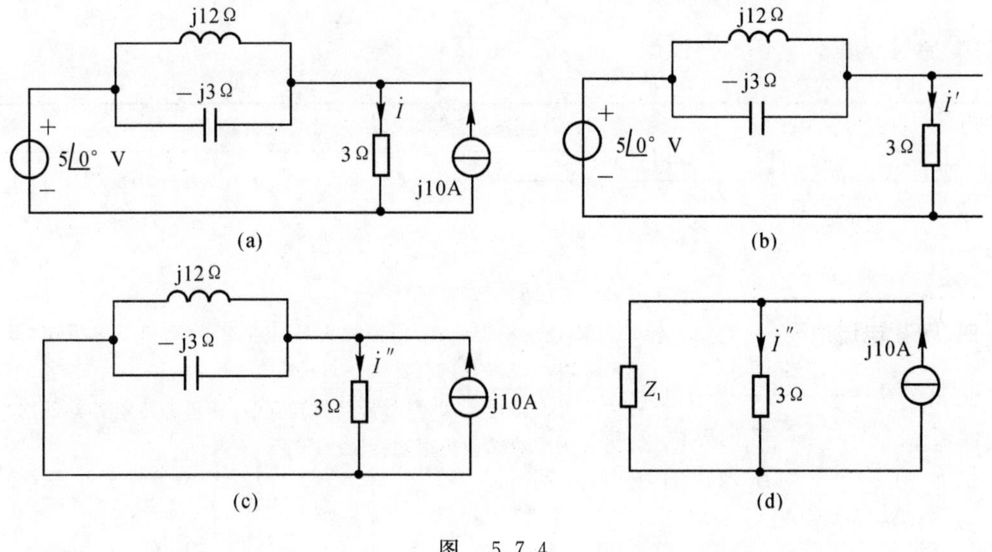

图　5.7.4

解　(1)5 $\angle 0^\circ$ V 电压源单独作用，其电路如图 5.7.4(b) 所示。

$$Z=\left[\frac{j12\times(-j3)}{j12-j3}+3\right]\ \Omega=(3-j4)\ \Omega=5\angle -53.1^\circ\ \Omega$$

$$\dot{I}'=\frac{5\angle 0^\circ}{Z}=\frac{5\angle 0^\circ}{5\angle -53.1^\circ}\ A=1\angle 53.1^\circ\ A=(0.6+j0.8)\ A$$

(2)j10 A 电流源单独作用，其电路如图 5.7.4(c) 所示。

$$Z_1=\frac{j12\times(-j3)}{j12-j3}\ \Omega=-j4\ \Omega$$

于是可画出等效电路，如图 5.7.4(d) 所示。故

$$\dot{I}''=\frac{Z_1}{Z_1+3}\times j10=\frac{-j4}{-j4+3}\times j10\ A=\frac{40}{5\angle -53.1^\circ}\ A=8\angle 53.1^\circ\ A=4.8+j6.4\ A$$

(3) 根据叠加定理得

$$\dot{I}=\dot{I}'+\dot{I}''=(0.6+j0.8+4.8+j6.4)\ A=(5.4+j7.2)\ A=9\angle 53.1^\circ\ A$$

三、节点电位法

例 5.7.5 用节点电位法求图 5.7.5 所示电路中的电流 $\dot{I}_1$ 和 $\dot{I}_2$。

解 设独立节点电位为 $\dot{\varphi}_1,\dot{\varphi}_2,\dot{\varphi}_3$，故可列写出各独立节点的 KCL 方程为

$$\dot{\varphi}_1=3\,\angle 0^\circ\ \text{V}$$

$$-\frac{1}{2}\dot{\varphi}_1+\left(\frac{1}{2}+\frac{1}{2}+\frac{1}{\text{j}1}\right)\dot{\varphi}_2-\frac{1}{2}\dot{\varphi}_3=0$$

$$-0\dot{\varphi}_1-\frac{1}{2}\dot{\varphi}_2+\left(\frac{1}{2}+\frac{1}{-\text{j}2}\right)\dot{\varphi}_3=1.5\,\angle 0^\circ$$

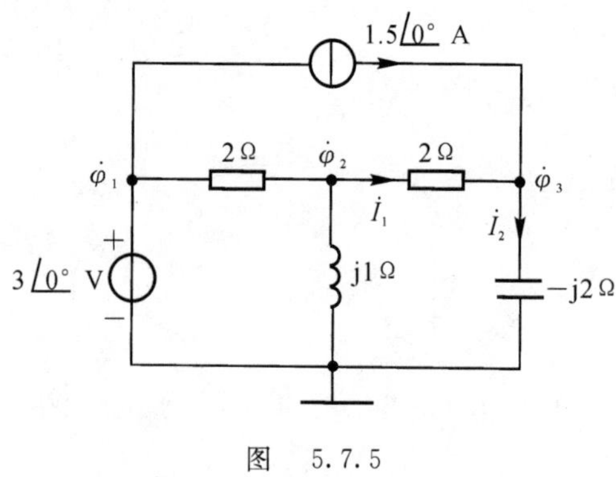

图 5.7.5

将 $\dot{\varphi}_1=3\,\angle 0^\circ$ V 代入上两式并整理之，即有

$$2(1-\text{j}1)\dot{\varphi}_2-\dot{\varphi}_3=3$$

$$-\dot{\varphi}_2+(1+\text{j}1)\dot{\varphi}_3=3$$

联立求解得

$$\dot{\varphi}_2=(2+\text{j}1)\ \text{V}=2.24\,\angle 26.6^\circ\ \text{V},\quad \dot{\varphi}_3=(3-\text{j}2)\ \text{V}=3.6\,\angle -33.7^\circ\ \text{V}$$

故得电流

$$\dot{I}_1=\frac{\dot{\varphi}_2-\dot{\varphi}_3}{2}=\frac{2+\text{j}1-(3-\text{j}2)\ \text{A}}{2}=\frac{-1+\text{j}3\ \text{A}}{2}=(-0.5+\text{j}1.5)\ \text{A}=1.58\,\angle 108.43^\circ\ \text{A}$$

$$\dot{I}_2=\frac{\dot{\varphi}_3}{-\text{j}2}=\frac{3.6\,\angle -33.7^\circ}{2\,\angle -90^\circ}\ \text{A}=1.8\,\angle 56.3^\circ\ \text{A}$$

四、网孔电流法

例 5.7.6 图 5.7.6 所示电路，试用网孔法求各支路电流。

解 (1) 设两个网孔回路电流的大小和参考方向如图 5.7.6 中所示。于是可列写出 KVL 方程为

$$\begin{cases}(\text{j}2-\text{j}4)\dot{I}_{\text{I}}-\text{j}2\dot{I}_{\text{II}}=10-20\,\angle 60^\circ\\-\text{j}2\dot{I}_{\text{I}}+(5-\text{j}2+\text{j}2)\dot{I}_{\text{II}}=20\,\angle 60^\circ\end{cases}$$

即

$$\begin{cases}-\text{j}2\dot{I}_{\text{I}}-\text{j}2\dot{I}_{\text{II}}=10-20\,\angle 60^\circ\\-\text{j}2\dot{I}_{\text{I}}+5\dot{I}_{\text{II}}=20\,\angle 60^\circ\end{cases}$$

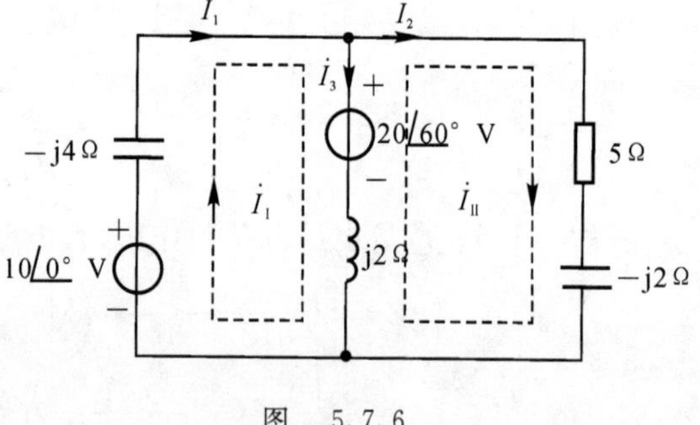

图 5.7.6

联解得 $\dot{I}_{\text{I}}=6.95\,\angle -49.3^\circ\ \text{A}=4.53-\text{j}5.28\ \text{A}$

$\dot{I}_{\text{II}}=6.69\,\angle 52.1^\circ\ \text{A}=4.11+\text{j}5.28\ \text{A}$

(2) 设各支路电流的大小和参考方向如图 5.7.6 中所示。故得

$$\dot{I}_1=\dot{I}_{\text{I}}=6.95\,\angle -49.3^\circ\ \text{A},\quad \dot{I}_2=\dot{I}_{\text{II}}=6.69\,\angle 52.1^\circ\ \text{A}$$

$$\dot{I}_3=\dot{I}_{\text{I}}-\dot{I}_{\text{II}}=[4.53-\text{j}5.28-(4.11+\text{j}5.28)]\ \text{A}=$$

$$(0.42-\text{j}10.56)\ \text{A}=10.57\,\angle -87.72^\circ\ \text{A}$$

五、单口电路的输入阻抗

例 5.7.7 图 5.7.7(a) 所示电路，求端口输入阻抗 Z_0。

解　用外施电压源法求解，如图 5.7.7(b) 所示。故对节点 N 可列写出 KCL 方程为

$$\dot{I}_S + 0.5\dot{U}_C = \frac{\dot{U}_S - (6 - j6)\dot{I}_S}{j12}$$

又有
$$\dot{U}_C = -j6\dot{I}_S$$

代入上式有
$$(\dot{I}_S - j3\dot{I}_S)j12 = \dot{U}_S - (6 - j6)\dot{I}_S$$

即
$$j12\dot{I}_S + 36\dot{I}_S + (6 - j6)\dot{I}_S = \dot{U}_S$$

故得
$$Z_0 = \frac{\dot{U}_S}{\dot{I}_S} = (42 + j6)\ \Omega = 42.4\ \underline{/8.13^\circ}\ \Omega$$

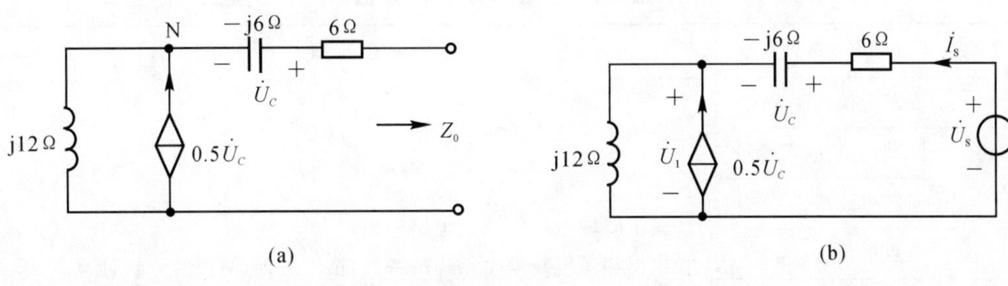

图　5.7.7

六、等效电源定理

例 5.7.8　图 5.7.8(a) 所示电路，用等效电压源定理求支路电流 $\dot{I}$。已知 $Z = 4 - j11\ \Omega$。

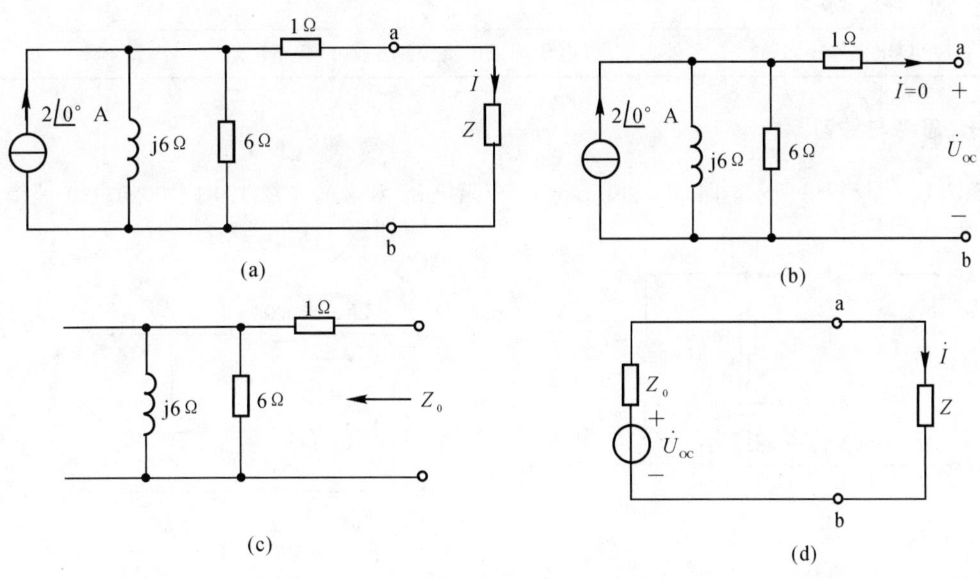

图　5.7.8

解　(1) 根据图 5.7.8(b) 所示电路求端口开路电压 $\dot{U}_{OC}$

$$\dot{U}_{OC} = \frac{6 \times j6}{6 + j6} \times 2\ \underline{/0^\circ}\ V = \frac{36\ \underline{/90^\circ}}{6\sqrt{2}\ \underline{/45^\circ}} \times 2\ \underline{/0^\circ}\ V = 6\sqrt{2}\ \underline{/45^\circ}\ V$$

(2) 根据图 5.7.8(c) 所示电路求端口输入阻抗 Z_0

$$Z_0=\left(1+\frac{6\times j6}{6+j6}\right)\ \Omega=\left(1+\frac{36\angle 90^\circ}{6\sqrt{2}\angle 45^\circ}\right)\ \Omega=(1+3\sqrt{2}\angle 45^\circ)\ \Omega=$$

$$(1+3+j3)\ \Omega=(4+j3)\ \Omega$$

(3) 画出等效电压源电路如图 5.7.8(d) 所示。故

$$\dot{I}=\frac{\dot{U}_{OC}}{Z_0+Z}=\frac{6\sqrt{2}\angle 45^\circ}{4+j3+4-j11}\ A=\frac{6\sqrt{2}\angle 45^\circ}{8-j8}\ A=\frac{6\sqrt{2}\angle 45^\circ}{8\sqrt{2}\angle -45^\circ}\ A=\frac{3}{4}\angle 90^\circ\ A$$

现将正弦电流电路的分析计算方法 —— 相量法汇总于表 5.7.1 中，以便记忆和复习。

表 5.7.1　正弦电流电路的分析计算法 —— 相量法

方法名称	一般步骤
支路电流法	① 画出时域电路的相量电路模型； ② 根据相量电路模型结构的特点，选用适合、简便的分析计算方法，列出电路的相量方程求解； ③ 将 ② 中所求得的电压、电流相量进行反变换，即得所求电压、电流的正弦时间函数表达式
网孔电流法	
回路电流法	
节点电位法	
叠加定理法	
等效电源定理法	
互易定理法	
相量图法	
等效变换法	
单口电路输入阻抗	外加电源（电压源或电流源）法；端口开路短路法

七、思考与练习

5.7.1　图 5.7.9 所示电路，$\omega=10^5$ rad/s。求阻抗 Z_{cd} 和 Z_{ab}。（答：100＋j100 Ω；150＋j100 Ω）

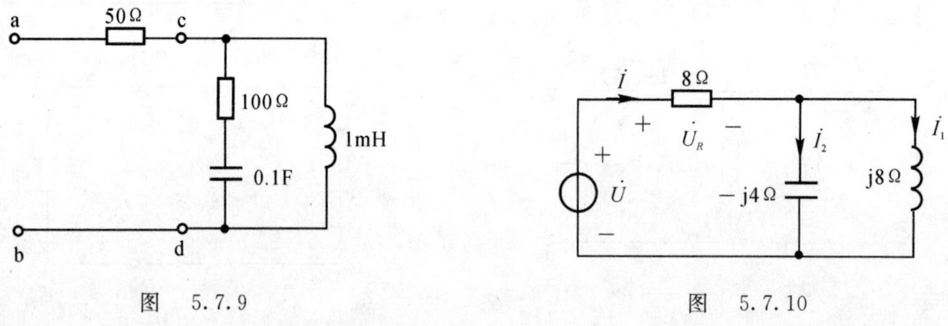

图　5.7.9　　　　图　5.7.10

5.7.2　图 5.7.10 所示电路，已知 $\dot{I}_2=2\sqrt{2}\angle 45^\circ$ A，求电流 $\dot{I}$ 和电压 $\dot{U}$。（答：$\sqrt{2}\angle 45^\circ$ A；$16\angle 0^\circ$ V）

5.7.3　图 5.7.11 所示电路，$I_S=10$ A，求各支路电流。（答：5－j5 A；5＋j5 A）

5.7.4　图 5.7.12 所示电路，求端口等效电压源电路与等效电流源电路。（答：$\dot{U}_{OC}=6\sqrt{2}\angle 45^\circ$ V，$Z_0=4+j3$ Ω）

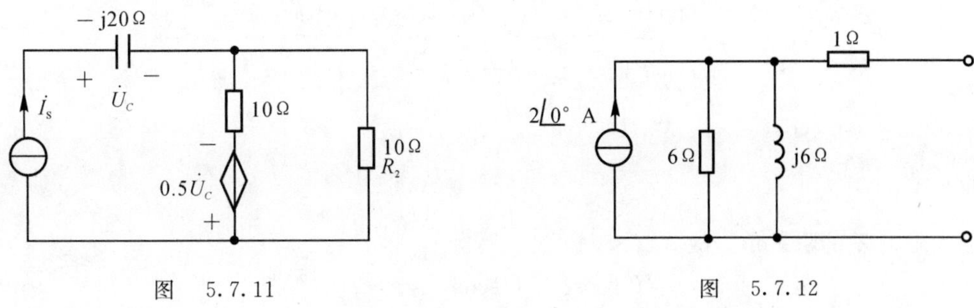

图　5.7.11　　　　图　5.7.12

5.7.5　图 5.7.13 所示电路,求端口输入阻抗 Z_0。(答:$3-\mathrm{j}3\ \Omega$)

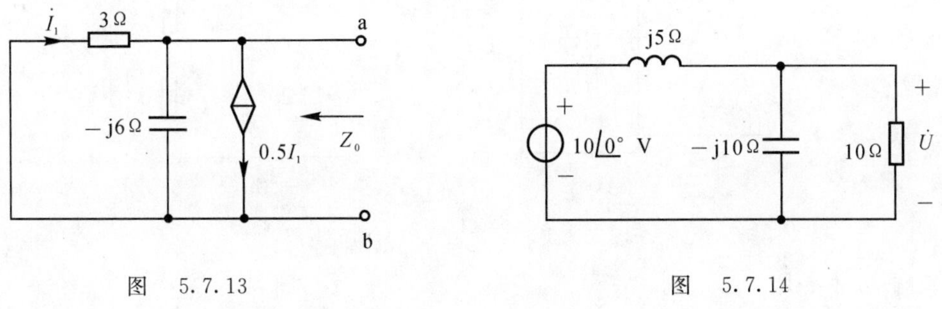

图　5.7.13　　　　图　5.7.14

5.7.6　图 5.7.14 所示电路,试用等效电压源定理求 $\dot{U}$。(答:$10\sqrt{2}\angle -45°$ V)

5.7.7　图 5.7.15 所示电路,求电流 $\dot{I}_1$ 和 $\dot{I}_2$。(答:$3.87\angle 153.4°$ A,$7.57\angle -62.8°$ A)

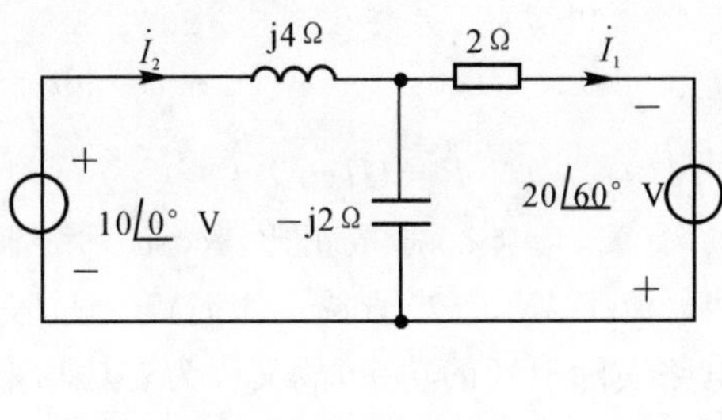

图　5.7.15

5.8　正弦电流电路的功率

一、不含独立源单口电路的功率

图 5.8.1(a) 所示为一任意的不含独立源的单口电路,图 5.8.1(b) 所示为其相量等效电路,其中 $Z=R+\mathrm{j}X$ 为其输入阻抗。

1. 瞬时功率 p(t)

设

$$u(t)=\sqrt{2}U\cos(\omega t+\psi_u),\quad i(t)=\sqrt{2}I\cos(\omega t+\psi_i)$$

则该单口电路吸收的瞬时功率为

$$p(t)=u(t)i(t)=\sqrt{2}U\cos(\omega t+\psi_u)\times\sqrt{2}I\cos(\omega t+\psi_i)=$$
$$2UI\times\frac{1}{2}[\cos(\omega t+\psi_u-\omega t-\psi_i)+\cos(\omega t+\psi_u+\omega t+\psi_i)]=$$
$$UI\cos(\psi_u-\psi_i)+UI\cos(2\omega t+\psi_u+\psi_i) \tag{5.8.1}$$

由于此时有
$$\psi_u-\psi_i=\varphi=\arctan\frac{X}{R}$$
φ 为输入阻抗 Z 的阻抗角。故式(5.8.1) 又可写为
$$p(t)=UI\cos\varphi+UI\cos(2\omega t+\psi_u+\psi_i) \tag{5.8.2}$$

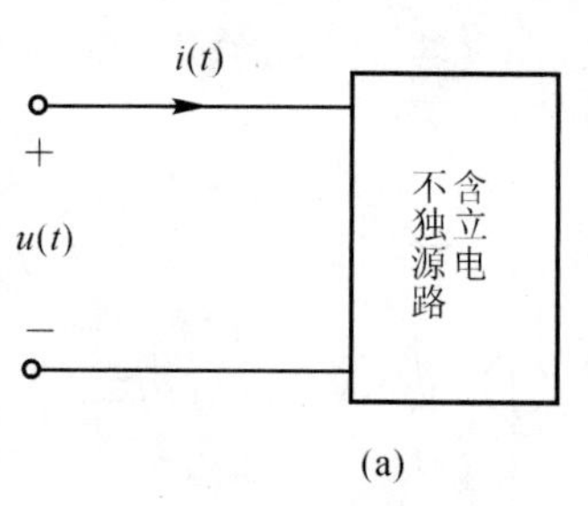

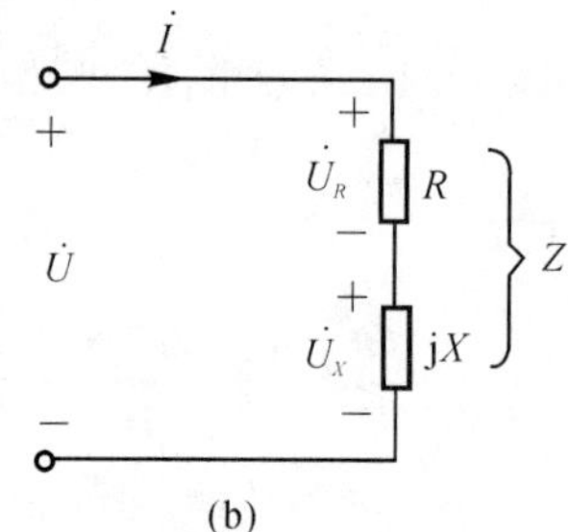

图 5.8.1 不含独立源的单口电路

2. 平均功率 P

瞬时功率一般用处不大,通常讲电路中的功率都是指平均功率。平均功率定义为瞬时功率 $p(t)$ 在一个周期 T 内的平均值,用 P 表示。即
$$P=\frac{1}{T}\int_0^T p(t)\mathrm{d}t=$$
$$\frac{1}{T}\int_0^T[UI\cos(\psi_u-\psi_i)+UI\cos(2\omega t+\psi_u+\psi_i)]\mathrm{d}t=UI\cos(\psi_u-\psi_i) \tag{5.8.3}$$

或
$$P=UI\cos\varphi \tag{5.8.4}$$
可见 $P\neq UI$,而是还与 $\cos\varphi$ 有关,且与 $\cos\varphi$ 成正比。$\cos\varphi$ 称为阻抗 Z 的功率因数。$\cos\varphi$ 只与阻抗 Z 有关,而与电压 U、电流 I 无关。当 $\cos\varphi=1$ 时,$P=UI$,此时平均功率 P 达到最大值。由于平均功率 P 就是电路实际消耗的功率,故又称为有功功率。

从阻抗直角三角形和电压直角三角形中,可知有 $\cos\varphi=\frac{R}{|Z|}=\frac{U_R}{U}$,代入式(5.8.4) 中,并考虑到 $U=|Z|I,U_R=RI$,又可得
$$P=UI\frac{R}{|Z|}=RI^2=U_RI=\frac{U_R^2}{R} \tag{5.8.5}$$
式中,$U_R=RI$,为电阻 R 两端电压的有效值。

由式(5.8.5) 可知,平均功率 P 实际就是电阻 R 消耗的平均功率,这是因为电抗 X 不消耗功率。

3. 视在功率 S

视在功率用大写字母 S 表示,定义为
$$S=UI=\frac{1}{2}U_{\mathrm{m}}I_{\mathrm{m}} \tag{5.8.6}$$
由于视在功率 S 并不是电路实际消耗的功率,故其单位不用瓦(W) 表示,而是用伏安(V · A)

表示，更大的单位还有千伏安（kV・A）。

由式（5.8.6）可知，视在功率 S 就是平均功率 P 的最大值 UI。

4. *无功功率 Q*

无功功率用 Q 表示，定义为

$$Q=UI\sin\varphi \tag{5.8.7}$$

Q 表征了电路中的储能元件 L，C 与电源交换能量的最大速率，其单位既不用 W，也不用 V・A，而是用乏（var），以示区别。

无功功率 Q 在电力工程中是一个很重要的物理量，但在电子工程中一般是不予考虑的。

5. *复数功率*

复数功率简称复功率，用 $\dot{S}$ 表示，定义为

$$\dot{S}=\dot{U}\overset{*}{I}=U\underline{/\psi_u}\times I\underline{/\psi_i}=UI\underline{/\psi_u-\psi_i}=UI\underline{/\varphi}=$$
$$UI\cos\varphi+\mathrm{j}UI\sin\varphi=P+\mathrm{j}Q \tag{5.8.8}$$

式中，$P=UI\cos\varphi$，$Q=UI\sin\varphi$，即 $\dot{S}$ 的实部为有功功率 P，虚部为无功功率 Q。且有 $S=\sqrt{P^2+Q^2}$。

6. *功率三角形*

由式（5.8.8）可得 S，P，Q 三者之间有直角三角形的关系，如图 5.8.2 所示，称为功率三角形。于是有

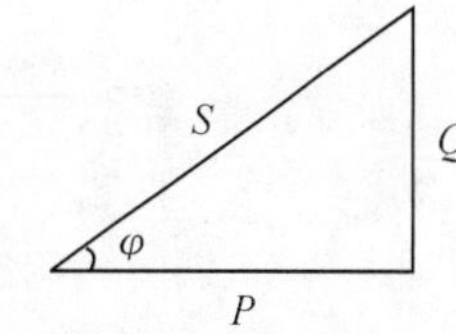

图 5.8.2　功率三角形

$$S=\sqrt{P^2+Q^2}$$

$$\tan\varphi=\frac{Q}{P},\quad Q=P\tan\varphi,\quad \cos\varphi=\frac{P}{S},\quad \sin\varphi=\frac{Q}{S}$$

现将不含独立源单口电路（即阻抗 Z）吸收功率的计算公式汇总于表 5.8.1 中，以便查用和复习。

表 5.8.1　不含独立源单口电路（即阻抗 Z）吸收的功率

名　称	计算公式	单　位
瞬时功率	$p(t)=u(t)i(t)$	W
平均（有功）功率	$P=UI\cos\varphi=I^2R=\frac{U_R^2}{R}$	W
无功功率	$Q=UI\sin\varphi=I^2X=\frac{U_X^2}{R}$	var
视在功率	$S=UI=\sqrt{P^2+Q^2}$	V・A
复功率	$\dot{S}=\dot{U}\overset{*}{I}=UI\cos\varphi+\mathrm{j}UI\sin\varphi=P+\mathrm{j}Q$	V・A
功率因数	$\cos\varphi=\frac{R}{\lvert Z\rvert}=\frac{P}{S}$ $\varphi=\arctan\frac{X}{R}=$ （$\dot{U}$，$\dot{I}$）	无单位
功率三角形	S　Q　φ　P	$S=\sqrt{P^2+Q^2}$ $Q=P\tan\varphi$ $\cos\varphi=\frac{P}{S}=\frac{P}{\sqrt{P^2+Q^2}}$

二、含独立源单口电路的平均功率

含独立源的单口电路如图 5.8.3(a) 所示，图 5.8.3(b) 所示电路则为其相量等效电路。其中 $\dot{U}_{OC}$ 和 Z 分别为含独立源单口电路的端口开路电压与输入阻抗。由于图 5.8.3(b) 所示电路为一有源支路，故 $\psi_u - \psi_i \neq \varphi$，所以含独立源单口电路的平均功率不能用式(5.8.4) 和式(5.8.5) 计算，而只能用式(5.8.3) 计算，即

$$P = UI\cos(\psi_u - \psi_i)$$

但计算视在功率的公式仍为式(5.8.6)，即

$$S = UI$$

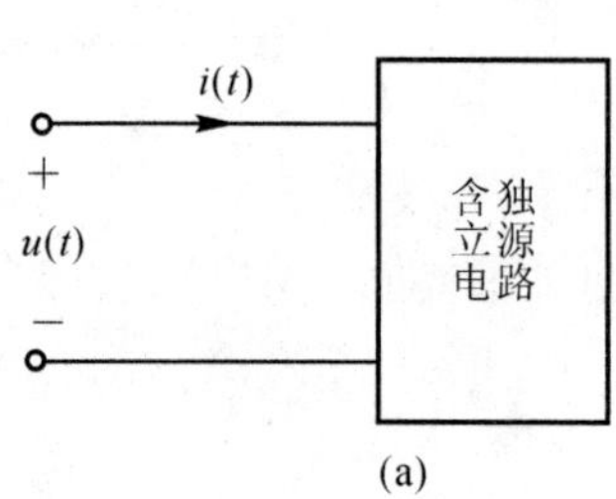

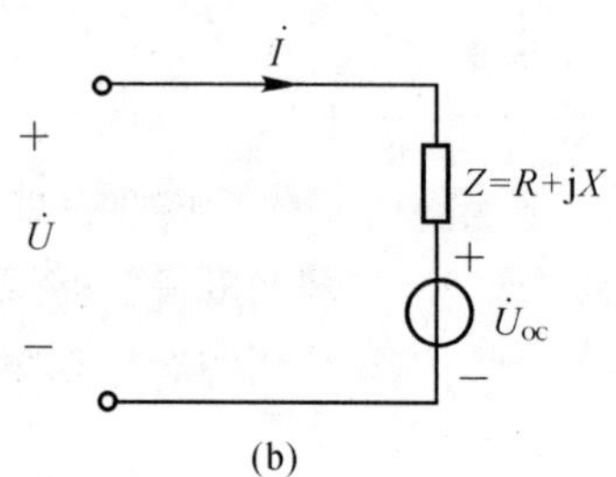

图 5.8.3　含独立源的单口电路

例 5.8.1　图 5.8.4 所示电路，已知 $U = 100$ V，求 P，Q，S，$\cos\varphi$。

解　$$Z = 6 + \mathrm{j}8\ \Omega = 10\ \underline{/53.1^\circ}\ \Omega$$

故　$$|Z| = 10\ \Omega$$

$$\varphi = 53.1^\circ,\quad \cos\varphi = \cos 53.1^\circ = 0.6$$

$$\sin\varphi = \sin 53.1^\circ = 0.8$$

$$I = \frac{U}{|Z|} = \frac{100}{10}\ \text{A} = 10\ \text{A}$$

$$P = UI\cos\varphi = 100 \times 10 \times 0.6\ \text{W} = 600\ \text{W}$$

图　5.8.4

或　$$P = I^2R = 10^2 \times 6\ \text{W} = 600\ \text{W}$$

$$Q = UI\sin\varphi = 100 \times 10 \times 0.8\ \text{var} = 800\ \text{var}$$

$$S = UI = 100 \times 10\ \text{V}\cdot\text{A} = 1\,000\ \text{V}\cdot\text{A}$$

例 5.8.2　图 5.8.5 所示电路，已知 $\dot{U} = 20\ \underline{/0^\circ}$ V，求电路吸收的有功功率 P。

解　$$Z_1 = (6 + \mathrm{j}8)\ \Omega = 10\ \underline{/53.1^\circ}\ \Omega$$

$$Z_2 = (16 - \mathrm{j}12)\ \Omega = 4(4 - \mathrm{j}3)\ \Omega = 4 \times 5\ \underline{/-36.9^\circ}\ \Omega = 20\ \underline{/-36.9^\circ}\ \Omega$$

$$\dot{I}_1 = \frac{\dot{U}}{Z_1} = \frac{20\ \underline{/0^\circ}}{10\ \underline{/53.1^\circ}}\ \text{A} = 2\ \underline{/-53.1^\circ}\ \text{A} = 1.2 - \mathrm{j}1.6\ \text{A}$$

$$\dot{I}_2 = \frac{\dot{U}}{Z_2} = \frac{20\ \underline{/0^\circ}}{20\ \underline{/-36.9^\circ}}\ \text{A} = 1\ \underline{/36.9^\circ}\ \text{A} = 0.8 + \mathrm{j}0.6\ \text{A}$$

$$\dot{I} = \dot{I}_1 + \dot{I}_2 = (1.2 - \mathrm{j}1.6 + 0.8 + \mathrm{j}0.6)\ \text{A} = (2 - \mathrm{j}1)\ \text{A} = 2.24\ \underline{/-26.6^\circ}\ \text{A}$$

故　$$P = UI\cos\varphi = 20 \times 2.24\cos(0^\circ + 26.6^\circ)\ \text{W} = 40\ \text{W}$$

或　$$P = I_1^2 \times 6 + I_2^2 \times 16 = (2^2 \times 6 + 1^2 \times 16)\ \text{W} = 40\ \text{W}$$

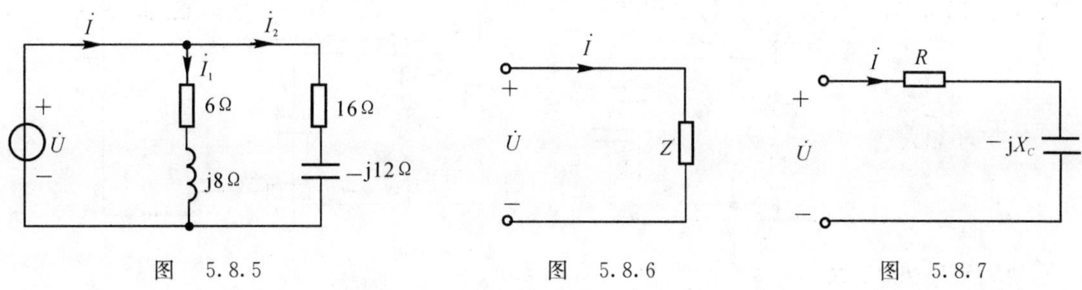

图　5.8.5　　图　5.8.6　　图　5.8.7

例 5.8.3　图 5.8.6 所示电路，已知 $\dot{U}=200\angle 30^\circ$ V，$Z=10\angle 36.9^\circ$ Ω，求阻抗 Z 吸收的平均功率 P。

解
$$\dot{I}=\frac{\dot{U}}{Z}=\frac{200\angle 30^\circ}{10\angle 36.9^\circ}\ \text{A}=20\angle -6.9^\circ\ \text{A}$$

故
$$P=UI\cos\varphi=200\times 20\cos[30^\circ-(-6.9^\circ)]\ \text{W}=4\ 000\times 0.8\ \text{W}=3\ 200\ \text{W}$$

例 5.8.4　图 5.8.7 所示电路，已知$U=20$ V，电路吸收的平均功率$P=16$ W，电路的功率因数 $\cos\varphi=0.8$，求 R 和 X_C 的值。

解　因
$$P=UI\cos\varphi$$

故
$$I=\frac{P}{U\cos\varphi}=\frac{16}{20\times 0.8}\ \text{A}=1\ \text{A}$$

又因有
$$P=RI^2$$

故
$$R=\frac{P}{I^2}=\frac{16}{1^2}\ \Omega=16\ \Omega$$

又有
$$|Z|=\frac{U}{I}=\frac{20}{1}\ \Omega=20\ \Omega$$

故
$$X_C=\sqrt{|Z|^2-R^2}=\sqrt{20^2-16^2}\ \Omega=12\ \Omega$$

例 5.8.5　图 5.8.8(a) 所示电路，已知 $U=100$ V，$\dot{U}$ 与 $\dot{I}$ 同相，电路吸收的平均功率 $P=300$ W，求阻抗 Z 的值。

解　因已知 $\dot{U}$ 与 $\dot{I}$ 同相，故 Z 必为电感性阻抗，故可设 $Z=R+\text{j}X_L$，其等效电路如图 5.8.8(b) 所示。故
$$P=UI\cos\varphi=UI\cos(\psi_u-\psi_i)=UI\cos 0^\circ=UI$$

故
$$I=\frac{P}{U}=\frac{300}{100}\ \text{A}=3\ \text{A}$$

取
$$\dot{U}=100\angle 0^\circ\ \text{V}$$

故
$$\dot{I}=3\angle 0^\circ\ \text{A}=3\ \text{A}$$

又
$$\dot{I}_2=\frac{\dot{U}}{-\text{j}25}=\frac{100\angle 0^\circ}{25\angle -90^\circ}\ \text{A}=4\angle 90^\circ\ \text{A}=\text{j}4\ \text{A}$$

故
$$\dot{I}_1=\dot{I}-\dot{I}_2=(3-\text{j}4)\ \text{A}=5\angle -53.1^\circ\ \text{A}$$

故
$$Z=\frac{\dot{U}}{\dot{I}_1}=\frac{100\angle 0^\circ}{5\angle -53.1^\circ}\ \Omega=20\angle 53.1^\circ\ \Omega=(20\cos 53.1^\circ+\text{j}20\sin 53.1^\circ)\ \Omega=$$
$$(20\times 0.6+\text{j}20\times 0.8)\ \Omega=(12+\text{j}16)\ \Omega$$

即
$$R=12\ \Omega,\quad X_L=16\ \Omega$$

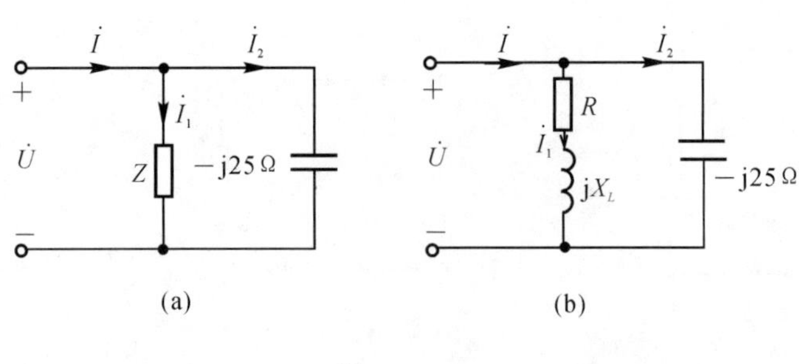

图　5.8.8

*三、提高电感性负载的功率因数

工程实际中的电力负载大多都为电感性负载，即 $R-L$ 负载，如图 5.8.9(a) 所示，这种负载的功率因数都比较低，设为 $\cos\varphi$，$\varphi=\arctan\dfrac{\omega L}{R}=$ 。该负载吸收的平均功率为 $P=UI\cos\varphi$，由此式看出，当 P 和 U 一定时，$\cos\varphi$ 越大，电流 I 就越小，从而传输线上消耗的功率 $I^2 r_{线}$ 就越小；另外，I 小了，传输线导线就可以细些(直径小了)，这就节约了金属。可见，在电力传输中，提高功率因数具有极大的经济效益。

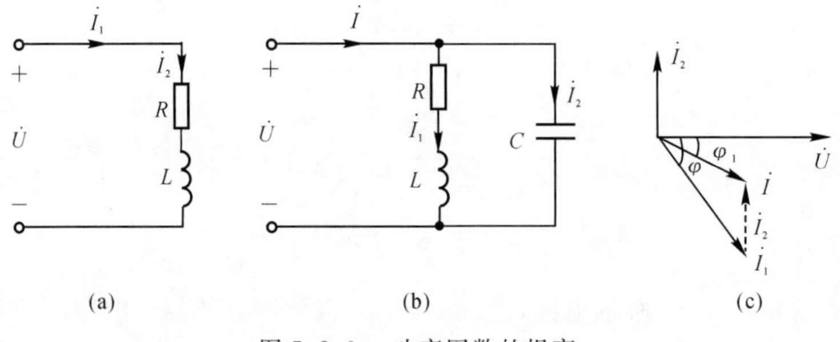

图 5.8.9　功率因数的提高

由于功率因数 $\cos\varphi=\dfrac{P}{S}=\dfrac{P}{\sqrt{P^2+Q^2}}$，由此式看出，在保持 P 不变的条件下，只要减小无功功率 Q 的值，就可使功率因数得到提高。由于电感性负载的无功功率 Q_L 与电容性负载的无功功率 Q_C 是相互补偿的，所以可以在电感性负载上并联一个适当的电容 C，即可达到在 P 不变的条件下提高功率因数的目的，如图 5.8.9(b) 所示，图 5.8.9(c) 为该电路的相量图，可见 $\dot{U}$ 与 $\dot{I}$ 之间的相角差 $\varphi_1<\varphi$，即 $\cos\varphi_1>\cos\varphi$。

下面研究把功率因数从 $\cos\varphi$ 提高到 $\cos\varphi_1$ 所应并联的 C 的值的求解公式。因有 $Q_L=P\tan\varphi$，$Q_C=\omega CU^2$，$Q=Q_L-Q_C$，$Q=P\tan\varphi_1$，故有

$$P\tan\varphi_1=P\tan\varphi-U^2\omega C$$

解得

$$C=\frac{P}{\omega U^2}(\tan\varphi-\tan\varphi_1)=\frac{P}{2\pi fU^2}(\tan\varphi-\tan\varphi_1)$$

需要指出两点：① 所并联的 C 一定要紧靠 R-L 负载，否则就失去了意义；② 工程实际中并不要求把功率因数提高到 1，因为这样会增加电容设备的投资，故而带来的经济效益并不显著。

例 5.8.6　图 5.8.9(a) 所示电路，已知 $\dot{U}=50\sqrt{2}\,\underline{/30^\circ}$ V，$f=50$ Hz，$L=25.5$ mH，$R=$

6 Ω。(1) 求 P,Q_L,S 和 $\cos\varphi$；(2) 如要把功率因数提高到 $\cos\varphi_1=0.95$，求并联 C 的值应为多大(见图 5.8.9(b))，并求此时的 P,Q,S 和 I。

解　(1)　$$Z_1=R+\mathrm{j}\omega L=(6+\mathrm{j}2\pi\times 50\times 25.5\times 10^{-3})\ \Omega=(6+\mathrm{j}8)\ \Omega=10\ \underline{/53.1^\circ}\ \Omega$$

$$\cos\varphi=\cos 53.1^\circ=0.6$$

$$\dot{I}_1=\frac{\dot{U}}{Z_1}=\frac{50\sqrt{2}\ \underline{/30^\circ}}{10\ \underline{/53.1^\circ}}\ \text{A}=5\sqrt{2}\ \underline{/-23.1^\circ}\ \text{A}$$

$$S=UI_1=50\sqrt{2}\times 5\sqrt{2}\ \text{V}\cdot\text{A}=500\ \text{V}\cdot\text{A}$$

$$P=S\cos\varphi=500\times 0.6\ \text{W}=300\ \text{W}$$

$$Q_L=S\sin\varphi=500\times\sin 53.1^\circ\ \text{var}=500\times 0.8\ \text{var}=400\ \text{var}$$

(2)　$$\cos\varphi_1=0.95,\quad \varphi_1=18.2^\circ$$

$$C=\frac{P}{2\pi fU^2}(\tan\varphi-\tan\varphi_1)=\frac{300}{2\pi\times 50\times(50\sqrt{2})^2}(\tan 53.1^\circ-\tan 18.2^\circ)=191\ \mu\text{F}$$

$$P=300\ \text{W}\quad(\text{因所并联的 } C \text{ 不消耗功率})$$

$$Q=P\tan\varphi_1=300\times\tan 18.2^\circ\ \text{var}=100\ \text{var}$$

$$S=\frac{P}{\cos\varphi_1}=\frac{300}{\cos 18.2^\circ}\ \text{V}\cdot\text{A}=315.8\ \text{V}\cdot\text{A}$$

$$I=\frac{S}{U}=\frac{315.8}{50\sqrt{2}}\ \text{A}=4.47\ \text{A}<5\sqrt{2}\ \text{A}$$

$$Q_C=\omega CU^2=2\pi fCU^2=2\pi\times 50\times 191\times 10^{-6}\times(50\sqrt{2})^2\ \text{var}=300\ \text{var}$$

$$Q=Q_L-Q_C=(400-300)\ \text{var}=100\ \text{var}$$

例 5.8.7　有一电感性负载，$P=10\ \text{kW}$，$\cos\varphi=0.6$，$U=220\ \text{V}$，$f=50\ \text{Hz}$。如要将电路的功率因数提高到 $\cos\varphi_1=0.95$，求应并联的 C 值及并联 C 之前和之后的电流 I_1,I 的值。

解　$$\cos\varphi=0.6,\quad \varphi=53.1^\circ$$

$$\cos\varphi_1=0.95,\quad \varphi_1=18.2^\circ$$

$$C=\frac{P}{2\pi fU^2}(\tan\varphi-\tan\varphi_1)=\frac{10\times 10^3}{2\pi\times 50\times(220)^2}(\tan 53.1^\circ-\tan 18.2^\circ)\ \mu\text{F}=656\ \mu\text{F}$$

未并联 C 时，　$$I_1=\frac{P}{U\cos\varphi}=\frac{10\times 10^3}{220\times 0.6}\ \text{A}=75.6\ \text{A}$$

并联 C 之后，　$$I=\frac{P}{U\cos\varphi_1}=\frac{10\times 10^3}{220\times 0.95}\ \text{A}=47.8\ \text{A}<75.6\ \text{A}$$

现将功率因数提高的方法与计算汇总于表 5.8.2 中，以便复习和记忆。

表 5.8.2　功率因数提高的方法与计算

名　称	电　路	功率因数	线路电流
原电路	$\dot{I}_1$ + $\dot{U}$ − R L	$\cos\varphi$ $\varphi=$ $\dot{U}$ $\dot{I}_1$	$I_1=\dfrac{P}{U\cos\varphi}$

续 表

名　称	电　路	功率因数	线路电流
提高功率因数的电路	$\dot{I}$, +, $\dot{U}$, −, R, L, C	$\cos\varphi_1 > \cos\varphi$ $\varphi_1 =$ ($\dot{U}$, $\dot{I}$) $< \varphi$	$I = \dfrac{P}{U\cos\varphi_1} < I_1$
求 C 的公式	$C = \dfrac{P}{\omega U^2}(\tan\varphi - \tan\varphi_1) = \dfrac{P}{2\pi f U^2}(\tan\varphi - \tan\varphi_1)$		
说明	① 所并联的 C 要紧靠 $R-L$ 负载； ② 一般不要求把功率因数提高到 1； ③ 并联了 C 后，对负载 $R-L$ 吸收的功率 P 无影响，因 C 不消耗功率		

四、思考与练习

5.8.1　图 5.8.10 所示电路，求电阻 5 Ω，3 Ω 消耗的平均功率和电压源发出的平均功率。(答：10 W，12 W，22 W)

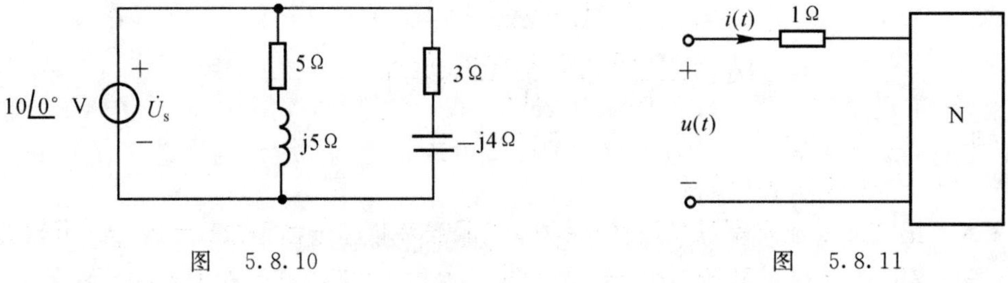

图　5.8.10　　　　图　5.8.11

5.8.2　图 5.8.11 所示电路，已知 $u(t) = 20\cos(2\pi ft + 45°)$ (V)，$i(t) = 2\cos(2\pi ft - 15°)$ (A)，求电路 N 吸收的平均功率 P_N。(答：8 W)

5.8.3　图 5.8.12 所示电路，$\dot{U} = 20\sqrt{2}\,\angle 45°$ V。求电路的有功功率 P，无功功率 Q，视在功率 S，功率因数 $\cos\varphi$。$\left(\text{答：}P = 40\ \text{W}, Q = 40\ \text{var}, S = 40\sqrt{2}\ \text{V}\cdot\text{A}, \cos\varphi = \dfrac{\sqrt{2}}{2}\right)$

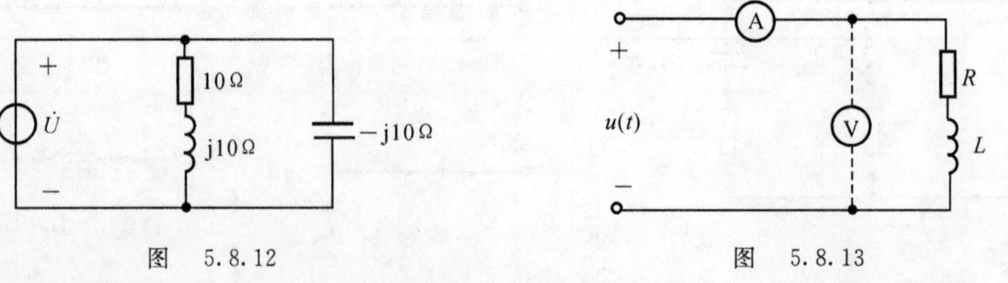

图　5.8.12　　　　图　5.8.13

5.8.4　图 5.8.13 所示电路，已知电压表和电流表的示数分别为 15 V，1 A，ω = 200 rad/s，电阻 R 消耗的功率 $P = 5$ W，求 R 和 L 的值。(答：5 Ω，70 mH)

5.8.5 图5.8.9(a)所示电路，$U=380$ V，$f=50$ Hz，$P=20$ kW，功率因数$\cos\varphi=0.6$。今要把电路的功率因数提高到$\cos\varphi_1=0.9$，求应并联的C的值[见图5.8.9(b)]，并求电路中的电流减小了多少值。(答：374.5 μF，$I_1-I_2=29.22$ A)

5.8.6 功率为60 W，功率因数为0.5的日光灯(感性)负载与功率为100 W的白炽灯各50只，并联在220 V的正弦电源上($f=50$ Hz)。若要把电路的功率因数提高到0.92，求应并联多大的C。(答：117.7 μF)

5.9 最大功率传输定理

图5.9.1所示为正弦电压源向负载阻抗$Z=R+\mathrm{j}X=|Z|\angle\varphi_Z$供电的电路，$\dot{U}_{OC}$和$Z_0=R_0+\mathrm{j}X_0=|Z_0|\angle\varphi_0$，分别为电压源的电压和内阻抗。保持$\dot{U}_{OC}$和$Z_0$的值固定不变，只改变阻抗$Z$的大小，求$Z$为何值时它能获得最大功率$P_m$，$P_m$为多大。

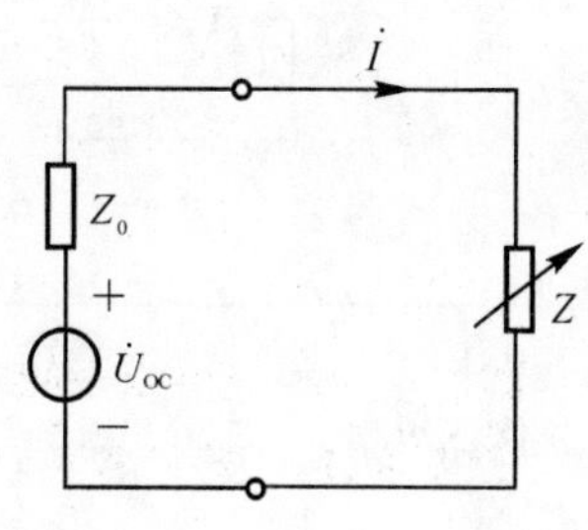

图5.9.1 最大功率传输定理

电路的总阻抗为

$$Z'=Z_0+Z=R_0+\mathrm{j}X_0+R+\mathrm{j}X=(R_0+R)+\mathrm{j}(X_0+X)$$

故模为

$$|Z'|=\sqrt{(R_0+R)^2+(X_0+X)^2}$$

故电流$\dot{I}$的有效值为

$$I=\frac{U_{OC}}{|Z|'}=\frac{U_{OC}}{\sqrt{(R_0+R)^2+(X_0+X)^2}}$$

故负载阻抗Z吸收的平均功率为

$$P=I^2R=\frac{U_{OC}^2}{(R_0+R)^2+(X_0+X)^2}R \tag{5.9.1}$$

若R和X均可改变，要让P取最大值，可以根据$\frac{\partial P}{\partial R}=0$，$\frac{\partial P}{\partial X}=0$来求解。由$\frac{\partial P}{\partial X}=0$，可求得$X=-X_0$，代入式(5.9.1)得

$$P=\frac{U_{OC}^2}{(R_0+R)^2}R \tag{5.9.2}$$

再根据

$$\frac{\partial P}{\partial R}=\frac{\partial}{\partial R}\left[\frac{U_{OC}^2}{(R_0+R)^2}R\right]=0$$

可求得$R=R_0$，代入式(5.9.2)即得最大功率为

$$P_m=\frac{U_{OC}^2}{4R_0} \tag{5.9.3}$$

综上所述，可得传输最大功率的条件为

$$\left.\begin{aligned}R&=R_0\\X&=-X_0\end{aligned}\right\} \tag{5.9.4(1)}$$

或

$$R+\mathrm{j}X=R_0-\mathrm{j}X_0 \tag{5.9.4(2)}$$

即

$$Z=Z_0^* \tag{5.9.4(3)}$$

把满足式(5.9.4)条件的电路工作状态称为共轭匹配状态，此时负载阻抗Z吸收的平均功率为最大值P_m，P_m根据式(5.9.3)计算。

现将最大功率传输定理汇总于表5.9.1中，以便查用和复习。

表 5.9.1　最大功率传输定理

名　称	电　路	条　件	P_m 的计算公式
共轭匹配	Z_0，$+$，$\dot{U}_{OC}$，$-$，Z $Z_0 = R_0 + jX_0$	$Z = \overset{*}{Z}_0 = R_0 - jX_0$	$P_m = \dfrac{U_{OC}^2}{4R_0}$
*模匹配	Z_0，$+$，$\dot{U}_{OC}$，$-$，R $Z_0 = R_0 + jX_0$	$R = \mid Z_0 \mid = \sqrt{R_0^2 + X_0^2}$	$P_m = \dfrac{\mid Z_0 \mid U_{OC}^2}{(R_0 + \mid Z_0 \mid)^2 + X_0^2}$

* 注：模匹配的推导，请读者参看有关电路理论书籍。

例 5.9.1　图 5.9.2(a) 所示电路，求负载阻抗 Z 为何值时，它能获得最大功率 P_m，P_m 为多大？

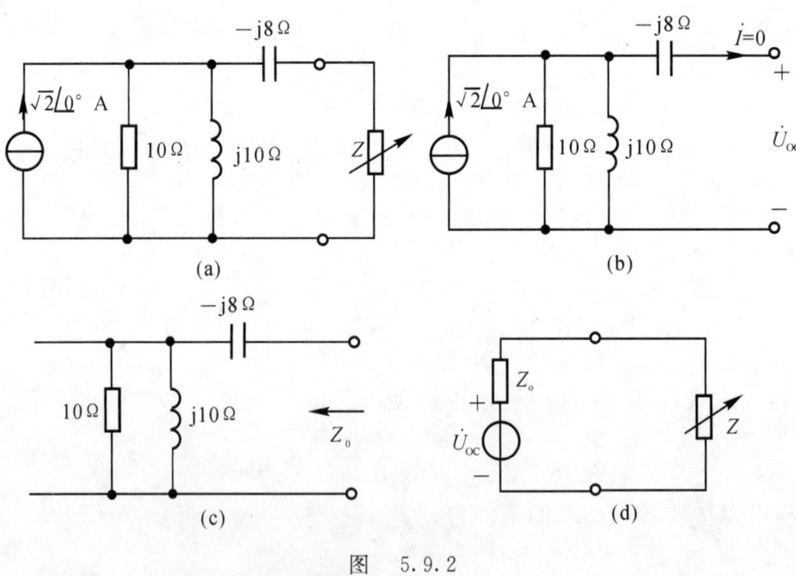

图　5.9.2

解　(1) 根据图 5.9.2(b) 所示电路求端口开路电压 $\dot{U}_{OC}$

$$\dot{U}_{OC} = \frac{10 \times j10}{10 + j10} \times \sqrt{2}\ \underline{/0^\circ}\ \text{V} = 5\sqrt{2}\ \underline{/45^\circ} \times \sqrt{2}\ \underline{/0^\circ}\ \text{V} = 10\ \underline{/45^\circ}\ \text{V}$$

(2) 根据图 5.9.2(c) 所示电路求端口输入阻抗 Z_0

$$Z_0=\left(-\mathrm{j}8+\frac{10\times\mathrm{j}10}{10+\mathrm{j}10}\right)\ \Omega=(-\mathrm{j}8+5\sqrt{2}\ \underline{/45^\circ})\ \Omega=(-\mathrm{j}8+5+\mathrm{j}5)\ \Omega=(5-\mathrm{j}3)\ \Omega$$

(3) 画等效电压源电路，如图 5.9.2(d) 所示。故当 $Z=Z_0^*=(5+\mathrm{j}3)\ \Omega$ 时，负载阻抗 Z 能获得最大功率 P_{m}，且

$$P_{\mathrm{m}}=\frac{U_{\mathrm{OC}}^2}{4R_0}=\frac{10^2}{4\times 5}\ \mathrm{W}=5\ \mathrm{W}$$

例 5.9.2　图 5.9.3(a) 所示电路，求负载阻抗 Z 为何值时，它能获得最大功率 P_{m}，P_{m} 的值为多少？

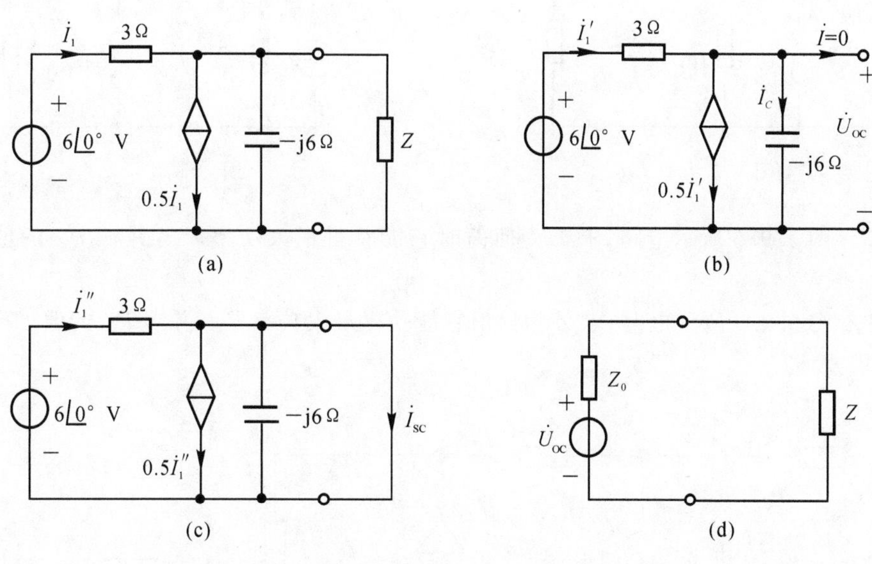

图　5.9.3

解　(1) 根据图 5.9.3(b) 所示电路求端口开路电压 $\dot{U}_{\mathrm{OC}}$

$$\dot{I}_C=I'_1-0.5\dot{I}'_1=0.5\dot{I}'_1=0.5\times\frac{6\ \underline{/0^\circ}-\dot{U}_{\mathrm{OC}}}{3}=0.5\times\frac{6-\dot{U}_{\mathrm{OC}}}{3}$$

又有
$$\dot{U}_{\mathrm{OC}}=-\mathrm{j}6\dot{I}_C=-\mathrm{j}6\times 0.5\ \frac{6-\dot{U}_{\mathrm{OC}}}{3}=-\mathrm{j}6+\mathrm{j}\dot{U}_{\mathrm{OC}}$$

故
$$\dot{U}_{\mathrm{OC}}=\frac{-\mathrm{j}6}{1-\mathrm{j}1}=\frac{6\ \underline{/-90^\circ}}{\sqrt{2}\ \underline{/-45^\circ}}\ \mathrm{V}=3\sqrt{2}\ \underline{/-45^\circ}\ \mathrm{V}$$

(2) 根据图 5.9.3(c) 所示电路求端口短路电流 $\dot{I}_{\mathrm{SC}}$

$$\dot{I}''_1=\frac{6\angle 0^\circ}{3}\ \mathrm{A}=2\ \underline{/0^\circ}\ \mathrm{A}$$

故
$$\dot{I}_{\mathrm{SC}}=\dot{I}''_1-0.5\dot{I}''_1=0.5\dot{I}''_1=0.5\times 2\ \underline{/0^\circ}\ \mathrm{A}=1\ \underline{/0^\circ}\ \mathrm{A}$$

(3) 端口输入阻抗为

$$Z_0=\frac{\dot{U}_{\mathrm{OC}}}{\dot{I}_{\mathrm{SC}}}=\frac{3\sqrt{2}\ \underline{/-45^\circ}}{1\ \underline{/0^\circ}}\ \Omega=3\sqrt{2}\ \underline{/-45^\circ}\ \Omega=(3-\mathrm{j}3)\ \Omega$$

(4) 于是可画出等效电压源电路，如图 5.9.3(d) 所示。故当 $Z=Z_0^*=(3+\mathrm{j}3)\ \Omega$ 时，Z 能获得最大功率 P_{m}，且

$$P_{\mathrm{m}}=\frac{U_{\mathrm{OC}}^{2}}{4R_{0}}=\frac{(3\sqrt{2})^{2}}{4\times 3}\ \mathrm{W}=1.5\ \mathrm{W}$$

思考与练习

5.9.1 图 5.9.4 所示电路，求 Z 为何值时它能获得最大功率 P_{m}，并求 P_{m} 的值。（答：$5+\mathrm{j}3\ \Omega$，5 W）

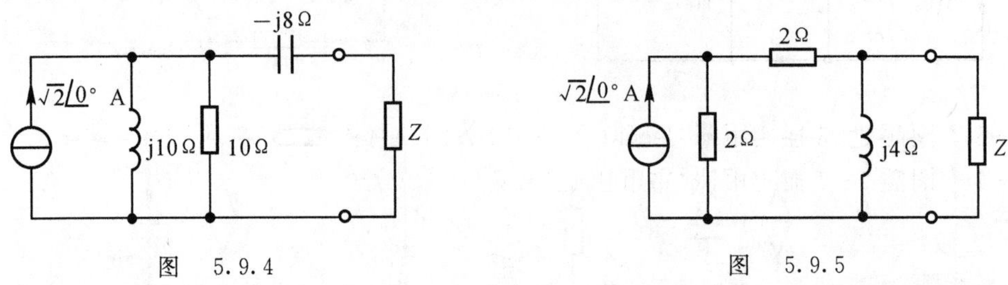

图 5.9.4　　　　图 5.9.5

5.9.2 图 5.9.5 所示电路，求 Z 为何值时它能获得最大功率 P_{m}，并求 P_{m} 的值。（答：$2-\mathrm{j}2\ \Omega$，0.5 W）

5.9.3 图 5.9.6 所示电路，求 Z 为何值它能获得最大功率 P_{m}，并求 P_{m} 的值。（答：$2-\mathrm{j}4\ \Omega$，100 W）

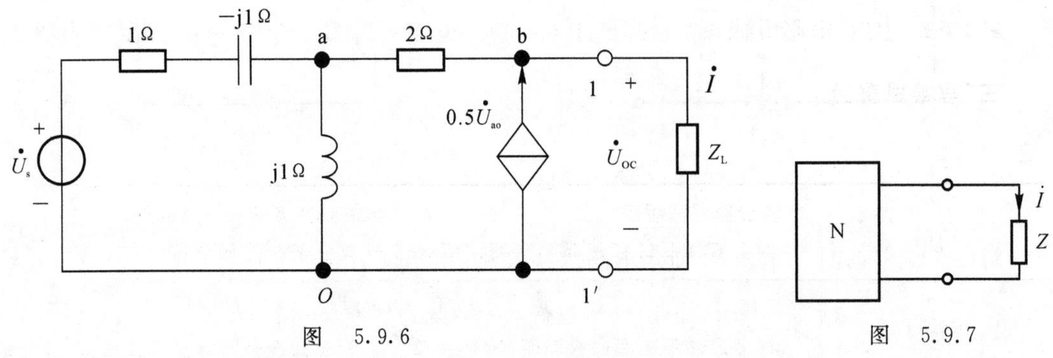

图 5.9.6　　　　图 5.9.7

5.9.4 图 5.9.7 所示电路，已知 $Z=2-\mathrm{j}2\ (\Omega)$ 时获得了最大功率 $P_{\mathrm{m}}=8$ W。(1) 求 N 的等效电压源电路；(2) 求电流 $\dot{I}$ 的值。（答：$Z_0=2+\mathrm{j}2\ \Omega$，$\dot{U}_{\mathrm{OC}}=8\underline{/0^\circ}$ V；$\dot{I}=2\underline{/0^\circ}$ A）

*5.10　电路中的谐振

由电感 L 和电容 C 组成的可以在一个或若干个频率上发生谐振现象的电路，统称为谐振电路。在电子工程与无线电工程中，一方面经常要从许多电信号中选取我们所需要的电信号，同时把不需要的电信号加以滤除或抑制，为此就需要有一个选择电路，即谐振电路。另一方面，在电力工程中，有可能由于电路中出现谐振而产生某些危害，例如出现过高的电压或过大的电流。所以对谐振电路及其特性的研究，无论从利用方面，还是从限制其危害方面来看，都具有重要意义。我们将在本节中简要介绍电路谐振的概念及其基本特性与应用。

一、串联谐振电路

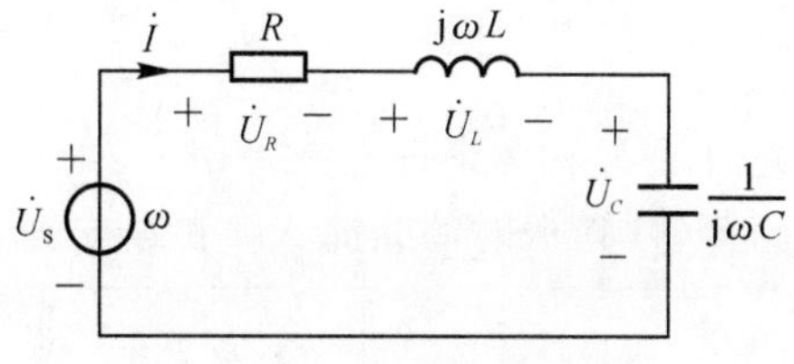

图5.10.1　串联谐振电路

1. 谐振的定义与谐振条件

由电感 L 和电容 C 串联而组成的谐振电路，称为串联谐振电路，如图5.10.1所示。其中 R 可认为是电感线圈的电阻，$\dot{U}_S$ 为电压源电压，ω 为电源（也称信号源）的角频率。该电路的输入阻抗为

$$Z=|Z|\angle\varphi=R+jX=\sqrt{R^2+X^2}\angle\arctan\frac{X}{R} \tag{5.10.1}$$

其中

$$X=\omega L-\frac{1}{\omega C}$$

故得

$$|Z|=\sqrt{R^2+X^2}=\sqrt{R^2+(\omega L-\frac{1}{\omega C})^2} \tag{5.10.2}$$

$$\varphi=\arctan\frac{X}{R}=\arctan\frac{\omega L-\frac{1}{\omega C}}{R} \tag{5.10.3}$$

由式(5.10.3)可知，当 $X=\omega L-\frac{1}{\omega L}=0$ 时，即有 $\varphi=0$，即 $\dot{I}$ 与 $\dot{U}_S$ 同相，此时，就说电路发生了谐振。所以电路发生谐振的条件为

$$X=\omega L-\frac{1}{\omega C}=0 \tag{5.10.4}$$

2. 电路的固有谐振频率

由式(5.10.4)可得

$$\omega=\frac{1}{\sqrt{LC}}=\omega_0 \tag{5.10.5}$$

式中

$$\omega_0=\frac{1}{\sqrt{LC}}$$

ω_0 称为电路的固有谐振角频率，简称谐振角频率，因为它只由电路本身的参数 L，C 决定，而与电压和电流无关。电路的固有谐振频率则为

$$f_0=\frac{\omega_0}{2\pi}=\frac{1}{2\pi\sqrt{LC}} \tag{5.10.6}$$

式(5.10.5)表明，当电源的角频率 ω 与电路的固有谐振角频率 ω_0 相等时，电路即发生了谐振。

由式(5.10.5)与式(5.10.6)可知，L 和 C 的值愈小，则 ω_0 和 f_0 的值就愈高。

3. 谐振时电路的特性

谐振电路在谐振时有如下一些重要特性：

(1) 由式(5.10.1)可知，在谐振时由于 $X=\omega L-\frac{1}{\omega C}=0$，故阻抗 $Z=R$，即阻抗 Z 的值为最小，且为纯电阻。

(2) 电流 $\dot{I}$ 与电压 $\dot{U}_S$ 同相，即 $\varphi=\psi_u-\psi_i=0$。

(3) 电路中电流的有效值达到最大，即

$$I=I_0=\frac{U_S}{|Z|}=\frac{U_S}{R}$$

此时的 I_0 称为谐振电流。

(4) 谐振时的感抗 X_{L0} 和容抗 X_{C0} 相等，即

$$X_{L0}=\omega_0 L=\frac{1}{\sqrt{LC}}L=\sqrt{\frac{L}{C}},\quad X_{C0}=\frac{1}{\omega_0 C}=\frac{1}{\frac{1}{\sqrt{LC}}C}=\sqrt{\frac{L}{C}}$$

可见有 $X_{L0}=X_{C0}$。

(5) 在 L 和 C 的两端均可能出现过高电压，即

$$U_{L0}=I_0 X_{L0}=\frac{U_S}{R}X_{L0}=\frac{X_{L0}}{R}U_S,\quad U_{C0}=I_0 X_{C0}=\frac{U_S}{R}X_{C0}=\frac{X_{C0}}{R}U_S$$

由以上两式可见，若在谐振时有 $\frac{X_{L0}}{R}=\frac{X_{C0}}{R}\gg 1$，则就有 $U_{L0}=U_{C0}\gg U_S$，这就是过电压现象。故串联谐振又称为电压谐振。这种出现高电压的现象，在电子工程和无线电工程中极为有用，可用来选择电信号，但在电力工程中却非常有害，应予防止。

(6) 谐振时电路的相量图如图 5.10.2 所示(以电流 $\dot{I}_0$ 为参考相量)。由图可见，L 和 C 两端的电压 $\dot{U}_{L0}$ 与 $\dot{U}_{C0}$ 大小相等，相位相反，互相抵消了，故有 $\dot{U}_S=\dot{U}_R$。

(7) 当电源 $\dot{U}_S$ 的频率 $\omega=\omega_0$ 时，电路呈现电阻性；当 $\omega<\omega_0$ 时，电路呈现电容性；当 $\omega>\omega_0$ 时，电路呈现电感性。

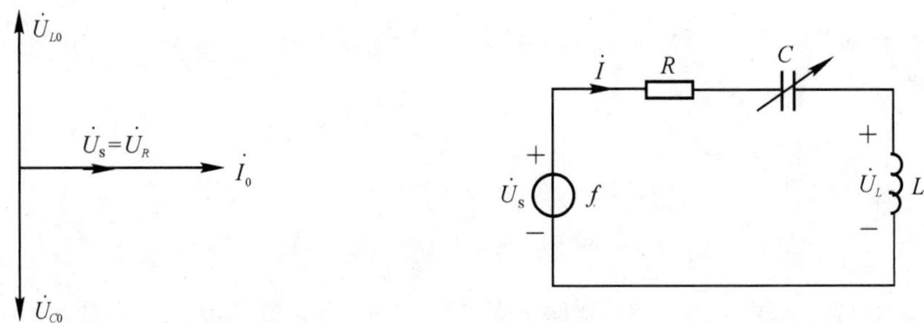

图 5.10.2 串联谐振时的相量图

图 5.10.3

例 5.10.1 一半导体收音机的输入电路为 R,L,C 串联电路，如图 5.10.3 所示，$L=300\ \mu H$，$R=10\ \Omega$。当收听频率 $f=540$ kHz 的电台广播时，从天线接收到的输入信号电压的有效值 $U_S=100\ \mu V$。求可变电容 C 的值与输出电压 U_{L0} 的值。

解 $C=\frac{1}{\omega_0^2 L}=\frac{1}{(2\pi f)^2 L}=\frac{1}{(2\pi\times 540\times 10^3)^2\times 300\times 10^{-6}}\ F=292\ pF$

$$I_0=\frac{U_S}{R}=\frac{100}{10}\ \mu A=10\ \mu A$$

$$X_{L0}=\omega_0 L=\sqrt{\frac{L}{C}}=\sqrt{\frac{300\times 10^{-6}}{292\times 10^{-12}}}\ \Omega=1\times 10^3\ \Omega$$

$$U_{L0}=I_0 X_{L0}=10\times 10^{-6}\times 1\times 10^3\ V=10\ mV$$

二、并联谐振电路

1. 谐振条件与固有谐振频率

由 L 和 C 相并联即构成并联谐振电路，如图 5.10.4 所示，其中 R 可认为是电感线圈的等效电阻，$\dot{I}_S$ 为电流源电流，ω 为电源（也称信号源）的角频率，$\dot{U}$ 为输出电压。该电路的输入导纳为

$$Y=\frac{1}{R}+\frac{1}{j\omega L}+\frac{1}{\frac{1}{j\omega C}}=\frac{1}{R}+j\left(\omega C-\frac{1}{\omega L}\right)$$

由此式可见，当满足

$$\omega C-\frac{1}{\omega L}=0 \tag{5.10.7}$$

时，即有 $Y=1/R$，此时 $\dot{U}$ 与 $\dot{I}_S$ 同相位，电路发生谐振，称为并联谐振。式(5.10.7) 即为发生并联谐振的条件。

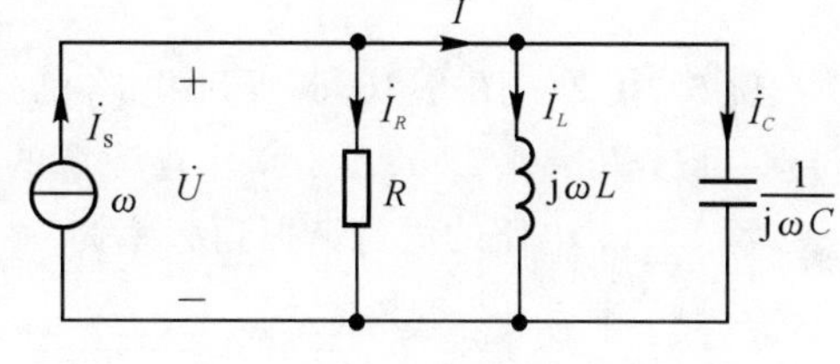

图 5.10.4　并联谐振电路

由式(5.10.7) 可得电路的固有频率谐振角频率为

$$\omega_0=\frac{1}{\sqrt{LC}}$$

而固有谐振频率则为

$$f_0=\frac{1}{2\pi\sqrt{LC}}$$

可见，与串联谐振电路固有谐振频率的求解公式相同。

2. 谐振时电路的特性

并联谐振电路在谐振时也有一些重要特性：

(1) $\dot{I}_S$ 与输出电压 $\dot{U}$ 同相位。

(2) 电路的导纳 $Y=1/R$，Y 的值最小，且为纯电导；亦即电路的阻抗 $Z=1/Y=R$，Z 的值为最大，且为纯电阻。

(3) 电路输出电压的有效值达到最大，即

$$U=U_0=I_S R$$

此时的 U_0 称为谐振电压。

(4) 谐振时的感抗 X_{L0} 和容抗 X_{C0} 相等，即

$$X_{L0}=X_{C0}=\sqrt{\frac{L}{C}}$$

(5) 在 L 和 C 中均有可能出现过大的电流，即

$$I_{L0}=\frac{U_0}{X_{L0}}=\frac{R}{X_{L0}}I_S,\quad I_{C0}=\frac{U_0}{X_{C0}}=\frac{R}{X_{C0}}I_S$$

由以上两式可知，若在谐振时有 $\frac{R}{X_{L0}}=\frac{R}{X_{C0}}\gg 1$，则就有 $I_{L0}=I_{C0}\gg I_S$，这就是过电流现象。故并联谐振又称为电流谐振。

(6) 谐振时电路的相量图如图 5.10.5 所示（以电压 $\dot{U}_0$ 为参考相量）。由图可见，$\dot{I}_{L0}$ 和 $\dot{I}_{C0}$ 大小相等，相位相反，互相抵消了，故有 $\dot{I}=0$，$\dot{I}_R=\dot{I}_S$。

(7) 当电流源 $\dot{I}_S$ 的频率 $\omega=\omega_0$ 时,电路呈现纯电阻性;当$\omega<\omega_0$ 时,电路呈现电感性;当 $\omega>\omega_0$ 时,电路呈现电容性。

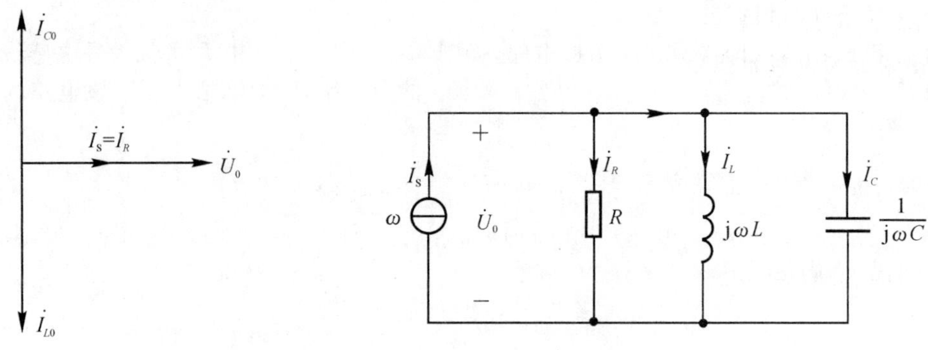

图 5.10.5　并联谐振时的相量图　　　　图　5.10.6

例 5.10.2　图 5.10.6 所示电路已工作于谐振状态,已知 $L=40\ \mu\text{H}$,$C=40\ \text{pF}$,$R=60\ \text{k}\Omega$,$I_S=0.5\ \text{mA}$。(1) 求电流源的频率 ω;(2) 求输出电压 U_0;(3) 求I_{L0} 和 I_{C0}。

解　(1) 电路的固有谐振角频率为

$$\omega_0=\frac{1}{\sqrt{LC}}=\frac{1}{\sqrt{40\times10^{-6}\times40\times10^{-12}}}\ \text{Hz}=25\times10^6\ \text{Hz}$$

故得电流源的角频率 $\omega=\omega_0=25\times10^6\ \text{Hz}$。

(2)$U_0=I_SR=0.5\times10^{-3}\times60\times10^3\ \text{V}=30\ \text{V}$

(3)$X_{L0}=X_{C0}=\omega_0L=25\times10^6\times40\times10^{-6}\ \Omega=1\ 000\ \Omega$

故
$$I_{L0}=I_{C0}=\frac{U_0}{X_{L0}}=\frac{30}{1\ 000}\ \text{A}=30\times10^{-3}\ \text{A}=30\ \text{mA}$$

现将谐振电路在谐振时的性质汇总于表 5.10.1 中,以便查用和复习。

表 5.10.1　谐振电路及其性质

名　称	RLC 串联谐振电路	RLC 并联谐振电路
电路		
谐振条件	$\omega L=\frac{1}{\omega C}$	$\omega L=\frac{1}{\omega C}$
固有谐振频率	$\omega_0=\frac{1}{\sqrt{LC}},\quad f_0=\frac{1}{2\pi\sqrt{LC}}$	$\omega_0=\frac{1}{\sqrt{LC}},\quad f_0=\frac{1}{2\pi\sqrt{LC}}$
谐振阻抗	$Z_0=R$	$Z_0=R$
特征阻抗	$\rho=\omega_0L=\frac{1}{\omega_0C}=\sqrt{\frac{L}{C}}$	$\rho=\omega_0L=\frac{1}{\omega_0C}=\sqrt{\frac{L}{C}}$
品质因数	$Q=\frac{\rho}{R}=\frac{\omega_0L}{R}=\frac{1}{R\omega_0C}$	$Q=\frac{R}{\rho}=\frac{R}{\omega_0L}=\frac{R}{\frac{1}{\omega_0C}}$

续 表

名　称	RLC 串联谐振电路	RLC 并联谐振电路
谐振时电路的性质	①$\dot{U}_S$ 与 $\dot{I}$ 同相；②$Z_0 = R$； ③$I_0 = \frac{U_S}{R}$； ④$U_{L0} = U_{C0} = QU_S \gg U_S$； ⑤$U_X = 0$；⑥$P_0 = I_0^2 R$	①$\dot{U}$ 与 $\dot{I}_S$ 同相；②$Z_0 = R$； ③$U_0 = RI_S$； ④$I_{L0} = I_{C0} = QI_S \gg I_S$； ⑤$I_X = 0$；⑥$P_0 = \frac{U_0^2}{R}$
通频带	$\Delta\omega = \frac{\omega_0}{Q}$，$\Delta f = \frac{f_0}{Q}$	$\Delta\omega = \frac{\omega_0}{Q}, \Delta f = \frac{f_0}{Q}$
选择性	具有选择有用电信号的能力，且与 Q 成正比	具有选择有用电信号的能力，且与 Q 成正比
应用	用于无线电接收机的天线输入电路以及各种滤波电路	用于无线电接收机中频放大器的负载电路以及各种滤波电路

三、思考与练习

5.10.1　RLC 串联电路中 $L=50\ \mu\text{H}$，$C=200\ \text{pF}$，$R=10\ \Omega$，$U_S=1\ \text{mV}$。(1) 求电路的固有谐振频率 f_0；(2) 求谐振电流 I_0；(3) 求谐振时电感两端的电压 U_{L0}。(答：1.59 MHz；0.1 mA；50 mV)

5.10.2　RLC 并联电路中 $L=20\ \text{mH}$，$C=80\ \text{pF}$，$R=250\ \text{k}\Omega$，$I_S=1\ \text{mA}$。(1) 求电路的固有谐振频率 f_0；(2) 求谐振电压 U_0。(答：126 kHz，250 V)

习　题　五

5-1　图题 5-1 所示电路，求电压 $\dot{U}$。(答：$10\,\underline{/0^\circ}$ V)

5-2　图题 5-2 所示电路，已知 $\dot{U}=-\text{j}10$ V，求 $\dot{I}$，$\dot{U}_S$。(答：$2\,\underline{/0^\circ}$ A，$8-\text{j}10$ V)

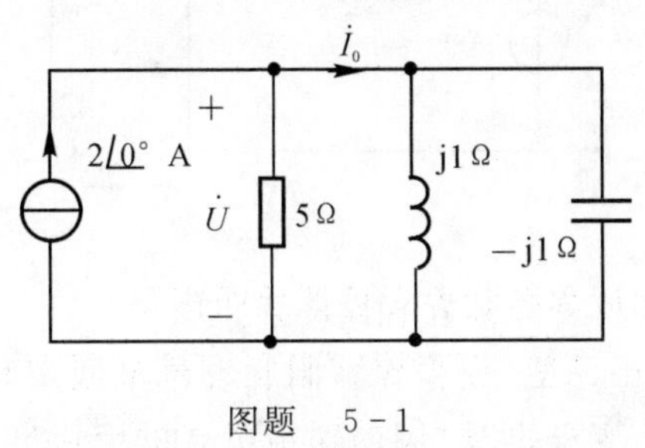

图题　5-1

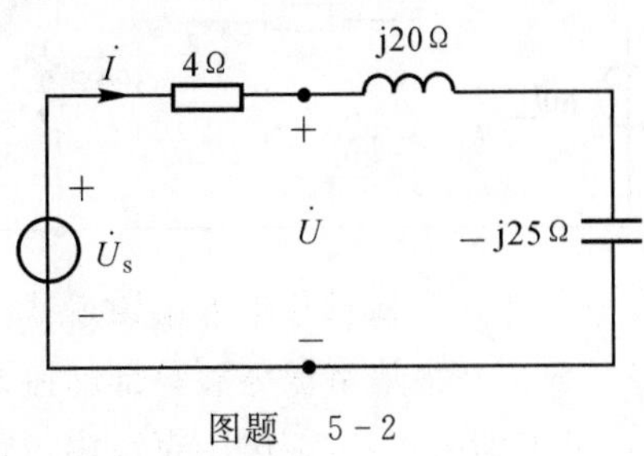

图题　5-2

5-3　图题 5-3 所示正弦电路，已知 $\dot{U}_{ab}=4\angle 0^\circ$ V，求 $\dot{U}_S$。(答：$2\sqrt{2}\,\underline{/45^\circ}$ V)

5-4　图题 5-4 所示电路，$\dot{I}_S = 2\angle 0^\circ\text{A}$，$\dot{U}_S = 6\,\underline{/90^\circ}$ V，求 $\dot{I}_1$，$\dot{I}_2$。(答：$1\,\underline{/16.2^\circ}$ A，$1.44\,\underline{/109.4^\circ}$ A)

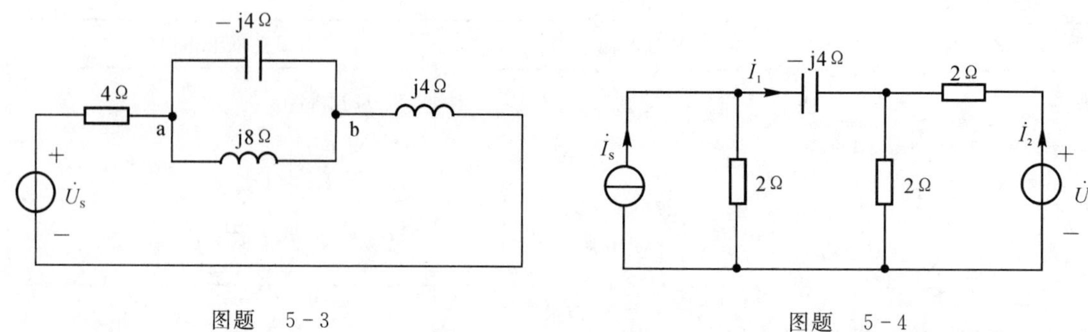

图题 5-3　　　　图题 5-4

5-5　图题 5-5 所示电路，$\dot{U}_{S1}=10\angle 0°$ V，$\dot{U}_{S2}=20\angle 60°$ V，求 $\dot{I}_1$，$\dot{I}_2$。（答：$6.95\angle -49.3°$ A，$6.69\angle 52.1°$ A）

5-6　图题 5-6 所示电路，$\dot{I}_{S1}=2\angle 0°$ A，$\dot{I}_{S2}=\sqrt{2}\angle 45°$ A，试用节点电位法求 $\dot{I}_1$，$\dot{I}_2$。（答：$0.447\angle -31.4°$ A，$2.9\angle 24.36°$ A）

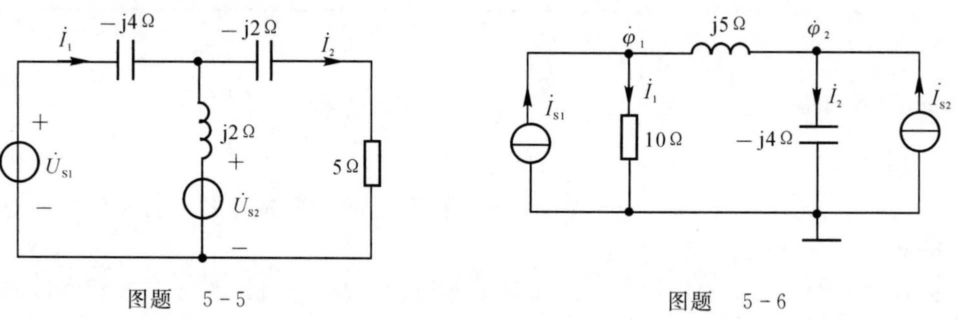

图题 5-5　　　　图题 5-6

5-7　图题 5-7 所示电路，求 Z 为何值时它能获得最大功率 P_m，P_m 为多大？（答：$50-\mathrm{j}50$ Ω，9 W）

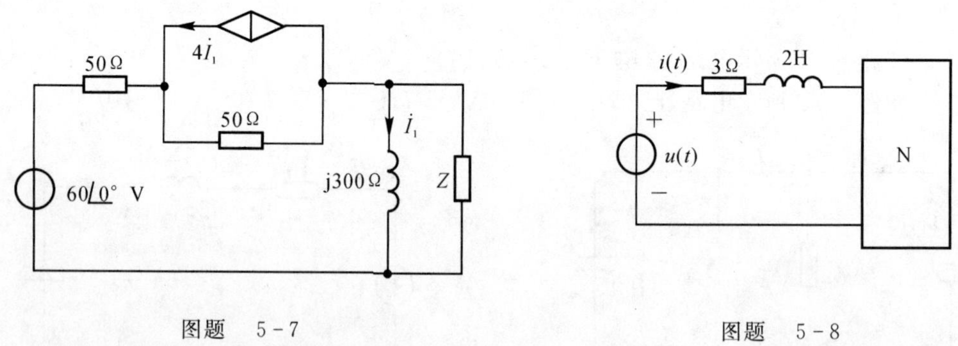

图题 5-7　　　　图题 5-8

5-8　图题 5-8 所示电路，已知 $u(t)=30\cos 2t$ (V)，$i(t)=5\cos 2t$ (A)，求电路 N 的最简等效串联电路。（答：3 Ω，0.125 F）

5-9　图题 5-9 所示电路，求端口输入阻抗 Z_0 的值。（答：$6+\mathrm{j}17$ Ω）

5-10　图题 5-10 所示电路，求端口等效电压源电路。（答：$-\mathrm{j}20$ V，$-\mathrm{j}2.5$ Ω；$3\angle 0°$ V，$3\angle 0°$ Ω）

5 - 11　图题 5 - 11 所示电路，已知 $U=100$ V，$I=0.1$ A，电路吸收的平均功率 $P=6$ W，电路呈电感性，求 R 和 X_L 的值。（答：750 Ω，375 Ω）

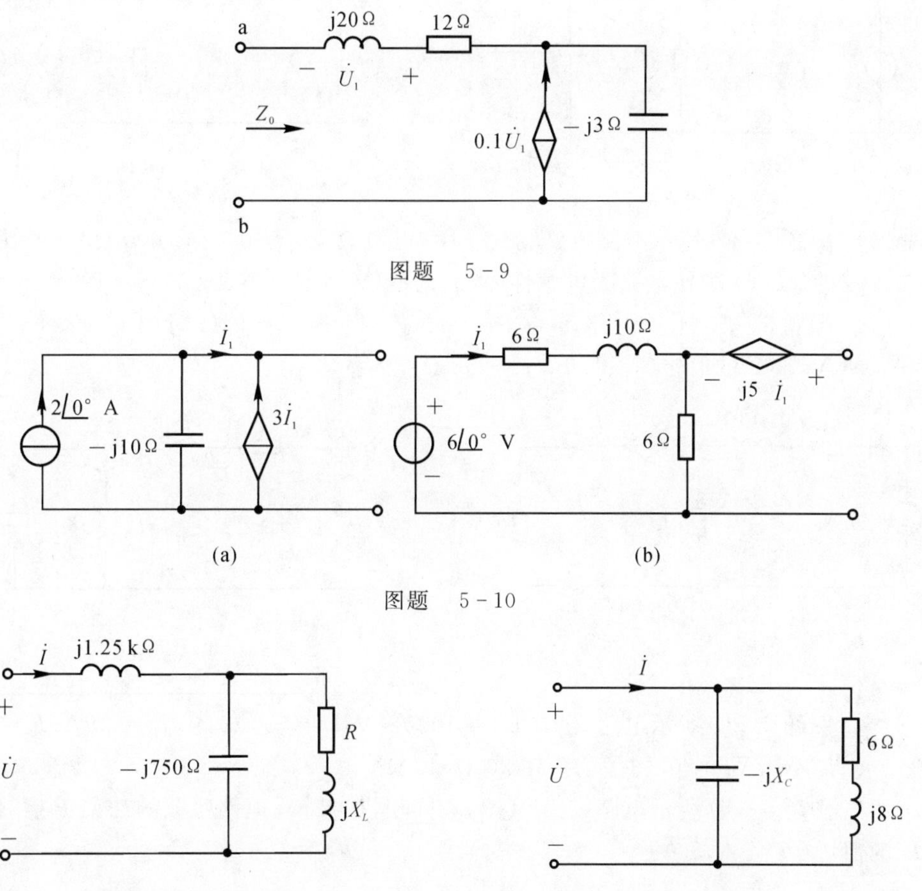

图题　5 - 11　　　　图题　5 - 12

5 - 12　图题 5 - 12 所示电路，已知 $\dot{U}$ 与 $\dot{I}$ 同相位，电路吸收的平均功率 $P=150$ W，求 X_C，U，I。（答：12.5 Ω，50 V，3 A）

5 - 13　图题 5 - 13 所示电路，已知阻抗 Z 吸收的最大功率 $P_m=5$ W，求 $\dot{I}_S$。（答：$2\angle 45°$ A，取 $\dot{U}_{OC}$ 为参考相量）

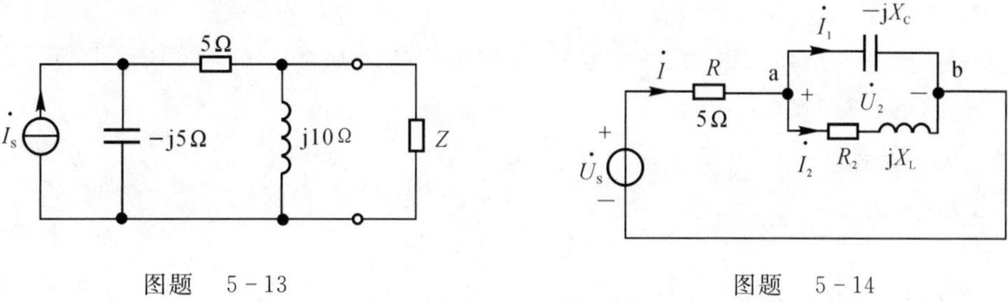

图题　5 - 13　　　　图题　5 - 14

5 - 14　图题 5 - 14 所示电路，已知 $I_1=10$ A，$I_2=10\sqrt{2}$ A，$U_S=200$ V，$R=5$ Ω，$R_2=X_L$。求 I，R_2，X_L，X_C 的值。（答：$10\angle 0°$ A，7.5 Ω，7.5 Ω，15 Ω）

5-15　图题 5-15 所示电路，已知 $I_1 = I_2 = 10$ A，求 $\dot{I}$ 和 $\dot{U}_S$。（答：$10\sqrt{2}\ \underline{/45^\circ}$ A，$100\ \underline{/90^\circ}$ V）

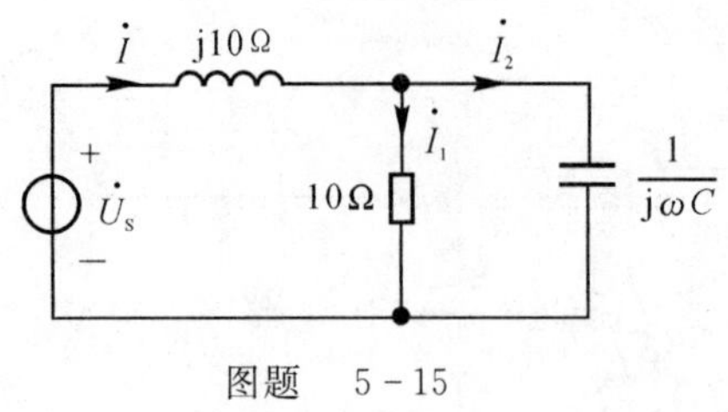

图题　5-15

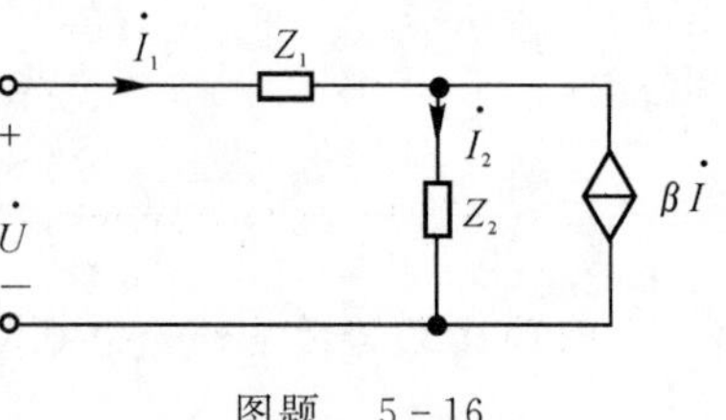

图题　5-16

5-16　图题 5-16 所示电路，已知 $Z_1 = 10 + j50\ \Omega$，$Z_2 = 400 - j1\ 000\ \Omega$。(1) 为使 $\dot{U}$ 与 $\dot{I}_2$ 正交，求 β 的值；(2) 为使电路为电感性，求 β 的取值范围。（答：-41；> 19）

5-17　图题 5-17 所示电路，$\omega = 10$ rad/s。(1) 求 $Z = 3\ \Omega$ 时的 $\dot{U}_2$；(2) 欲使 $\dot{U}_2 = -0.6 + j1.8$ V，求 Z 的值。（答：1.5 V；$1 + j3\ \Omega$）

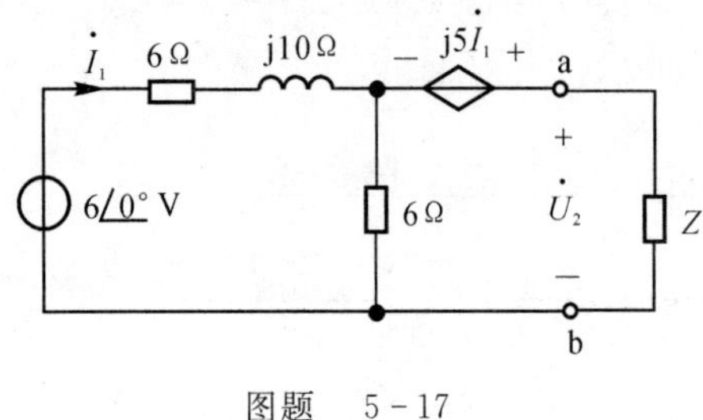

图题　5-17

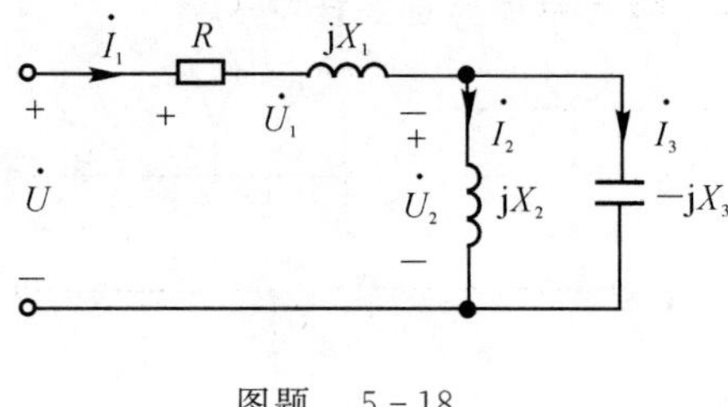

图题　5-18

5-18　图题 5-18 所示电路，已知 $U_1 = 100\sqrt{2}$ V，$U = 500\sqrt{2}$ V，$I_2 = 30$ A，$I_3 = 20$ A，$R = 10\ \Omega$。求 X_1，X_2，X_3 的值。（答：10 Ω，20 Ω，30 Ω）

5-19　图题 5-19 所示电路，已知 $\dot{U}$ 与 $\dot{I}$ 同相，$I = 3$ A，电路吸收的功率 $P = 34$ W。求 I_1 和 I_2 的值。（答：4 A，5 A）

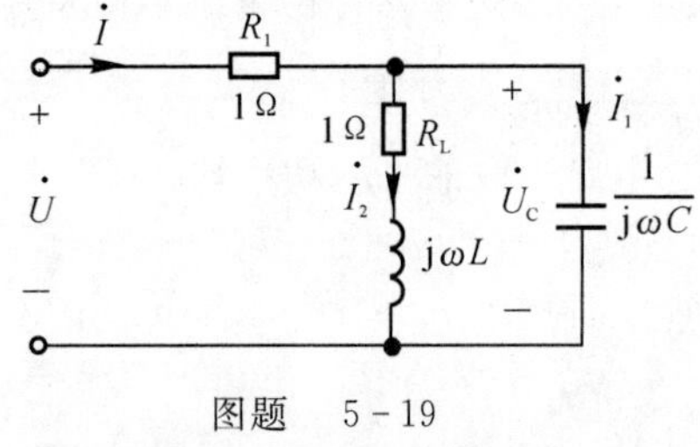

图题　5-19

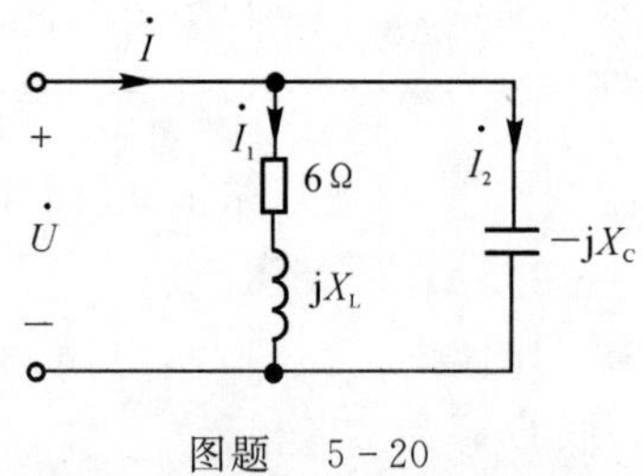

图题　5-20

5-20　图题 5-20 所示电路，$U = 50$ V，电路吸收的功率 $P = 150$ W，功率因数 $\cos\varphi = 1$。求 X_C 的值。（答：12.5 Ω）

5-21　图题 5-21 所示电路，$0 < K < 1$，求电路的固有谐振频率 f_0。（答：$\dfrac{1}{2\pi\sqrt{LC(1-K)}}$）

5-22　图题 5-22 所示电路，求电路的固有谐振频率 f_0。$\left(\text{答：}\dfrac{1}{2\pi\sqrt{3LC}}\right)$

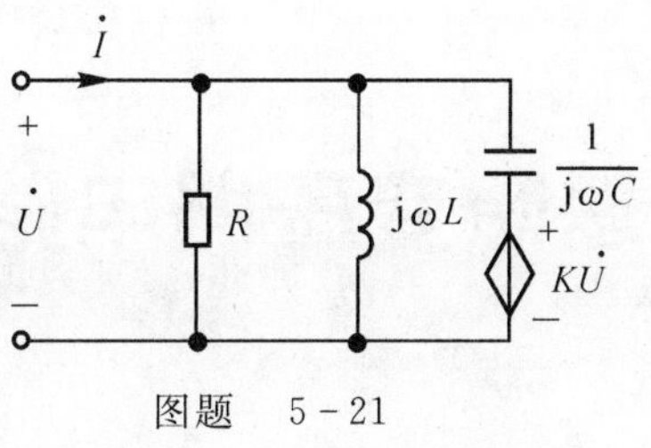

图题　5-21

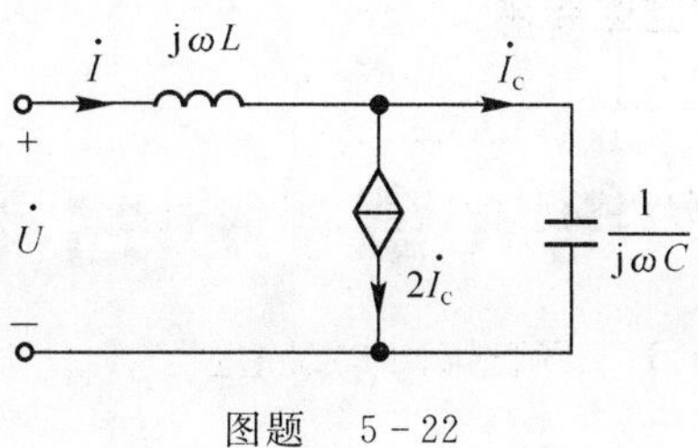

图题　5-22

5-23　图题 5-23 所示电路，在 $R \neq \infty$ 的条件下改变 R 的值，如欲使 $\dot{I}$ 的值不变，求电源的角频率 ω 应为多大？$\left(答:\frac{1}{\sqrt{LC}}\right)$

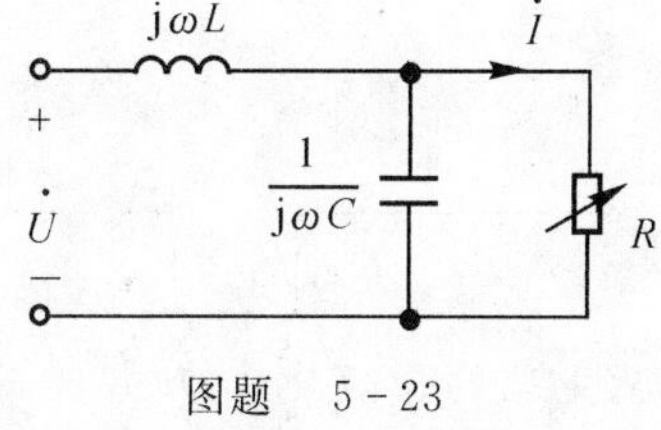

图题　5-23

5-24　一台发电机的容量 $S=25\ \text{kV}\cdot\text{A}$，供电给 $P=14\ \text{kW}$，$\cos\varphi=0.8$ 的电动机。求还可供 25 W 的白炽灯泡多少个？（答：347 个）

5-25　图题 5-25(a) 所示电路，已知电动机的功率 $P=4\ \text{kW}$，$U=230\ \text{V}$，$I=27.2\ \text{A}$，$f=50\ \text{Hz}$。(1) 求电动机的 $\cos\varphi$ 和吸收的无功功率 Q_L；(2) 如要把电路的功率因数提高到 $\cos\varphi_1=0.9$，求应并联的电容 C 的值[见图题 5-25(b)]。（答：0.64，4.8 kvar；173 μF）

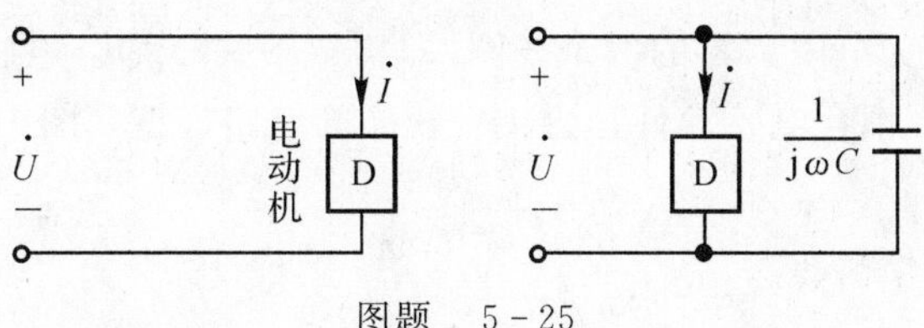

图题　5-25

第 6 章　耦合电感与理想变压器电路

内容提要

本章讲述耦合电感元件，耦合电感元件的伏安关系，耦合电感的去耦等效电路，含耦合电感电路的分析计算，理想变压器及其伏安关系，含理想变压器电路的分析计算。

6.1　耦合电感元件

一、定义

彼此靠近放置且认为电阻为零的两个线圈，即构成了一个耦合电感元件，也称互感元件，如图 6.1.1 所示。可见，耦合电感元件是磁耦合线圈的电路模型。图中 N_1，N_2 分别为线圈 Ⅰ 和 Ⅱ 的匝数。

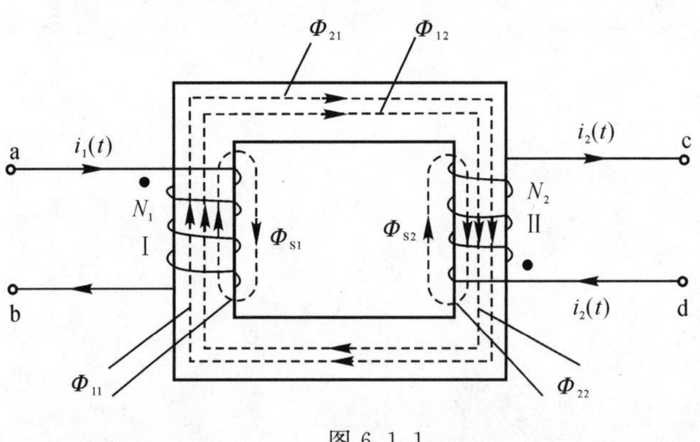

图 6.1.1

二、自磁通、互磁通与漏磁通

当给线圈Ⅰ中通以电流 $i_1(t)$ 时，该电流便要在线圈Ⅰ中产生磁通 Φ_{11}，称为线圈Ⅰ的自磁通，如图 6.1.1 中所示。Φ_{11} 中的一部分 Φ_{21} 同时还与线圈Ⅱ相链，Φ_{21} 称为线圈Ⅰ对线圈Ⅱ的互磁通；Φ_{11} 中的另一部分 Φ_{S1} 只与线圈Ⅰ相链，称为线圈Ⅰ的漏磁通。显然有 $\Phi_{11}=\Phi_{21}+\Phi_{S1}$。

同样的，当给线圈 Ⅱ 中通以电流 $i_2(t)$ 时，该电流也要在线圈 Ⅱ 中产生自磁通 Φ_{22}，如 6.1.1 中所示，线圈 Ⅱ 对线圈 Ⅰ 的互磁通则为 Φ_{12}，Φ_{22} 中的另一部分 Φ_{S2} 为线圈 Ⅱ 的漏磁通。显然有 $\Phi_{22}=\Phi_{12}+\Phi_{S2}$。

三、同名端

如图 6.1.1 所示，当两个线圈中同时通以电流 $i_1(t)$，$i_2(t)$ 时，若这两个电流所产生的互磁通 Φ_{21} 与 Φ_{12} 是互相加强的(即磁感线的方向是一致的)，则称这两个电流通入线圈的两端为同名端，也称同极性端，并用点“•”标志，如图 6.1.1 中所示，即线圈 Ⅰ 的 a 端与线圈 Ⅱ 的 d 端为同名端，当然 b 端与 c 端也为同名端；由此可知 a 端与 c 端，b 端与 d 端即为异名端。

同名端实质上反映了两个或多个线圈相互缠绕的方向。

例 6.1.1　如图 6.1.2(a) 所示电路，试标出 3 个线圈的同名端。

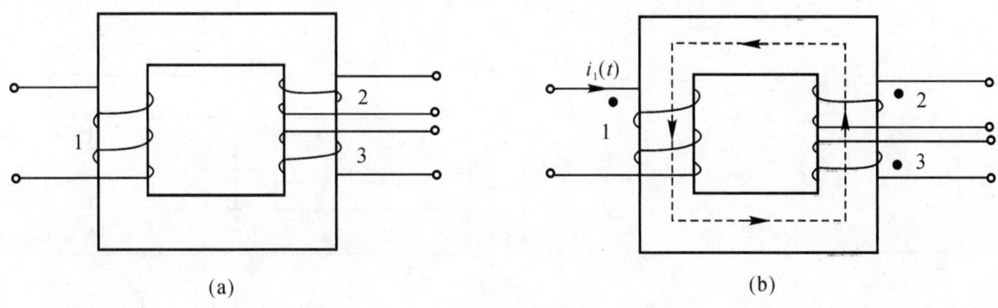

图　6.1.2

解　先设定 3 个线圈中任一个(例如线圈 1) 的同名端，并标以“•”号，如图 6.1.2(b) 中所示。当电流 $i_1(t)$ 从“•”号流入时所产生的磁感线方向如图 6.1.2(b) 中带箭头的虚线所示，于是根据此磁感线的方向用右手螺旋定则，即可判定出线圈 2 和 3 的同名端，如图 6.1.2(b) 中所示。

四、互感(系数)M

线圈 Ⅰ 对线圈 Ⅱ 的互磁链为

$$\Psi_{21} = N_2 \Phi_{21}$$

线圈 Ⅱ 对线圈 Ⅰ 的互磁链为

$$\Psi_{12} = N_1 \Phi_{12}$$

互磁链的单位也为 Wb(韦[伯])。

定义线圈 Ⅰ 对线圈 Ⅱ 的互感(系数) 为

$$M_{21} = \frac{\Psi_{21}}{i_1(t)} = N_2 \frac{\Phi_{21}}{i_1(t)}$$

定义线圈 Ⅱ 对线圈 Ⅰ 的互感(系数) 为

$$M_{12} = \frac{\Psi_{12}}{i_2(t)} = N_1 \frac{\Phi_{12}}{i_2(t)}$$

可以证明(其证明略去) 有 $M_{12} = M_{21} = M$，即

$$M_{21} = M_{12} = M = \frac{\Psi_{21}}{i_1(t)} = \frac{\Psi_{12}}{i_2(t)}$$

M 称为线圈 Ⅰ 与 Ⅱ 之间的互感系数，简称互感，单位为 H(亨[利])。M 的物理意义是，一个线圈中的单位电流在另一个线圈中所产生互磁链的能力大小。

互感 M 的大小与线圈的匝数,几何尺寸,相对位置以及媒质的磁导率 μ 有关,而与电压、电流无关。

五、耦合电感元件的电路符号

耦合电感元件的电路符号如图 6.1.3 所示,其中 L_1,L_2 分别为两个线圈的自感,M 为两个线圈之间的互感,"•" 代表两个线圈的同名端。

耦合电感元件的电路符号有3个特点:① 它有两个端口:线圈1有一个端口,线圈2有一个端口,所以是一个二端口元件;② 必须用 3 个参数 L_1,L_2,M 来描述;③ 还必须标出线圈的同名端。

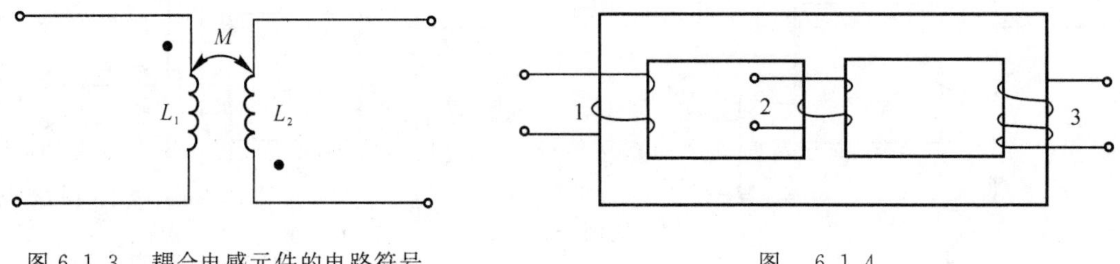

图 6.1.3　耦合电感元件的电路符号　　图　6.1.4

六、思考与练习

6.1.1　试标出图 6.1.4 所示 3 个线圈的同名端。

6.2　耦合电感元件的伏安关系

一、互感电压

(1) 定义。当一个线圈中的电流变化时,在另一个线圈的两端所产生的感应电压,称为互感应电压,简称互感电压,用 $u_M(t)$ 表示。

(2) 互感电压的大小和"+""−"号的确定原则。互感电压的大小是与产生它的那个电流的变化率成正比的,其比例系数即为互感 M;互感电压"+""−"号的确定则与电流的参考方向和互感电压的参考极性的设定有关。例如对于图 6.2.1(a) 所示电路,电流 $i_1(t)$ 的参考方向是流入同名端"•",电流$i_1(t)$变化时在右边线圈两端所产生的互感电压 $u_{M2}(t)$ 参考极性的"+"极端也在同名端"•"[$i_1(t)$ 的参考方向与 $u_{M2}(t)$ 的参考极性的这种设定,称为符合同名端],此时互感电压 $u_{M2}(t)$ 为

$$u_{M2}(t)=M\frac{\mathrm{d}i_1(t)}{\mathrm{d}t}$$

即等号右端取"+"号。可见,当 $i_1(t)$ 的参考方向与互感电压 $u_{M2}(t)$ 的参考极性的设定符合同名端时,互感电压的等号右端取"+"号,否则取"−"号。再例如对于图 6.2.1(b) 所示电路,电流 $i_2(t)$ 变化时在左边线圈两端所产生的互感电压 $u_{M1}(t)$ 为

$$u_{M1}(t)=-M\frac{\mathrm{d}i_2(t)}{\mathrm{d}t}$$

上式中等号右端取"−"号，是因为 $i_2(t)$ 的参考方向与 $u_{M1}(t)$ 的参考极性设定不符合同名端，即 $i_2(t)$ 的参考方向是从同名端"•"流出，而 $u_{M1}(t)$ 的参考极性的"+"极端是在同名端"•"。

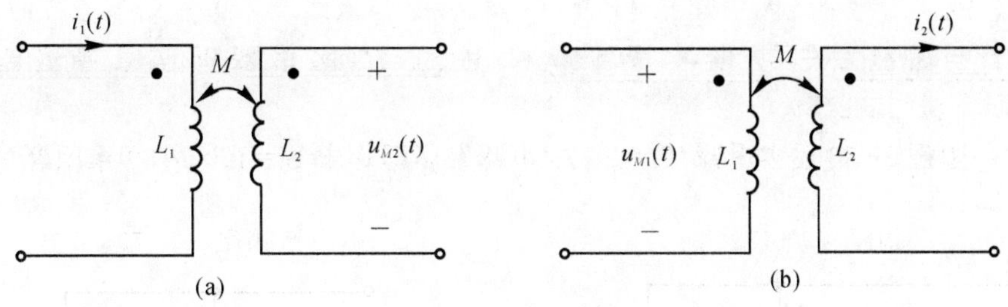

图 6.2.1　互感电压

二、耦合电感元件的伏安关系

描述耦合电感元件中自感电压、互感电压与电流关系的方程，称为耦合电感元件的伏安关系，也称伏安方程。列写耦合电感元件的伏安方程时，必须注意 3 点：① 不要把互感电压漏掉；② 不要把互感电压的大小写错；③ 不要把互感电压的"+""−"号搞错。

例 6.2.1　试列写图 6.2.2(a) 所示耦合电感电路的时域伏安关系方程与相量伏安关系方程。

解　(1) 时域伏安关系方程。设互感电压的参考极性如图 6.2.2(a) 所示。故有

$$\begin{cases} u_1(t) = -\left(L_1 \dfrac{\mathrm{d}i_1(t)}{\mathrm{d}t} - M\dfrac{\mathrm{d}i_2(t)}{\mathrm{d}t}\right) \\ u_2(t) = M\dfrac{\mathrm{d}i_1(t)}{\mathrm{d}t} - \left(+L_2 \dfrac{\mathrm{d}i_2(t)}{\mathrm{d}t}\right) \end{cases}$$

即

$$\begin{cases} u_1(t) = -L_1 \dfrac{\mathrm{d}i_1(t)}{\mathrm{d}t} + M\dfrac{\mathrm{d}i_2(t)}{\mathrm{d}t} \\ u_2(t) = M\dfrac{\mathrm{d}i_1(t)}{\mathrm{d}t} - L_2 \dfrac{\mathrm{d}i_2(t)}{\mathrm{d}t} \end{cases}$$

(2) 相量伏安关系方程。若电压、电流均为同频率的正弦量，则可画出图 6.2.2(a) 所示电路的相量电路模型，如图 6.2.2(b) 所示，其中 $\mathrm{j}\omega M$ 称为互感抗，单位为 Ω。故有

$$\begin{cases} \dot{U}_1 = -(\mathrm{j}\omega L_1 \dot{I}_1 - \mathrm{j}\omega M \dot{I}_2) \\ \dot{U}_2 = \mathrm{j}\omega M \dot{I}_1 - (+\mathrm{j}\omega L_2 \dot{I}_2) \end{cases}$$

即

$$\begin{cases} \dot{U}_1 = -\mathrm{j}\omega L_1 \dot{I}_1 + \mathrm{j}\omega M \dot{I}_2 \\ \dot{U}_2 = \mathrm{j}\omega M \dot{I}_1 - \mathrm{j}\omega L_2 \dot{I}_2 \end{cases}$$

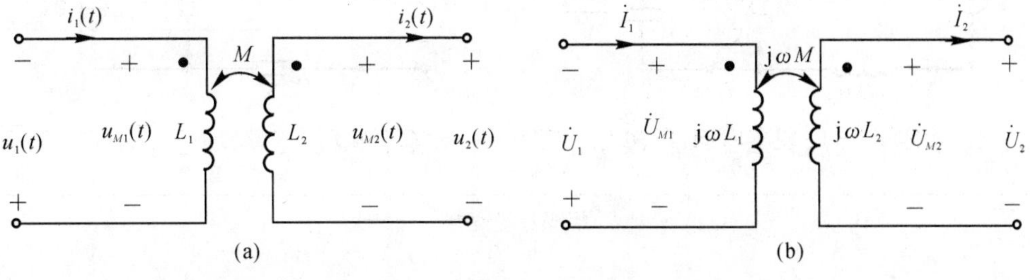

图　6.2.2

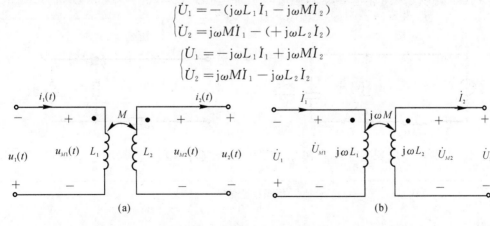

例 6.2.2 图 6.2.3(a) 所示电路，试列写出电路的时域伏安方程和相量伏安方程。

解 (1) 时域伏安方程。在图 6.2.3(a) 所示电路中，互感电压的参考极性未予以设定，此时不言而喻，就认为每个线圈中互感电压的参考极性是与该线圈中电流的参考方向为关联方向，即 $u_{M1}(t)$ 与 $i_1(t)$ 为关联方向，$u_{M2}(t)$ 与 $i_2(t)$ 为关联方向。故图 6.2.3(a) 所示电路的时域伏安方程为

$$\begin{cases} u_1(t) = -\left(L_1 \dfrac{\mathrm{d}i_1(t)}{\mathrm{d}t} + M \dfrac{\mathrm{d}i_2(t)}{\mathrm{d}t}\right) \\ u_2(t) = +\left(M \dfrac{\mathrm{d}i_1(t)}{\mathrm{d}t} + L_2 \dfrac{\mathrm{d}i_2(t)}{\mathrm{d}t}\right) \end{cases}$$

即

$$\begin{cases} u_1(t) = -L_1 \dfrac{\mathrm{d}i_1(t)}{\mathrm{d}t} - M \dfrac{\mathrm{d}i_2(t)}{\mathrm{d}t} \\ u_2(t) = M \dfrac{\mathrm{d}i_1(t)}{\mathrm{d}t} + L_2 \dfrac{\mathrm{d}i_2(t)}{\mathrm{d}t} \end{cases}$$

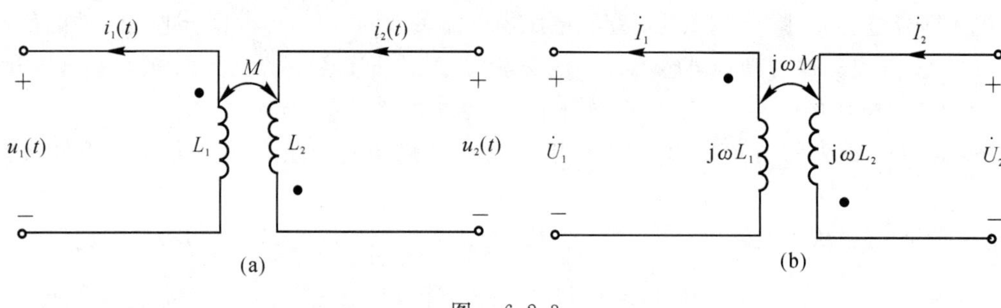

图 6.2.3

(2) 相量伏安方程。若电压、电流均为同频率的正弦量，则可画出图 6.2.3(a) 所示电路的相量电路模型，如图 6.2.3(b) 所示。故有

$$\begin{cases} \dot{U}_1 = -(\mathrm{j}\omega L_1 \dot{I}_1 + \mathrm{j}\omega M \dot{I}_2) \\ \dot{U}_2 = +(\mathrm{j}\omega M \dot{I}_1 + \mathrm{j}\omega L_2 \dot{I}_2) \end{cases}$$

即

$$\begin{cases} \dot{U}_1 = -\mathrm{j}\omega L_1 \dot{I}_1 - \mathrm{j}\omega M \dot{I}_2 \\ \dot{U}_2 = \mathrm{j}\omega M \dot{I}_1 + \mathrm{j}\omega L_2 \dot{I}_2 \end{cases}$$

例 6.2.3 图 6.2.4 所示电路，已知 $\mathrm{j}\omega L_1 = \mathrm{j}8\ \Omega$，$\mathrm{j}\omega M = \mathrm{j}4\ \Omega$，$\dot{I}_\mathrm{S} = 2\,\underline{/0^\circ}$ A。求端口开路电压 $\dot{U}_\mathrm{OC}$。

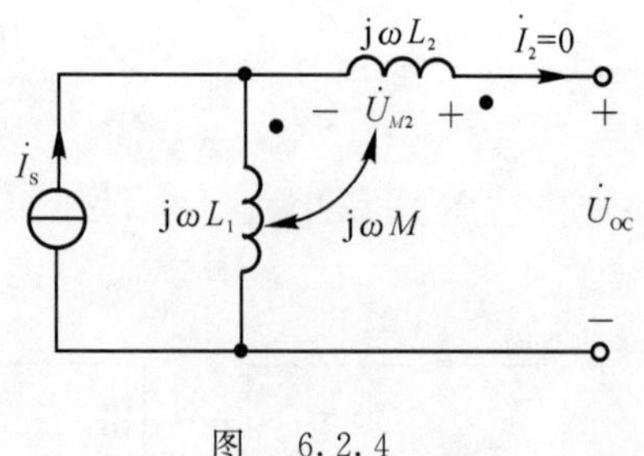

图 6.2.4

解 由于端口开路，故电流 $\dot{I}_2 = 0$。设 $\dot{I}_\mathrm{S}$ 流过线圈 1 时在线圈 2 两端产生的互感电压 $\dot{U}_{M2}$ 的参考极性如图 6.2.4 中所示。故有

$$\dot{U}_\mathrm{OC} = \dot{U}_{M2} + \mathrm{j}\omega L_1 \dot{I}_\mathrm{S} = \mathrm{j}\omega M \dot{I}_\mathrm{S} + \mathrm{j}\omega L_1 \dot{I}_\mathrm{S} = (\mathrm{j}4 + \mathrm{j}8) \times 2\,\underline{/0^\circ}\ \mathrm{V} = \mathrm{j}24\ \mathrm{V} = 24\,\underline{/90^\circ}\ \mathrm{V}$$

例 6.2.4 图 6.2.5 所示电路，求电压表Ⓥ₁与Ⓥ₂的示数。

解 设 $\dot{U}_1$ 与 $\dot{U}_2$ 的参考极性如图 6.2.5 中所示。故有

$$\dot{U}_1 = [\mathrm{j}8 \times \mathrm{j}2 - \mathrm{j}4 \times (-\mathrm{j}2)]\ \mathrm{V} = (-16 - 8)\ \mathrm{V} = -24\ \mathrm{V} = 24\,\underline{/180^\circ}\ \mathrm{V}$$

$$\dot{U}_2 = [\mathrm{j}2 \times (-\mathrm{j}2) - (\mathrm{j}4) \times \mathrm{j}2]\ \mathrm{V} = (4+8)\ \mathrm{V} = 12\ \mathrm{V}$$

故Ⓥ₁的示数为 24 V，Ⓥ₂的示数为 12 V。

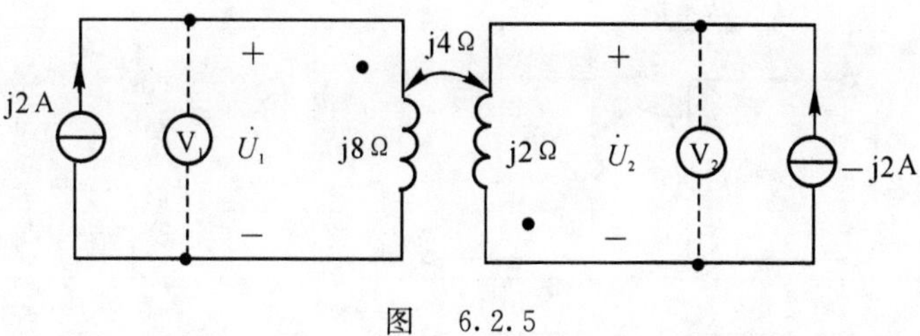

图　6.2.5

三、思考与练习

6.2.1　图 6.2.6 所示各电路，试写出它们的时域或相量伏安关系方程。

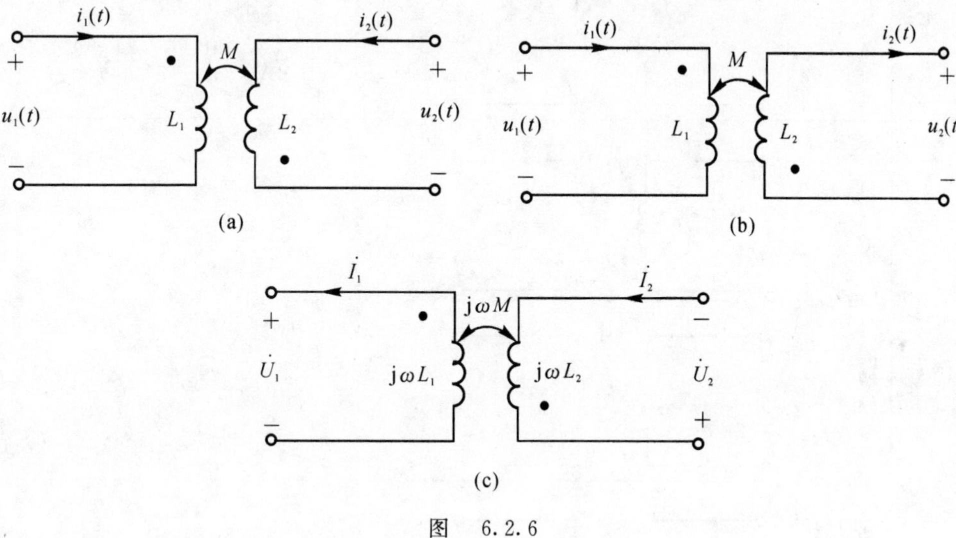

图　6.2.6

6.2.2　图 6.2.7 所示电路，已知 $\dot{I}_S = \mathrm{j}2$ A，$\mathrm{j}\omega L_1 = \mathrm{j}10\ \Omega$，$\mathrm{j}\omega L_2 = \mathrm{j}4\ \Omega$，$\mathrm{j}\omega M = \mathrm{j}2\ \Omega$，求端口开路电压 $\dot{U}_{OC}$。（答：−16 V）

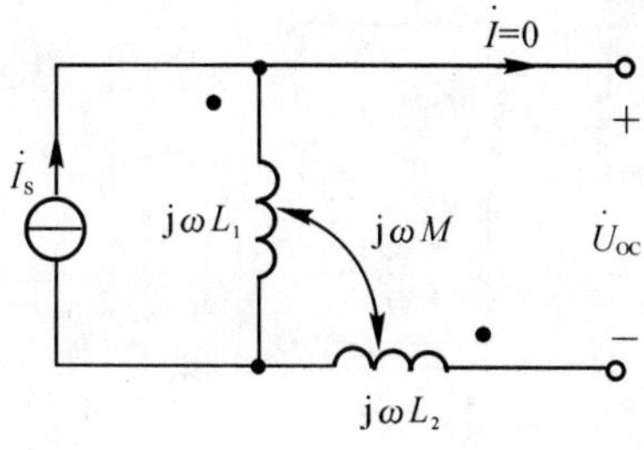

图　6.2.7

现将耦合电感与理想变压器的伏安关系汇总于表 6.2.1 中，以便查用和复习。

表 6.2.1　耦合电感与理想变压器的伏安关系

元件名称	电路模型		伏安关系
耦合电感	时域模型	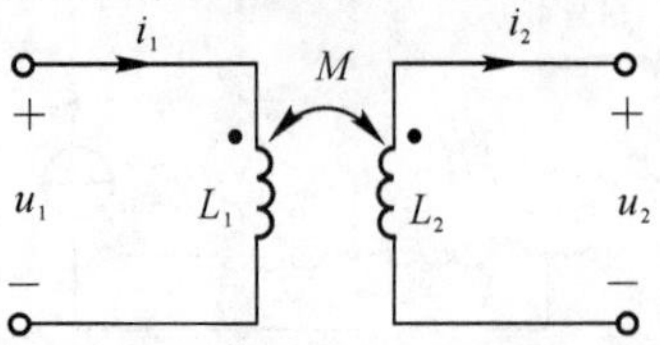 i_1, i_2, M, L_1, L_2, u_1, u_2	$\begin{cases} u_1 = L_1 \dfrac{di_1}{dt} - M\dfrac{di_2}{dt} \\ u_2 = -\left(-M\dfrac{di_1}{dt} + L_2\dfrac{di_2}{dt}\right) \end{cases}$
	相量模型	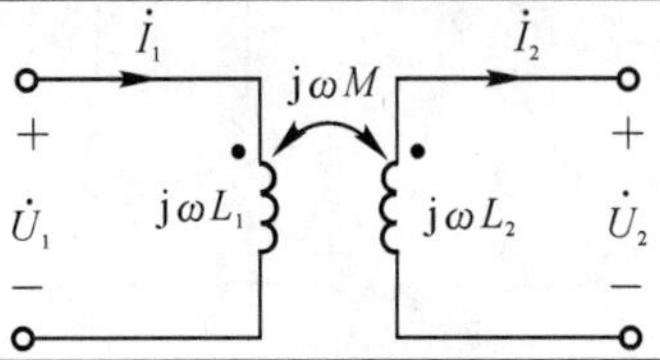 $\dot{I}_1$, $\dot{I}_2$, $j\omega M$, $j\omega L_1$, $j\omega L_2$, $\dot{U}_1$, $\dot{U}_2$	$\begin{cases} \dot{U}_1 = j\omega L_1\dot{I}_1 - j\omega M\dot{I}_2 \\ \dot{U}_2 = -(-j\omega M\dot{I}_1 + j\omega L_2\dot{I}_2) \end{cases}$
	时域模型	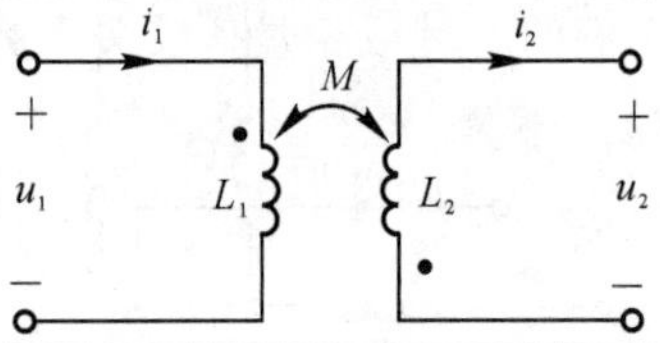 i_1, i_2, M, L_1, L_2, u_1, u_2	$\begin{cases} u_1 = L_1 \dfrac{di_1}{dt} + M\dfrac{di_2}{dt} \\ u_2 = -\left(M\dfrac{di_1}{dt} + L_2\dfrac{di_2}{dt}\right) \end{cases}$
	相量模型	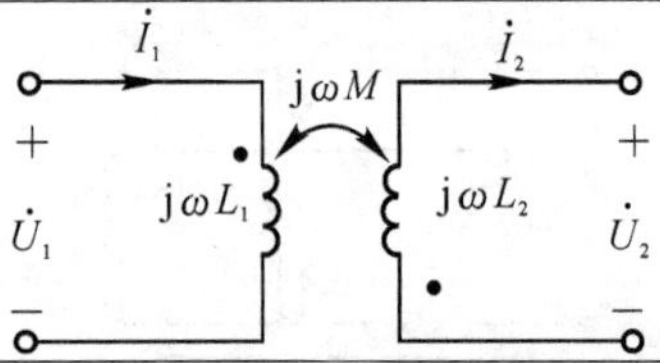 $\dot{I}_1$, $\dot{I}_2$, $j\omega M$, $j\omega L_1$, $j\omega L_2$, $\dot{U}_1$, $\dot{U}_2$	$\begin{cases} \dot{U}_1 = j\omega L_1\dot{I}_1 + j\omega M\dot{I}_2 \\ \dot{U}_2 = -(j\omega M\dot{I}_1 + j\omega L_2\dot{I}_2) \end{cases}$
理想变压器	时域模型	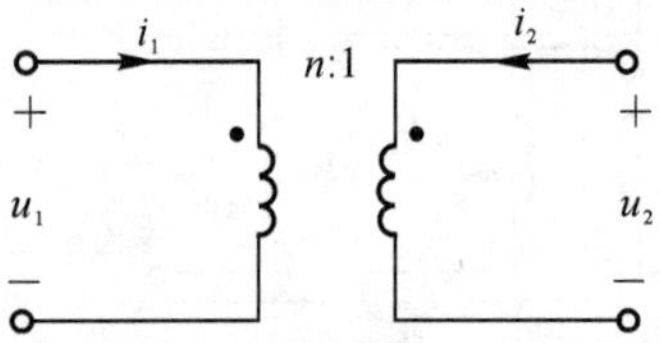 i_1, i_2, $n:1$, u_1, u_2	$\dfrac{u_1}{u_2} = \dfrac{n}{1}$，$\dfrac{i_1}{i_2} = -\dfrac{1}{n}$
	相量模型	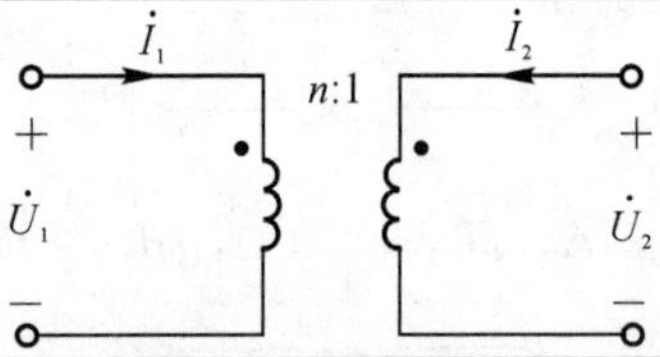 $\dot{I}_1$, $\dot{I}_2$, $n:1$, $\dot{U}_1$, $\dot{U}_2$	$\dfrac{\dot{U}_1}{\dot{U}_2} = \dfrac{n}{1}$，$\dfrac{\dot{I}_1}{\dot{I}_2} = -\dfrac{1}{n}$
	时域模型	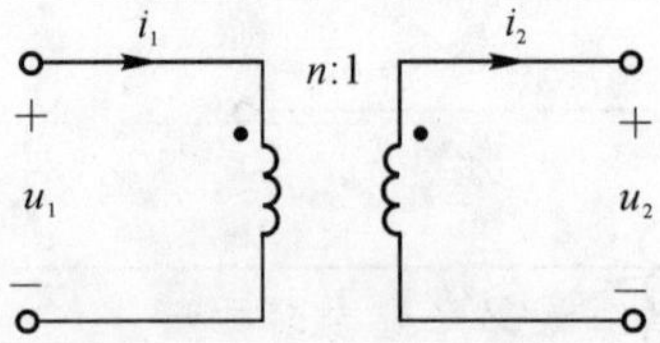 i_1, i_2, $n:1$, u_1, u_2	$\dfrac{u_1}{u_2} = -\dfrac{n}{1}$，$\dfrac{i_1}{i_2} = \dfrac{1}{n}$
	相量模型	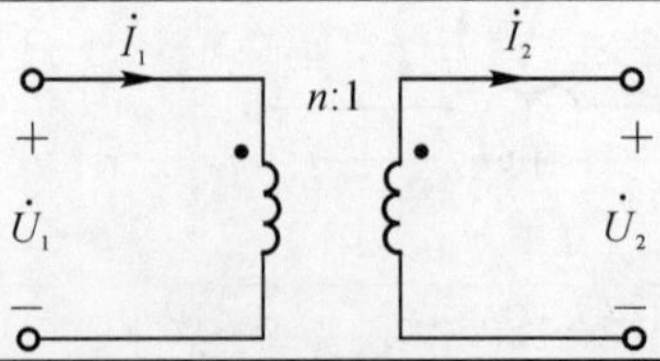 $\dot{I}_1$, $\dot{I}_2$, $n:1$, $\dot{U}_1$, $\dot{U}_2$	$\dfrac{\dot{U}_1}{\dot{U}_2} = -\dfrac{n}{1}$，$\dfrac{\dot{I}_1}{\dot{I}_2} = \dfrac{1}{n}$

注：理想变压器的伏安关系见 6.5 节。

6.3　耦合电感的去耦等效电路

“去耦”就是把耦合电感的“耦合”去掉，这样，在对耦合电感列写伏安方程时，就不要再考虑互感电压了。

一、同向串联

(1) 定义。将耦合电感两个线圈的异名端串联连接，称为同向串联，如图 6.3.1(a) 所示。

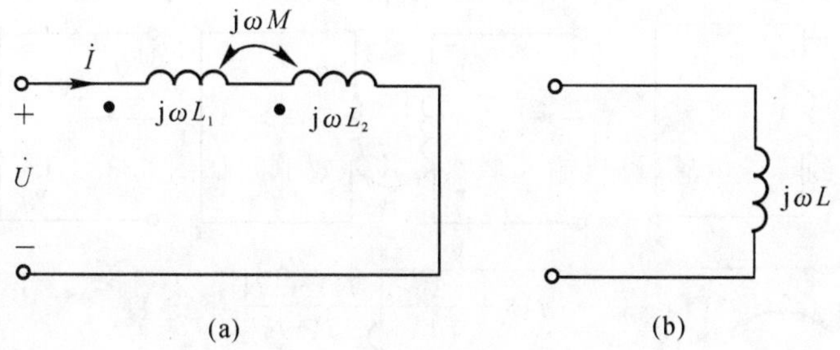

图 6.3.1　同向串联及其等效电路

(2) 等效电感 L。对于图 6.3.1(a) 有

$$\dot{U}=\mathrm{j}\omega L_1\dot{I}+\mathrm{j}\omega M\dot{I}+\mathrm{j}\omega L_2\dot{I}+\mathrm{j}\omega M\dot{I}=\mathrm{j}\omega(L_1+L_2+2M)\dot{I}=\mathrm{j}\omega L\dot{I}$$

式中

$$L=L_1+L_2+2M\geqslant L_1+L_2$$

L 称为同向串联时的等效电感，也称端口输入电感，且有 $L\geqslant L_1+L_2$，其等效电路如图 6.3.1(b) 所示。

二、反向串联

(1) 定义。将耦合电感两个线圈的同名端串联连接，称为反向串联，如图 6.3.2(a) 所示。

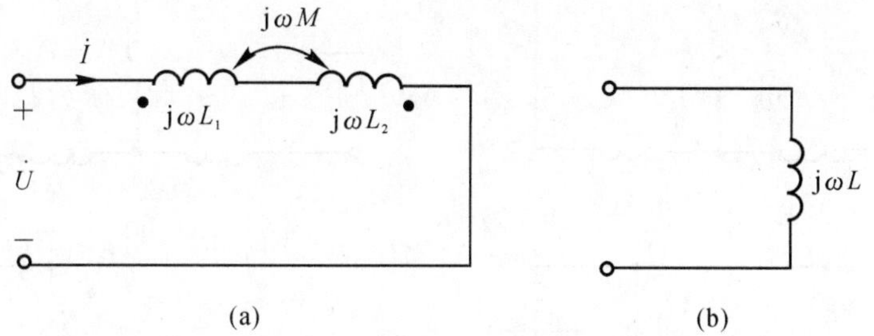

图 6.3.2　反向串联及其等效电路

(2) 等效电感 L。对于图 6.3.2(a) 有

$$\dot{U}=\mathrm{j}\omega L_1\dot{I}-\mathrm{j}\omega M\dot{I}+\mathrm{j}\omega L_2\dot{I}-\mathrm{j}\omega M\dot{I}=\mathrm{j}\omega(L_1+L_2-2M)\dot{I}=\mathrm{j}\omega L\dot{I}$$

式中

$$L=L_1+L_2-2M\leqslant L_1+L_2$$

L 称为反向串联时的等效电感，也称端口输入电感，且有 $L\leqslant L_1+L_2$，其等效电路如图

6.3.2(b) 所示。

三、同向并联

(1) 定义。将耦合电感两个线圈的同名端分别连接在一起，称为同向并联，如图 6.3.3(a) 所示。

(2) 等效电感 L。对于图 6.3.3(a) 有

$$\dot{U}=\mathrm{j}\omega L_1\dot{I}_1+\mathrm{j}\omega M\dot{I}_2,\quad \dot{U}=\mathrm{j}\omega M\dot{I}_1+\mathrm{j}\omega L_2\dot{I}_2,\quad \dot{I}=\dot{I}_1+\dot{I}_2$$

以上 3 式联解得

$$\dot{I}=\frac{\dot{U}}{\mathrm{j}\omega\dfrac{L_1L_2-M^2}{L_1+L_2-2M}}=\frac{\dot{U}}{\mathrm{j}\omega L}$$

式中

$$L=\frac{L_1L_2-M^2}{L_1+L_2-2M}\tag{6.3.1}$$

L 称为同向并联时的等效电感(端口输入电感),其等效电路如图 6.3.3(b) 所示。

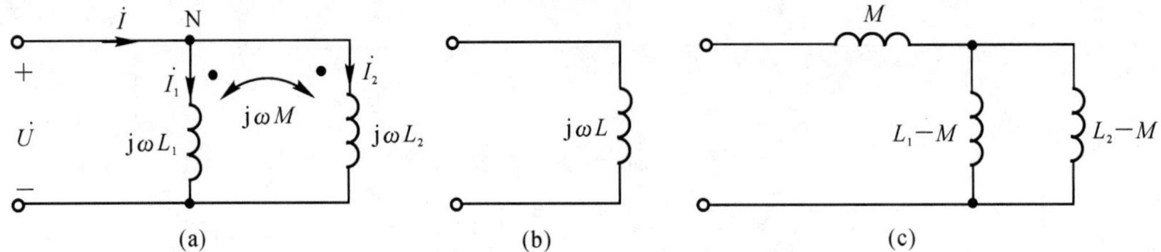

图 6.3.3 同向并联及其去耦等效电路

(3) 去耦等效电路。图 6.3.3(a) 同向并联的去耦等效电路,如图 6.3.3(c) 所示。证明如下:图 6.3.3(c) 电路的等效电感为

$$L=M+\frac{(L_1-M)(L_2-M)}{(L_1-M)+(L_2-M)}=\frac{L_1L_2-M^2}{L_1+L_2-2M}$$

可见此结果与式(6.3.1) 相同,故此得证。

四、反向并联

(1) 定义。将耦合电感两个线圈的异名端分别连接在一起，称为反向并联，如图 6.3.4(a) 所示。

(2) 等效电感 L。对于图 6.3.4(a) 有

$$\dot{U}=\mathrm{j}\omega L_1\dot{I}_1-\mathrm{j}\omega M\dot{I}_2,\quad \dot{U}=-\mathrm{j}\omega M\dot{I}_1+\mathrm{j}\omega L_2\dot{I}_2,\quad \dot{I}=\dot{I}_1+\dot{I}_2$$

以上 3 式联解得

$$\dot{I}=\frac{\dot{U}}{\mathrm{j}\omega\dfrac{L_1L_2-M^2}{L_1+L_2+2M}}=\frac{\dot{U}}{\mathrm{j}\omega L}$$

式中

$$L=\frac{L_1L_2-M^2}{L_1+L_2+2M}\tag{6.3.2}$$

L 称为反向并联时的等效电感(端口输入电感),其等效电路如图 6.3.4(b) 所示。

(3) 去耦等效电路。反向并联的去耦等效电路,如图 6.3.4(c) 所示,其证明方法与上面相同,读者自己证明之。

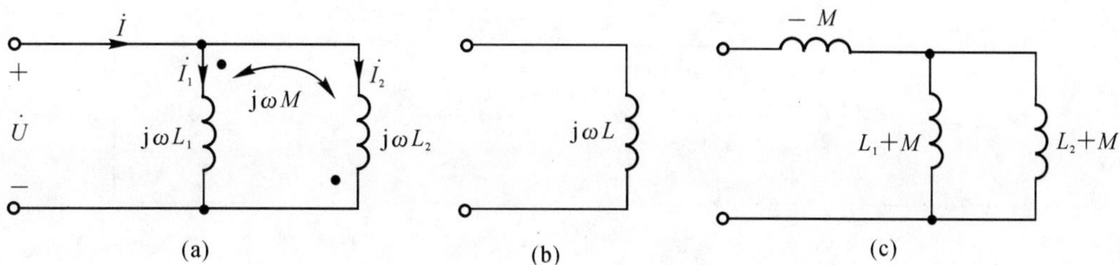

图 6.3.4　反向并联及其去耦等效电路

五、推广

(1) 单侧同名端连接。如图 6.3.5(a) 所示耦合电感，将其一侧的同名端连接(另一侧可以连接也可以不连接)，称为单侧同名端连接。根据式(6.3.1)，其去耦等效电路如图 6.3.5(b) 所示。

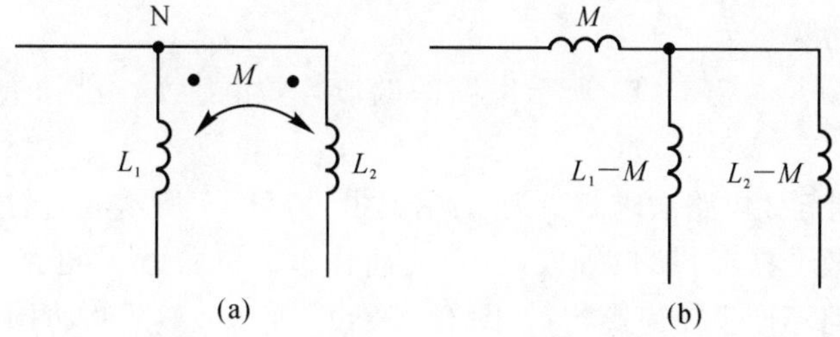

图 6.3.5　单侧同名端连接的去耦等效电路

(2) 单侧异名端连接。如图 6.3.6(a) 所示耦合电感，将其一侧的异名端连接(另一侧任意)，称为单侧异名端连接。根据式(6.3.2)，其去耦等效电路如图 6.3.6(b) 所示。

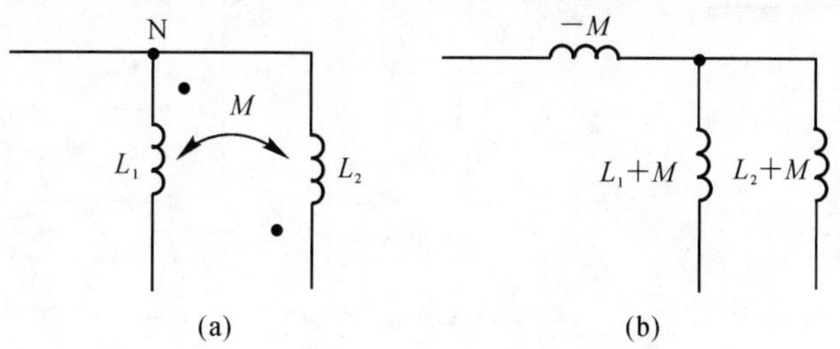

图 6.3.6　单侧异名端连接的去耦等效电路

例 6.3.1　求图 6.3.7 所示各电路的端口等效电感 L。已知 $L_1=6$ H，$L_2=3$ H，$M=4$ H。

解　(1) 图 6.3.7(a) 电路的去耦等效电路如图 6.3.7(c) 所示。故端口等效电感为

$$L=\frac{(L_2+M)(-M)}{(L_2+M)+(-M)}+(L_1+M)=\left[\frac{(3+4)(-4)}{(3+4)-4}+(6+4)\right]\ \mathrm{H}=\frac{2}{3}\ \mathrm{H}$$

(2) 图 6.3.7(b) 电路的去耦等效电路如图 6.3.7(d) 所示。故端口等效电感为

$$L=(L_1-M)+\frac{(L_2-M)M}{(L_2-M)+M}=\left[(6-4)+\frac{(3-4)\times 4}{(3-4)+4}\right]\ \mathrm{H}=\frac{2}{3}\ \mathrm{H}$$

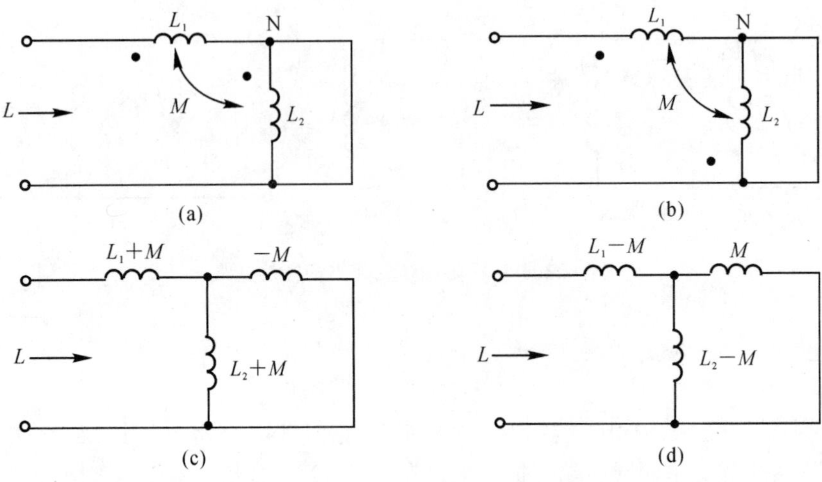

图 6.3.7

例 6.3.2 求图 6.3.8(a)(b) 所示电路的端口等效电感 L。已知 $L_1=6$ H, $L_2=3$ H, $M=4$ H。

解 (a) 用去耦等效电路法求解。为了画出图 6.3.8(a) 所示电路的去耦等效电路，我们对该电路作一些等效变换(对端口等效)。首先将图6.3.8(a) 所示电路的一侧(例如下面一侧) 连接，这对原电路不产生任何影响，如图 6.3.8(c) 所示。然后再将图 6.3.8(c) 改画成图 6.3.8(d) 所示电路。很显然，图 6.3.8(d) 所示电路为单侧同名端连接，其去耦等效电路如图 6.3.8(e) 所示。于是根据图 6.3.8(e) 电路，即得端口等效电感为

$$L=(L_1-M)+\frac{(L_2-M)M}{(L_2-M)+M}=\frac{2}{3}\ \text{H}$$

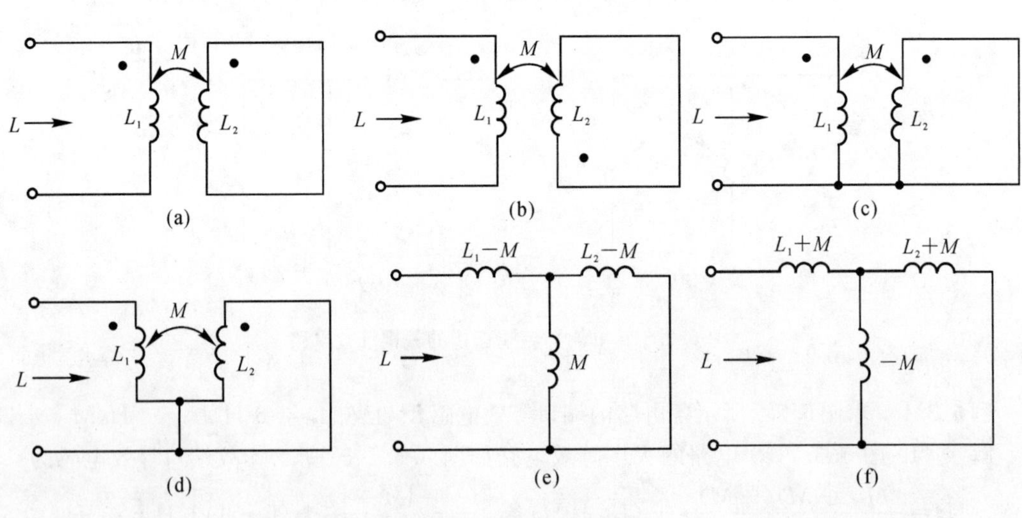

图 6.3.8 例 6.3.2 用图

(b) 与上面同理同法，可画出图 6.3.8(b) 电路的去耦等效电路，如图 6.3.8(f) 所示。故得端口等效电感为

$$L=(L_1+M)+\frac{(L_2+M)(-M)}{(L_2+M)+(-M)}=\frac{2}{3}\ \mathrm{H}$$

现将耦合电感的去耦等效电路汇总于表 6.3.1 中，以便查用和复习。

表 6.3.1　耦合电感的去耦等效电路

接　法	含耦合电感电路	去耦等效电路	等效电感
同向串联	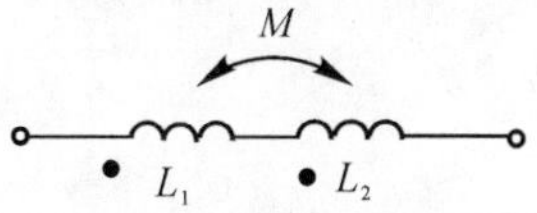 M, L_1, L_2	 L	$L=L_1+L_2+2M$
反向串联	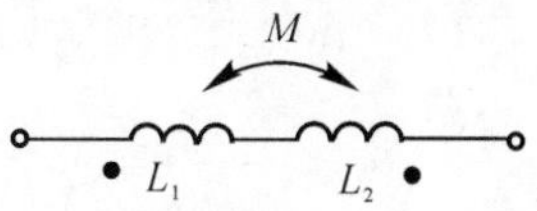 M, L_1, L_2	 L	$L=L_1+L_2-2M$
同向并联	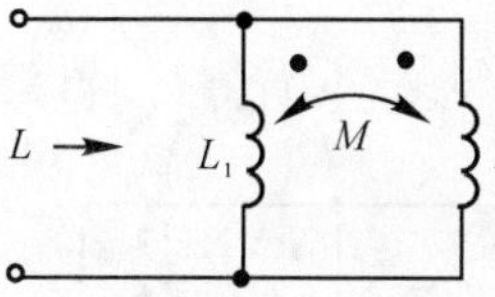 L, L_1, M, L_2	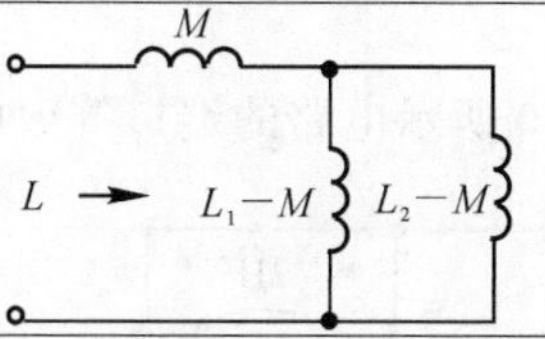 M, L, L_1-M, L_2-M	$L=\frac{L_1L_2-M^2}{L_1+L_2-2M}$
反向并联	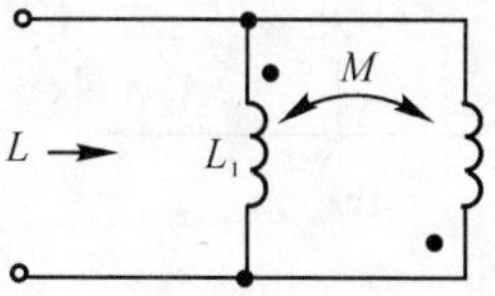 L, L_1, M, L_2	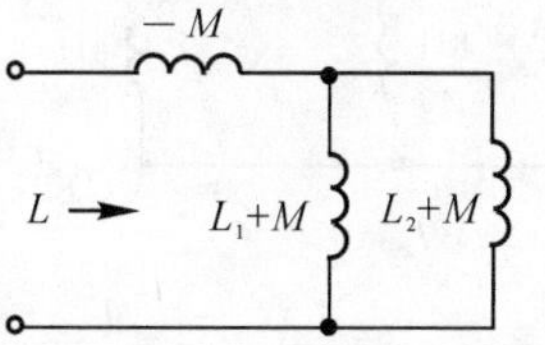 $-M$, L, L_1+M, L_2+M	$L=\frac{L_1L_2-M^2}{L_1+L_2+2M}$
单侧同名端连接	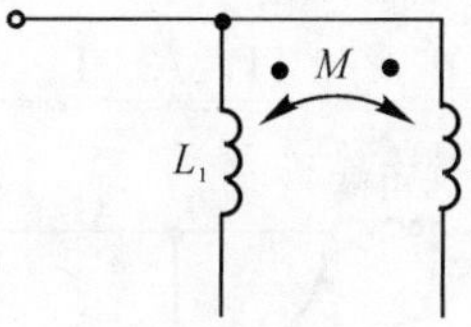 M, L_1, L_2	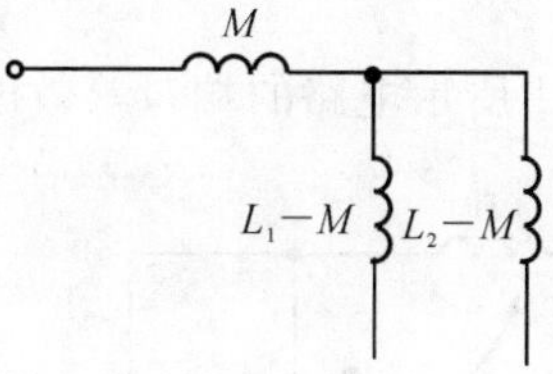 M, L_1-M, L_2-M	
单侧异名端连接	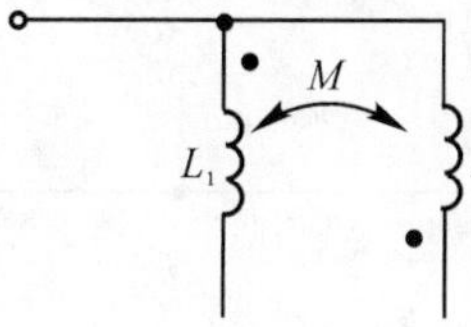 M, L_1, L_2	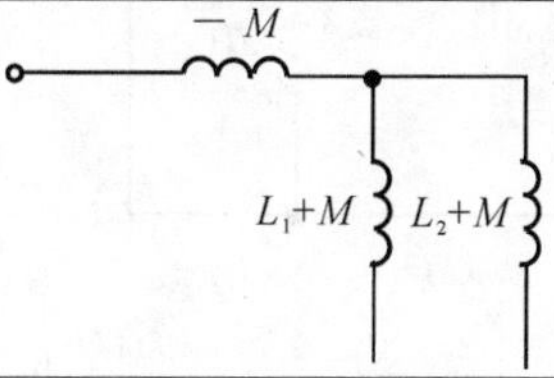 $-M$, L_1+M, L_2+M	
耦合电感	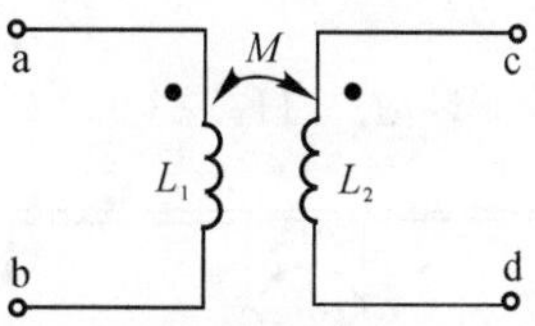 a, b, c, d, M, L_1, L_2	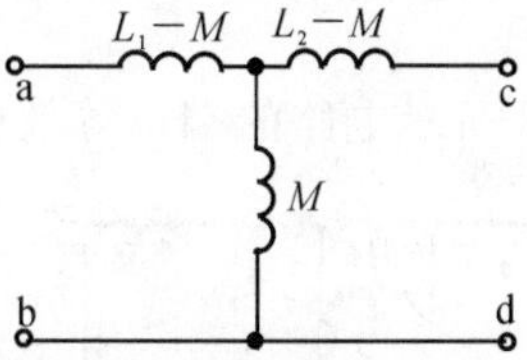 a, b, c, d, L_1-M, L_2-M, M	
	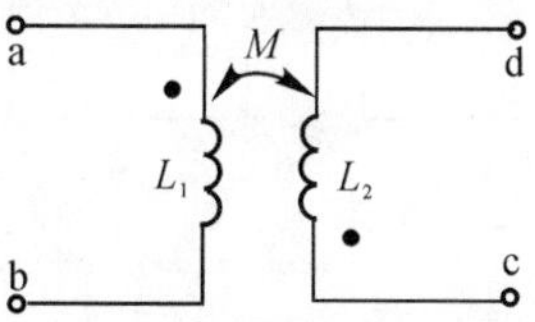 a, b, c, d, M, L_1, L_2	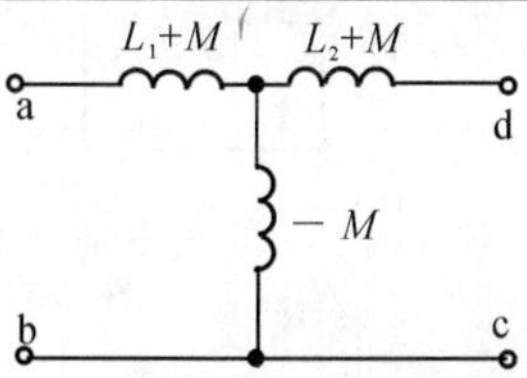 a, b, c, d, L_1+M, L_2+M, $-M$	

六、思考与练习

6.3.1 求图 6.3.9 所示电路的端口等效电感 L。(答:9 H,7 H)

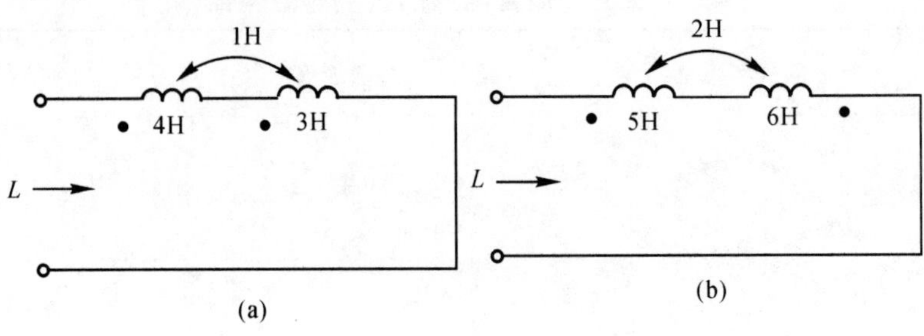

图 6.3.9

6.3.2 求图 6.3.10 所示电路的端口等效电感 L。(答:7/2 H,7/4 H)

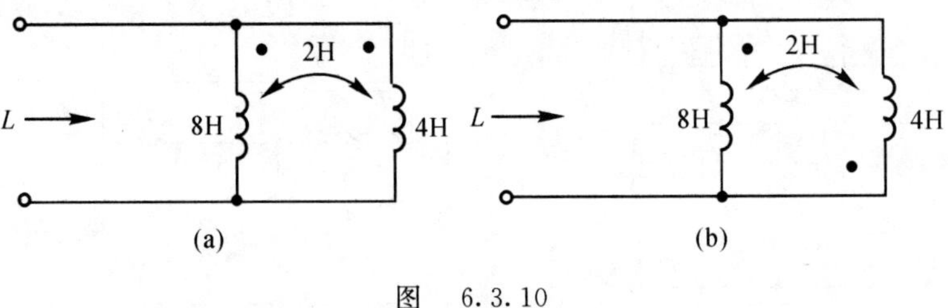

图 6.3.10

6.3.3 求图 6.3.11 所示电路的端口等效电感 L。(答:2/3 H,2/3 H)

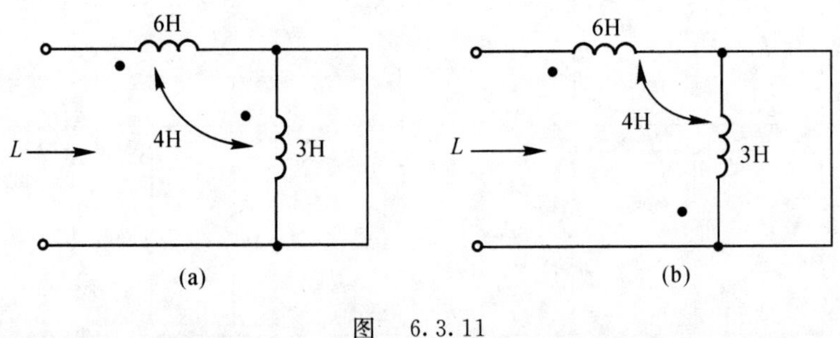

图 6.3.11

6.3.4 求图 6.3.12 所示电路的端口等效电感 L。(答:2/3 H,2/3 H)

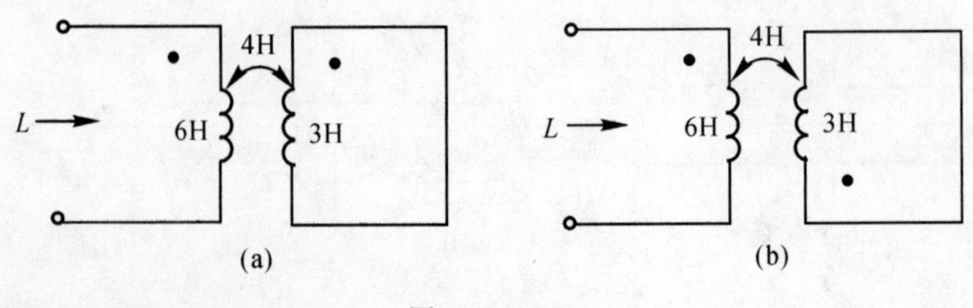

图 6.3.12

6.4　含耦合电感电路的分析计算

含耦合电感电路的分析计算有两种方法:一是“直接法”;二是去耦等效电路法。下面举例介绍。

例 6.4.1　图 6.4.1(a) 所示电路,已知 $u(t)=10\sqrt{2}\cos 10t$ V,$L_1=4$ H,$L_2=M=1$ H。求 I_1,I_2,U_2 和电路吸收的功率 P。

解　用直接法求解。图 6.4.1(a) 所示电路的相量电路模型如图6.4.1(b) 所示。$\dot{U}=10\angle 0^\circ$ V,$\mathrm{j}\omega L_1=\mathrm{j}10\times 4=\mathrm{j}40\ \Omega$,$\mathrm{j}\omega L_2=\mathrm{j}10\times 1=\mathrm{j}10\ \Omega$,$\mathrm{j}\omega M=\mathrm{j}10\times 1=\mathrm{j}10\ \Omega$。于是可列出两个网孔回路的 KVL 方程为

$$\begin{cases}\dot{U}=\mathrm{j}\omega L_1\dot{I}_1+\mathrm{j}\omega M\dot{I}_2\\0=\mathrm{j}\omega M\dot{I}_1+(R+\mathrm{j}\omega L_2)\dot{I}_2\end{cases}$$

即

$$\begin{cases}10\angle 0^\circ=\mathrm{j}40\dot{I}_1+\mathrm{j}10\dot{I}_2\\0=\mathrm{j}10\dot{I}_1+(10+\mathrm{j}10)\dot{I}_2\end{cases}$$

联解得

$$\dot{I}_1=0.28\angle -81.9^\circ\ \mathrm{A},\quad \dot{I}_2=0.2\angle 143.1^\circ\ \mathrm{A}$$

$$\dot{U}_2=R\dot{I}_2=10\times 0.2\angle 143.1^\circ\ \mathrm{V}=2\angle 143.1^\circ\ \mathrm{V}$$

故得

$$I_1=0.28\ \mathrm{A},\quad I_2=0.2\ \mathrm{A},\quad U_2=2\ \mathrm{V}$$

电路吸收的功率就是电阻 R 吸收的功率,故

$$P=I_2^2R=0.2^2\times 10\ \mathrm{W}=0.4\ \mathrm{W}$$

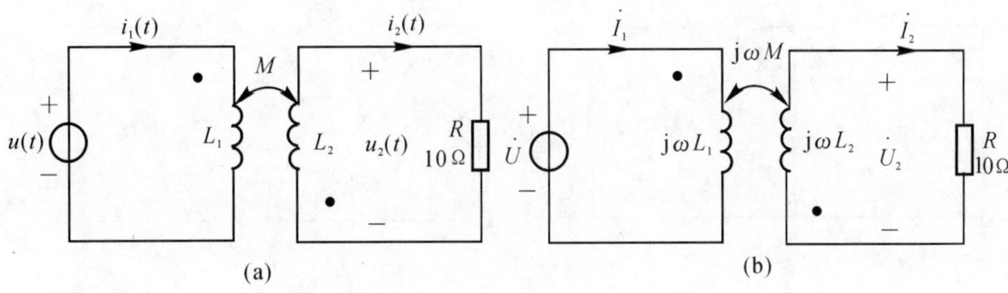

图　6.4.1

例 6.4.2　图 6.4.2(a) 所示电路,已知 $u(t)=2\cos(2t+45^\circ)$ (V),$L_1=L_2=1.5$ H,$M=0.5$ H,$R=1\ \Omega$,$C=0.25$ F。求 I_1,I_2,U_2 和电路吸收的功率 P。

解　用去耦等效电路法求解。图 6.4.2(a) 所示电路的去耦等效电路如图 6.4.2(b) 所示,其相量电路模型如图 6.4.2(c) 所示。其中

$$\dot{U}_\mathrm{m}=2\angle 45^\circ\ \mathrm{V},\quad \mathrm{j}\omega(L_1-M)=\mathrm{j}2(1.5-0.5)\ \Omega=\mathrm{j}2\ \Omega$$

$$\mathrm{j}\omega(L_2-M)=\mathrm{j}2(1.5-0.5)\ \Omega=\mathrm{j}2\ \Omega$$

$$\mathrm{j}\omega M=\mathrm{j}2\times 0.5\ \Omega=\mathrm{j}1\ \Omega,\quad \frac{1}{\mathrm{j}\omega C}=\frac{1}{\mathrm{j}2\times 0.25}\ \Omega=-\mathrm{j}2\ \Omega$$

故电路的输入阻抗为

$$Z=\mathrm{j}\omega(L_1-M)+\frac{\left(\mathrm{j}\omega M+\frac{1}{\mathrm{j}\omega C}\right)[\mathrm{j}\omega(L_2-M)+R]}{\left(\mathrm{j}\omega M+\frac{1}{\mathrm{j}\omega C}\right)+[\mathrm{j}\omega(L_2-M)+R]}=$$

$$\left[j2+\frac{(j1-j2)(1+j2)}{(j1-j2)+(1+j2)}\right]\ \Omega=\frac{1}{\sqrt{2}}\ \underline{/45^{\circ}}\ \Omega$$

故
$$\dot{I}_{1m}=\frac{\dot{U}_{m}}{Z}=\frac{2\ \underline{/45^{\circ}}}{\frac{1}{\sqrt{2}}\ \underline{/45^{\circ}}}\ \mathrm{A}=2\sqrt{2}\ \underline{/0^{\circ}}\ \mathrm{A}$$

故
$$\dot{I}_{2m}=\frac{j\omega M+\frac{1}{j\omega C}}{(j\omega M+\frac{1}{j\omega C})+[R+j\omega(L_{2}-M)]}\dot{I}_{1m}=$$

$$\frac{j1-j2}{(j1-j2)+(1+j2)}\times 2\sqrt{2}\ \underline{/0^{\circ}}\ \mathrm{A}=2\ \underline{/-135^{\circ}}\ \mathrm{A}$$

$$\dot{U}_{2m}=R\dot{I}_{2m}=1\times 2\ \underline{/-135^{\circ}}\ \mathrm{V}=2\ \underline{/-135^{\circ}}\ \mathrm{V}$$

故得 $I_{2}=\frac{I_{2m}}{\sqrt{2}}=\frac{2}{\sqrt{2}}\ \mathrm{A}=\sqrt{2}\ \mathrm{A}$， $I_{1}=\frac{I_{1m}}{\sqrt{2}}=\frac{2\sqrt{2}}{\sqrt{2}}\ \mathrm{A}=2\ \mathrm{A}$， $U_{2}=\frac{U_{2m}}{\sqrt{2}}=\frac{2}{\sqrt{2}}\ \mathrm{V}=\sqrt{2}\ \mathrm{V}$

电路吸收的功率就是电阻 R 吸收的功率，故

$$P=I_{2}^{2}R=(\sqrt{2})^{2}\times 1\ \mathrm{W}=2\ \mathrm{W}$$

或
$$P=\frac{U_{2}^{2}}{R}=\frac{(\sqrt{2})^{2}}{1}\ \mathrm{W}=2\ \mathrm{W}$$

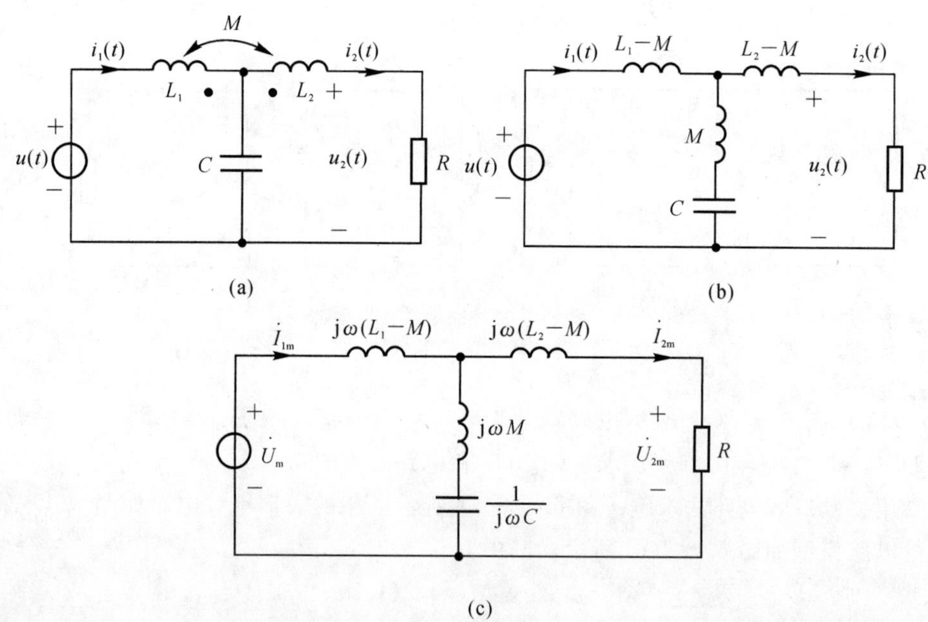

图 6.4.2

例 6.4.3 图 6.4.3(a) 所示电路，已知 $\dot{U}=10\ \underline{/0^{\circ}}\ \mathrm{V}$，$j\omega L_{1}=j4\ \Omega$，$j\omega L_{2}=j3\ \Omega$，$j\omega M=j2\ \Omega$，$\frac{1}{j\omega C}=-j2\ \Omega$，$R=2\ \Omega$。求电压 $\dot{U}_{2}$。

解 图 6.4.3(a) 所示电路的去耦等效电路如图 6.4.3(b)，其中 ab 支路的阻抗为

$$Z_{ab}=j\omega M+\frac{1}{j\omega C}=j2+(-j2)=0$$

故图 6.4.3(b) 所示电路可等效画成图 6.4.3(c) 所示电路。故根据图 6.4.3(c) 所示电路得

$$\dot{I}_2=0$$

$$\dot{I}_1=\dot{I}_3=\frac{\dot{U}}{j\omega(L_1-M)}=\frac{\dot{U}}{j\omega L_1-j\omega M}=\frac{\dot{U}}{j4-j2}=\frac{10\angle 0^\circ}{j2}\ \text{A}=-j5\ \text{A}$$

故得　$\dot{U}_2=-j\omega M\dot{I}_3+j\omega(L_2-M)\dot{I}_2=-j2\times(-j5)\ \text{V}=-10\ \text{V}=10\angle 180^\circ\ \text{V}$

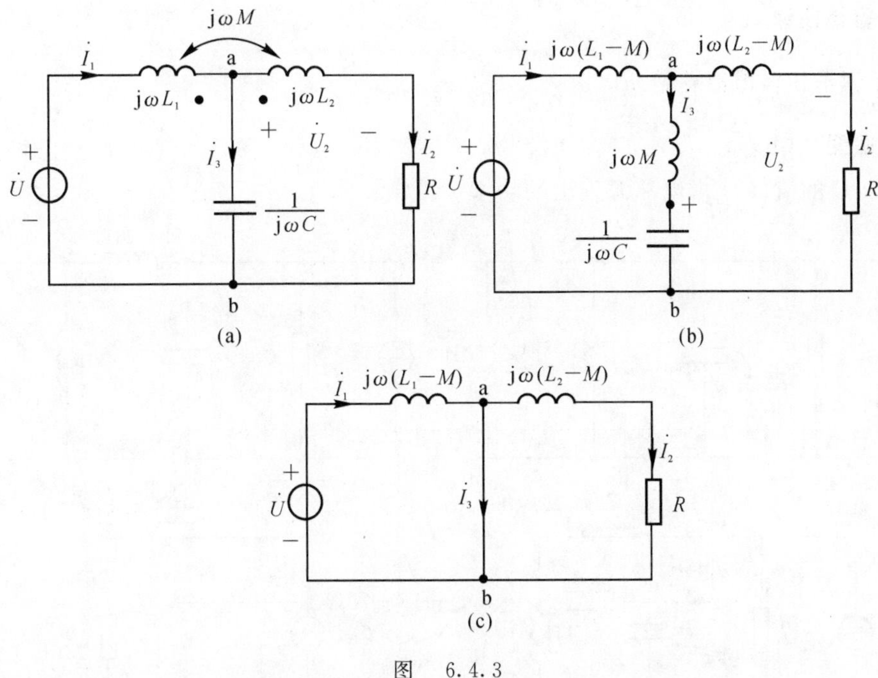

图　6.4.3

例 6.4.4　图 6.4.4(a) 所示电路，试用去耦等效电路法求端口开路电压 $\dot{U}_{OC}$ 和电压 $\dot{U}_1$。已知 $\dot{I}_S=2\angle 0^\circ$ A，$j\omega L_1=j8\ \Omega$，$j\omega M=j4\ \Omega$。

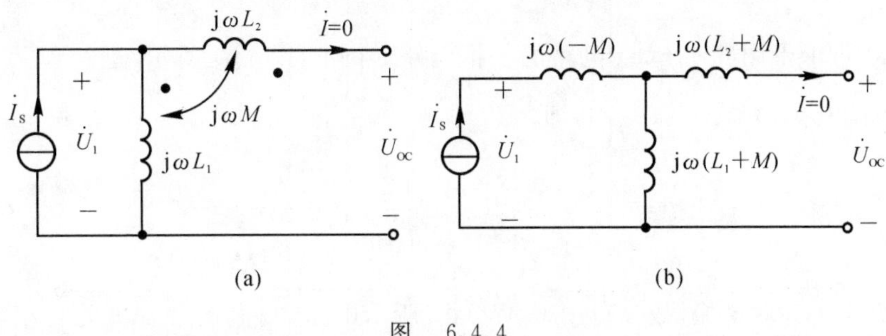

图　6.4.4

解　图 6.4.4(a) 所示电路的去耦等效电路如图 6.4.4(b) 所示。故得

$$\dot{U}_{OC}=j\omega(L_1+M)\dot{I}_S=(j\omega L_1+j\omega M)\dot{I}_S=(j8+j4)\times 2\angle 0^\circ\ \text{V}=j24\ \text{V}=24\angle 90^\circ\ \text{V}$$

$$\dot{U}_1=[-j\omega M+j\omega(L_1+M)]\dot{I}_S=[-j\omega M+j\omega L_1+j\omega M]\dot{I}_S=$$
$$j\omega L_1\dot{I}_S=j8\times 2\angle 0^\circ\ \text{V}=j16\ \text{V}=16\angle 90^\circ\ \text{V}$$

例 6.4.5 图 6.4.5 所示电路，求 $\dot{I}_1$，$\dot{I}_2$，$\dot{U}_2$ 和电路吸收的功率 P。

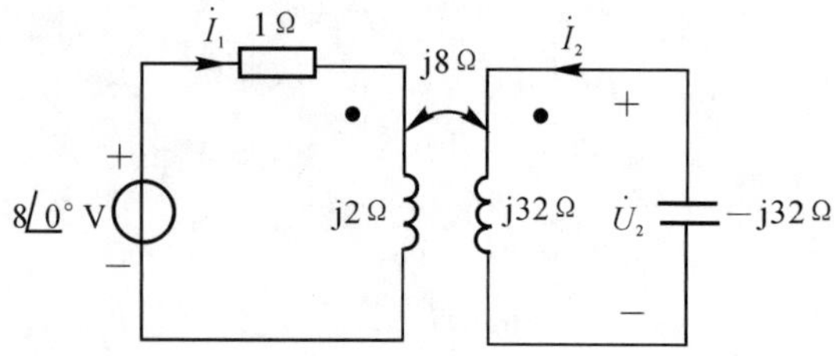

解 用直接列 KVL 方程的方法求解。

$$\begin{cases}(1+\mathrm{j}2)\dot{I}_1+\mathrm{j}8\dot{I}_2=8\angle 0^\circ \\ \mathrm{j}8\dot{I}_1+(\mathrm{j}32-\mathrm{j}32)\dot{I}_2=0\end{cases}$$

即

$$\begin{cases}(1+\mathrm{j}2)\dot{I}_1+\mathrm{j}8\dot{I}_2=8\angle 0^\circ \\ \mathrm{j}8\dot{I}_1=0\end{cases}$$

故得 $\dot{I}_1=0$，$\dot{I}_2=\dfrac{8\angle 0^\circ}{\mathrm{j}8}\ \mathrm{A}=-\mathrm{j}1\ \mathrm{A}=1\angle -90^\circ\ \mathrm{A}$

$$\dot{U}_2=-(-\mathrm{j}32)\dot{I}_2=\mathrm{j}32\times(-\mathrm{j}1)\ \mathrm{V}=32\angle 0^\circ\ \mathrm{V}$$

图 6.4.5

例 6.4.6 图 6.4.6(a) 所示电路，$i(t)=10\sqrt{2}\cos(10^3t+60^\circ)$ A，电路已工作于谐振状态。(1) 求 C 的值；(2) 求电流源发出的功率 P。

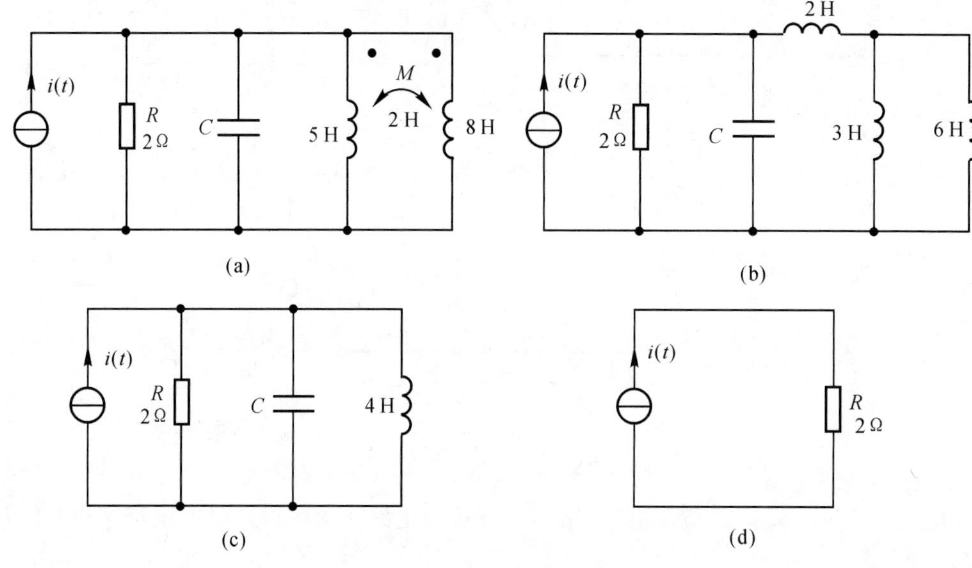

图 6.4.6

解 (1) 可求得图 6.4.6(a) 电路的去耦电路如图 6.4.6(b) 所示，进一步又可等效为图 6.4.6(c) 所示电路，故有 $\omega_0=\dfrac{1}{\sqrt{LC}}$，即

$$10^3=\frac{1}{\sqrt{4C}}$$

得

$$C=0.25\ \mu\mathrm{F}$$

(2) 因发生了并联谐振，故又得图 6.4.6(d) 所示电路，故电流源发出的功率就等于电阻 2 Ω 吸收的功率，即

$$P=10^2\times 2\ \mathrm{W}=200\ \mathrm{W}$$

例 6.4.7 图 6.4.7(a) 所示电路，已知 $C_1=1.2C_2$，$L_1=1$ H，$L_2=1.1$ H，电压源 $\dot{U}_\mathrm{S}$ 发出的平均功率为零，求 M 的值。

解 其去耦等效电路如图 6.4.7(b) 所示。由于电压源 $\dot{U}_\mathrm{S}$ 发出的平均功率为零，即电阻

R 中的电流为零，电桥平衡，故有

$$\frac{1}{\mathrm{j}\omega C_1}\times \mathrm{j}\omega(L_2-M)=\frac{1}{\mathrm{j}\omega C_2}\times \mathrm{j}\omega(L_1-M)$$

即
$$(L_2-M)C_2=(L_1-M)C_1$$

代入已知数求得
$$M=0.5\ \mathrm{H}$$

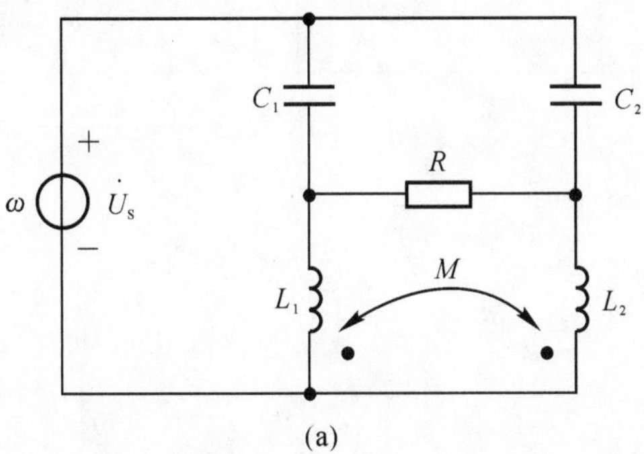

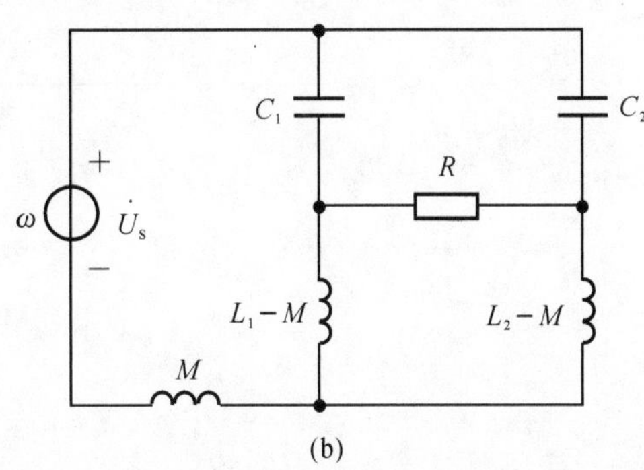

图　6.4.7

思考与练习

6.4.1　图 6.4.8 所示电路，求 $\dot I_1$，$\dot I_2$ 及电压源发出的平均功率 P。（答：4.38 $\underline{/-38^\circ}$ A，3.92 $\underline{/-11.3^\circ}$ A；34.57 W）

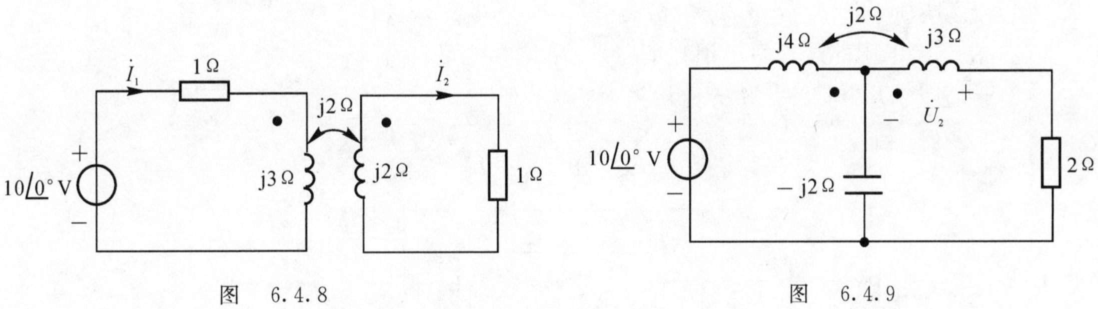

图　6.4.8　　　　图　6.4.9

6.4.2　图 6.4.9 所示电路，求 $\dot U_2$。（答：10 V）

6.4.3　图 6.4.10 所示电路，求 $\dot I_1$，$\dot U_2$ 及电压源发出的平均功率 P。（答：0，40 $\underline{/0^\circ}$ V，0）

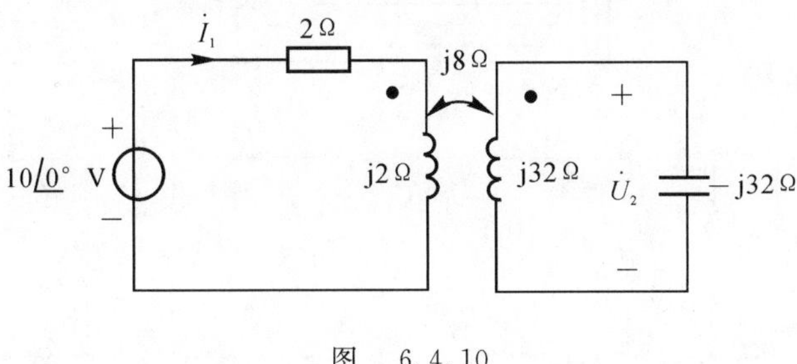

图　6.4.10

6.4.4　图 6.4.11 所示电路，求 $\dot U_2$。（答：16 $\underline{/-143.1^\circ}$ V）

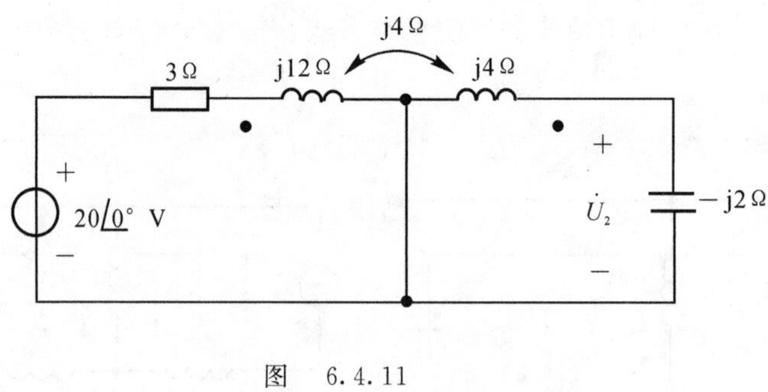

图　6.4.11

6.5　理想变压器

一、变压器

用来变换电压的电器称为变压器。

二、理想变压器

图 6.5.1(a) 所示电路是耦合电感的原理结构与磁场分布，把满足下列 3 个条件的耦合电感称为理想变压器：

(1) 无漏磁通，即 $\Phi_{S1}=\Phi_{S2}=0$，故有 $\Phi_{11}=\Phi_{21}$，$\Phi_{22}=\Phi_{12}$。

(2) 在变换电压的过程中不消耗能量，也不储存能量。

(3) 自感 L_1，L_2 与互感 M 的值均为无穷大。

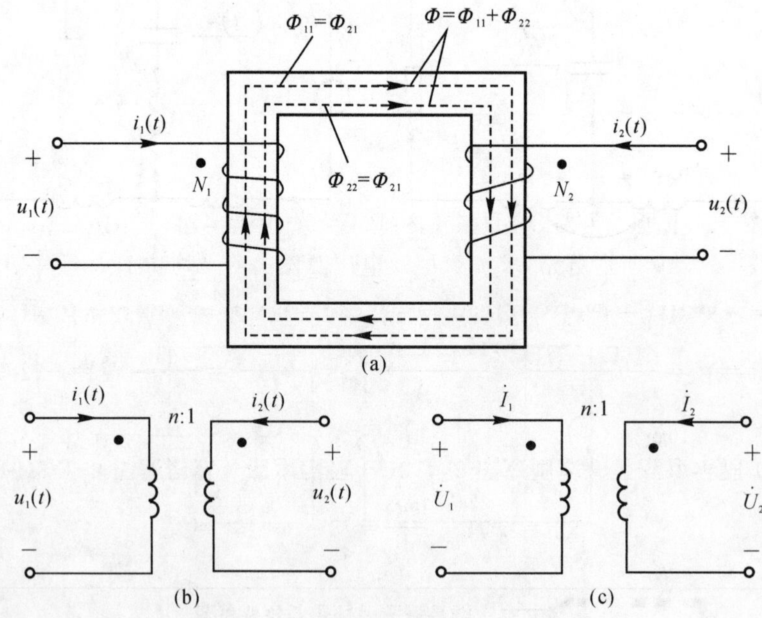

图 6.5.1　理想变压器的定义及电路符号

三、变比 n

变比 n 的定义为①

$$n=\frac{N_1}{N_2}$$

四、电路符号

理想变压器的电路符号如图 6.5.1(b)(c) 所示，图 6.5.1(b) 所示为时域电路，图 6.5.1(c) 所示为相量电路。

理想变压器的电路符号也有 3 个特点：① 是具有两个端口的二端口元件；② 只有一个参数变比 n，n 为大于零的实常数；③ 必须标出同名端。

五、伏安关系

1. 电压 $u_1(t)$ 与 $u_2(t)$ 的关系

从图 6.5.1(a) 看出，由于 $u_1(t)$，$i_1(t)$ 和 Φ 三者的参考方向互为关联方向，$u_2(t)$，$i_2(t)$ 和 Φ 三者的参考方向也互为关联方向，故有

$$u_1(t)=N_1\frac{\mathrm{d}\Phi}{\mathrm{d}t},\quad u_2(t)=N_2\frac{\mathrm{d}\Phi}{\mathrm{d}t}$$

故得

$$\frac{u_1(t)}{u_2(t)}=\frac{N_1}{N_2}=n \tag{6.5.1(1)}$$

或

$$u_1(t)=nu_2(t) \tag{6.5.1(2)}$$

从式(6.5.1) 可看出 3 点结论：

(1) 两个线圈的电压之比是与两个线圈的匝数成正比的。

(2) 当 $u_1(t)$ 与 $u_2(t)$ 参考极性的“+”极端均在同名端“•”时，式(6.5.1) 的等号右端取“+”号，否则取“−”号。

(3)$u_1(t)$ 与 $u_2(t)$ 均不受电流 $i_1(t)$，$i_2(t)$ 的约束。

当电压、电流均为同频率的正弦量时，式(6.5.1) 可写为相量形式，即

$$\frac{\dot{U}_1}{\dot{U}_2}=\frac{N_1}{N_2}=n \tag{6.5.1(3)}$$

或

$$\dot{U}_1=n\dot{U}_2 \tag{6.5.1(4)}$$

2. 电流 $i_1(t)$ 与 $i_2(t)$ 的关系

在图 6.5.1(b) 中，由于理想变压器不消耗也不储存能量，故它吸收的瞬时功率必为零，即必有

$$u_1(t)i_1(t)+u_2(t)i_2(t)=0$$

故得

$$\frac{i_1(t)}{i_2(t)}=-\frac{u_2(t)}{u_1(t)}=-\frac{N_2}{N_1}=-\frac{1}{n} \tag{6.5.2(1)}$$

或

$$i_1(t)=-\frac{1}{n}i_2(t) \tag{6.5.2(2)}$$

从式(6.5.2) 也可看出 3 点结论：

---

① 变比也可以定义为 $n=\frac{N_2}{N_1}$

(1) 两个线圈的电流之比是与两个线圈的匝数成反比的。

(2) 当 $i_1(t)$ 与 $i_2(t)$ 的参考方向都是流入同名端"•"时,式(6.5.2)的等号右端取"−"号,否则取"+"号。

(3) $i_1(t)$ 与 $i_2(t)$ 均不受电压 $u_1(t)$,$u_2(t)$ 的约束。

当电压、电流均为同频率的正弦量时,式(6.5.2)可写为相量形式,即

$$\frac{\dot{I}_1}{\dot{I}_2}=-\frac{N_2}{N_1}=-\frac{1}{n} \tag{6.5.2(3)}$$

或

$$\dot{I}_1=-\frac{1}{n}\dot{I}_2 \tag{6.5.2(4)}$$

式(6.5.1)与式(6.5.2)共同构成了理想变压器的伏安方程。

现将理想变压器的伏安关系汇总于表 6.2.1 中,以便查用(见 6.2 节)。

例 6.5.1 试写出图 6.5.2 中各电路的伏安方程。

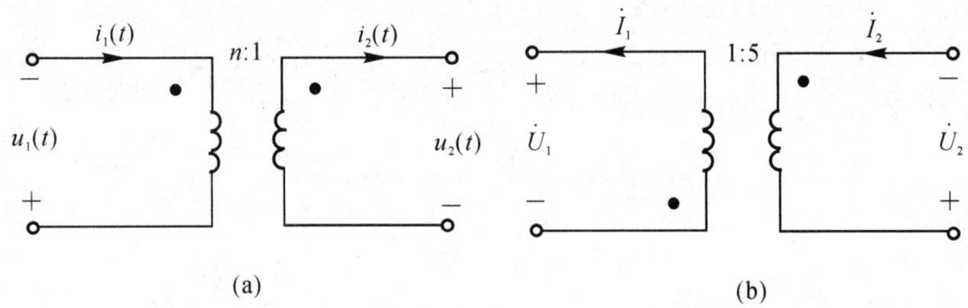

图 6.5.2

解 (a)
$$\begin{cases}\dfrac{u_1(t)}{u_2(t)}=-\dfrac{n}{1}\\[2ex]\dfrac{i_1(t)}{i_2(t)}=\dfrac{1}{n}\end{cases} \quad 或 \quad \begin{cases}u_1(t)=-nu_2(t)\\[1ex] i_1(t)=\dfrac{1}{n}i_2(t)\end{cases}$$

(b)
$$\begin{cases}\dfrac{\dot{U}_1}{\dot{U}_2}=\dfrac{1}{5}\\[2ex]\dfrac{\dot{I}_1}{\dot{I}_2}=-\dfrac{5}{1}\end{cases} \quad 或 \quad \begin{cases}\dot{U}_1=\dfrac{1}{5}\dot{U}_2\\[1ex] \dot{I}_1=-5\dot{I}_2\end{cases}$$

六、阻抗变换

设在理想变压器的次级接以阻抗 Z,如图 6.5.3(a) 所示,则得初级的输入阻抗 Z_0 为

$$Z_0=\frac{\dot{U}_1}{\dot{I}_1}=\frac{n\dot{U}_2}{\dfrac{1}{n}\dot{I}_2}=n^2Z \tag{6.5.3}$$

式中,$Z=\dot{U}_2/\dot{I}_2$。于是可得初级等效电路如图 6.5.3(b) 所示。

从式(6.5.3)可看出:

(1) 当 $n\neq1$ 时,有 $Z_0\neq Z$,这说明理想变压器具有阻抗变换作用。当 $n>1$ 时,$Z_0>Z$;当 $n<1$ 时,$Z_0<Z$。

(2) 由于 n 为大于零的实常数,故 Z_0 与 Z 的性质相同。

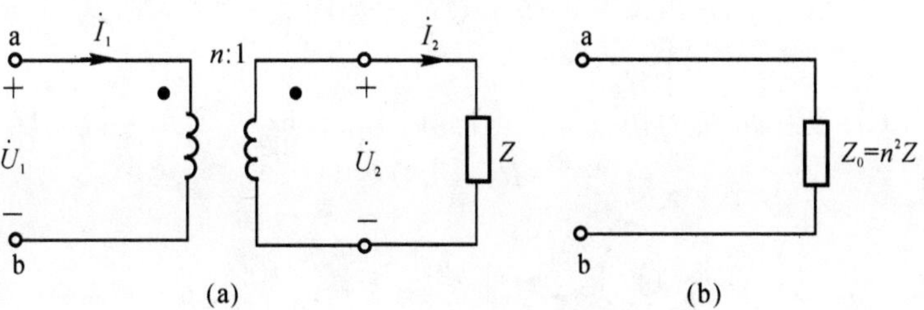

图 6.5.3　理想变压器的阻抗变换作用

(3) 阻抗变换与同名端无关。

(4) 当 $Z=0$ 时，则 $Z_0=0$，即当次级短路时，相当于初级也短路。

(5) 当 $Z\to\infty$ 时，则 $Z_0\to\infty$，即当次级开路时，相当于初级也开路。

(6) 阻抗变换具有可逆性，即也可将初级的阻抗 Z 变换到次级，如图 6.5.4(a)，(b) 所示。但要注意此时的 Z_0 为

$$Z_0=\frac{1}{n^2}Z$$

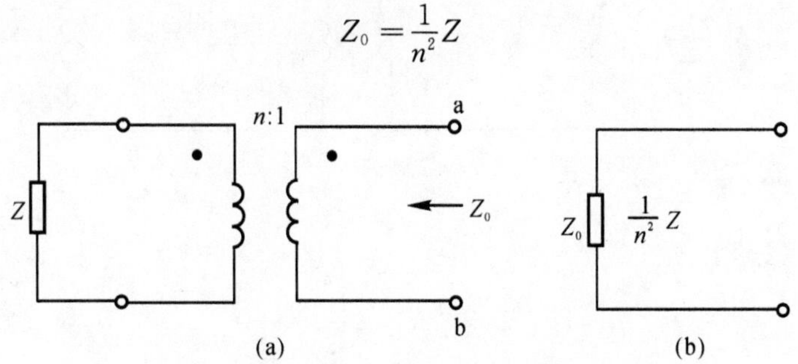

图 6.5.4　理想变压器阻抗变换作用的可逆性

例 6.5.2　试求图 6.5.5 中各电路的输入阻抗 Z_0 或输入电阻 R_0 的值。

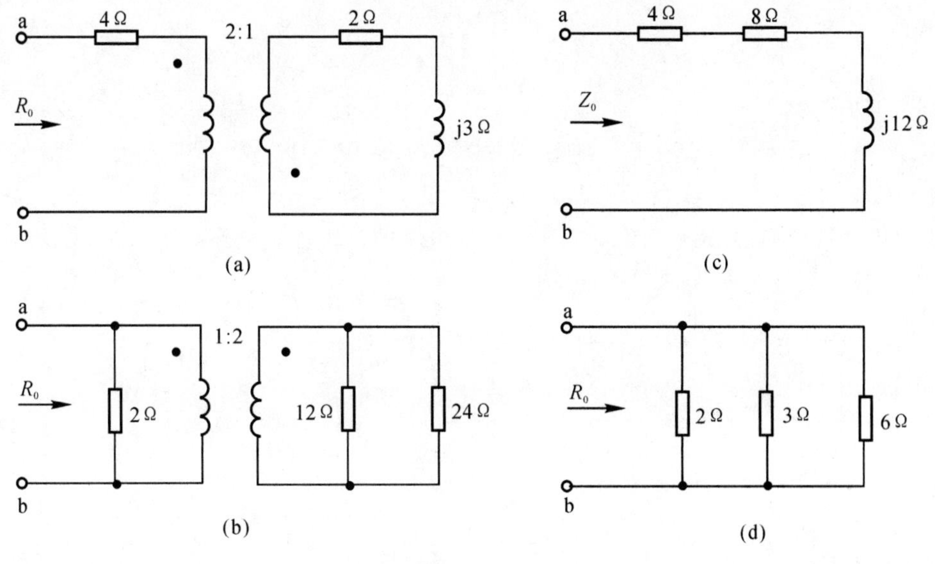

图　6.5.5

解　(a) 图 6.5.5(a) 所示电路的初级等效电路如图 6.5.5(c) 所示。故得输入阻抗为

$$Z_0=[(4+8)+\mathrm{j}12]\ \Omega=(12+\mathrm{j}12)\ \Omega$$

(b) 图 6.5.5(b) 所示电路的初级等效电路如图 6.5.5(d) 所示。故得输入电阻为

$$R_0=1\ \Omega$$

6.6　含理想变压器电路的分析计算

含理想变压器电路的分析计算方法有3种：① 直接法，即直接利用理想变压器的伏安关系列方程求解；② 阻抗变换法；③ 等效电源定理法。下面举例介绍。

例 6.6.1　图 6.6.1 所示电路，求 $\dot{U}_1$，$\dot{U}_2$，$\dot{I}_2$ 及电路吸收的功率 P。

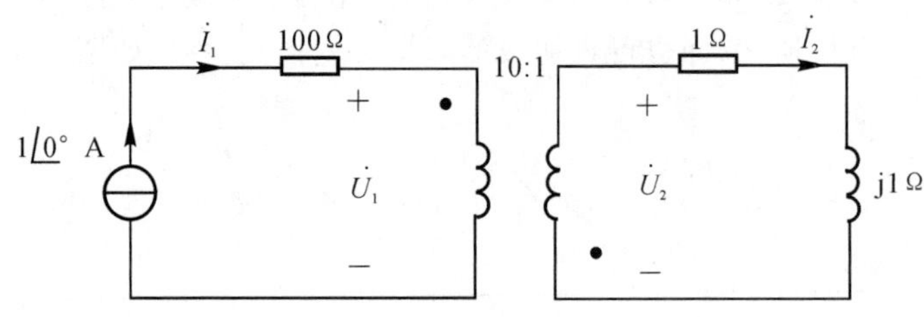

图　6.6.1

解　用"直接法"求解

$$\dot{I}_1=1\ \underline{/0^\circ}\ \mathrm{A},\quad \frac{\dot{I}_1}{\dot{I}_2}=-\frac{1}{10}$$

故得　$$\dot{I}_2=-10\dot{I}_1=-10\times 1\ \underline{/0^\circ}\ \mathrm{A}=-10\ \mathrm{A}=10\ \mathrm{A}\ \underline{/180^\circ}\ \mathrm{A}$$

故　$$\dot{U}_2=(1+\mathrm{j}1)\dot{I}_2=\sqrt{2}\ \underline{/45^\circ}\times(-10)\ \mathrm{V}=-10\sqrt{2}\ \underline{/45^\circ}\ \mathrm{V}=10\sqrt{2}\ \underline{/-135^\circ}\ \mathrm{V}$$

又有　$$\frac{\dot{U}_1}{\dot{U}_2}=-\frac{10}{1}$$

故　$$\dot{U}_1=-10\dot{U}_2=-10(-10\sqrt{2}\ \underline{/45^\circ})\ \mathrm{V}=100\sqrt{2}\ \underline{/45^\circ}\ \mathrm{V}$$

电路吸收的功率为

$$P=I_1^2\times 100+I_2^2\times 1=(1^2\times 100+10^2\times 1)\ \mathrm{W}=200\ \mathrm{W}$$

例 6.6.2　图 6.6.2(a) 所示电路，求 $\dot{I}_1$，$\dot{I}_2$，$\dot{U}_1$，$\dot{U}_2$ 及电路吸收的功率 P。

解　用阻抗变换法求解。图 6.6.2(a) 所示电路的初级等效电路如图 6.6.2(b) 所示。其中 a，b 端的输入阻抗为

$$Z_{\mathrm{ab}}=n^2(20+\mathrm{j}16)=\left(\frac{1}{2}\right)^2(20+\mathrm{j}16)\ \Omega=(5+\mathrm{j}4)\ \Omega$$

故得　$$\dot{I}_1=\frac{\dot{U}_{\mathrm{S}}}{-\mathrm{j}4+5+5+\mathrm{j}4}=\frac{10\ \underline{/0^\circ}}{10}\ \mathrm{A}=1\ \underline{/0^\circ}\ \mathrm{A}$$

故又得　$$\dot{U}_1=(5+\mathrm{j}4)\dot{I}_1=(5+\mathrm{j}4)\times 1\ \underline{/0^\circ}\ \mathrm{V}=(5+\mathrm{j}4)\ \mathrm{V}$$

又　$$\frac{\dot{U}_1}{\dot{U}_2}=\frac{1}{2},\quad \frac{\dot{I}_1}{\dot{I}_2}=\frac{2}{1}$$

故得　$$\dot{U}_2=2\dot{U}_1=2\times(5+\mathrm{j}4)\ \mathrm{V}=(10+\mathrm{j}8)\ \mathrm{V}=12.8\ \underline{/38.66^\circ}\ \mathrm{V}$$

$$\dot{I}_2=\frac{1}{2}\dot{I}_1=\frac{1}{2}\times 1\angle 0^\circ\ \text{A}=0.5\angle 0^\circ\ \text{A}$$

电路吸收的功率为

$$P=I_1^2(5+5)=1^2\times 10\ \text{W}=10\ \text{W}$$

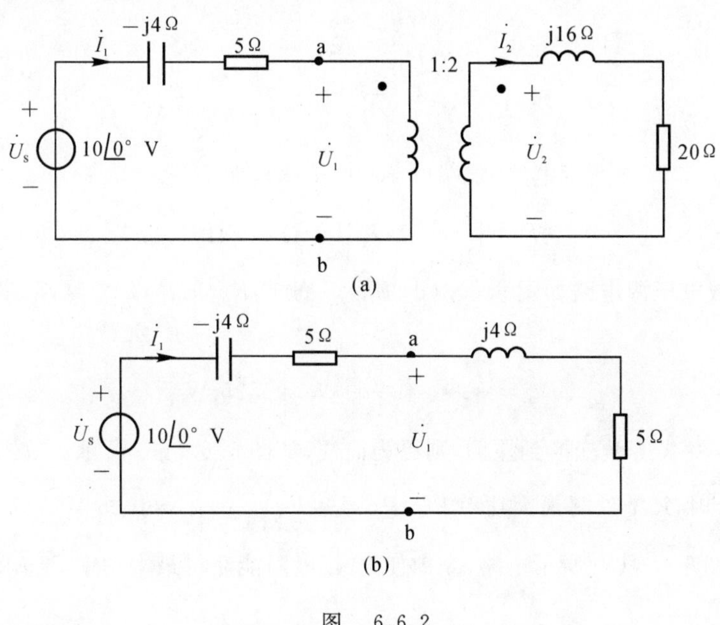

图　6.6.2

例 6.6.3　图 6.6.3(a) 所示电路，求 R 为何值时能获得最大功率 P_m，P_m 为多大？

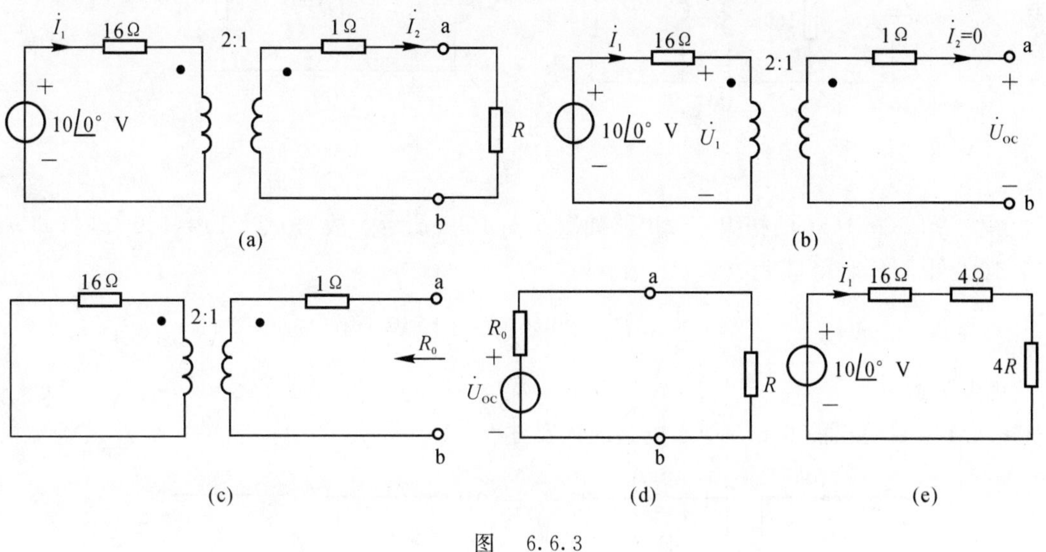

图　6.6.3

解　用等效电压源定理求解。

(1) 根据图 6.6.3(b) 电路求端口 a,b 的开路电压 $\dot{U}_{OC}$。

因有
$$\frac{\dot I_1}{\dot I_2}=\frac{1}{2}$$

故
$$\dot I_1=\frac{1}{2}\dot I_2=\frac{1}{2}\times 0=0$$

故
$$\dot U_1=10\angle 0^\circ-16\dot I_1=(10\angle 0^\circ-10\times 0)\ \text{V}=10\angle 0^\circ\ \text{V}$$

又有
$$\frac{\dot U_1}{\dot U_{\text{OC}}}=\frac{2}{1}$$

故得
$$\dot U_{\text{OC}}=\frac{1}{2}\dot U_1=\frac{1}{2}\times 10\angle 0^\circ\ \text{V}=5\angle 0^\circ\ \text{V}$$

(2) 根据图 6.6.3(c) 所示电路,求端口 a,b 的输入电阻 R_0。

$$R_0=\left(1+\frac{1}{2^2}\times 16\right)\ \Omega=5\ \Omega$$

(3) 画出等效电压源电路如图 6.6.3(d) 所示。故当 $R=R_0=5\ \Omega$ 时,R 能获得最大功率 P_m,且

$$P_m=\frac{U_{\text{OC}}{}^2}{4R_0}=\frac{5^2}{4\times 5}\ \text{W}=1.25\ \text{W}$$

注意,此题若将 R 等效变换到左侧,则更为简便,如图 6.6.3(e) 所示。故当 $4R=16+4=20\ \Omega$,即 $R=5\ \Omega$ 时,R 能获得最大功率 P_m,$P_m=\dfrac{10^2}{4\times(16+4)}=1.25\ \text{W}$。

例 6.6.4 图 6.6.4(a) 所示电路,今欲使 10 Ω 电阻能获得最大功率 P_m,求理想变压器的变比 n 及 P_m 的值。

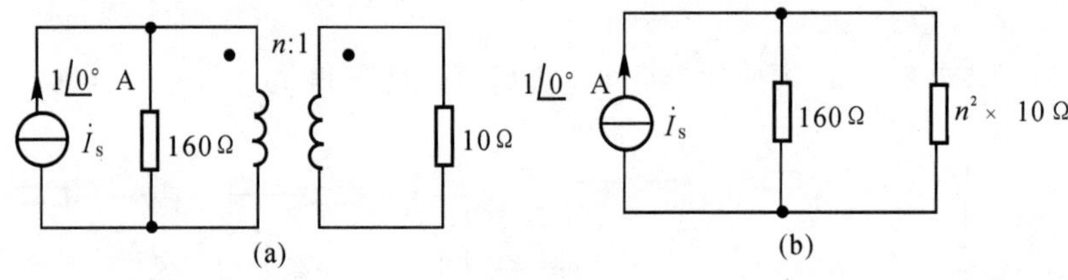

图 6.6.4

解 图 6.6.4(a) 的初级等效电路如图 6.6.4(b) 所示。故当 $n^2\times 10=160\ \Omega$ 时,即 $n=4$ 时,10 Ω 电阻能获得最大功率 P_m,且

$$P_m=\frac{1}{4}R_0 I_S^2=\frac{1}{4}\times 160\times 1^2\ \text{W}=40\ \text{W}$$

思考与练习

6.6.1 试写出图 6.6.5 所示电路的伏安方程。

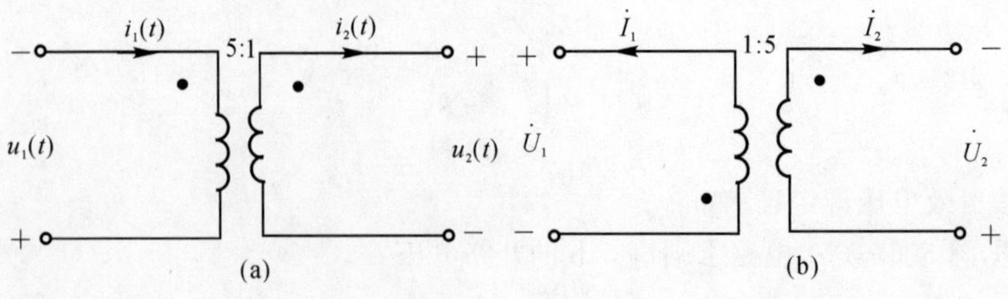

图 6.6.5

6.6.2　图 6.6.6 所示电路，求端口输入电阻 R_0 的值。（答：200 Ω）

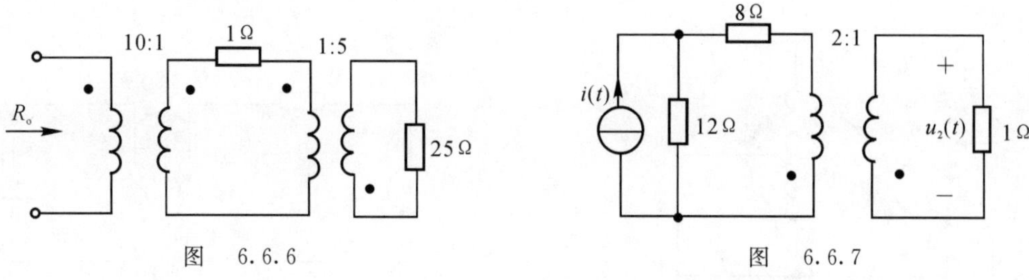

图　6.6.6　　　　　　图　6.6.7

6.6.3　图 6.6.7 所示电路，$i(t)=6\cos\omega t$（A），求 $u_2(t)$。$\left[答：\dfrac{12}{13}\cos\omega t\ (\mathrm{V})\right]$

6.6.4　图 6.6.8 所示电路，求 R 为何值时能获得最大功率 P_m，P_m 为多大？（答：1 Ω，1 W）

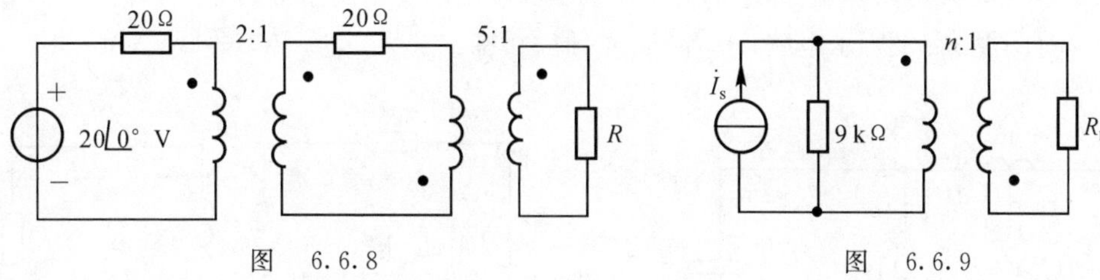

图　6.6.8　　　　　　图　6.6.9

6.6.5　图 6.6.9 所示电路，欲使 $R_L=1\ 000\ \Omega$ 获得最大功率 P_m，求 n 的值。（答：3）

现将含耦合电感与理想变压器电路的分析计算方法汇总于表 6.6.1 中，以便复习和查用。

表 6.6.1　含耦合电感与理想变压器电路的分析计算

电　路	分析计算方法
含耦合电感电路的分析计算方法	① 直接列写电路方程 —— 回路法； ② 去耦等效电路法； ③ 反射阻抗与等效电路法； ④ 等效电源定理法
含理想变压器电路的分析计算方法	① 直接列写电路方程 —— 回路法； ② 阻抗变换法； ③ 等效电路法； ④ 等效电源定理法

习　题　六

6－1　图题 6－1 所示为一电源变压器，右边每个线圈的额定电压为 12 V，额定电流为1 A，左边每个线圈的额定电压为 110 V。如把左边两个线圈接到 220 V 的正弦电压源上，要求右边输出24 V 电压和 1 A 的电流，试画出电路的连接方式；若要使右边输出 12 V的电压和 2 A 的电流，问电路又应如何连接？

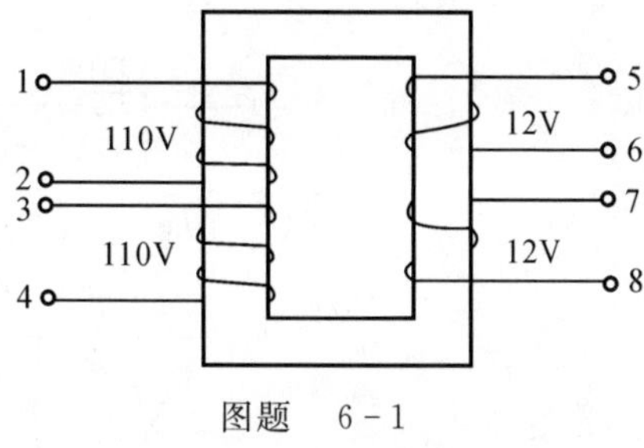

图题　6－1

6－2　图题6－2 所示电路，求端口上的等效电感 L。

（答：3.2 H）

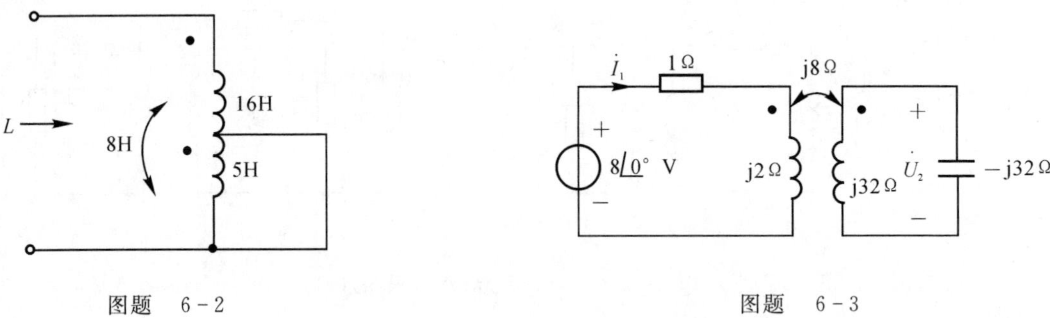

图题 6-2　　图题 6-3

6-3　图题 6-3 所示电路，求 $\dot{I}_1$，$\dot{U}_2$ 及电压源发出的平均功率 P 的值。（答：0，32 $\underline{/0^\circ}$ V，0）

6-4　图题 6-4 所示电路，求 $\dot{I}_C$，$\dot{U}_C$ 的值。（答：1.5 $\underline{/-90^\circ}$ A，−1.5 V）

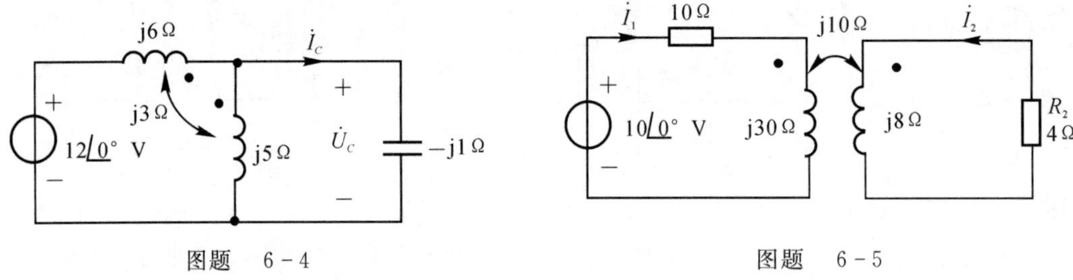

图题 6-4　　图题 6-5

6-5　图题 6-5 所示电路，求 $\dot{I}_1$，$\dot{I}_2$，R_2 吸收的平均功率 P_2 的值。（答：4 $\underline{/-53.1^\circ}$ A，4.47 $\underline{/-26.5^\circ}$ A，80 W）

6-6　图题 6-6 所示电路，求 $\dot{U}_S$，$\dot{I}_2$，$\dot{U}_1$，$\dot{U}_2$ 及电流源发出的平均功率 P 的值。（答：8 $\underline{/0^\circ}$ V，0.5 A，$4\sqrt{2}$ $\underline{/45^\circ}$ V，$8\sqrt{2}$ $\underline{/45^\circ}$ V，8 W）

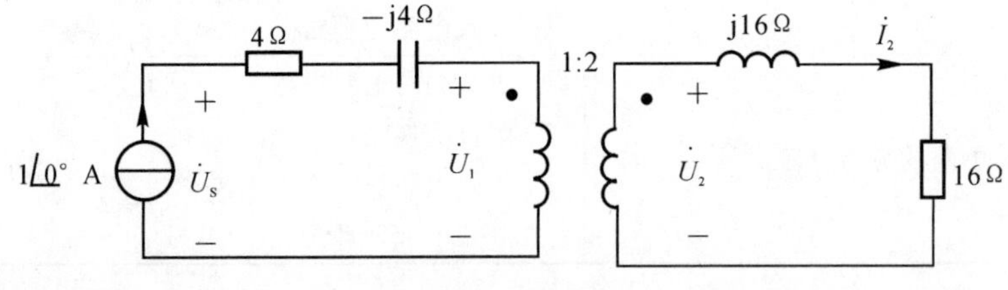

图题 6-6

6-7　图题 6-7 所示电路，求 $\dot{I}_1$，$\dot{U}_2$，电阻 5 Ω 和 25 Ω 各吸收的平均功率。（答：2 $\underline{/0^\circ}$ A，−60 V，4 W，20 W）

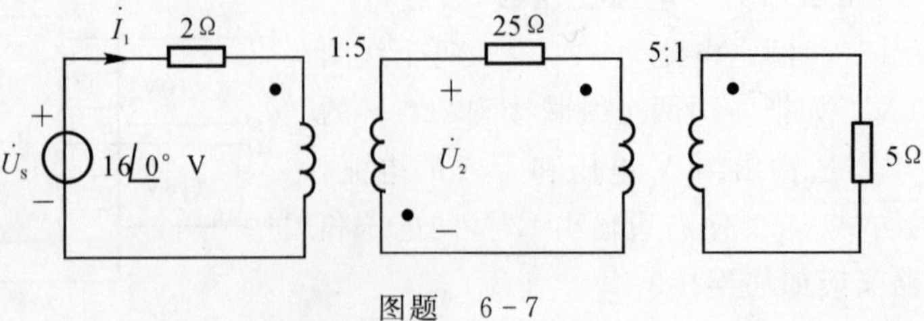

图题 6-7

6－8　图题 6－8 所示电路，今欲使 1 Ω 的电阻获得最大功率 P_m，求 n，并求出 P_m 的值。（答：3，9 W）

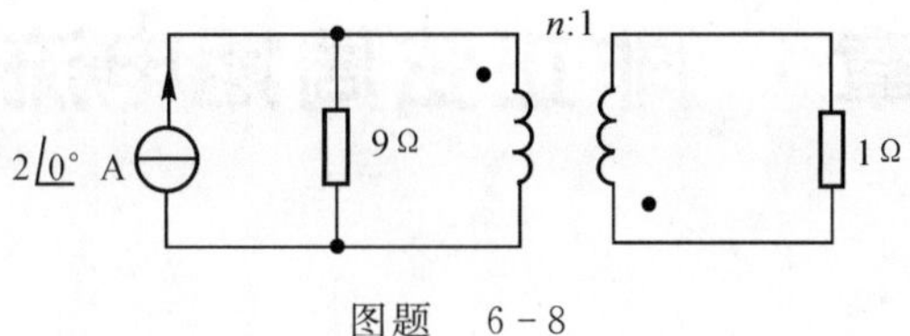

图题　6－8

6－9　图题 6－9 所示电路，求阻抗 Z 为何值时能获得最大功率 P_m，P_m 的值为多大？（答：6 Ω，33.3 W）

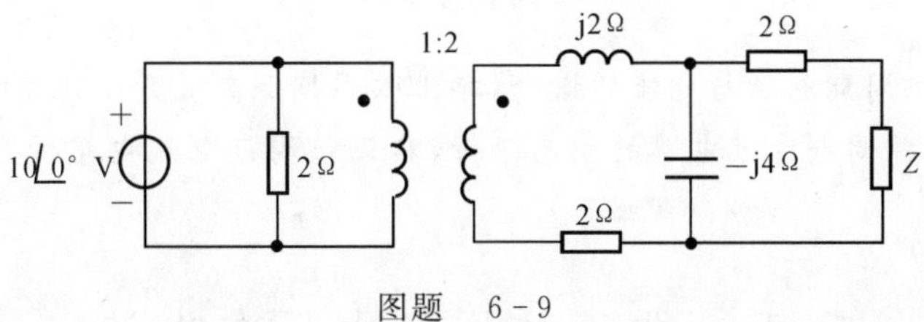

图题　6－9

6－10　图题 6－10 所示电路，$\dot{U}_S = 10\,\underline{/30^\circ}$ V。求电压源发出的平均功率 P。（答：475 W）

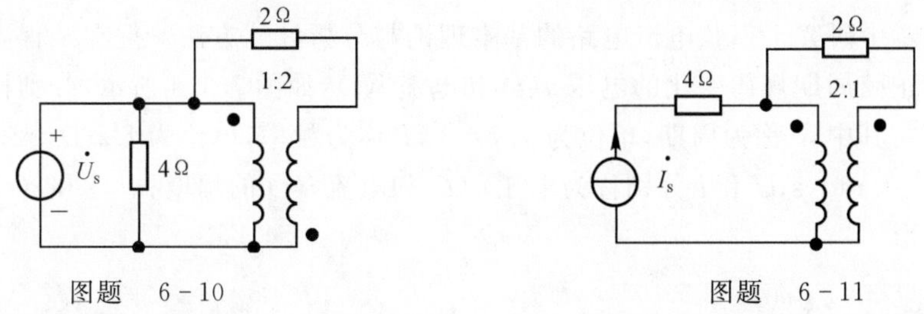

图题　6－10　　图题　6－11

6－11　图题 6－11 所示电路，$\dot{I}_S = 6\,\underline{/30^\circ}$ A，求电流源发出的功率 P。（答：432 W）

6－12　图题 6－12 所示电路，求电压 $\dot{U}_2$。（答：－j100 V）

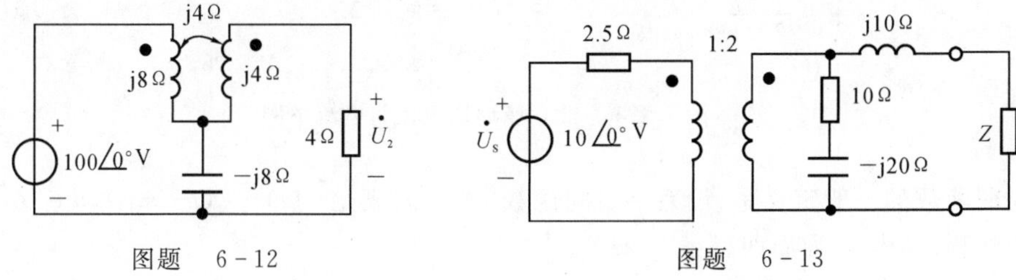

图题　6－12　　图题　6－13

6－13　图题 6－13 所示电路，求 Z 为何值时能获得最大功率 P_m，P_m 的值多大？（答：(7.5－j7.5) Ω，25/3 W）

6－14　图题 6－14 所示电路，求 $\dot{U}_2$ 和电流源发出的功率 $P_{发}$。（答：3.54 $\underline{/-135^\circ}$ V，12.53 W）

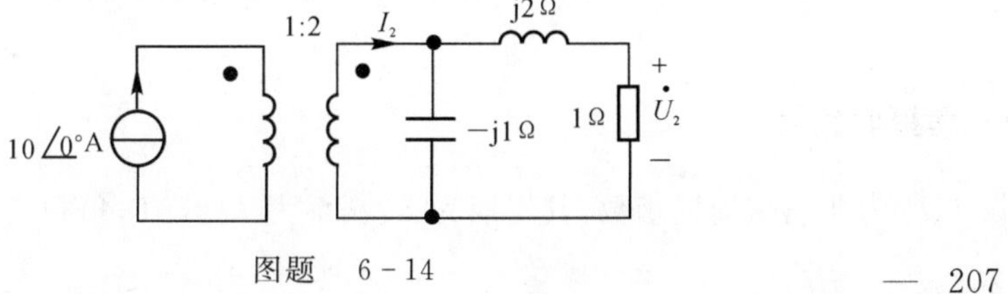

图题　6－14

第 7 章　非正弦周期电流电路

内容提要

本章讲述非正弦周期电压与电流的概念，非正弦周期函数展开成傅里叶级数，非正弦周期电量的有效值，非正弦周期电流电路的稳态分析，非正弦周期电流电路的平均功率，滤波电路的概念。

7.1　非正弦周期电压与电流

在前面几章中研究了正弦电流电路的基本理论与分析计算方法。但在工程实际中大量存在的还有按非正弦周期规律变化的电压 $u(t)$ 和电流 $i(t)$，如图 7.1.1 所示，分别称为非正弦周期电压或电流。其中 T 称为周期，单位为 s；$f=1/T$ 称为频率，单位为 Hz；$\Omega=2\pi/T=2\pi f$ 称为角频率，单位为 rad/s；U 和 I 分别称为电压 $u(t)$ 和电流 $i(t)$ 的幅度；$u(t)$ 和 $i(t)$ 随时间变化的曲线称为波形。

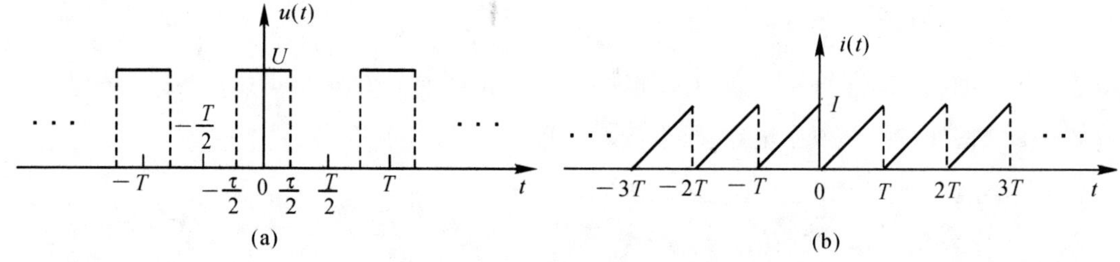

图 7.1.1　非正弦周期电压与电流举例

周期函数的一般定义是：设有一时间函数 $f(t)$，若满足 $f(t)=f(t-nT)$，$n\in\mathbf{Z}$，则称 $f(t)$ 为周期函数，其中 T 为周期。

本章中将研究当线性电路中的电源为非正弦周期电压源或电流源时，电路中的稳态响应如何分析计算。求解此问题的电路原理是叠加定理，其数学原理是傅里叶级数。

7.2　非正弦周期函数展开成傅里叶级数

一、傅里叶级数

设 $f(t)$ 为非正弦周期函数，其周期为 T，频率为 $f=1/T$，角频率为 $\Omega=2\pi f=2\pi/T$。由于

工程实际中的非正弦周期函数，一般都满足狄里赫利条件，故可将它展开成傅里叶级数。即

$$f(t)=\frac{A_0}{2}+A_{1\mathrm{m}}\cos(\Omega t+\Psi_1)+A_{2\mathrm{m}}\cos(2\Omega t+\Psi_2)+A_{3\mathrm{m}}\cos(3\Omega t+\Psi_3)+\cdots+$$

$$A_{n\mathrm{m}}\cos(n\Omega t+\Psi_n)=\frac{A_0}{2}+\sum_{n=1}^{\infty}A_{n\mathrm{m}}\cos(n\Omega t+\Psi_n),\quad n\in\mathbf{Z}^+ \tag{7.2.1}$$

式中：$A_0/2$ 称为 $f(t)$ 的直流分量（或恒定分量）；其余的项都是具有不同振幅、不同初相角且频率成正整数倍关系的一些正弦量。$A_{1\mathrm{m}}\cos(\Omega t+\Psi_1)$ 项称为 $f(t)$ 的一次谐波（或基波）分量，$A_{1\mathrm{m}}$，Ψ_1 分别为其振幅和初相角；$A_{2\mathrm{m}}\cos(2\Omega t+\Psi_2)$ 项的角频率为基波角频率的 2 倍，称为 $f(t)$ 的二次谐波分量，$A_{2\mathrm{m}}$，Ψ_2 分别为其振幅和初相角；其余的项分别称为 $f(t)$ 的三次谐波分量、四次谐波分量……n 次谐波分量等。基波、三次谐波、五次谐波…… 统称为奇次谐波；二次谐波、四次谐波…… 统称为偶次谐波。除恒定分量和基波外，其余各项统称为高次谐波。式(7.2.1) 说明，一个非正弦周期函数 $f(t)$ 可以表示成一个直流分量 $A_0/2$ 与一系列具有不同频率的正弦量的叠加，此即为把非正弦周期函数 $f(t)$ 展开成傅里叶级数，也称对 $f(t)$ 进行谐波分析。

二、A_0，$A_{n\mathrm{m}}$，Ψ_n 的求法

从式(7.2.1) 中看出，要把 $f(t)$ 展开成傅里叶级数，必须把 A_0，$A_{n\mathrm{m}}$，Ψ_n 求出。下面就来研究当 $f(t)$ 为已知时，如何求得 A_0，$A_{n\mathrm{m}}$，Ψ_n。

式(7.2.1) 可根据三角函数两角和的公式改写为如下形式，即

$$f(t)=\frac{a_0}{2}+\sum_{n=1}^{\infty}A_{n\mathrm{m}}\left[\cos\Psi_n\cos n\Omega t-\sin\Psi_n\sin n\Omega t\right]=\frac{a_0}{2}+\sum_{n=1}^{\infty}a_{n\mathrm{m}}\cos n\Omega t+\sum_{n=1}^{\infty}b_{n\mathrm{m}}\sin n\Omega t$$

式中
$$a_0=A_0,\quad a_{n\mathrm{m}}=A_{n\mathrm{m}}\cos\Psi_n,\quad b_{n\mathrm{m}}=-A_{n\mathrm{m}}\sin\Psi_n$$

a_0，$a_{n\mathrm{m}}$，$b_{n\mathrm{m}}$ 的求法如下：

$$a_0=\frac{2}{T}\int_{-\frac{T}{2}}^{\frac{T}{2}}f(t)\mathrm{d}t,\quad a_{n\mathrm{m}}=\frac{2}{T}\int_{-\frac{T}{2}}^{\frac{T}{2}}f(t)\cos n\Omega t\,\mathrm{d}t$$

$$b_{n\mathrm{m}}=\frac{2}{T}\int_{-\frac{T}{2}}^{\frac{T}{2}}f(t)\sin n\Omega t\,\mathrm{d}t$$

当 a_0，$a_{n\mathrm{m}}$，$b_{n\mathrm{m}}$ 求得后，进而即可求得

$$A_0=a_0,\quad A_{n\mathrm{m}}=\sqrt{a_{n\mathrm{m}}^2+b_{n\mathrm{m}}^2}$$

$$\Psi_n=\arctan\frac{-b_n}{a_n}=-\arctan\frac{b_n}{a_n}$$

在 A_0，$A_{n\mathrm{m}}$，Ψ_n 求得后，代入式(7.2.1) 中，即求得了非正弦周期函数 $f(t)$ 的傅里叶级数的展开式。

工程实际中所遇到的非正弦周期函数有 10 余种，它们的傅里叶级数展开式前人都已做出，可以从各种电子工程师手册中查用。

现将非正弦周期函数 $f(t)$ 展开成傅里叶级数汇总于表 7.2.1 中，以便复习和查用。

表 7.2.1　非正弦周期函数 $f(t)$ 展开成傅里叶级数

名　称	展开式	傅里叶系数求法	说　明
三角函数形式一	$f(t)=\dfrac{a_0}{2}+\sum\limits_{n=1}^{\infty}a_{n\mathrm{m}}\cos n\Omega t+\sum\limits_{n=1}^{\infty}b_{n\mathrm{m}}\sin n\Omega t,\quad n\in\mathbf{Z}^+$	$a_0=\dfrac{2}{T}\int_{-\frac{T}{2}}^{\frac{T}{2}}f(t)\mathrm{d}t$ $a_{n\mathrm{m}}=\dfrac{2}{T}\int_{-\frac{T}{2}}^{\frac{T}{2}}f(t)\cos n\Omega t\,\mathrm{d}t$ $b_{n\mathrm{m}}=\dfrac{2}{T}\int_{-\frac{T}{2}}^{\frac{T}{2}}f(t)\sin n\Omega t\,\mathrm{d}t$	T 为重复周期 $\Omega=\dfrac{2\pi}{T}$ 为重复角频率
三角函数形式二	$f(t)=\dfrac{A_0}{2}+\sum\limits_{n=1}^{\infty}A_{n\mathrm{m}}\cos(n\Omega t+\psi_n),\quad n\in\mathbf{Z}^+$	$A_0=a_0$ $A_{n\mathrm{m}}=\sqrt{a_{n\mathrm{m}}^2+b_{n\mathrm{m}}^2}$ $\psi_n=-\arctan\dfrac{b_{n\mathrm{m}}}{a_{n\mathrm{m}}}$	

7.3　非正弦周期电量的有效值

设非正弦周期电量为电流 $i(t)$，则其有效值的定义式仍然是

$$I=\sqrt{\frac{1}{T}\int_{-\frac{T}{2}}^{\frac{T}{2}}[i(t)]^2\mathrm{d}t}\tag{7.3.1}$$

设 $i(t)$ 的傅里叶级数的展开式为

$$i(t)=I_0+\sum_{n=1}^{\infty}I_{n\mathrm{m}}\cos(n\Omega t+\Psi_n)$$

式中，I_0 和 $I_{n\mathrm{m}}$ 分别为 $i(t)$ 的直流分量（I_0 相当于 $A_0/2$）与第 n 次谐波的振幅。代入式(7.3.1)中，并考虑到三角函数的正交性质，经过运算即得

$$I=\sqrt{I_0^2+\left(\frac{I_{1\mathrm{m}}}{\sqrt{2}}\right)^2+\left(\frac{I_{2\mathrm{m}}}{\sqrt{2}}\right)^2+\cdots+\left(\frac{I_{n\mathrm{m}}}{\sqrt{2}}\right)^2}=\sqrt{I_0^2+I_1^2+I_2^2+\cdots+I_n^2}\tag{7.3.2}$$

式中，$I_n=\dfrac{I_{n\mathrm{m}}}{\sqrt{2}}$ 为第 n 次谐波电流的有效值。可见，非正弦周期电流 $i(t)$ 的有效值 I 等于其直流分量与各次谐波电流有效值平方和的算术平方根。

同理可得非正弦周期电压 $u(t)$ 的有效值为

$$U=\sqrt{U_0^2+\left(\frac{U_{1\mathrm{m}}}{\sqrt{2}}\right)^2+\left(\frac{U_{2\mathrm{m}}}{\sqrt{2}}\right)^2+\cdots+\left(\frac{U_{n\mathrm{m}}}{\sqrt{2}}\right)^2}=\sqrt{U_0^2+U_1^2+U_2^2+\cdots+U_n^2}\tag{7.3.3}$$

式中：$U_n=\dfrac{U_{n\mathrm{m}}}{\sqrt{2}}$ 为第 n 次谐波电压的有效值；U_0 为直流分量。

用普通电压表、电流表测量非正弦周期电流电路中的电压、电流，均为其有效值。

例 7.3.1　已知非正弦周期电压 $u(t)=40+180\cos 314t+60\cos(2\times 314t+45^\circ)$ V，求 $u(t)$ 的有效值 U。

解　$U_0=40\ \text{V},U_1=\dfrac{180}{\sqrt{2}}\ \text{V},U_2=\dfrac{60}{\sqrt{2}}\ \text{V}$，故

$$U=\sqrt{U_0^2+U_1^2+U_2^2}=\sqrt{40^2+\left(\frac{180}{\sqrt{2}}\right)^2+\left(\frac{60}{\sqrt{2}}\right)^2}\ \text{V}=140\ \text{V}$$

例 7.3.2　非正弦周期电流 $i(t)=[2+10\sqrt{2}\cos(\Omega t+30°)+4\sqrt{2}\cos(2\Omega t-30°)+2\sqrt{2}\cos3\Omega t]\text{A}$。求 $i(t)$ 的有效值 I。

解
$$I=\sqrt{2^2+10^2+4^2+2^2}\ \text{A}=11.14\ \text{A}$$

例 7.3.3　已知电流 $i(t)$ 的波形如图 7.3.1 所示。求 $i(t)$ 的有效值 I。

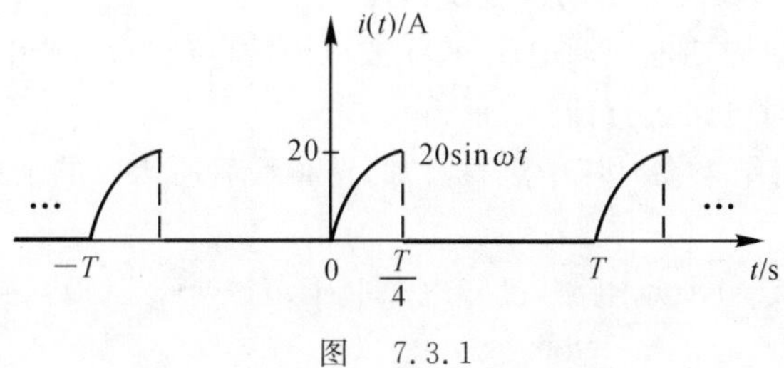

图　7.3.1

解
$$I=\sqrt{\frac{1}{T}\int_0^T[i(t)]^2\mathrm{d}t}=\sqrt{\frac{1}{T}\left[\int_0^{\frac{T}{4}}(20\sin\omega t)^2\mathrm{d}t+\int_{\frac{T}{4}}^{T}0^2\mathrm{d}t\right]}=$$
$$\sqrt{\frac{200}{T}\int_0^{\frac{T}{4}}(1-\cos2\omega t)\mathrm{d}t}=5\sqrt{2}\ \text{A}$$

例 7.3.4　已知电压 $u(t)$ 的波形图如图 7.3.2 所示。求 $u(t)$ 的有效值 U。

解　$U=\sqrt{\dfrac{1}{T}\int_0^T[u(t)]^2\mathrm{d}t}=\sqrt{\dfrac{1}{3}\left[\int_0^1 1^2\mathrm{d}t+\int_1^2 2^2\mathrm{d}t+\int_2^3 0^2\mathrm{d}t\right]}=1.29\ \text{V}$

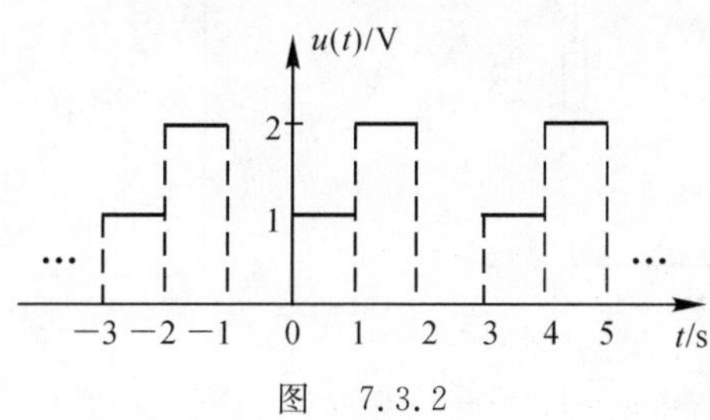

图　7.3.2

现将非正弦周期电量有效值与平均值的计算公式汇总于表 7.3.1 中，以便复习和查用。

表 7.3.1　非正弦周期电量的有效值与平均值

名　称	定义式	计算公式
有效值	$I=\sqrt{\frac{1}{T}\int_0^T[i(t)]^2\mathrm{d}t}$ $U=\sqrt{\frac{1}{T}\int_0^T[u(t)]^2\mathrm{d}t}$	① $I=\sqrt{I_0^2+\sum_{n=1}^{\infty}I_n^2}$，　$n\in\mathbf{Z}^+$ $U=\sqrt{U_0^2+\sum_{n=1}^{\infty}U_n^2}$，　$n\in\mathbf{Z}^+$ ② 用定义式求解

续表

名　称	定义式	计算公式
平均值	$\bar{I}=\frac{1}{T}\int_0^T \mid i(t) \mid \mathrm{d}t$	直接用定义式求解

7.4　非正弦周期电流电路的稳态分析

非正弦周期电流电路稳态分析的一般步骤是：

(1) 将给定的非正弦周期电压源电压 $u(t)$ 或电流源电流 $i(t)$ 展开成傅里叶级数。

(2) 应用叠加定理对电路进行计算。

(3) 将第(2)步所得结果在时域中进行叠加，即得最后所需要的结果。

以下举例说明。

例 7.4.1　图 7.4.1(a) 所示电路，已知电源电压 $u(t)=(20+10\cos100t)$ V，求电流 $i(t)$。

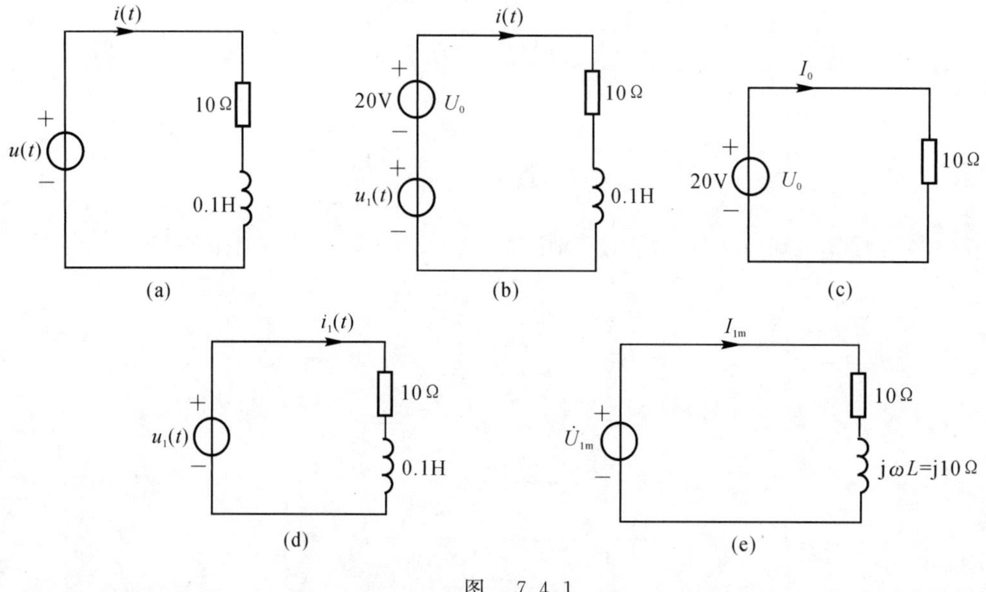

图　7.4.1

解　将图 7.4.1(a) 所示电路画成如图 7.4.1(b) 所示电路，其中 $U_0=20$ V 为直流电压分量，$u_1(t)=10\cos100t$ (V) 为一次谐波电压分量。根据叠加定理，$U_0=20$ V 单独作用时的电路如图 7.4.1(c) 所示，于是得

$$I_0=\frac{20}{10}\ \mathrm{A}=2\ \mathrm{A}$$

$u_1(t)=10\cos100t$ (V) 单独作用时的电路如图 7.4.1(d) 所示，其相应的相量电路模型如图 7.4.1(e) 所示。于是有

$$\dot{I}_{1\mathrm{m}}=\frac{\dot{U}_{1\mathrm{m}}}{Z_1}=\frac{10\angle 0^\circ}{10+\mathrm{j}\omega L}=\frac{10\angle 0^\circ}{10+\mathrm{j}10}\ \mathrm{A}=\frac{10\angle 0^\circ}{10\sqrt{2}\angle 45^\circ}\ \mathrm{A}=\frac{1}{\sqrt{2}}\angle -45^\circ\ \mathrm{A}$$

故得
$$i_1(t)=\frac{1}{\sqrt{2}}\cos(100t-45^\circ)\ \text{A}$$

根据叠加定理得
$$i(t)=I_0+i_1(t)=\left[2+\frac{1}{\sqrt{2}}\cos(100t-45^\circ)\right]\ \text{A}$$

例 7.4.2　图 7.4.2(a) 所示电路，已知 $u_1(t)=8\sqrt{2}\cos(50t+30^\circ)\ \text{V}$，$u_2(t)=6\sqrt{2}\cos 100t\ (\text{V})$，求电流表 Ⓐ 的示数。

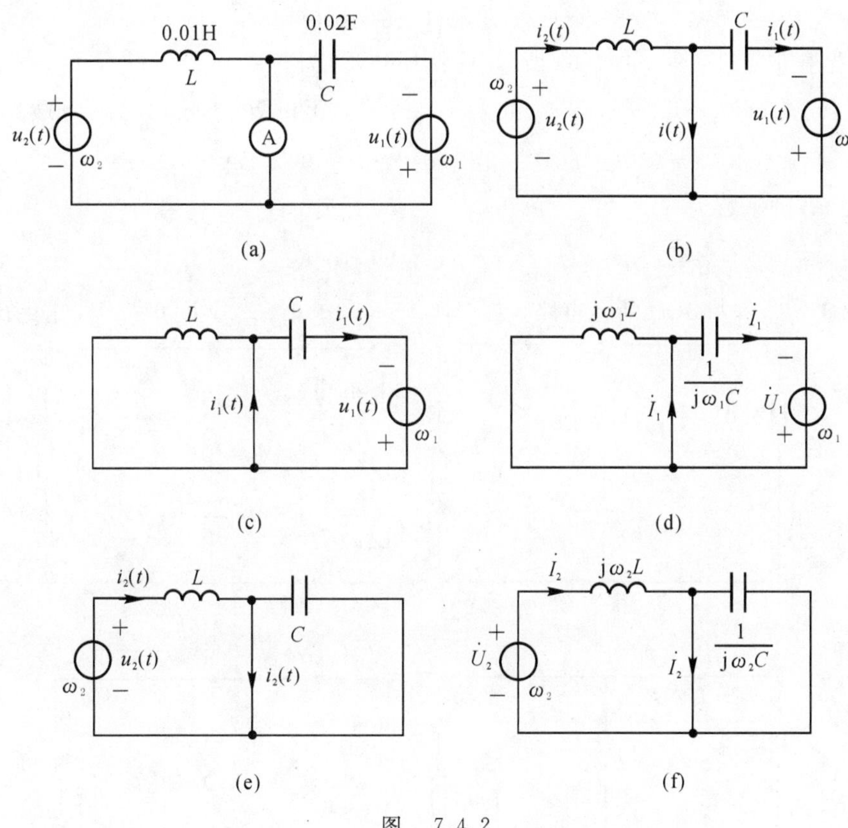

图　7.4.2

解　由于理想电流表的内阻抗为零，故图 7.4.2(a) 所示电路可画成图 7.4.2(b) 所示电路，求电流表的示数实质上就是求图 7.4.2(b) 电路中电流 $i(t)$ 的有效值。又由于电压 $u_1(t)$ 与 $u_2(t)$ 的频率不相等，故图 7.4.2(a)(b) 所示电路在本质上仍然是非正弦周期电流电路，因而只能用叠加定理求解。

(1)$u_1(t)=8\sqrt{2}\cos(50t+30^\circ)\text{V}$ 单独作用时的电路如图 7.4.2(c) 所示，其对应的相量电路模型如图 7.4.2(d) 所示，其中 $\text{j}\omega_1 L=\text{j}50\times 0.01\ \Omega=\text{j}0.5\ \Omega$，$\frac{1}{\text{j}\omega_1 C}=-\text{j}\frac{1}{50\times 0.02}\ \Omega=-\text{j}1\ \Omega$，$\dot{U}_1=8\ \underline{/30^\circ}\ \text{V}$。故
$$\dot{I}_1=\frac{\dot{U}_1}{\frac{1}{\text{j}\omega_1 C}}=\frac{8\ \underline{/30^\circ}}{-\text{j}1}=\text{j}8\ \underline{/30^\circ}\ \text{A}=8\ \underline{/120^\circ}\ \text{A}$$

故
$$i_1(t)=8\sqrt{2}\cos(50t+120°)\ \text{A}$$

(2)$u_2(t)=6\sqrt{2}\cos100t$ (V) 单独作用时的电路如图 7.4.2(e) 所示，其对应的相量电路模型如图 7.4.2(f) 所示，其中 $\text{j}\omega_2 L=\text{j}100\times0.01\ \Omega=\text{j}1\ \Omega$，$\dfrac{1}{\text{j}\omega_2 C}=-\text{j}\dfrac{1}{100\times0.02}\ \Omega=-\text{j}0.5\ \Omega$，$\dot{U}_2=6\underline{/0°}\ \text{V}$。故

$$\dot{I}_2=\frac{\dot{U}_2}{\text{j}\omega_2 L}=\frac{6\underline{/0°}}{\text{j}1}=-\text{j}6\underline{/0°}\ \text{A}=6\underline{/-90°}\ \text{A}$$

故
$$i_2(t)=6\sqrt{2}\cos(100t-90°)\ \text{A}$$

(3) 根据叠加定理，图 7.4.2(b) 所示电路中的 $i(t)$ 为

$$i(t)=-i_1(t)+i_2(t)=-8\sqrt{2}\cos(50t+120°)+6\sqrt{2}\cos(100t-90°)=$$
$$[8\sqrt{2}\cos(50t-60°)+6\sqrt{2}\cos(100t-90°)]\ \text{A}$$

故得电流表 Ⓐ 的示数为

$$I=\sqrt{8^2+6^2}\ \text{A}=10\ \text{A}$$

例 7.4.3 图 7.4.3(a) 所示电路，已知 $u(t)=(30+10\sqrt{2}\cos1\ 000t)$ V，求电压 $u_C(t)$。

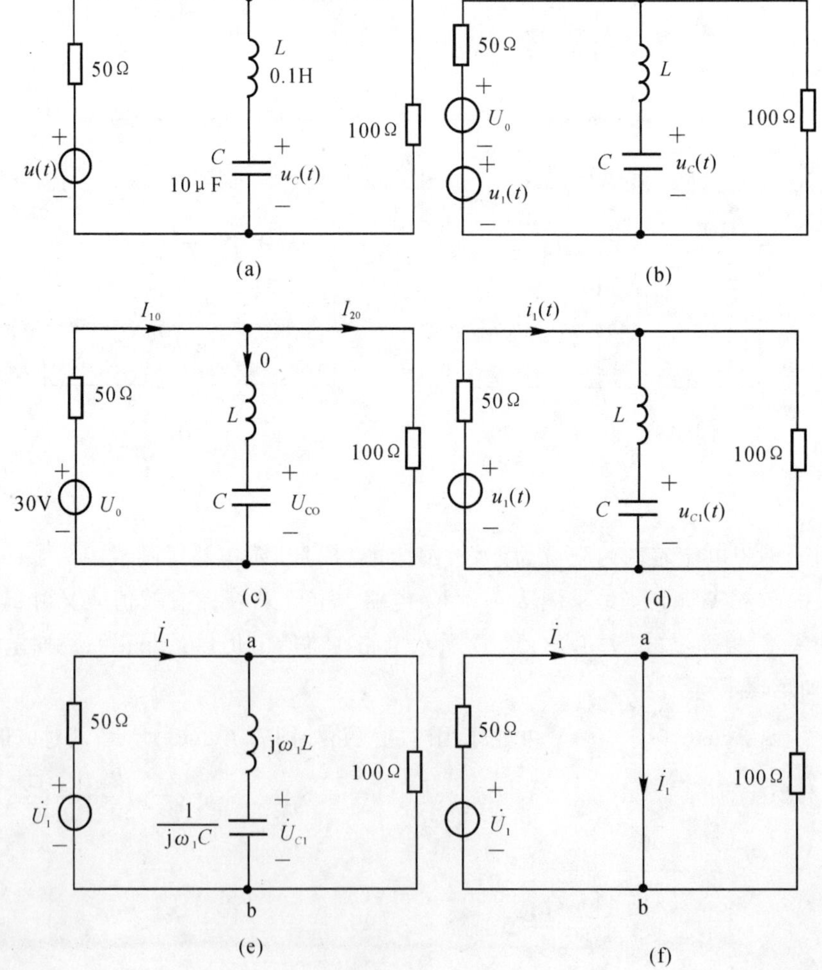

图 7.4.3

解　将图 7.4.3(a) 所示电路画成图 7.4.3(b) 所示电路，其中 $U_0=30\text{ V}$ 为直流电压分量，$u_1(t)=10\sqrt{2}\cos 1\,000t$ (V) 为一次谐波电压分量。根据叠加定理，$U_0=30\text{ V}$ 单独作用时的电路如图 7.4.3(c) 所示，由于在直流电路中电容 C 相当于开路，故得

$$I_0=\frac{30}{50+100}\text{ A}=0.2\text{ A}$$

故

$$U_{\text{CO}}=100I_0=100\times 0.2\text{ V}=20\text{ V}$$

$u_1(t)=10\sqrt{2}\cos 1\,000t$ (V) 单独作用时的电路如图 7.4.3(d) 所示，其相应的相量电路模型如图 7.4.3(e) 所示。

$$\dot{U}_1=10\underline{/0^\circ}\text{ V},\quad \text{j}\omega_1 L=\text{j}10^3\times 0.1\ \Omega=\text{j}100\ \Omega$$

$$\frac{1}{\text{j}\omega_1 C}=-\text{j}\,\frac{1}{10^3\times 10\times 10^{-6}}\ \Omega=-\text{j}100\ \Omega$$

支路 ab 的阻抗为

$$Z_{\text{ab}}=\text{j}\omega_1 L+\frac{1}{\text{j}\omega_1 C}=(\text{j}100-\text{j}100)\Omega=0$$

即 ab 支路相当于短路，其等效电路如图 7.4.3(f) 所示。故得

$$\dot{I}_1=\frac{\dot{U}_1}{50}=\frac{10\underline{/0^\circ}}{50}\text{A}=0.2\underline{/0^\circ}\text{ A}$$

$$\dot{U}_{\text{C1}}=\frac{1}{\text{j}\omega_1 C}\dot{I}_1=-\text{j}100\times 0.2\underline{/0^\circ}\text{ V}=20\underline{/-90^\circ}\text{ V}$$

故得

$$u_{\text{C1}}(t)=20\sqrt{2}\cos(10^3 t-90^\circ)\text{ V}$$

根据叠加定理，图 7.4.3(a) 电路中的电压 $u_{\text{C}}(t)$ 为

$$u_{\text{C}}(t)=U_{\text{CO}}+u_{\text{C1}}(t)=[20+20\sqrt{2}\cos(10^3 t-90^\circ)]\text{ V}$$

例 7.4.4　图 7.4.4(a) 所示电路，已知 $R_1=2\ \Omega$，$R_2=3\ \Omega$，$\text{j}\omega L_1=\text{j}\omega L_2=\text{j}4\ \Omega$，$\text{j}\omega M=\text{j}1\ \Omega$，$\frac{1}{\text{j}\omega C}=-\text{j}6\ \Omega$，$u(t)=(20+20\cos\omega t)$ (V)。求电流表 Ⓐ1 和 Ⓐ2 的读数。

解　将图 7.4.4(a) 所示电路画成图 7.4.4(b) 所示电路，其中 $U_0=20\text{ V}$ 为直流电压分量，$u_1(t)=20\cos\omega t$ (V) 为一次谐波电压分量。根据叠加定理，$U_0=20\text{ V}$ 单独作用时的电路如图 7.4.4(c) 所示。故得

$$I_{10}=\frac{U_0}{R_1}=\frac{20}{2}\text{ A}=10\text{ A},\quad I_{20}=0$$

$u_1(t)=20\cos\omega t$ (V) 单独作用时的电路如图 7.4.4(d) 所示，其相应的相量电路模型如图 7.4.4(e) 所示，其中 $\dot{U}_{1\text{m}}=20\underline{/0^\circ}\text{ V}$。于是可列出 KVL 方程为

$$\begin{cases}(R_1+\text{j}\omega L_1)\dot{I}_{11\text{m}}+\text{j}\omega M\dot{I}_{21\text{m}}=\dot{U}_{1\text{m}}\\ \text{j}\omega M\dot{I}_{11\text{m}}+(R_2+\text{j}\omega L_2+\frac{1}{\text{j}\omega C})\dot{I}_{21\text{m}}=0\end{cases}$$

代入数据联解得

$$\dot{I}_{11\text{m}}=4.24\underline{/-61.8^\circ}\text{ A}$$

$$\dot{I}_{21\text{m}}=1.18\underline{/-118.1^\circ}\text{ A}$$

故

$$\begin{cases}i_{11}(t)=4.24\cos(\omega t-61.8^\circ)\text{ A}\\ i_{21}(t)=1.18\cos(\omega t-118.1^\circ)\text{ A}\end{cases}$$

根据叠加定理，图 7.4.4(a) 电路中的电流 $i_1(t)$ 与 $i_2(t)$ 为

$$i_1(t)=I_{10}+i_{11}(t)=[10+4.24\cos(\omega t-6.18^\circ)]\text{ A}$$

$$i_2(t)=I_{20}+i_{21}(t)=[0+1.18\cos(\omega t-118.1^\circ)]\text{ A}$$

电流表Ⓐ₁,Ⓐ₂ 的示数各为

$$I_1=\sqrt{I_{10}^2+I_{11}^2}=\sqrt{10^2+\left(\frac{4.24}{\sqrt{2}}\right)^2}\ \mathrm{A}=10.4\ \mathrm{A}$$

$$I_2=\sqrt{I_{20}^2+I_{21}^2}=\sqrt{0^2+\left(\frac{1.18}{\sqrt{2}}\right)^2}\ \mathrm{A}=0.832\ \mathrm{A}$$

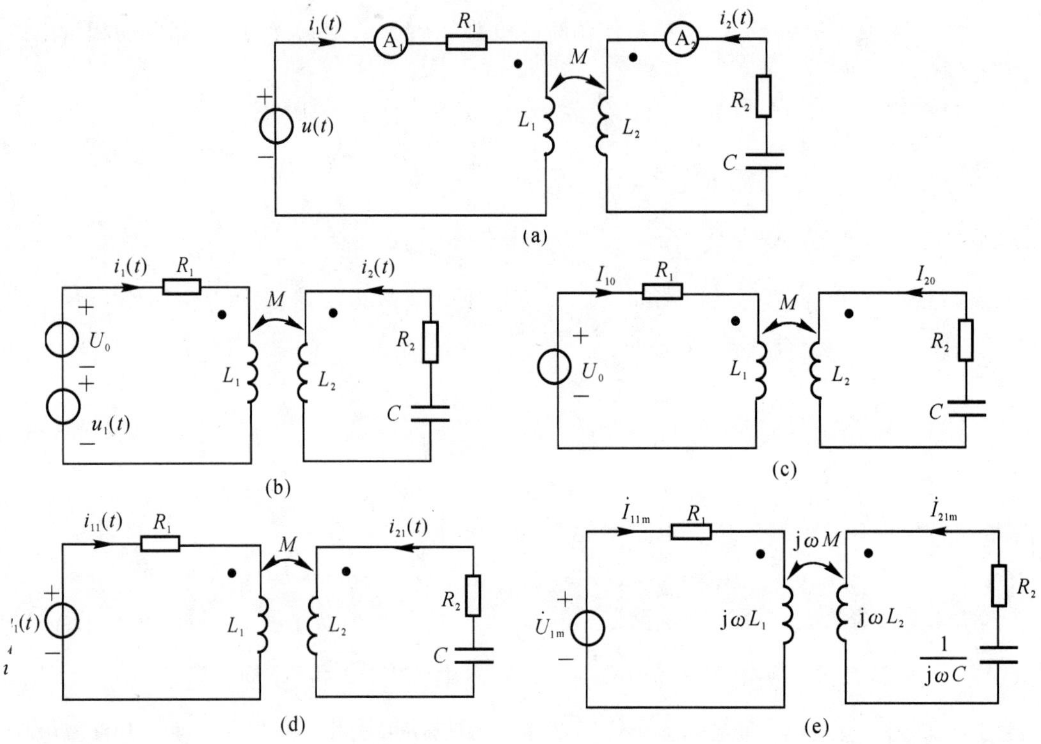

(a)

(b)

(c)

(d)

(e)

图　7.4.4

思考与练习

7.4.1　图 7.4.5 所示电路，已知 $u(t)=[10+5\cos(100t+30°)]$ V，求电流 $i(t)$。{答:$[2+\cos(100t+30°)]$ A}

图　7.4.5　　　　图　7.4.6

7.4.2　图 7.4.6 所示电路，已知 $u(t)=[10\cos(\omega t+30°)+6\cos(3\omega t+60°)]$ V，$\mathrm{j}\omega L=$

j2 Ω,求 $i(t)$。{答:$[5\cos(\omega t-60°)+\cos(3\omega t-30°)]$ A}

7.4.3　图 7.4.7 所示电路,已知 $i(t)=[3\cos\omega t-2\cos(3\omega t+90°)]$ A,$\dfrac{1}{\mathrm{j}\omega C}=-\mathrm{j}27\ \Omega$,求 $u(t)$。{答:$[81\cos(\omega t-90°)-18\cos(3\omega t)]$ V}

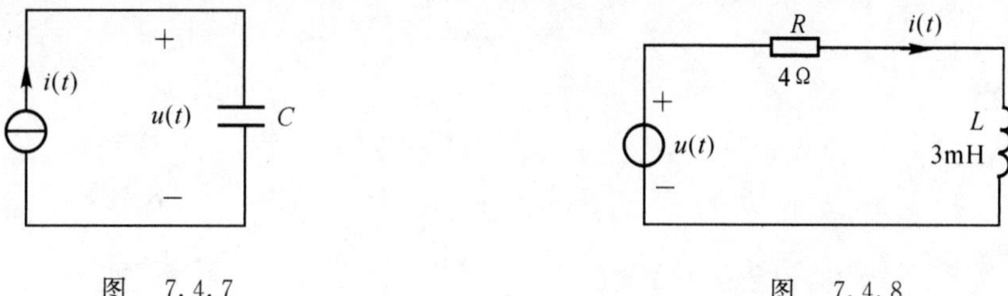

图　7.4.7　　　　图　7.4.8

7.4.4　图 7.4.8 所示电路,已知 $u(t)=[10+100\cos100t+20\cos500t]$ (V),求电流 $i(t)$。{答:$[2.5+20\cos(100t-36.9°)+1.29\cos(500t-75°)]$ A}

7.5　非正弦周期电流电路的平均功率

图 7.5.1 所示为线性任意单口电路,设端口电压 $u(t)$ 为非正弦周期电压,即

$$u(t)=U_0+U_{1\mathrm{m}}\cos(\omega t+\psi_{u1})+U_{2\mathrm{m}}\cos(2\omega t+\psi_{u2})+\cdots+U_{n\mathrm{m}}\cos(n\omega t+\psi_{un})\qquad(7.5.1)$$

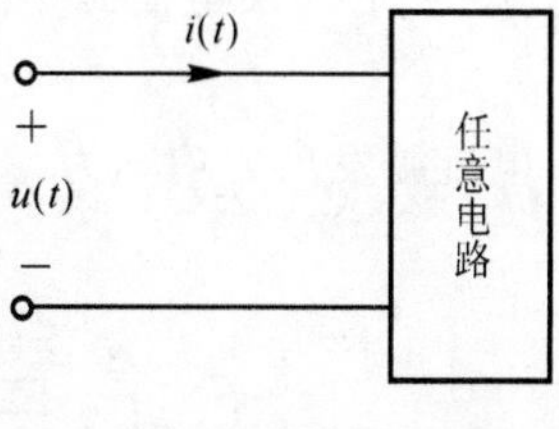

则一定可以求得其端口电流的一般表示式为

$$i(t)=I_0+I_{1\mathrm{m}}\cos(\omega t+\psi_{i1})+I_{2\mathrm{m}}\cos(2\omega t+\psi_{i2})+\cdots+I_{n\mathrm{m}}\cos(n\omega t+\psi_{in})\qquad(7.5.2)$$

图 7.5.1　任意单口电路

于是可得该单口电路的平均功率(即有功功率)为

$$P=\frac{1}{T}\int_{-\frac{T}{2}}^{\frac{T}{2}}u(t)i(t)\mathrm{d}t$$

将式(7.5.1)和式(7.5.2)代入上式,并考虑到三角函数的正交性,可得

$$P=U_0I_0+\frac{1}{2}U_{1\mathrm{m}}I_{1\mathrm{m}}\cos(\psi_{u1}-\psi_{i1})+\frac{1}{2}U_{2\mathrm{m}}I_{2\mathrm{m}}\cos(\psi_{u2}-\psi_{i2})+\cdots+\frac{1}{2}U_{n\mathrm{m}}I_{n\mathrm{m}}\cos(\psi_{un}-\psi_{in})$$

或　$$P=U_0I_0+U_1I_1\cos(\psi_{u1}-\psi_{i1})+U_2I_2\cos(\psi_{u2}-\psi_{i2})+\cdots+U_nI_n\cos(\psi_{un}-\psi_{in})=U_0I_0+\sum_{n=1}^{\infty}U_nI_n\cos(\psi_{un}-\psi_{in})=P_0+P_1+P_2+\cdots+P_n,\quad n\in\mathbf{Z}^+$$

即平均功率 P 等于直流分量的功率 U_0I_0 与各次谐波分量单独作用时的平均功率的代数和。

若流过电阻 R 中的非正弦周期电流 $i(t)$ 的有效值已求得为 I,则该电阻 R 吸收的平均功率可直接简便地由下式求得,即

$$P=I^2R$$

例 7.5.1　图 7.5.1 所示电路,已知 $u(t)=[100+50\cos\omega t-20\cos2\omega t+10\cos(3\omega t+$

90°)] V,$i(t)=[5+2\cos(\omega t-45°)+\sqrt{2}\cos(3\omega t+30°)]$ A,求该单口电路吸收的平均功率 P 的值。

解 应首先将 $u(t)$ 写为标准的形式,即

$$u(t)=[100+50\cos\omega t+20\cos(2\omega t+180°)+10\cos(3\omega t+90°)]\ \text{V}$$

故得

$$P=100\times5+\frac{1}{2}\times50\times2\cos[0°-(-45°)]+$$

$$\frac{1}{2}\times20\times0\cos(180°-\psi_{i2})+\frac{1}{2}\times10\times\sqrt{2}\cos(90°-30°)=$$

$$(500+35.36+0+3.54)\ \text{W}=538.9\ \text{W}$$

例 7.5.2 图 7.5.2 所示电路,$i(t)=[4+10\cos(t-60°)+4\cos(3t-135°)]$ A。求电路吸收的平均功率 P。

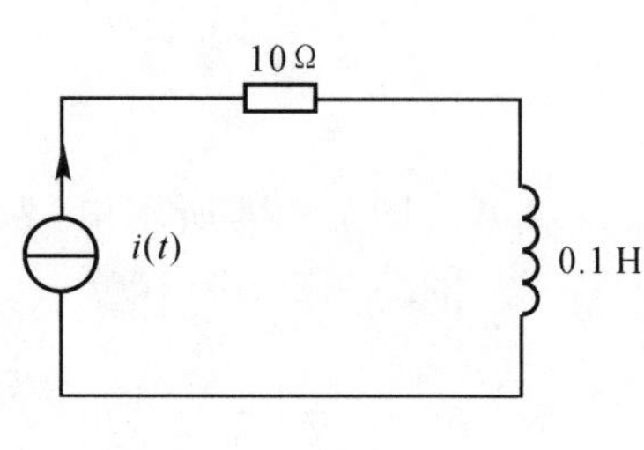

图 7.5.2

解 $I=\sqrt{4^2+\left(\frac{10}{\sqrt{2}}\right)^2+\left(\frac{4}{\sqrt{2}}\right)^2}\ \text{A}=\sqrt{74}\ \text{A}$

故 $$P=I^2R=74\times10\ \text{W}=740\ \text{W}$$

例 7.5.3 图 7.5.3(a) 所示电路,$u_1(t)=4\sqrt{2}\cos1t$ (V)。(1) 求电路吸收的功率 P;(2) 求 $u_C(t)$ 的有效值 U_C。

解 (1)2 A 电流源单独作用时的电路,如图 7.5.3(b) 所示,故

$$U_{\text{CO}}=1\times2\ \text{V}=2\ \text{V}$$

2 A 电流源发出的功率为

$$P_0=(1+1)\times2^2\ \text{V}=8\ \text{W}$$

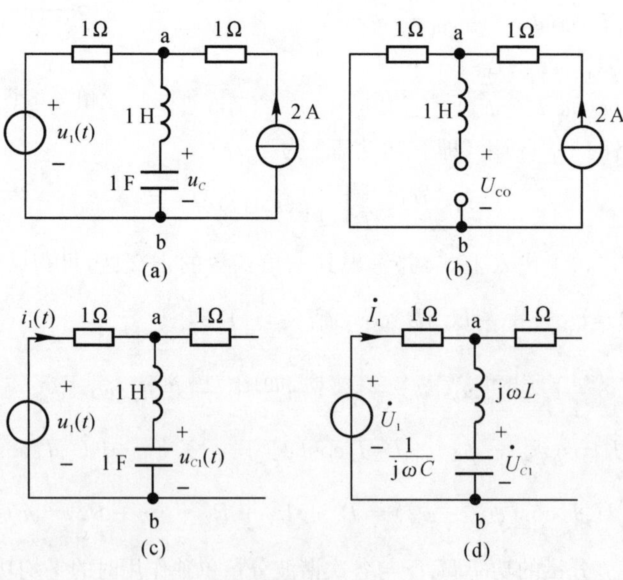

图 7.5.3

(2)$u_1(t)=4\sqrt{2}\cos1t$ V 单独作用时的电路,如图 7.5.3(c) 所示,其相量电路模型如图 7.5.3(d) 所示。其中 $\text{j}\omega L=\text{j}1\times1=\text{j}1\ \Omega$,$\frac{1}{\text{j}\omega C}=-\text{j}\frac{1}{1\times1}=-\text{j}1\ \Omega$。ab 支路的阻抗 $Z_{\text{ab}}=\text{j}\omega L+$

$\frac{1}{j\omega C}=j1-j1=0$，即 ab 支路相当于短路。故

$$\dot{I}_1=\frac{\dot{U}_1}{1}=\frac{4\underline{/0^\circ}}{1}\ \text{A}=4\underline{/0^\circ}\ \text{A}$$

故电压源 $u_1(t)$ 发出的功率为

$$P_1=I_1^2\times 1=4^2\times 1\ \text{W}=16\ \text{W}$$

又
$$\dot{U}_{C1}=\frac{1}{j\omega C}\dot{I}_1=-j1\times 4\underline{/0^\circ}\ \text{V}=4\underline{/-90^\circ}\ \text{V}$$

故
$$u_{C1}(t)=4\sqrt{2}\cos(1t-90^\circ)\ \text{V}$$

故得
$$u_C(t)=U_{C0}+u_{C1}(t)=2+4\sqrt{2}\cos(1t-90^\circ)\ \text{V}$$

$$u_C=\sqrt{2^2+4^2}\ \text{V}=4.47\ \text{V}$$

电路吸收的功率为
$$P=P_0+P_1=(8+16)\ \text{W}=24\ \text{W}$$

例 7.5.4　图 7.5.4(a) 所示电路，$R=1\,200\ \Omega$，$L=1\ \text{H}$，$C=4\ \mu\text{F}$，$u_S(t)=50\sqrt{2}\cos(2\pi ft+30^\circ)\ \text{V}$，$i_S(t)=100\sqrt{2}(3\times 2\pi ft+60^\circ)\ \text{mA}$，$f=50\ \text{Hz}$。(1) 求 $u_R(t)$ 的有效值 U_R；(2) 求电路吸收的平均功率 P。

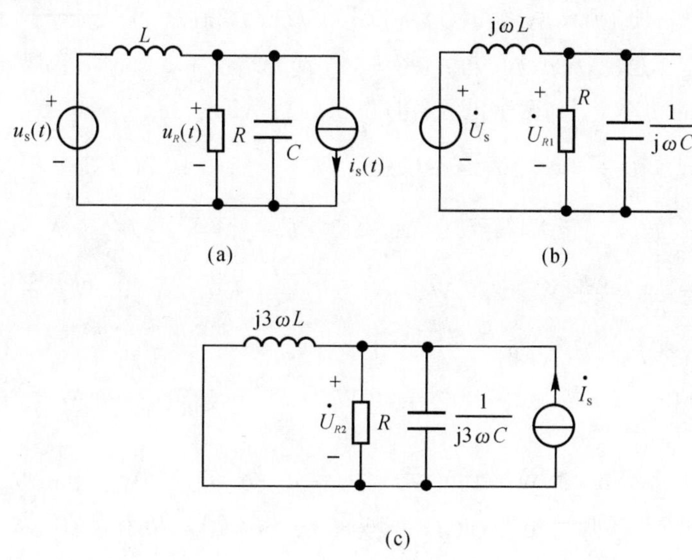

图　7.5.4

解　(1)$u_S(t)$ 单独作用时的相量电路模型，如图 7.5.4(b) 所示。$\dot{U}_S=50\underline{/30^\circ}\ \text{V}$，$j\omega L=j2\pi fL=j2\pi\times 50\times 1=j314\ \Omega$，$\frac{1}{j\omega C}=-j\frac{1}{2\pi\times 50\times 4\times 10^{-6}}=-j796.2\ \Omega$，故由节点法可列出 KCL 方程为

$$\left(\frac{1}{R}+\frac{1}{j\omega L}+j\omega C\right)\dot{U}_{R1}=\frac{1}{j\omega L}\dot{U}_S$$

解得

$$\dot{U}_{R1}=\frac{\frac{1}{j\omega L}\dot{U}_S}{\frac{1}{R}+\frac{1}{j\omega L}+j\omega C}=\frac{R\dot{U}_S}{R-\omega^2RLC+j\omega L}=\frac{1\,200\times 50\underline{/30^\circ}}{1\,200-473.3+j314}\ \text{V}=75.8\underline{/6.63^\circ}\ \text{V}$$

故 $$u_{R1}(t)=75.8\sqrt{2}\cos(2\pi ft+6.63°)\ \text{V}$$

(2)$i_S(t)$ 单独作用时的相量电路模型,如图 7.5.4(c) 所示。$\dot{I}_S=0.1\underline{/60°}\ \text{A}$,$\text{j}3\omega L=\text{j}3\times 2\pi fL=\text{j}942\ \Omega$,$\dfrac{1}{\text{j}3\omega C}=-\text{j}\dfrac{1}{3\times 2\pi fC}=-\text{j}265.4\ \Omega$。故得

$$\dot{U}_{R2}=\frac{1}{\dfrac{1}{R}+\dfrac{1}{\text{j}3\omega L}+\text{j}3\omega C}\dot{I}_S$$

代入数据得 $$\dot{U}_{R2}=35.32\underline{/-12.9°}\ \text{V}$$

故 $$u_{R2}(t)=35.32\sqrt{2}\cos(3\times 2\pi ft-12.9°)\ \text{V}$$

故得

$$u_R(t)=u_{R1}(t)+u_{R2}(t)=75.8\sqrt{2}\cos(2\pi ft+6.63°)+35.32\sqrt{2}\cos(3\times 2\pi ft-12.9°)\ \text{V}$$

$u_R(t)$ 的有效值为 $$U_R=\sqrt{75.8^2+35.32^2}\ \text{V}=83.6\ \text{V}$$

电路吸收的平均功率为

$$P=\frac{U_R^2}{R}=\frac{83.6^2}{1\,200}\ \text{W}=5.82\ \text{W}$$

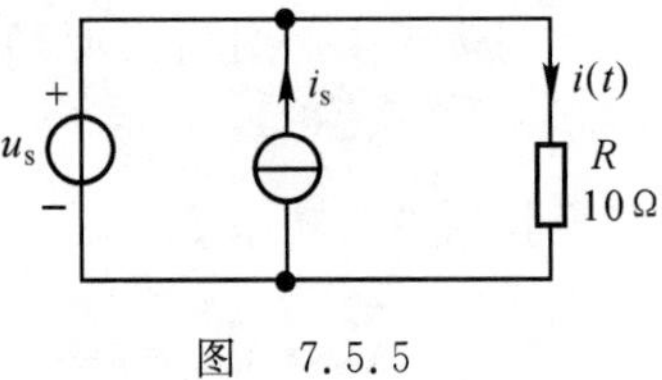

图 7.5.5

例 7.5.5 图7.5.5所示电路,$u_S(t)=30+40\sqrt{2}\cos(2\pi t-60°)$ V。求 $i_S(t)=2\sqrt{2}\cos 2\pi t$ (A) 和 $i_S(t)=5$ A 两种情况下,电阻(10 Ω) 吸收的功率 P_R 和两个电源各自发出的功率。

解 $$i(t)=\frac{u_S}{R}=\frac{1}{10}[30+40\sqrt{2}\cos(2\pi t-60°)]=3+4\sqrt{2}\cos(2\pi t-60°)\ \text{A}$$

$$U_S=\sqrt{30^2+40^2}\ \text{V}=50\ \text{V},\quad I=\sqrt{3^2+4^2}\ \text{A}=5\ \text{A}$$

$$P_R=\frac{U_S^2}{R}=\frac{50^2}{10}\ \text{W}=250\ \text{W}\quad 或\quad P_R=I^2R=5^2\times 10\ \text{W}=250\ \text{W}$$

(1) 当 $i_S=2\sqrt{2}\cos 2\pi t$ (A) 时

$$P_{i_S}=40\times 2\cos(-60°-0°)=40\ \text{W},\quad P_{u_S}=(250-40)\ \text{W}=210\ \text{W}$$

(2) 当 $i_S=5$ A 时

$$P_{i_S}=30\times 5\ \text{W}=150\ \text{W},\quad P_{u_S}=(250-150)\ \text{W}=100\ \text{W}$$

例 7.5.6 图 7.5.6 所示电路,$i_S(t)=3\cos t+\cos 3t$ (A),功率表的示数 $P=5$ W,电压表的示数 $U=3$ V。求 R 和 L 的值。

解 (1) 当一次谐波 $3\cos t$ (A) 单独作用时

$$\dot{I}_{S1}=\frac{3}{\sqrt{2}}\underline{/0°}\ \text{A},\quad \omega_1=1\ \text{rad/s}$$

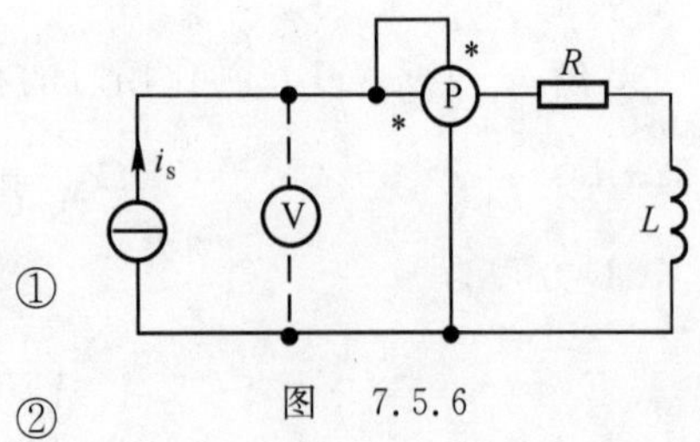

图 7.5.6

$$P_1=\left(\frac{3}{\sqrt{2}}\right)^2R=\frac{9}{2}R \quad ①$$

$$U_1=\frac{3}{\sqrt{2}}\sqrt{R^2+(\omega_1L)^2}=\frac{3}{\sqrt{2}}\sqrt{R^2+L^2} \quad ②$$

(2) 当三次谐波单独作用时

$$\dot{I}_{S3}=\frac{1}{\sqrt{2}}\underline{/0°}\ \text{A},\quad \omega_3=3\ \text{rad/s},\quad P_3=\left(\frac{1}{\sqrt{2}}\right)^2R=\frac{1}{2}R$$

$$U_3 = \frac{1}{\sqrt{2}}\sqrt{R^2 + (\omega_3 L)^2} = \frac{1}{\sqrt{2}}\sqrt{R^2 + 9L^2}$$

因有 $P = P_1 + P_3 = \frac{9}{2}R + \frac{1}{2}R = 5$，得

$$R = 1\ \Omega$$

$$U = \sqrt{U_1^2 + U_3^2} = \sqrt{\frac{9}{2}(R^2 + L^2) + \frac{1}{2}(R^2 + 9L^2)} = 3$$

解得

$$L = \frac{2}{3}\ \text{H}$$

思考与练习

7.5.1　设单口电路的端口电压 $u(t)$ 与端口电流 $i(t)$ 为关联方向，且 $u(t) = [100 + \cos(t + 30°) + \cos(2t - 45°) + \cos(3t - 60°)]$ V，$i(t) = [5\cos t + 2\cos(2t + 15°)]$ A。求该单口电路吸收的平均功率 P 的值。（答：2.67 W）

7.5.2　图 7.5.7 所示电路，已知 $u(t) = [100 + 66\cos\omega t + 40\cos 2\omega t]$ V，$R = 10\ \Omega$，求 $u(t)$ 的有效值 U 及 R 吸收的平均功率 P 的值。（答：113.92 V，1 297.78 W）

7.5.3　图 7.5.8 所示电路，已知 $i_S(t) = (1 + 2\sqrt{2}\cos 2t)$ A。求稳态电流 $i(t)$ 及电路吸收的平均功率 P。[答：$2\cos(2t + 45°)$ A，3 W]

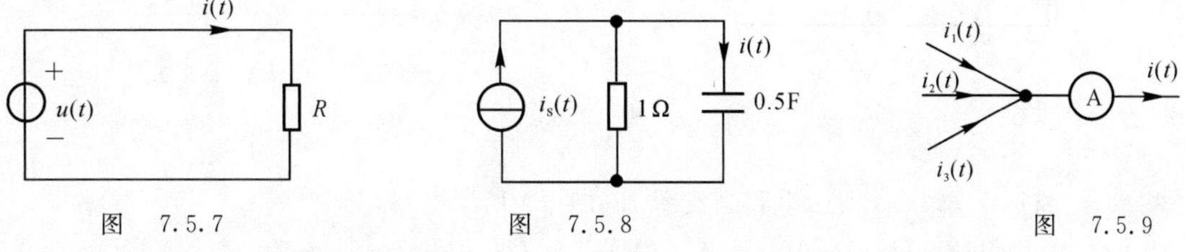

图　7.5.7　　　图　7.5.8　　　图　7.5.9

7.5.4　图 7.5.9 所示电路，已知 $i_1(t) = 9\sqrt{2}\cos(\omega t + 120°)$ A，$i_2(t) = 6\sqrt{2}\cos(\omega t - 60°)$ A，$i_3(t) = 4\sqrt{2}\cos(3\omega t + 30°)$ A。求电流表的示数 I。（答：5 A）

7.5.5　图 7.5.10 所示电路，已知 $i(t) = [3 + 4\sqrt{2}\cos(2\pi t + 60°)]$ A，求 $u_S = 5$ V 和 $u_S = 2.5\sqrt{2}\cos 2\pi t$ (V) 两种情况下，电阻 2 Ω 吸收的功率 P_R 和两个电源各自发出的功率。（答：50 W，15 W，35 W；50 W，5 W，45 W）

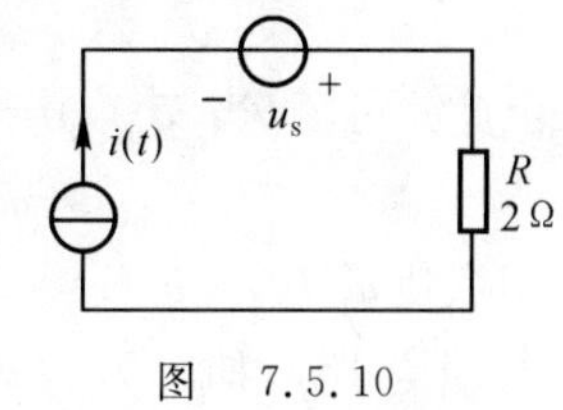

图　7.5.10

*7.6　滤波电路的概念

对不同频率的电信号具有选择性的电路，称为滤波电路，也称滤波器，它只允许某一频率或某一些频率的电信号通过，同时不允许另一些频率的电信号通过。滤波器分为低通滤波器、高通滤波器、带通滤波器、带阻滤波器、全通滤波器。滤波器在电子与通信工程中有着广泛的应用。

例 7.6.1　图 7.6.1(a) 所示电路，已知 $u(t) = [U_{1m}\cos(10^3 t + \psi_1) + U_{3m}\cos(3 \times 10^3 t +$

$\psi_3)]$ (V)，今欲使 $u_o(t)=U_{1m}\cos(10^3t+\psi_1)$ (V)，求 L_1，C_1 的值。

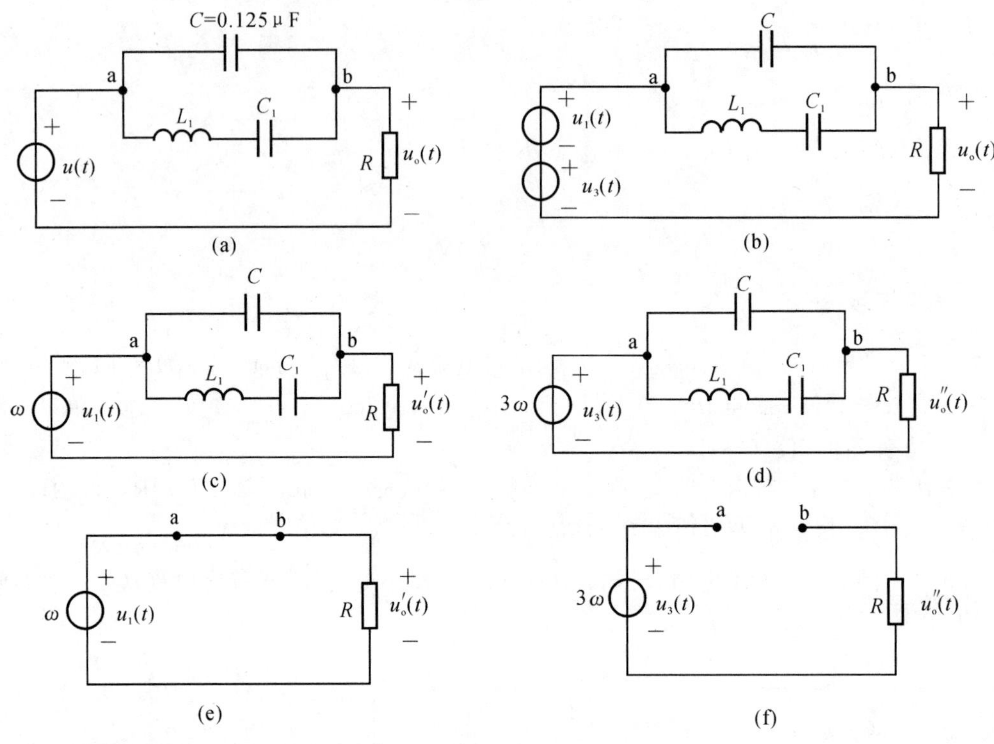

图　7.6.1

解　将图 7.6.1(a) 所示电路画成图 7.6.1(b) 所示电路，其中

$$u_1(t)=U_{1m}\cos(10^3t+\psi_1)\ (\text{V}),\quad u_3(t)=U_{3m}\cos(3\times10^3t+\psi_3)\ (\text{V})$$

根据叠加定理，又可画出图 7.6.1(c)(d) 所示电路，故应有

$$u_o(t)=u'_o(t)+u''_o(t)$$

由此式可见，当 $u'_o(t)=u_1(t)=U_{1m}\cos(10^3t+\psi_1)$ V 且 $u''_o(t)=0$ 时，即有

$$u_o(t)=u'_o(t)=u_1(t)=U_{1m}\cos(10^3t+\psi_1)\ (\text{V})$$

今欲使 $u'_o(t)=u_1(t)=U_{1m}\cos(10^3t+\psi_1)$，就必须使 a，b 两点间的阻抗对 $\omega=10^3$ rad/s 的值为零(即短路)，如图 7.6.1(e) 所示，同时必须使 a，b 两点间的阻抗对 $\omega=3\times10^3$ rad/s 的值为无穷大(即开路)，如图 7.6.1(f) 所示，即应同时有

$$\begin{cases}\dfrac{\left(\mathrm{j}\omega L_1+\dfrac{1}{\mathrm{j}\omega C_1}\right)\dfrac{1}{\mathrm{j}\omega C}}{\mathrm{j}\omega L_1+\dfrac{1}{\mathrm{j}\omega C_1}+\dfrac{1}{\mathrm{j}\omega C}}=0\\[3ex]\dfrac{\left(\mathrm{j}3\omega L_1+\dfrac{1}{\mathrm{j}3\omega C_1}\right)\dfrac{1}{\mathrm{j}3\omega C}}{\mathrm{j}3\omega L_1+\dfrac{1}{\mathrm{j}3\omega C_1}+\dfrac{1}{\mathrm{j}3\omega C}}\rightarrow\infty\end{cases}$$

即

$$\begin{cases}\dfrac{\left(\omega L_1-\dfrac{1}{\omega C_1}\right)\dfrac{1}{\omega C}}{\mathrm{j}\left(\omega L_1-\dfrac{1}{\omega C_1}-\dfrac{1}{\omega C}\right)}=0\\[2ex]\dfrac{\left(3\omega L_1-\dfrac{1}{3\omega C_1}\right)\dfrac{1}{3\omega C}}{\mathrm{j}\left(3\omega L_1-\dfrac{1}{3\omega C_1}-\dfrac{1}{3\omega C}\right)}\to\infty\end{cases}$$

故应有

$$\begin{cases}\omega L_1-\dfrac{1}{\omega C_1}=0\\[2ex]3\omega L_1-\dfrac{1}{3\omega C_1}-\dfrac{1}{3\omega C}=0\end{cases}$$

联立求解得

$$L_1=\frac{1}{8\omega^2 C}=\frac{1}{8(10^3)^2\times 0.125\times 10^{-6}}\ \mu\mathrm{H}=1\ \mu\mathrm{H}$$

$$C_1=\frac{1}{\omega^2 L_1}=\frac{1}{(10^3)\times 1}\ \mathrm{F}=1\ \mathrm{F}$$

例 7.6.2　图 7.6.2(a) 所示电路，已知 $u(t)=[U_{1\mathrm{m}}\cos\omega t+U_{3\mathrm{m}}\cos 3\omega t]$ (V)，$L=0.12$ H，$\omega=314$ rad/s。令欲使 $u_{\mathrm{o}}(t)=U_{1\mathrm{m}}\cos\omega t$ (V)，求 C_1，C_2 的值。

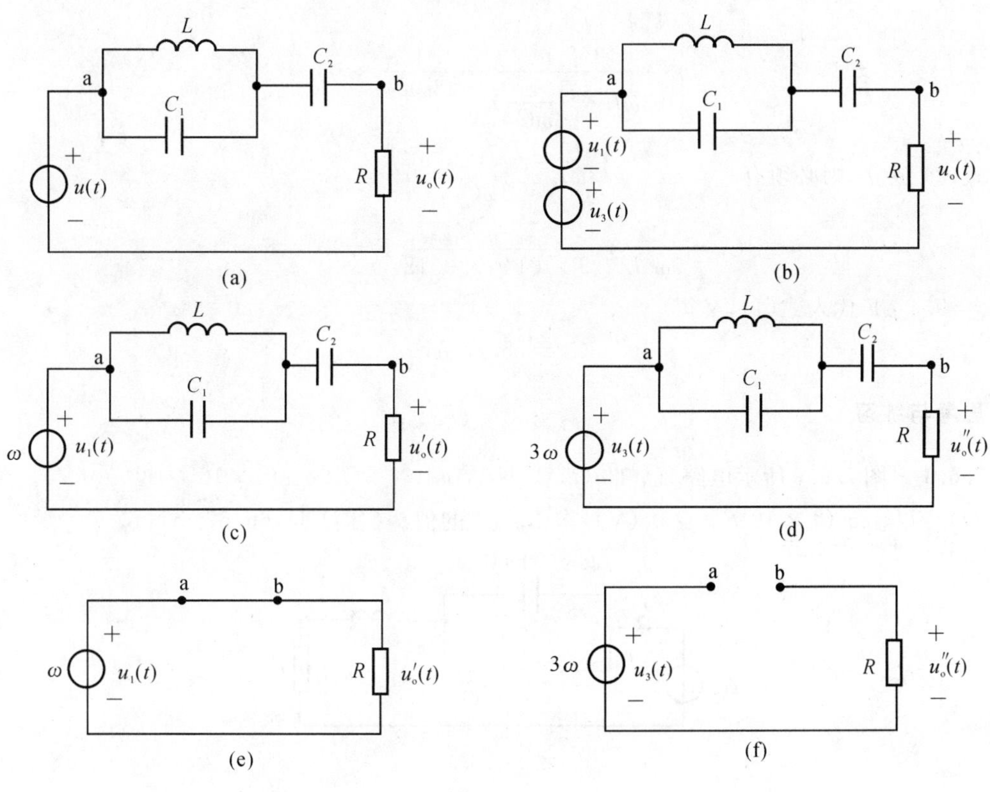

图　7.6.2

解　将图 7.6.2(a) 画成图 7.6.2(b) 所示电路，其中，

$$u_1(t)=U_{1\mathrm{m}}\cos\omega t\ (\mathrm{V}),\quad u_3(t)=U_{3\mathrm{m}}\cos 3\omega t\ (\mathrm{V})$$

根据叠加定理，又可画出图 7.6.2(c)(d) 所示电路，故应有

$$u_o(t)=u_o'(t)+u_o''(t)$$

由此式可见，当 $u_o'(t)=u_1(t)=U_{1m}\cos\omega t$ (V) 且 $u_o''(t)=0$ 时，即有

$$u_o(t)=u_o'(t)=u_1(t)=U_{1m}\cos\omega t\ (\mathrm{V})$$

今欲使 $u_o'(t)=u_1(t)=U_{1m}\cos\omega t$ (V)，就必须使 a，b 两点间的阻抗对 ω 的值为零（即短路），如图 7.6.2(e) 所示，同时必须使 a，b 两点间的阻抗对 3ω 的值为无穷大（即开路），如图 7.6.2(f) 所示。即应同时有

$$\begin{cases}\dfrac{\mathrm{j}\omega L\times\dfrac{1}{\mathrm{j}\omega C_1}}{\mathrm{j}\omega L+\dfrac{1}{\mathrm{j}\omega C_1}}+\dfrac{1}{\mathrm{j}\omega C_2}=0\\[2ex]\dfrac{\mathrm{j}3\omega L\times\dfrac{1}{\mathrm{j}3\omega C_1}}{\mathrm{j}3\omega L+\dfrac{1}{\mathrm{j}3\omega C_1}}+\dfrac{1}{\mathrm{j}3\omega C_2}\to\infty\end{cases}$$

即

$$\begin{cases}\dfrac{\dfrac{L}{C_1}}{\mathrm{j}(\omega L-\dfrac{1}{\omega C_1})}+\dfrac{1}{\mathrm{j}\omega C_2}=0 & (1)\\[2ex]\dfrac{\dfrac{L}{C_1}}{\mathrm{j}(3\omega L-\dfrac{1}{3\omega C_1})}+\dfrac{1}{\mathrm{j}3\omega C_2}\to\infty & (2)\end{cases}$$

欲使式(2) 成立，则必须有

$$3\omega L-\frac{1}{3\omega C_1}=0$$

故得

$$C_1=\frac{1}{9\omega^2 L}=\frac{1}{9\times 314^2\times 0.12}\ \mathrm{F}=9.4\ \mu\mathrm{F}$$

将 $C_1=9.4\ \mu\mathrm{F}$ 代入式(1)，又得

$$C_2=75.13\ \mu\mathrm{F}$$

思考与练习

7.6.1 图 7.6.3 所示电路，已知 $u(t)=[U_{1m}\cos 10^3 t+U_{4m}\cos(4\times10^3 t+\Psi_4)]$ (V)。今欲使 $u_o(t)=U_{4m}\cos(4\times10^3 t+\Psi_4)$ (V)，求 L_1，L_2 的值。（答：1 H，66.67 mH）

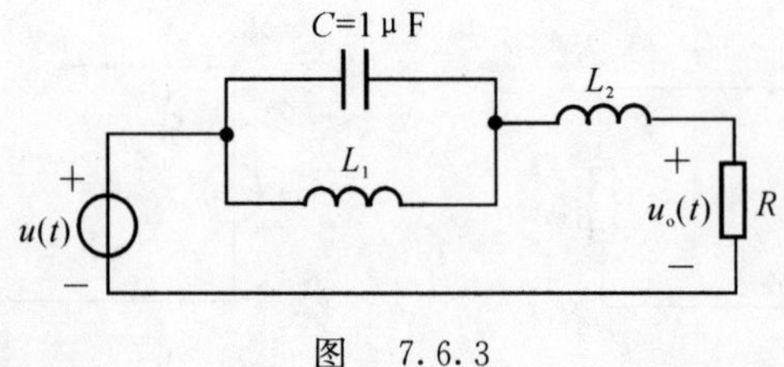

图 7.6.3

习 题 七

7-1 图题 7-1 所示电路，$u(t)=50+190\cos 1\,000t$ (V)，求电压 $u_C(t)$ 及其有效值 U_C 的

值。{答:$[50+95\sqrt{2}\cos(1\,000t-45°)]$ V,107.35 V}

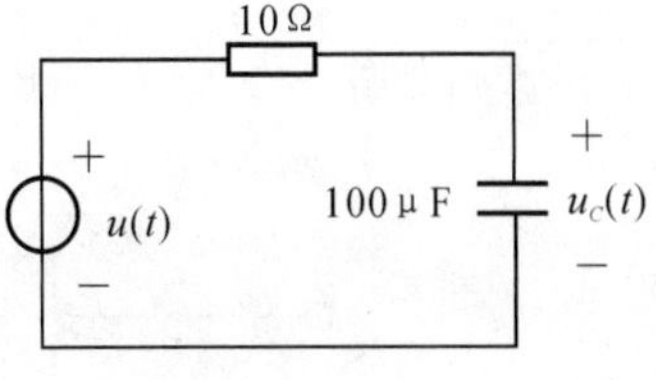

图题　7-1

7-2　图题 7-2(a) 所示电路,$u(t)$ 的波形如图题 7-2(b) 所示,其中正弦分量的角频率为 ω。(1) 写出电压 $u(t)$ 的表示式;(2) 若 $\omega L=40\ \Omega$,$\dfrac{1}{\omega C}=40\ \Omega$,求 $u_C(t)$ 和 $i_L(t)$。{答:$[8+4\cos(\omega t-90°)]$ V;$4\cos(\omega t-90°)$ V;$[0.2+0.1\cos(\omega t-180°)]$ A}

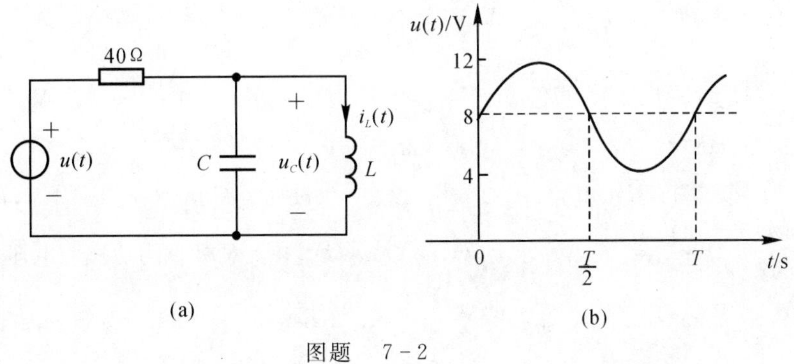

图题　7-2

7-3　图题 7-3 所示电路,已知 $u(t)=[10+10\sqrt{2}\cos\omega t+5\sqrt{2}\cos(3\omega t+30°)]$ (V),已知 $\omega L=10\ \Omega$,求电流 $i(t)$ 及其有效值,并求电路吸收的平均功率 P 的值。{答:$[1+\cos(\omega t-45°)+0.1\sqrt{5}\cos(3\omega t-41.6°)]$ A;1.23 A;15.1 W}

7-4　有效值为 100 V 的正弦电压加在电感 L 两端,得到电流的有效值为 10 A。当电压中还有三次谐波时,其有效值仍为 100 V,得到电流的有效值为8 A。求此电压中的基波和三次谐波电压的有效值各为多大?(答:77.14 V,63.63 V)

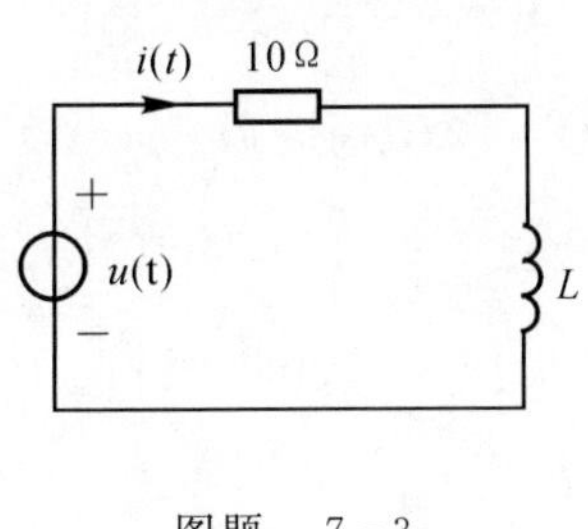

图题　7-3

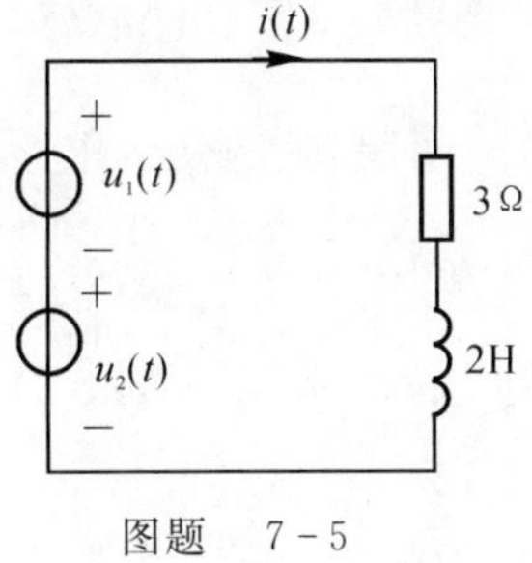

图题　7-5

7-5　图题 7-5 所示电路,已知 $u_1(t)=u_2(t)=\cos t$ V。(1) 求电流 $i(t)$ 及其有效值 I;(2) 求电阻 R 吸收的平均功率 P;(3) 求 $u_1(t)$ 单独作用时 R 吸收的平均功率 P_1;(4) 求 $u_2(t)$ 单独作用时 R 吸收的平均功率 P_2;(5) 由(2)(3)(4) 的计算结果能得出什么结论?[答:$0.56\cos(t-33.7°)$ A,0.39 A;0.462 W;0.115 4 W;$P\neq P_1+P_2$]

7-6　图题 7-6 所示电路,已知端口电压和电流分别为

$$u(t)=4+10\sqrt{2}\cos(\omega t-30°)+2\sqrt{2}\cos(2\omega t+45°)\ \text{V}$$

$$i(t)=2+2\sqrt{2}\cos(2\omega t-15°)\ \text{A}$$

求一端口电路 N 吸收的平均功率 P。(答:6 W)

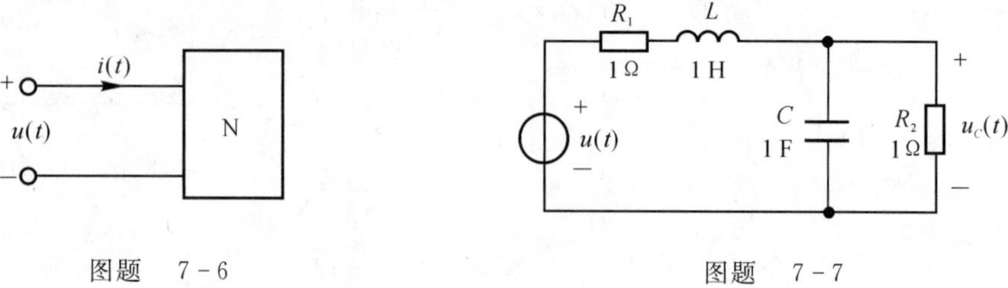

图题 7-6　　　　图题 7-7

7-7　图题 7-7 所示电路,$u(t)=[10+100\sqrt{2}\cos t+10\sqrt{2}\cos 2t]$ V。求 $u_C(t)$。{答:$[10+20\sqrt{10}\times\cos(t-63.4°)+\sqrt{10}\cos(2t-116.6°)]$ V}

7-8　图题 7-8 所示电路,$u(t)=[10+50\sqrt{2}\cos\omega t+30\sqrt{2}\cos 3\omega t]$ V,$R=10\ \Omega$,$\omega L_1=30\ \Omega$,$\omega L_2=10\ \Omega$,$\dfrac{1}{\omega C}=90\ \Omega$。求 $i_1(t)$,$i_2(t)$,$u_2(t)$,电阻 R 吸收的功率和电压源发出的功率。{答:$[1+1.18\sqrt{2}\cos(\omega t-76.37°)]$ A;$[1+1.33\cos(\omega t-76.37°)+\sqrt{2}\cos(3\omega t-90°)]$ A;$[13.25\sqrt{2}\cos(\omega t+13.63°)+30\sqrt{2}\cos(3\omega t)]$ V;24 W,24 W}

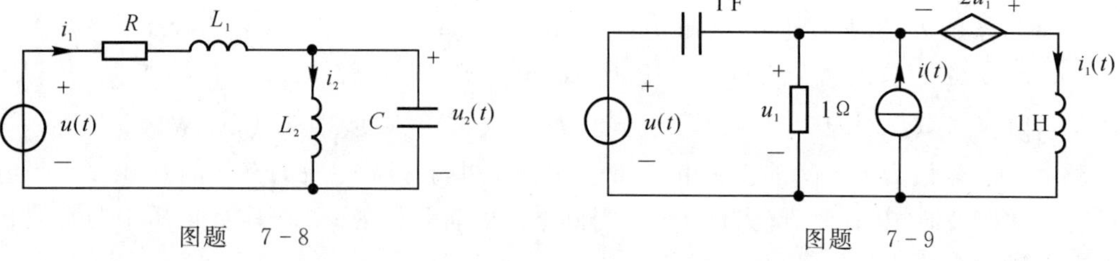

图题 7-8　　　　图题 7-9

7-9　图题 7-9 所示电路,$u(t)=\cos t$ V,$i(t)=1$ A。求 $i_1(t)$。$\left\{\text{答:}\left[1+\dfrac{3}{\sqrt{5}}\cos(t+63.4°)\right]\ \text{A}\right\}$

7-10　图题 7-10 所示电路,$u(t)=U_0+u_1(t)$,$u_1(t)=\sqrt{2}U_1\cos(\omega t+\psi)$ V,$R_1=50\ \Omega$,$R_2=100\ \Omega$,$\text{j}\omega L=\text{j}70\ \Omega$,$\dfrac{1}{\text{j}\omega C}=-\text{j}100\ \Omega$。在稳态下Ⓐ₁和Ⓐ₂的示数(有效值)分别为 1 A 和 1.5 A。(1) 求 U_0,$u_1(t)$,$u(t)$;(2) 求电压源 $u(t)$ 发出的功率 P。{答:168 V,$144.1\sqrt{2}\cos(\omega t-33.71°)$ V,$[168+144.1\sqrt{2}\cos(\omega t-33.71°)]$ V;387 W}

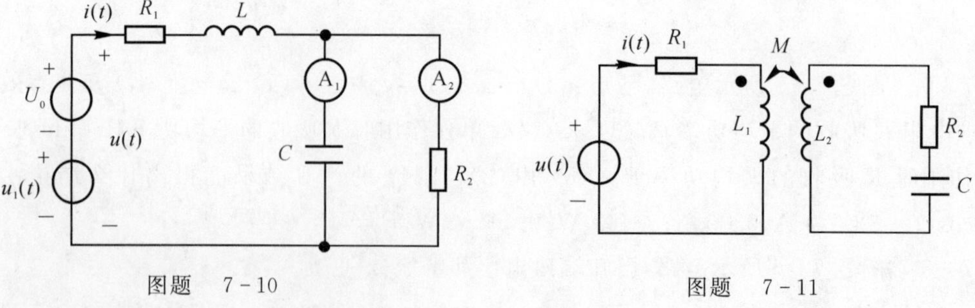

图题 7-10　　　　图题 7-11

7-11　图题 7-11 所示电路，$R_1=20\ \Omega$，$R_2=10\ \Omega$，$\omega L_1=6\ \Omega$，$\omega L_2=4\ \Omega$，$\omega M=2\ \Omega$，$\frac{1}{\omega C}=16\ \Omega$，$u(t)=[100+50\cos(2\omega t+10^\circ)]\ \text{V}$。(1) 求 $i(t)$ 及其有效值 I；(2) 求 R_1 和 R_2 各自吸收的平均功率。{答：$[5+2.02\cos(2\omega t-19^\circ)]\ \text{A}$，5.2 A；541 W，3.26 W}

7-12　图题 7-12 所示电路，$u_S(t)=\sqrt{2}\cos 100t\ \text{V}$，$i_S(t)=[3+4\sqrt{2}\cos(100t-60^\circ)]\ \text{A}$。求 $u(t)$ 的有效值 U；(2) 求电压源 $u_S(t)$ 发出的平均功率 P；(3) 求 $i_S(t)$ 发出的平均功率。(答：50 V，2 W，248 W)

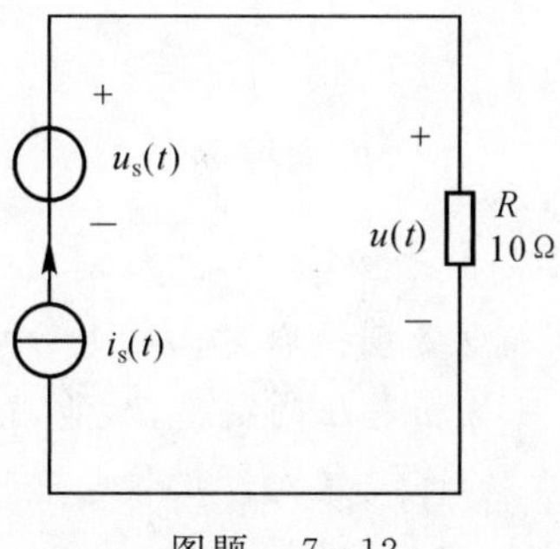

图题　7-12

第8章　三相电路

内容提要

目前的发电、输电、配电系统，基本上都是采用三相制。工农业生产中使用的正弦电源都是三相电源，日常生活中使用的单相电源则是取自三相电源中的一相。本章讲述三相电源的定义，三相电源的连接方式，线电压与相电压的关系，线电流与相电流的关系，三相负载的连接，对称三相电路电压、电流与功率的计算，不对称三相电路的概念。

8.1　三相电源

一、定义

若3个电压源的电压 u_A，u_B，u_C 的最大值(或有效值)相等、频率相同、相位互差120°，则此3个电压源的组合称为对称三相电压源，简称三相电源，如图8.1.1所示。其正极性端标记为A，B，C，负极性端标记为X，Y，Z。每一个电压源称为一相，依次称为A相，B相，C相，其时域表示式为

$$\left.\begin{aligned}&u_A(t)=\sqrt{2}U\cos\omega t\\&u_B(t)=\sqrt{2}U\cos(\omega t-120°)\\&u_C(t)=\sqrt{2}U\cos(\omega t-240°)=\\&\sqrt{2}U\cos(\omega t+120°)\end{aligned}\right\}\quad(8.1.1)$$

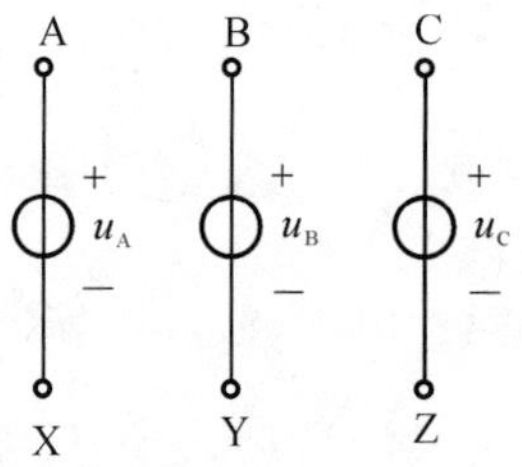

图8.1.1　三相电源

其有效值相量形式为

$$\left.\begin{aligned}&\dot{U}_A=U\angle 0°\\&\dot{U}_B=U\angle -120°\\&\dot{U}_C=U\angle -240°=U\angle 120°\end{aligned}\right\}\quad(8.1.2)$$

或

$$\left.\begin{aligned}&\dot{U}_A=U\angle 0°\\&\dot{U}_B=\dot{U}_A\angle -120°\\&\dot{U}_C=\dot{U}_A\angle 120°\end{aligned}\right\}\quad(8.1.3)$$

其波形和相量图如图8.1.2所示。

由式(8.1.1)和式(8.1.2)可得

$$u_A(t)+u_B(t)+u_C(t)=0,\quad \dot{U}_A+\dot{U}_B+\dot{U}_C=0$$

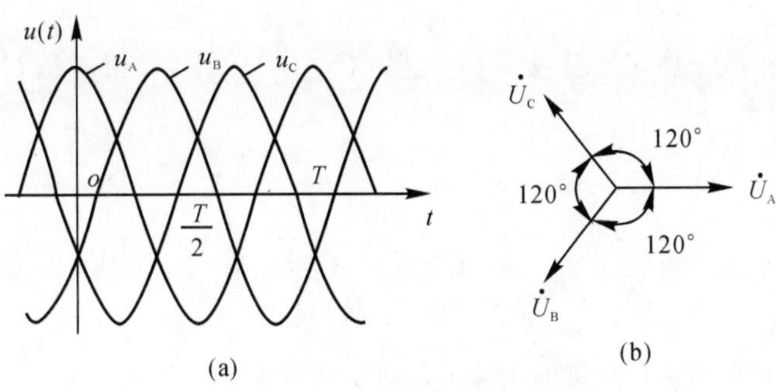

图 8.1.2　对称三相电压的波形和相量图

二、连接

三相电源的连接有两种方式:星形连接和三角形连接。

1. 星形连接

星形连接就是将3个电压源的负极性端X,Y,Z连接在一起而形成一个节点,记为N,称为中性点;而从3个电压源的正极性端A,B,C向外引出三条线,称为端线,也称火线,如图8.1.3所示。有时从中性点N还引出一根线NN′,称为中线,也称“地线”(中性点N接地)。

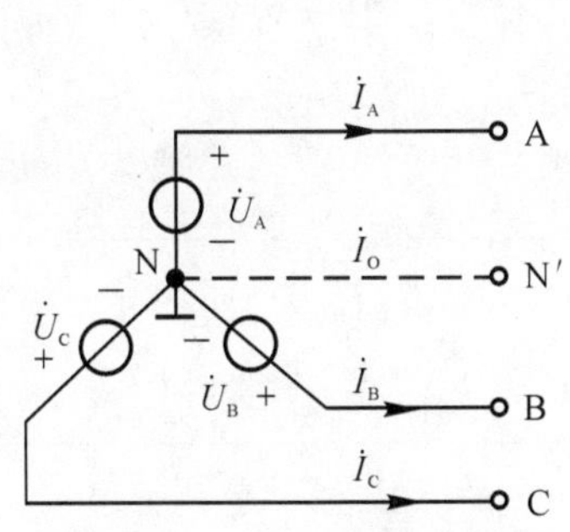

图 8.1.3　三相电源星形连接

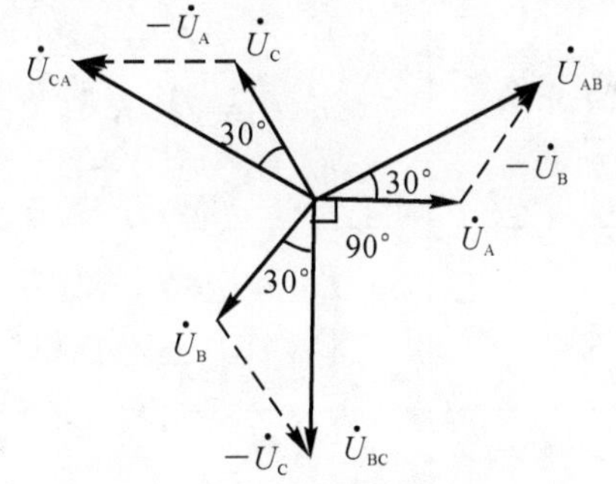

图 8.1.4　线电压与相电压的关系

每一相电源的电压 $\dot{U}_A,\dot{U}_B,\dot{U}_C$ 称为相电压,端线A,B,C之间的电压称为线电压,分别记为 $\dot{U}_{AB},\dot{U}_{BC},\dot{U}_{CA}$。对称三相电源星形连接时,线电压和相电压的关系可从相量图得到,如图8.1.4所示。由图8.1.4根据KVL得

$$\dot{U}_{AB}=\dot{U}_A-\dot{U}_B=\sqrt{3}\dot{U}_A\ \underline{/30^\circ}$$

$$\dot{U}_{BC}=\dot{U}_B-\dot{U}_C=\sqrt{3}\dot{U}_B\ \underline{/30^\circ}=(\sqrt{3}\dot{U}_A\ \underline{/-120^\circ})\ \underline{/30^\circ}=\sqrt{3}\dot{U}_A\ \underline{/-90^\circ}$$

$$\dot{U}_{CA}=\dot{U}_C-\dot{U}_A=\sqrt{3}\dot{U}_C\ \underline{/30^\circ}=(\sqrt{3}\dot{U}_A\ \underline{/120^\circ})\ \underline{/30^\circ}=\sqrt{3}\dot{U}_A\ \underline{/150^\circ}$$

或写成

$$\dot{U}_{AB}=\sqrt{3}\dot{U}_A\ \underline{/30^\circ},\quad \dot{U}_{BC}=\dot{U}_{AB}\ \underline{/-120^\circ},\quad \dot{U}_{CA}=\dot{U}_{AB}\ \underline{/120^\circ}$$

且有

$$\dot{U}_{AB}+\dot{U}_{BC}+\dot{U}_{CA}=0$$

可见3个线电压 $\dot{U}_{AB},\dot{U}_{BC},\dot{U}_{CA}$ 也是对称的,其有效值为相电压有效值的$\sqrt{3}$倍,即$U_{线}=\sqrt{3}U_{相}$,

其相位分别超前相应相电压 30°。

星形连接的三相电源，其优点是中性点可以接地，因而可以同时给出两种电压 —— 线电压和相电压。

例 8.1.1 三相电压源星形连接。(1) 已知 $U_{线}=380\ \text{V}$，求相电压 $U_{相}$；(2) 已知相电压 $U_{相}=1\ 000\ \text{V}$，求线电压 $U_{线}$。

解 (1)

$$U_{相}=\frac{U_{线}}{\sqrt{3}}=\frac{380}{\sqrt{3}}\ \text{V}=220\ \text{V}$$

(2)

$$U_{线}=\sqrt{3}U_{相}=1\ 000\sqrt{3}\ \text{V}=1\ 732\ \text{V}$$

2. 三角形连接

把三相电压源依次连接成一个回路，即 X 与 B 相接，Y 与 C 相接，Z 与 A 相接，再从三个连接点 A，B，C 向外引出三条端线，即构成三相电源的三角形连接，如图 8.1.5 所示。显然，三角形连接时，其线电压与相电压为同一电压，即有

$$\dot{U}_{AB}=\dot{U}_{A},\quad \dot{U}_{BC}=\dot{U}_{B},\quad \dot{U}_{CA}=\dot{U}_{C}$$

故有

$$U_{线}=U_{相}$$

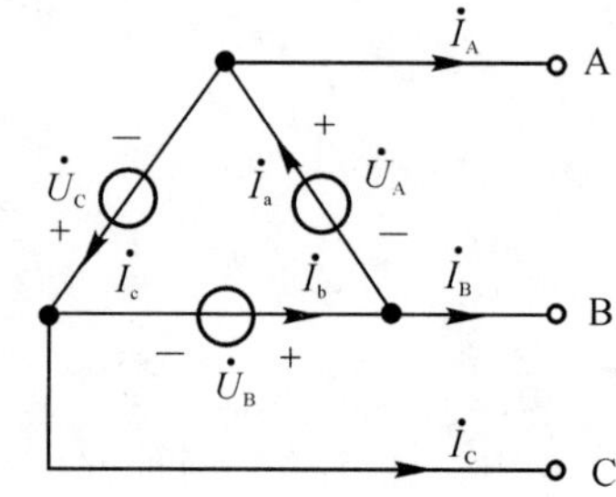

图 8.1.5 三相电源三角形连接

三角形连接时无中线，只能给出一种电压数值。

现将三相电源的连接及其线电压与相电压的关系汇总于表 8.1.1 中，以便复习和查用。

表 8.1.1 三相电源的连接及其线电压与相电压的关系

时域表示	$u_A(t)=\sqrt{2}U\cos\omega t$ $\quad u_B(t)=\sqrt{2}U\cos(\omega t-120°)$ $u_C(t)=\sqrt{2}U\cos(\omega t-240°)=\sqrt{2}U\cos(\omega t+120°)$ $u_A(t)+u_B(t)+u_C(t)=0$
相量表示	$\dot{U}_A=U\angle 0°$ $\quad \dot{U}_B=U\angle -120°$ $\dot{U}_C=U\angle -240°=U\angle 120°$ $\quad \dot{U}_A+\dot{U}_B+\dot{U}_C=0$
三相电源 Y 形连接	A $\dot{U}_A$ $\dot{U}_C$ N N′(中线) $\dot{U}_B$ B C
相量图	$\dot{U}_C$ $\dot{U}_{CA}$ $\dot{U}_{AB}$ 30° 30° $\dot{U}_A$ 90° 30° $\dot{U}_B$ $\dot{U}_{BC}$

续表

线电压、相电压及其相互关系	$\dot{U}_{AB}=\sqrt{3}\dot{U}_A\angle 30^\circ=\sqrt{3}U\angle 30^\circ$ $\quad\dot{U}_{BC}=\sqrt{3}\dot{U}_B\angle 30^\circ=\sqrt{3}U\angle -90^\circ$ $\dot{U}_{CA}=\sqrt{3}\dot{U}_C\angle 30^\circ=\sqrt{3}U\angle 150^\circ$ $\quad U_{线}=\sqrt{3}U_{相}$ 或 $U_{相}=\frac{1}{\sqrt{3}}U_{线}$ $\dot{U}_{AB}+\dot{U}_{BC}+\dot{U}_{CA}=0$

8.2 对称三相电路分析计算

在三相电路中，由于三相电源是发电站提供的，所以，不言而喻，三相电源恒是对称的。

由三相电源供电的负载 Z_a，Z_b，Z_c 构成一个三相负载。三相负载有两类：一类是由三个单相负载（如电灯、电烙铁等）各自作为一相所组成的；另一类是负载本身就是三相的，如三相电动机等。若每相负载的阻抗均相等，即 $Z_a=Z_b=Z_c=Z$，则称为对称三相负载，也称平衡三相负载。三相负载也有两种连接方式：星形连接与三角形连接。

一、对称三相负载星形连接

对称三相负载星形（Y 形）连接如图 8.2.1 所示。图中的 N′ 点和引出线 NN′ 也分别称为中点和中线，$\dot{I}_0$ 称为中线电流；$\dot{U}_A$，$\dot{U}_B$，$\dot{U}_C$ 为各相负载的相电压，$\dot{I}_a$，$\dot{I}_b$，$\dot{I}_c$ 称为相电流；$\dot{I}_A$，$\dot{I}_B$，$\dot{I}_C$ 称为线电流。可见有 $\dot{I}_A=\dot{I}_a$，$\dot{I}_B=\dot{I}_b$，$\dot{I}_C=\dot{I}_c$。故得

$$\dot{I}_A=\dot{I}_a=\frac{\dot{U}_A}{Z},\quad \dot{I}_B=\dot{I}_b=\frac{\dot{U}_B}{Z}=\frac{\dot{U}_A\angle -120^\circ}{Z}=\dot{I}_A\angle -120^\circ$$

$$\dot{I}_C=\dot{I}_c=\frac{\dot{U}_C}{Z}=\frac{\dot{U}_A\angle 120^\circ}{Z}=\dot{I}_A\angle 120^\circ$$

$$\dot{I}_A+\dot{I}_B+\dot{I}_C=\dot{I}_a+\dot{I}_b+\dot{I}_c=0$$

且有

$$\dot{I}_0=-(\dot{I}_a+\dot{I}_b+\dot{I}_c)=0$$

可见 $\dot{I}_A$，$\dot{I}_B$，$\dot{I}_C$（或 $\dot{I}_a$，$\dot{I}_b$，$\dot{I}_c$）也是对称的，其中线电流 $\dot{I}_0=0$。由于 $\dot{I}_0=0$，故中线也可以断开（即不要）。故有

$$I_{线}=I_{相},\quad U_{线}=\sqrt{3}U_{相}$$

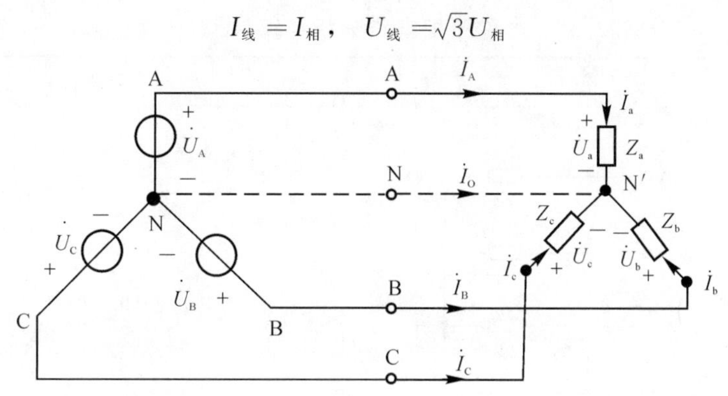

图 8.2.1 对称三相负载星形连接

二、对称三相负载三角形连接

对称三相负载三角形（△形）连接如图 8.2.2 所示。$\dot{I}_A$，$\dot{I}_B$，$\dot{I}_C$ 为线电流，$\dot{I}_{AB}$，$\dot{I}_{BC}$，$\dot{I}_{CA}$ 为相

电流。故得

$$\dot{I}_{AB}=\frac{\dot{U}_{AB}}{Z},\quad \dot{I}_{BC}=\frac{\dot{U}_{BC}}{Z}=\frac{\dot{U}_{AB}\ \underline{/-120^\circ}}{Z}=\dot{I}_{AB}\ \underline{/-120^\circ},\quad \dot{I}_{CA}=\frac{\dot{U}_{CA}}{Z}=\frac{\dot{U}_{AB}\ \underline{/120^\circ}}{Z}=\dot{I}_{AB}\ \underline{/120^\circ}$$

$$\dot{I}_{AB}+\dot{I}_{BC}+\dot{I}_{CA}=0$$

即 3 个相电流 $\dot{I}_{AB},\dot{I}_{BC},\dot{I}_{CA}$ 也是对称的。

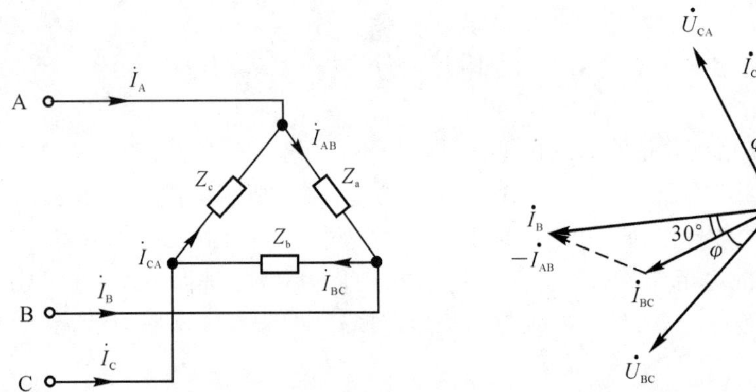

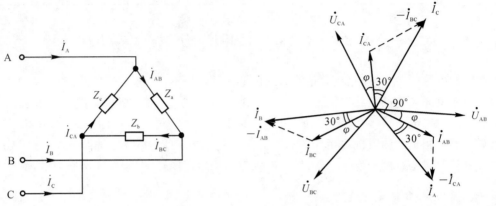

图 8.2.2　对称三相负载三角形连接

图 8.2.3　对称三相负载三角形连接线电流与相电流的关系

线电流与相电流的关系可从相量图(见图 8.2.3) 求得

$$\dot{I}_A=\dot{I}_{AB}-\dot{I}_{CA}=\sqrt{3}\,\dot{I}_{AB}\ \underline{/-30^\circ}$$

$$\dot{I}_B=\dot{I}_{BC}-\dot{I}_{AB}=\sqrt{3}\,\dot{I}_{BC}\ \underline{/-30^\circ}$$

$$\dot{I}_C=\dot{I}_{CA}-\dot{I}_{BC}=\sqrt{3}\,\dot{I}_{CA}\ \underline{/-30^\circ}$$

故有

$$\dot{I}_A=\sqrt{3}\,\dot{I}_{AB}\ \underline{/-30^\circ},\quad \dot{I}_B=\dot{I}_A\ \underline{/-120^\circ}$$

$$\dot{I}_C=\dot{I}_A\ \underline{/120^\circ},\quad \dot{I}_A+\dot{I}_B+\dot{I}_C=0$$

即 3 个线电流 $\dot{I}_A,\dot{I}_B,\dot{I}_C$ 也是对称的。故有

$$U_{线}=U_{相},\quad I_{线}=\sqrt{3}\,I_{相}$$

现将对称三相电路的分析计算汇总于表 8.2.1 中,以便复习和查用。

表 8.2.1　对称三相电路分析计算(设 $U_{线}$ 为已知)

接　法	电　路	分析计算
Y	A, B, C, N; Z, Z, Z	$U_{相}=\frac{1}{\sqrt{3}}U_{线}$, $I_{相}=I_{线}=\frac{U_{相}}{\lvert Z\rvert}$ $I_{中线}=0$ $P_{相}=U_{相}I_{相}\cos\varphi,\varphi=\arctan\frac{X}{R}$ 或 $P_{相}=I_{相}^2R$ $P_{总}=3P_{相}=3U_{相}I_{相}\cos\varphi=\sqrt{3}U_{线}I_{线}\cos\varphi$

续表

接　法	电　　路	分析计算
△	A B C Z Z Z	$U_{相}=U_{线}$，$I_{相}=\dfrac{U_{相}}{\vert Z\vert}$，$I_{线}=\sqrt{3}I_{相}$ $P_{相}=U_{相}I_{相}\cos\varphi$，$\varphi=\arctan\dfrac{X}{R}$ 或　$P_{相}=I_{相}^{2}R$ $P_{总}=3P_{相}=3U_{相}I_{相}\cos\varphi=\sqrt{3}U_{线}I_{线}\cos\varphi$

注:功率的计算见 8.4 节。

例 8.2.1　图 8.2.4 所示对称三相电路,$U_{线}=380$ V,每相阻抗 $Z=6+\mathrm{j}8=10\angle 53.1^{\circ}$ Ω。求 Y 形和 △ 形连接时的相电流和线电流,并将两种接法的计算结果进行比较。

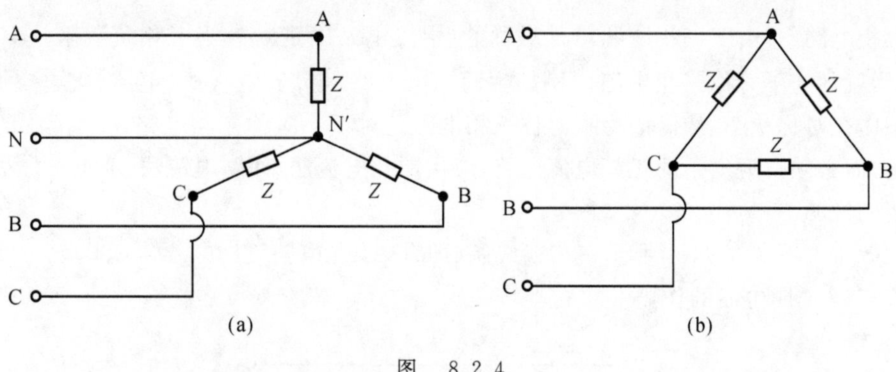

图　8.2.4

解　(1)Y 形连接,如图 8.2.4(a) 所示电路。

$$U_{相}=\frac{U_{线}}{\sqrt{3}}=\frac{380}{\sqrt{3}}\ \mathrm{V}=220\ \mathrm{V},\quad I_{相}=\frac{U_{相}}{|Z|}=\frac{220}{10}\ \mathrm{A}=22\ \mathrm{A}$$

$$I_{线}=I_{相}=22\ \mathrm{A}$$

(2)△ 形连接,如图 8.2.4(b) 所示电路。

$$U_{相}=U_{线}=380\ \mathrm{V},\quad I_{相}=\frac{U_{相}}{|Z|}=\frac{380}{10}\ \mathrm{A}=38\ \mathrm{A}$$

$$I_{线}=\sqrt{3}I_{相}=\sqrt{3}\times 38\ \mathrm{A}=65.8\ \mathrm{A}$$

(3) 进行比较可见,△ 形接法时的相电流和相电压均比 Y 形接法时的相电流、相电压大$\sqrt{3}$ 倍。

三、思考与练习

8.2.1　图 8.2.5 所示三相对称电路,已知电流表Ⓐ的示数为 $5\sqrt{3}$ A,阻抗 $Z=5\angle 45^{\circ}$ Ω。求电压表的示数。(答:25 V)

8.2.2　图 8.2.6 所示三相对称电路,已知 $Z=10-\mathrm{j}10$ Ω,电流表Ⓐ的示数为$\sqrt{2}$ A,求电

压表Ⓥ的示数。(答:$20\sqrt{3}$ V)

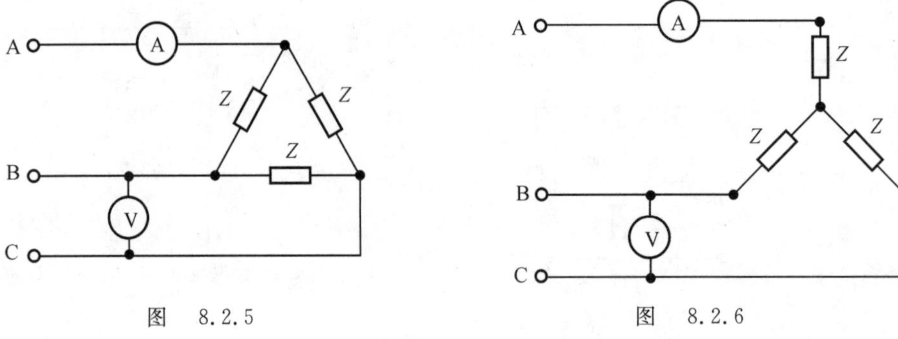

图 8.2.5　　　　图 8.2.6

*8.3 不对称三相电路的概念

在三相电路中,由于三相电源恒是对称的(由发电站决定),故当三相负载阻抗 Z_a,Z_b,Z_c 不相等时,就称为不对称三相电路。例如生活用电电路(电灯、电视机、电冰箱、电空调 ……)就很难工作在对称状态,从而成为不对称三相电路。对于不对称三相电路,8.2 节中的结论已不能应用,而必须视为复杂的正弦电流电路,应用网孔电流法、回路电流法、节点电位法求解。下面用实例说明。

例 8.3.1　图 8.3.1(a) 所示三相四线制(即有中线) 电路,已知 $U_{线}=380$ V,求线电流和中线电流;(2) 说明中线的作用。

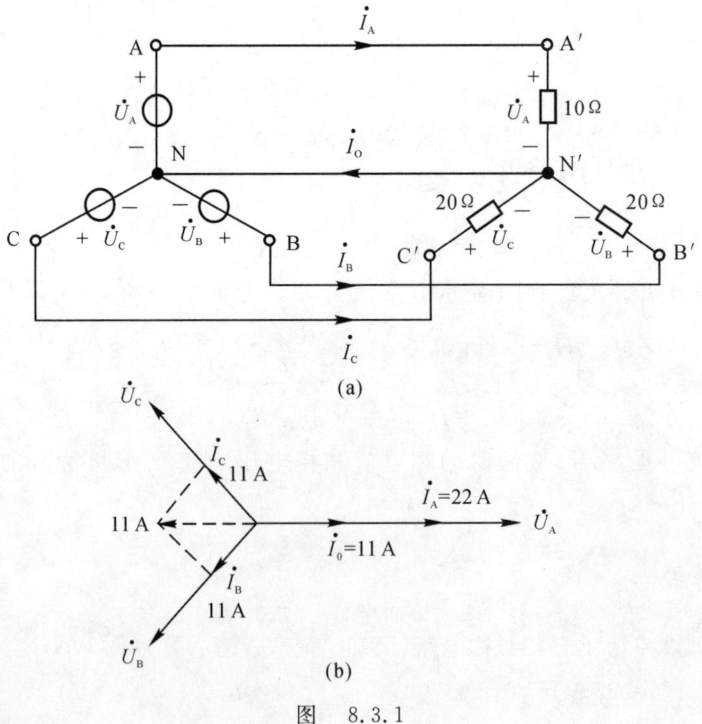

图 8.3.1

解　(1)$U_{相}=\frac{U_{线}}{\sqrt{3}}=\frac{380}{\sqrt{3}}=220\ \text{V}$,故

$$\dot{U}_A=220\angle 0^\circ\ \text{V},\quad \dot{U}_B=220\angle -120^\circ\ \text{V},\quad \dot{U}_C=220\angle 120^\circ\ \text{V}$$

$$\dot{I}_A=\frac{\dot{U}_A}{10}=\frac{220\angle 0^\circ}{10}\ \text{A}=22\angle 0^\circ\ \text{A}$$

$$\dot{I}_B=\frac{\dot{U}_B}{20}=\frac{220\angle -120^\circ}{20}\ \text{A}=11\angle -120^\circ\ \text{A}$$

$$\dot{I}_C=\frac{\dot{U}_C}{20}=\frac{220\angle 120^\circ}{20}\ \text{A}=11\angle 120^\circ\ \text{A}$$

其相量图如图 8.3.1(b) 所示。又得

$$\dot{I}_0=\dot{I}_A+\dot{I}_B+\dot{I}_C=11\angle 0^\circ\ \text{A}$$

(2)三相负载阻抗的值不相等时(即不对称时),中线电流 $I_0\neq 0$,但由于有中线存在,三相负载的相电压均为 $U_{相}=220\ \text{V}$,即中线的作用保证了三相负载的相电压相等,从而使三相负载都能正常工作。

8.4　三相电路的功率及其测量

一、对称三相电路的有功功率

三相电路的有功功率 P,一般都是指三相负载吸收的总的有功功率。设 $U_A,I_A,\cos\varphi_A$,$U_B,I_B,\cos\varphi_B,U_C,I_C,\cos\varphi_C$ 对应为各相负载的相电压、相电流、功率因数,则三相负载吸收的总有功功率 P 是各相有功功率之和,即

$$P=P_A+P_B+P_C=U_AI_A\cos\varphi_A+U_BI_B\cos\varphi_B+U_CI_C\cos\varphi_C$$

若为对称三相电路,则有

$$U_A=U_B=U_C=U_{相}$$

$$I_A=I_B=I_C=I_{相}$$

$$\varphi_A=\varphi_B=\varphi_C=\varphi$$

故有

$$P=3U_{相}\ I_{相}\ \cos\varphi \tag{8.4.1}$$

即对称三相电路的有功功率 P 为一相有功功率的 3 倍。

在对称三相电路中,若负载为 Y 形连接,则有 $I_{相}=I_{线}$,$U_{相}=1/\sqrt{3}\ U_{线}$;若负载为 △ 形连接,则有 $U_{相}=U_{线}$,$I_{相}=1/\sqrt{3}\ U_{线}$。将这些关系式代入式(8.4.1),得

$$P=\sqrt{3}U_{线}\ I_{线}\ \cos\varphi \tag{8.4.2}$$

式中,$\varphi=\arctan\frac{X}{R}$,$\varphi$ 仍为每相阻抗 Z 的阻抗角,即相电压与相电流的相位差角。

*二、对称三相电路总的无功功率 Q 和视在功率 S

对称三相电路总的无功功率为

$$Q=\sqrt{3}U_{线}\ I_{线}\ \sin\varphi=3U_{相}\ I_{相}\ \sin\varphi$$

式中，$\varphi=\arctan\dfrac{X}{R}$。

对称三相电路的视在功率为

$$S=\sqrt{3}U_{线}\ I_{线}=3U_{相}\ I_{相}$$

每一相负载的功率因数为 $$\cos\varphi=\frac{P}{S}$$

每一相阻抗的阻抗角为 $$\varphi=\arctan\frac{Q}{P}=\arctan\frac{X}{R}$$

其复数功率为 $$\dot{S}=P+\mathrm{j}Q$$

且有 $$S=\sqrt{P^2+Q^2}$$

例 8.4.1 三相对称负载电路中，每相负载阻抗 $Z=10\underline{/53.1^\circ}\ \Omega$，电源线电压 $U_{线}=380\ \text{V}$。求负载接成 Y 形和 △ 形的相电流、线电流和总功率 P。

解 (1)Y 形接法(见图 8.4.1(a))

$$U_{相}=\frac{U_{线}}{\sqrt{3}}=\frac{380}{\sqrt{3}}\ \text{V}=220\ \text{V},\quad I_{线}=I_{相}=\frac{U_{相}}{|Z|}=\frac{220}{10}\ \text{V}=22\ \text{A}$$

$$P_{相}=U_{相}\ I_{相}\cos53.1^\circ=220\times22\times0.6\ \text{W}=2\ 904\ \text{W}$$

$$P_{\text{Y}}=3P_{相}=3\times2\ 904\ \text{W}=8\ 712\ \text{W}$$

或 $$P_{\text{Y}}=\sqrt{3}U_{线}\ I_{线}\cos\varphi=\sqrt{3}U_{线}\ I_{线}\cos53.1^\circ=\sqrt{3}\times380\times22\times0.6\ \text{W}=8\ 712\ \text{W}$$

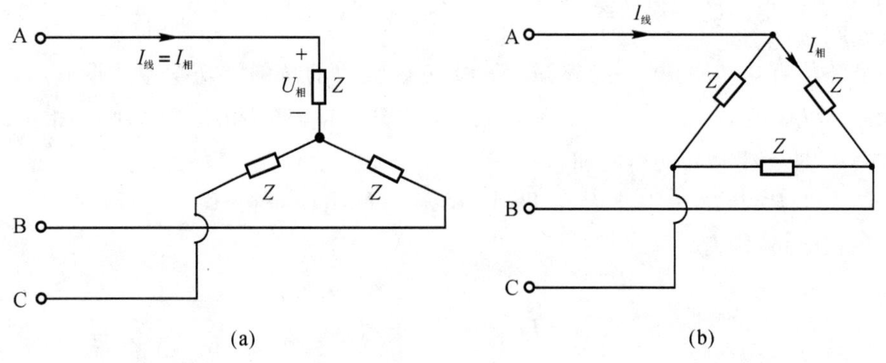

图 8.4.1

(2)△ 形接法(见图 8.4.1(b))

$$U_{相}=U_{线}=380\ \text{V}$$

$$I_{相}=\frac{U_{相}}{|Z|}=\frac{380}{10}\ \text{A}=38\ \text{A},\quad I_{线}=\sqrt{3}I_{相}=38\sqrt{3}\ \text{A}$$

$$P_{相}=U_{相}\ I_{相}\cos53.1^\circ=380\times38\times0.6\ \text{W}=8\ 664\ \text{W}$$

$$P_{\triangle}=3P_{相}=3\times8\ 664\ \text{W}=25\ 992\ \text{W}$$

或 $$P_{\triangle}=\sqrt{3}U_{线}\ I_{线}\cos53.1^\circ=\sqrt{3}\times380\times38\sqrt{3}\times0.6\ \text{W}=25\ 992\ \text{W}$$

(3) 从上述两种接法的计算结果，可得

$$P_{\triangle}=3P_{\text{Y}}\quad 或\quad P_{\text{Y}}=\frac{1}{3}P_{\triangle}$$

即同一三相对称负载接成 △ 形时的功率 $P_{\triangle}$ 等于接成 Y 形时的功率 P_{Y} 的 3 倍。

例 8.4.2　三相电动机铭牌上标明额定功率 10 kW，额定电压 380 V，功率因数$\cos\varphi=0.85$，三角形连接。(1) 求相电流、线电流；(2) 若接成星形，求线电流和功率。

解　(1) 电动机绕组接成三角形，$U_{相}=U_{线}=380$ V，故

$$I_{相}=\frac{P}{3U_{相}\cos\varphi}=\frac{10\times10^3}{3\times380\times0.85}\ \text{A}=10.3\ \text{A}$$

$$I_{线}=\sqrt{3}I_{相}=\sqrt{3}\times10.3\ \text{A}=17.8\ \text{A}$$

阻抗的模为
$$|Z|=\frac{U_{相}}{I_{相}}=\frac{380}{10.3}\ \Omega=36.9\ \Omega$$

(2) 接成星形时

$$U_{相}=\frac{U_{线}}{\sqrt{3}}=220\ \text{V},\quad I_{线}=I_{相}=\frac{U_{相}}{|Z|}=\frac{220}{36.9}\ \text{A}=5.96\ \text{A}$$

$$P=\sqrt{3}U_{线}I_{线}\cos\varphi=\sqrt{3}\times380\times5.96\times0.85\ \text{W}=3.33\ \text{kW}$$

*三、三相有功功率的测量 —— 二瓦计法

三相三线制电路（不论对称与否）的有功功率 P，可以用二瓦计法进行测量，其连接电路中的一种如图 8.4.2(a) 所示，则三相负载吸收的总的有功功率 P 等于两个功率表示数 P_1 与 P_2 的代数和，即

$$P=P_1+P_2 \tag{8.4.3a}$$

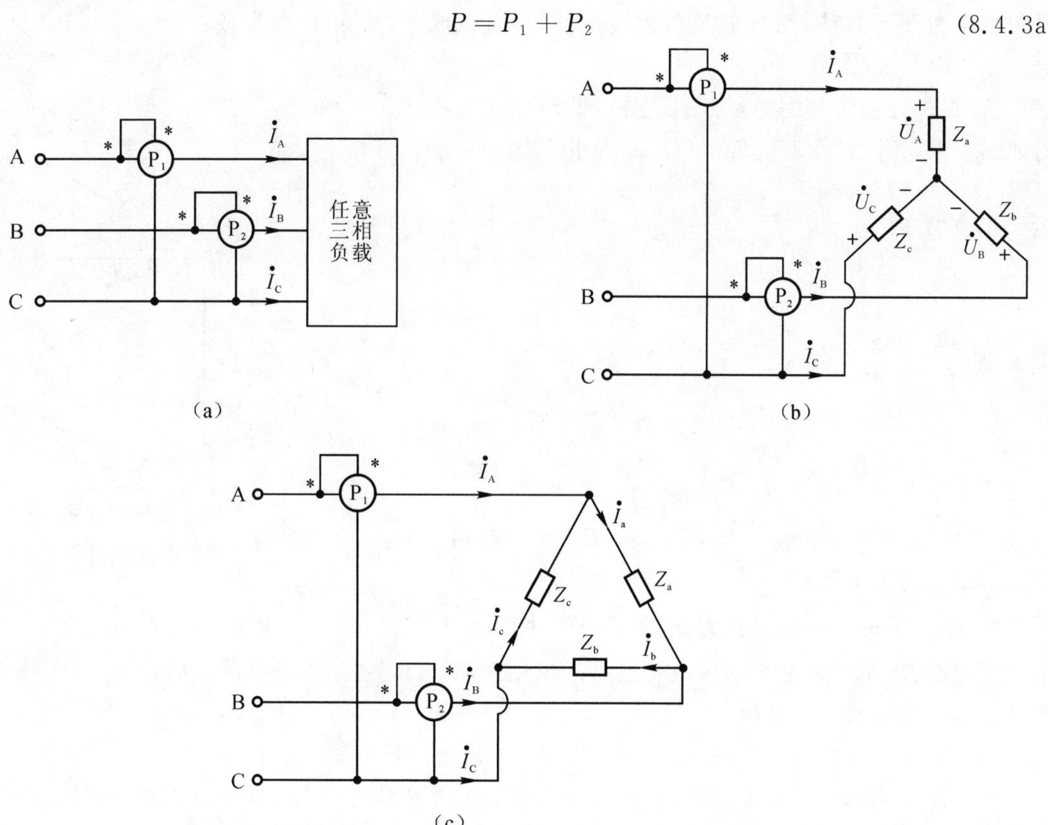

图 8.4.2　用二瓦计法测量三相功率

式中

$$P_1 = U_{AC} I_A \cos\Psi_1 \tag{8.4.3b}$$

$$P_2 = U_{BC} I_B \cos\Psi_2 \tag{8.4.3c}$$

$$\Psi_1 = \angle(\dot{U}_{AC}, \dot{I}_A),\quad \Psi_2 = \angle(\dot{U}_{BC}, \dot{I}_B)$$

证明如下：

根据功率表的工作原理有

$$P_1 = \frac{1}{T}\int_0^T u_{AC} i_A \mathrm{d}t = U_{AC} I_A \cos\Psi_1,\quad P_2 = \frac{1}{T}\int_0^T u_{BC} i_B \mathrm{d}t = U_{BC} I_B \cos\Psi_2$$

故

$$P_1 + P_2 = \frac{1}{T}\int_0^T [u_{AC} i_A + u_{BC} i_B]\mathrm{d}t \tag{8.4.4}$$

以下分 Y 形接法和 △ 形接法分别进行证明。

(1) Y 形接法，如图 8.4.2(b) 所示。因有 $u_{AC} = u_A - u_C$，$u_{BC} = u_B - u_C$，$i_A + i_B = -i_C$，代入式(8.4.4) 有

$$P_1 + P_2 = \frac{1}{T}\int_0^T (u_A i_A + u_B i_B + u_C i_C)\mathrm{d}t =$$

$$\frac{1}{T}\int_0^T u_A i_A \mathrm{d}t + \frac{1}{T}\int_0^T u_B i_B \mathrm{d}t + \frac{1}{T}\int_0^T u_C i_C \mathrm{d}t = P_A + P_B + P_C = P \quad \text{(得证)}$$

(2) △ 形接法，如图 8.4.2(c) 所示。对于 △ 形接法，欲证式(8.4.3a) 成立，可将 △ 形接法等效变换为 Y 形接法，而对于 Y 形接法，式(8.4.3a) 成立，故对于 △ 形接法，式(8.4.3a) 自然也成立。

特例：若三相负载为对称 Y 形连接，此时的相量图如图 8.4.3 所示(设阻抗角 $\varphi > 0$)。从相量图中可得

$$\Psi_1 = \angle(\dot{U}_{AC}, \dot{I}_A) = 30° - \varphi$$

$$\Psi_2 = \angle(\dot{U}_{BC}, \dot{I}_B) = 30° + \varphi$$

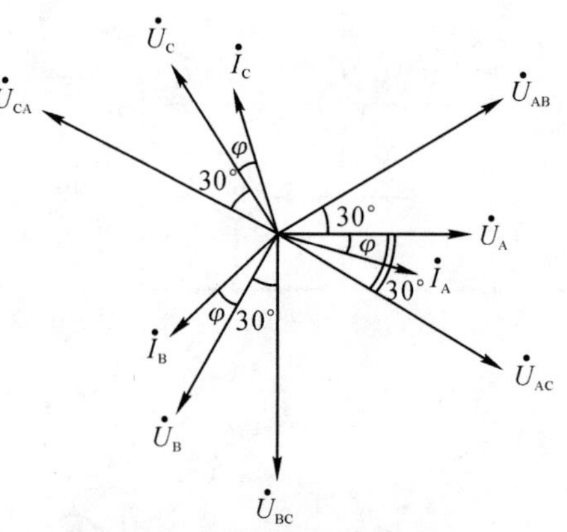

图 8.4.3　对称负载 Y 形连接的相量图(设 $\varphi > 0$)

代入式(8.4.3) 有

$$\left.\begin{aligned} P_1 &= U_{AC} I_A \cos(30° - \varphi) \\ P_2 &= U_{BC} I_B \cos(30° + \varphi) \end{aligned}\right\} \tag{8.4.5}$$

从式(8.4.5) 看出：当 $\varphi = 0$ 时，有 $P_1 = P_2 > 0$，即两个表的示数均为正值；当 $\varphi = \pm 60°$ 时，其中有一个表的示数为零，另一个表的示数为正值；当 $\varphi > 60°$ 时，Ⓟ₂ 的示数为负值，Ⓟ₁ 的示数为正。

一般而言，单独一个表的示数是没有任何物理意义的，只有两个表示数的代数和 $P_1 + P_2$ 才是三相负载吸收的总功率 P。

若三相负载为对称 △ 形连接，可以证明，式(8.4.5) 同样成立。

用二瓦计法测量三相电路的功率，其优点是：① 功率表的接线只触及到端线 A,B,C，与负载的连接方式无关；② 不论三相负载对称与否，均适用。但要注意，这种方法只适用于三相三线制电路或三相四线制中线电流为零的电路。

现将三相电路功率的分析计算汇总于表 8.4.1 中，以便查用和复习。

表 8.4.1　三相电路功率的分析计算

电　路	三相功率 P 的计算公式
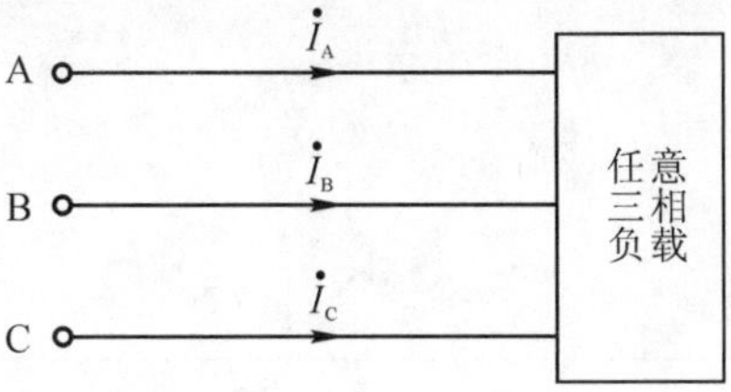 A、B、C（$\dot{I}_A$、$\dot{I}_B$、$\dot{I}_C$）→ 任意三相负载	$P = U_A I_A \cos\varphi_A + U_B I_B \cos\varphi_B + U_C I_C \cos\varphi_C = P_A + P_B + P_C$
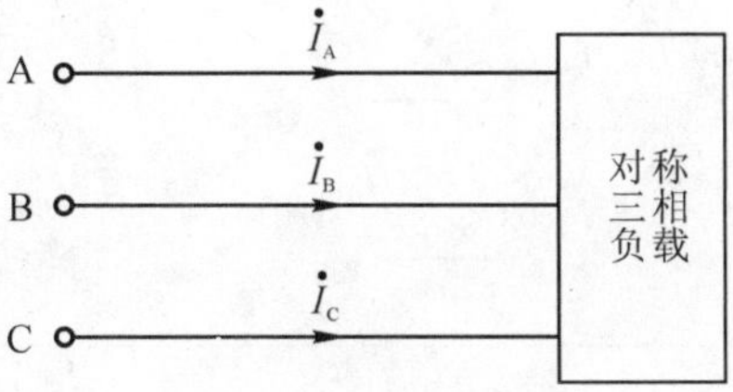 A、B、C（$\dot{I}_A$、$\dot{I}_B$、$\dot{I}_C$）→ 对称三相负载	$P = 3U_{相} I_{相} \cos\varphi = \sqrt{3} U_{线} I_{线} \cos\varphi$ $\varphi = \arctan \dfrac{X}{R}$
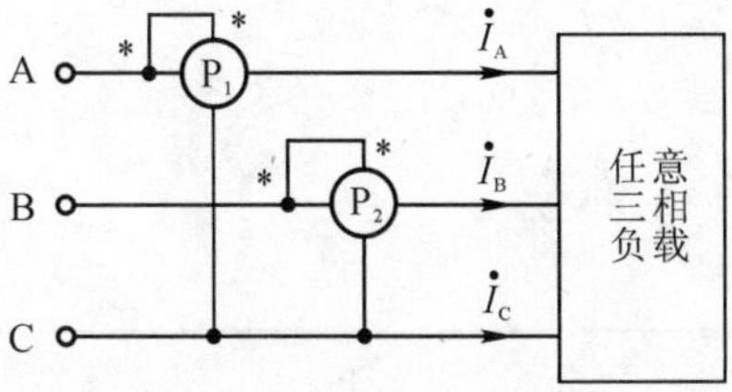 A、B、C，功率表 P_1、P_2 → 任意三相负载	$P = P_1 + P_2$ $P_1 = U_{AC} I_A \cos$ 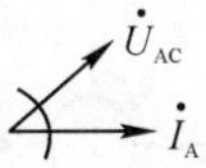 [$\dot{U}_{AC}$, $\dot{I}_A$] $P_2 = U_{BC} I_B \cos$ 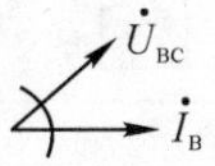 [$\dot{U}_{BC}$, $\dot{I}_B$]
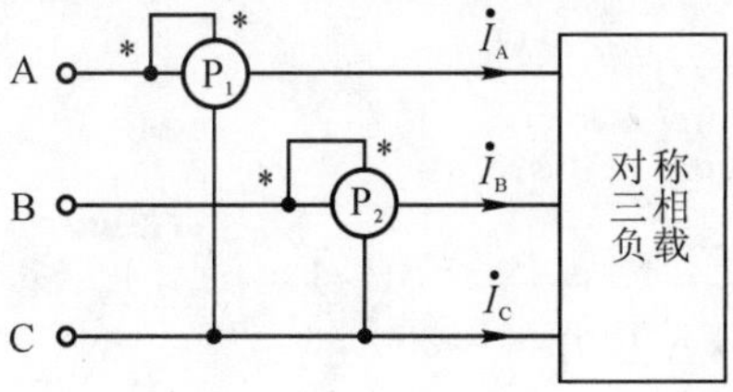 A、B、C，功率表 P_1、P_2 → 对称三相负载	$P = P_1 + P_2$ $P_1 = U_{AC} I_A \cos(30° - \varphi)$ $P_2 = U_{BC} I_B \cos(30° + \varphi)$ $\varphi = \arctan \dfrac{X}{R}$
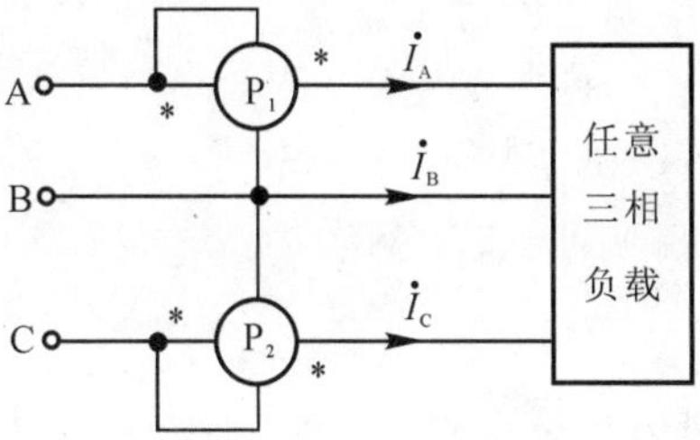 A、B、C，功率表 P_1、P_2 → 任意三相负载	$P = P_1 + P_2$ $P_1 = U_{AB} I_A \cos$ 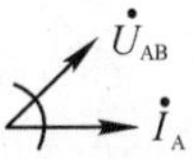 [$\dot{U}_{AB}$, $\dot{I}_A$] $P_2 = U_{CB} I_C \cos$ 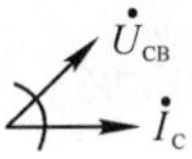 [$\dot{U}_{CB}$, $\dot{I}_C$]

续 表

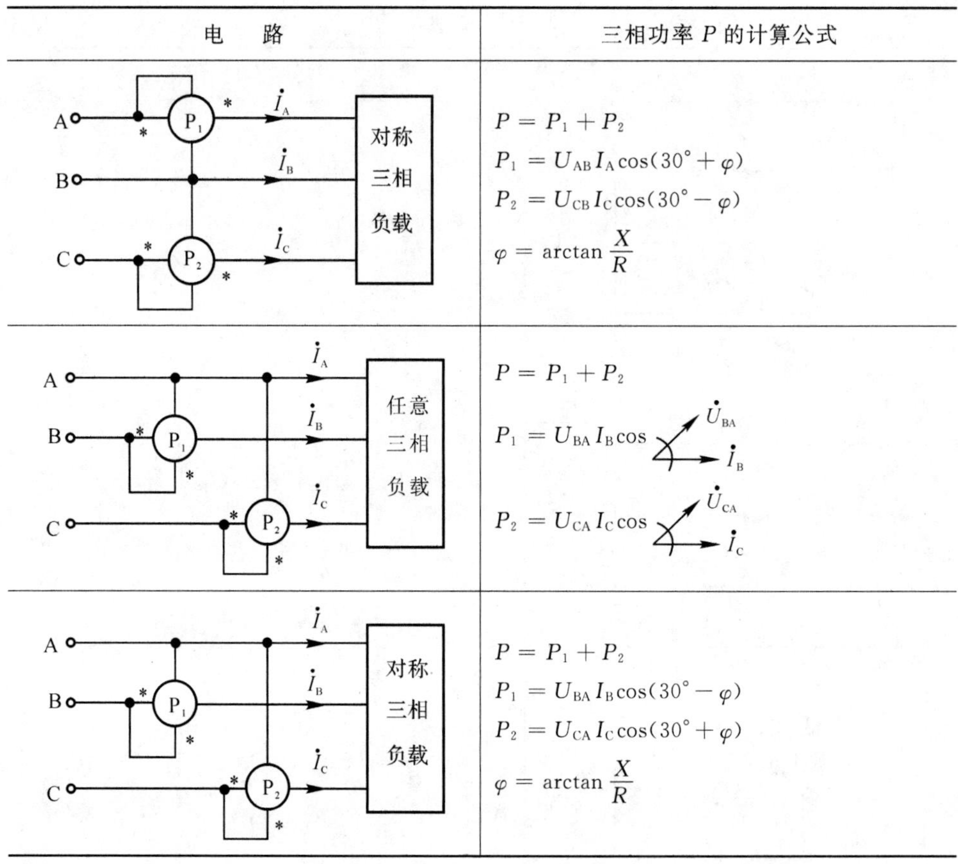

电　路	三相功率 P 的计算公式
A, B, C, P₁, P₂, $\dot{I}_A$, $\dot{I}_B$, $\dot{I}_C$, 对称三相负载	$P=P_1+P_2$ $P_1=U_{AB}I_A\cos(30^\circ+\varphi)$ $P_2=U_{CB}I_C\cos(30^\circ-\varphi)$ $\varphi=\arctan\dfrac{X}{R}$
A, B, C, P₁, P₂, $\dot{I}_A$, $\dot{I}_B$, $\dot{I}_C$, 任意三相负载	$P=P_1+P_2$ $P_1=U_{BA}I_B\cos\angle(\dot{U}_{BA},\dot{I}_B)$ $P_2=U_{CA}I_C\cos\angle(\dot{U}_{CA},\dot{I}_C)$
A, B, C, P₁, P₂, $\dot{I}_A$, $\dot{I}_B$, $\dot{I}_C$, 对称三相负载	$P=P_1+P_2$ $P_1=U_{BA}I_B\cos(30^\circ-\varphi)$ $P_2=U_{CA}I_C\cos(30^\circ+\varphi)$ $\varphi=\arctan\dfrac{X}{R}$

例 8.4.3　图 8.4.4 所示电路，已知 $\dot{U}_{AB}=380\angle 0^\circ$ V，$\dot{I}_A=1\angle -60^\circ$ A。(1) 求两个功率表的示数 P_1 和 P_2；(2) 求三相负载吸收的总功率 P。

解　(1) 因为是对称三相电路，故有

$$\dot{U}_{BC}=\dot{U}_{AB}\angle -120^\circ=380\angle -120^\circ\ \text{V}$$

$$\dot{I}_C=\dot{I}_A\angle 120^\circ=1\angle -60^\circ\times\angle 120^\circ\ \text{A}=1\angle 60^\circ\ \text{A}$$

$$\dot{U}_{CB}=-\dot{U}_{BC}=-380\angle -120^\circ\ \text{V}=380\angle 60^\circ\ \text{V}$$

故　$$\Psi_1=\angle(\dot{U}_{AB},\dot{I}_A)=0^\circ-(-60^\circ)=60^\circ,\quad \Psi_2=\angle(\dot{U}_{CB},\dot{I}_C)=60^\circ-60^\circ=0^\circ$$

故　$$P_1=U_{AB}I_A\cos\Psi_1=380\times 1\times\cos 60^\circ\ \text{W}=190\ \text{W}$$

$$P_2=U_{CB}I_C\cos\Psi_2=380\times 1\times\cos 0^\circ\ \text{W}=380\ \text{W}$$

(2)　$$P=P_1+P_2=(190+380)\ \text{W}=570\ \text{W}$$

由于是对称三相电路，故此题也可以如下求得：

$$\dot{U}_A=\frac{\dot{U}_{AB}}{\sqrt{3}}\angle -30^\circ=220\angle -30^\circ\ \text{V}$$

$$\varphi=\angle(\dot{U}_A,\dot{I}_A)=(-30^\circ)-(-60^\circ)=30^\circ$$

故 $$P_1 = U_{AB} I_A \cos(30° + \varphi) = U_{AB} I_A \cos(30° + 30°) = 380 \times 1 \times \frac{1}{2}\ \text{W} = 190\ \text{W}$$

$$P_2 = U_{CB} I_C \cos(30° - \varphi) = U_{CB} I_C \cos(30° - 30°) = 380 \times 1 \times 1\ \text{W} = 380\ \text{W}$$

$$P = P_1 + P_2 = (190 + 380)\ \text{W} = 570\ \text{W}$$

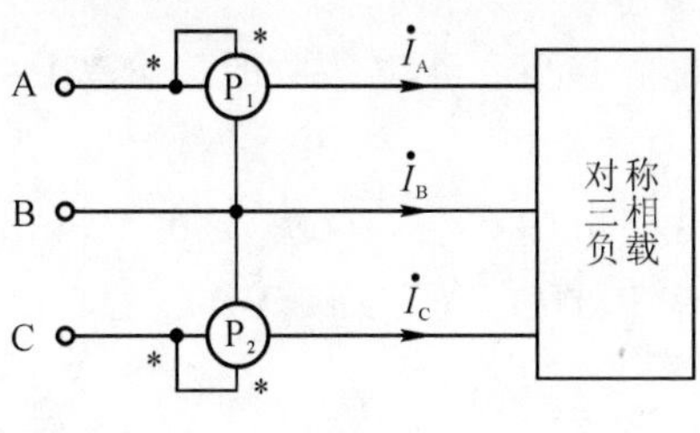

图　8.4.4

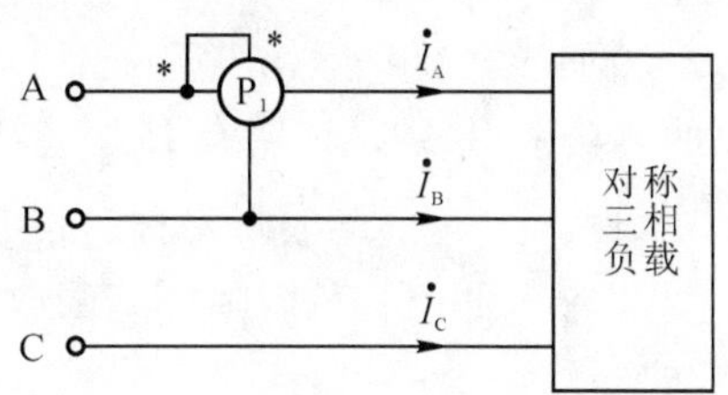

图　8.4.5

例 8.4.4　图 8.4.5 所示电路，已知 $U_{AB} = 380$ V，每相负载的 $\cos\varphi = 0.6$（电感性），$P_1 = 275$ W。求三相负载吸收的总功率 P。

解
$$\varphi = \arccos 0.6 = 53.1°$$

取
$$\dot{U}_{AB} = 380 \angle 0°\ \text{V}$$

则
$$\dot{U}_A = \frac{1}{\sqrt{3}} \dot{U}_{AB} \angle -30° = \frac{1}{\sqrt{3}} \times 380 \angle 0° \cdot \angle -30°\ \text{V} = 220 \angle -30°\ \text{V}$$

故
$$\dot{I}_A = I_A \angle -30° - \varphi = I_A \angle -30° - 53.1° = I_A \angle -83.1°\ \text{A}$$

$$\Psi_1 = \angle(\dot{U}_{AB}, \dot{I}_A) = 0° - (-83.1°) = 83.1°$$

又因
$$P_1 = U_{AB} I_A \cos\Psi_1$$

故
$$I_A = \frac{P_1}{U_{AB}\cos\Psi_1} = \frac{275}{380 \times \cos 83.1°}\ \text{A} = 6.05\ \text{A}$$

故三相负载吸收的总功率为

$$P = \sqrt{3} U_{线}\ I_{线}\ \cos\varphi = \sqrt{3} \times 380 \times 6.05 \times 0.6\ \text{W} = 2\ 389.1\ \text{W}$$

例 8.4.5　图 8.4.6 所示电路，已知相电压 $\dot{U}_A = 220 \angle 0°$ V，功率表示数 $P_1 = 4$ kW，$P_2 = 2$ kW。求线电流 $\dot{I}_B$。

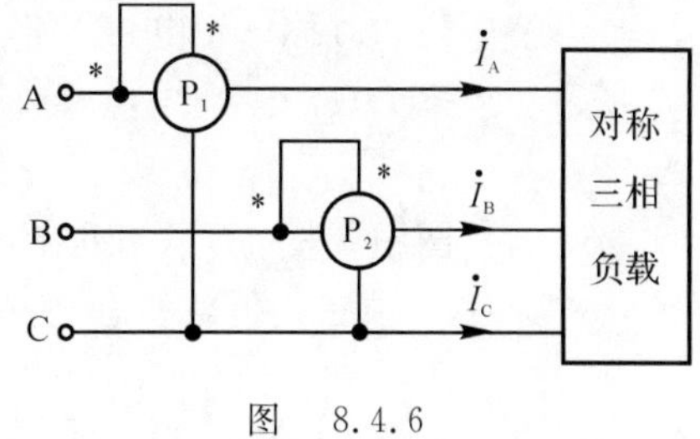

图　8.4.6

解
$$P_1 = U_{AC} I_A \cos(30° - \varphi) = 380 I_{线} \cos(30° - \varphi) = 4\ 000\ \text{W}$$

$$P_2 = U_{BC} I_B \cos(30° + \varphi) = 380 I_{线} \cos(30° + \varphi) = 2\ 000\ \text{W}$$

联立求解得 $\varphi = 30°$，$I_{线} = 10.53$ A。因为 $\dot{U}_B = 220 \angle -120°$ V，故 $\dot{U}_{BC} = \sqrt{3}\dot{U}_B \angle 30° = \sqrt{3} \times 220 \angle -120° \times \angle 30° = 380 \angle -90°$ V。又知无论三相对称负载按何种方式连接，都有 $\dot{I}_B$ 滞后 $\dot{U}_{BC}(30° + \varphi)$，故得

$$\dot{I}_B = 10.53 \angle -30° - \varphi - 90° = 10.53 \angle -150°\ \text{A}$$

四、思考与练习

8.4.1 有一个对称三相电阻电炉，每相的额定电压为$U_{相}=220$ V，每相的电阻$R=10\ \Omega$，电源线电压$U_{线}=380$ V，(1) 求电阻电炉应如何连接才能正常工作；(2) 求电炉的功率 P。(答：Y 形连接；14 520 W)

8.4.2 同一个三相对称负载阻抗 Z，电源相同，设接成 Y 形时吸收的总功率 P_Y，接成△形时吸收的总功率 $P_{\triangle}$。试证明有 $P_{\triangle}=3P_Y$。

8.4.3 图 8.4.3 所示△形对称三相电路，已知线电压 $\dot{U}_{CB}=100\sqrt{3}\ \underline{/90^\circ}$ V，相电流 $\dot{I}_{BC}=2\ \underline{/-120^\circ}$ A。求三相对称负载阻抗 Z 吸收的总功率 P 的值。(答：900 W)

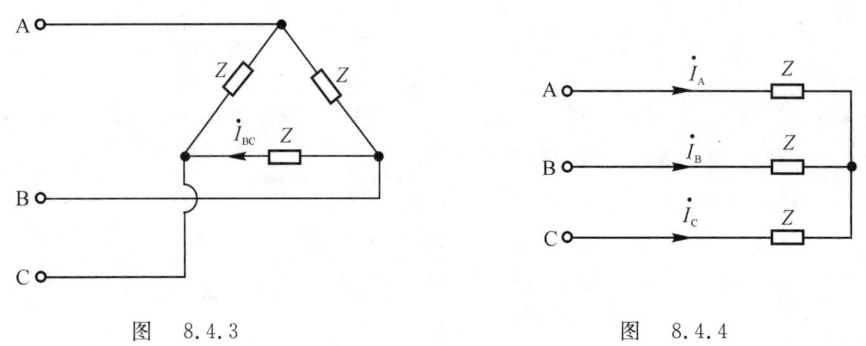

图 8.4.3　　图 8.4.4

8.4.4 图 8.4.4 所示 Y 形三相对称电路，已知 $\dot{U}_{CB}=100\sqrt{3}\ \underline{/90^\circ}$ V，$\dot{I}_C=2\ \underline{/180^\circ}$ A。求三相对称负载阻抗吸收的总功率 P。(答：300 W)

习　题　八

8-1　已知对称三相电路中，电源线电压$U_{线}=380$ V，每相负载阻抗 $Z=10\ \underline{/53.1^\circ}\ \Omega$。求负载为 Y 形和△形连接时的相电流和线电流。(答：22 A，22 A；38 A，65.8 A)

8-2　已知对称三相电路 Y 形负载阻抗 $Z=165+\mathrm{j}84\ \Omega$，端线阻抗 $Z_L=2+\mathrm{j}1\ \Omega$，中线阻抗 $Z_{1N}=1+\mathrm{j}1\ \Omega$，电源线电压 $U_{线}=380$ V。求负载端的电流和线电压。(答：1.174 A，377.4 V)

8-3　图题 8-3 所示对称三相电路，已知电源线电压 $\dot{U}_{AB}=380\ \underline{/0^\circ}$ V，线电流 $\dot{I}_A=10\ \underline{/-75^\circ}$ A。求三相负载的总功率。(答：4 654 W)

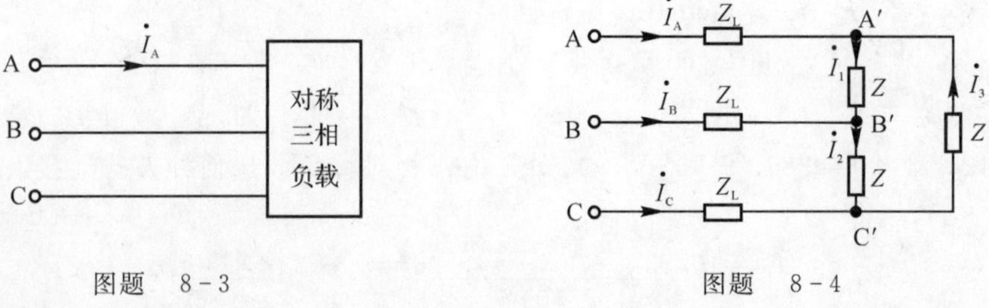

图题 8-3　　图题 8-4

8-4　图题 8-4 所示对称三相电路，电源线电压 $U_{线}=380\ \text{V}$，$Z_L=\text{j}1\ \Omega$，$Z=(12+\text{j}6)\ \Omega$。求 $\dot{I}_1,\dot{I}_2,\dot{I}_3$。$\left[答：\frac{44}{\sqrt{3}}\angle -6.9^\circ\ \text{A},\frac{44}{\sqrt{3}}\angle -126.9^\circ\ \text{A},\frac{44}{\sqrt{3}}\angle 113.1^\circ\ \text{A}\right]$

8-5　图题 8-5 所示三相对称电路，电源相电压 $U_{相}=220\ \text{V}$，中线阻抗 $Z_N=\text{j}20\ \Omega$，$Z_1=(12+\text{j}5)\ \Omega$，$Z_2=-\text{j}15\ \Omega$。求 $\dot{I}_A,\dot{I}_B,\dot{I}_C,\dot{I}_N$。(答：$40.62\angle 67.38^\circ$ A，$40.62\angle -52.62^\circ$ A，$40.62\angle -172.62^\circ$ A；0)

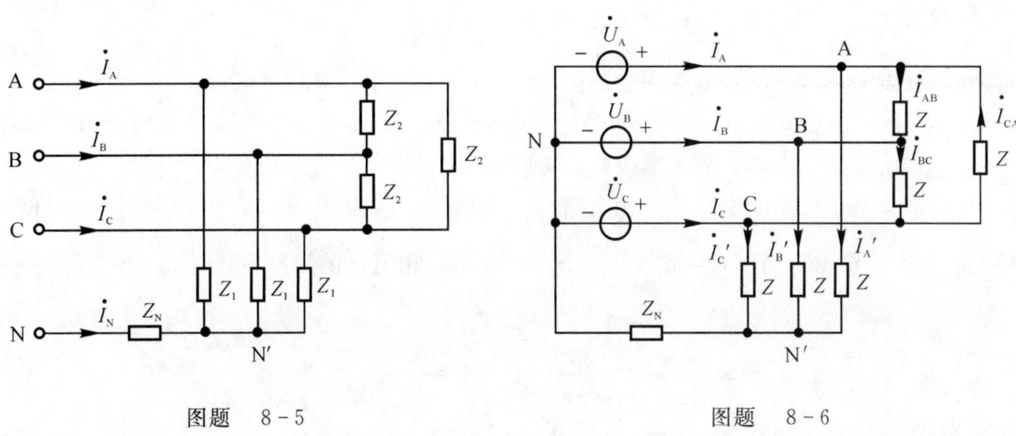

图题　8-5　　　　图题　8-6

8-6　图题 8-6 所示三相对称电路，已知相电压 $\dot{U}_A=220\angle 0^\circ$ V，$Z=4+\text{j}3\ \Omega$，中线阻抗 $Z_N=(1+\text{j}2)\ \Omega$。求线电流，负载相电流和负载吸收的总功率。(答：$175.7\angle -36.9^\circ$ A，$175.7\angle -156.9^\circ$ A，$175.7\angle 83.1^\circ$ A；$44\angle -36.9^\circ$ A，$44\angle -156.9^\circ$ A，$44\angle 83.1^\circ$ A；$76\angle -6.9^\circ$ A，$76\angle -126.9^\circ$ A，$76\angle 113.1^\circ$ A；92.8 kW)

8-7　图题 8-7 所示电路，对称三相电源线电压为 380 V，$Z=(20+\text{j}20)\ \Omega$，三相电动机的功率为1.7 kW，功率因数 $\cos\varphi=0.82$。(1) 求线电流 $\dot{I}_A,\dot{I}_B,\dot{I}_C$；(2) 求三相电源发出的总功率。(答：$26.44\angle -43.8^\circ$ A，$26.44\angle -163.8^\circ$ A，$26.44\angle 76.2^\circ$ A；12.6 kW)

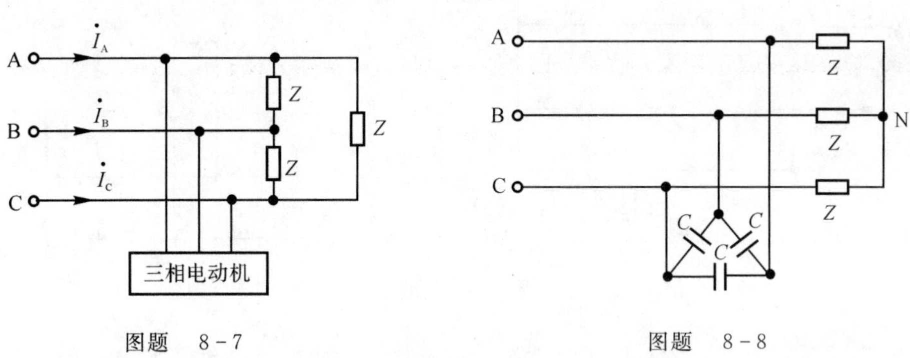

图题　8-7　　　　图题　8-8

8-8　图题 8-8 所示三相对称电路，电源频率 $f=50$ Hz，$Z=(6+\text{j}8)\ \Omega$，在负载端接入三相电容组后，使电路的功率因数提高到了 $\cos\varphi=0.9$。求每相电容 C 的值。(答：54 μF)

8-9　图题 8-9 所示三相对称电路，$\dot{U}_{AB}=380\angle 0^\circ$ V，$\dot{I}_A=1\angle -60^\circ$ A。求各功率表的示数及三相负载吸收的总功率。(答：570 W)

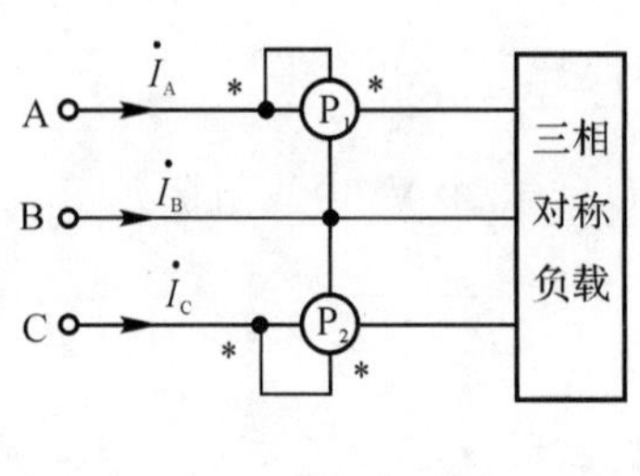

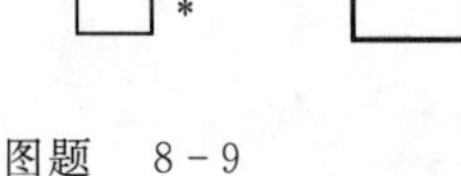
图题 8-9

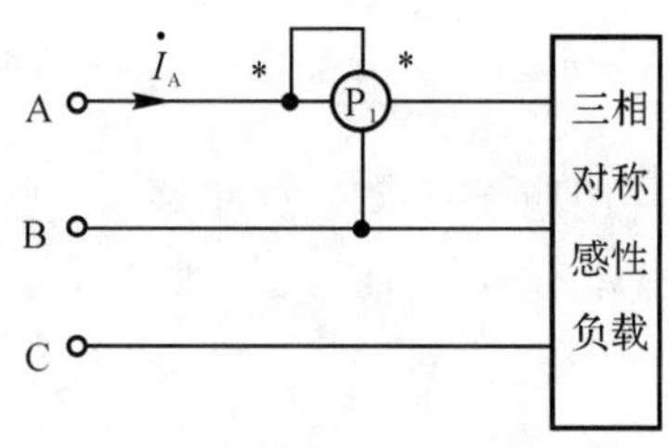

图题 8-10

8-10 图题 8-10 所示三相对称电感性负载电路，已知 $U_{线}=380$ V，负载功率因数 $\cos\varphi=0.6$，功率表的示数 $P_1=275$ W。求线电流 I_A 的值及三相负载的总功率 $P_{总}$。（答：2 389.1 W）

8-11 图题 8-11 所示对称三相电路，P_1 和 P_2 为两个功率表的示数。证明：(1) 对称三相负载阻抗吸收的总无功功率 $Q=\sqrt{3}(P_1-P_3)$；(2) 每一相阻抗的阻抗角 $\varphi=\arctan\sqrt{3}\dfrac{P_1-P_2}{P_1+P_2}$。

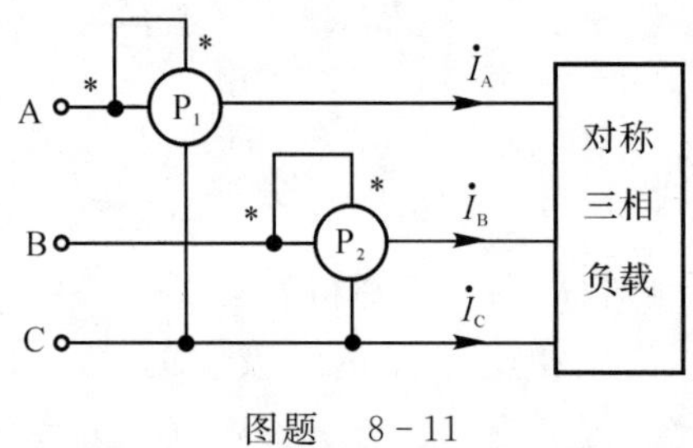

图题 8-11

8-12 图题 8-12 所示对称三相电路，已知相电压为 220 V，$Z_1=(40+j30)\ \Omega$，负载 2 吸收的总功率为 $P'_2=3$ kW，$\cos\varphi_2=0.6(\varphi_2>0)$。(1) 求 P_1 和 P_2 的示数；(2) 求整个电路吸收的总功率 $P_{总}$。（答：4 320 W，1 002 W；5 322 W）

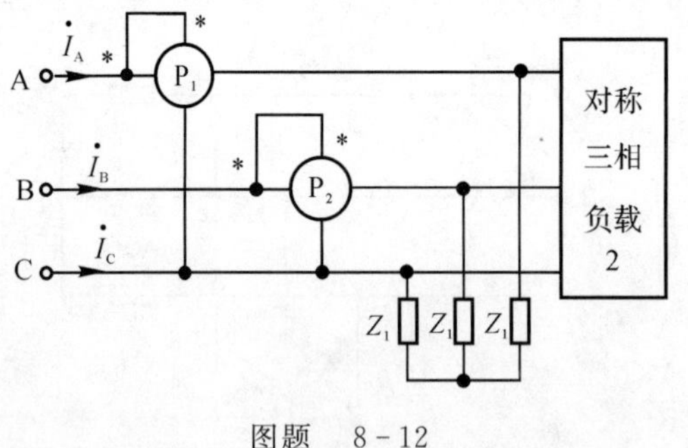

图题 8-12

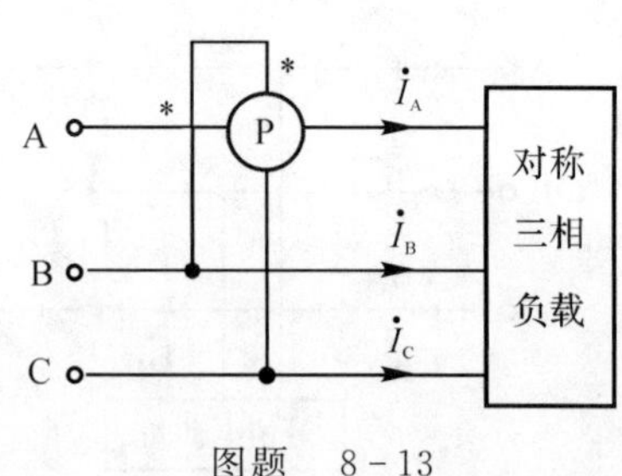

图题 8-13

8-13 图题 8-13 所示对称三相电路，功率表的示数为 P。试证明三相负载吸收的无功功率 $Q=\sqrt{3}P$。

第9章　网络图论与网络方程

内容提要

图论是数学学科的一个分支，是研究点和线连接关系的科学。网络图论是把图论的理论应用在电网络的研究上，从而开拓了电路理论研究的新领域。

本章讲述网络图论的基本定义与概念，节点-支路关联矩阵，基本回路矩阵，基本割集矩阵，KCL，KVL的矩阵形式，支路伏安关系的矩阵形式，电路矩阵分析的节点法、回路法、割集法，特勒根定理及其应用。

我们已经知道，网络分析的主要问题是选择独立、完备的变量，列写网络方程，对网络方程求解计算等三个方面。拓扑学的理论提供了选择独立、完备变量的理论依据，矩阵代数使列写网络方程得以系统化，计算机则提供了列写与求解网络方程的有力工具，这三个方面构成了现代网络分析的基本内容。

9.1　网络图论的基本定义与概念

一、网络的拓扑图

(1) 拓扑支路、拓扑节点与拓扑图。将电路中的每一个元件(有源元件、无源元件)都用一个线条(长、短、曲、直不论)代替，则每一个线条即称为拓扑支路，简称支路。每个支路两端的点称为拓扑节点，简称节点。由支路和节点的集合构成的图形称为网络的拓扑图，简称图，用G表示。例如图9.1.1(a)所示电路，其拓扑图如图9.1.1(b)所示。该图有5个节点、7条支路。但要注意，每一个支路一定连接在且恰好连接在两个节点上，但两个节点之间却不一定必须有支路存在。网络的拓扑图反映了电路元件的互连规律性，而不涉及电路元件的性质。

需要指出，根据建立一个完整理论体系的需要，在网络图论中对支路的定义是有灵活性的。例如也可将理想电压源与阻抗的串联组合，理想电流源与阻抗的并联组合，各定义为一个支路；也可将几个阻抗的串联组合视为一条支路，但几个阻抗的并联组合一般不视为一条支路。

(2) 连通图与非连通图。从图的某一个节点出发，沿着一些支路连续移动，从而达到另一个指定的节点(也可以是原出发的节点)，其中所经过的支路构成了图G的一条路径。一条支路也是一条路径。若在图G的任意两个节点之间至少存在一条路径，则该图G称为连通图，如图9.1.1(b)所示；否则称为非连通图或分离图，如图9.1.2所示。本章中只研究连通图。

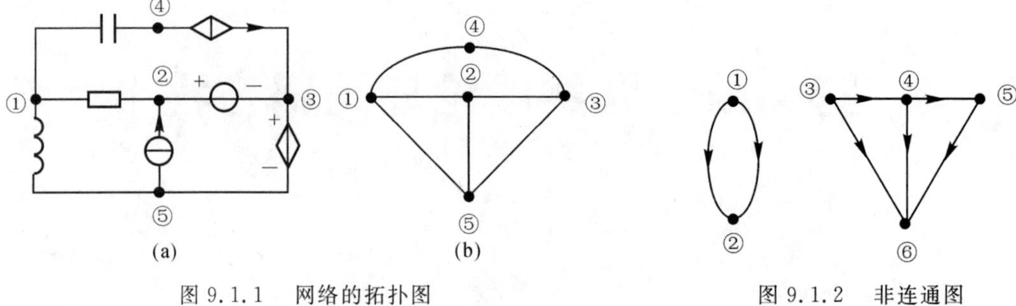

图 9.1.1　网络的拓扑图

(a) 电路图；(b) 拓扑图

图 9.1.2　非连通图

(3) 子图。若图 G_1 中的节点和支路，是图 G 中的一部分节点和支路，则称图 G_1 为图 G 的子图。例如设图 9.1.3(a) 为图 G，则图 9.1.3(b)，(c)，(d)，(e) 等都是图 G 的子图。

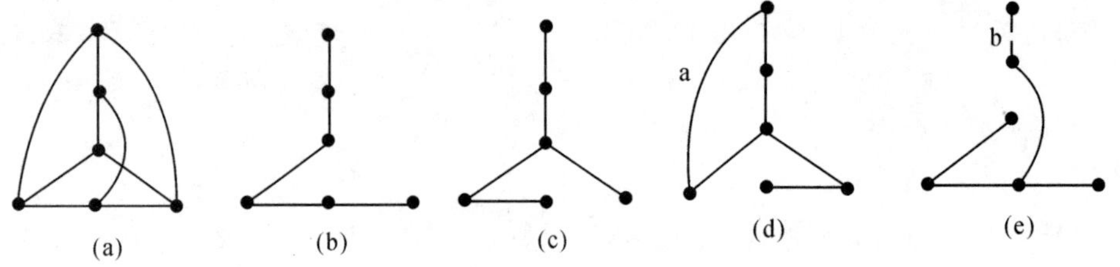

图 9.1.3　子图

(4) 有向图与无向图。在拓扑图中，若给每一个支路都规定出参考方向，而且这个参考方向就与该支路电流的参考方向一致，则这种图称为有向图，如图 9.1.2 所示；否则称为无向图，如图 9.1.1(b) 所示。

(5) 平面图与非平面图。能画在平面上且除端点外所有支路均无交叉的图称为平面图，否则为非平面图。

(6) 孤立节点。不与任何支路连接的节点称为孤立节点，如图 9.1.4 中的节点 a 即是。

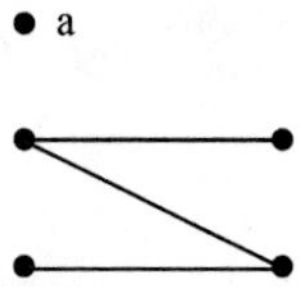

a

图 9.1.4　孤立节点

二、回路

由支路的集合构成的闭合路径称为回路。图 G 中的一个回路有 4 个特点：① 回路是图 G 的一个子图；② 此子图是一个连通图；③ 与该子图中每个节点连接的支路必须是且只能是两条；④ 若移去该子图中的任一个支路后，则其余支路便不能再构成闭合路径。例如在图 9.1.5(a) 中，由支路集合(1,2,3,6)、(1,2,4,5,10,12,11,8)、(1,2,4,5,7,6) 分别构成的闭合路径均为回路，但支路集合(1,2,3,9,12,10,7,6) 所构成的闭合路径(见图 9.1.5(b)) 就不是回路，因为与节点 ⑤ 相连接的支路数为 4(＞2) 了。

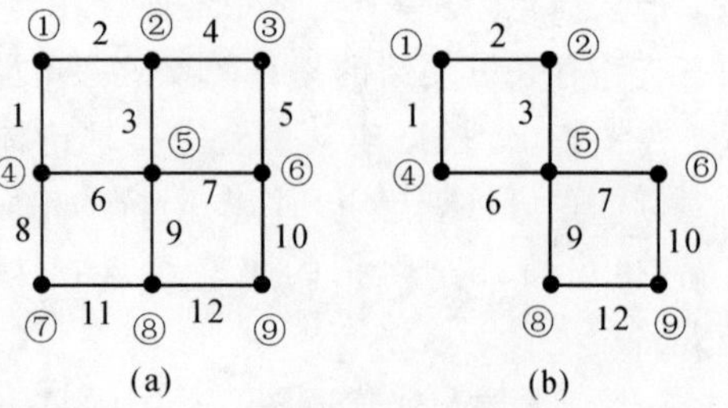

图 9.1.5　回路的定义

三、树、树支与连支

连接连通图中所有节点的最少支路的集合，称为该连通图的树，用字母 T 表示。可以看出树有 4 个特点：① 树是连通图 G 的一个子图；② 树包含连通图 G 的全部节点；③ 在树中，从任一个节点出发，都可经过树中的支路连续地到达任何其他的节点，即树也是连通的。④ 不包含任何回路。例如对于图 9.1.3(a) 的图来说，图(b)(c) 各是它的一个树，但图(d) 就不是一个树，因为它有一个回路；同样，图(e) 也不是一个树，因为它是不连通的。一个图可以有很多不同的树。例如图 9.1.6(a) 所示的图共有 16 个不同的树，图 9.1.6(b)(c)(d) 中用实线标出了它的其中的三个树。

树选定后，拓扑图中的支路便被分为两类：一类是组成树的支路，这种支路称为树支；另一类是不属于树的支路，这种支路称为连支。图 9.1.6 中的实线表示树支，虚线则为树的连支。连支的集合称为树余。

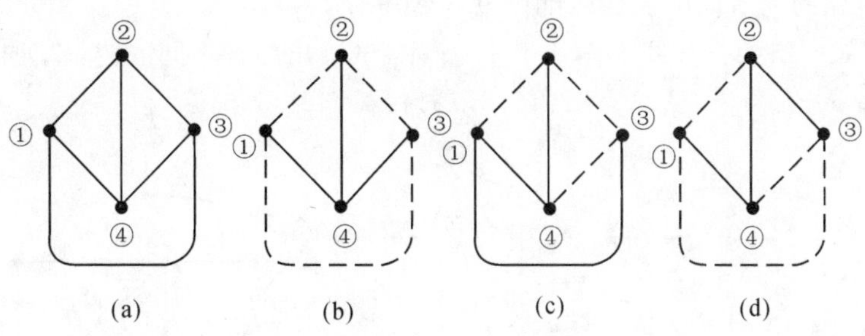

图 9.1.6　树、树支与连支

四、树支数与连支数

设一个连通图 G 的节点数为 n，支路数为 b，则该连通图的树支数和连支数分别为

$$树支数 = n - 1 = 独立节点数$$

$$连支数 = b - (n - 1)$$

现对上两式说明如下：先把图 G 的支路全部移去，于是就只剩下了它的 n 个节点。为了构成图 G 的一个树，先用一条支路把这 n 个节点中的任意两个节点连接起来，此后，每增加一个支路，就连接一个新的节点，而且只能连接一个新的节点。这样，当把 n 个节点按照树的定义全部连接起来之后，正好需要 $n-1$ 条支路(第一条支路连接了两个节点)，亦即树支数正好是等于 $n-1$，从而连支数 $= b-(n-1) = b-n+1$。

五、思考与练习

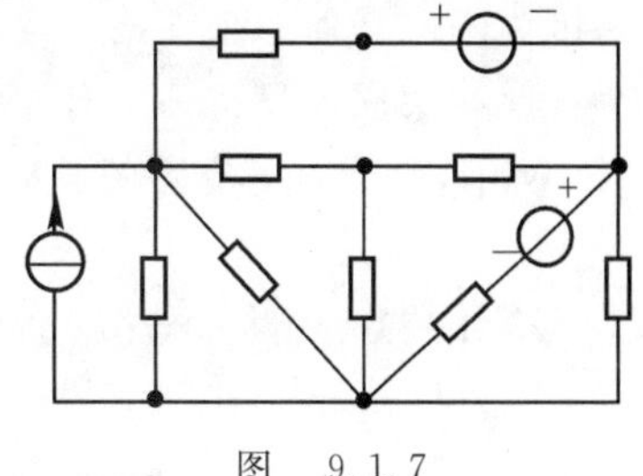

图　9.1.7

9.1.1　在以下两种情况下，画出图 9.1.7 所示电路的拓扑图，并指出节点数和支路数。

(1) 把每一个元件作为一条支路处理；

(2) 把电压源(独立或受控) 和阻抗的串联组合，电流源(独立或受控) 和阻抗的并联组合作为一条支路处理。(答：拓扑图如图 9.1.8 所示。节点数和支路数分别为 6,11;4,8)

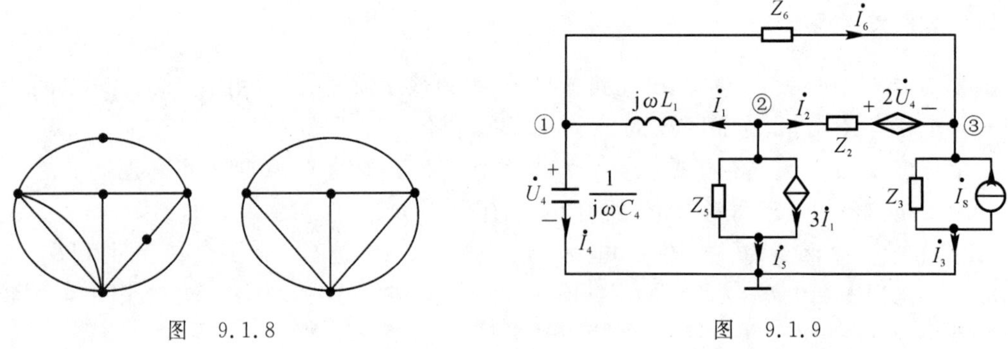

图 9.1.8　　　　图 9.1.9

9.1.2 指出图 9.1.1 中 KCL,KVL 独立方程的个数各为多少?(答:3,3)

9.1.3 把电压源与阻抗的串联组合、电流源与阻抗的并联组合作为一条支路处理,画出图 9.1.9 所示电路的的有向图。(答:如图 9.1.10 所示。)

9.1.4 已知网络的拓扑图如图 9.1.11 所示,试画出四种不同的树,验证树支数 $=n-1$,连支数 $=b-(n-1)$。(答:1,4,7,8;1,4,6,7;1,4,5,6;1,4,5,7)

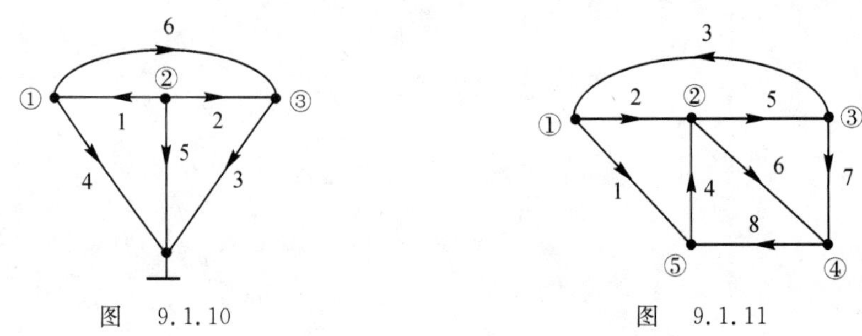

图 9.1.10　　　　图 9.1.11

9.2 节点-支路关联矩阵与基尔霍夫定律的矩阵形式

一、节点-支路关联矩阵

因为图的任何一个支路一定是而且恰好是连接在两个节点上,所以称此支路与这两个节点为彼此有关联。设有一个有向图,其节点数为 n,支路数为 b,给支路和节点予以编号,如图 9.2.1 所示,则节点与支路的关联性质可用一个 $n\times b$ 阶矩阵来描述,记为 $\mathbf{A}_a$。它的每个元素 a_{jk} 定义如下:

$a_{jk}=1$,表示支路 k 与节点 j 有关联,且支路 k 的方向是离开节点 j 的,称为同向关联。

$a_{jk}=-1$,表示支路 k 与节点 j 有关联,且支路 k 的方向是指向节点 j 的,称为反向关联。

$a_{jk}=0$,表示支路 k 与节点 j 无关联。

$\mathbf{A}_a$ 称为图的节点-支路关联矩阵,简称关联矩阵。例如,对于图 9.2.1 所示的图,可写出它的节点-支路关联矩阵为

$$\mathbf{A}_a = \begin{bmatrix} -1 & -1 & 1 & 0 & 0 & 0 \\ 0 & 0 & -1 & -1 & 0 & 1 \\ 1 & 0 & 0 & 1 & 1 & 0 \\ 0 & 1 & 0 & 0 & -1 & -1 \end{bmatrix}$$

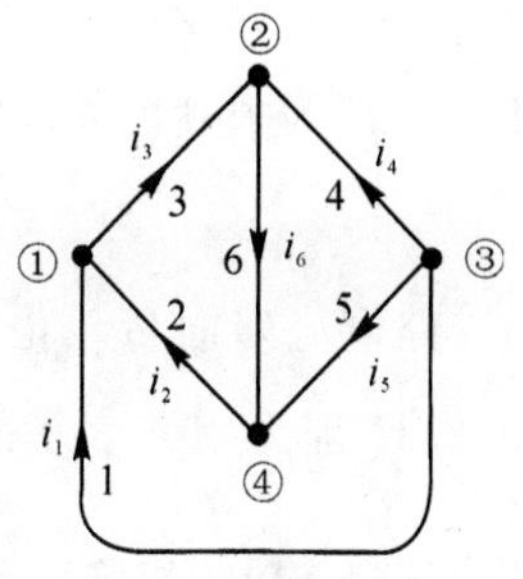

图 9.2.1　图的节点-支路关联矩阵

$\mathbf{A}_a$ 中的每一行对应于一个节点，每一列对应于一条支路。由于一条支路一定是而且恰好是连接在两个节点上，因此若该支路对其中的一个节点是离开，则对另一个节点必定是指向，所以在 $\mathbf{A}_a$ 的每一列中就只能有且必须有两个非零元素，即 1 和 -1。另外，当把 $\mathbf{A}_a$ 中所有行的元素按列相加后，就得到一行全为零的元素，所以 $\mathbf{A}_a$ 中的行不是彼此独立的，亦即 $\mathbf{A}_a$ 的秩是低于它的行数 n 的。

现若把 $\mathbf{A}_a$ 中的任一行划去，剩下的矩阵就变为 $(n-1)\times b$ 阶。我们把这个新的矩阵用 $\mathbf{A}$ 表示，并称为降阶关联矩阵。例如若把上述矩阵中的第 4 行划去（与划去的行所对应的节点 ④ 可认为是参考节点），则得

$$\mathbf{A} = \begin{bmatrix} -1 & -1 & 1 & 0 & 0 & 0 \\ 0 & 0 & -1 & -1 & 0 & 1 \\ 1 & 0 & 0 & 1 & 1 & 0 \end{bmatrix}$$

可见矩阵 $\mathbf{A}$ 中的某些列将只有一个 1 或一个 -1，而每一个这样的列则一定是对应于与划去的节点有关联的一条支路，而且根据该列中非零元素的正负号，即可判断出该支路的方向。例如 $\mathbf{A}$ 中的第 2 列是对应于第 2 条支路，这第 2 条支路一定是与节点 ④ 有关联，该列中的非零元素为 -1，所以划去的非零元素一定为 1，而且由于第一行是对应于节点 ①，第 4 行是对应于节点 ④，故支路 2 一定是离开节点 ④ 而指向节点 ①。因此，我们完全可以从 $\mathbf{A}$ 推导出 $\mathbf{A}_a$（注意，这只是对连通图而言的）。所以，降阶关联矩阵 $\mathbf{A}$ 与关联矩阵 $\mathbf{A}_a$ 都同样充分、完整地描述了图的节点与支路的关联性质。

由于今后主要用的是降阶关联矩阵 $\mathbf{A}$，所以为了方便，以后将降阶关联矩阵 $\mathbf{A}$ 直接就称为关联矩阵。

二、KCL 的矩阵表示形式

对图 9.2.1 中的各独立节点可列出 KCL 方程为

$$\left.\begin{aligned} &\text{节点 ①：} && -\dot{I}_1 - \dot{I}_2 + \dot{I}_3 = 0 \\ &\text{节点 ②：} && -\dot{I}_3 - \dot{I}_4 + \dot{I}_6 = 0 \\ &\text{节点 ③：} && \dot{I}_1 + \dot{I}_4 + \dot{I}_5 = 0 \end{aligned}\right\}$$

写成矩阵形式为

$$\begin{bmatrix} -1 & -1 & 1 & 0 & 0 & 0 \\ 0 & 0 & -1 & -1 & 0 & 1 \\ 1 & 0 & 0 & 1 & 1 & 0 \end{bmatrix} \begin{bmatrix} \dot{I}_1 \\ \dot{I}_2 \\ \dot{I}_3 \\ \dot{I}_4 \\ \dot{I}_5 \\ \dot{I}_6 \end{bmatrix} = \begin{bmatrix} 0 \\ 0 \\ 0 \end{bmatrix}$$

即 $$\boldsymbol{A}\dot{\boldsymbol{I}}=\boldsymbol{0} \tag{9.2.1}$$

其中 $\boldsymbol{A}$ 即为上述的关联矩阵；而

$$\dot{\boldsymbol{I}}=[\dot{I}_1 \quad \dot{I}_2 \quad \dot{I}_3 \quad \dot{I}_4 \quad \dot{I}_5 \quad \dot{I}_6]^{\mathrm{T}}$$

为支路电流列向量。由于 $\boldsymbol{A}$ 的秩为 3，所以式(9.2.1) 代表了一组线性独立代数方程。式(9.2.1) 即为用 $\boldsymbol{A}$ 表示的 KCL。

三、KVL 的矩阵表示形式

在图 9.2.1 中，设各节点的电位为 $\dot{\varphi}_1,\dot{\varphi}_2,\dot{\varphi}_3,\dot{\varphi}_4$，若取节点 ④ 为参考节点，则 $\dot{\varphi}_4=0$。另外设各支路电压为 $\dot{U}_1,\dot{U}_2,\dot{U}_3,\dot{U}_4,\dot{U}_5,\dot{U}_6$，其参考极性与支路参考方向为关联。则有

$$\begin{cases}\dot{U}_1=-\dot{\varphi}_1+\dot{\varphi}_3\\ \dot{U}_2=\dot{\varphi}_4-\dot{\varphi}_1=-\dot{\varphi}_1\\ \dot{U}_3=\dot{\varphi}_1-\dot{\varphi}_2\\ \dot{U}_4=-\dot{\varphi}_2+\dot{\varphi}_3\\ \dot{U}_5=\dot{\varphi}_3-\dot{\varphi}_4=\dot{\varphi}_3\\ \dot{U}_6=\dot{\varphi}_2-\dot{\varphi}_4=\dot{\varphi}_2\end{cases}$$

即 $$\begin{bmatrix}\dot{U}_1\\ \dot{U}_2\\ \dot{U}_3\\ \dot{U}_4\\ \dot{U}_5\\ \dot{U}_6\end{bmatrix}=\begin{bmatrix}-1 & 0 & 1\\ -1 & 0 & 0\\ 1 & -1 & 0\\ 0 & -1 & 1\\ 0 & 0 & 1\\ 0 & 1 & 0\end{bmatrix}\begin{bmatrix}\dot{\varphi}_1\\ \dot{\varphi}_2\\ \dot{\varphi}_3\end{bmatrix}$$

即 $$\dot{\boldsymbol{U}}=\boldsymbol{A}^{\mathrm{T}}\dot{\boldsymbol{\varphi}} \tag{9.2.2}$$

其中 $$\dot{\boldsymbol{U}}=[\dot{U}_1 \quad \dot{U}_2 \quad \dot{U}_3 \quad \dot{U}_4 \quad \dot{U}_5 \quad \dot{U}_6]^{\mathrm{T}}$$

为支路电压列向量；

$$\dot{\boldsymbol{\varphi}}=[\dot{\varphi}_1 \quad \dot{\varphi}_2 \quad \dot{\varphi}_3]^{\mathrm{T}}$$

为独立节点电位列向量；$\boldsymbol{A}^{\mathrm{T}}$ 为 $\boldsymbol{A}$ 的转置矩阵。

式(9.2.2) 即为KVL的矩阵表示形式。它描述了支路电压列向量 $\dot{\boldsymbol{U}}$ 与独立节点电位列向量 $\dot{\boldsymbol{\varphi}}$ 的关系，可用来从已知的 $\dot{\boldsymbol{\varphi}}$ 求 $\dot{\boldsymbol{U}}$。

若所选的参考节点不是节点 ④，而是另外某一个节点，则关联矩阵 $\boldsymbol{A}$ 将有所不同，但式(9.2.1) 与式(9.2.2) 的形式不变。

需要说明的是，式(9.2.1)、式(9.2.2) 虽是从图 9.2.1 这个具体的图推导得到的，但它具有普遍意义。它是 KCL 与 KVL 的体现，对于任何的图都是适用的，只是对于不同的图，其中的 $\boldsymbol{A}$ 不同罢了。

四、思考与练习

9.2.1　已知网络的有向拓扑图如图 9.2.2 所示，试写出节点-支路关联矩阵 $\boldsymbol{A}_a$。（答：

$$\boldsymbol{A}_a=\begin{bmatrix}1 & 1 & -1 & 1 & 0 & 0\\ -1 & -1 & 0 & 0 & -1 & 0\\ 0 & 0 & 1 & 0 & 0 & -1\\ 0 & 0 & 0 & -1 & 1 & 1\end{bmatrix}$$）

9.2.2　已知节点-支路关联矩阵为

$$\boldsymbol{A}=\begin{bmatrix}-1 & -1 & 0 & -1 & 0 & -1 & 0\\ 0 & 0 & 1 & 1 & 1 & 0 & 0\\ 0 & 0 & 0 & 0 & -1 & 1 & 1\end{bmatrix}$$

试画出其有向拓扑图。（答：如图 9.2.3 所示。）

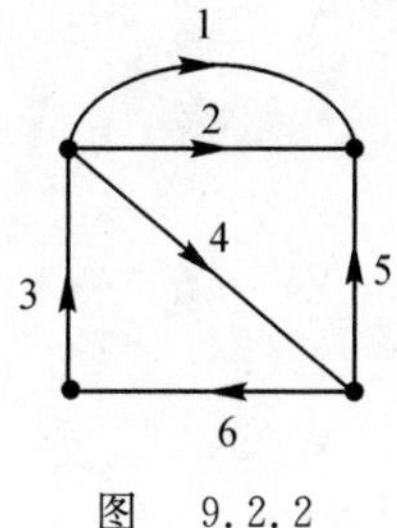

图　9.2.2

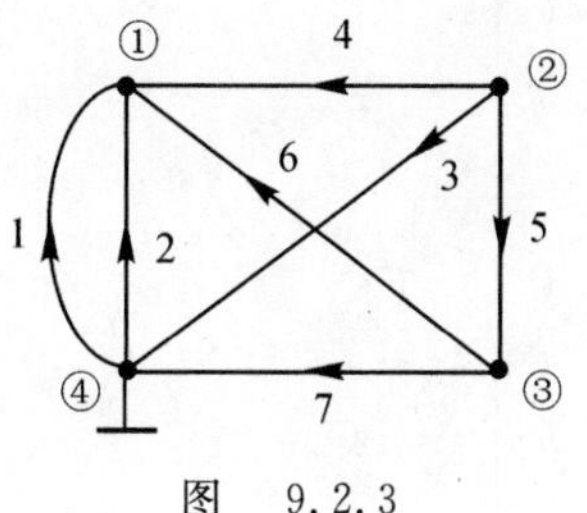

图　9.2.3

9.3　节　　点　　法

一、一般性支路及其伏安方程

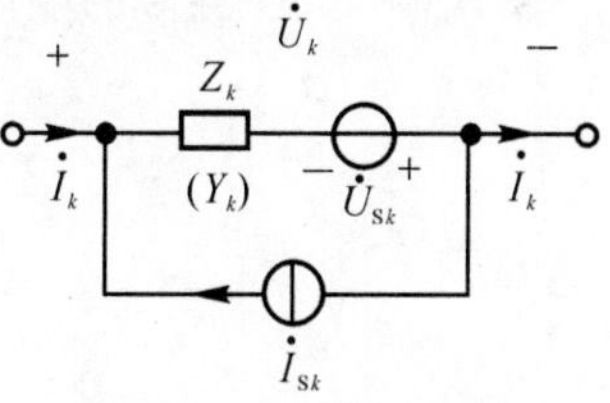

图 9.3.1　一般性支路

不含互感和受控源的一般性支路如图 9.3.1 所示。其中 Z_k 为支路复阻抗，$\dot{U}_{Sk}$ 为电压源的电压，$\dot{I}_{Sk}$ 为电流源的电流，$\dot{I}_k$ 和 $\dot{U}_k$ 分别为支路电流和支路电压。它们的参考方向如图中所示，且 $\dot{U}_k$ 与 $\dot{I}_k$ 为关联方向。其伏安方程为

$$\dot{U}_k=Z_k\dot{I}_k+Z_k\dot{I}_{Sk}-\dot{U}_{Sk}\qquad(9.3.1)$$

或

$$\dot{I}_k=\frac{\dot{U}_k}{Z_k}+\frac{\dot{U}_{Sk}}{Z_k}-\dot{I}_{Sk}=Y_k\dot{U}_k+Y_k\dot{U}_{Sk}-\dot{I}_{Sk}\qquad(9.3.2)$$

式中，$Y_k=\dfrac{1}{Z_k}$ 为支路复导纳。

二、支路伏安关系的矩阵形式

对于具有 n 个节点和 b 个支路的网络，可以写出 b 个支路伏安方程，即

$$\begin{cases}\dot{I}_1 = Y_1\dot{U}_1 + Y_1\dot{U}_{S1} - \dot{I}_{S1}\\ \dot{I}_2 = Y_2\dot{U}_2 + Y_2\dot{U}_{S2} - \dot{I}_{S2}\\ \quad\vdots \qquad \vdots \qquad \vdots\\ \dot{I}_k = Y_k\dot{U}_k + Y_k\dot{U}_{Sk} - \dot{I}_{Sk}\\ \quad\vdots \qquad \vdots \qquad \vdots\\ \dot{I}_b = Y_b\dot{U}_b + Y_b\dot{U}_{Sb} - \dot{I}_{Sb}\end{cases}$$

写成矩阵形式为

$$\dot{\boldsymbol{I}} = \boldsymbol{Y}\dot{\boldsymbol{U}} + \boldsymbol{Y}\dot{\boldsymbol{U}}_S - \dot{\boldsymbol{I}}_S \tag{9.3.3}$$

式中：$\dot{\boldsymbol{I}} = [\dot{I}_1\ \dot{I}_2\ \dot{I}_3\ \cdots\ \dot{I}_k\ \cdots\ \dot{I}_b]^T$ 为支路电流列向量；$\dot{\boldsymbol{U}} = [\dot{U}_1\ \dot{U}_2\ \cdots\ \dot{U}_k\ \cdots\ \dot{U}_b]^T$ 为支路电压列向量；$\dot{\boldsymbol{U}}_S = [\dot{U}_{S1}\ \dot{U}_{S2}\ \cdots\ \dot{U}_{Sk}\ \cdots\ \dot{U}_{Sb}]^T$ 为电压源电压列向量；$\dot{\boldsymbol{I}}_S = [\dot{I}_{S1}\ \dot{I}_{S2}\ \cdots\ \dot{I}_{Sk}\ \cdots\ \dot{I}_{Sb}]^T$ 为电流源电流列向量。

$$\boldsymbol{Y} = \begin{bmatrix} Y_1 & & & & & \\ & Y_2 & & & 0 & \\ & & \ddots & & & \\ & & & Y_k & & \\ & 0 & & & \ddots & \\ & & & & & Y_b \end{bmatrix} = \mathrm{diag}[Y_1\ Y_2\ \cdots\ Y_k\ \cdots\ Y_b]$$

$\boldsymbol{Y}$ 为网络的支路导纳矩阵，无互感和受控源时为一对角阵，有互感时为一对称阵（见例 9.3.2），有受控源时则为非对称阵（见例 9.3.3）。

给式(9.3.3) 等号两端同时左乘以 $\boldsymbol{Y}$ 的逆矩阵 $\boldsymbol{Y}^{-1}$，即得

$$\boldsymbol{Y}^{-1}\dot{\boldsymbol{I}} = \dot{\boldsymbol{U}} + \dot{\boldsymbol{U}}_S - \boldsymbol{Y}^{-1}\dot{\boldsymbol{I}}_S$$

令

$$\boldsymbol{Z} = \boldsymbol{Y}^{-1} = \begin{bmatrix} Z_1 & & & & & \\ & Z_2 & & & 0 & \\ & & \ddots & & & \\ & & & Z_k & & \\ & 0 & & & \ddots & \\ & & & & & Z_b \end{bmatrix}$$

其中

$$Z_k = \frac{1}{Y_k}$$

则有

$$\dot{\boldsymbol{U}} = \boldsymbol{Z}\dot{\boldsymbol{I}} + \boldsymbol{Z}\dot{\boldsymbol{I}}_S - \dot{\boldsymbol{U}}_S \tag{9.3.4}$$

$\boldsymbol{Z}$ 为网络的支路阻抗矩阵，无互感和受控源时为一对角阵，有互感时为一对称阵，有受控源时则为非对称阵。

式(9.3.3) 和式(9.3.4) 即为支路伏安关系的两种矩阵形式。根据式(9.3.3) 可由已知的

$\dot{\boldsymbol{U}}$ 求出 $\dot{\boldsymbol{I}}$，根据式(9.3.4) 可由已知的 $\dot{\boldsymbol{I}}$ 求出 $\dot{\boldsymbol{U}}$。

三、节点导纳矩阵 $\boldsymbol{Y}_{\mathrm{n}}$ 与独立节点电位方程

将式(9.3.3) 代入式(9.2.1) 有

$$\boldsymbol{A}\boldsymbol{Y}\dot{\boldsymbol{U}}+\boldsymbol{A}\boldsymbol{Y}\dot{\boldsymbol{U}}_{\mathrm{S}}-\boldsymbol{A}\dot{\boldsymbol{I}}_{\mathrm{S}}=\boldsymbol{0}$$

再将式(9.2.2) 代入上式并移项得

$$\boldsymbol{A}\boldsymbol{Y}\boldsymbol{A}^{\mathrm{T}}\dot{\boldsymbol{\varphi}}=-\boldsymbol{A}\boldsymbol{Y}\dot{\boldsymbol{U}}_{\mathrm{S}}+\boldsymbol{A}\dot{\boldsymbol{I}}_{\mathrm{S}}$$

或写成

$$\boldsymbol{Y}_{\mathrm{n}}\dot{\boldsymbol{\varphi}}=\dot{\boldsymbol{I}}_{\mathrm{n}} \tag{9.3.5}$$

其中

$$\boldsymbol{Y}_{\mathrm{n}}=\boldsymbol{A}\boldsymbol{Y}\boldsymbol{A}^{\mathrm{T}} \tag{9.3.6}$$

称为节点导纳矩阵

$$\dot{\boldsymbol{I}}_{\mathrm{n}}=-\boldsymbol{A}\boldsymbol{Y}\dot{\boldsymbol{U}}_{\mathrm{S}}+\boldsymbol{A}\dot{\boldsymbol{I}}_{\mathrm{S}} \tag{9.3.7}$$

为流入各节点的等效电流源电流列向量。式(9.3.5) 称为独立节点电位方程，简称节点方程。故得

$$\dot{\boldsymbol{\varphi}}=\boldsymbol{Y}_{\mathrm{n}}^{-1}\dot{\boldsymbol{I}}_{\mathrm{n}} \tag{9.3.8}$$

根据此式即可求得 $\dot{\boldsymbol{\varphi}}$。

四、节点法

以独立节点电位列向量 $\dot{\boldsymbol{\varphi}}$ 为求解对象，而对网络进行系统分析的方法称为节点法。下面用实例来说明节点法的程序步骤。

例 9.3.1　求图 9.3.2(a) 所示网络的各支路电流。已知 $Y_1=2\ \mathrm{S}$，$Y_2=1\ \mathrm{S}$，$Y_3=3\ \mathrm{S}$，$Y_4=Y_5=1\ \mathrm{S}$，$\dot{U}_{\mathrm{S1}}=1\ \mathrm{V}$，$\dot{I}_{\mathrm{S5}}=1\ \mathrm{A}$。

解　(1) 画出网络的拓扑图，如图 9.3.2(b) 所示。

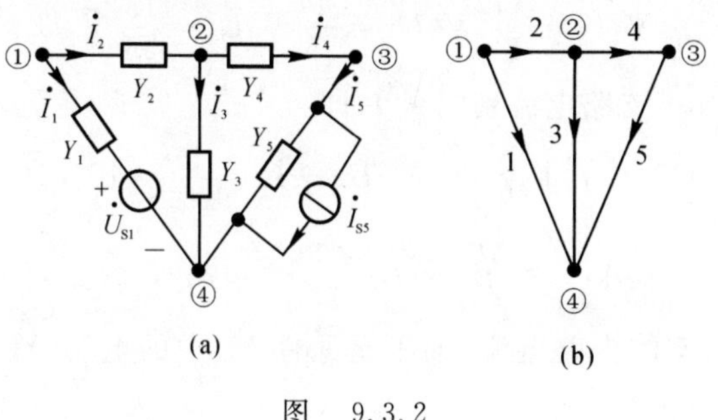

图　9.3.2

(2) 任意选图中的一个节点为参考节点，并对各节点编号。本题中选节点 ④ 为参考节点，其余节点的编号如图中所示。

(3) 对图的各支路编号，并规定出各支路的参考方向，如图中所示。

(4) 写出 $\boldsymbol{A}$，即

$$\boldsymbol{A}=\begin{bmatrix}1 & 1 & 0 & 0 & 0\\0 & -1 & 1 & 1 & 0\\0 & 0 & 0 & -1 & 1\end{bmatrix}$$

(5) 写出网络的支路导纳矩阵，即

$$\boldsymbol{Y}=\mathrm{diag}[Y_1\quad Y_2\quad Y_3\quad Y_4\quad Y_5]=\mathrm{diag}[2\quad 1\quad 3\quad 1\quad 1]$$

(6) 写出支路电压源电压列向量和支路电流源电流列向量，即

$$\dot{\boldsymbol{U}}_{\mathrm{S}}=[\dot{U}_{\mathrm{S1}}\quad \dot{U}_{\mathrm{S2}}\quad \dot{U}_{\mathrm{S3}}\quad \dot{U}_{\mathrm{S4}}\quad \dot{U}_{\mathrm{S5}}]^{\mathrm{T}}=[-1\quad 0\quad 0\quad 0\quad 0]^{\mathrm{T}}$$

$$\dot{\boldsymbol{I}}_{\mathrm{S}}=[\dot{I}_{\mathrm{S1}}\quad \dot{I}_{\mathrm{S2}}\quad \dot{I}_{\mathrm{S3}}\quad \dot{I}_{\mathrm{S4}}\quad \dot{I}_{\mathrm{S5}}]^{\mathrm{T}}=[0\quad 0\quad 0\quad 0\quad -1]^{\mathrm{T}}$$

(7) 根据式(9.3.6)求节点导纳矩阵 $\boldsymbol{Y}_{\mathrm{n}}$，即

$$\boldsymbol{Y}_{\mathrm{n}}=\boldsymbol{AYA}^{\mathrm{T}}=\begin{bmatrix}3 & -1 & 0\\-1 & 5 & -1\\0 & -1 & 2\end{bmatrix}$$

(8) 根据式(9.3.7)求 $\dot{\boldsymbol{I}}_{\mathrm{n}}$，即

$$\dot{\boldsymbol{I}}_{\mathrm{n}}=-\boldsymbol{AY}\dot{\boldsymbol{U}}_{\mathrm{S}}+\boldsymbol{A}\dot{\boldsymbol{I}}_{\mathrm{S}}=\begin{bmatrix}2\\0\\-1\end{bmatrix}$$

(9) 根据式(9.3.8)求 $\dot{\boldsymbol{\varphi}}$，即

$$\dot{\boldsymbol{\varphi}}=\begin{bmatrix}\dot{\varphi}_1\\\dot{\varphi}_2\\\dot{\varphi}_3\end{bmatrix}=\boldsymbol{Y}^{-1}\dot{\boldsymbol{I}}_{\mathrm{n}}=\frac{1}{25}\begin{bmatrix}17\\1\\-12\end{bmatrix}$$

(10) 根据式(9.2.2)求 $\dot{\boldsymbol{U}}$，即

$$\dot{\boldsymbol{U}}=\begin{bmatrix}\dot{U}_1\\\dot{U}_2\\\dot{U}_3\\\dot{U}_4\\\dot{U}_5\end{bmatrix}=\boldsymbol{A}^{\mathrm{T}}\dot{\boldsymbol{\varphi}}=\frac{1}{25}\begin{bmatrix}17\\16\\1\\13\\-12\end{bmatrix}$$

故得各支路电压为 $\dot{U}_1=\frac{17}{25}$ V，$\dot{U}_2=\frac{16}{25}$ V，$\dot{U}_3=\frac{1}{25}$ V，$\dot{U}_4=\frac{13}{25}$ V，$\dot{U}_5=-\frac{12}{25}$ V。

(11) 根据式(9.3.4)求支路电流列向量 $\dot{\boldsymbol{I}}$，即

$$\dot{\boldsymbol{I}}=[\dot{I}_1\quad \dot{I}_2\quad \dot{I}_3\quad \dot{I}_4\quad \dot{I}_5]^{\mathrm{T}}=\boldsymbol{Y}\dot{\boldsymbol{U}}+\boldsymbol{Y}\dot{\boldsymbol{U}}_{\mathrm{s}}-\dot{\boldsymbol{I}}_{\mathrm{s}}=\frac{1}{25}[-16\quad 16\quad 3\quad 13\quad 13]^{\mathrm{T}}$$

故得各支路电流为 $\dot{I}_1=-\frac{16}{25}$ A，$\dot{I}_2=\frac{16}{25}$ A，$\dot{I}_3=\frac{3}{25}$ A，$\dot{I}_4=\dot{I}_5=\frac{13}{25}$ A。此处要注意电流 $\dot{I}_5$ 在网络中的位置，它是支路 5 的支路电流，而不是元件 Y_5 中的电流，Y_5 中的电流为 $\dot{I}'_5=\dot{I}_5-\dot{I}_{\mathrm{S5}}=-\frac{12}{25}$ A。

由上述求解步骤可看出，节点法的优点是：① 与图的树无关，即不需要画出图的树；② 对平面网络与非平面网络均适用，故应用广泛。

例 9.3.2 试写出图 9.3.3(a) 所示网络的支路阻抗矩阵 $\boldsymbol{Z}$ 和支路导纳矩阵 $\boldsymbol{Y}$。

解　该网络的图如图 9.3.3(b) 所示。各支路的伏安关系为

$$\dot{U}_1 = \mathrm{j}\omega L_1 \dot{I}_1 - \mathrm{j}\omega M \dot{I}_2$$
$$\dot{U}_2 = -\mathrm{j}\omega M \dot{I}_1 + \mathrm{j}\omega L_2 \dot{I}_2$$
$$\dot{U}_3 = R_3 \dot{I}_3 - R_3 \dot{I}_{S3}$$
$$\dot{U}_4 = R_4 \dot{I}_4 + \dot{U}_{S4}$$
$$\dot{U}_5 = \frac{1}{\mathrm{j}\omega C_5}\dot{I}_5$$

即

$$\begin{bmatrix}\dot{U}_1\\ \dot{U}_2\\ \dot{U}_3\\ \dot{U}_4\\ \dot{U}_5\end{bmatrix} = \begin{bmatrix}\mathrm{j}\omega L_1 & -\mathrm{j}\omega M & 0 & 0 & 0\\ -\mathrm{j}\omega M & \mathrm{j}\omega L_2 & 0 & 0 & 0\\ 0 & 0 & R_3 & 0 & 0\\ 0 & 0 & 0 & R_4 & 0\\ 0 & 0 & 0 & 0 & \dfrac{1}{\mathrm{j}\omega C_5}\end{bmatrix}\left\{\begin{bmatrix}\dot{I}_1\\ \dot{I}_2\\ \dot{I}_3\\ \dot{I}_4\\ \dot{I}_5\end{bmatrix} + \begin{bmatrix}0\\ 0\\ -\dot{I}_{S3}\\ 0\\ 0\end{bmatrix}\right\} - \begin{bmatrix}0\\ 0\\ 0\\ -\dot{U}_{S4}\\ 0\end{bmatrix}$$

即

$$\dot{\boldsymbol{U}} = \boldsymbol{Z}\dot{\boldsymbol{I}} + \boldsymbol{Z}\dot{\boldsymbol{I}}_S - \dot{\boldsymbol{U}}_S$$

其中

$$\dot{\boldsymbol{U}} = [\dot{U}_1 \quad \dot{U}_2 \quad \dot{U}_3 \quad \dot{U}_4 \quad \dot{U}_5]^T,\quad \dot{\boldsymbol{I}} = [\dot{I}_1 \quad \dot{I}_2 \quad \dot{I}_3 \quad \dot{I}_4 \quad \dot{I}_5]^T$$
$$\dot{\boldsymbol{I}}_S = [0 \quad 0 \quad -\dot{I}_{S3} \quad 0 \quad 0]^T,\quad \dot{\boldsymbol{U}}_S = [0 \quad 0 \quad 0 \quad -\dot{U}_{S4} \quad 0]^T$$

$$\boldsymbol{Z} = \begin{bmatrix}\mathrm{j}\omega L_1 & -\mathrm{j}\omega M & 0 & 0 & 0\\ -\mathrm{j}\omega M & \mathrm{j}\omega L_2 & 0 & 0 & 0\\ 0 & 0 & R_3 & 0 & 0\\ 0 & 0 & 0 & R_4 & 0\\ 0 & 0 & 0 & 0 & \dfrac{1}{\mathrm{j}\omega C_5}\end{bmatrix}$$

$\boldsymbol{Z}$ 为含有互感的网络的支路阻抗矩阵。可见不是对角阵而是对称阵，但仍可根据所给定的网络直接写出。其对角线上的元素为各元件的阻抗，对角线两边的元素为互阻抗，其正负号确定，视有互感的两个元件中电流的参考方向是否符合同名端而定，符合者取“+”号，不符合者取“−”号。

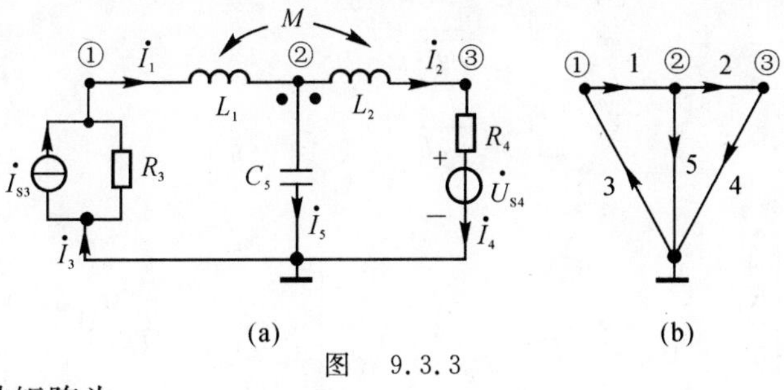

图　9.3.3

网络的支路导纳矩阵为

$$\boldsymbol{Y} = \boldsymbol{Z}^{-1} = \begin{bmatrix}\dfrac{L_2}{\mathrm{j}\omega\Delta} & \dfrac{M}{\mathrm{j}\omega\Delta} & 0 & 0 & 0\\ \dfrac{M}{\mathrm{j}\omega\Delta} & \dfrac{L_1}{\mathrm{j}\omega\Delta} & 0 & 0 & 0\\ 0 & 0 & \dfrac{1}{R_3} & 0 & 0\\ 0 & 0 & 0 & \dfrac{1}{R_4} & 0\\ 0 & 0 & 0 & 0 & \mathrm{j}\omega C_5\end{bmatrix}$$

式中，$\Delta = \begin{vmatrix} L_1 & -M \\ -M & L_2 \end{vmatrix} = (L_1L_2 - M^2)$。可见含有互感的网络的支路导纳矩阵 $\boldsymbol{Y}$ 是对称阵而不是对角阵。

对于含有互感的网络的支路导纳矩阵 $\boldsymbol{Y}$，一般应先写出 $\boldsymbol{Z}$，然后再按式 $\boldsymbol{Y} = \boldsymbol{Z}^{-1}$ 来求，它较难以根据网络直接写出。

例 9.3.3　图 9.3.4(a) 为含有 VCCS 的电路。试写出支路导纳矩阵 $\boldsymbol{Y}$。

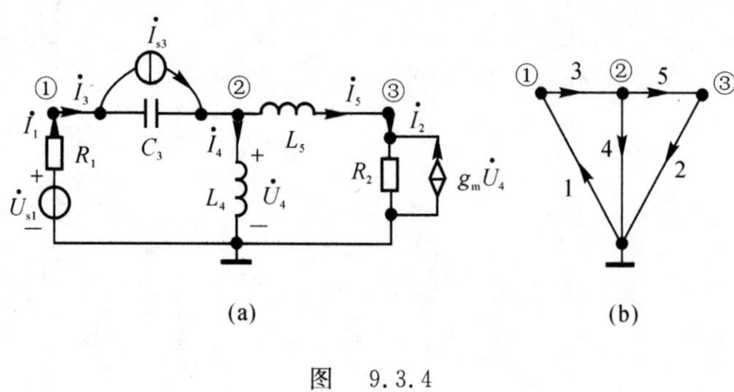

图　9.3.4

解　该网络的图如图 9.3.4(b) 所示。为了写出含受控源电路的支路导纳矩阵并探索其规律性，我们可列出各支路的伏安方程为

$$\dot I_1 = \frac{1}{R_1}\dot U_1 + \frac{1}{R_1}\dot U_{s1}$$

$$\dot I_2 = \frac{1}{R_2}\dot U_2 - g_m\dot U_4$$

$$\dot I_3 = j\omega C_3\dot U_3 + \dot I_{S3}$$

$$\dot I_4 = \frac{1}{j\omega L_4}\dot U_4$$

$$\dot I_5 = \frac{1}{j\omega L_5}\dot U_5$$

写成矩阵形式为

$$\begin{bmatrix}\dot I_1\\ \dot I_2\\ \dot I_3\\ \dot I_4\\ \dot I_5\end{bmatrix} = \begin{bmatrix}\frac{1}{R_1} & 0 & 0 & 0 & 0\\ 0 & \frac{1}{R_2} & 0 & -g_m & 0\\ 0 & 0 & j\omega C_3 & 0 & 0\\ 0 & 0 & 0 & \frac{1}{j\omega L_4} & 0\\ 0 & 0 & 0 & 0 & \frac{1}{j\omega L_5}\end{bmatrix}\left\{\begin{bmatrix}\dot U_1\\ \dot U_2\\ \dot U_3\\ \dot U_4\\ \dot U_5\end{bmatrix} + \begin{bmatrix}\dot U_{S1}\\ 0\\ 0\\ 0\\ 0\end{bmatrix}\right\} - \begin{bmatrix}0\\ 0\\ -\dot I_{S3}\\ 0\\ 0\end{bmatrix}$$

即
$$\dot{\boldsymbol{I}} = \boldsymbol{Y}\dot{\boldsymbol{U}} + \boldsymbol{Y}\dot{\boldsymbol{U}}_S - \dot{\boldsymbol{I}}_S$$

式中　$\dot{\boldsymbol{I}} = [\dot I_1\quad \dot I_2\quad \dot I_3\quad \dot I_4\quad \dot I_5]^T$，　$\dot{\boldsymbol{U}} = [\dot U_1\quad \dot U_2\quad \dot U_3\quad \dot U_4\quad \dot U_5]^T$

$\dot{\boldsymbol{U}}_S = [\dot U_{S1}\quad 0\quad 0\quad 0\quad 0]^T$，　$\dot{\boldsymbol{I}}_S = [0\quad 0\quad -\dot I_{S3}\quad 0\quad 0]^T$

$$
\boldsymbol{Y}=\begin{bmatrix}
\frac{1}{R_1} & 0 & 0 & 0 & 0 \\
0 & \frac{1}{R_2} & 0 & -g_m & 0 \\
0 & 0 & \mathrm{j}\omega C_3 & 0 & 0 \\
0 & 0 & 0 & \frac{1}{\mathrm{j}\omega L_4} & 0 \\
0 & 0 & 0 & 0 & \frac{1}{\mathrm{j}\omega L_5}
\end{bmatrix}
$$

$\boldsymbol{Y}$ 为支路导纳矩阵，可见既不是对角阵，也不是对称阵，而是在 $\boldsymbol{Y}$ 中增添了一个元素($-g_m$)。该元素的位置是，其行的位置取决于受控源支路的编号(在此例中为第 2 行)，其列的位置取决于控制量支路的编号(在此例中为第 4 列)；该元素的正负号取决于受控电流源电流的方向与该支路电流参考方向的关系，若如图 9.3.4 中所示，则取“−”号，否则取“+”号。

在写出 $\boldsymbol{Y}$ 后，其余的求解步骤均同前，不再重复。

由于还有其他形式的受控源，其更一般性的讨论，我们不深入进行了。

五、思考与练习

9.3.1　图 9.3.5 所示电路，(1) 写出节点-支路关联矩阵 $\boldsymbol{A}$；(2) 写出支路导纳矩阵 $\boldsymbol{Y}$；(3) 写出支路电压源电压列向量 $\dot{\boldsymbol{U}}_s$；(4) 写出支路电流源电流列向量 $\dot{\boldsymbol{I}}_s$；(5) 求节点导纳矩阵 $\boldsymbol{Y}_n$；(6) 求 $\dot{\boldsymbol{I}}_n$。

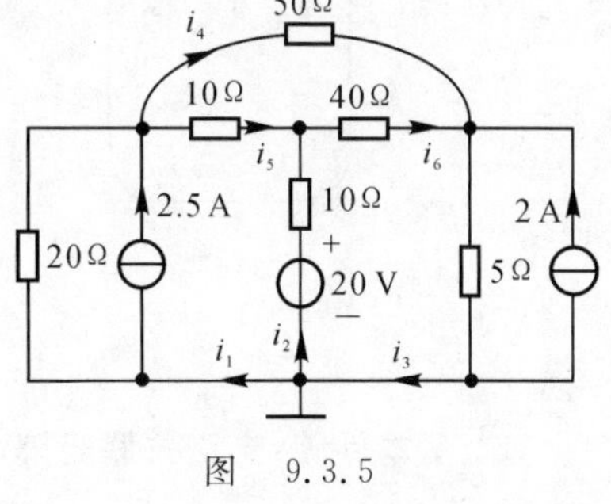

图　9.3.5

答：$\boldsymbol{A}=\begin{bmatrix}1 & 0 & 0 & 1 & 1 & 0\\ 0 & -1 & 0 & 0 & -1 & 1\\ 0 & 0 & 1 & -1 & 0 & -1\end{bmatrix}$；

$\boldsymbol{Y}=\mathrm{diag}[\frac{1}{20}\quad\frac{1}{10}\quad\frac{1}{5}\quad\frac{1}{50}\quad\frac{1}{10}\quad\frac{1}{40}]$；

$\dot{\boldsymbol{U}}_S=[0\quad 20\quad 0\quad 0\quad 0\quad 0]^T$；

$\dot{\boldsymbol{I}}_S=[-2.5\quad 0\quad 2\quad 0\quad 0\quad 0]^T$；

$$
\boldsymbol{Y}_n=\begin{bmatrix}
\frac{1}{20}+\frac{1}{10}+\frac{1}{50} & -\frac{1}{10} & -\frac{1}{50}\\
-\frac{1}{10} & \frac{1}{10}+\frac{1}{10}+\frac{1}{40} & -\frac{1}{40}\\
-\frac{1}{50} & -\frac{1}{40} & \frac{1}{50}+\frac{1}{40}+\frac{1}{5}
\end{bmatrix};
$$

$\dot{\boldsymbol{I}}_n=[2.5\quad 2\quad 2]^T$

9.4　回　　路　　法

一、基本回路

(1) 定义。我们已经知道，一个连通图的树既不包含任何回路，而所有的节点又全部被树支连接。因此对于任意一个树，每加进一个连支，便形成了一个只包含该连支的回路，而构成此回路的其他支路均为树支。我们把这种只包含一个连支的回路称为单连支回路或基本回路。例如图 9.4.1(a)，若选取支路 4,5,6 构成一个树，如图中的实线所示，则当对此树加进连支支路 1,2,3 时，就构成了三个单连支回路，分别如图 9.4.1(b)(c)(d) 所示。由图可见，单连支回路是唯一的，由单连支回路组成的回路组为一组独立回路组，因为在每一个回路中都包含了其他回路所没有的连支支路。单连支回路的个数等于图的连支数。

(2) 个数。基本回路(即单连支回路) 的个数等于图的连支数。

(3) 基本回路的编号及其参考方向的规定。为了对网络进行系统分析，对基本回路必须给以编号和规定参考方向。编号的顺序一般都取为与连支的编号顺序一致。例如在图 9.4.1(a) 中，包含连支 1,2,3 的三个基本回路即相应编号为 1 2 3；基本回路的参考方向一般就规定为该基本回路中所含连支的参考方向，例如在图 9.4.1(a) 中，三个基本回路的参考方向即相应为连支 1,2,3 的参考方向。

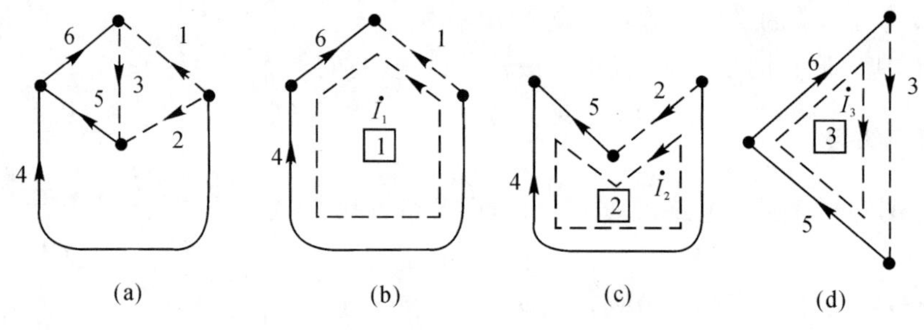

图 9.4.1　单连支回路(基本回路)

二、基本回路-支路关联矩阵

若一个基本回路中包含有某一支路，则称此基本回路与该支路有关联，否则为无关联。基本回路与支路的关联性质也可用一个矩阵来描述，称为基本回路-支路关联矩阵，简称基本回路矩阵，用 $\boldsymbol{B}$ 表示，其中任一元素 b_{jk} 的定义为：

$b_{jk}=1$，表示支路 k 与基本回路 j 有关联，且支路 k 与基本回路 j 的参考方向一致，称为同向关联。

$b_{jk}=-1$，表示支路 k 与基本回路 j 有关联，但它们两者的参考方向相反，称为反向关联。

$b_{jk}=0$，表示支路 k 与基本回路 j 无关联。

例如对于图 9.4.1 所示的图，该图共有三个基本回路，其参考方向如图中所示。于是根据上述规则即可写出其基本回路矩阵为

$$\boldsymbol{B}=\left[\begin{array}{ccc:ccc}1 & 0 & 0 & -1 & 0 & -1\\ 0 & 1 & 0 & -1 & 1 & 0\\ 0 & 0 & 1 & 0 & 1 & 1\end{array}\right]$$

若规定各支路的编号顺序是先连支后树支，同时又规定基本回路的参考方向与构成它的单连支的参考方向一致，则在基本回路矩阵 $\boldsymbol{B}$ 中一定要出现一个 $l\times l$ 阶的单位子矩阵(l 为基本回路数，即连支数)，如上面 $\boldsymbol{B}$ 中虚线左边的子矩阵即是。上面的矩阵 $\boldsymbol{B}$ 就是按这种规定写出的。

三、用 $\boldsymbol{B}$ 表示的 KVL

根据 KVL，对图 9.4.1 中三个基本回路可列出 KVL 方程为

回路 1：　$\dot{U}_1 - \dot{U}_4 - \dot{U}_6 = 0$

回路 2：　$\dot{U}_2 - \dot{U}_4 + \dot{U}_5 = 0$

回路 3：　$\dot{U}_3 + \dot{U}_5 + \dot{U}_6 = 0$

即

$$\begin{bmatrix} 1 & 0 & 0 & -1 & 0 & -1 \\ 0 & 1 & 0 & -1 & 1 & 0 \\ 0 & 0 & 1 & 0 & 1 & 1 \end{bmatrix} \begin{bmatrix} \dot{U}_1 \\ \dot{U}_2 \\ \dot{U}_3 \\ \dot{U}_4 \\ \dot{U}_5 \\ \dot{U}_6 \end{bmatrix} = \begin{bmatrix} 0 \\ 0 \\ 0 \end{bmatrix}$$

或写成

$$\boldsymbol{B}\dot{\boldsymbol{U}} = \boldsymbol{0} \tag{9.4.1}$$

其中 $\boldsymbol{B}$ 即为上述的基本回路矩阵；$\dot{\boldsymbol{U}} = [\dot{U}_1 \quad \dot{U}_2 \quad \dot{U}_3 \quad \dot{U}_4 \quad \dot{U}_5 \quad \dot{U}_6]^{\mathrm{T}}$ 为支路电压列向量。式(9.4.1) 即为用 $\boldsymbol{B}$ 表示的 KVL。

四、用 $\boldsymbol{B}$ 表示的 KCL

从图 9.4.1 中看出，各基本回路电流就是相应的连支电流 $\dot{I}_1, \dot{I}_2, \dot{I}_3$。因此，连支电流可作为网络分析的独立完备变量 。从该图中看出，各支路电流与基本回路电流(即连支电流) 的关系为

$$\begin{cases} \dot{I}_1 = \dot{I}_1 \\ \dot{I}_2 = \dot{I}_2 \\ \dot{I}_3 = \dot{I}_3 \\ \dot{I}_4 = -\dot{I}_1 - \dot{I}_2 \\ \dot{I}_5 = \dot{I}_2 + \dot{I}_3 \\ \dot{I}_6 = -\dot{I}_1 + \dot{I}_3 \end{cases}$$

即

$$\begin{bmatrix} \dot{I}_1 \\ \dot{I}_2 \\ \dot{I}_3 \\ \dot{I}_4 \\ \dot{I}_5 \\ \dot{I}_6 \end{bmatrix} = \begin{bmatrix} 1 & 0 & 0 \\ 0 & 1 & 0 \\ 0 & 0 & 1 \\ -1 & -1 & 0 \\ 0 & 1 & 1 \\ -1 & 0 & 1 \end{bmatrix} \begin{bmatrix} \dot{I}_1 \\ \dot{I}_2 \\ \dot{I}_3 \end{bmatrix}$$

即

$$\dot{\boldsymbol{I}} = \boldsymbol{B}^{\mathrm{T}} \dot{\boldsymbol{I}}_l \tag{9.4.2}$$

其中：$\dot{\boldsymbol{I}} = [\dot{I}_1 \quad \dot{I}_2 \cdots \dot{I}_6]^{\mathrm{T}}$ 为支路电流列向量；$\dot{\boldsymbol{I}}_l = [\dot{I}_1 \quad \dot{I}_2 \quad \dot{I}_3]^{\mathrm{T}}$ 为基本回路电流(即连支电流) 列向量；$\boldsymbol{B}^{\mathrm{T}}$ 为 $\boldsymbol{B}$ 的转置矩阵。式(9.4.2) 即为支路电流列向量 $\dot{\boldsymbol{I}}$ 与基本回路电流列向量 $\dot{\boldsymbol{I}}_l$ 的关系，亦即用 $\boldsymbol{B}$ 表示的 KCL，可用来从已知的 $\dot{\boldsymbol{I}}_l$ 求 $\dot{\boldsymbol{I}}$。

需要指出，式(9.4.1) 和式(9.4.2) 虽是从图 9.4.1 这个具体的图推导出来的，但它适用于任意的图，即具有普遍性。

五、求基本回路电流列向量 $\dot{\boldsymbol{I}}_l$ 的方程

将式(9.4.2)代入式(9.3.4)得

$$\dot{\boldsymbol{U}}=\boldsymbol{Z}\boldsymbol{B}^{\mathrm{T}}\dot{\boldsymbol{I}}_l+\boldsymbol{Z}\dot{\boldsymbol{I}}_{\mathrm{S}}-\dot{\boldsymbol{U}}_{\mathrm{S}}$$

再将此式代入式(9.4.1)并移项有

$$\boldsymbol{B}\boldsymbol{Z}\boldsymbol{B}^{\mathrm{T}}\dot{\boldsymbol{I}}_l=-\boldsymbol{B}\boldsymbol{Z}\dot{\boldsymbol{I}}_{\mathrm{S}}+\boldsymbol{B}\dot{\boldsymbol{U}}_{\mathrm{S}}$$

或写成

$$\boldsymbol{Z}_l\dot{\boldsymbol{I}}_l=\dot{\boldsymbol{U}}_l \tag{9.4.3}$$

其中

$$\boldsymbol{Z}_l=\boldsymbol{B}\boldsymbol{Z}\boldsymbol{B}^{\mathrm{T}}$$

$\boldsymbol{Z}_l$ 称为基本回路阻抗矩阵，为 $l\times l$ 阶矩阵(l 为基本回路数)；无互感和受控源时 $\boldsymbol{Z}_l$ 为对称阵，其中的元素 Z_{kk} 为基本回路 $\boxed{k}$ 的自阻抗，元素 Z_{ij} 为基本回路 $\boxed{i}$ 与 $\boxed{j}$ 的互阻抗；有互感和受控源时，$\boldsymbol{Z}_l$ 为非对称阵。

$$\dot{\boldsymbol{U}}_l=-\boldsymbol{B}\boldsymbol{Z}\dot{\boldsymbol{I}}_{\mathrm{S}}+\boldsymbol{B}\dot{\boldsymbol{U}}_{\mathrm{S}} \tag{9.4.4}$$

为基本回路电压列向量。式(9.4.3)即为基本回路电流方程。根据此方程即可求出基本回路电流列向量 $\dot{\boldsymbol{I}}_l$，即

$$\dot{\boldsymbol{I}}_l=\boldsymbol{Z}_l^{-1}\dot{\boldsymbol{U}}_l \tag{9.4.5}$$

六、基本回路法

以基本回路电流(连支电流)列向量 $\dot{\boldsymbol{I}}_l$ 为求解对象，而对网络进行系统分析的方法称为基本回路法。其程序步骤如下：

(1) 根据给定的网络画出网络的图；

(2) 按先连支后树支的顺序给各支路编号，并规定出各支路的参考方向；

(3) 选出图的一个树；

(4) 确定基本回路，给予编号，并设定各基本回路的参考方向；

(5) 写出基本回路矩阵 $\boldsymbol{B}$；

(6) 写出网络的支路阻抗矩阵 $\boldsymbol{Z}$；

(7) 写出网络的支路电压源电压列向量 $\dot{\boldsymbol{U}}_{\mathrm{S}}$ 和支路电流源电流列向量 $\dot{\boldsymbol{I}}_{\mathrm{S}}$；

(8) 求基本回路阻抗矩阵 $\boldsymbol{Z}_l=\boldsymbol{B}\boldsymbol{Z}\boldsymbol{B}^{\mathrm{T}}$；

(9) 求基本回路电压列向量 $\dot{\boldsymbol{U}}_l=-\boldsymbol{B}\boldsymbol{Z}\dot{\boldsymbol{I}}_{\mathrm{S}}+\boldsymbol{B}\dot{\boldsymbol{U}}_{\mathrm{S}}$；

(10) 求基本回路电流列向量 $\dot{\boldsymbol{I}}_l=\boldsymbol{Z}_l^{-1}\dot{\boldsymbol{U}}_l$；

(11) 求支路电流列向量 $\dot{\boldsymbol{I}}=\boldsymbol{B}^{\mathrm{T}}\dot{\boldsymbol{I}}_l$；

(12) 求支路电压列向量 $\dot{\boldsymbol{U}}=\boldsymbol{Z}\dot{\boldsymbol{I}}+\boldsymbol{Z}\dot{\boldsymbol{I}}_{\mathrm{S}}-\dot{\boldsymbol{U}}_{\mathrm{S}}$。

至此，求解工作完毕。

基本回路法对于平面网络和非平面网络均适用。

七、网孔法是回路法的特例

网孔法只是回路法的一种特殊情况。例如图 9.4.2 所示，若选支路 5,6,7,8 构成一个树，此时的基本回路就是网孔回路，基本回路电流就是网孔电流了。

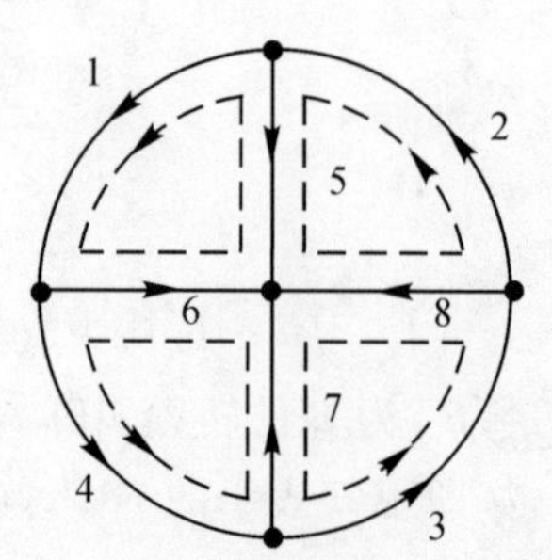

图 9.4.2　回路法的特例——网孔法

八、思考与练习

9.4.1　画出图 9.3.5 电路的有向拓扑图，选支路 1,2,3 构成一个树，写出基本回路矩阵 $\boldsymbol{B}$，写出支路阻抗矩阵 $\boldsymbol{Z}$，求基本回路阻抗矩阵 $\boldsymbol{Z}_l$。

$$\left[\text{答}:\boldsymbol{B}=\begin{bmatrix}1 & 0 & 1 & 1 & 0 & 0\\ 1 & -1 & 0 & 0 & 1 & 0\\ 0 & 1 & 1 & 0 & 0 & 1\end{bmatrix};\boldsymbol{Z}=\mathrm{diag}[20\quad 10\quad 5\quad 50\quad 10\quad 40];\right.$$

$$\left.\boldsymbol{Z}_l=\begin{bmatrix}75 & 20 & 5\\ 20 & 40 & -10\\ 5 & -10 & 55\end{bmatrix}\right]$$

9.4.2　已知有向拓扑图的基本回路矩阵为

$$\boldsymbol{B}=\begin{bmatrix}1 & 0 & 0 & -1 & -1 & 0\\ 0 & 1 & 0 & -1 & -1 & 0\\ 0 & 0 & 1 & 1 & 0 & 1\end{bmatrix}$$

试画出其有向拓扑图。

答：如图 9.4.3 所示。

9.4.3　图 9.4.4 所示拓扑图，试选出两个不同的树，并画出与其对应的基本回路。

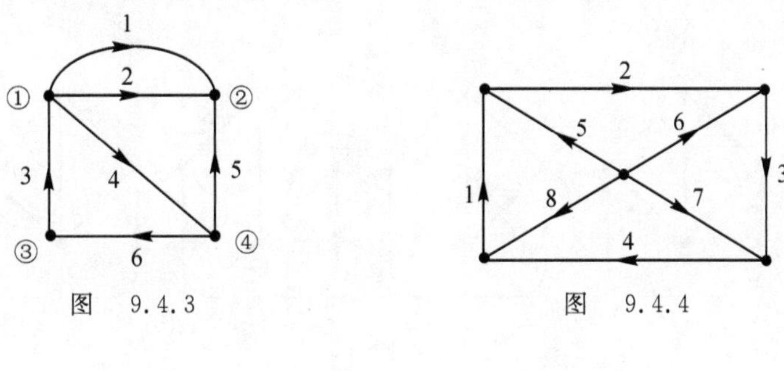

图　9.4.3　　　　图　9.4.4

*9.5　割　集　法

一、割集

我们以前曾指出，基尔霍夫电流定律不仅适用于节点，而且也适用于网络中的一个闭合面。对一个连通图来说，一个闭合面可能把图分成两个部分，如图 9.5.1 所示。其中一些节点(① 和 ④)位于该闭合面的内部，而另一些节点(② 和 ③)则位于该闭合面的外部。今若把穿过该闭合面的支路 1,2,3,5 移去(但支路两端的节点仍保留)，则原拓扑图即恰好被分割为两个分离的部分(注意，有时其中的一个分离部分中可能只有一个孤立节点)，但只要少移去其中的任意一个支路，则就不能使原拓扑图分成两个分离的部分，亦即图仍然是连通的。由此定义割集为：能够把图恰好分成两个分离部分的一个支路集合，但只要

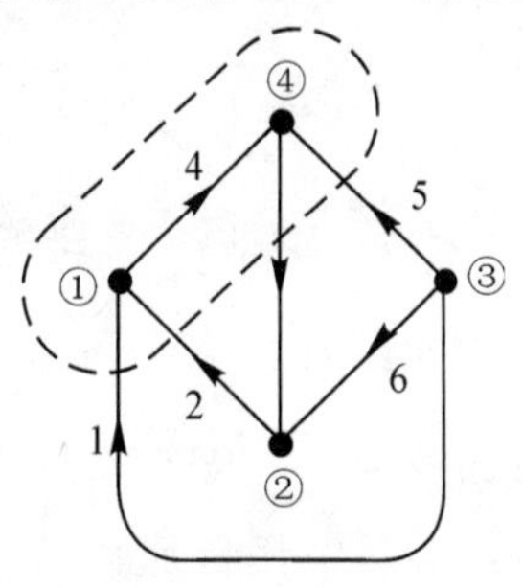

图 9.5.1　割集的定义

少移去此支路集合中的任一支路,则图仍然是而且必须是连通的,则这样的一个支路集合即称为割集,用字母 C 表示。

正像一个连通图有许多不同的回路一样,一个连通图也有许多不同的割集。例如图9.5.1所示的图共有 7 个不同的割集,即支路集合(1,2,4),(2,3,6),(1,5,6),(3,4,5),(1,2,3,5),(1,3,4,6),(2,4,5,6),但这些割集并不都是独立的。

二、基本割集

(1) 定义。任何连支的集合都不能构成割集,因为当把全部连支移去后,将只剩下一个树,而树是连通的,所以每一个割集中应至少包含一个树支。我们把只含有一个树支的割集称为单树支割集或基本割集。而且对一个已选定了的树来说,它的每一个树支与一些相应的连支只能构成一个割集,即单树支割集(基本割集)是唯一的,是独立割集。

(2) 个数。一个具有 n 个节点和 b 个支路的连通图,由于其树支数为 $(n-1)$ 个,因此将有 $(n-1)$ 个单树支割集。$(n-1)$ 个单树支割集构成了一个基本割集组。基本割集组为独立割集组。例如对图 9.5.2(a) 所示的连通图,所选的树是由支路 4,5,6 构成,则它的三个单树支割集(基本割集)即如图 9.5.2(b) 中的实线所示,即(1,2,4),(1,2,3,5),(2,3,6)。为了更明显地把割集表示出来,在图 9.5.2(a) 中,还用虚线画出了构成每个单树支割集的闭合面的界线。

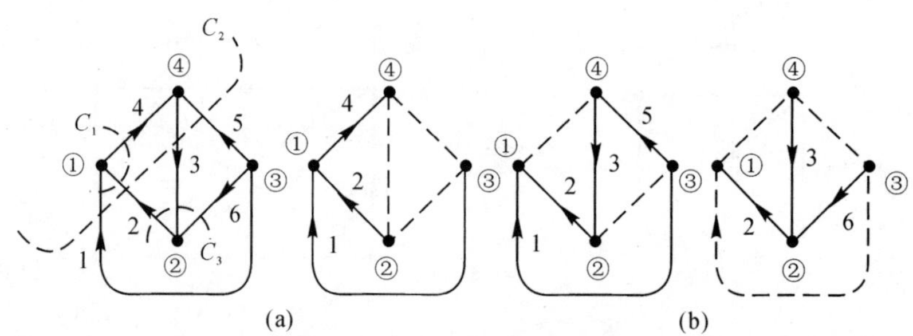

图 9.5.2　单树支割集

(3) 基本割集的编号及其参考方向规定。为了对网络进行系统分析,对基本割集必须给以编号并规定参考方向。编号的顺序一般都取为与树支的编号顺序一致。例如在图9.5.2(a)中,包含树支 4,5,6 的三个基本割集即相应编号为 C_1,C_2,C_3,基本割集的参考方向一般就规定为该基本割集中所含树支的参考方向。例如在图 9.5.2(a) 中,三个基本割集 C_1,C_2,C_3 的参考方向即相应为树支 4,5,6 的参考方向。

三、基本割集-支路关联矩阵

若把图的 $(n-1)$ 个基本割集给以编号并规定出参考方向,则基本割集与支路的关联性质可用一个 $(n-1)\times b$ 阶的矩阵来描述,称为基本割集-支路关联矩阵,简称基本割集矩阵,用 $\boldsymbol{C}$ 表示。其中任一元素 C_{jk} 的定义如下:

$C_{jk}=1$,表示支路 k 与基本割集 j 有关联,且支路 k 与基本割集 j 的参考方向一致,称为同向关联；

$C_{jk}=-1$，表示支路 k 与基本割集 j 有关联，但它们两者的参考方向相反，称为反向关联；

$C_{jk}=0$，表示支路 k 与基本割集 j 无关联。

另外为了使基本割集矩阵 $\boldsymbol{C}$ 中包含有一个 $(n-1)\times(n-1)$ 阶的子单位矩阵，我们有意地把支路按先连支后树支的顺序编号。例如在图 9.5.2(a) 中，我们对支路就是这样编号的。这样，对该图即可写出基本割集矩阵为

$$\boldsymbol{C}=\left[\begin{array}{ccc:ccc}-1 & -1 & 0 & 1 & 0 & 0\\ 1 & 1 & -1 & 0 & 1 & 0\\ 0 & -1 & 1 & 0 & 0 & 1\end{array}\right]$$

四、用 C 表示的 KCL

根据 KCL，可列出图 9.5.2 中各基本割集电流方程为

C_1：　$-\dot{I}_1-\dot{I}_2+\dot{I}_4=0$

C_2：　$\dot{I}_1+\dot{I}_2-\dot{I}_3+\dot{I}_5=0$

C_3：　$-\dot{I}_2+\dot{I}_3+\dot{I}_6=0$

即

$$\begin{bmatrix}-1 & -1 & 0 & 1 & 0 & 0\\ 1 & 1 & -1 & 0 & 1 & 0\\ 0 & -1 & 1 & 0 & 0 & 1\end{bmatrix}\begin{bmatrix}\dot{I}_1\\ \dot{I}_2\\ \dot{I}_3\\ \dot{I}_4\\ \dot{I}_5\\ \dot{I}_6\end{bmatrix}=\begin{bmatrix}0\\ 0\\ 0\end{bmatrix}$$

或写成

$$\boldsymbol{C}\dot{\boldsymbol{I}}=\boldsymbol{0} \tag{9.5.1}$$

其中 $\boldsymbol{C}$ 即为基本割集矩阵。此式即为用 $\boldsymbol{C}$ 表示的 KCL。

五、用 C 表示的 KVL

由于基本割集中只含有一个树支，因此通常就把树支电压定义为该基本割集的电压，称为基本割集电压。又由于树支数为 $(n-1)$ 个，故共有 $(n-1)$ 个树支电压（即基本割集电压），而其余的支路电压则为连支电压。根据 KVL，全部的支路电压都可用 $(n-1)$ 个树支电压来表示，所以基本割集电压（即树支电压）可以作为网络分析的独立完备变量。例如对图 9.5.2，其支路电压与基本割集电压 $\dot{U}_4$，$\dot{U}_5$，$\dot{U}_6$ 之间的关系为

$$\begin{cases}\dot{U}_1=-\dot{U}_4+\dot{U}_5\\ \dot{U}_2=-\dot{U}_4+\dot{U}_5-\dot{U}_6\\ \dot{U}_3=-\dot{U}_5+\dot{U}_6\\ \dot{U}_4=\dot{U}_4\\ \dot{U}_5=\dot{U}_5\\ \dot{U}_6=\dot{U}_6\end{cases}$$

即
$$\begin{bmatrix}\dot{U}_1\\ \dot{U}_2\\ \dot{U}_3\\ \dot{U}_4\\ \dot{U}_5\\ \dot{U}_6\end{bmatrix}=\begin{bmatrix}-1 & 1 & 0\\ -1 & 1 & -1\\ 0 & -1 & 1\\ 1 & 0 & 0\\ 0 & 1 & 0\\ 0 & 0 & 1\end{bmatrix}\begin{bmatrix}\dot{U}_4\\ \dot{U}_5\\ \dot{U}_6\end{bmatrix}$$

即

$$\dot{\boldsymbol{U}}=\boldsymbol{C}^{\mathrm{T}}\dot{\boldsymbol{U}}_{\mathrm{t}} \tag{9.5.2}$$

式中：$\dot{\boldsymbol{U}}_{\mathrm{t}}=[\dot{U}_4\quad \dot{U}_5\quad \dot{U}_6]^{\mathrm{T}}$ 为基本割集电压（即树支电压）列向量；$\boldsymbol{C}^{\mathrm{T}}$ 为 $\boldsymbol{C}$ 的转置矩阵。式(9.5.2) 即为支路电压列向量 $\dot{\boldsymbol{U}}$ 与基本割集电压列向量 $\dot{\boldsymbol{U}}_{\mathrm{t}}$ 的关系，亦即用 $\boldsymbol{C}$ 表示的 KVL 方程，可用来从已知的 $\dot{\boldsymbol{U}}_{\mathrm{t}}$ 求得 $\dot{\boldsymbol{U}}$。

六、求基本割集电压列向量 $\dot{\boldsymbol{U}}_{\mathrm{t}}$ 的方程

将式(9.5.2) 代入式(9.3.3) 有

$$\dot{\boldsymbol{I}}=\boldsymbol{YC}^{\mathrm{T}}\dot{\boldsymbol{U}}_{\mathrm{t}}+\boldsymbol{Y}\dot{\boldsymbol{U}}_{\mathrm{S}}-\dot{\boldsymbol{I}}_{\mathrm{S}}$$

再将上式代入式(9.5.1) 并移项有

$$\boldsymbol{CYC}^{\mathrm{T}}\dot{\boldsymbol{U}}_{\mathrm{t}}=-\boldsymbol{CY}\dot{\boldsymbol{U}}_{\mathrm{S}}+\boldsymbol{C}\dot{\boldsymbol{I}}_{\mathrm{S}}$$

令

$$\boldsymbol{Y}_{\mathrm{c}}=\boldsymbol{CYC}^{\mathrm{T}} \tag{9.5.3}$$

$$\dot{\boldsymbol{I}}_{\mathrm{c}}=-\boldsymbol{CY}\dot{\boldsymbol{U}}_{\mathrm{S}}+\boldsymbol{C}\dot{\boldsymbol{I}}_{\mathrm{S}} \tag{9.5.4}$$

$\boldsymbol{Y}_{\mathrm{c}}$ 称为基本割集导纳矩阵，它是一个$(n-1)\times(n-1)$ 阶方阵；$\dot{\boldsymbol{I}}_{\mathrm{c}}$ 称为基本割集电流列向量。于是得

$$\dot{\boldsymbol{Y}}_{\mathrm{c}}\dot{\boldsymbol{U}}_{\mathrm{t}}=\dot{\boldsymbol{I}}_{\mathrm{c}} \tag{9.5.5}$$

或

$$\dot{\boldsymbol{U}}_{\mathrm{t}}=\boldsymbol{Y}_{\mathrm{c}}^{-1}\dot{\boldsymbol{I}}_{\mathrm{c}}$$

式(9.5.5) 即为基本割集电压方程，用来从已知的 $\dot{\boldsymbol{I}}_{\mathrm{c}}$ 求 $\dot{\boldsymbol{U}}_{\mathrm{t}}$。

七、基本割集法

以基本割集电压列向量 $\dot{\boldsymbol{U}}_{\mathrm{t}}$ 为求解对象，而对电路进行系统分析的方法，称为基本割集法。其程序步骤如下：

(1) 根据给定的网络画出网络的图；

(2) 按先连支后树支的顺序给各支路编号，并规定出各支路的参考方向；

(3) 选出图的一个树；

(4) 确定基本割集，给予编号，并设定各基本割集的参考方向；

(5) 写出基本割集矩阵 $\boldsymbol{C}$；

(6) 写出网络的支路导纳矩阵 $\boldsymbol{Y}$；

(7) 写出网络的支路电压源电压列向量 $\dot{\boldsymbol{U}}_{\mathrm{S}}$ 和支路电流源电流列向量 $\dot{\boldsymbol{I}}_{\mathrm{S}}$；

(8) 求基本割集导纳矩阵 $\boldsymbol{Y}_{\mathrm{c}}=\boldsymbol{CYC}^{\mathrm{T}}$；

(9) 求基本割集电流列向量 $\dot{\boldsymbol{I}}_{\mathrm{c}}=-\boldsymbol{CY}\dot{\boldsymbol{U}}_{\mathrm{S}}+\boldsymbol{C}\dot{\boldsymbol{I}}_{\mathrm{S}}$；

(10) 求基本割集电压列向量 $\dot{\boldsymbol{U}}_{\mathrm{t}}=\boldsymbol{Y}_{\mathrm{c}}^{-1}\dot{\boldsymbol{I}}_{\mathrm{c}}$；

(11) 求支路电压列向量 $\dot{\boldsymbol{U}}=\boldsymbol{C}^{\mathrm{T}}\boldsymbol{U}_{\mathrm{t}}$；

(12) 求支路电流列向量 $\dot{\boldsymbol{I}}=\boldsymbol{Y}\dot{\boldsymbol{U}}+\boldsymbol{Y}\dot{\boldsymbol{U}}_S-\dot{\boldsymbol{I}}_S$。至此，求解工作完毕。

八、节点法是割集法的特例

节点法仅是割集法的一种特例。例如在图 9.5.3 中，若选支路 5,6,7,8 构成一个树，选节点 ⑤ 为参考节点，则此时 ①②③④ 各节点的电位即为 5,6,7,8 各树支电压，此时，节点法与基本割集法即全同。但这种情况并不始终存在，这与树和参考节点的选择是否合适有关。

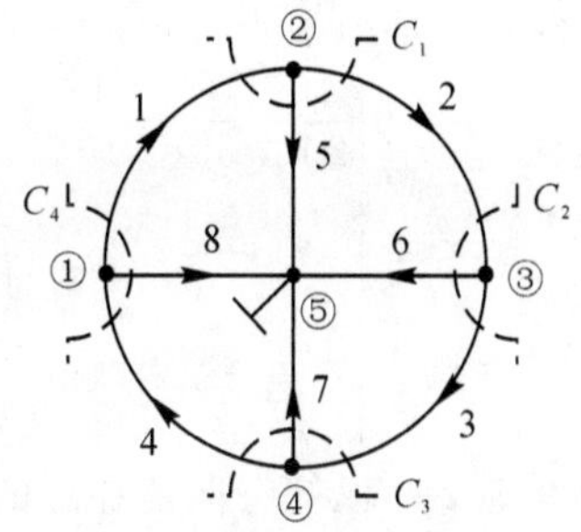

图 9.5.3　节点法是割集法的特例

* 九、基本割集法与基本回路法的对偶关系

由于拓扑图中的基本割集与基本回路是对偶的，因此基本割集法与基本回路法也是对偶的，其对偶关系如表 9.5.1 所示。

表 9.5.1　基本割集法与基本回路法的对偶关系

网络分析方法	基本割集法	基本回路法
网络概念	基本割集	基本回路
网络分析变量	$\dot{\boldsymbol{U}}_t$（树支电压）	$\dot{\boldsymbol{I}}_l$（连支电流）
关联矩阵	$\boldsymbol{C}$	$\boldsymbol{B}$
求解对象	基本割集电压列向量 $\dot{\boldsymbol{U}}_t$	基本回路电流列向量 $\dot{\boldsymbol{I}}_l$
KCL	$\boldsymbol{C}\dot{\boldsymbol{I}}=\boldsymbol{0}$	$\dot{\boldsymbol{I}}=\boldsymbol{B}^T\dot{\boldsymbol{I}}_l$
KVL	$\dot{\boldsymbol{U}}=\boldsymbol{C}^T\dot{\boldsymbol{U}}_t$	$\boldsymbol{B}\dot{\boldsymbol{U}}=\boldsymbol{0}$
网络的支路伏安关系	$\dot{\boldsymbol{I}}=\boldsymbol{Y}\dot{\boldsymbol{U}}+\boldsymbol{Y}\dot{\boldsymbol{U}}_S-\dot{\boldsymbol{I}}_S$	$\dot{\boldsymbol{U}}=\boldsymbol{Z}\dot{\boldsymbol{I}}+\boldsymbol{Z}\dot{\boldsymbol{I}}_S-\dot{\boldsymbol{U}}_S$
支路矩阵	支路导纳矩阵 $\boldsymbol{Y}$	支路阻抗矩阵 $\boldsymbol{Z}$
网络方程	基本割集导纳矩阵 $\boldsymbol{Y}_c=\boldsymbol{C}\boldsymbol{Y}\boldsymbol{C}^T$	基本回路阻抗矩阵 $\boldsymbol{Z}_l=\boldsymbol{B}\boldsymbol{Z}\boldsymbol{B}^T$
	基本割集电流列向量 $\dot{\boldsymbol{I}}_c=-\boldsymbol{C}\boldsymbol{Y}\dot{\boldsymbol{U}}_S+\boldsymbol{C}\dot{\boldsymbol{I}}_S$	基本回路电压列向量 $\dot{\boldsymbol{U}}_l=-\boldsymbol{B}\boldsymbol{Z}\dot{\boldsymbol{I}}_S+\boldsymbol{B}\dot{\boldsymbol{U}}_S$
	基本割集电压方程 $\dot{\boldsymbol{U}}_t=\boldsymbol{Y}_c^{-1}\dot{\boldsymbol{I}}_c$	基本回路电流方程 $\dot{\boldsymbol{I}}_l=\boldsymbol{Z}_l^{-1}\dot{\boldsymbol{U}}_l$

十、思考与练习

9.5.1　画出图 9.3.5 电路的有向拓扑图，选支路 1,2,3 构成一个树，写出基本割集矩阵 $\boldsymbol{C}$，写出支路导纳矩阵 $\boldsymbol{Y}$，求基本割集导纳矩阵 $\boldsymbol{Y}_n$。

答：$\boldsymbol{C}=\begin{bmatrix}1 & 0 & 0 & -1 & -1 & 0\\0 & 1 & 0 & 0 & 1 & -1\\0 & 0 & 1 & -1 & 0 & -1\end{bmatrix}$；

$$\boldsymbol{Y}=\mathrm{diag}\begin{bmatrix}\frac{1}{20} & \frac{1}{10} & \frac{1}{5} & \frac{1}{50} & \frac{1}{10} & \frac{1}{40}\end{bmatrix};$$

$$\boldsymbol{Y}_{\mathrm{n}}=\begin{bmatrix}\frac{1}{20}+\frac{1}{50}+\frac{1}{10} & -\frac{1}{10} & \frac{1}{50}\\ -\frac{1}{10} & \frac{1}{10}+\frac{1}{10}+\frac{1}{40} & \frac{1}{40}\\ \frac{1}{50} & \frac{1}{40} & \frac{1}{5}+\frac{1}{50}+\frac{1}{40}\end{bmatrix}$$

9.5.2 已知有向拓扑图的基本割集矩阵为

$$\boldsymbol{C}=\begin{bmatrix}0 & 0 & 1 & 0 & 0 & -1\\ 1 & 1 & 0 & 1 & 0 & -1\\ 1 & 1 & 0 & 0 & 1 & 0\end{bmatrix}$$

试画出其有向拓扑图。

答:如图 9.5.4 所示。

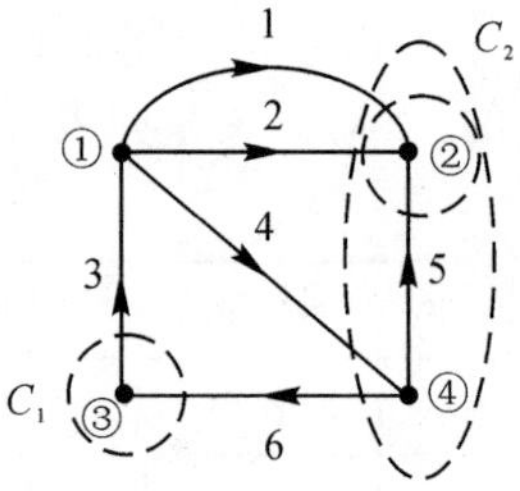

图 9.5.4

9.5.3 对于图 9.5.5(a) 和(b) 所示拓扑图,试问用虚线画出的闭合面 S 所切割的支路集合是否构成割集?为什么?答:均不构成割集,因 S 把图切割成了 3 部分。

9.5.4 图 9.5.6 所示拓扑图,试选出两个不同的树,并画出与其对应的基本割集。

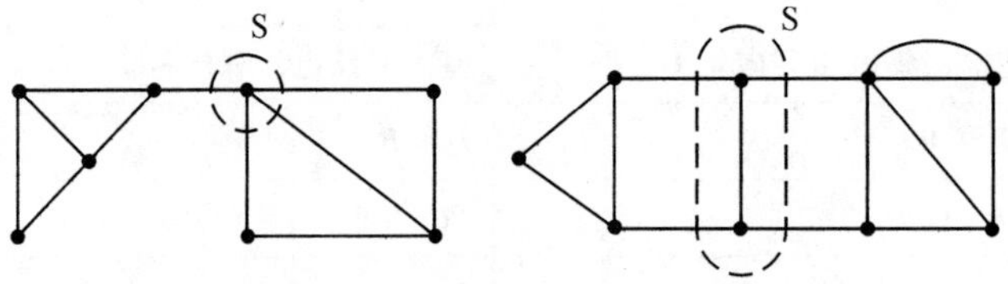

(a) (b)

图 9.5.5

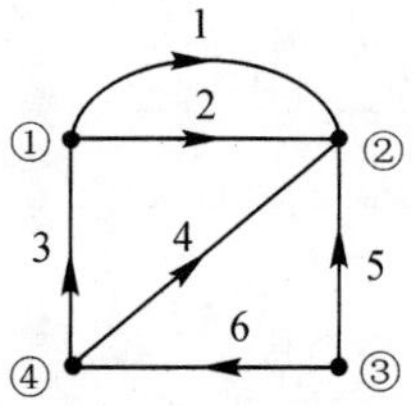

图 9.5.6

现将电路矩阵分析的四种方法汇总于表 9.5.2 中,以便复习和查用。

表 9.5.2 电路矩阵分析的四种方法

图的矩阵表示	节点 —— 支路关联矩阵 **A**,描述独立节点与支路的关系
	基本回路 —— 支路关联矩阵 **B**,描述基本回路与支路的关系
	基本割集 —— 支路关联矩阵 **C**,描述基本割集与支路的关系
支路伏安方程的矩阵形式	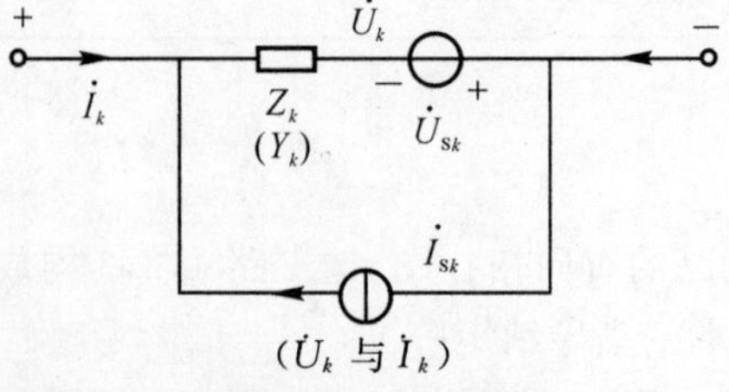 $\dot{\boldsymbol{I}}=\boldsymbol{Y}\dot{\boldsymbol{U}}+\boldsymbol{Y}\dot{\boldsymbol{U}}_{\mathrm{S}}-\dot{\boldsymbol{I}}_{\mathrm{S}}$ $\dot{\boldsymbol{U}}=\boldsymbol{Z}\dot{\boldsymbol{I}}+\boldsymbol{Z}\dot{\boldsymbol{I}}_{\mathrm{S}}-\dot{\boldsymbol{U}}_{\mathrm{S}}$ $\boldsymbol{Z}=\boldsymbol{Y}^{-1}$
KCL,KVL 的矩阵形式	KCL:$\boldsymbol{A}\dot{\boldsymbol{I}}=\boldsymbol{0}$, $\dot{\boldsymbol{I}}=\boldsymbol{B}^{\mathrm{T}}\dot{\boldsymbol{I}}_{\mathrm{t}}$, $\boldsymbol{C}\dot{\boldsymbol{I}}=\boldsymbol{0}$ KVL:$\dot{\boldsymbol{U}}=\boldsymbol{A}^{\mathrm{T}}\dot{\boldsymbol{\varphi}}$, $\boldsymbol{B}\dot{\boldsymbol{U}}=\boldsymbol{0}$, $\dot{\boldsymbol{U}}=\boldsymbol{C}^{\mathrm{T}}\dot{\boldsymbol{U}}_{\mathrm{t}}$

续 表

电路矩阵分析的四种方法	回路法：待求变量为连支电流 $\dot{\boldsymbol{I}}_l$ 向量，方程为 $\boldsymbol{BZB}^{\mathrm{T}}\dot{\boldsymbol{I}}_l=\boldsymbol{B}\dot{\boldsymbol{U}}_{\mathrm{S}}-\boldsymbol{BZ}\dot{\boldsymbol{I}}_{\mathrm{S}}$
	网孔法：待求变量为网孔电流 $\dot{\boldsymbol{I}}_{\mathrm{m}}$ 向量，方程为 $\boldsymbol{MZM}^{\mathrm{T}}\dot{\boldsymbol{I}}_{\mathrm{m}}=\boldsymbol{M}\dot{\boldsymbol{U}}_{\mathrm{S}}-\boldsymbol{MZ}\dot{\boldsymbol{I}}_{\mathrm{S}}$
	节点法：待求变量为独立节点电位 $\dot{\boldsymbol{\varphi}}$ 向量，方程为 $\boldsymbol{AYA}^{\mathrm{T}}\dot{\boldsymbol{\varphi}}=\boldsymbol{A}\dot{\boldsymbol{I}}_{\mathrm{S}}-\boldsymbol{AY}\dot{\boldsymbol{U}}_{\mathrm{S}}$
	割集法：待求变量为树支电压 $\dot{\boldsymbol{U}}_{\mathrm{t}}$ 向量，方程为 $\boldsymbol{CYC}^{\mathrm{T}}\dot{\boldsymbol{U}}_{\mathrm{t}}=\boldsymbol{C}\dot{\boldsymbol{I}}_{\mathrm{S}}-\boldsymbol{CY}\dot{\boldsymbol{U}}_{\mathrm{S}}$

*9.6　特勒根定理

一、特勒根定理

定理一　对一个具有 n 个节点、b 个支路的任意网络(线性的、非线性的，定常的、时变的，有源的、无源的)，设各支路电压为 $u_1,u_2,\cdots,u_k,\cdots,u_b$，各支路电流为 $i_1,i_2,\cdots,i_k,\cdots,i_b$，它们都是时间变量 t 的函数，其参考方向取为关联。则根据能量守恒，必有下列关系式成立，即

$$u_1i_1+u_2i_2+\cdots+u_ki_k+\cdots+u_bi_b=0$$

即

$$\begin{bmatrix}u_1 & u_2 \cdots u_k \cdots u_b\end{bmatrix}\begin{bmatrix}i_1\\ i_2\\ \vdots\\ i_k\\ \vdots\\ i_b\end{bmatrix}=\mathbf{0}$$

即

$$\begin{bmatrix}u_1\\ u_2\\ \vdots\\ u_k\\ \vdots\\ u_b\end{bmatrix}^{\mathrm{T}}\begin{bmatrix}i_1\\ i_2\\ \vdots\\ i_k\\ \vdots\\ i_b\end{bmatrix}=\mathbf{0}$$

即

$$\boldsymbol{u}^{\mathrm{T}}\boldsymbol{i}=\mathbf{0} \tag{9.6.1}$$

式(9.6.1)所表示的关系即为特勒根定理一。它说明了一个任意网络全部支路所吸收的瞬时功率的代数和恒等于零；或者说网络中所有独立源发出的瞬时功率的代数和，恒等于所有耗能元件与储能元件以及受控源支路所吸收的瞬时功率的代数和，因此也称为功率守恒定理。证明如下：

将式(9.2.2)等号两端同时转置得

$$\boldsymbol{u}^{\mathrm{T}}=\boldsymbol{\varphi}^{\mathrm{T}}\boldsymbol{A}$$

对上式等号两端同时右乘以 $\boldsymbol{i}$，即

$$\boldsymbol{u}^{\mathrm{T}}\boldsymbol{i}=\boldsymbol{\varphi}^{\mathrm{T}}\boldsymbol{A}\boldsymbol{i}$$

因有 $\boldsymbol{A}\boldsymbol{i}=\mathbf{0}$，故得

$$\boldsymbol{u}^{\mathrm{T}}\boldsymbol{i}=\mathbf{0}$$

(证毕)

特勒根定理一的特点是与网络元件的性质无关，它只要求网络满足 KVL 和 KCL，即满足 $\boldsymbol{u}=\boldsymbol{A}^{\mathrm{T}}\boldsymbol{\varphi}$ 和 $\boldsymbol{Ai}=\boldsymbol{0}$，所以它适用于任何网络(线性、非线性，定常、时变，无源、有源网络等)。

定理二 设有两个网络 N 与 $\hat{\mathrm{N}}$，如图 9.6.1(a)，(b) 所示。构成它们的各个二端元件可以不同，但两者的有向图相同，如图 9.6.1(c) 所示。于是有下列关系式成立，即

$$\left.\begin{aligned}u_1\hat{i}_1+u_2\hat{i}_2+\cdots+u_k\hat{i}_k+\cdots+u_b\hat{i}_b=0\\ \hat{u}_1 i_1+\hat{u}_2 i_2+\cdots+\hat{u}_k i_k+\cdots+\hat{u}_b i_b=0\end{aligned}\right\}$$

即

$$\left.\begin{aligned}\boldsymbol{u}^{\mathrm{T}}\hat{\boldsymbol{i}}=\boldsymbol{0}\\ \hat{\boldsymbol{u}}^{\mathrm{T}}\boldsymbol{i}=\boldsymbol{0}\end{aligned}\right\} \tag{9.6.2}$$

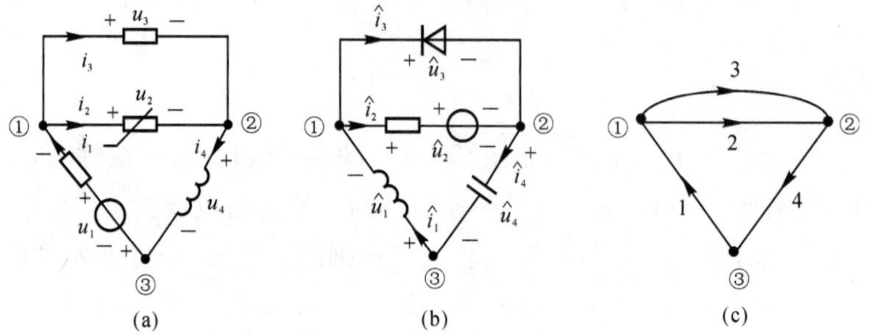

(a) (b) (c)

图 9.6.1 特勒根定理

(a) 网络 N；(b) 网络 $\hat{\mathrm{N}}$；(c) 有向图

式(9.6.2) 所表示的关系即为特勒根定理二，也称似功率守恒定理(因式中的每一项并不是真正的功率)。它说明一个任意网络的支路电压，与另一个具有相同有向图的任意网络中相应支路电流乘积的代数和恒等于零。证明如下：因对网络 N 有

$$\boldsymbol{u}=\boldsymbol{A}^{\mathrm{T}}\boldsymbol{\varphi}$$

将此式等号两端同时转置有

$$\boldsymbol{u}^{\mathrm{T}}=\boldsymbol{\varphi}^{\mathrm{T}}\boldsymbol{A}$$

再给上式等号两端同时右乘以 $\hat{\boldsymbol{i}}$ 得

$$\boldsymbol{u}^{\mathrm{T}}\hat{\boldsymbol{i}}=\boldsymbol{\varphi}^{\mathrm{T}}\boldsymbol{A}\hat{\boldsymbol{i}} \tag{9.6.3}$$

由于网络 N 和 $\hat{\mathrm{N}}$ 的有向图相同，故一定有 $\hat{\boldsymbol{A}}=\boldsymbol{A}$。将此关系式代入式(9.6.3) 即得

$$\boldsymbol{u}^{\mathrm{T}}\hat{\boldsymbol{i}}=\boldsymbol{\varphi}^{\mathrm{T}}\hat{\boldsymbol{A}}\hat{\boldsymbol{i}}=\boldsymbol{\varphi}^{\mathrm{T}}\boldsymbol{0}=\boldsymbol{0}$$

此结果即为式(9.6.2) 的第一式。

同理可证明式(9.6.2) 的第二式。

二、特勒根定理的应用

下面用特勒根定理来证明互易定理。

图 9.6.2 所示，设网络 P 中有 b 个支路，并设 1，1′ 端口的支路电压和支路电流分别为 $\dot{U}_{\mathrm{I}}$，$\dot{I}_{\mathrm{I}}$，$\widehat{\dot{U}}_{\mathrm{I}}$，$\widehat{\dot{I}}_{\mathrm{I}}$；2，2′ 端口的支路电压和支路电流分别为 $\dot{U}_{\mathrm{II}}$，$\dot{I}_{\mathrm{II}}$，$\widehat{\dot{U}}_{\mathrm{II}}$，$\widehat{\dot{I}}_{\mathrm{II}}$。于是根据特勒根定理二有

$$\left.\begin{aligned}\dot{U}_{\mathrm{I}}\widehat{\dot{I}}_{\mathrm{I}}+\dot{U}_{\mathrm{II}}\widehat{\dot{I}}_{\mathrm{II}}+\sum_{k=1}^{b}\dot{U}_k\widehat{\dot{I}}_k=0\\ \widehat{\dot{U}}_{\mathrm{I}}\dot{I}_{\mathrm{I}}+\widehat{\dot{U}}_{\mathrm{II}}\dot{I}_{\mathrm{II}}+\sum_{k=1}^{b}\widehat{\dot{U}}_k\dot{I}_k=0\end{aligned}\right\} \tag{9.6.4}$$

因为网络 P 是线性无任何电源网络，所以有 $\dot{U}_k=Z_k\dot{I}_k$，$\widehat{\dot{U}}_k=Z_k\widehat{\dot{I}}_k$。将这些关系式代入式(9.6.4) 即

有

$$\dot{U}_{\mathrm{I}}\hat{\dot{I}}_{\mathrm{I}}+\dot{U}_{\mathrm{II}}\hat{\dot{I}}_{\mathrm{II}}+\sum_{k=1}^{b}Z_k\dot{I}_k\hat{\dot{I}}_k=0$$

$$\hat{\dot{U}}_{\mathrm{I}}\dot{I}_{\mathrm{I}}+\hat{\dot{U}}_{\mathrm{II}}\dot{I}_{\mathrm{II}}+\sum_{k=1}^{b}Z_k\hat{\dot{I}}_k\dot{I}_k=0$$

上两式相减得

$$\dot{U}_{\mathrm{I}}\hat{\dot{I}}_{\mathrm{I}}+\dot{U}_{\mathrm{II}}\hat{\dot{I}}_{\mathrm{II}}=\hat{\dot{U}}_{\mathrm{I}}\dot{I}_{\mathrm{I}}+\hat{\dot{U}}_{\mathrm{II}}\dot{I}_{\mathrm{II}} \tag{9.6.5}$$

因对图 9.6.2(a) 有 $\dot{U}_{\mathrm{I}}=\dot{U}_s, \dot{U}_{\mathrm{II}}=0$；对图 9.6.2(b) 有 $\hat{\dot{U}}_{\mathrm{I}}=0, \hat{\dot{U}}_{\mathrm{II}}=\dot{U}_s$。将这些代入式(9.6.5)即得

$$\hat{\dot{I}}_{\mathrm{I}}=\dot{I}_{\mathrm{II}}$$

这就是互易定理一。同法可证明互易定理二和三,读者自己证明之。

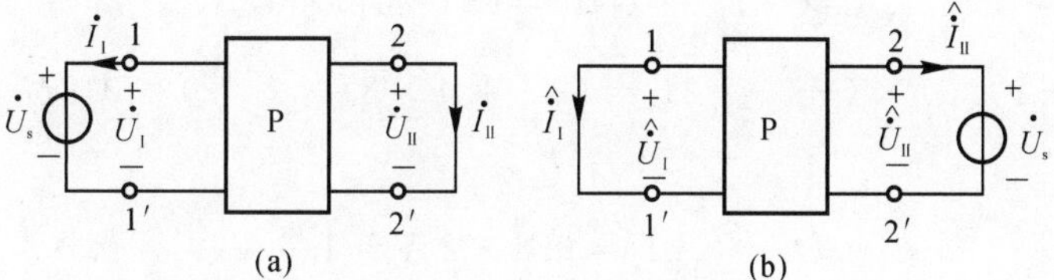

图 9.6.2　易定理证明

注意:式(9.6.5)是一个在求解电路时非常有用的公式(参看例 9.6.1)。

现将特勒根定理及其派生公式汇总于表 9.6.1 中,以便复习和查用。

表 9.6.1　特勒根定理及其派生公式

名　称	图或电路	数学表述式
特勒根定理一		$\sum_{k=1}^{b}u_ki_k=0$
特勒根定理二	N　$\hat{N}$	$\sum_{k=1}^{b}u_k\hat{i}_k=0$ $\sum_{k=1}^{b}i_k\hat{u}_k=0$
派生公式	A,B,C,D 均为任意支路	$u_1\hat{i}_1+u_2\hat{i}_2=\hat{u}_1i_1+\hat{u}_2i_2$

例 9.6.1 图 9.6.3 所示电路中的 N 为不含任何电源(独立源和受控源)的电阻电路。求图 9.6.3(b) 电路中的 $\hat{U}_2$ 值。

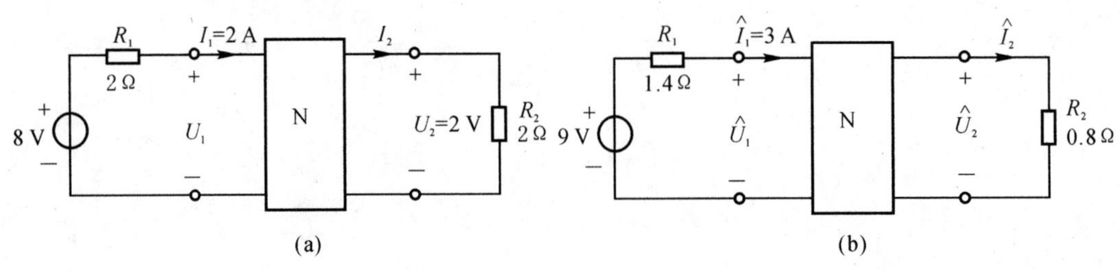

图 9.6.3

解 根据式(9.6.5)有

$$U_1(-\hat{I}_1)+U_2\hat{I}_2=\hat{U}_1(-I_1)+\hat{U}_2 I_2$$

即
$$(8-2\times 2)\times(-3)+2\hat{I}_2=(9-1.4\times 3)\times(-2)+0.8\hat{I}_2\times\frac{2}{2}$$

解得
$$\hat{I}_2=2\ \text{A}$$

又得
$$\hat{U}_2=0.8\hat{I}_2=0.8\times 2\ \text{V}=1.6\ \text{V}$$

例 9.6.2 已知图 9.6.4(a) 中的 $i_{S1}=3$ A,$u_1=6$ V,$u_2=12$ V,$i_3=1$ A;图 9.6.4(b) 中的 $\hat{i}_{S2}=1.5$ A,$\hat{u}_{S2}=18$ V;N_R 为只含电阻的网络。求图 9.6.4(b) 电路中 $\hat{u}_1$ 的值。

解 $u_1=6$ V,$i_1=-3$ A;$u_2=12$ V,$i_2=0$;$u_3=0$,$i_3=1$ A;$\hat{u}_1=1\hat{i}_1$,$\hat{i}_1$ 未知;$\hat{u}_2$ 未知,$\hat{i}_2=-1.5$ A;$\hat{u}_3=18$ V,$\hat{i}_3$ 未知,根据特勒根定理有

$$u_1\hat{i}_1+u_2\hat{i}_2+u_3\hat{i}_3=\hat{u}_1 i_1+\hat{u}_2 i_2+\hat{u}_3 i_3$$

即
$$6\hat{i}_1+12\times(-1.5)+0\times\hat{i}_3=1\hat{i}_1\times(-3)+\hat{u}_2\times 0+18\times 1$$

解得
$$\hat{i}_1=4\ \text{A}$$

故得
$$\hat{u}_1=1\hat{i}_1=1\times 4\ \text{V}=4\ \text{V}$$

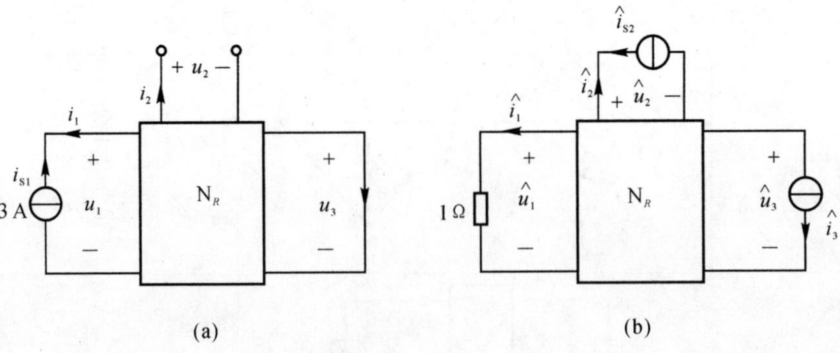

图 9.6.4

三、思考与练习

9.6.1 图 9.6.5(a),(b) 所示两个电路 N 和 $\hat{\text{N}}$,支路电流与电压关联,具有相同的拓扑图,支路编号也相同,且已知 $\boldsymbol{I}=[3\ \ 2\ \ 1\ \ 2\ \ 1\ \ 1]^{\mathrm{T}}$,$\boldsymbol{U}=[-13\ \ 8\ \ 5\ \ 4\ \ 9\ \ 1]^{\mathrm{T}}$,$\hat{\boldsymbol{I}}=$

$[3\ \ 0\ \ 1\ \ 2\ \ 3\ \ -1]^{\mathrm{T}}$，$\hat{\boldsymbol{U}}=[-8\ \ 6\ \ 2\ \ 2\ \ 6\ \ 0]^{\mathrm{T}}$，这些电流、电压分别满足 KCL，KVL。试根据这些数据验证特勒根定理成立。

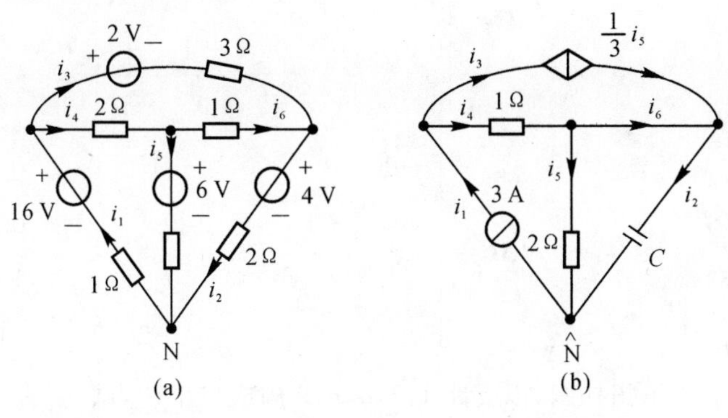

图　9.6.5

习　题　九

9-1　以节点 ⑤ 为参考节点，写出图题 9-1 所示有向图的节点-支路关联矩阵 $\boldsymbol{A}$。

答：
$$\boldsymbol{A}=\begin{bmatrix}1&0&1&0&0&0&1&1\\0&0&-1&1&1&0&-1&0\\0&0&0&0&-1&1&0&0\\-1&1&0&0&0&0&0&0\end{bmatrix}$$

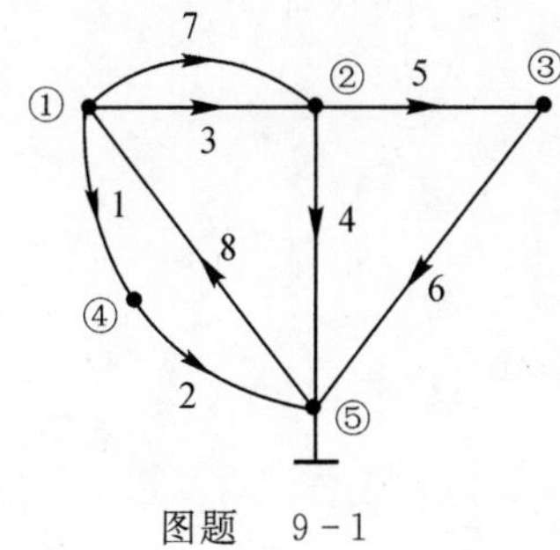

图题　9-1

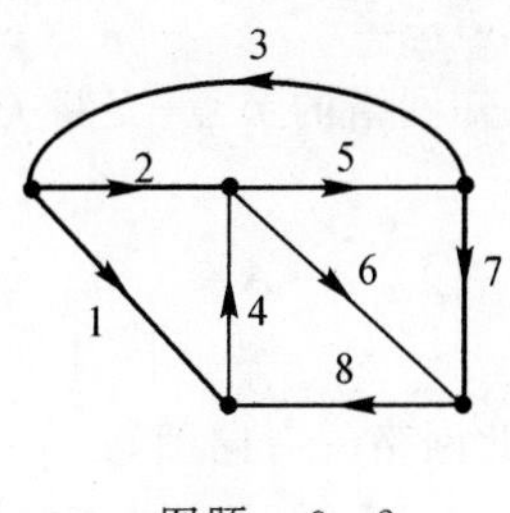

图题　9-2

9-2　图题 9-2 所示有向图。

(1) 选支路 1,2,3,7 构成一个树，写出基本回路矩阵 $\boldsymbol{B}$ 和基本割集矩阵 $\boldsymbol{C}$；

(2) 写出网孔回路矩阵 $\boldsymbol{M}$(要求按连支的顺序给基本回路编号，按树支的顺序给基本割集编号)。

答：B_1：(1,2,4)

B_2：(2,3,5)

B_3：(2,3,6,7)

B_4：(1,3,7,8)

$$\boldsymbol{B}=\begin{bmatrix}1&-1&0&1&0&0&0&0\\0&1&1&0&1&0&0&0\\0&1&1&0&0&1&-1&0\\-1&0&-1&0&0&0&1&1\end{bmatrix}$$

C_1:(1,4,8)
C_2:(2,4,5,6)
C_3:(3,5,6,8)
C_4:(6,7,8)

$$C=\begin{bmatrix}1&0&0&-1&0&0&0&1\\0&1&0&1&-1&-1&0&0\\0&0&1&0&-1&-1&0&1\\0&0&0&0&0&1&1&-1\end{bmatrix}$$

M_1:(1,2,4)
M_2:(2,3,5)
M_3:(4,8,6)
M_4:(5,6,7)

$$M=\begin{bmatrix}-1&1&0&-1&0&0&0&0\\0&-1&-1&0&-1&0&0&0\\0&0&0&1&0&1&0&1\\0&0&0&0&1&-1&1&0\end{bmatrix}$$

9-3　图题9-3所示拓扑图，以支路1,3,4,6,9构成一个树，试写出$\boldsymbol{B}$,$\boldsymbol{C}$矩阵(要求按连支的顺序给基本回路编号，按树支的顺序给基本割集编号)。

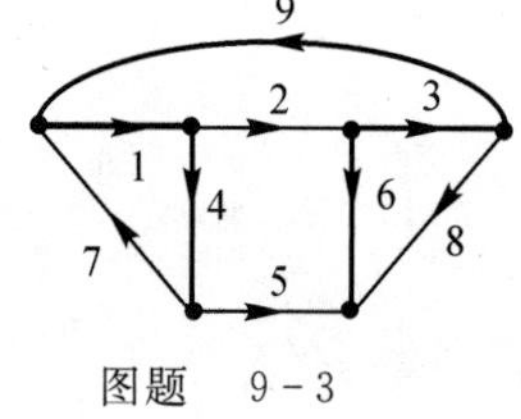

图题　9-3

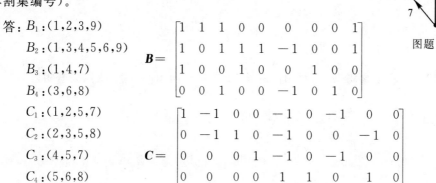

答：B_1:(1,2,3,9)
B_2:(1,3,4,5,6,9)
B_3:(1,4,7)
B_4:(3,6,8)

$$B=\begin{bmatrix}1&1&1&0&0&0&0&0&1\\1&0&1&1&1&-1&0&0&1\\1&0&0&1&0&0&1&0&0\\0&0&1&0&0&-1&0&1&0\end{bmatrix}$$

C_1:(1,2,5,7)
C_2:(2,3,5,8)
C_3:(4,5,7)
C_4:(5,6,8)
C_5:(2,5,9)

$$C=\begin{bmatrix}1&-1&0&0&-1&0&-1&0&0\\0&-1&1&0&-1&0&0&-1&0\\0&0&0&1&-1&0&-1&0&0\\0&0&0&0&1&1&0&1&0\\0&-1&0&0&-1&0&0&0&1\end{bmatrix}$$

9-4　已知网络的节点-支路关联矩阵为

$$A=\begin{bmatrix}1&-1&0&1&0&0&-1&0\\0&1&1&0&1&0&1&0\\-1&0&-1&0&0&-1&0&1\end{bmatrix}$$

(1) 画出此网络的有向图；

(2) 选出一个树，使与此树相应的基本割集矩阵$\boldsymbol{C}=\boldsymbol{A}$；

(3) 写出与此树相对应的基本回路矩阵$\boldsymbol{B}$。

9-5　图题9-5(a)所示电路。

(1) 求独立节点①,②的电位；

(2) 求节点导纳矩阵$\boldsymbol{Y}_\mathrm{n}$；

(3) 求各支路电压；

(4) 求各支路电流。{答：$\boldsymbol{Y}_\mathrm{n}=\begin{bmatrix}0.95&-0.25\\-0.25&1.0\end{bmatrix}$；$\dot{\boldsymbol{\varphi}}=\begin{bmatrix}5\\11\end{bmatrix}$ V；$\dot{\boldsymbol{U}}=[-5\quad 5\quad -6\quad -11\quad 11]^\mathrm{T}$ V；$\dot{\boldsymbol{I}}=[1\quad 0.5\quad -1.5\quad 4.25\quad 2.75]^\mathrm{T}$ A}

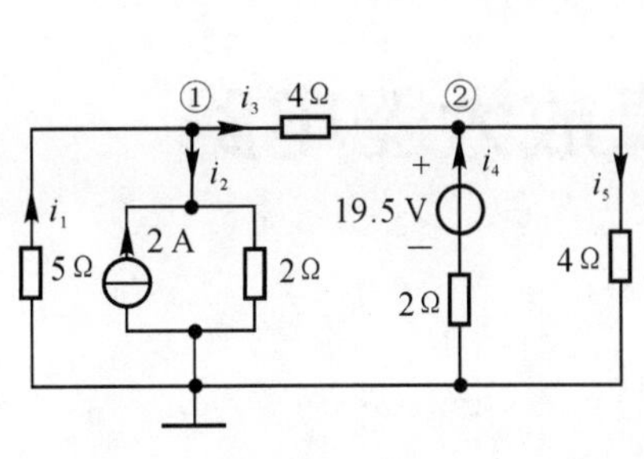

图题　9-5

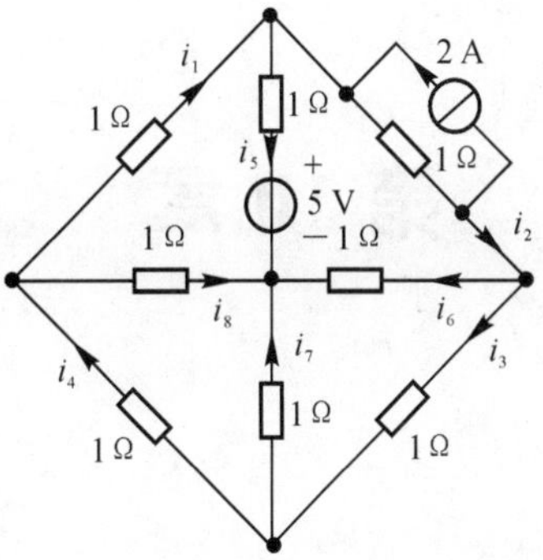

图题　9-6

9-6　图题 9-6 所示电路。

(1) 画出其有向图；

(2) 以 1,2,6,7 支路构成一个树，试列写出基本回路电流方程。

9-7　图题 9-7 所示电路。

(1) 画出其有向图；

(2) 以支路 1,2,6,7 构成一个树，试列写出基本割集电压方程。

9-8　图题 9-8 所示电路中的 N 是不含任何电源(独立源和受控源)的电阻电路，对不同的 U_S, R_1, R_2 值进行两次测量，得到数据：$R_1=R_2=2\ \Omega$, $U_S=8$ V 时，$I_1=2$ A, $U_2=2$ V；$R_1=1.4\ \Omega$, $R_2=0.8\ \Omega$, $U_S=9$ V 时，$I_1=3$ A，求 U_2 的值。(答：1.6 V)

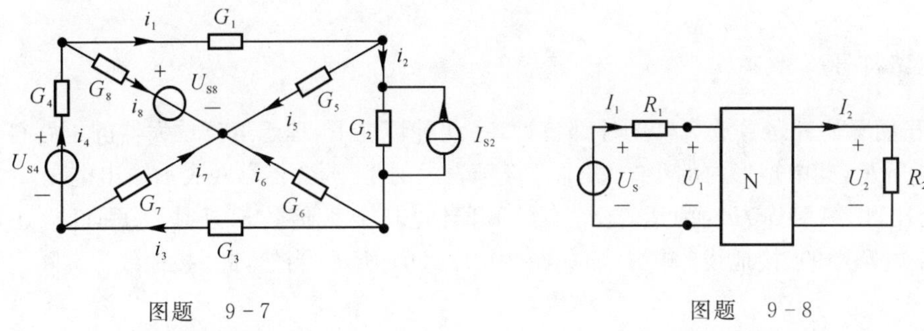

图题　9-7　　　　图题　9-8

9-9　图题 9-9 所示电路中的 N 仅由电阻组成。在图(a) 中 $I_2=0.5$ A，求图(b) 中的 U_1。(答：7.2 V)

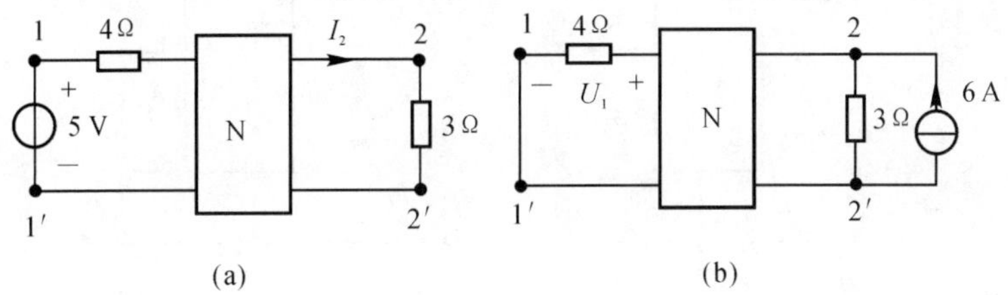

图题　9-9

第 10 章　含运算放大器电路

内容提要

本章讲述运算放大器的理想化电路模型及理想化的条件与端口特性，含运算放大器电路的分析计算，简单运算电路，RC 有源滤波器的概念。

10.1　运算放大器及其理想化电路模型

一、定义

运算放大器是一种多功能有源多端器件。它既可用作放大器来放大电信号，还能完成比例、加法、积分、微分等数学运算，其名即由此而来。但是，它在实际中的应用还远远超出了这个范围。

二、电路符号

由于我们只研究运算放大器的外部特性，在此种情况下，理想运算放大器的电路符号如图 10.1.1(a) 所示，其中矩形内的小“三角形”符号表示的是“放大器”，A 表示输出电压 u_2 与输入电压 u_1 之比，即 $A = u_2/u_1$，为运算放大器的开环电压放大倍数。有时为了简便，还可将图 10.1.1(a) 电路中的“接地线”略去，而如图 10.1.1(b) 所示（当然，此“接地线”实际上还是存在的）。

从图 10.1.1 所示的电路看出，运算放大器有两个输入端 a 和 b，一个输出端 O，一个公共端（即接地端）。

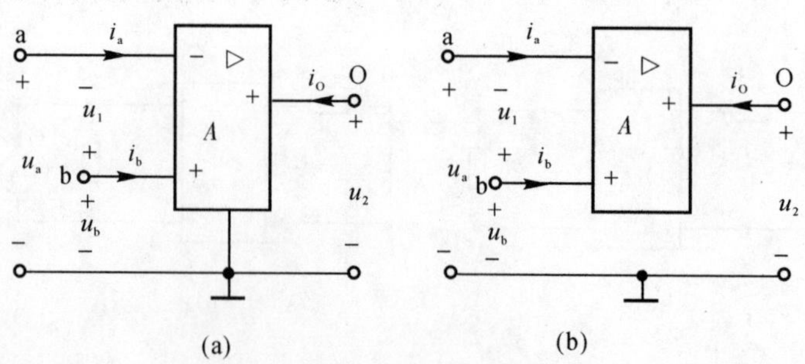

图 10.1.1　理想运算放大器的电路符号

运算放大器除了两个输入端、一个输出端和一个公共端(接地端)外,还有相对于“接地”端的电源正极端和电源负极端(在电路中一般不画出)。运算放大器的工作特性正是在接有正、负电源(工作电源)的条件下才具有的。

三、运算放大器的电压输入方式

运算放大器电压的输入方式有 3 种:

(1) 双端输入(也称差动输入),即 $u_a \neq 0, u_b \neq 0$,如图 10.1.1 所示,此时有 $u_1 = u_b - u_a$,输出电压为

$$u_2 = Au_1 = A(u_b - u_a)$$

u_2 与 u_1 的相位关系视差值$(u_b - u_a)$而定。

(2) 正端输入,其“−”端(即 a 端)“接地”,$u_a = 0$,输入电压 u_1 只从“+”端(即 b 端)取得,如图 10.1.2(a) 所示,即 $u_1 = u_b$。故有

$$u_2 = Au_1 = Au_b$$

可见 u_2 与 u_b 恒同相,故又称 b 端为同相输入端。

(3) 负端输入,其“+”端(即 b 端)“接地”,$u_b = 0$,输入电压 u_1 只从“−”端(即 a 端)取得,如图 10.1.2(b) 所示,即 $u_1 = -u_a$。故有

$$u_2 = Au_1 = -Au_a$$

可见 u_2 与 u_a 恒反相,故又称 a 端为反相输入端。

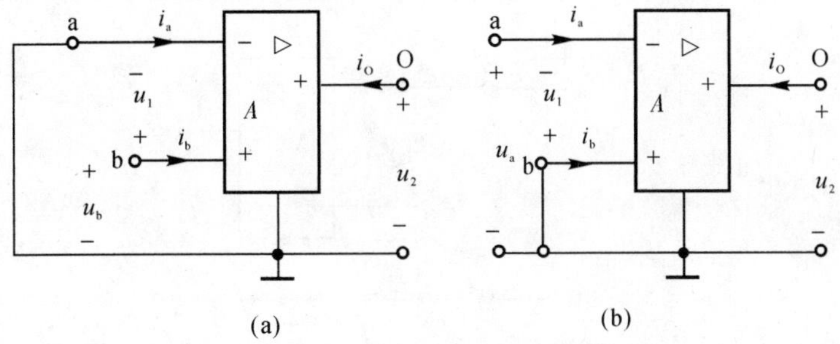

图 10.1.2　运算放大器的电压输入方式

四、理想运算放大器的性质

理想运算放大器的性质有以下 3 点:

(1) 虚断。两个输入端 a 和 b 的电流 $i_a = i_b = 0$,这称为“虚断”。

(2) 电压放大倍数 $A \to \infty$。

(3) 虚短。由于输出端电压 u_2 总是为有限值(例如 $u_2 = 10$ V),故当 $A \to \infty$ 时,得 $u_1 = u_2/A \to 0$,即有 $u_1 = u_b - u_a = 0$,即 $u_a = u_b$,即 a,b 两点的电位相等,这称为“虚短”。

要注意“虚断”与“虚短”是同时存在的,既不能认为“虚断”就是断开,因为同时还有 $u_1 = 0$;也不能认为“虚短”就是短路,因为同时还有 $i_a = i_b = 0$。“虚断”与“虚短”的概念对于分析含运算放大器的电路特别重要。

现将运算放大器的电路模型及其性质汇总于表 10.1.1 中,以便复习和查用。

表 10.1.1　理想运算放大器的电路模型及其性质

定　义	既有放大功能又有加、减、比例、微分、积分等运算功能的多端电路元件，称为运算放大器
电路符号	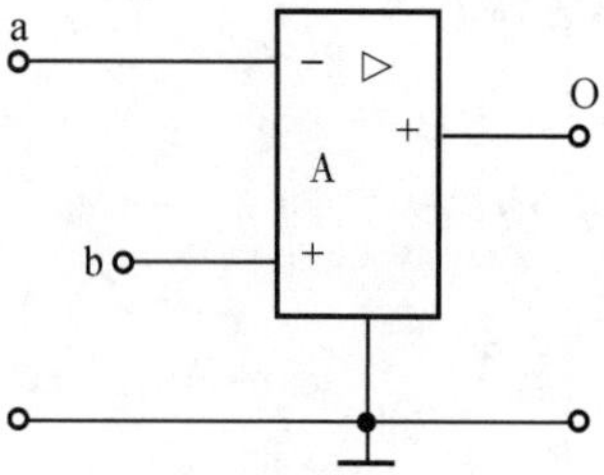
电压的三种输入方式	双端输入（差动输入） 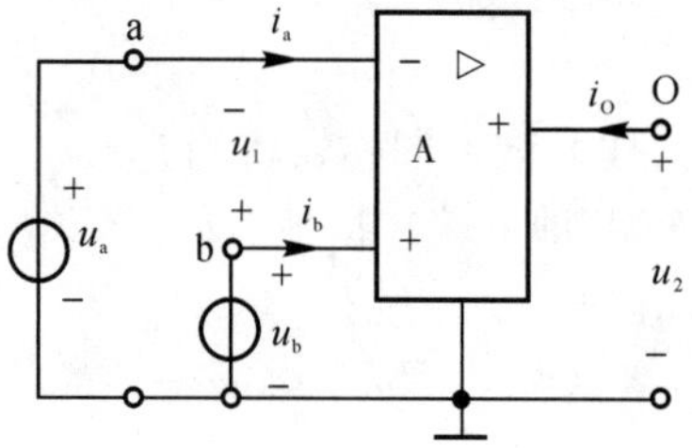 $u_1=u_b-u_a$　$A=\frac{u_2}{u_1}=\frac{u_2}{u_b-u_a}$
	正端输入（同相输入） 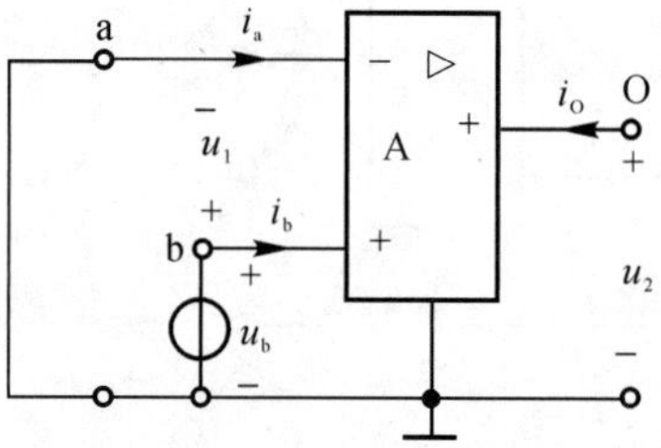 $u_1=u_b$　$A=\frac{u_2}{u_1}=\frac{u_2}{u_b}$
	负端输入（反相输入） 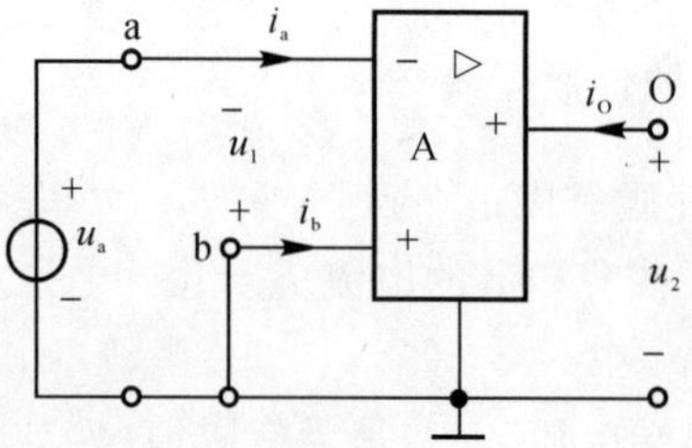 $u_1=-u_a$　$A=\frac{u_2}{u_1}=\frac{u_2}{-u_a}$
理想化条件	$R_i\rightarrow\infty, R_o\rightarrow 0, A\rightarrow\infty$
两个重要概念	虚断，$i_a=i_b=0$ 虚短，$u_1=u_b-u_a=0$，即 $u_a=u_b$
分析方法	多采用节点电位法

10.2　含运算放大器电路的分析

含运算放大器电路分析的一般方法仍然是节点法与回路法(重点是节点法)，而且要充分利用“虚断”与“虚短”概念。下面举例说明。

例 10.2.1　试证明图 10.2.1(a)电路是一个能将电压源 u_S 转换成电流源的电源转换器，且 $i_2=\dfrac{u_S}{R_S}$，即 i_2 只与 u_S，R_S 有关，而与 R_2 无关。

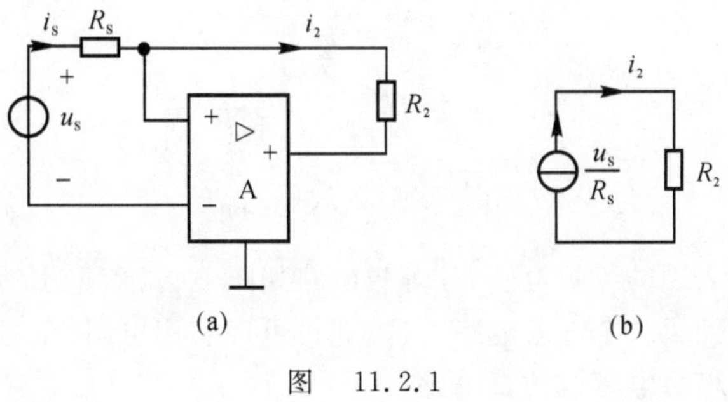

图　11.2.1

解　根据“虚断”与“虚短”概念有

$$i_S=\frac{u_S}{R_S}$$

又
$$i_2=i_S=\frac{u_S}{R_S}$$

可见负载电流 i_2 与负载电阻 R_2 的大小无关，相当于将 R_2 直接接在电流值为 u_S/R_S 的电流源上，且其值可通过改变 u_S 与 R_S 加以调节，其等效电路如图 10.2.1(b) 所示。

例 10.2.2　求图 10.2.2 所示电路的输入阻抗 $Z=\dfrac{\dot{U}_1}{\dot{I}_1}$。

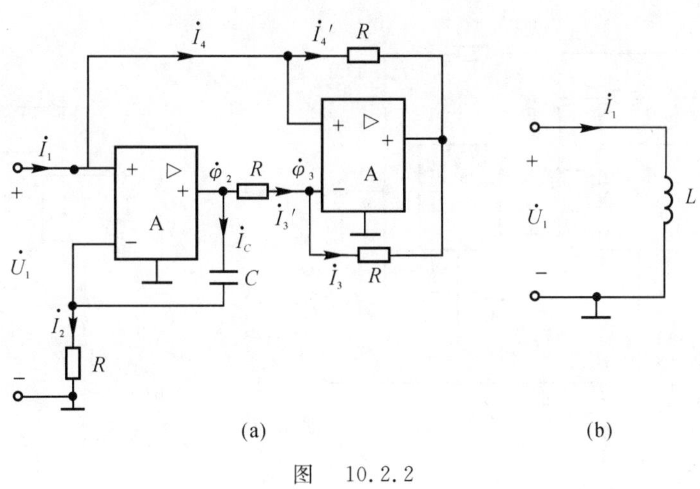

图　10.2.2

解
$$\dot{I}_2=\dot{I}_C=\frac{\dot{U}_1}{R}$$

$$\dot{\varphi}_2 = \dot{U}_1 + \frac{1}{\mathrm{j}\omega C}\dot{I}_C = \dot{U}_1 + \frac{\dot{U}_1}{\mathrm{j}\omega CR}$$

即
$$\dot{\varphi}_2 - \dot{U}_1 = \frac{\dot{U}_1}{\mathrm{j}\omega CR}$$

$$\dot{\varphi}_3 = \dot{U}_1,\quad \dot{\varphi}_2 - \dot{\varphi}_3 = \dot{\varphi}_2 - \dot{U}_1 = \frac{\dot{U}_1}{\mathrm{j}\omega CR}$$

$$\dot{I}_3 = \dot{I}'_3 = \frac{\dot{\varphi}_2 - \dot{\varphi}_3}{R} = \frac{\dot{U}_1}{\mathrm{j}\omega CR^2}$$

$$R\dot{I}'_4 = R\dot{I}_3$$

即
$$\dot{I}'_4 = \dot{I}_3$$

又有
$$\dot{I}_1 = \dot{I}_4 = \dot{I}'_4 = \dot{I}_3 = \frac{\dot{U}_1}{\mathrm{j}\omega CR^2}$$

故得输入阻抗为
$$Z = \frac{\dot{U}_1}{\dot{I}_1} = \mathrm{j}\omega CR^2 = \mathrm{j}\omega L$$

式中，$L = R^2C$，称为输入端的等效电感，其等效电路如图 10.2.2(b) 所示。可见原电路中并无电感元件，但我们却得到了一个等效电感。这说明，可以利用电阻、电容与运算放大器的组合电路来实现电感，称为模拟电感或仿真电感。

例 10.2.3 图 10.2.3 所示电路，求电压比 u_2/u_1。

解 设各独立节点电位为 φ_1，φ_2，如图中所示，并考虑到虚断与虚短概念，故可列出 KCL 方程为

$$\varphi_1 = 0$$

$$\frac{\varphi_1 - u_1}{9} + \frac{\varphi_1 - \varphi_2}{2} + \frac{\varphi_1 - u_2}{3} = 0$$

$$\frac{\varphi_2}{4} + \frac{\varphi_2 - u_2}{5} = 0$$

联立求解得
$$\frac{u_2}{u_1} = -0.2$$

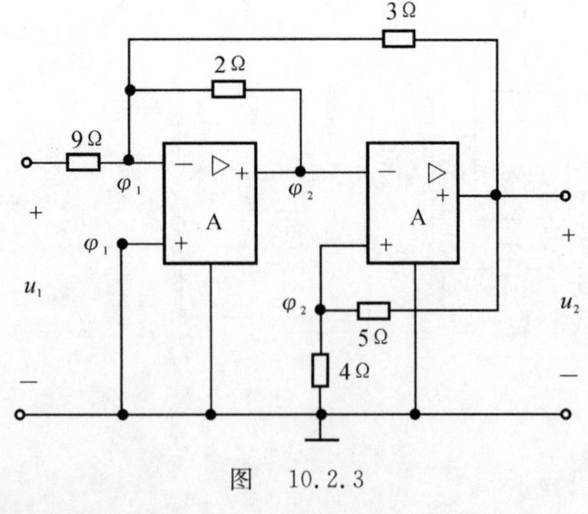

图 10.2.3

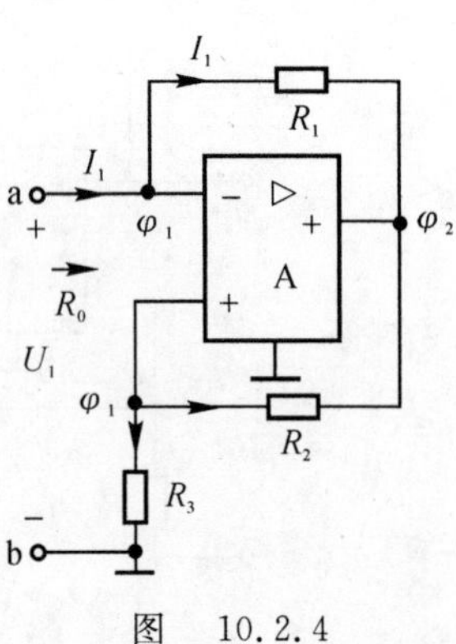

图 10.2.4

例 10.2.4 求图 10.2.4 所示电路端口 a，b 的输入电阻 $R_0 = U_1/I_1$。

解
$$U_1 = \varphi_1,\quad I_1 = \frac{\varphi_1 - \varphi_2}{R_1} = \frac{U_1 - \varphi_2}{R_1}$$

又有
$$\frac{\varphi_1-\varphi_2}{R}=-\frac{\varphi_1}{R_3}$$

即
$$\frac{U_1-\varphi_2}{R_2}=\frac{-U_1}{R_3}$$

解得
$$\varphi_2=\frac{R_3+R_2}{R_3}U_1$$

得
$$I_1=\frac{U_1-\dfrac{R_3+R_2}{R_3}U_1}{R_1}=\frac{-R_2}{R_1R_3}U_1$$

故得
$$R_0=\frac{U_1}{I_1}=\frac{-R_1R_3}{R_2}(R_0\text{ 为负电阻})$$

例 10.2.5　图 10.2.5 所示电路，输出端口开路，求输入阻抗 $Z_0=\dfrac{\dot U_1}{\dot I_1}$。

解
$$\dot I_1=\frac{\dot U_1-\dot\varphi}{\dfrac{1}{\mathrm{j}\omega C}}+\frac{\dot U_1-\dot U_0}{R_2},\quad \frac{\dot U_1-\dot\varphi}{\dfrac{1}{\mathrm{j}\omega C}}=\frac{\dot\varphi}{R_1},\quad \dot U_o=\dot\varphi$$

以上 3 式联立求解得
$$Z_0=\frac{\dot U_1}{\dot I_1}=\frac{1+\mathrm{j}\omega CR_1}{1+\mathrm{j}\omega CR_2}R_2$$

当 $R_1=R_2$ 时，有
$$Z_0=R_2$$

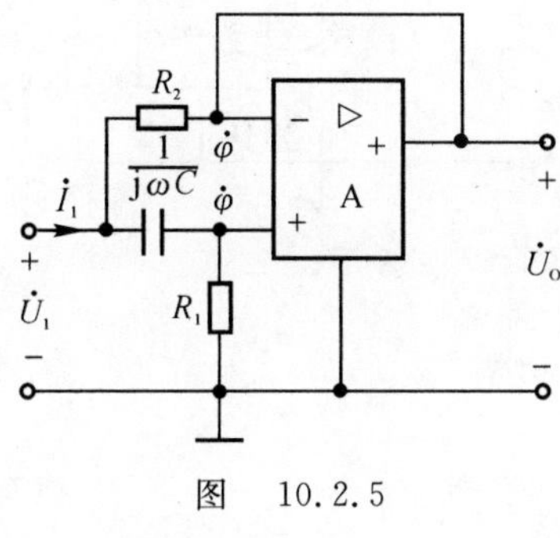

图　10.2.5

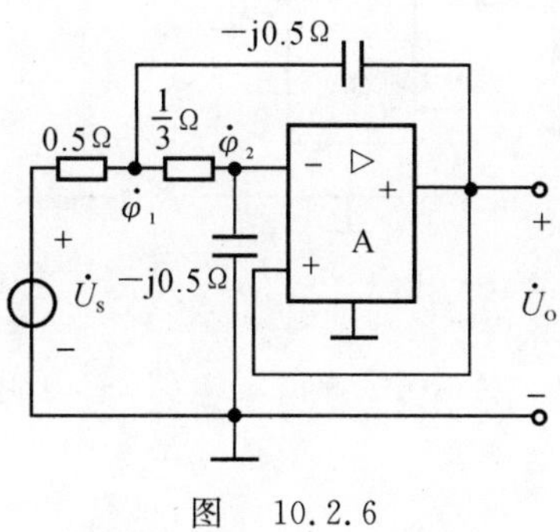

图　10.2.6

例 10.2.6　图 10.2.6 所示电路，已知 $\dot U_S=2\sqrt{2}\,\underline{/0^\circ}\ \mathrm{V}$，求 $\dot U_o$。

解　列写节点 KCL 方程为
$$\left(\frac{1}{0.5}+\frac{1}{\frac{1}{3}}+\frac{1}{-\mathrm{j}0.5}\right)\dot\varphi_1-\frac{1}{\frac{1}{3}}\dot\varphi_2-\frac{1}{-\mathrm{j}0.5}\dot U_o=\frac{\dot U_S}{0.5}$$

$$-\frac{1}{\frac{1}{3}}\dot\varphi_1+\left(\frac{1}{\frac{1}{3}}+\frac{1}{-\mathrm{j}0.5}\right)\dot\varphi_2=0$$

又有
$$\dot U_o=\dot\varphi_2$$

以上 3 式联立求解得
$$\dot U_o=\frac{12}{1+\mathrm{j}5}=2.35\,\underline{/-78.7^\circ}\ \mathrm{V}$$

思考与练习

10.2.1 求图 10.2.7 所示电路的电压比$\dfrac{\dot{U}_o}{\dot{U}_S}$。$\left(答:\dfrac{-R_2}{R_1(1+j\omega CR_2)}\right)$

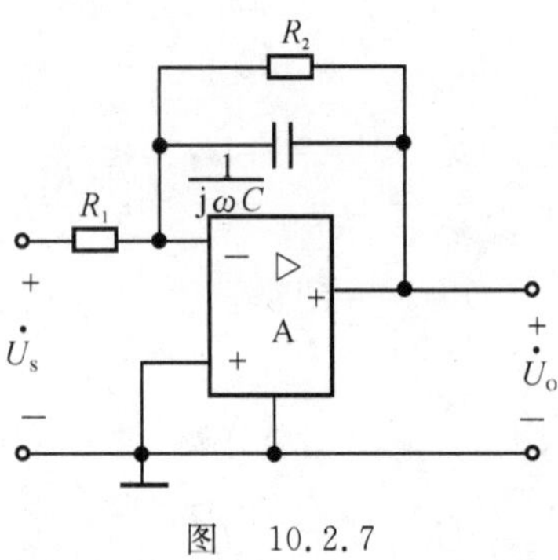

图 10.2.7

10.2.2 图 10.2.8 所示电路,求比值$\dfrac{u_o}{i_S}$。$\left[答:-R_1\left(1+\dfrac{R_3}{R_1}+\dfrac{R_3}{R_2}\right)\right]$

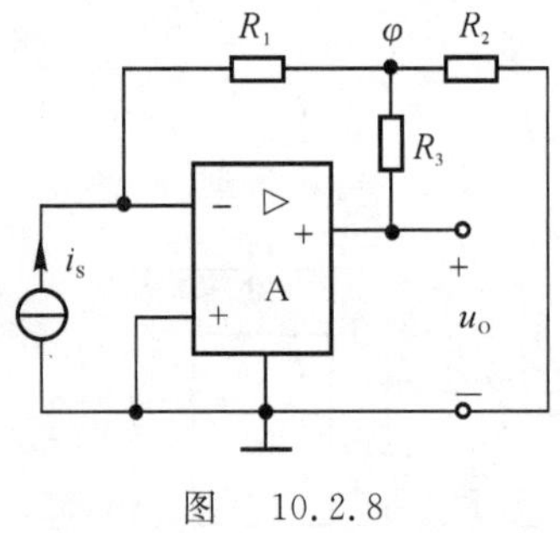

图 10.2.8

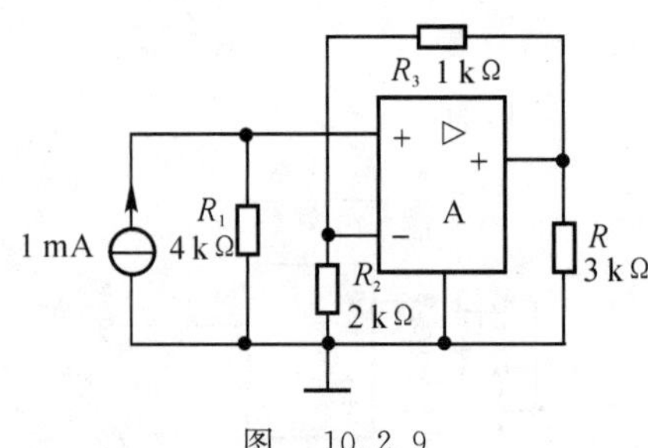

图 10.2.9

10.2.3 图 10.2.9 所示电路,求电阻 R 吸收的功率 P。(答:12 mW)

10.3 简单运算电路

把理想线性运算放大器与 R,C 元件组合连接起来,即可实现一些简单的数学运算电路。

一、比例运算电路

反相比例运算电路如图 10.3.1(a) 所示,根据“虚断”与“虚短”概念,有

$$\frac{u_a}{R}=-\frac{u_2}{R_f}$$

即

$$\frac{u_2}{u_a}=-\frac{R_f}{R}$$

此结果说明,输出电压 u_2 与输入电压 u_a 之比是由比值 R_f/R 确定。由于电阻元件的值可以制造得很精确,故图 10.3.1(a) 所示电路能够给出十分理想的比例运算,而且选择不同的 R_f 和 R 值,即可得到不同的比值 u_2/u_a。当 $R=R_f$ 时,即有 $u_2=-u_a$,即输出电压 u_2 与输入电压 u_a 大小相等,相位相反。此种情况下的比例运算电路称为反相器。

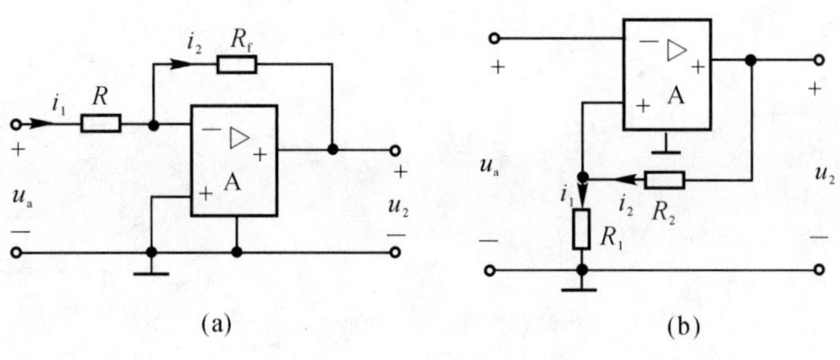

图 10.3.1　比例运算电路

同相比例运算电路如图 10.3.1(b) 所示。因有 $u_a=R_1i_1, u_2=(R_1+R_2)i_2=(R_1+R_2)i_1$，故得

$$\frac{u_2}{u_a}=\frac{R_1+R_2}{R_1}=1+\frac{R_2}{R_1}>1$$

即 u_2 与 u_b 是同相的，且 $u_2>u_a$。当 $R_2=R_1$ 时，有 $u_2/u_a=2$。

二、加法运算电路

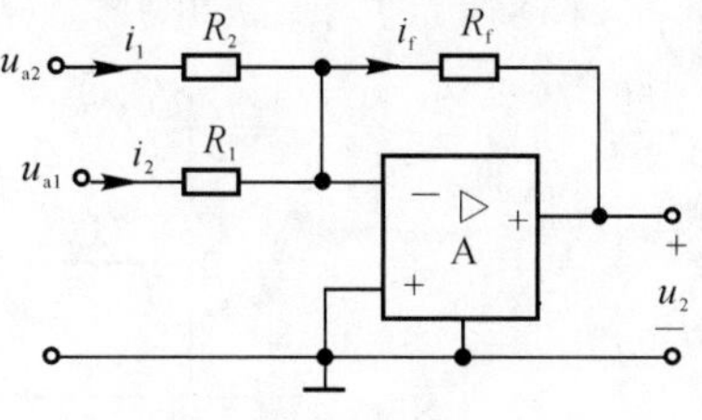

图 10.3.2　加法运算电路

加法运算电路如图 10.3.2 所示。根据"虚断"与"虚短"概念，有 $i_1+i_2=i_f$，即

$$\frac{u_{a1}}{R_1}+\frac{u_{a2}}{R_2}=-\frac{u_2}{R_f}$$

若取　$R_1=R_2=R_f$

则有　$u_2=-(u_{a1}+u_{a2})$

此结果说明，输出电压 u_2 等于所有输入电压 u_{a1}, u_{a2} 之和且反相。

三、减法运算电路

减法运算电路如图 10.3.3 所示。对节点 1,2 可列出 KCL 出方程为

$$-\frac{1}{R_1}u_1+\left(\frac{1}{R_1}+\frac{1}{R_2}\right)\varphi_1-\frac{1}{R_2}u_o=0$$

$$-\frac{1}{R_1}u_2+\left(\frac{1}{R_1}+\frac{1}{R_2}\right)\varphi_2=0$$

又有　$\varphi_1=\varphi_2$

联立求解得　$u_o=\dfrac{R_2}{R_1}(u_2-u_1)$

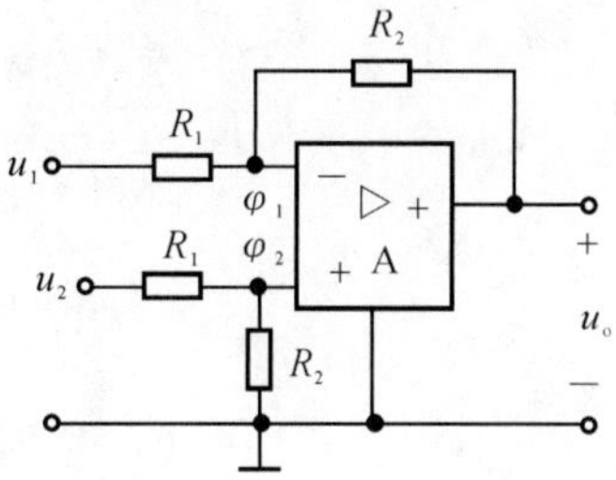

图 10.3.3　减法运算电路

即输出电压 u_o 与输入电压 u_2 和 u_1 之差成正比。当 $R_1=R_2$ 时，则有

$$u_o=u_2-u_1$$

四、积分运算电路

积分运算电路如图 10.3.4 所示。根据"虚断"与"虚短"概念，有 $i_1(t)=i_2(t)$，即

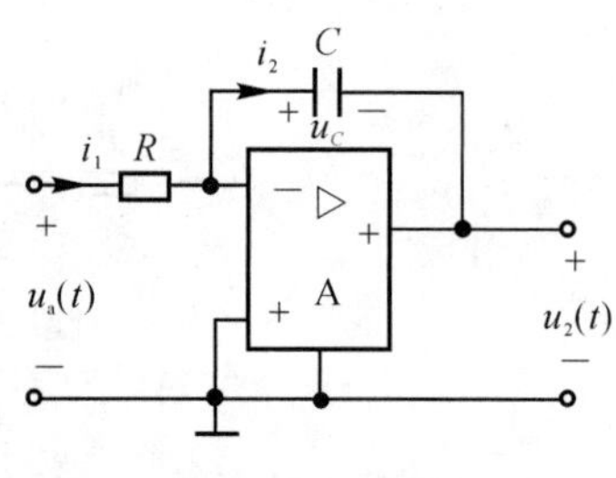

图 10.3.4　积分运算电路

$$\frac{u_a(t)}{R}=C\frac{du_C(t)}{dt}=-C\frac{du_2(t)}{dt}\quad（因\ u_C(t)=-u_2(t)）$$

故得
$$u_2(t)=-\frac{1}{RC}\int_{-\infty}^{t}u_a(\tau)d\tau=$$
$$-\frac{1}{RC}\int_{-\infty}^{0}u_a(\tau)d\tau-\frac{1}{RC}\int_{0}^{t}u_a(\tau)d\tau=$$
$$u_2(0)-\frac{1}{RC}\int_{0}^{t}u_a(\tau)d\tau=-u_c(0)-\frac{1}{RC}\int_{0}^{t}u_a(\tau)d\tau$$

若 $u_C(0)=0$，则上式即为

$$u_2(t)=-\frac{1}{RC}\int_{0}^{t}u_a(\tau)d\tau$$

即输出电压 $u_2(t)$ 正比于输入电压 $u_a(t)$ 的积分。若取 $RC=1$ s，则称为理想积分器，即

$$u_2(t)=-\int_{0}^{t}u_a(\tau)d\tau$$

例 10.3.1　图 10.3.4 所示积分电路，已知 $R=1\ \Omega$，$C=1$ F，$u_C(0)=0$，$u_a(t)$ 的波形如图 10.3.5(a) 所示。求输出电压 $u_2(t)$，并画出 $u_2(t)$ 的波形。

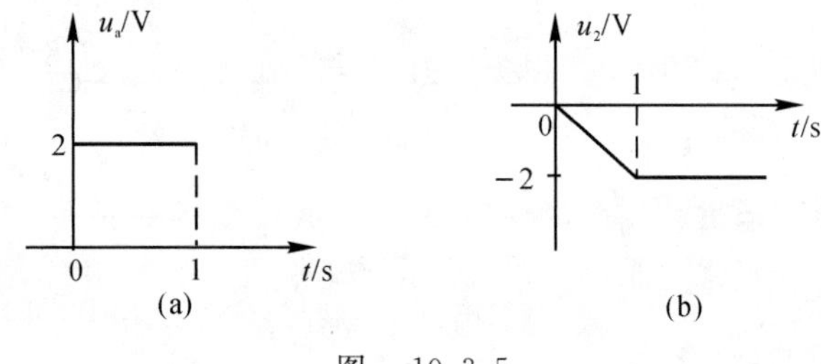

图　10.3.5

解
$$u_2(t)=-\frac{1}{RC}\int_{0}^{t}u_a(\tau)d\tau=-\int_{0}^{t}u_a(\tau)d\tau$$

当 $0<t<1$ 时，$u_a(t)=2$ V，故

$$u_2(t)=-\int_{0}^{t}2d\tau=-2\int_{0}^{t}d\tau=-2[\tau]_0^t=-2t\ (V)$$

当 $1<t<\infty$ 时，$u_a(t)=0$，故

$$u_2(t)=-\int_{0}^{1}2d\tau-\int_{1}^{t}0d\tau=-2[\tau]_0^1=-2\ V$$

故得
$$u_2(t)=\begin{cases}0, & t<0\\ -2t\ V, & 0\leqslant t<1\ s\\ -2\ V, & 1\ s\leqslant t<\infty\end{cases}$$

$u_2(t)$ 的波形如图 10.3.5(b) 所示。

五、微分运算电路

微分运算电路如图 10.3.6 所示。根据“虚断”与“虚短”概念，有 $i_1(t)=i_2(t)$，即

$$C\frac{du_a(t)}{dt}=-\frac{u_2(t)}{R}$$

故得
$$u_2(t)=-RC\,\frac{\mathrm{d}u_{\mathrm{a}}(t)}{\mathrm{d}t}$$

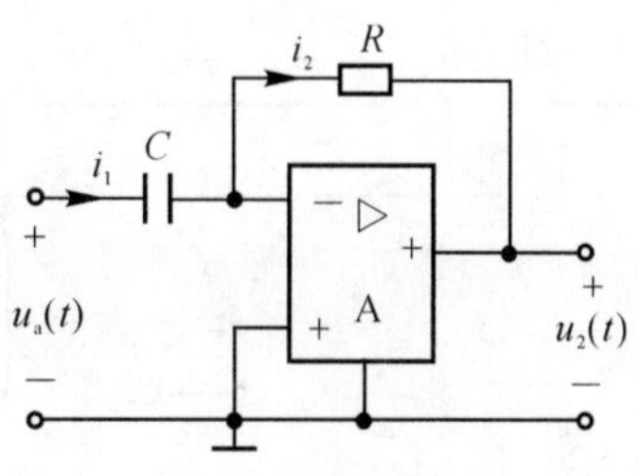

图 10.3.6　微分运算电路

即输出电压 $u_2(t)$ 正比于输入电压 $u_{\mathrm{a}}(t)$ 的一阶导数。若取 $RC=1$ s,则称为理想微分器,即

$$u_2(t)=-\frac{\mathrm{d}u_{\mathrm{a}}(t)}{\mathrm{d}t}$$

例 10.3.2　图 10.3.6 所示电路,已知 $R=1\ \Omega$,$C=1$ F,$u_{\mathrm{a}}(t)=2\sin t$ V,求 $u_2(t)$。

解
$$u_2(t)=-RC\,\frac{\mathrm{d}u_{\mathrm{a}}(t)}{\mathrm{d}t}=-\frac{\mathrm{d}}{\mathrm{d}t}[2\sin t]=-2\cos t\ (\mathrm{V})$$

以上介绍了几种简单的数学运算电路,还可利用它们的功能进一步组合成各种复杂的模拟运算电路。现将各种运算电路汇总于表 10.3.1 中,以便复习和查用。

表 10.3.1　简单运算电路

名　称	运算电路	计算公式
反相比例运算电路	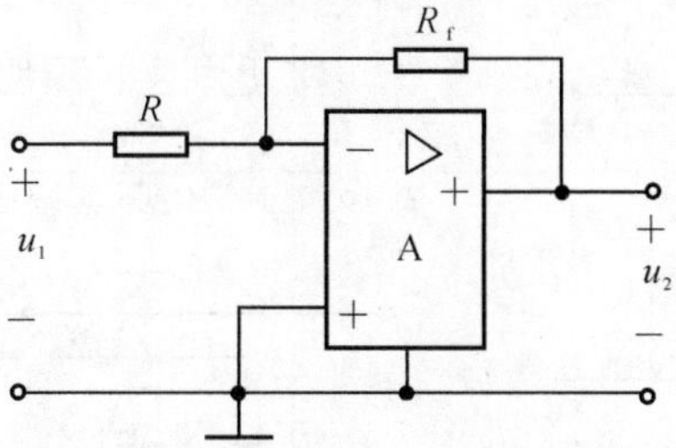 R, R_{f}, A, u_1, u_2	$\dfrac{u_2}{u_1}=-\dfrac{R_{\mathrm{f}}}{R}$
同相比例运算电路	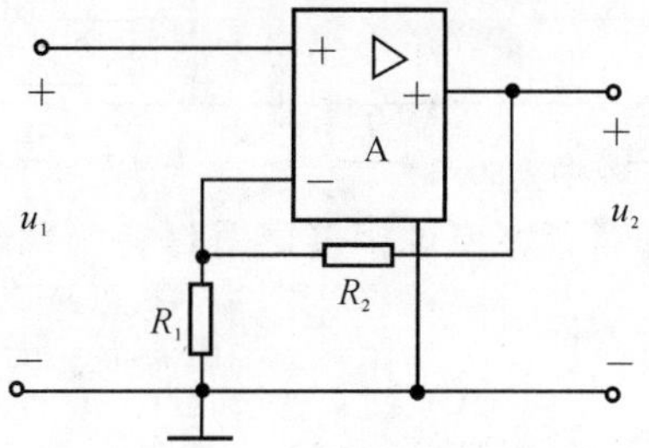 R_1, R_2, A, u_1, u_2	$\dfrac{u_2}{u_1}=1+\dfrac{R_2}{R_1}$
加法运算电路	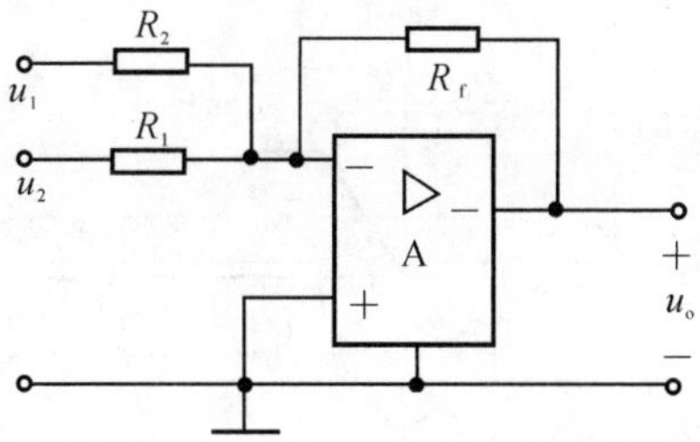 R_1, R_2, R_{f}, A, u_1, u_2, u_{o}	$u_{\mathrm{o}}=-\left(\dfrac{R_{\mathrm{f}}}{R_1}u_1+\dfrac{R_{\mathrm{f}}}{R_2}u_2\right)$

续 表

名　称	运算电路	计算公式
减法运算电路	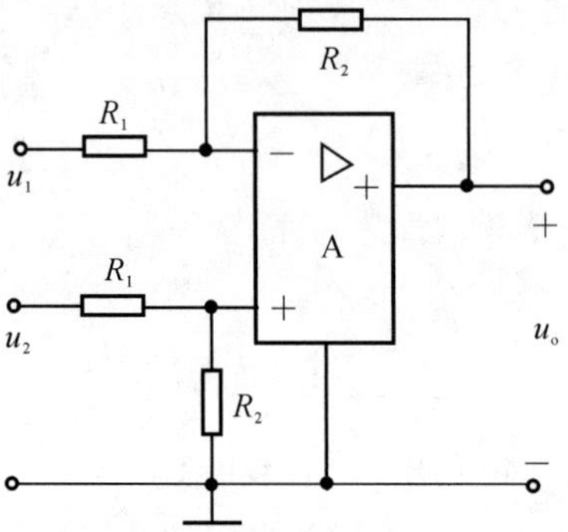	$u_o = \frac{R_2}{R_1}(u_2 - u_1)$
积分运算电路	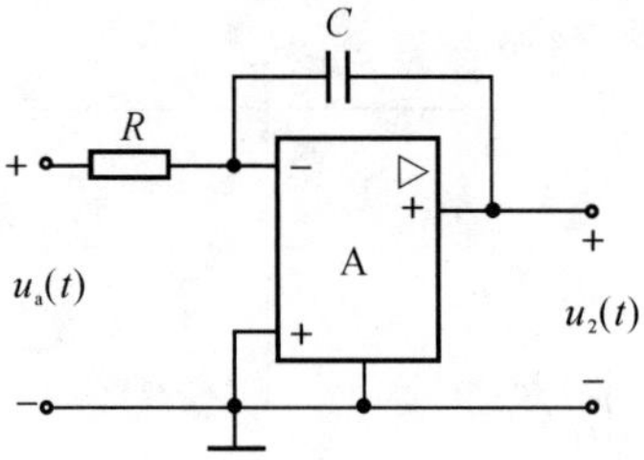	$u_2(t) = -\frac{1}{RC}\int_0^t u_a(\tau)d\tau$
微分运算电路	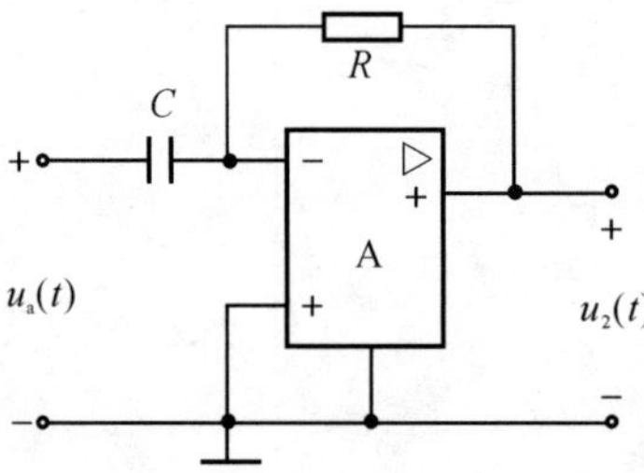	$u_2(t) = -RC\frac{du_a(t)}{dt}$

六、思考与练习

10.3.1　图 10.3.7(a) 所示微分电路，已知输入电压 $u_1(t)$ 的波形如图 10.3.7(b) 所示。试画出输出电压 $u_2(t)$ 的波形。

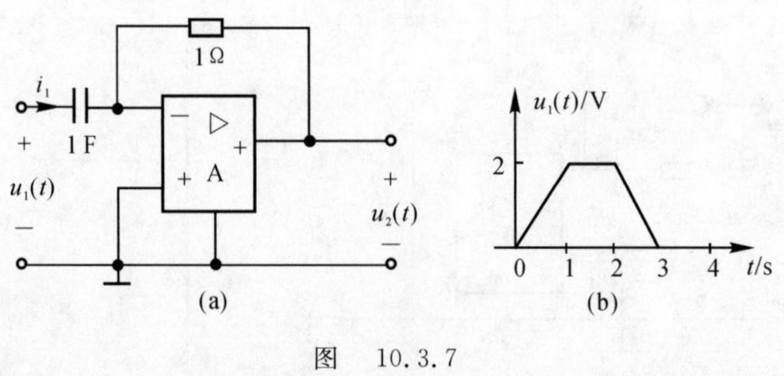

图　10.3.7

10.3.2　图 10.3.8(a) 所示积分电路，已知输入电压 $u_1(t)$ 的波形如图 10.3.8(b) 所示。

试画出输出电压 $u_2(t)$ 的波形。

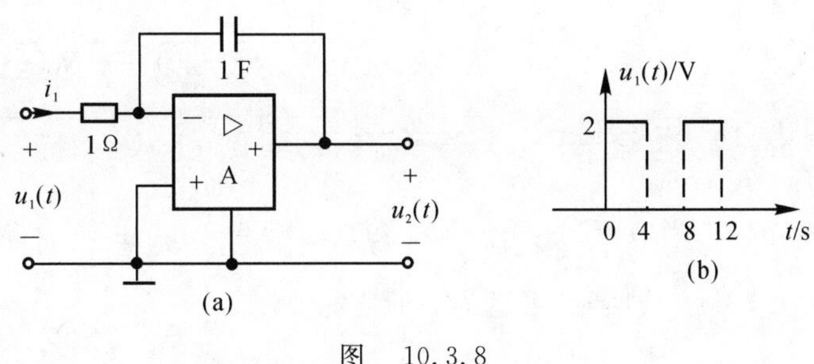

图　10.3.8

*10.4　RC 有源滤波电路

对不同频率的电信号具有选择性的电路称为滤波电路或滤波器，它只允许一些频率的电信号通过，同时又衰减或抑制另一些频率的电信号。过去的滤波器大都是由 R，L，C 等无源元件组成，称为无源滤波器，现已少用。目前的低频滤波器大都由 R，C 元件与有源器件（如运算放大器）组成，称为 RC 有源滤波器。

常见的滤波器类型有低通滤波器、高通滤波器、带通滤波器、带阻滤波器、全通滤波器等。

一、RC 有源低通滤波器

低通滤波器允许低频电信号通过，而同时衰减或抑制高频电信号。理想低通滤波器的模频特性如图 10.4.1 中虚线所示，ω_C 为截止频率。

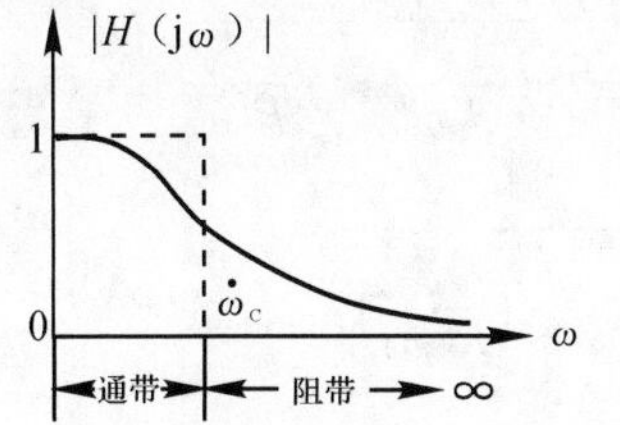

图 10.4.1　低通滤波器的模频特性

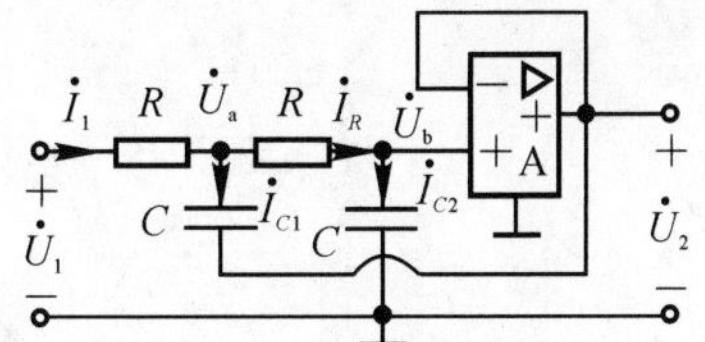

图 10.4.2　RC 有源低通滤波器电路

图 10.4.2 所示为一 RC 有源低通滤波器电路。由图可列出方程

$$\begin{cases}\dot{I}_1=\dot{I}_{C1}+\dot{I}_R\\ \dot{I}_R=\dot{I}_{C2}\end{cases}$$

即

$$\begin{cases}\dfrac{\dot{U}_1-\dot{U}_a}{R}=\dfrac{\dot{U}_a-\dot{U}_2}{\dfrac{1}{j\omega C}}+\dfrac{\dot{U}_a-\dot{U}_b}{R}\\[2ex] \dfrac{\dot{U}_a-\dot{U}_b}{R}=\dfrac{\dot{U}_b}{\dfrac{1}{j\omega C}}\end{cases}$$

又有

$$\dot{U}_b=\dot{U}_2$$

联立求解得电压传输函数①为

$$H(\mathrm{j}\omega)=|H(\mathrm{j}\omega)|\mathrm{e}^{\mathrm{j}\varphi(\omega)}=\frac{\dot{U}_2}{\dot{U}_1}=\frac{1}{(1-R^2C^2\omega^2)+\mathrm{j}2RC\omega}$$

其模为

$$|H(\mathrm{j}\omega)|=\frac{1}{\sqrt{(1-R^2C^2\omega^2)^2+4R^2C^2\omega^2}}$$

当 $\omega=0$ 时，$|H(\mathrm{j}\omega)|=1$；当 $\omega=\omega_C=\dfrac{1}{RC}$ 时，$|H(\mathrm{j}\omega)|=\dfrac{1}{2}$；当 $\omega\to\infty$ 时，$|H(\mathrm{j}\omega)|=0$。其模频特性如图 10.4.1 中实线所示，可见为一低通滤波器。

二、RC 有源高通滤波器

高通滤波器允许高频电信号通过，而同时衰减或抑制低频电信号。理想高通滤波器的模频特性如图 10.4.3 中虚线所示，ω_C 为截止频率。

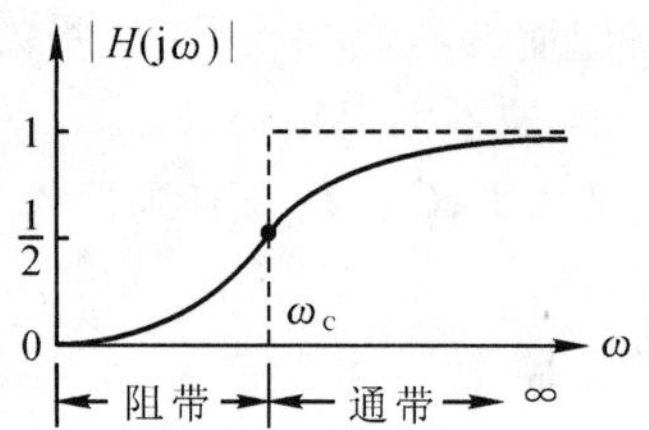

图 10.4.3　高通滤波器的模频特性

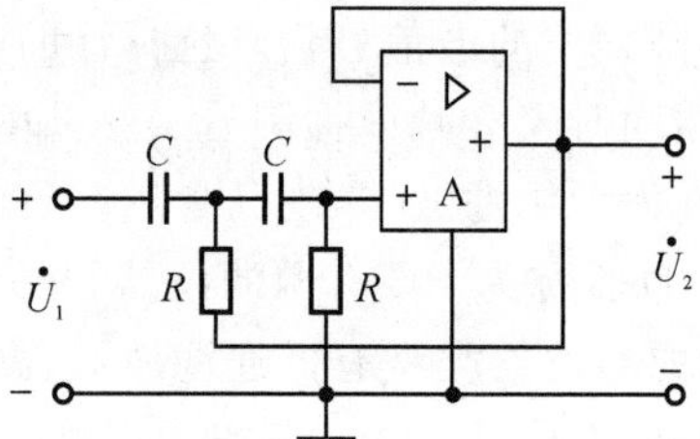

图 10.4.4　RC 有源高通滤波器电路

图 10.4.4 所示为一 RC 有源高通滤波器电路。由图可求得电压传输函数为

$$H(\mathrm{j}\omega)=|H(\mathrm{j}\omega)|\mathrm{e}^{\mathrm{j}\varphi(\omega)}=\frac{\dot{U}_2}{\dot{U}_1}=\frac{1}{1-\dfrac{1}{R^2C^2\omega^2}-\mathrm{j}\dfrac{2}{RC\omega}}$$

其模为

$$|H(\mathrm{j}\omega)|=\frac{1}{\sqrt{\left(1-\dfrac{1}{R^2C^2\omega^2}\right)^2+\left(\dfrac{2}{RC\omega}\right)^2}}$$

当 $\omega=0$ 时，$|H(\mathrm{j}\omega)|=0$；当 $\omega=\omega_C=\dfrac{1}{RC}$ 时，$|H(\mathrm{j}\omega)|=\dfrac{1}{2}$；当 $\omega\to\infty$ 时，$|H(\mathrm{j}\omega)|=1$。其模频特性如图 10.4.3 中实线所示，可见为一高通滤波器。

三、RC 有源带阻滤波器

带阻滤波器衰减或抑制某一频率范围内的电信号，而允许此频率范围以外的频率的电信号通过。理想带阻滤波器的模频特性如图 10.4.5 中虚线所示，ω_{C2} 和 ω_{C1} 分别为上、下截止频率。

图 10.4.6 所示为一 RC 有源带阻滤波器电路。由图可求得电压传输函数为

$$H(\mathrm{j}\omega)=|H(\mathrm{j}\omega)|\mathrm{e}^{\mathrm{j}\varphi(\omega)}=\frac{\dot{U}_2}{\dot{U}_1}=\frac{1}{1+\mathrm{j}\dfrac{2RC\omega}{1-R^2C^2\omega^2}}$$

① 电压传输函数 $H(\mathrm{j}\omega)$ 定义为输出电压的相量 $\dot{U}_2$ 与输入电压的相量 $\dot{U}_1$ 之比，即 $H(\mathrm{j}\omega)=\dot{U}_2/\dot{U}_1$，它是 ω 的函数。

其模为
$$|H(\mathrm{j}\omega)|=\frac{1}{\sqrt{1+\left(\frac{2RC\omega}{1-R^2C^2\omega^2}\right)^2}}$$

当 $\omega=0$ 时，$|H(\mathrm{j}\omega)|=1$；当 $\omega=\omega_0=\frac{1}{RC}$ 时，$|H(\mathrm{j}\omega)|=0$，ω_0 称为无输出频率；当 $\omega\to\infty$ 时，$|H(\mathrm{j}\omega)|=1$。其模频特性如图 10.4.5 中实线所示，可见为一带阻滤波器。

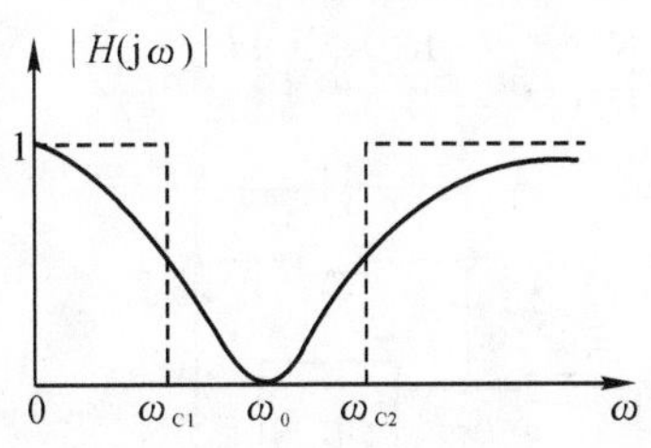

图 10.4.5　带阻滤波器的模频特性

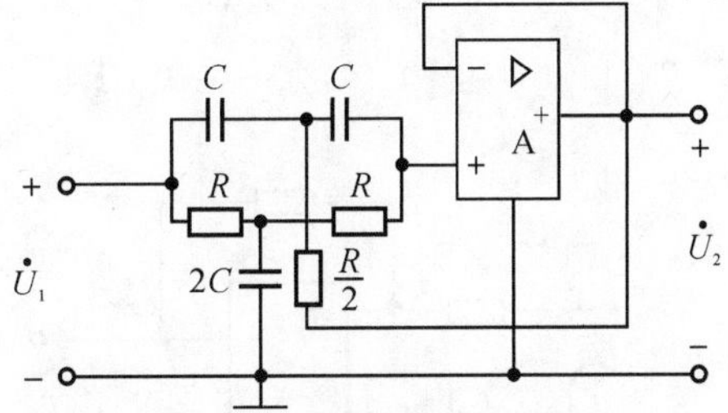

图 10.4.6　RC 有源带阻滤波器电路

四、RC 有源带通滤波器

带通滤波器允许某一频率范围内的电信号通过，而同时衰减或抑制此频率范围以外的频率的电信号。理想带通滤波器的模频特性如图 10.4.7 中虚线所示，ω_{C2} 和 ω_{C1} 分别为上、下截止频率。

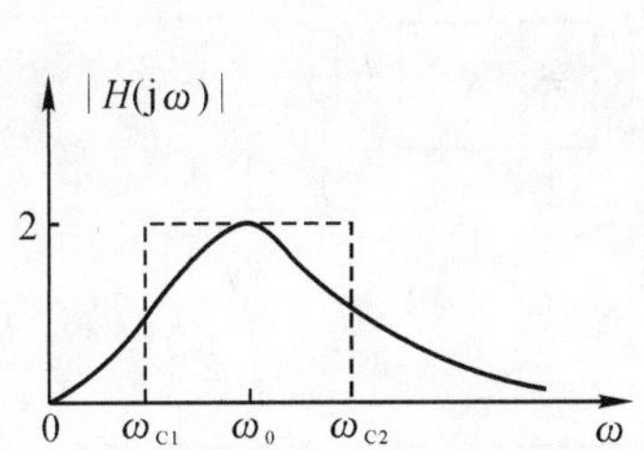

图 10.4.7　带通滤波器的模频特性

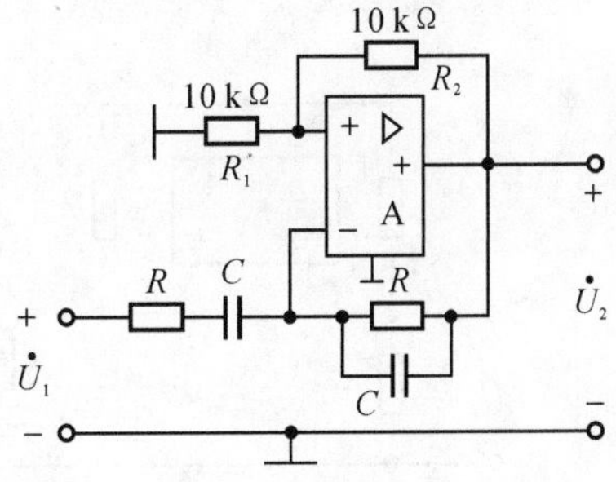

图 10.4.8　RC 有源带通滤波器电路

图 10.4.8 所示为一 RC 有源带通滤波器电路。由图可求得电压传输函数为

$$H(\mathrm{j}\omega)=|H(\mathrm{j}\omega)|\mathrm{e}^{\mathrm{j}\varphi(\omega)}=\frac{\dot{U}_2}{\dot{U}_1}=\frac{2}{1+\mathrm{j}\left(RC\omega-\frac{1}{RC\omega}\right)}$$

其模为
$$|H(\mathrm{j}\omega)|=\frac{2}{\sqrt{1+\left(RC\omega-\frac{1}{RC\omega}\right)^2}}$$

当 $\omega=0$ 时，$|H(\mathrm{j}\omega)|=0$；当 $\omega=\omega_0=\frac{1}{RC}$ 时，$|H(\mathrm{j}\omega)|=2$；当 $\omega\to\infty$ 时，$|H(\mathrm{j}\omega)|=0$。其模频特性如图 10.4.7 中实线所示，可见为一带通滤波器。

RC 有源滤波电路的优点有：① 由于电路中没有电感元件，因此在制造时更容易实现集成化；② 由于电路中含有运算放大器，因此输出电压的值 U_2 可以大于输入电压 U_1 的值；③ 由于电路中含有运算放大器，因此其频率特性（即 $H(\mathrm{j}\omega)$ 随 ω 变化的曲线）更接近于理想化的曲线。因为具有这些优点，所以它就把由 R,L,C 无源元件构成的无源滤波电路取而代之了。

习　题　十

10－1　图题 10－1 所示电路，求输出电压 u_o。$\left(答：\dfrac{R_4(R_1+R_2)}{R_1(R_3+R_4)}u_2-\dfrac{R_2}{R_1}u_1\right)$

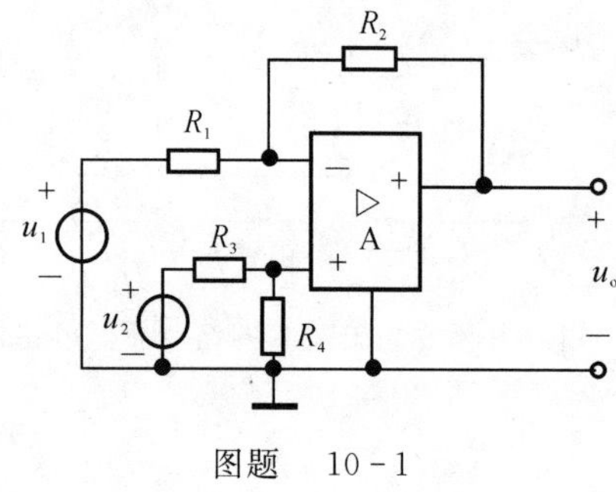

图题　10－1

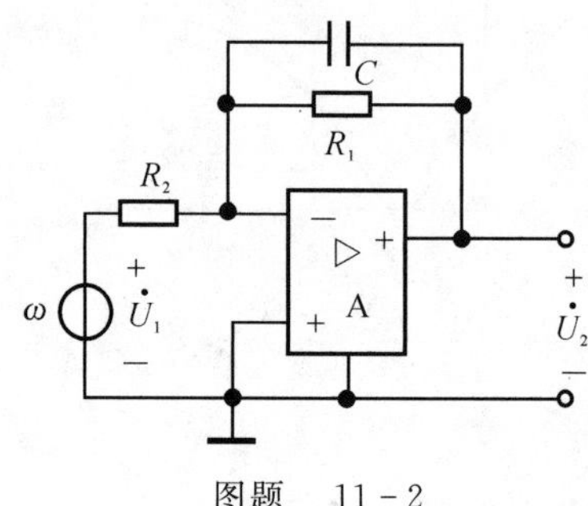

图题　11－2

10－2　图题 10－2 所示电路，求电压比$\dfrac{\dot{U}_2}{\dot{U}_1}$。$\left(答：\dfrac{-R_1}{R_2(1+\mathrm{j}\omega CR_1)}\right)$

10－3　求图题 10－3 所示两个电路的输入阻抗 $Z_{\mathrm{in}}=\dfrac{\dot{U}_1}{\dot{I}_1}$。$\left(答：R+\mathrm{j}\omega CR^2；R+\dfrac{1}{\mathrm{j}\omega\dfrac{L}{R^2}}\right)$

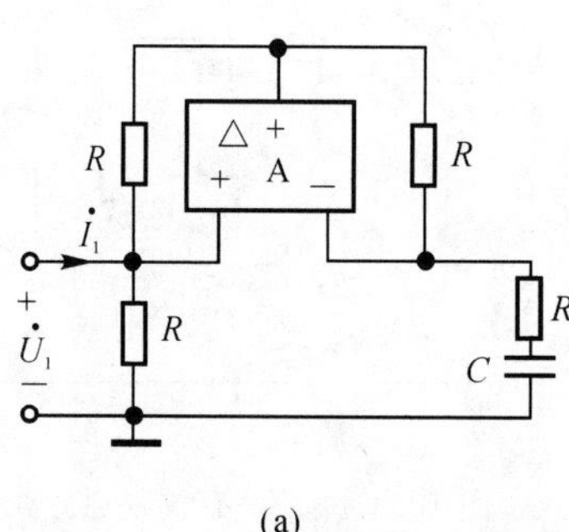

(a)

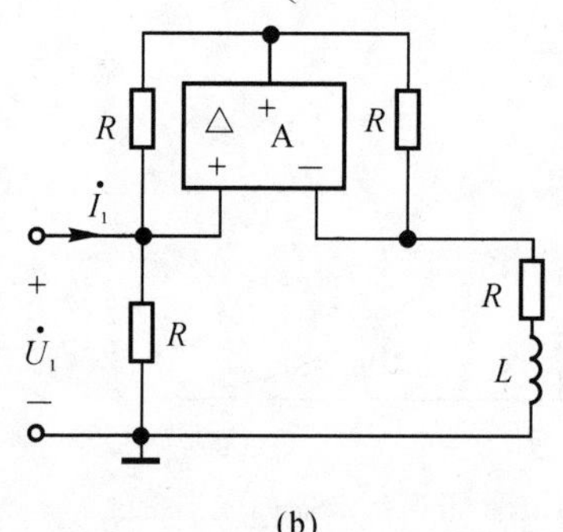

(b)

图题　10－3

10－4　图题 10－4 所示电路，求电压比$\dfrac{u_o}{u_S}$。$\left(答：\dfrac{R_2R_4}{R_1R_2+R_2R_3+R_3R_4}\right)$

10－5　图题 10－5 所示电路，$R_1=R_2=1\ \mathrm{k\Omega}$，$C_1=1\ \mu\mathrm{F}$，$C_2=0.01\ \mu\mathrm{F}$。求电压比$\dfrac{\dot{U}_2}{\dot{U}_1}$。$\left(答：-\dfrac{10^5+\mathrm{j}100\omega}{10^5+\mathrm{j}\omega}\right)$

10－6　图题10－6 所示电路，求电压比$\dfrac{\dot{U}_2}{\dot{U}_1}$。$\left(答：\dfrac{\dfrac{1}{R_1R_2C_1C_2}}{(\mathrm{j}\omega)^2+\mathrm{j}\omega\left(\dfrac{1}{R_1C_1}+\dfrac{1}{R_2C_1}\right)+\dfrac{1}{R_1R_2C_1C_2}}\right)$

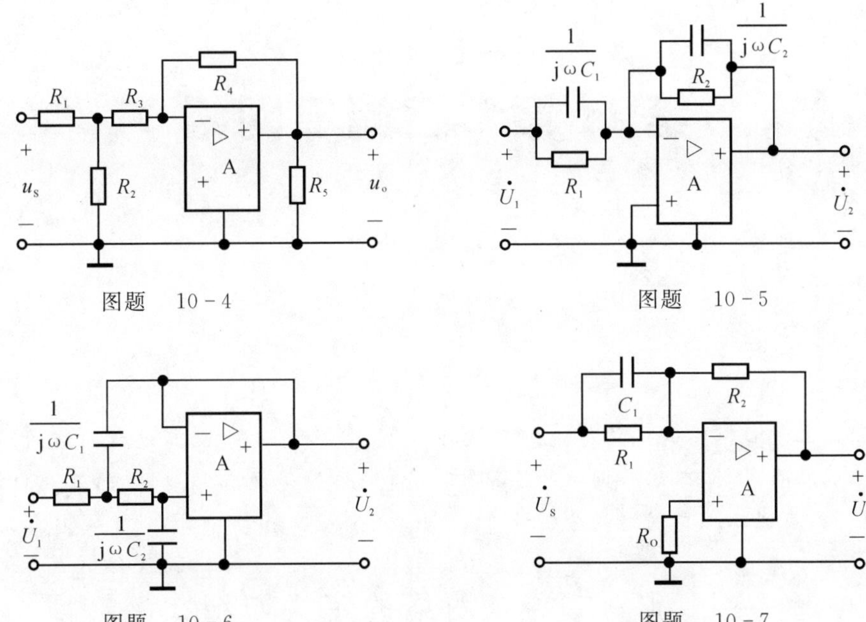

图题　10－4　　图题　10－5

图题　10－6　　图题　10－7

10－7　求图题 10－7 所示电路的电压比$\frac{\dot{U}_o}{\dot{U}_S}$。$\left(答:\frac{R_2(1+j\omega C_1 R_1)}{R_1}\right)$

10－8　图题 10－8 所示为微分电路与输入电压 $u_1(t)$ 的波形，画出 $u_2(t)$ 的波形。

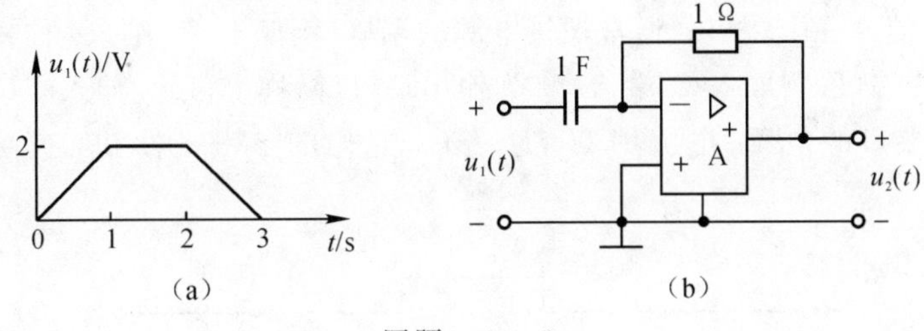

图题　10－8

10－9　图题 10－9 所示为积分电路与输入电压 $u_1(t)$ 的波形，画出 $u_2(t)$ 的波形。

10－10　图题 10－10 所示正弦稳态电路，已知 $u_1(t)=2\cos 2\,000t$ V，求 $u_2(t)$。[答:$4\sqrt{2}\cos(2\,000t+135^\circ)$ V]

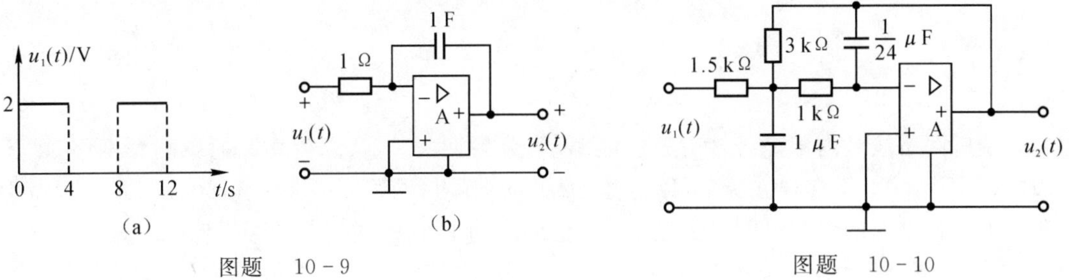

图题　10－9　　图题　10－10

第11章 二端口网络

内容提要

本章讲述二端口网络的定义与概念，二端口网络的方程与参数，二端口网络的网络函数，二端口网络的特性参数，二端口网络的连接，二端口网络的等效二端口网络，二端口元件及其端口伏安关系，有载二端口网络的分析计算。

11.1 二端口网络的定义与概念

一、定义

向外有两个端口的电路称为二端口电路，也称二端口网络，如图11.1.1所示。其中1，1′为一个端口，2，2′端为一个端口。通常把接电源的端口（例如1-1′端口）称为输入端口（简称入口），把接负载的端口（例如2-2′端口）称为输出端口（简称出口）。输入端口的电压、电流用$\dot{U}_1$，$\dot{I}_1$表示，输出端口的电压、电流用$\dot{U}_2$，$\dot{I}_2$表示，它们的参考极性和参考方向的规定如图中所示。

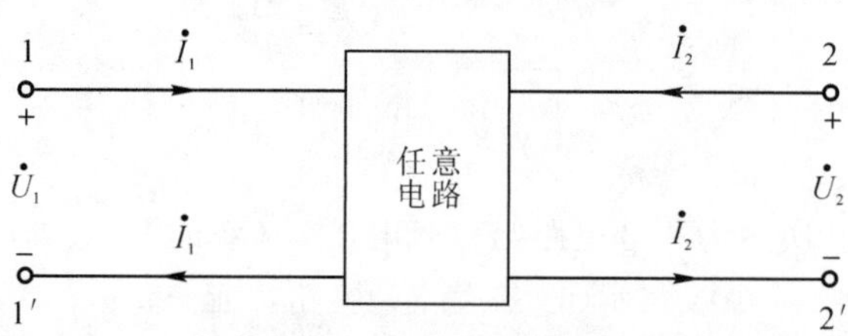

图11.1.1 二端口网络

二、分类

二端口网络按其内部是否含有独立电源，可分为两类。① 含独立源的二端口网络，如图11.1.2(a)所示；② 不含独立源（可以含受控源）的二端口网络，如图11.1.2(b)所示。本章中只研究不含独立源的二端口网络。以后，凡提到二端口网络，均指不含独立源的二端口网络。

三、端口观

对电路（即网络）进行研究和分析有三种观点（或称方法论）：

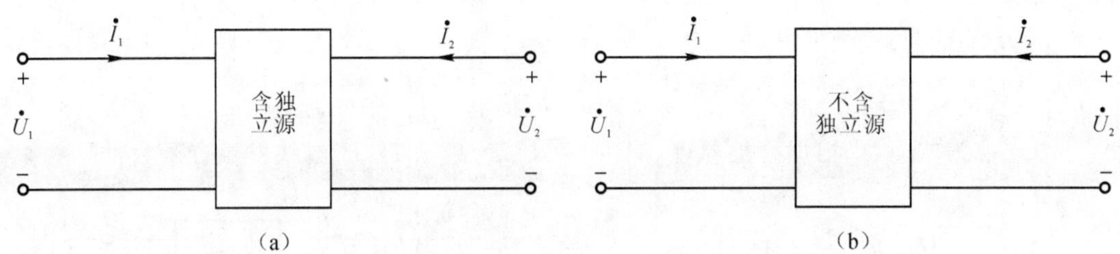

图 11.1.2　二端口网络的分类

(1) 网络观。网络观对电路中的每个支路电压和支路电流都予以关注和求解，像本书第 3 章和第 9 章中所讲述的电路分析方法，就是这种观点和方法论。采用这种观点和方法，能将电路中的每一个信息都直接地显现出来。

(2) 端口观。端口观只关注或着重关注的是电路的端口特性(外部特性)，即端口上的电压与电流之间的关系，而对网络内部的支路电压和支路电流并不关注。本章中对二端口网络的分析研究就是端口观的方法论。

(3) 状态观。状态观是以描述电路状态的状态变量为研究对象而对电路进行分析的方法论。例如物理学中的动能、动量都是描述物体运动状态的状态变量，从而导出了动能定理、动量定理、动量守恒定律，为物理问题的求解带来了极大的简便，并把物理学从宏观引入到深层次的微观。

四、多端网络的概念

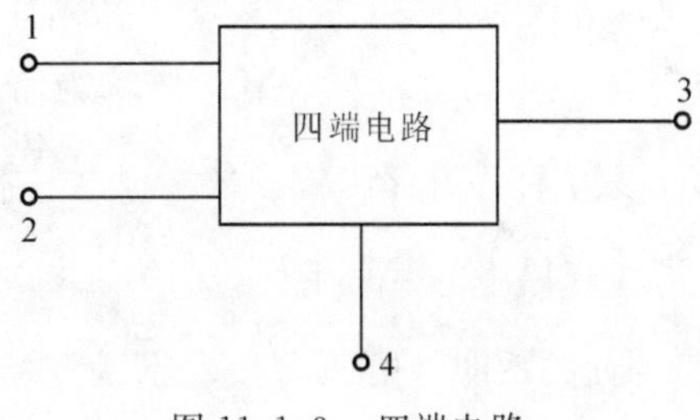

图 11.1.3　四端电路

若一个电路(或元件) 向外有 n(n 为大于 2 的正整数) 个端子，就称为 n 端电路或多端电路(元件)，运算放大器就是一个多端电路元件，图 11.1.3 所示为一个四端电路。需要注意，二端口网络是四端电路，但四端电路不一定是二端口网络。因为要使两个引出端构成一个端口，必须使这两个引出端满足“端口条件”，若不满足“端口条件”，就不能构成端口，所以四端网络不一定是二端口网络。

五、二端口网络的应用

二端口网络在电子工程中的应用十分广泛，有传输网络(对电信号进行传输)，滤波网络(起滤波作用)，匹配网络(起阻抗变换作用，使电路达到匹配工作状态)，相移网络(起相移作用)，衰减网络(起衰减作用) 等。这些应用就是研究二端口网络理论的工程背景。

11.2　二端口网络的方程与参数

描述 $\dot{U}_1$，$\dot{I}_1$，$\dot{U}_2$，$\dot{I}_2$ 电量之间关系的方程称为二端口网络的方程，方程中的系数称为二端口网络的参数。按不同的组合方式，二端口网络的方程有 6 组，因而其参数也相应有 6 种。

一、Z 方程与 Z 参数

(1) 方程的一般形式。图 11.2.1 所示网络，可将电流 $\dot{I}_1$，$\dot{I}_2$ 视为激励（$\dot{I}_1$，$\dot{I}_2$ 可用电流源替代），$\dot{U}_1$，$\dot{U}_2$ 视为响应，则根据叠加原理，响应 $\dot{U}_1$，$\dot{U}_2$ 为激励 $\dot{I}_1$，$\dot{I}_2$ 的线性组合函数，即

$$\left.\begin{aligned}\dot{U}_1 &= z_{11}\dot{I}_1 + z_{12}\dot{I}_2\\ \dot{U}_2 &= z_{21}\dot{I}_1 + z_{22}\dot{I}_2\end{aligned}\right\} \tag{11.2.1}$$

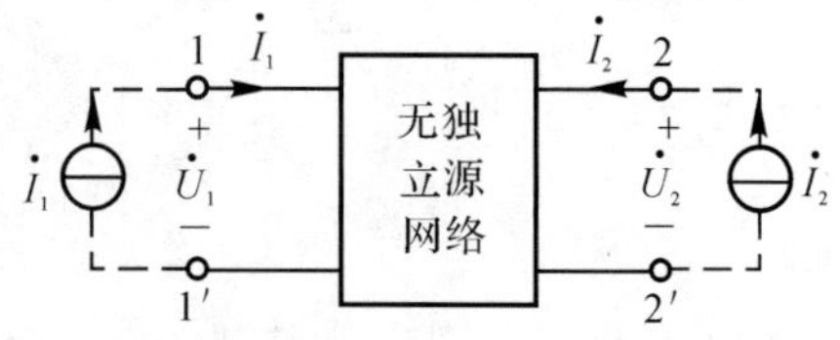

图 11.2.1　二端口网络

此方程称为二端口网络的阻抗方程，简称 Z 方程，其中的系数 z_{11}，z_{12}，z_{21}，z_{22} 具有阻抗的量纲，称为阻抗参数，简称 Z 参数，它只与网络的内部结构、元件值及电源频率 ω 有关，而与电源和负载无关，故可用来描述网络本身的特性。

(2) Z 参数的物理意义。由式(11.2.1) 可见，当输出端口开路，即 $\dot{I}_2=0$ 时，则有

$z_{11}=\left.\dfrac{\dot{U}_1}{\dot{I}_1}\right|_{\dot{I}_2=0}$，称为输出端口开路时输入端口的输入阻抗；

$z_{21}=\left.\dfrac{\dot{U}_2}{\dot{I}_1}\right|_{\dot{I}_2=0}$，称为输出端口开路时的转移阻抗。

同理，当输入端口开路，即 $\dot{I}_1=0$ 时，则有

$z_{12}=\left.\dfrac{\dot{U}_1}{\dot{I}_2}\right|_{\dot{I}_1=0}$，称为输入端口开路时的转移阻抗；

$z_{22}=\left.\dfrac{\dot{U}_2}{\dot{I}_2}\right|_{\dot{I}_1=0}$，称为输入端口开路时输出端口的输入阻抗。

Z 参数统称为开路阻抗参数。根据其物理意义，即可求得给定网络的 Z 参数。

(3) 网络的互易条件。当为互易网络时，根据互易定理一有 $\left.\dfrac{\dot{U}_1}{\dot{I}_2}\right|_{\dot{I}_1=0}=\left.\dfrac{\dot{U}_2}{\dot{I}_1}\right|_{\dot{I}_2=0}$，即有 $z_{12}=z_{21}$。此关系即为用 Z 参数表示的互易网络的条件。可见互易网络的 Z 参数中只有三个是独立的。

(4) 网络的对称条件。在 Z 参数中，若同时有 $z_{12}=z_{21}$，$z_{11}=z_{22}$，则称为在电性能上对称的二端口网络，简称对称二端口网络。其物理意义是，将两个端口 1-1′ 与 2-2′ 互换位置后与外电路连接，其端口特性保持不变。

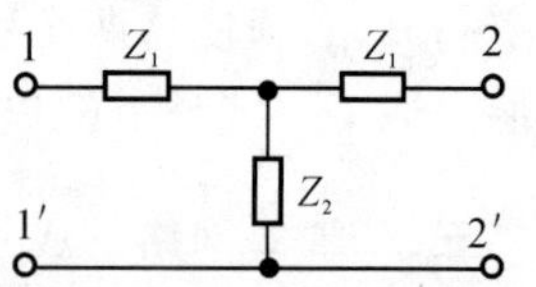

图 11.2.2　结构对称的网络

电路结构对称的二端口网络(见图 11.2.2) 必然同时有 $z_{12}=z_{21}$，$z_{11}=z_{22}$，即在电性能上也一定是对称的。但要注意，在电性能上对称，其电路结构不一定对称(参看例 11.2.5)。

对称二端口网络的 Z 参数中只有两个是独立的。

(5) Z 方程的矩阵形式。式(11.2.1) 可写成矩阵形式为

$$\begin{bmatrix}\dot{U}_1\\ \dot{U}_2\end{bmatrix}=\begin{bmatrix}z_{11} & z_{12}\\ z_{21} & z_{22}\end{bmatrix}\begin{bmatrix}\dot{I}_1\\ \dot{I}_2\end{bmatrix}$$

即

$$\dot{\boldsymbol{U}}=\boldsymbol{Z}\dot{\boldsymbol{I}} \tag{11.2.2}$$

其中 $\dot{\boldsymbol{U}}=\begin{bmatrix}\dot{U}_1\\ \dot{U}_2\end{bmatrix}$，$\dot{\boldsymbol{I}}=\begin{bmatrix}\dot{I}_1\\ \dot{I}_2\end{bmatrix}$，$\boldsymbol{Z}=\begin{bmatrix}z_{11} & z_{12}\\ z_{21} & z_{22}\end{bmatrix}$。**Z** 称为二端口网络的阻抗矩阵，简称 **Z** 矩阵。可见

互易网络的 $\boldsymbol{Z}$ 矩阵为一对称阵，对称网络的 $\boldsymbol{Z}$ 矩阵为交叉对称阵。

二、Y 方程与 Y 参数

将式(11.2.2) 对 $\dot{\boldsymbol{I}}$ 求解，若矩阵 $\boldsymbol{Z}$ 为非奇异，即 $\boldsymbol{Z}$ 的行列式 $|\boldsymbol{Z}|=z_{11}z_{22}-z_{12}z_{21}\neq 0$，则得

$$\dot{\boldsymbol{I}}=\boldsymbol{Z}^{-1}\dot{\boldsymbol{U}}=\boldsymbol{Y}\dot{\boldsymbol{U}} \tag{11.2.3}$$

即

$$\boldsymbol{Y}=\begin{bmatrix} y_{11} & y_{12} \\ y_{21} & y_{22} \end{bmatrix}=\begin{bmatrix} z_{11} & z_{12} \\ z_{21} & z_{22} \end{bmatrix}^{-1}=\begin{bmatrix} \dfrac{z_{22}}{|\boldsymbol{Z}|} & -\dfrac{z_{12}}{|\boldsymbol{Z}|} \\ -\dfrac{z_{21}}{|\boldsymbol{Z}|} & \dfrac{z_{11}}{|\boldsymbol{Z}|} \end{bmatrix} \tag{11.2.4}$$

$\boldsymbol{Y}$ 称为二端口网络的导纳矩阵，简称 $\boldsymbol{Y}$ 矩阵。$\boldsymbol{Y}$ 与 $\boldsymbol{Z}$ 互逆。于是式(11.2.3) 又可写为

$$\begin{bmatrix} \dot{I}_1 \\ \dot{I}_2 \end{bmatrix}=\begin{bmatrix} y_{11} & y_{12} \\ y_{21} & y_{22} \end{bmatrix}\begin{bmatrix} \dot{U}_1 \\ \dot{U}_2 \end{bmatrix}$$

即

$$\left.\begin{aligned} \dot{I}_1 &= y_{11}\dot{U}_1 + y_{12}\dot{U}_2 \\ \dot{I}_2 &= y_{21}\dot{U}_1 + y_{22}\dot{U}_2 \end{aligned}\right\} \tag{11.2.5}$$

此方程中 $\dot{U}_1,\dot{U}_2$ 为自变量，$\dot{I}_1,\dot{I}_2$ 为因变量，如图 11.2.3 所示，称为二端口网络的导纳方程，简称 Y 方程，其中的系数 $y_{11},y_{12},y_{21},y_{22}$ 具有导纳的量纲，称为导纳参数，简称 Y 参数。

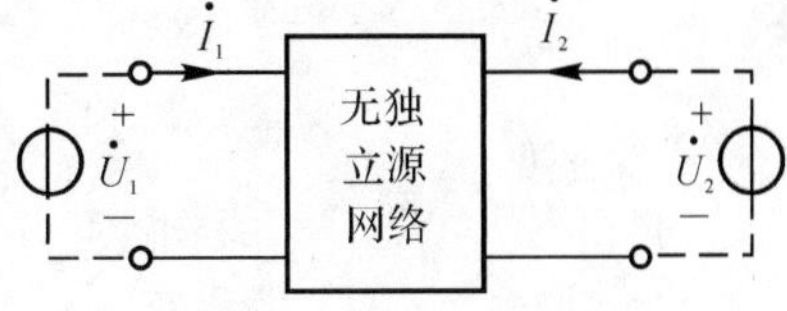

图 11.2.3　二端口网络

由式(11.2.4) 可得 Y 参数与 Z 参数的关系为

$$y_{11}=\frac{z_{22}}{|\boldsymbol{Z}|},\qquad y_{12}=-\frac{z_{12}}{|\boldsymbol{Z}|}$$

$$y_{21}=-\frac{z_{21}}{|\boldsymbol{Z}|},\qquad y_{22}=\frac{z_{11}}{|\boldsymbol{Z}|}$$

对于互易网络，因有 $z_{12}=z_{21}$，故有 $y_{12}=y_{21}$；对于对称网络，因有 $z_{12}=z_{21}$，$z_{11}=z_{22}$，故有 $y_{12}=y_{21}$，$y_{11}=y_{22}$。

由式(11.2.5) 可得 Y 参数的物理意义为：

$y_{11}=\left.\dfrac{\dot{I}_1}{\dot{U}_1}\right|_{\dot{U}_2=0}$，称为输出端口短路时输入端口的输入导纳；

$y_{21}=\left.\dfrac{\dot{I}_2}{\dot{U}_1}\right|_{\dot{U}_2=0}$，称为输出端口短路时的转移导纳；

$y_{12}=\left.\dfrac{\dot{I}_1}{\dot{U}_2}\right|_{\dot{U}_1=0}$，称为输入端口短路时的转移导纳；

$y_{22}=\left.\dfrac{\dot{I}_2}{\dot{U}_2}\right|_{\dot{U}_1=0}$，称为输入端口短路时输出端口的输入导纳。

它们统称为短路导纳参数。

需要指出，当 $\boldsymbol{Z}$ 为奇异，即当其行列式 $|\boldsymbol{Z}|=0$ 时，此时即不存在 $\boldsymbol{Y}$ 矩阵。这就是说，对同一个网络而言，这一种参数存在，但另一种参数则可能不存在。

三、A 方程与 B 方程

当研究电信号的传输问题时用 A 方程或 B 方程方便。

(1)A 方程。以 $\dot{U}_2,\dot{I}_2$ 为自变量，$\dot{U}_1,\dot{I}_1$ 为因变量，将式(11.1.1) 对 $\dot{U}_1,\dot{I}_1$ 求解，即得

$$\left.\begin{aligned}\dot{U}_1&=\frac{z_{11}}{z_{21}}\dot{U}_2+\frac{|\mathbf{Z}|}{z_{21}}(-\dot{I}_2)=a_{11}\dot{U}_2+a_{12}(-\dot{I}_2)\\\dot{I}_1&=\frac{1}{z_{21}}\dot{U}_2+\frac{z_{22}}{z_{21}}(-\dot{I}_2)=a_{21}\dot{U}_2+a_{22}(-\dot{I}_2)\end{aligned}\right\}\tag{11.2.6}$$

其中 $a_{11}=\dfrac{z_{11}}{z_{21}},\quad a_{12}=\dfrac{|\mathbf{Z}|}{z_{21}},\quad a_{21}=\dfrac{1}{z_{21}},\quad a_{22}=\dfrac{z_{22}}{z_{21}}$

式(11.2.6)称为 A 方程,其中的系数称为 A 参数。方程中 $\dot{I}_2$ 前面的"—"号,是因为 $\dot{I}_2$ 的参考方向被规定为流入网络而出现的。若将 $\dot{I}_2$ 的参考方向规定为流出网络,如图 11.2.4 所示,此时方程中 $\dot{I}_2$ 前面即应为"+"号。

由式(11.2.6)可得 A 参数的物理意义为:

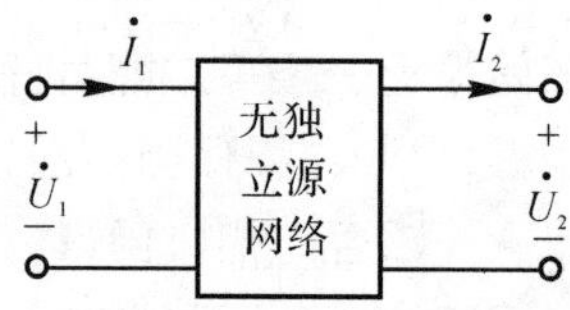

图 11.2.4 $\dot{I}_2$ 的参考方向改变

$a_{11}=\left.\dfrac{\dot{U}_1}{\dot{U}_2}\right|_{\dot{I}_2=0}$,为输出端口开路时的电压比;

$a_{21}=\left.\dfrac{\dot{I}_1}{\dot{U}_2}\right|_{\dot{I}_2=0}$,为输出端口开路时的转移导纳;

$a_{12}=\left.\dfrac{\dot{U}_1}{-\dot{I}_2}\right|_{\dot{U}_2=0}$,为输出端口短路时的转移阻抗;

$a_{22}=\left.\dfrac{\dot{I}_1}{-\dot{I}_2}\right|_{\dot{U}_2=0}$,为输出端口短路时的电流比。

将式(11.2.6)写成矩阵形式为

$$\begin{bmatrix}\dot{U}_1\\\dot{I}_1\end{bmatrix}=\begin{bmatrix}a_{11}&a_{12}\\a_{21}&a_{22}\end{bmatrix}\begin{bmatrix}\dot{U}_2\\-\dot{I}_2\end{bmatrix}=\mathbf{A}\begin{bmatrix}\dot{U}_2\\-\dot{I}_2\end{bmatrix}\tag{11.2.7}$$

其中 $\mathbf{A}=\begin{bmatrix}a_{11}&a_{12}\\a_{21}&a_{22}\end{bmatrix}$,称为 $\mathbf{A}$ 矩阵。

对于互易网络,因有 $z_{12}=z_{21}$,故有

$$|\mathbf{A}|=a_{11}a_{22}-a_{12}a_{21}=\frac{z_{11}z_{22}}{z_{21}^2}-\frac{z_{11}z_{22}-z_{12}z_{21}}{z_{21}^2}=1$$

即对于互易网络,A 参数中也只有三个独立。

若网络对称,因有 $z_{11}=z_{22}$,$z_{12}=z_{21}$,故有 $a_{11}=a_{22}$,$|\mathbf{A}|=1$。故对称二端口网络的 A 参数中也只有两个是独立的。

(2)B 方程。当信号反向传输时,以 $\dot{U}_1$,$\dot{I}_1$ 为自变量,$\dot{U}_2$,$\dot{I}_2$ 为因变量方便。由式(11.2.7)得

$$\begin{bmatrix}\dot{U}_2\\-\dot{I}_2\end{bmatrix}=\mathbf{A}^{-1}\begin{bmatrix}\dot{U}_1\\\dot{I}_1\end{bmatrix}=\begin{bmatrix}\dfrac{a_{22}}{|\mathbf{A}|}&-\dfrac{a_{12}}{|\mathbf{A}|}\\-\dfrac{a_{21}}{|\mathbf{A}|}&\dfrac{a_{11}}{|\mathbf{A}|}\end{bmatrix}\begin{bmatrix}\dot{U}_1\\\dot{I}_1\end{bmatrix}$$

即

$$\left.\begin{aligned}\dot{U}_2&=\frac{a_{22}}{|\mathbf{A}|}\dot{U}_1+\frac{a_{12}}{|\mathbf{A}|}(-\dot{I}_1)=b_{11}\dot{U}_1+b_{12}(-\dot{I}_1)\\\dot{I}_2&=\frac{a_{21}}{|\mathbf{A}|}\dot{U}_1+\frac{a_{11}}{|\mathbf{A}|}(-\dot{I}_1)=b_{21}\dot{U}_1+b_{22}(-\dot{I}_1)\end{aligned}\right\}\tag{11.2.8}$$

其中 $b_{11}=\dfrac{a_{22}}{|\mathbf{A}|}$,$b_{12}=\dfrac{a_{12}}{|\mathbf{A}|}$,$b_{21}=\dfrac{a_{21}}{|\mathbf{A}|}$,$b_{22}=\dfrac{a_{11}}{|\mathbf{A}|}$,称为 B 参数。式(11.2.8)称为 B 方程。

将式(11.2.8)写成矩阵形式为

$$\begin{bmatrix}\dot{U}_2\\ \dot{I}_2\end{bmatrix}=\begin{bmatrix}b_{11} & b_{12}\\ b_{21} & b_{22}\end{bmatrix}\begin{bmatrix}\dot{U}_1\\ -\dot{I}_1\end{bmatrix}=\boldsymbol{B}\begin{bmatrix}\dot{U}_1\\ -\dot{I}_1\end{bmatrix} \tag{11.2.9}$$

其中 $\boldsymbol{B}=\begin{bmatrix}b_{11} & b_{12}\\ b_{21} & b_{22}\end{bmatrix}$，称为 $\boldsymbol{B}$ 矩阵。

注意 $\boldsymbol{B}$ 与 $\boldsymbol{A}$ 不为互逆。

当为互易网络时，因有 $|\boldsymbol{A}|=1$，故得

$$\boldsymbol{B}=\begin{bmatrix}b_{11} & b_{12}\\ b_{21} & b_{22}\end{bmatrix}=\begin{bmatrix}a_{22} & a_{12}\\ a_{21} & a_{11}\end{bmatrix}$$

可见互易网络的 $\boldsymbol{B}$ 矩阵仅是 $\boldsymbol{A}$ 矩阵中的 a_{11} 与 a_{22} 互换了位置。同时看出，当为互易网络时，因有 $|\boldsymbol{A}|=1$，故必有

$$|\boldsymbol{B}|=b_{11}b_{22}-b_{12}b_{21}=1$$

即 B 参数中也只有三个独立。故互易网络的 B 方程又可写为

$$\left.\begin{aligned}\dot{U}_2&=a_{22}\dot{U}_1+a_{12}(-\dot{I}_1)\\ \dot{I}_2&=a_{21}\dot{U}_1+a_{11}(-\dot{I}_1)\end{aligned}\right\} \tag{11.2.10}$$

对于对称网络，因有 $a_{11}=a_{22}$，$|\boldsymbol{A}|=1$，故有 $b_{11}=b_{22}$，$|\boldsymbol{B}|=1$。故对称二端口网络的 B 参数中也只有两个独立。

四、H 方程与 G 方程

(1)H 方程。在分析低频晶体管电路时，以 $\dot{I}_1$，$\dot{U}_2$ 为自变量，$\dot{U}_1$，$\dot{I}_2$ 为因变量方便。这时可得 H 方程和 H 参数为

$$\left.\begin{aligned}\dot{U}_1&=h_{11}\dot{I}_1+h_{12}\dot{U}_2\\ \dot{I}_2&=h_{21}\dot{I}_1+h_{22}\dot{U}_2\end{aligned}\right\} \tag{11.2.11}$$

H 参数的物理意义如下：

$h_{11}=\left.\dfrac{\dot{U}_1}{\dot{I}_1}\right|_{\dot{U}_2=0}$，为输出端口短路时输入端口的输入阻抗；

$h_{21}=\left.\dfrac{\dot{I}_2}{\dot{I}_1}\right|_{\dot{U}_2=0}$，为输出端口短路时的电流比；

$h_{12}=\left.\dfrac{\dot{U}_1}{\dot{U}_2}\right|_{\dot{I}_1=0}$，为输入端口开路时的电压比；

$h_{22}=\left.\dfrac{\dot{I}_2}{\dot{U}_2}\right|_{\dot{I}_1=0}$，为输入端口开路时输出端口的输入导纳。

将式(11.2.11)写成矩阵形式为

$$\begin{bmatrix}\dot{U}_1\\ \dot{I}_2\end{bmatrix}=\begin{bmatrix}h_{11} & h_{12}\\ h_{21} & h_{22}\end{bmatrix}\begin{bmatrix}\dot{I}_1\\ \dot{U}_2\end{bmatrix}=\boldsymbol{H}\begin{bmatrix}\dot{I}_1\\ \dot{U}_2\end{bmatrix} \tag{11.2.12}$$

其中 $\boldsymbol{H}=\begin{bmatrix}h_{11} & h_{12}\\ h_{21} & h_{22}\end{bmatrix}$，称为 $\boldsymbol{H}$ 矩阵。

可以证明，当为互易网络时有 $h_{12}=-h_{21}$；当网络对称时有 $|\boldsymbol{H}|=h_{11}h_{22}-h_{12}h_{21}=1$，$h_{12}=-h_{21}$。

(2)G 方程。以 $\dot{U}_1$，$\dot{I}_2$ 为自变量，$\dot{I}_1$，$\dot{U}_2$ 为因变量，可得 G 方程和 G 参数为

$$\left.\begin{aligned}\dot{I}_1&=g_{11}\dot{U}_1+g_{12}\dot{I}_2\\ \dot{U}_2&=g_{21}\dot{U}_1+g_{22}\dot{I}_2\end{aligned}\right\} \tag{11.2.13}$$

写成矩阵形式为
$$\begin{bmatrix}\dot{I}_1\\ \dot{U}_2\end{bmatrix}=\boldsymbol{G}\begin{bmatrix}\dot{U}_1\\ \dot{I}_2\end{bmatrix}\tag{11.2.14}$$

其中 $\boldsymbol{G}=\begin{bmatrix}g_{11} & g_{12}\\ g_{21} & g_{22}\end{bmatrix}$,称为 $\boldsymbol{G}$ 矩阵。

比较式(11.2.12)和(11.2.14),可得 $\boldsymbol{G}=\boldsymbol{H}^{-1}$,$\boldsymbol{H}=\boldsymbol{G}^{-1}$。

可以证明,对于互易网络有 $g_{12}=-g_{21}$;对于对称网络有 $|\boldsymbol{G}|=g_{11}g_{22}-g_{12}g_{21}=1$,$g_{12}=-g_{21}$。

上面介绍了6种方程和参数,它们在描述网络本身特性方面是等价的,相互之间存在着互求关系,在分析问题时应选择其方便者用之。现将6种方程和参数汇总于表11.2.1中,以便查用和复习。

表11.2.1　二端口网络的方程与参数

参　数	网络方程	参数矩阵	互易网络的条件	对称网络的条件
Z 参数	$\dot{U}_1=z_{11}\dot{I}_1+z_{12}\dot{I}_2$ $\dot{U}_2=z_{21}\dot{I}_1+z_{22}\dot{I}_2$	$\boldsymbol{Z}=\begin{bmatrix}z_{11} & z_{12}\\ z_{21} & z_{22}\end{bmatrix}$	$z_{12}=z_{21}$	$z_{12}=z_{21}$ $z_{11}=z_{22}$
$\boldsymbol{Y}$ 参数	$\dot{I}_1=y_{11}\dot{U}_1+y_{12}\dot{U}_2$ $\dot{I}_2=y_{21}\dot{U}_1+y_{22}\dot{U}_2$	$\boldsymbol{Y}=\begin{bmatrix}y_{11} & y_{12}\\ y_{21} & y_{22}\end{bmatrix}$	$y_{12}=y_{21}$	$y_{12}=y_{21}$ $y_{11}=y_{22}$
$\boldsymbol{A}$ 参数	$\dot{U}_1=a_{11}\dot{U}_2+a_{12}(-\dot{I}_2)$ $\dot{I}_1=a_{21}\dot{U}_2+a_{22}(-\dot{I}_2)$	$\boldsymbol{A}=\begin{bmatrix}a_{11} & a_{12}\\ a_{21} & a_{22}\end{bmatrix}$	$\lvert\boldsymbol{A}\rvert=1$	$\lvert\boldsymbol{A}\rvert=1$ $a_{11}=a_{22}$
$\boldsymbol{B}$ 参数	$\dot{U}_2=b_{11}\dot{U}_1+b_{12}(-\dot{I}_1)$ $\dot{I}_2=b_{21}\dot{U}_1+b_{22}(-\dot{I}_1)$	$\boldsymbol{B}=\begin{bmatrix}b_{11} & b_{12}\\ b_{21} & b_{22}\end{bmatrix}$	$\lvert\boldsymbol{B}\rvert=1$	$\lvert\boldsymbol{B}\rvert=1$ $b_{11}=b_{22}$
$\boldsymbol{H}$ 参数	$\dot{U}_1=h_{11}\dot{I}_1+h_{12}\dot{U}_2$ $\dot{I}_2=h_{21}\dot{I}_1+h_{22}\dot{U}_2$	$\boldsymbol{H}=\begin{bmatrix}h_{11} & h_{12}\\ h_{21} & h_{22}\end{bmatrix}$	$h_{12}=-h_{21}$	$h_{12}=-h_{21}$ $\lvert\boldsymbol{H}\rvert=1$
$\boldsymbol{G}$ 参数	$\dot{I}_1=g_{11}\dot{U}_1+g_{12}\dot{I}_2$ $\dot{U}_2=g_{21}\dot{U}_1+g_{22}\dot{I}_2$	$\boldsymbol{G}=\begin{bmatrix}g_{11} & g_{12}\\ g_{21} & g_{22}\end{bmatrix}$	$g_{12}=-g_{21}$	$g_{12}=-g_{21}$ $\lvert\boldsymbol{G}\rvert=1$
说　明	① 对于一个具体网络,不一定每一种参数都存在。 ② 不同的参数有不同的实际应用。 ③ 各种参数之间可以相互等效变换(即互求)。 ④ 参数的求法,可根据物理意义用定义式求,也可直接列写网络方程,用对应项系数相等的方法求			

例 11.1.1　求图11.2.5所示网络的 Z 参数。

解　根据 Z 参数的物理意义可得

$$z_{11}=\frac{\dot{U}_1}{\dot{I}_1}\bigg|_{\dot{I}_2=0}=Z_1+Z_2,\quad z_{21}=\frac{\dot{U}_2}{\dot{I}_1}\bigg|_{\dot{I}_2=0}=Z_2$$

$$z_{12}=\frac{\dot{U}_1}{\dot{I}_2}\bigg|_{\dot{I}_1=0}=Z_2,\quad z_{22}=\frac{\dot{U}_2}{\dot{I}_2}\bigg|_{\dot{I}_1=0}=Z_2+Z_3$$

此题也可以根据直接写出二端口网络的方程来求。即

$$\dot{U}_1=Z_1\dot{I}_1+Z_2(\dot{I}_1+\dot{I}_2)=(Z_1+Z_2)\dot{I}_1+Z_2\dot{I}_2$$

$$\dot{U}_2=Z_3\dot{I}_2+Z_2(\dot{I}_1+\dot{I}_2)=Z_2\dot{I}_1+(Z_2+Z_3)\dot{I}_2$$

故得 $z_{11}=Z_1+Z_2$，$z_{12}=Z_2$，$z_{21}=Z_2$，$z_{22}=Z_2+Z_3$。可见，两种方法所得结果全同。

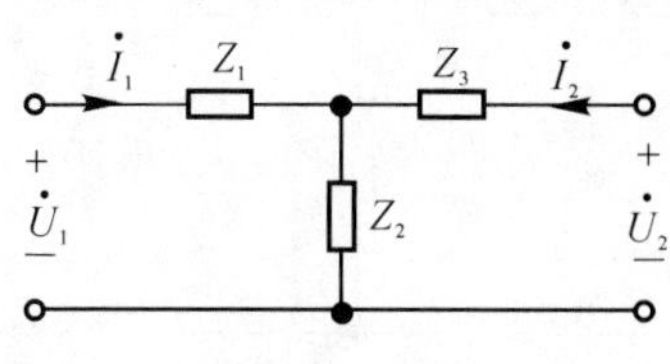

图 11.2.5　T 形网络

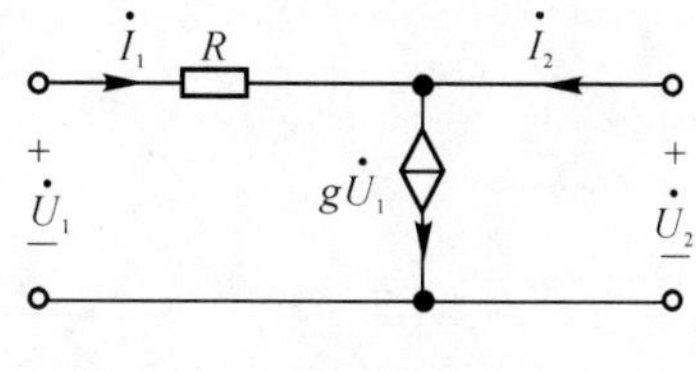

图　11.2.6

例 11.2.2　求图 11.2.6 所示网络的 Y 参数矩阵 $\boldsymbol{Y}$。

解

$$\dot{I}_1=\frac{1}{R}(\dot{U}_1-\dot{U}_2)=\frac{1}{R}\dot{U}_1-\frac{1}{R}\dot{U}_2$$

$$\dot{I}_2=g\dot{U}_1+\frac{1}{R}(\dot{U}_2-\dot{U}_1)=\left(g-\frac{1}{R}\right)\dot{U}_1+\frac{1}{R}\dot{U}_2$$

故得

$$\boldsymbol{Y}=\begin{bmatrix}\frac{1}{R} & -\frac{1}{R}\\ g-\frac{1}{R} & \frac{1}{R}\end{bmatrix}$$

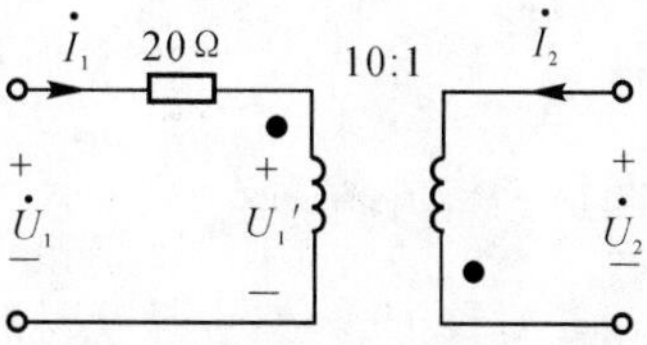

例 11.2.3　求图 11.2.7 所示网络的 H 参数矩阵 $\boldsymbol{H}$。

解

$$\dot{U}'_1=-10\dot{U}_2$$

$$\dot{U}_1=20\dot{I}_1+\dot{U}'_1=20\dot{I}_1+(-10)\dot{U}_2$$

$$\dot{I}_2=10\dot{I}_1+0\dot{U}_2$$

图　11.2.7

故得

$$\boldsymbol{H}=\begin{bmatrix}20 & -10\\ 10 & 0\end{bmatrix}$$

例 12.2.4　求图 11.2.8(a) 所示 T 形二端口网络的 A 参数。

解　根据 A 参数的物理意义求。当输出端口开路($\dot{I}_2=0$) 时，可得

$$a_{11}=\frac{\dot{U}_1}{\dot{U}_2}\bigg|_{\dot{I}_2=0}=\frac{(Z_1+Z_2)\dot{I}_1}{Z_2\dot{I}_1}=\frac{Z_1+Z_2}{Z_2}$$

$$a_{21}=\frac{\dot{I}_1}{\dot{U}_2}\bigg|_{\dot{I}_2=0}=\frac{\dot{I}_1}{Z_2\dot{I}_1}=\frac{1}{Z_2}$$

当输出端口短路($\dot{U}_2=0$) 时，如图 11.2.8(b) 所示，可得

$$a_{22}=\frac{\dot{I}_1}{-\dot{I}_2}\bigg|_{\dot{U}_2=0}=\frac{\dot{I}_1}{\frac{Z_2}{Z_2+Z_3}\dot{I}_1}=\frac{Z_2+Z_3}{Z_2}$$

又因

$$\dot{I}_1=\frac{\dot{U}_1}{Z_1+\frac{Z_2Z_3}{Z_2+Z_3}},\quad -\dot{I}_2=\frac{Z_2}{Z_2+Z_3}\dot{I}_1=\frac{Z_2\dot{U}_1}{Z_1Z_2+Z_2Z_3+Z_3Z_1}$$

故

$$a_{12}=\frac{\dot{U}_1}{-\dot{I}_2}\bigg|_{\dot{U}_2=0}=\frac{Z_1Z_2+Z_2Z_3+Z_3Z_1}{Z_2}$$

讨论：当 $Z_1=Z_3$（即网络对称）时，有

$$a_{11}=\frac{Z_1+Z_2}{Z_2},\quad a_{21}=\frac{1}{Z_2}$$

$$a_{12}=\frac{2Z_1Z_2+Z_1^2}{Z_2},\quad a_{22}=\frac{Z_1+Z_2}{Z_2}$$

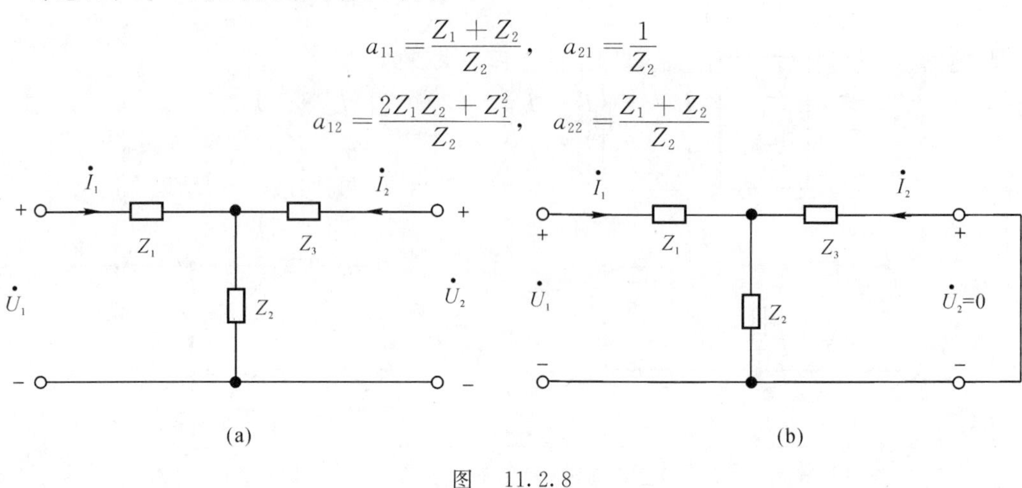

图 11.2.8

例 11.2.5 求图 11.2.9 所示二端口网络的 Z 参数矩阵 $\mathbf{Z}$，并说明其对称性和互易性。

解
$$I_1=\frac{1}{24}U_1+\frac{U_1-\varphi}{12},\quad I_2=\frac{1}{12}\varphi+\frac{\varphi-U_1}{12},\quad \varphi=-3I_2+U_2$$

以上 3 式联立求解，消去中间变量并整理，得

$$U_1=12I_1+6I_2,\quad U_2=6I_1+12I_2$$

故得 Z 参数矩阵为 $\mathbf{Z}=\begin{bmatrix}z_{11} & z_{12}\\ z_{21} & z_{22}\end{bmatrix}=\begin{bmatrix}12 & 6\\ 6 & 12\end{bmatrix}\ \Omega$，即有 $z_{11}=z_{22}=12\ \Omega$，$z_{12}=z_{21}=6\ \Omega$，这说明网络是对称的，当然也是互易的。

此题的网络在结构上并不对称，但在电性能上是对称的。

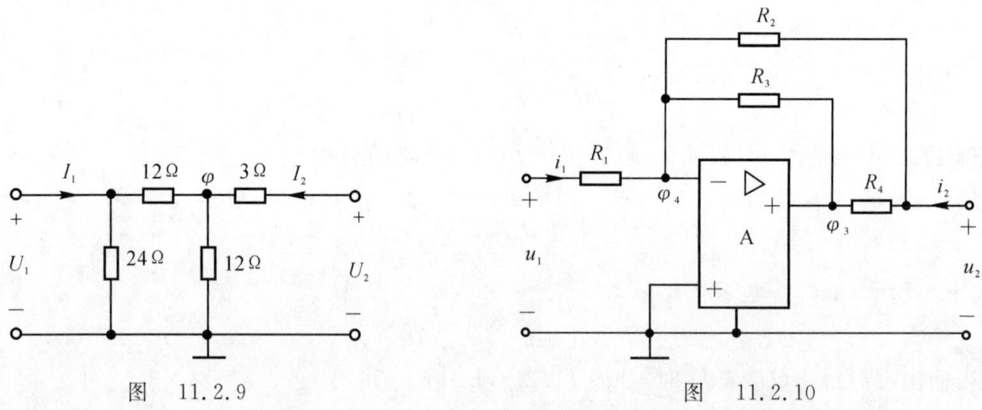

图 11.2.9　　　　图 11.2.10

例 11.2.6 求图 11.2.10 所示二端口网络的 Y 参数矩阵 $\mathbf{Y}$ 和 H 参数矩阵 $\mathbf{H}$。

解 (1) 求 $\mathbf{Y}$

$$i_1=\frac{u_1}{R_1} \tag{①}$$

$$i_2=\frac{u_2}{R_2}+\frac{u_2-\varphi_3}{R_4} \tag{②}$$

$$\frac{u_1}{R_1}+\frac{u_2}{R_2}+\frac{\varphi_3}{R_3}=0$$

得 $\varphi_3=-\frac{R_3}{R_1}u_1-\frac{R_3}{R_2}u_2$，代入式 ②，得

$$i_2=\frac{R_3}{R_1R_4}u_1+\left(\frac{R_3}{R_2R_4}+\frac{1}{R_2}+\frac{1}{R_4}\right)u_2 \qquad ③$$

故得
$$\boldsymbol{Y}=\begin{bmatrix}\frac{1}{R_1} & 0\\ \frac{R_3}{R_1R_4} & \frac{R_3}{R_2R_4}+\frac{1}{R_2}+\frac{1}{R_4}\end{bmatrix}$$

(2) 求 $\boldsymbol{H}$

$$u_1=R_1i_1+0u_2$$

代入式 ③，有

$$i_2=\frac{R_3}{R_4}i_1+\left(\frac{R_3}{R_2R_4}+\frac{1}{R_2}+\frac{1}{R_4}\right)u_2$$

故得
$$\boldsymbol{H}=\begin{bmatrix}R_1 & 0\\ \frac{R_3}{R_4} & \frac{R_3}{R_2R_4}+\frac{1}{R_2}+\frac{1}{R_4}\end{bmatrix}$$

五、思考与练习

11.2.1 求图 11.2.11 所示各二端口网络的 Z,Y,A 参数。(答：$\boldsymbol{Z}=\begin{bmatrix}Z_1+Z_2 & Z_2\\ Z_2 & Z_2\end{bmatrix}$，$\boldsymbol{Y}=\begin{bmatrix}\frac{1}{Z_1} & -\frac{1}{Z_1}\\ -\frac{1}{Z_1} & \frac{Z_1+Z_2}{Z_1Z_2}\end{bmatrix}$，$\boldsymbol{A}=\begin{bmatrix}\frac{Z_1+Z_2}{Z_2} & Z_1\\ \frac{1}{Z_1} & 1\end{bmatrix}$；$\boldsymbol{Z}=\begin{bmatrix}Z_1 & Z_1\\ Z_1 & Z_1+Z_2\end{bmatrix}$，$\boldsymbol{Y}=\begin{bmatrix}\frac{Z_1+Z_2}{Z_1Z_2} & -\frac{1}{Z_2}\\ -\frac{1}{Z_2} & \frac{1}{Z_2}\end{bmatrix}$，$\boldsymbol{A}=\begin{bmatrix}1 & Z_2\\ \frac{1}{Z_1} & \frac{Z_1+Z_2}{Z_1}\end{bmatrix}$)

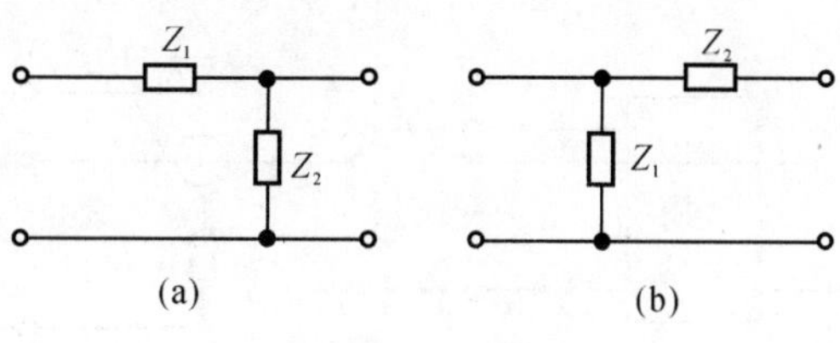

图　11.2.11

11.2.2 求图 11.2.12 所示各二端口网络的 A 参数。$\left(\text{答：}\boldsymbol{A}=\begin{bmatrix}-1 & -2Z\\ 0 & -1\end{bmatrix}；\boldsymbol{A}=\begin{bmatrix}n & 0\\ 0 & \frac{1}{n}\end{bmatrix}；\boldsymbol{A}=\begin{bmatrix}1 & Z\\ 0 & 1\end{bmatrix}\right)$

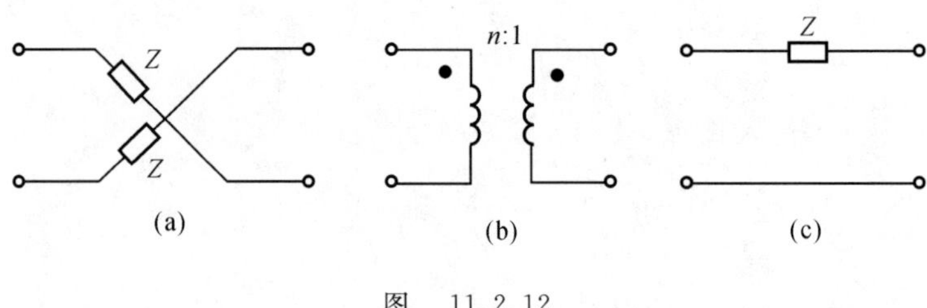

图 11.2.12

11.2.3 求图 11.2.13 所示二端口网络的 H 参数。$\left\{答:\boldsymbol{H}=\begin{bmatrix}\frac{1}{8}-\mathrm{j}\frac{1}{8}\ \Omega & -\frac{1}{8}\\ \frac{1}{8} & -\mathrm{j}\frac{1}{8}\ \mathrm{S}\end{bmatrix}\right\}$

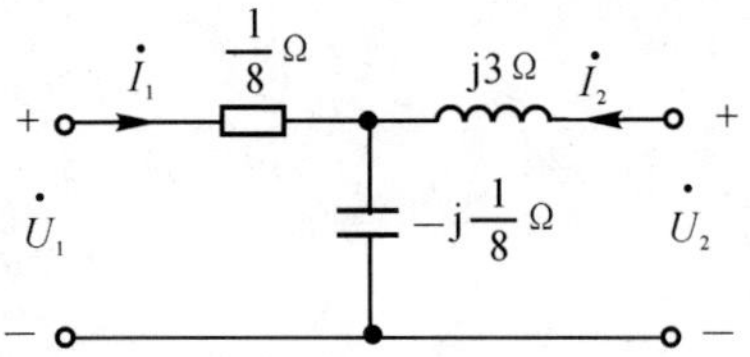

图 11.2.13

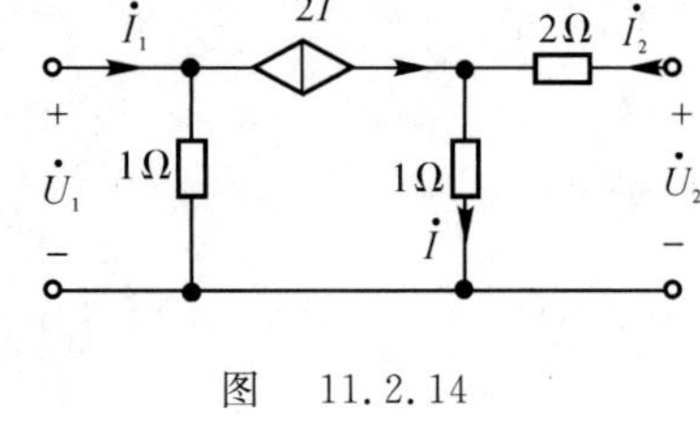

图 11.2.14

11.2.4 求图 11.2.14 所示二端口网络的 Z 和 Y 参数。$\left\{答:\begin{bmatrix}1 & 2\\ 0 & 1\end{bmatrix}\Omega,\begin{bmatrix}1 & -2\\ 0 & 1\end{bmatrix}\mathrm{S}\right\}$

11.2.5 求图 11.2.15 所示各二端口网络的 A 参数矩阵 $\boldsymbol{A}$。$\left\{答:\begin{bmatrix}\frac{1}{1-\mu} & 0\\ 0 & 1\end{bmatrix},\begin{bmatrix}1 & 0\\ 0 & 1-\alpha\end{bmatrix}\right\}$

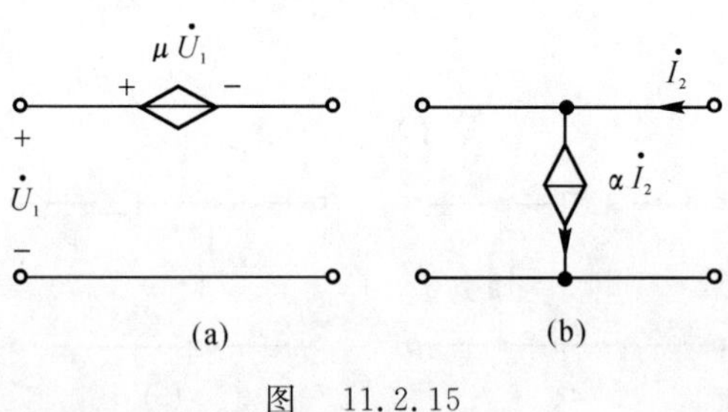

图 11.2.15

11.3 二端口网络的网络函数

前面引入的 6 种网络参数描述了网络本身的特性,与负载和电源无关。但在实际使用时,网络总是接有电源和负载。因此,我们还必须研究网络在接有电源和负载时响应与激励的关系,这些关系统称为网络函数。频域网络函数定义为响应相量与激励相量之比,即

$$网络函数 = \frac{响应相量}{激励相量}$$

网络函数分两类，一类是响应与激励在同一端口，称为策动点函数；另一类是响应与激励在不同端口，称为转移函数(或传输函数)。这些网络函数可用任何一种网络参数表示，下面以 A 参数为例来研究。

一、策动点函数

(1) 输入阻抗。二端口网络的输出端口接以负载 Z_L，如图 11.3.1(a) 所示，则输入阻抗为

$$Z_{in} = \frac{\dot{U}_1}{\dot{I}_1} = \frac{a_{11}\dot{U}_2 + a_{12}(-\dot{I}_2)}{a_{21}\dot{U}_2 + a_{22}(-\dot{I}_2)} = \frac{a_{11}\dfrac{\dot{U}_2}{(-\dot{I}_2)} + a_{12}}{a_{21}\dfrac{\dot{U}_2}{(-\dot{I}_2)} + a_{22}} = \frac{a_{11}Z_L + a_{12}}{a_{21}Z_L + a_{22}} \tag{11.3.1}$$

一般情况下 $Z_L \neq Z_{in}$，这说明二端口网络具有阻抗变换作用。

引入 Z_{in} 后，就可以作出二端口网络输入端口的等效电路，如图 11.3.1(b) 所示。根据此电路可求输入端口的 $\dot{U}_1$，$\dot{I}_1$，输入端口吸收的功率 $P_1 = \text{Re}[\dot{U}_1 \overset{*}{\dot{I}}_1]$ 和电源 $\dot{U}_S$ 发出的功率 $P_S = \text{Re}[\dot{U}_S \overset{*}{\dot{I}}_1]$。

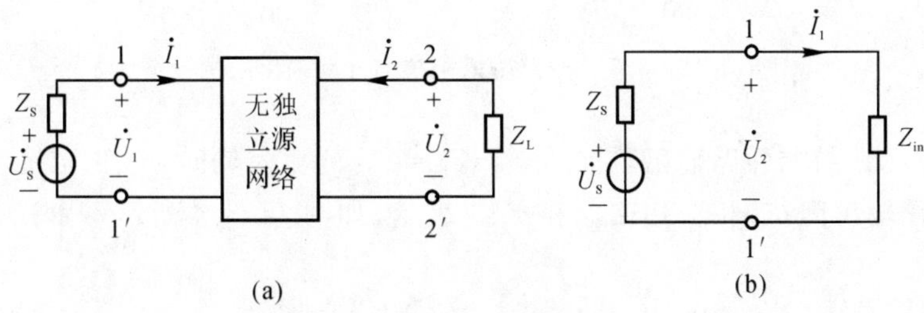

图 11.3.1　输入阻抗

(2) 输出阻抗。若将阻抗 Z_S 接在输入端口，如图 11.3.2(a) 所示，则输出阻抗为

$$Z_{out} = \frac{\dot{U}_2}{\dot{I}_2} = \frac{\dfrac{a_{22}}{|\boldsymbol{A}|}\dot{U}_1 + \dfrac{a_{12}}{|\boldsymbol{A}|}(-\dot{I}_1)}{\dfrac{a_{21}}{|\boldsymbol{A}|}\dot{U}_1 + \dfrac{a_{22}}{|\boldsymbol{A}|}(-\dot{I}_1)}$$

对于互易网络，因有 $|\boldsymbol{A}| = 1$，上式变为

$$Z_{out} = \frac{\dot{U}_2}{\dot{I}_2} = \frac{a_{22}\dot{U}_1 + a_{12}(-\dot{I}_1)}{a_{21}\dot{U}_1 + a_{11}(-\dot{I}_1)} = \frac{a_{22}\dfrac{\dot{U}_1}{(-\dot{I}_1)} + a_{12}}{a_{21}\dfrac{\dot{U}_1}{(-\dot{I}_1)} + a_{11}} = \frac{a_{22}Z_S + a_{12}}{a_{21}Z_S + a_{11}} \tag{11.3.2}$$

引入 Z_{out} 后，就可以作出输出端口的等效电路，如图 11.3.2(b) 所示。根据此电路可求输出端口的 $\dot{U}_2$，$\dot{I}_2$，Z_L 吸收的功率 P_L，等效电压源 $\dot{U}_{2OC}$ 发出的功率。图中 $\dot{U}_{2OC}$ 为 2 - 2′ 端口的开路电压。

(3) 开路输入阻抗与开路输出阻抗。$Z_L \to \infty$，$Z_S \to \infty$ 时的输入阻抗与输出阻抗，分别称为开路输入阻抗与开路输出阻抗，相应用 $Z_{in\infty}$ 和 $Z_{out\infty}$ 表示，如图 11.3.3 所示。由式(11.3.1)和式(11.3.2)得

$$\left.\begin{aligned} Z_{\text{in}\infty} &= \frac{a_{11}}{a_{21}} \\ Z_{\text{out}\infty} &= \frac{a_{22}}{a_{21}} \end{aligned}\right\} \tag{11.3.3}$$

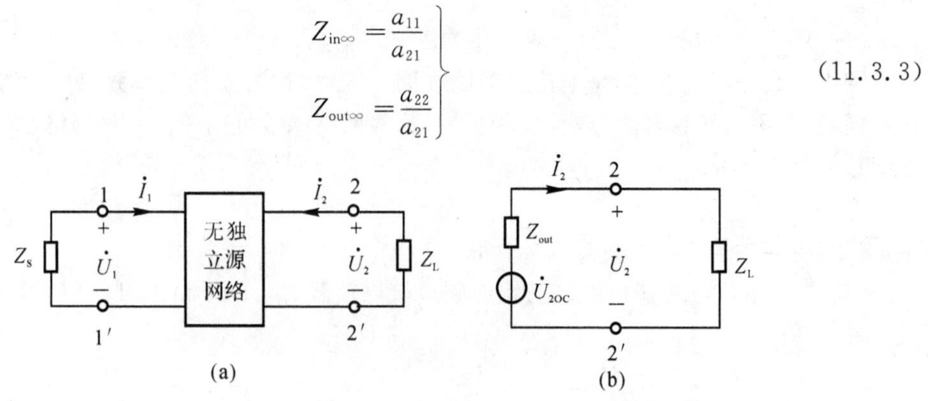

图 11.3.2 输出阻抗

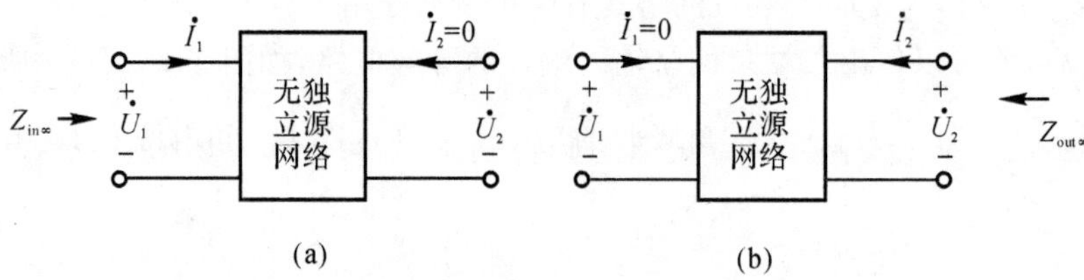

图 11.3.3 开路输入阻抗与开路输出阻抗

(4) 短路输入阻抗与短路输出阻抗。$Z_L=Z_S=0$ 时的输入阻抗与输出阻抗，分别称为短路输入阻抗与短路输出阻抗，相应用 Z_{in0} 和 Z_{out0} 表示，如图 11.3.4 所示。由式(11.3.1) 和式(11.3.2) 得

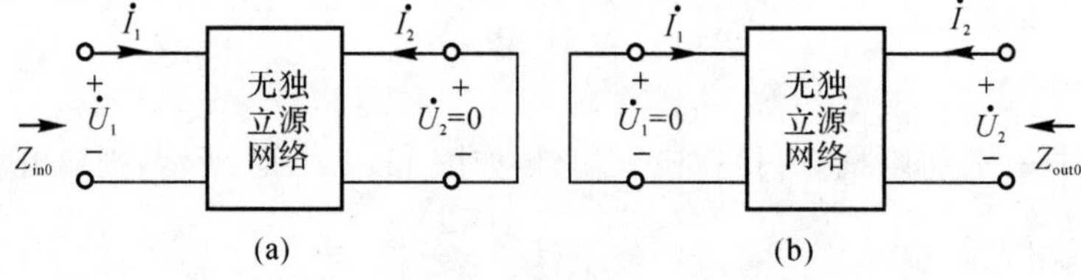

图 11.3.4 短路输入阻抗与短路输出阻抗

$$\left.\begin{aligned} Z_{\text{in0}} &= \frac{a_{12}}{a_{22}} \\ Z_{\text{out0}} &= \frac{a_{12}}{a_{11}} \end{aligned}\right\} \tag{11.3.4}$$

二、转移函数(传输函数)

转移函数共有 4 个：电压比函数，电流比函数，转移阻抗函数，转移导纳函数。电压比函数与电流比函数分别定义为

$$H(\mathrm{j}\omega)=\frac{\dot{U}_2}{\dot{U}_1}=\frac{\dot{U}_2}{a_{11}\dot{U}_2+a_{12}(-\dot{I}_2)}=\frac{\dfrac{\dot{U}_2}{(-\dot{I}_2)}}{a_{11}\dfrac{\dot{U}_2}{(-\dot{I}_2)}+a_{12}}=\frac{Z_L}{a_{11}Z_L+a_{12}} \tag{11.3.5}$$

$$H(\mathrm{j}\omega)=\frac{\dot{I}_2}{\dot{I}_1}=\frac{\dot{I}_2}{a_{21}\dot{U}_2+a_{22}(-\dot{I}_2)}=\frac{-1}{a_{21}\dfrac{\dot{U}_2}{(-\dot{I}_2)}+a_{22}}=\frac{-1}{a_{21}Z_{\mathrm{L}}+a_{22}}\tag{11.3.6}$$

现将电压比函数的物理意义说明如下：

$$H(\mathrm{j}\omega)=|H(\mathrm{j}\omega)|\mathrm{e}^{\mathrm{j}\varphi(\omega)}=\frac{\dot{U}_2}{\dot{U}_1}=\frac{U_2\mathrm{e}^{\mathrm{j}\psi_{u2}}}{U_1\mathrm{e}^{\mathrm{j}\psi_{u1}}}=\frac{U_2}{U_1}\mathrm{e}^{\mathrm{j}(\psi_{u2}-\psi_{u1})}$$

其中 $|H(\mathrm{j}\omega)|=\dfrac{U_2}{U_1}$，为输出端口电压与输入端口电压有效值之比，称为模频特性；$\varphi(\omega)=\psi_{u2}-\psi_{u1}$，为 $\dot{U}_2$ 超前 $\dot{U}_1$ 的相位差，称为相频特性。模频特性与相频特性统称为频率特性或频率响应。

$Z_{\mathrm{L}}\to\infty$ 时的电压比函数，称为开路电压比函数。根据式(11.3.5)可得开路电压比函数为

$$H(\mathrm{j}\omega)=\frac{1}{a_{11}}$$

此式十分有用。

转移阻抗函数(用 Z_{T} 表示)和转移导纳函数(用 Y_{T} 表示)分别定义为

$$Z_{\mathrm{T}}=\frac{\dot{U}_2}{\dot{I}_1}=\frac{\dot{U}_2}{a_{21}\dot{U}_2+a_{22}(-\dot{I}_2)}=\frac{\dfrac{\dot{U}_2}{(-\dot{I}_2)}}{a_{21}\dfrac{\dot{U}_2}{(-\dot{I}_2)}+a_{22}}=\frac{Z_{\mathrm{L}}}{a_{21}Z_{\mathrm{L}}+a_{22}}$$

$$Y_{\mathrm{T}}=\frac{\dot{I}_2}{\dot{U}_1}=\frac{\dot{I}_2}{a_{11}\dot{U}_2+a_{12}(-\dot{I}_2)}=\frac{-1}{a_{11}\dfrac{\dot{U}_1}{(-\dot{I}_2)}+a_{12}}=\frac{-1}{a_{11}Z_{\mathrm{L}}+a_{12}}$$

注意：Y_{T} 与 Z_{T} 之间不存在互倒关系，即

$$Z_{\mathrm{T}}Y_{\mathrm{T}}=\frac{\dot{U}_2}{\dot{I}_1}\times\frac{\dot{I}_2}{\dot{U}_1}\neq 1$$

现将二端口网络函数的定义与计算公式汇总于表 11.3.1 中，以便查用和复习。

表 11.3.1　二端口网络函数的定义与计算公式(用 A 参数表示)

<table>
<tr><th>网　络</th><th>网络函数的定义与计算公式</th></tr>
<tr><td rowspan="6">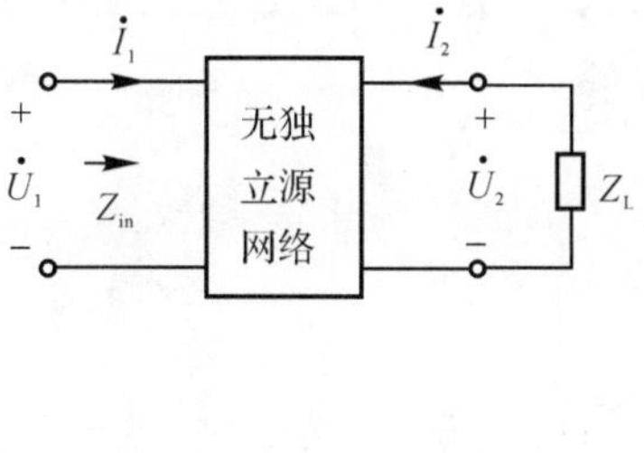
</td><td>输入阻抗 $Z_{\mathrm{in}}=\dfrac{\dot{U}_1}{\dot{I}_1}=\dfrac{a_{11}Z_{\mathrm{L}}+a_{12}}{a_{21}Z_{\mathrm{L}}+a_{22}}$</td></tr>
<tr><td>输入导纳 $Y_{\mathrm{in}}=\dfrac{1}{Z_{\mathrm{in}}}$</td></tr>
<tr><td>电压比 $H(\mathrm{j}\omega)=\dfrac{\dot{U}_2}{\dot{U}_1}=\dfrac{Z_{\mathrm{L}}}{a_{11}Z_{\mathrm{L}}+a_{12}}$</td></tr>
<tr><td>电流比 $H(\mathrm{j}\omega)=\dfrac{\dot{I}_2}{\dot{I}_1}=\dfrac{-1}{a_{21}Z_{\mathrm{L}}+a_{22}}$</td></tr>
<tr><td>转移阻抗 $Z_{\mathrm{T}}=\dfrac{\dot{U}_2}{\dot{I}_1}=\dfrac{Z_{\mathrm{L}}}{a_{21}Z_{\mathrm{L}}+a_{22}}$</td></tr>
<tr><td>转移导纳 $Y_{\mathrm{T}}=\dfrac{\dot{I}_2}{\dot{U}_1}=\dfrac{-1}{a_{11}Z_{\mathrm{L}}+a_{12}}$</td></tr>
</table>

续 表

网　络	网络函数的定义与计算公式
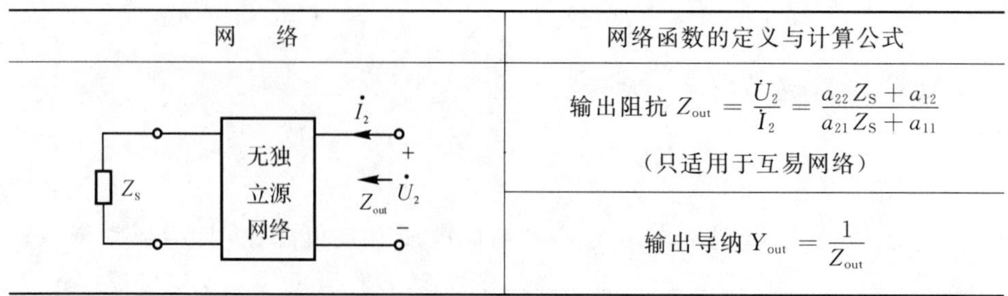	输出阻抗 $Z_{out}=\dfrac{\dot U_2}{\dot I_2}=\dfrac{a_{22}Z_S+a_{12}}{a_{21}Z_S+a_{11}}$ (只适用于互易网络)
	输出导纳 $Y_{out}=\dfrac{1}{Z_{out}}$

例 11.3.1　图 11.3.5 所示网络,已知 $\dot U_S=10\angle 0°$ V,$\omega=10^5$ rad/s,$C=0.01$ μF,$L=10$ mH,$R_L=1\,000$ Ω。求电流 $\dot I_2$。

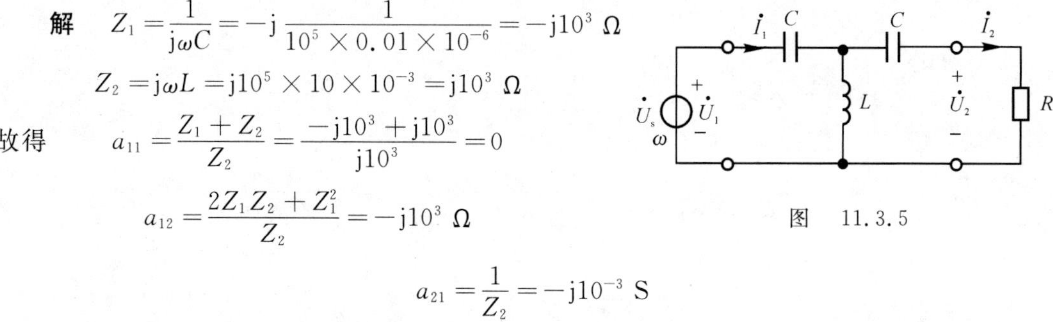

图　11.3.5

解　$Z_1=\dfrac{1}{j\omega C}=-j\dfrac{1}{10^5\times 0.01\times 10^{-6}}=-j10^3$ Ω

$$Z_2=j\omega L=j10^5\times 10\times 10^{-3}=j10^3\ \Omega$$

故得　$a_{11}=\dfrac{Z_1+Z_2}{Z_2}=\dfrac{-j10^3+j10^3}{j10^3}=0$

$$a_{12}=\frac{2Z_1Z_2+Z_1^2}{Z_2}=-j10^3\ \Omega$$

$$a_{21}=\frac{1}{Z_2}=-j10^{-3}\ \text{S}$$

因网络对称,故有 $a_{22}=a_{11}=0$。由式(12.3.5)得

$$H(j\omega)=\frac{\dot U_2}{\dot U_1}=\frac{R_L}{a_{11}R_L+a_{12}}=\frac{1\,000}{0-j1\,000}=j1$$

故

$$\dot U_2=H(j\omega)\dot U_1=j1\times\dot U_S=j10\ \text{V}$$

$$\dot I_2=\frac{\dot U_2}{R_L}=\frac{j10}{1\,000}\ \text{A}=j0.01\ \text{A}$$

例 11.3.2　求图 11.3.6(a) 所示网络的开路电压比 $H(j\omega)=\dfrac{\dot U_2}{\dot U_1}$。

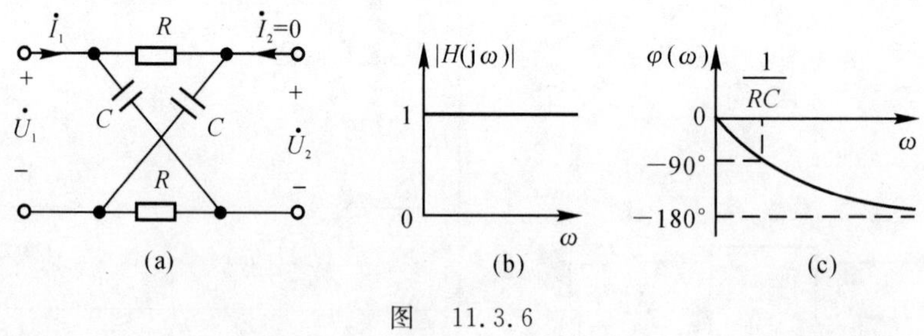

图　11.3.6

解　可求得参数 a_{11} 为

$$a_{11}=\frac{\dot U_1}{\dot U_2}=\frac{R+\dfrac{1}{j\omega C}}{\dfrac{1}{j\omega C}-R}=\frac{1+j\omega RC}{1-j\omega RC}$$

故得开路电压比为

$$H(\mathrm{j}\omega)=|H(\mathrm{j}\omega)|\mathrm{e}^{\mathrm{j}\varphi(\omega)}=\frac{1}{a_{11}}=\frac{1-\mathrm{j}\omega RC}{1+\mathrm{j}\omega RC}=1\times\mathrm{e}^{-\mathrm{j}2\arctan\omega RC}$$

故得模和辐角为

$$|H(\mathrm{j}\omega)|=1$$

$$\varphi(\omega)=-2\arctan\omega RC$$

其模频和相频特性分别如图 11.3.6(b)(c) 所示。可见该网络对任何频率的电信号都能均匀地通过，只是对不同频率的电信号产生了不同的相移。这种网络称为全通网络。

例 11.3.3　图 11.3.7(a) 所示为互易网络，已知其 A 参数矩阵 $\boldsymbol{A}=\begin{bmatrix}2 & 1\\1 & 1\end{bmatrix}$。求 R 为何值时能获得最大功率 P_{m}，P_{m} 为多大？此时 10 V 电压源产生的功率 P_{S} 为多大？传输效率 η 多大？

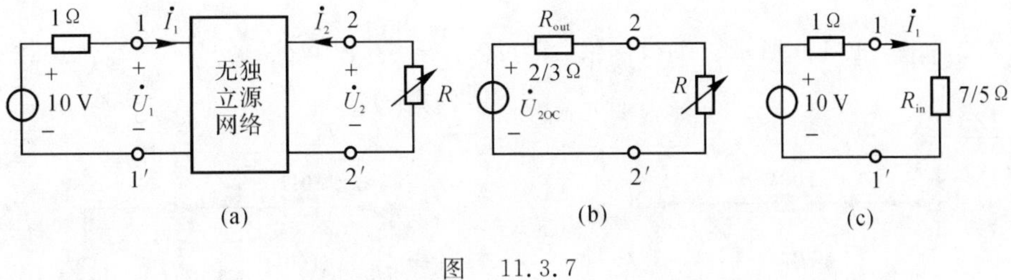

图　11.3.7

解　由已知的 $\boldsymbol{A}$ 可直接写出 A 方程为

$$\begin{cases}\dot U_1=2\dot U_2+(-\dot I_2)\\ \dot I_1=\dot U_2+(-\dot I_2)\end{cases}$$

当输出端口开路，即当 $\dot I_2=0$ 时，由上式有

$$\begin{cases}\dot U_1=2\dot U_{2\mathrm{OC}}\\ \dot I_1=\dot U_{2\mathrm{OC}}\end{cases}$$

又由输入端口有

$$\dot U_1=10-1\times\dot I_1$$

即

$$2\dot U_{2\mathrm{OC}}=10-\dot U_{2\mathrm{OC}}$$

故得

$$\dot U_{2\mathrm{OC}}=\frac{10}{3}\ \mathrm{V}$$

网络的输出电阻根据式(11.3.2) 可求得为

$$R_{\mathrm{out}}=\frac{a_{22}Z_{\mathrm{S}}+a_{12}}{a_{21}Z_{\mathrm{S}}+a_{11}}=\frac{1\times1+1}{1\times1+2}\ \Omega=\frac{2}{3}\ \Omega$$

于是可画出输出端口的等效电压源电路，如图 11.3.7(b) 所示。故当 $R=R_{\mathrm{out}}=\frac{2}{3}\ \Omega$ 时有

$$P_{\mathrm{m}}=\frac{U_{2\mathrm{OC}}^2}{4R_{\mathrm{out}}}=\frac{\left(\frac{10}{3}\right)^2}{4\times\frac{2}{3}}\ \mathrm{W}=\frac{100}{24}\ \mathrm{W}=4.17\ \mathrm{W}$$

网络的输入电阻根据式(11.3.1) 可求得为

$$R_{\mathrm{in}}=\frac{a_{11}Z_{\mathrm{L}}+a_{12}}{a_{21}Z_{\mathrm{L}}+a_{22}}=\frac{2\times\frac{2}{3}+1}{1\times\frac{2}{3}+1}\ \Omega=\frac{7}{5}\ \Omega$$

于是可画出输入端口的等效电压源电路，如图 11.3.7(c) 所示。故

$$I_1=\frac{10}{1+7/5}=\frac{50}{12}\ \text{A}=4.17\ \text{A}$$

$$P_S=10\times 4.17\ \text{W}=41.7\ \text{W},\quad \eta=\frac{P_m}{P_S}=\frac{4.17}{41.7}=10\%$$

三、思考与练习

11.3.1 在图 11.3.8 所示二端口网络的输出端口接一个 300 Ω 负载电阻，在输入端口接内阻抗为 400 Ω 的电源，求 Z_{in}，Z_{out}，$H(j\omega)=\frac{\dot{U}_2}{\dot{U}_1}$，$H(j\omega)=\frac{\dot{I}_2}{\dot{I}_1}$。（答：73.3 Ω，73.3 Ω，0.273，−0.067）

11.3.2 图 11.3.9 所示二端口网络，求 $H(j\omega)=\frac{\dot{U}_2}{\dot{U}_1}$ 和 $H(j\omega)=\frac{\dot{I}_2}{\dot{I}_1}$。（答：0.632 $\underline{/18.4^\circ}$，$\sqrt{2}\ \underline{/-135^\circ}$）

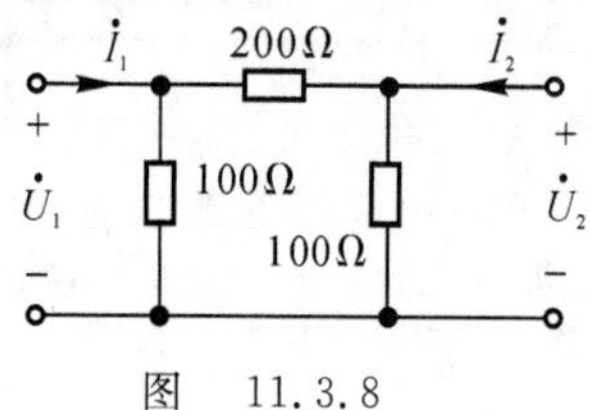

图 11.3.8

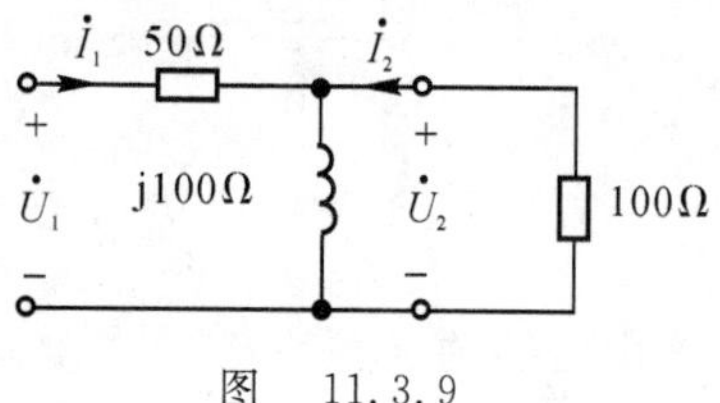

图 11.3.9

11.3.3 图 11.3.10 所示二端口网络 N，已知 A 参数矩阵为 $\boldsymbol{A}=\begin{bmatrix}4 & 75\ \Omega\\ 0.2\ \text{S} & 4\end{bmatrix}$，求输入电阻 R_{in} 和输出电阻 R_{out}。（答：19.6 Ω，19 Ω）

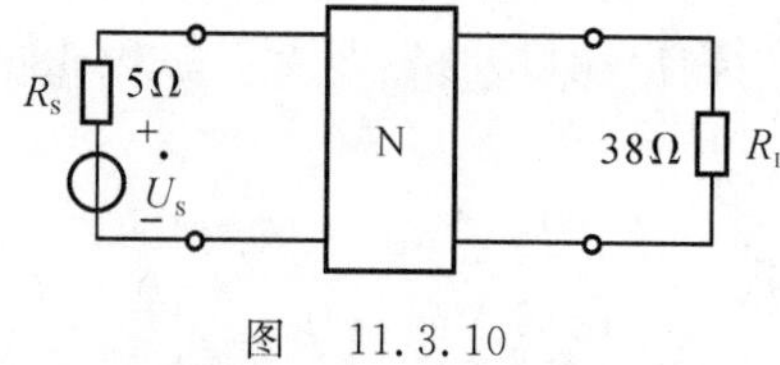

图 11.3.10

*11.4 二端口网络的特性参数

二端口网络的特性参数有两个：特性阻抗与传输常数。

一、特性阻抗

对于二端口网络，我们设法找出两个阻抗值 Z_{C1} 和 Z_{C2}，使得当输出端口接以负载阻抗 $Z_L=Z_{C2}$ 时，恰好有输入阻抗 $Z_{in}=Z_{C1}$；当输入端口接以阻抗 $Z_S=Z_{C1}$ 时，恰好有输出阻抗 $Z_{out}=Z_{C2}$，则称 Z_{C1} 和 Z_{C2} 分别为二端口网络输入端口的特性阻抗与输出端口的特性阻抗，如图11.4.1 所示。将上述约定的值代入式(11.3.1) 和式(11.3.2)，即有

$$Z_{C1}=\frac{a_{11}Z_{C2}+a_{12}}{a_{21}Z_{C2}+a_{22}},\quad Z_{C2}=\frac{a_{22}Z_{C1}+a_{12}}{a_{21}Z_{C1}+a_{11}}$$

联解得

$$\left.\begin{aligned}Z_{C1}&=\sqrt{\frac{a_{11}a_{12}}{a_{21}a_{22}}}\\Z_{C2}&=\sqrt{\frac{a_{22}a_{12}}{a_{21}a_{11}}}\end{aligned}\right\}\tag{11.4.1}$$

将式(11.3.3)和式(11.3.4)代入式(11.4.1)，又可得

$$\left.\begin{aligned}Z_{C1}&=\sqrt{Z_{\text{in0}}Z_{\text{in}\infty}}\\Z_{C2}&=\sqrt{Z_{\text{out0}}Z_{\text{out}\infty}}\end{aligned}\right\}\tag{11.4.2}$$

对于对称网络，因有 $a_{11}=a_{22}$，$Z_{\text{in}\infty}=Z_{\text{out}\infty}=Z_{\infty}$，$Z_{\text{in0}}=Z_{\text{out0}}=Z_0$，故有

$$Z_{C1}=Z_{C2}=Z_C=\sqrt{\frac{a_{12}}{a_{21}}}=\sqrt{Z_{\infty}Z_0}\tag{11.4.3}$$

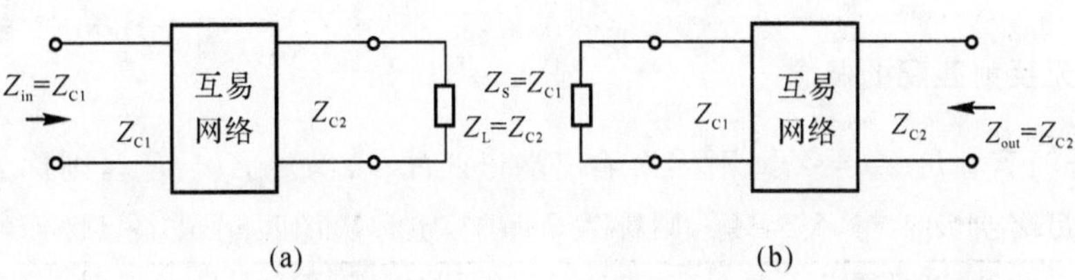

图 11.4.1　特性阻抗

可见特性阻抗也只与网络参数有关，而与负载和电源无关。但要注意，仅当 $Z_L=Z_{C2}$ 时，才有 $Z_{\text{in}}=Z_{C1}$，若 $Z_L\neq Z_{C2}$，则 $Z_{\text{in}}\neq Z_{C1}$；同样，仅当 $Z_S=Z_{C1}$ 时，才有 $Z_{\text{out}}=Z_{C2}$，若 $Z_S\neq Z_{C1}$，则 $Z_{\text{out}}\neq Z_{C2}$。

例 11.4.1　求图 11.4.2 所示网络的特性阻抗。

解　由于为对称网络，故开路输入阻抗与短路输入阻抗分别为

$$Z_{\infty}=(Z_1+Z_2)/2$$

$$Z_0=\frac{Z_1Z_2}{Z_1+Z_2}+\frac{Z_1Z_2}{Z_1+Z_2}=2\,\frac{Z_1Z_2}{Z_1+Z_2}$$

故得特性阻抗为

$$Z_C=\sqrt{Z_{\infty}Z_0}=\sqrt{Z_1Z_2}\tag{11.4.4}$$

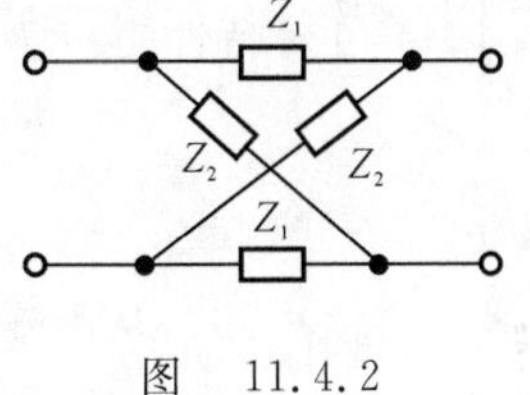

图　11.4.2

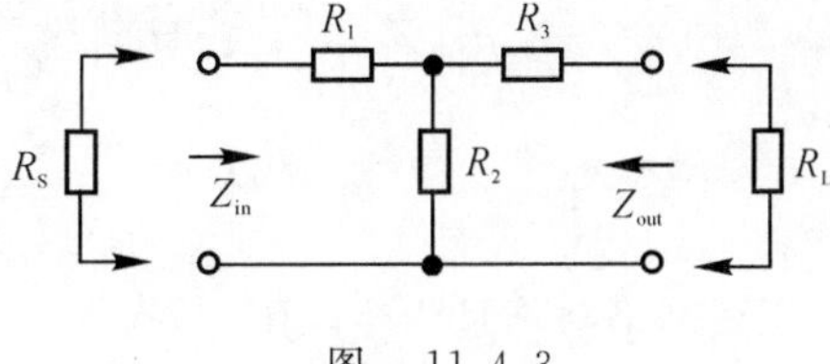

图　11.4.3

例 11.4.2　图 11.4.3 所示网络，已知 $R_1=500\ \Omega$，$R_2=1\ 000\ \Omega$，$R_3=200\ \Omega$。求：

(1) Z_{C1} 和 Z_{C2}；

(2) 若 $R_L=800\ \Omega$，$R_S=1\ 000\ \Omega$，则 Z_{in} 和 Z_{out} 多大？

(3) 若 $R_L=1\ 300\ \Omega$，Z_{in} 又为多大？

解　(1)　$a_{11}=\dfrac{R_1+R_2}{R_2}=1.5$，　$a_{12}=\dfrac{R_1R_2+R_2R_3+R_3R_1}{R_2}=800\ \Omega$

$$a_{21}=\frac{1}{R_2}=0.001\ \text{S},\quad a_{22}=\frac{R_2+R_3}{R_2}=1.2$$

故得特性阻抗为

$$Z_{C1}=\sqrt{\frac{a_{11}a_{12}}{a_{21}a_{22}}}=1\ 000\ \Omega,\quad Z_{C2}=\sqrt{\frac{a_{22}a_{12}}{a_{21}a_{11}}}=800\ \Omega$$

(2)$R_L=800\ \Omega$,由于满足 $R_L=Z_{C2}$,所以 $Z_{in}=Z_{C1}=1\ 000\ \Omega$;$R_S=1\ 000\ \Omega$,由于满足 $R_S=Z_{C1}$,所以 $Z_{out}=Z_{C2}=800\ \Omega$。

(3) 当 $R_L=1\ 300$ 时,其输入阻抗为

$$Z_{in}=\frac{a_{11}R_L+a_{12}}{a_{21}R_L+a_{22}}=1\ 100\ \Omega$$

可见 $Z_{in}\neq Z_{C1}=1\ 000\ \Omega$。

二、网络无反射匹配的概念

网络工作时若满足 $Z_L=Z_{C2}$,则称为输出端口匹配;若满足 $Z_S=Z_{C1}$,则称为输入端口匹配;若同时满足 $Z_L=Z_{C2}$ 与 $Z_S=Z_{C1}$,则称为全匹配,也称影像匹配,如图 11.4.4 所示。

需要指出,此处的“匹配”不是最大功率匹配(即共轭匹配),而是无反射匹配,指的是电信号在传输过程中,在输入端口和输出端口均不产生电磁波的反射。

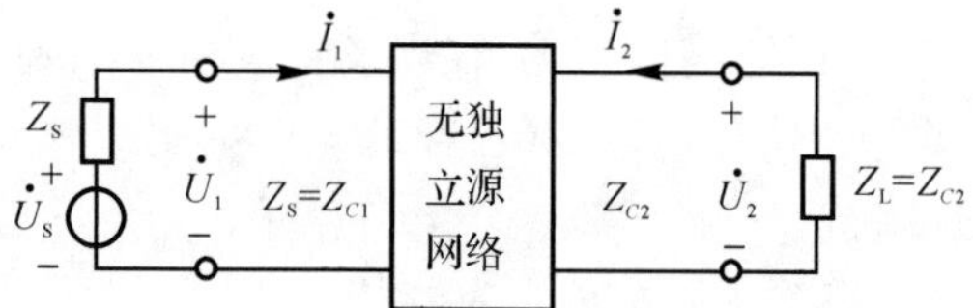

图 11.4.4 网络无反射匹配的概念

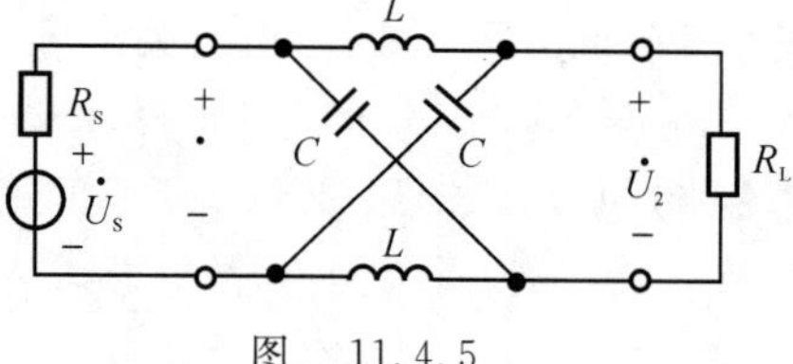

图 11.4.5

例 11.4.3 图 11.4.5 所示 X 形相移网络。

(1) 求特性阻抗;

(2) 若网络工作在全匹配,求 U_2/U_S。

解 (1)$Z_1=\mathrm{j}\omega L$,$Z_2=\dfrac{1}{\mathrm{j}\omega C}$,且网络对称。故由式(10.4.4)可得特性阻抗为

$$Z_{C1}=Z_{C2}=Z_C=\sqrt{Z_1Z_2}=\sqrt{\frac{L}{C}}$$

(2) 因网络对称且为全匹配,故有 $R_S=Z_{C1}=Z_{C2}=R_L$,则网络输入端口从电源获得的功率为最大,即

$$P_{max}=\frac{U_S^2}{4R_S}$$

又由于网络为纯电抗元件构成,本身不消耗功率,故负载 R_L 吸收的功率必为

$$P_L=P_{max}=\frac{U_S^2}{4R_S}=\frac{U_2^2}{R_L}$$

故得

$$\frac{U_2}{U_S}=\sqrt{\frac{R_L}{4R_S}}=\frac{1}{2}$$

三、传输常数

(1) 正向传输常数 Γ。在二端口互易网络的输出端口接以阻抗 $Z_L = Z_{C2}$，如图 11.4.6(a) 所示，则定义其正向传输常数为

$$\Gamma = \frac{1}{2}\ln\frac{\dot{U}_1\dot{I}_1}{\dot{U}_2\dot{I}_2} = \ln\sqrt{\frac{\dot{U}_1\dot{I}_1}{\dot{U}_2\dot{I}_2}} \tag{11.4.5}$$

因有
$$\dot{U}_1 = a_{11}\dot{U}_2 + a_{12}\dot{I}_2 = a_{11}\dot{U}_2 + a_{12}\frac{\dot{U}_2}{Z_{C2}} = (a_{11} + a_{12}\frac{1}{Z_{C2}})\dot{U}_2$$
$$\dot{I}_1 = a_{21}\dot{U}_2 + a_{22}\dot{I}_2 = a_{21}Z_{C2}\dot{I}_2 + a_{22}\dot{I}_2 = (a_{21}Z_{C2} + a_{22})\dot{I}_2$$

将上两式代入式(11.4.5)，并考虑到式 $Z_{C2} = \sqrt{\frac{a_{22}a_{12}}{a_{21}a_{11}}}$，即得

$$\Gamma = \ln(\sqrt{a_{11}a_{22}} + \sqrt{a_{12}a_{21}})$$

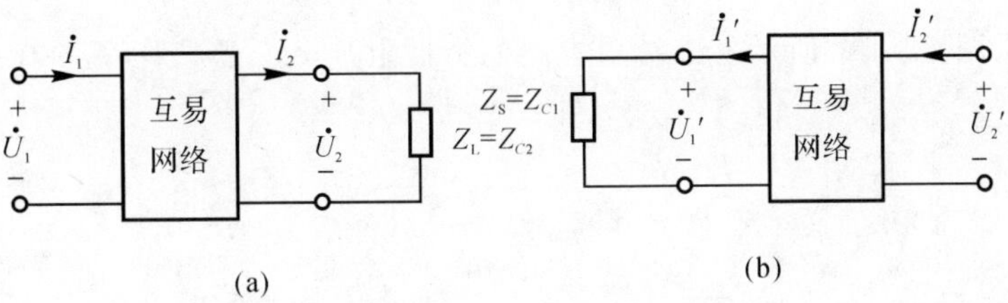

图 11.4.6　传输常数的定义

(2) 反向传输常数 Γ'。同理，在二端口互易网络的输入端口接以阻抗 $Z_S = Z_{C1}$，如图 11.4.6(b) 所示，则定义反向传输常数为

$$\Gamma' = \frac{1}{2}\ln\frac{\dot{U}'_2\dot{I}'_2}{\dot{U}'_1\dot{I}'_1} = \ln\sqrt{\frac{\dot{U}'_2\dot{I}'_2}{\dot{U}'_1\dot{I}'_1}} \tag{11.4.6}$$

因有
$$\dot{U}'_2 = a_{22}\dot{U}'_1 + a_{12}\dot{I}'_1 = a_{22}\dot{U}'_1 + a_{12}\frac{\dot{U}'_1}{Z_{C1}} = (a_{22} + a_{12}\frac{1}{Z_{C1}})\dot{U}'_1$$
$$\dot{I}'_2 = a_{21}\dot{U}'_1 + a_{11}\dot{I}'_1 = a_{21}Z_{C1}\dot{I}'_1 + a_{11}\dot{I}'_1 = (a_{21}Z_{C1} + a_{11})\dot{I}'_1$$

将上两式代入式(11.4.6)，并考虑到式 $Z_{C1} = \sqrt{\frac{a_{11}a_{12}}{a_{21}a_{22}}}$，即得

$$\Gamma' = \ln(\sqrt{a_{11}a_{22}} + \sqrt{a_{12}a_{21}}) = \Gamma$$

可见二端口互易网络的正、反向传输常数相等，此即互易性(互易定理)的真正含义。

3. 传输常数的物理意义。将式(11.4.5)改写为

$$\Gamma = \frac{1}{2}\ln\frac{U_1 e^{j\psi_{u1}} I_1 e^{j\psi_{i1}}}{U_2 e^{j\psi_{u2}} I_2 e^{j\psi_{i2}}} = \frac{1}{2}\ln\frac{U_1 I_1}{U_2 I_2}e^{j[(\psi_{u1}-\psi_{u2})+(\psi_{i1}-\psi_{i2})]} =$$
$$\frac{1}{2}\ln\frac{U_1 I_1}{U_2 I_2} + j\frac{1}{2}[(\psi_{u1}-\psi_{u2}) + (\psi_{i1}-\psi_{i2})] = \alpha + j\beta$$

其中
$$\alpha = \frac{1}{2}\ln\frac{U_1 I_1}{U_2 I_2}$$

称为衰减常数，单位为奈培(Np)。其物理意义是输入端口与输出端口视在功率之比的自然对数的 1/2，反映了二端口网络在传输电信号过程中电压与电流大小的衰减情况。

现将二端口网络的特性参数汇总于表 11.4.1 中，以便复习和查用。

表 11.4.1　二端口网络的特性参数

名　　称	定　　义	计算公式
特性阻抗	对互易网络，若有两个阻抗 Z_{C1} 和 Z_{C2}，当二端口网络的输出端口接以负载 $Z_L = Z_{C2}$ 时，恰好有输入阻抗 $Z_{in} = Z_{C1}$；当输入端口接以阻抗 $Z_S = Z_{C1}$ 时，恰好有输出阻抗 $Z_{out} = Z_{C2}$，则称 Z_{C1}，Z_{C2} 分别为输入端口和输出端口的特性阻抗	$Z_{C1} = \sqrt{\dfrac{a_{11}a_{12}}{a_{21}a_{22}}}$ $Z_{C2} = \sqrt{\dfrac{a_{22}a_{12}}{a_{21}a_{11}}}$
传输常数	对于互易网络，在输出端口匹配的条件下，将 $\dot{U}_1\dot{I}_1$ 与 $\dot{U}_2\dot{I}_2$ 之比的平方根的自然对数，称为传输常数，即 $\Gamma = \ln\sqrt{\dfrac{\dot{U}_1\dot{I}_1}{\dot{U}_2\dot{I}_2}}$	$\Gamma = \ln(\sqrt{a_{11}a_{22}} + \sqrt{a_{12}a_{22}})$

注：特性参数反映的是网络本身的特性，只与网络本身的结构和元件数值有关，而与负载和电源无关。

四、思考与练习

11.4.1　求图 11.4.7 所示各二端口电路的特性阻抗 Z_{C1}，Z_{C2}。$\left(\text{答：}600\ \Omega, 600\ \Omega; 40\ \Omega, 40\ \Omega; 8\ \Omega, 1\ \Omega; 2\sqrt{\dfrac{1}{3}}\ \Omega, 2\sqrt{\dfrac{1}{3}}\ \Omega\right)$

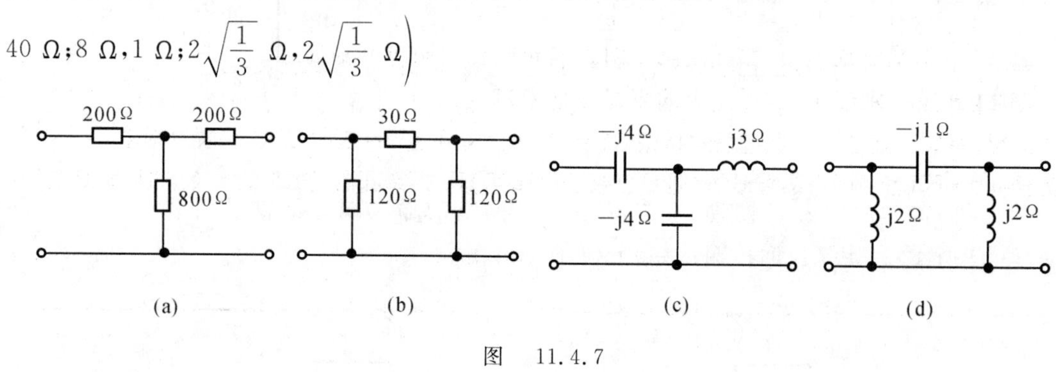

图　11.4.7

*11.5　二端口网络的连接

二端口网络的连接方式有 5 种：级联、串联、并联、串并联和并串联。研究二端口网络的连接，主要是研究复合二端口网络与各个简单二端口网络参数之间的关系，并根据这种关系从简单网络的参数求出复合网络的参数。

两个简单二端口网络 a 和 b，将网络 b 的输入端口与网络 a 的输出端口相连接，如图11.5.1 所示。这种连接称为级联，也称链联。设两个简单二端口网络的 A 参数矩阵分别为 $\boldsymbol{A}_a$，$\boldsymbol{A}_b$，复合二端口网络的 A 参数矩阵为 $\boldsymbol{A}$，则可证明有

$$\boldsymbol{A} = \boldsymbol{A}_a\boldsymbol{A}_b$$

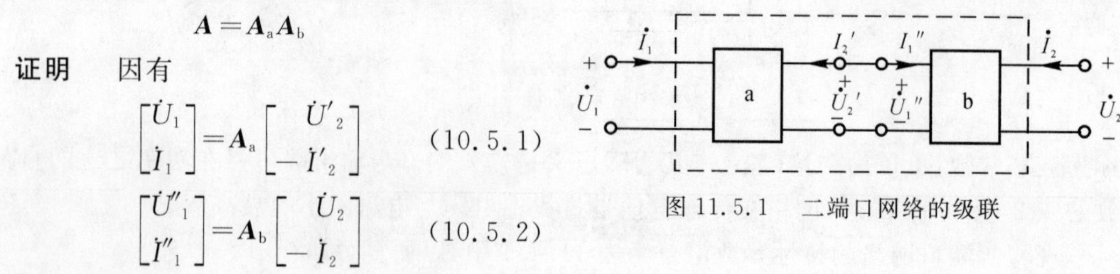

图 11.5.1　二端口网络的级联

证明　因有

$$\begin{bmatrix}\dot{U}_1\\ \dot{I}_1\end{bmatrix} = \boldsymbol{A}_a\begin{bmatrix}\dot{U}'_2\\ -\dot{I}'_2\end{bmatrix} \qquad (10.5.1)$$

$$\begin{bmatrix}\dot{U}''_1\\ \dot{I}''_1\end{bmatrix} = \boldsymbol{A}_b\begin{bmatrix}\dot{U}_2\\ -\dot{I}_2\end{bmatrix} \qquad (10.5.2)$$

又有$\begin{bmatrix} \dot{U}'_2 \\ -\dot{I}'_2 \end{bmatrix}=\begin{bmatrix} \dot{U}''_1 \\ \dot{I}''_1 \end{bmatrix}$。故将式(11.5.2)代入式(11.5.1)即得

$$\begin{bmatrix} \dot{U}_1 \\ \dot{I}_1 \end{bmatrix}=\boldsymbol{A}_a\boldsymbol{A}_b\begin{bmatrix} \dot{U}_2 \\ -\dot{I}_2 \end{bmatrix}=\boldsymbol{A}\begin{bmatrix} \dot{U}_2 \\ -\dot{I}_2 \end{bmatrix}$$

故得

$$\boldsymbol{A}=\boldsymbol{A}_a\boldsymbol{A}_b$$

证毕

二端口网络的串联[①]如图 11.5.2 所示。可看出有

$$\dot{I}_1=\dot{I}'_1=\dot{I}''_1,\quad \dot{I}_2=\dot{I}'_2=\dot{I}''_2$$

$$\dot{U}_1=\dot{U}'_1+\dot{U}''_1,\quad \dot{U}_2=\dot{U}'_2+\dot{U}''_2$$

设两个简单二端口网络 a,b 的 Z 矩阵分别为 $\boldsymbol{Z}_a$,$\boldsymbol{Z}_b$,复合二端口网络的 Z 矩阵为 $\boldsymbol{Z}$,则可证明有

$$\boldsymbol{Z}=\boldsymbol{Z}_a+\boldsymbol{Z}_b$$

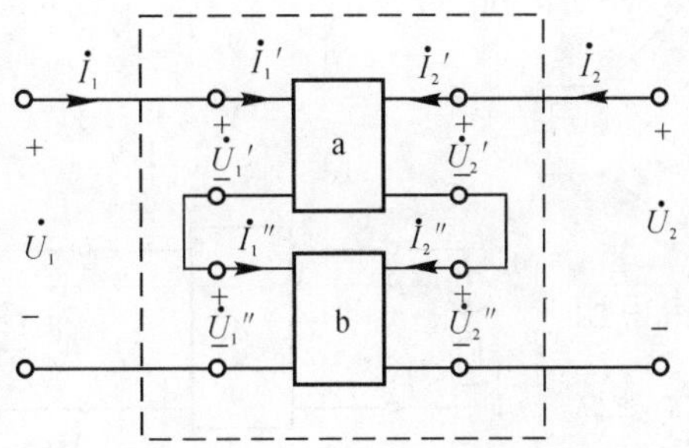

图 11.5.2　二端口网络的串联

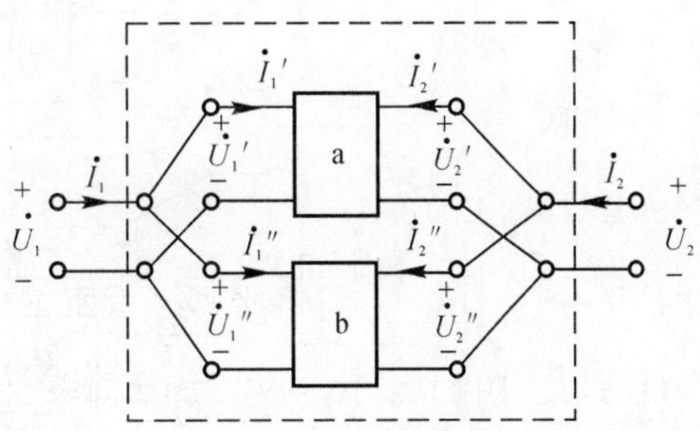

图 11.5.3　二端口网络的并联

二端口网络的并联如图 11.5.3 所示。可看出有

$$\dot{I}_1=\dot{I}'_1+\dot{I}''_1,\quad \dot{I}_2=\dot{I}'_2+\dot{I}''_2$$

$$\dot{U}_1=\dot{U}'_1=\dot{U}''_1,\quad \dot{U}_2=\dot{U}'_2=\dot{U}''_2$$

设两个简单二端口网络 a,b 的 Y 矩阵分别为 $\boldsymbol{Y}_a$,$\boldsymbol{Y}_b$,复合二端口网络的 Y 矩阵为 $\boldsymbol{Y}$,则可证明有

$$\boldsymbol{Y}=\boldsymbol{Y}_a+\boldsymbol{Y}_b$$

二端口网络的串并联与并串联分别如图 11.5.4(a),(b) 所示。可以证明,对于串并联有

$$\boldsymbol{H}=\boldsymbol{H}_a+\boldsymbol{H}_b$$

对于并串联有

$$\boldsymbol{G}=\boldsymbol{G}_a+\boldsymbol{G}_b$$

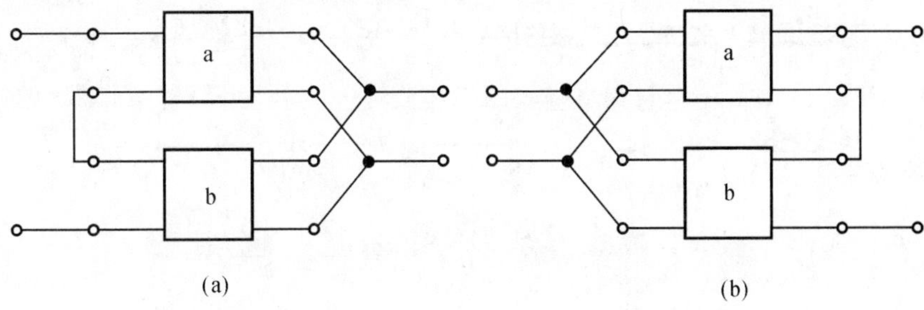

图 11.5.4　二端口网络的串并联与并串联

① 二端口网络串联时,每个子网络的端口条件(即端口上流入一个端子的电流应等于流出另一个端子的电流)不能被破坏,否则所得结论和公式不再适用。对于并联、串并联、并串联也同样。

现将二端口网络的连接汇总于表 11.5.1 中，以便复习和查用。

表 11.5.1　二端口网络的连接

名　称	连接方式	计算公式
级　联	A_1　A_2	$\mathbf{A}=\mathbf{A}_1\mathbf{A}_2$
串　联	Z_1　Z_2	$\mathbf{Z}=\mathbf{Z}_1+\mathbf{Z}_2$
并　联	Y_1　Y_2	$\mathbf{Y}=\mathbf{Y}_1+\mathbf{Y}_2$
串并联	H_1　H_2	$\mathbf{H}=\mathbf{H}_1+\mathbf{H}_2$
并串联	G_1　G_2	$\mathbf{G}=\mathbf{G}_1+\mathbf{G}_2$

注：二端口网络连接时，各子网络之间必须满足端口条件，否则将失效。

例 11.5.1　图 11.5.5(a) 所示二端口网络，是由理想变压器与线性定常电阻 R 组成。此二端口网络的 A 参数为 $a_{11}=4$，$a_{21}=0.05\ \mathrm{S}$，$a_{22}=0.25$。求 n 与 R。

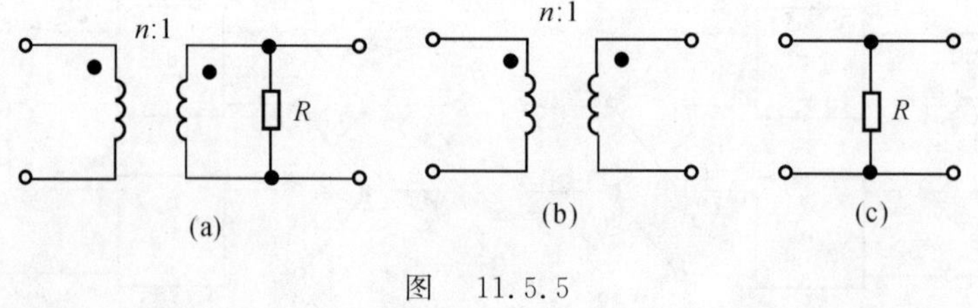

图　11.5.5

解　因为是互易网络，所以有 $a_{11}a_{22}-a_{12}a_{21}=1$。将已知数据代入得 $a_{12}=0$。所给二端口网络可以看成是图 11.5.5(b) 和(c) 两个简单二端口网络的级联，故有

$$\mathbf{A}=\mathbf{A}_b\mathbf{A}_c$$

即
$$\begin{bmatrix} 4 & 0 \\ 0.05 & 0.25 \end{bmatrix} = \begin{bmatrix} n & 0 \\ 0 & \dfrac{1}{n} \end{bmatrix} \begin{bmatrix} 1 & 0 \\ \dfrac{1}{R} & 1 \end{bmatrix} = \begin{bmatrix} n & 0 \\ \dfrac{1}{nR} & \dfrac{1}{n} \end{bmatrix}$$

故得 $n=4, R=5\ \Omega$。

例 11.5.2　图 11.5.6(a) 为双 T 形网络，试求其 Y 参数矩阵 $\boldsymbol{Y}$。

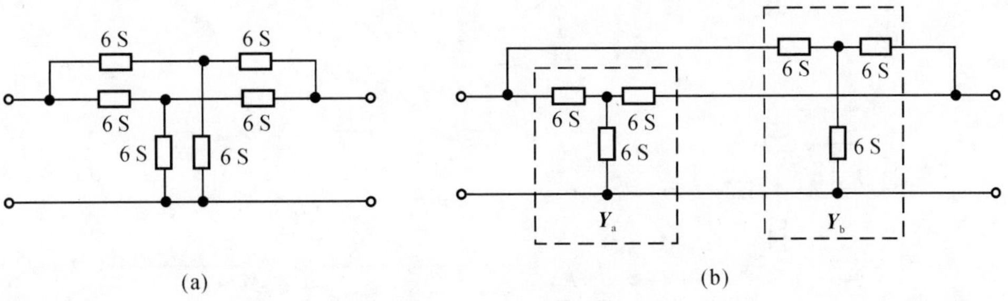

图 11.5.6　双 T 形二端口网络

解　图 11.5.6(a) 双 T 形二端口网络可视作两个 T 形网络的并联，如图 11.5.6(b) 所示。今可求得

$$\boldsymbol{Y}_a = \boldsymbol{Y}_b = \begin{bmatrix} 4 & -2 \\ -2 & 4 \end{bmatrix} \mathrm{S}$$

故双 T 形二端口网络的 Y 参数矩阵为

$$\boldsymbol{Y} = \boldsymbol{Y}_a + \boldsymbol{Y}_b = \left\{ \begin{bmatrix} 4 & -2 \\ -2 & 4 \end{bmatrix} + \begin{bmatrix} 4 & -2 \\ -2 & 4 \end{bmatrix} \right\} \mathrm{S} = \begin{bmatrix} 8 & -4 \\ -4 & 8 \end{bmatrix} \mathrm{S}$$

例 11.5.3　求图 11.5.7(a) 所示二端口网络的 Z 参数矩阵 $\boldsymbol{Z}$。

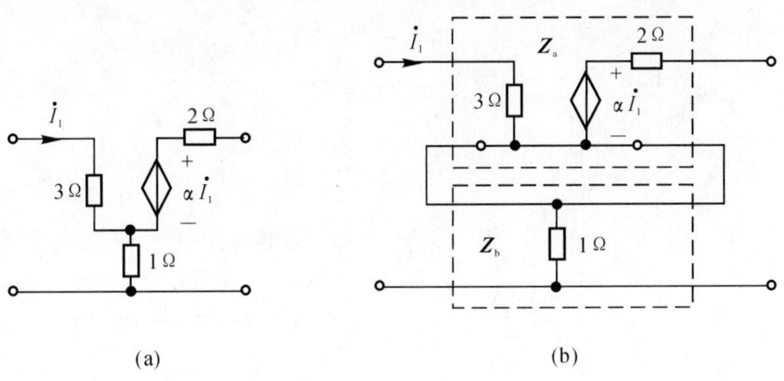

图　11.5.7

解　可以将图 11.5.7(a) 所示网络分解为图 11.5.7(b) 所示两个二端口网络的串联，于是可分别求得

$$\boldsymbol{Z}_a = \begin{bmatrix} 3 & 0 \\ \alpha & 2 \end{bmatrix}, \qquad \boldsymbol{Z}_b = \begin{bmatrix} 1 & 1 \\ 1 & 1 \end{bmatrix}$$

故得
$$\boldsymbol{Z} = \boldsymbol{Z}_a + \boldsymbol{Z}_b = \left\{ \begin{bmatrix} 3 & 0 \\ \alpha & 2 \end{bmatrix} + \begin{bmatrix} 1 & 1 \\ 1 & 1 \end{bmatrix} \right\} \Omega = \begin{bmatrix} 4 & 1 \\ 1+\alpha & 3 \end{bmatrix} \Omega$$

思考与练习

11.5.1 采用将图 11.5.8(a) 所示二端口网络分解为图(b) 和(c) 两个二端口网络并联的方法，求图(a) 网络的 Y 参数矩阵 $\boldsymbol{Y}$。$\left(答：\begin{bmatrix} \frac{5}{3} & -\frac{4}{3} \\ -\frac{4}{3} & \frac{5}{3} \end{bmatrix} \mathrm{S}\right)$

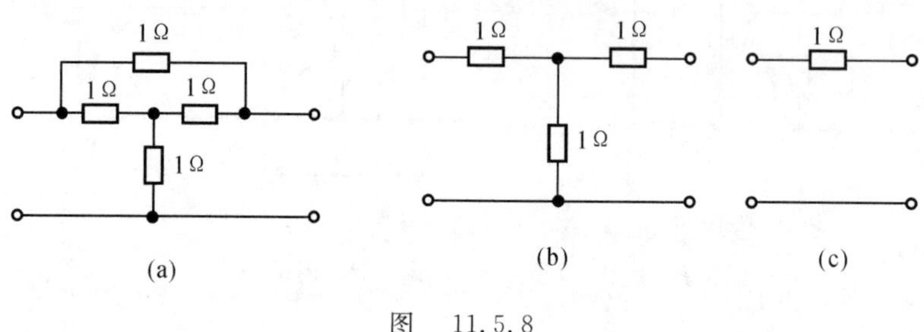

图 11.5.8

11.5.2 采用将图 11.5.9(a) 所示二端口网络分解为图(b) 和(c) 两个二端口网络并联的方法，求图(a) 网络的 Y 参数矩阵 $\boldsymbol{Y}$ 和 Z 参数矩阵 $\boldsymbol{Z}$。$\left(答：\begin{bmatrix} \frac{3}{4} & -\frac{1}{4} \\ -\frac{1}{4} & \frac{3}{4} \end{bmatrix}, \begin{bmatrix} \frac{3}{2} & \frac{1}{2} \\ \frac{1}{2} & \frac{3}{2} \end{bmatrix}\right)$

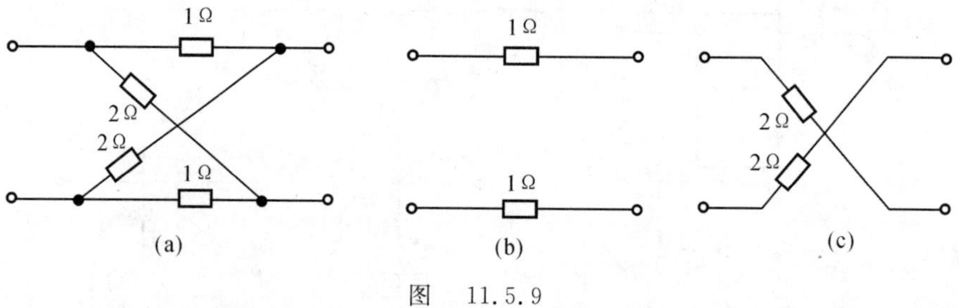

图 11.5.9

11.5.3 采用将图 11.5.10(a) 所示二端口网络分解为图(b) 和(c) 两个二端口网络级联的方法，求图(a) 网络的 A 参数矩阵 $\boldsymbol{A}$。$\left(答：\begin{bmatrix} 11 & 8\ \Omega \\ 4\ \mathrm{S} & 3 \end{bmatrix}\right)$

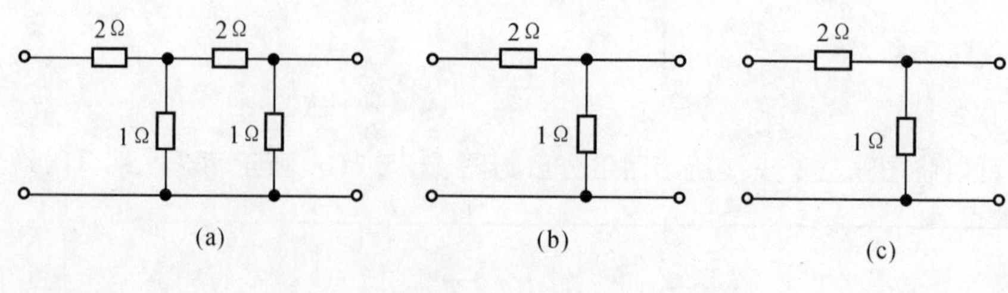

图 11.5.10

11.6　二端口网络的等效二端口网络

一、二端口网络等效网络的定义与条件

我们已经知道，一个一端口电路可以有一个等效电路。当一端口电路中不含独立源时，其等效电路为一个输入阻抗或输入导纳；当一端口电路中含有独立源时，其等效电路为一个电压源或电流源。其等效条件是：等效电路端口上的伏安关系与原一端口电路端口上的伏安关系全同。同样的，一个不论怎样大、怎样复杂的二端口网络 N_a，我们也可以求出它的二端口等效网络 N_b，如图 11.6.1 所示。其等效条件是：N_b 与 N_a 具有相同的端口伏安关系，即端口上的电压和电流关系方程完全相同，亦即网络的基本参数或特性参数完全相同。

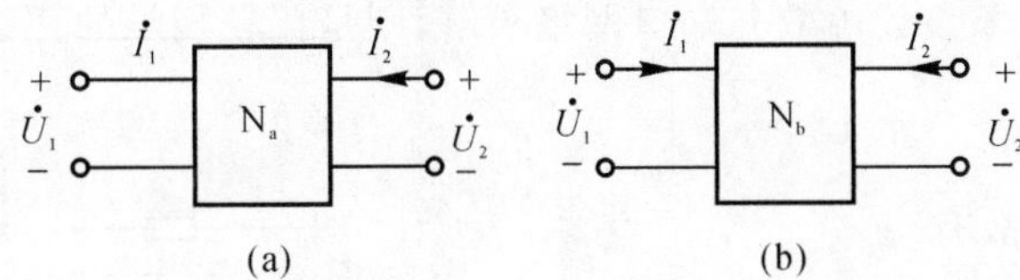

图 11.6.1　二端口网络等效网络的定义与条件

研究二端口网络等效网络的理论和实用意义在于，有时可使问题求解、计算简便；当对网络进行综合设计时，可使网络元件的数量减少。

由于每一个二端口网络都有六组基本参数矩阵，因而就有六种等效二端口网络，但在工程实际中，应用较多的是 Z 参数，Y 参数，H 参数等效二端口网络。

二、Z 参数等效二端口网络

图 11.6.2(a) 所示为线性二端口网络 N，若已知其 Z 方程为

$$\begin{cases}\dot{U}_1 = z_{11}\dot{I}_1 + z_{12}\dot{I}_2 \\ \dot{U}_2 = z_{21}\dot{I}_1 + z_{22}\dot{I}_2\end{cases}$$

上式是一组 KVL 方程，根据此式可画出与之对应的含双受控源的 Z 参数等效网络，如图 11.6.2(b) 所示。

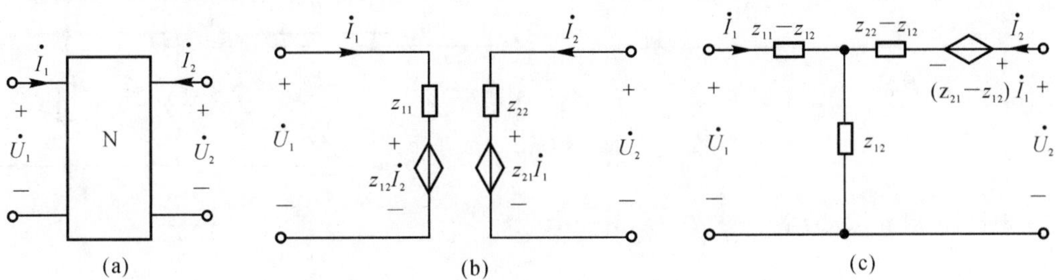

图 11.6.2　两种 Z 参数等效二端口网络

若将上式加以改写，即

$$\begin{cases}\dot{U}_1=(z_{11}-z_{12})\dot{I}_1+z_{12}(\dot{I}_1+\dot{I}_2)\\ \dot{U}_2=(z_{22}-z_{12})\dot{I}_2+z_{12}(\dot{I}_1+\dot{I}_2)+(z_{21}-z_{12})\dot{I}_1\end{cases}$$

根据此式可画出与之对应的含一个受控源的 T 形等效网络，如图 11.6.2(c) 所示。

特殊情况：当网络 N 为互易网络时，因有 $z_{12}=z_{21}$，故图 11.6.2(c) 中的受控电压源 $(z_{21}-z_{12})\dot{I}_1=0$，即为短路，于是变为如图 11.6.3 所示的无受控源 T 形网络。

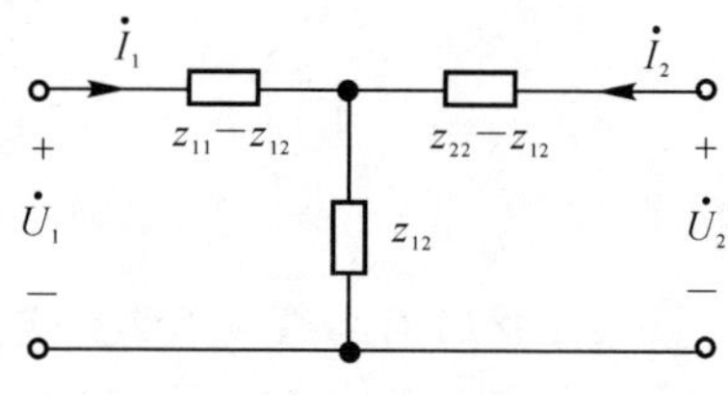

图 11.6.3　互易网络的 Z 参数无源 T 形等效网络

图 11.6.2(b)，(c) 和图 11.6.3，统称为二端口网络的 Z 参数等效二端口网络。

例 11.6.1　对一个对称二端口网络 N 进行如图 11.6.4(a)，(b) 所示的测试，其测试结果为：出口开路时，如图 11.6.4(a) 所示，$\dot{U}_1=16\ \text{V}$，$\dot{I}_1=0.064\ \text{A}$；出口短路时，如图(b) 所示，$\dot{U}_1=16\ \text{V}$，$\dot{I}_1=0.1\ \text{A}$。求图 11.6.4(c) 所示网络中的电流 $\dot{I}_2$。

解　本题若不用 Z 参数等效二端口网络求解，则是比较困难的。因对图 11.6.4(a) 有

$$z_{11}=\left.\frac{\dot{U}_1}{\dot{I}_1}\right|_{I_2=0}=\frac{16}{0.064}\ \Omega=250\ \Omega$$

又已知网络是对称的，故有

$$z_{22}=z_{11}=250\ \Omega,\qquad z_{12}=z_{21}$$

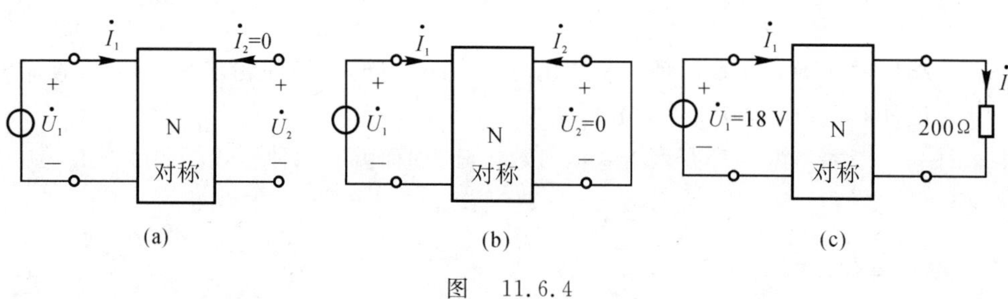

图　11.6.4

现画出网络 N 的 T 形等效网络，如图 11.6.5(a) 所示。图中 $z_{11}=z_{22}=250\ \Omega$ 已求出，又有 $z_{12}=z_{21}$，故未知量只有一个。

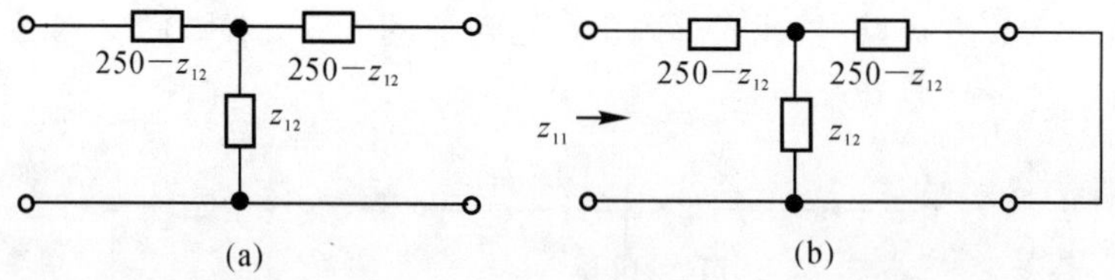

图 11.6.5　网络 N 的 Z 参数 T 形等效网络

又根据图 11.6.4(b) 网络求得

$$z_{11}=\left.\frac{\dot{U}_1}{\dot{I}_1}\right|_{\dot{U}_2=0}=\frac{16}{0.1}\ \Omega=160\ \Omega$$

根据图 11.6.5(b) 求得

$$z_{11}=250-z_{12}+\frac{(250-z_{12})z_{12}}{250-z_{12}+z_{12}}=160$$

解此式即得
$$z_{12}=150\ \Omega$$

再将所求得的 $z_{12}=150\ \Omega$ 代入图 11.6.5(a) 所示的无源 T 形等效网络中，并画出如图 11.6.6 所示的网络，根据此网络即可很容易地求得 $\dot{I}_2=0.03$ A。

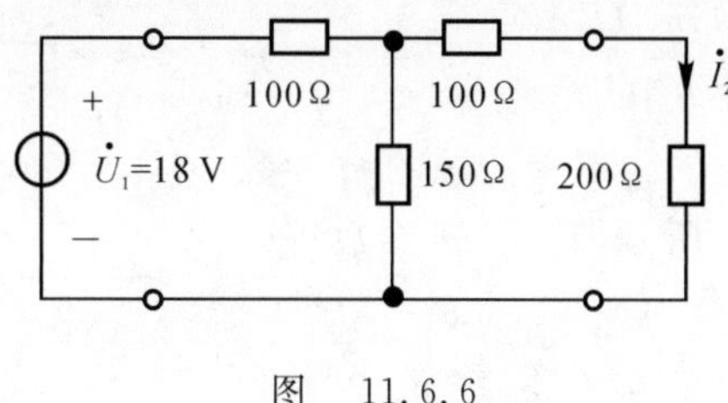

图　11.6.6

三、Y 参数等效二端口网络

对于图 11.6.2(a) 所示的线性二端口网络 N，若已知其 Y 方程为

$$\begin{cases}\dot{I}_1=y_{11}\dot{U}_1+y_{12}\dot{U}_2\\ \dot{I}_2=y_{21}\dot{U}_1+y_{22}\dot{U}_2\end{cases}$$

上式是一组 KCL 方程，根据此式可画出与之对应的含双受控源的 Y 参数等效网络，如图 11.6.7(a) 所示。

若将上式加以改写，即

$$\begin{cases}\dot{I}_1=(y_{11}+y_{12})\dot{U}_1-y_{12}(\dot{U}_1-\dot{U}_2)\\ \dot{I}_2=(y_{22}+y_{12})\dot{U}_2-y_{12}(\dot{U}_2-\dot{U}_1)+(y_{21}-y_{12})\dot{U}_1\end{cases}$$

根据此式可画出与之对应的含一个受控源的等效网络，如图 11.6.7(b) 所示。

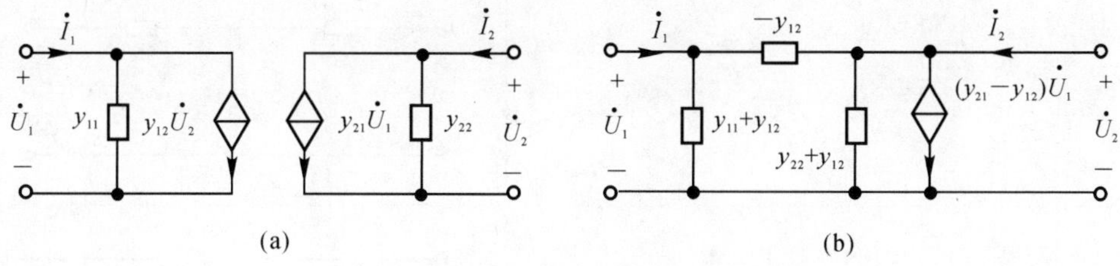

图 11.6.7　两种 Y 参数等效二端口网络

特殊情况：当网络 N 为互易网络时，因有 $y_{12}=y_{21}$，故图 11.6.7(b) 中的受控电流源 $(y_{21}-y_{12})\dot{U}_1=0$，即为开路，于是变为图 11.6.8 所示的无源 Π 形网络。

图 11.6.7(a)，(b) 和图 11.6.8，统称为二端口网络的 Y 参数等效二端口网络。

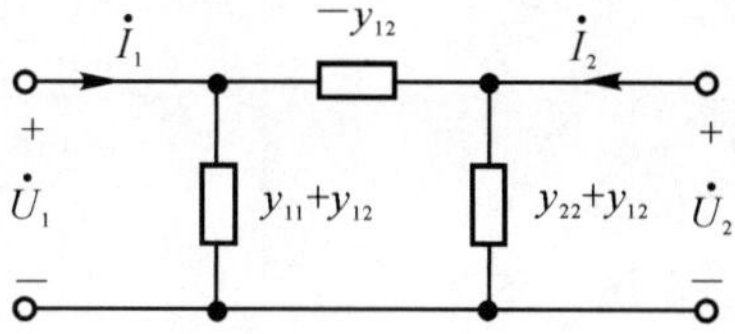

图 11.6.8　互易网络的 Y 参数 Π 形等效网络

四、*H* 参数等效二端口网络

对于图 11.6.2(a) 所示的线性二端口网络 N，若已知其 H 方程为

$$\begin{cases}\dot{U}_1 = h_{11}\dot{I}_1 + h_{12}\dot{U}_2 \\ \dot{I}_2 = h_{21}\dot{I}_1 + h_{22}\dot{U}_2\end{cases}$$

根据此式可画出与之对应的含双受控源的 H 参数等效二端口网络，如图 11.6.9 所示，称为 H 参数等效二端口网络。

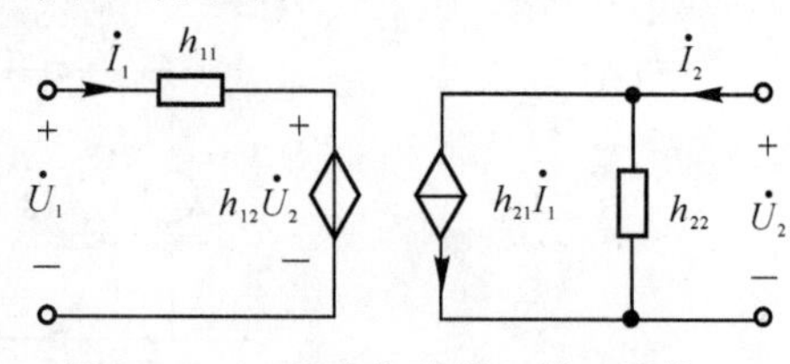

图 11.6.9　H 参数等效二端口网络

现将二端口网络的等效二端口网络汇总于表 11.6.1 中，以便查用和复习。

表 11.6.1　二端口网络的等效二端口网络

参　数	方　程	等效二端口网络
Z	$\dot{U}_1 = z_{11}\dot{I}_1 + z_{12}\dot{I}_2$ $\dot{U}_2 = z_{21}\dot{I}_1 + z_{22}\dot{I}_2$	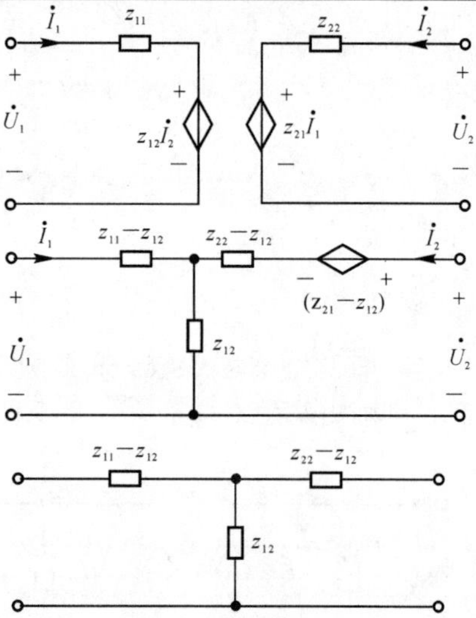 z_{11}, z_{22}, $z_{12}\dot{I}_2$, $z_{21}\dot{I}_1$ $z_{11}-z_{12}$, $z_{22}-z_{12}$, $(z_{21}-z_{12})$, z_{12} $z_{11}-z_{12}$, $z_{22}-z_{12}$, z_{12} (互易网络)
Y	$\dot{I}_1 = y_{11}\dot{U}_1 + y_{12}\dot{U}_2$ $\dot{I}_2 = y_{21}\dot{U}_1 + y_{22}\dot{U}_2$	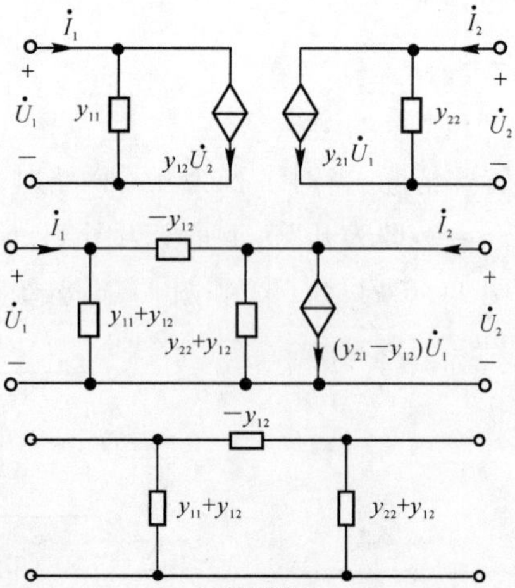 y_{11}, $y_{12}\dot{U}_2$, $y_{21}\dot{U}_1$, y_{22} $-y_{12}$, $y_{11}+y_{12}$, $y_{22}+y_{12}$, $(y_{21}-y_{12})\dot{U}_1$ $-y_{12}$, $y_{11}+y_{12}$, $y_{22}+y_{12}$ (互易网络)

续表

参　数	方　程	等效二端口网络
H	$\dot{U}_1 = h_{11}\dot{I}_1 + h_{12}\dot{U}_2$ $\dot{I}_2 = h_{21}\dot{I}_1 + h_{22}\dot{U}_2$	

例 11.6.2　已知图 11.6.10(a) 所示二端口网络 N 的 Z 参数矩阵为 $\boldsymbol{Z}=\begin{bmatrix}6 & 4\\2 & 8\end{bmatrix}\ \Omega$，试求其 T 形等效二端口网络。

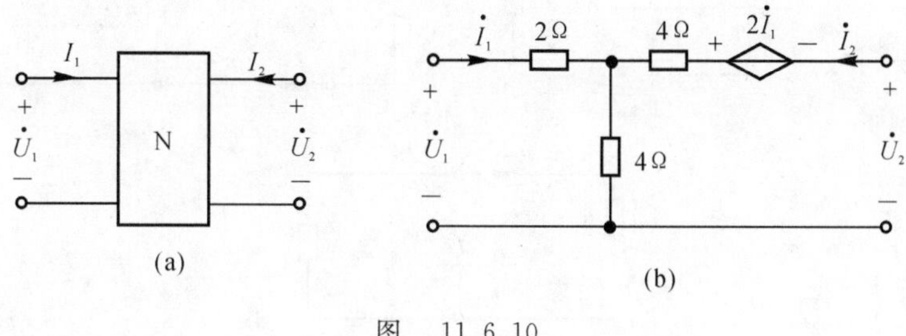

图　11.6.10

解　令 $z_{11}=6\ \Omega, z_{12}=4\ \Omega, z_{21}=2\ \Omega, z_{22}=8\ \Omega$。将这些数据代入图 11.6.12(c) 中，即得其 T 形等效二端口网络，如图 11.6.10(b) 所示，可见为一含受控源的网络，这是因为已知的网络 N 为非互易网络。

例 11.6.3　已知图 11.6.11(a) 所示二端口网络 N 的 Y 参数矩阵为 $\boldsymbol{Y}=\begin{bmatrix}1 & -0.25\\-0.25 & 0.5\end{bmatrix}$ S，试求其 Ⅱ 形等效二端口网络。

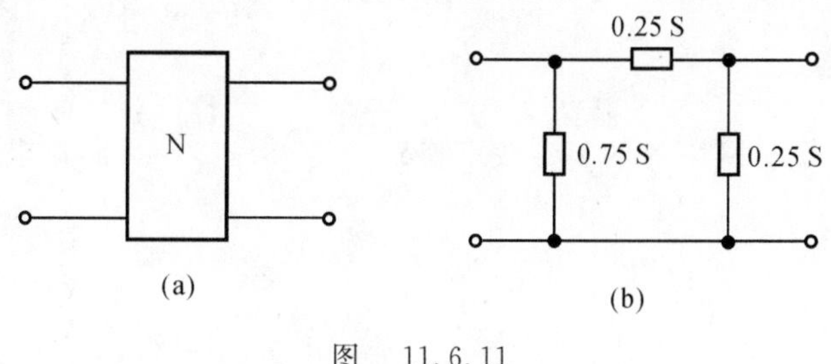

图　11.6.11

解　令 $y_{11}=1\ \text{S}, y_{12}=-0.25\ \text{S}, y_{21}=-0.25\ \text{S}, y_{22}=0.5\ \text{S}$。将这些数据代入图 11.6.7(b) 中，即得其 Ⅱ 形等效二端口网络，如图 11.6.11(b) 所示。可见为一不含受控源的网络，这是因为已知的网络 N 为互易网络。

例 11.6.4　已知图 11.6.12(a) 中二端口网络 N 的 Z 参数矩阵为 $\boldsymbol{Z}=\begin{bmatrix}6 & 4\\4 & 6\end{bmatrix}$，求 R 为何值时能获得最大功率 P_{m}，P_{m} 的值多大？

解 $z_{11}=6\ \Omega, z_{12}=4\ \Omega, z_{21}=4\ \Omega, z_{22}=6\ \Omega$。将这些数据代入图 11.6.12(c) 中，即得其 T 形等效二端口网络，如图 11.6.12(b) 中所示。然后再由等效电压源定理可求得图 11.6.12(c) 所示电路。其中

$$U_{OC}=\frac{24}{2+2+4}\times 4\ \text{V}=12\ \text{V}$$

$$R_0=\left(\frac{4\times 4}{4+4}+2\right)\ \Omega=4\ \Omega$$

故得当 $R=R_0=4\ \Omega$ 时，R 能获得最大功率 P_m，且

$$P_m=\frac{U_{OC}^2}{4R_0}=\frac{12^2}{4\times 4}\ \text{W}=9\ \text{W}$$

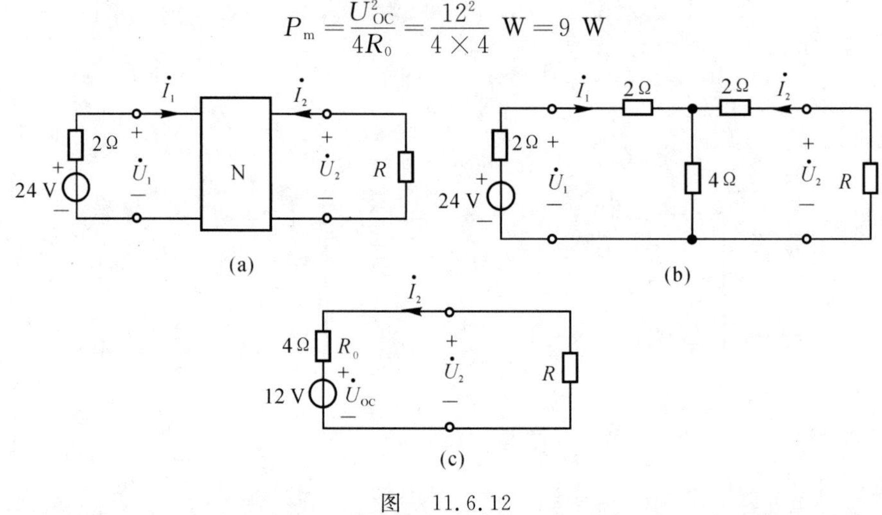

图 11.6.12

五、思考与练习

11.6.1 已知二端口网络 N 的 Z 参数矩阵 $\boldsymbol{Z}=\begin{bmatrix}9 & 3\\ 3 & 5\end{bmatrix}\ \Omega$，试求其 T 形等效二端口网络。

11.6.2 已知二端口网络 N 的 Z 参数矩阵为 $\boldsymbol{Z}=\begin{bmatrix}12 & 5\\ 8 & 10\end{bmatrix}\ \Omega$，试求其 T 形等效二端口网络。

11.6.3 已知二端口网络 N 的 Y 参数矩阵 $\boldsymbol{Y}=\begin{bmatrix}1.5 & -0.5\\ -5 & 3\end{bmatrix}$ S，试求其 $\prod$ 形等效二端口网络。

* 11.7 二端口元件

具有两个端口的电路元件，称为二端口元件。第 6 章中讲述的耦合电感元件和理想变压器，都是二端口电路元件。在本节中，再介绍两种新型的二端口元件。

一、回转器

1. 电路符号与端口伏安关系

理想线性回转器的电路符号如图 11.7.1(a) 所示，字母 g(或 r) 旁的箭头表示回转方向，

其伏安关系为

$$\left.\begin{aligned} i_1 &= gu_2 \\ i_2 &= -gu_1 \end{aligned}\right\} \tag{11.7.1a}$$

或

$$\left.\begin{aligned} u_1 &= -\frac{1}{g}i_2 = -ri_2 \\ u_2 &= \frac{1}{g}i_1 = ri_1 \end{aligned}\right\} \tag{11.7.1b}$$

式中，g 的单位为S，称为回转电导；r 的单位为Ω，称为回转电阻，g 和 r 统称为回转常数，且 $g=\frac{1}{r}$。r 和 g 均为大于零的实数。从上式中看出，回转器为相关性元件，它把一个端口的电压回转成另一个端口的电流，把一个端口的电流回转成另一个端口的电压。"回转"之名即由此而来。

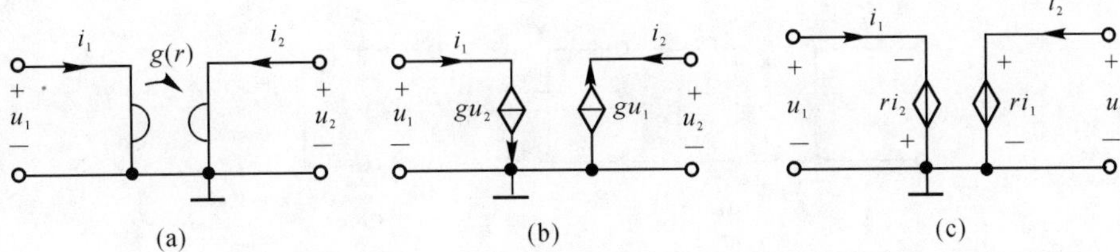

图 11.7.1　回转器的电路符号及其等效电路

将上两式写成矩阵形式即为

$$\begin{bmatrix} i_1 \\ i_2 \end{bmatrix} = \begin{bmatrix} 0 & g \\ -g & 0 \end{bmatrix} \begin{bmatrix} u_1 \\ u_2 \end{bmatrix} \tag{11.7.1c}$$

$$\begin{bmatrix} u_1 \\ u_2 \end{bmatrix} = \begin{bmatrix} 0 & -r \\ r & 0 \end{bmatrix} \begin{bmatrix} i_1 \\ i_2 \end{bmatrix} \tag{11.7.1d}$$

此两式说明理想回转器为非互易元件。

根据式(11.7.1)可作出理想线性回转器的两种等效电路，相应如图 11.7.1(b)(c) 所示。

由式(11.7.1)可得

$$u_1(t)i_1(t) + u_2(t)i_2(t) = 0$$

即在任意时刻 t 理想回转器都不消耗能量，也不储存能量，因此是一个无源的、非能量的、无记忆元件。

回转器可以用运算放大器来实现，读者可参看集成电路方面的书籍。

2. 回转器的阻抗逆变换作用

若在回转器的输出端接负载阻抗 Z，如图 11.7.2(a) 所示，则其输入阻抗为

$$Z_0 = \frac{\dot{U}_1}{\dot{I}_1} = \frac{\frac{1}{g}(-\dot{I}_2)}{g\dot{U}_2} = \frac{1}{g^2}\,\frac{1}{\left(\frac{\dot{U}_2}{-\dot{I}_2}\right)} = \frac{1}{g^2 Z} = r^2\,\frac{1}{Z} \tag{11.7.2}$$

可见输入阻抗 Z_0 与 Z 成倒数关系，此即为阻抗的逆变换作用。图 11.7.2(b) 则为其等效电路。

从式(11.7.2)看出：

(1) Z_0 与 Z 的性质相反，即能将 R、L、C 相应回转为电导 g^2R、电容 g^2L、电感 r^2C，特别是

将电容回转成电感这一性质尤为宝贵。因为到目前为止，在集成电路中要实现一个电感还有困难，但实现一个电容却很容易。利用回转器将电容C回转成电感$L=r^2C$的电路如图11.7.3所示，这只要将$Z=\frac{1}{\mathrm{j}\omega C}$代入式(11.7.2)即可证明。

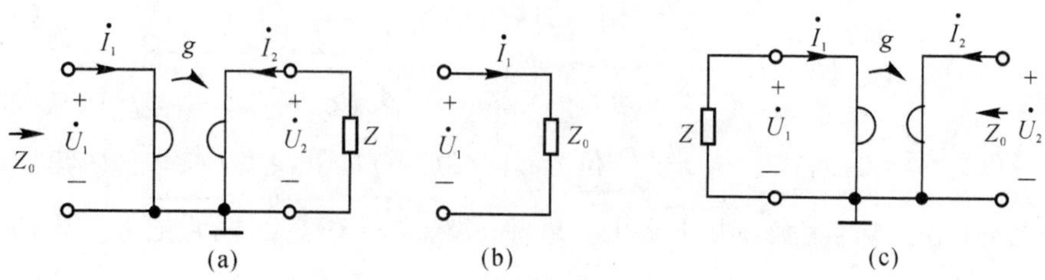

图 11.7.2　回转器的阻抗逆变换作用

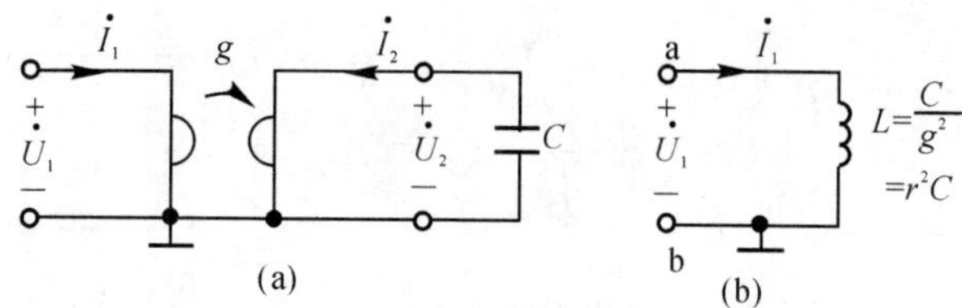

图 11.7.3　回转器将电容C回转为电感$L=r^2C$

(2) 阻抗的逆变换作用具有可逆性，即若将Z接在输入端口，如图11.7.2(c)所示，则可证明输出端口的输入阻抗仍为$Z_0=\frac{1}{g^2Z}=r^2\ \frac{1}{Z}$。

(3) 当$Z=0$时，$Z_0\rightarrow\infty$，即当一个端口短路时，相当于另一个端口开路。

(4) 当$Z\rightarrow\infty$时，$Z_0=0$，即当一个端口开路时，相当于另一个端口短路。

(5) 一个端口的串联(并联)连接回转成另一个端口为并联(串联)连接，如图11.7.4中各对电路所示。

由于图11.7.3(a)中回转器的两个端口有公共的"接地"端，故得到的等效电感L也是"接地"的，如图11.7.3(b)所示，称为接地电感。今为了获得不接地的电感(称为浮地电感)，可采用图11.7.5(a)所示电路，图11.7.5(b)则为其等效电路。可见等效电感L已经"浮地"了。现推证如下：取两个回转器的回转常数均为g，则对图11.7.5(a)有

$$\dot{I}_1=g\dot{U},\quad \dot{I}_2=-g\dot{U}$$

故有

$$\dot{I}_1=-\dot{I}_2$$

又有

$$-\dot{I}_4=\dot{I}_C+\dot{I}_3$$

即

$$g\dot{U}_1=\mathrm{j}\omega C\dot{U}+g\dot{U}_2$$

故得

$$\dot{U}_1=\mathrm{j}\omega\frac{C}{g^2}\dot{I}_1+\dot{U}_2$$

可见与此方程对应的电路正好就是图11.7.5(b)所示电路，其中$L=C/g^2=r^2C$即为浮地电感。

*二、理想变压器与理想回转器的比较

在电路理论中，理想回转器与理想变压器是姊妹元件，它们两者与R,L,C,M组成了电路的6个基本的无源元件。理想变压器与理想回转器的比较如表11.7.1所示。

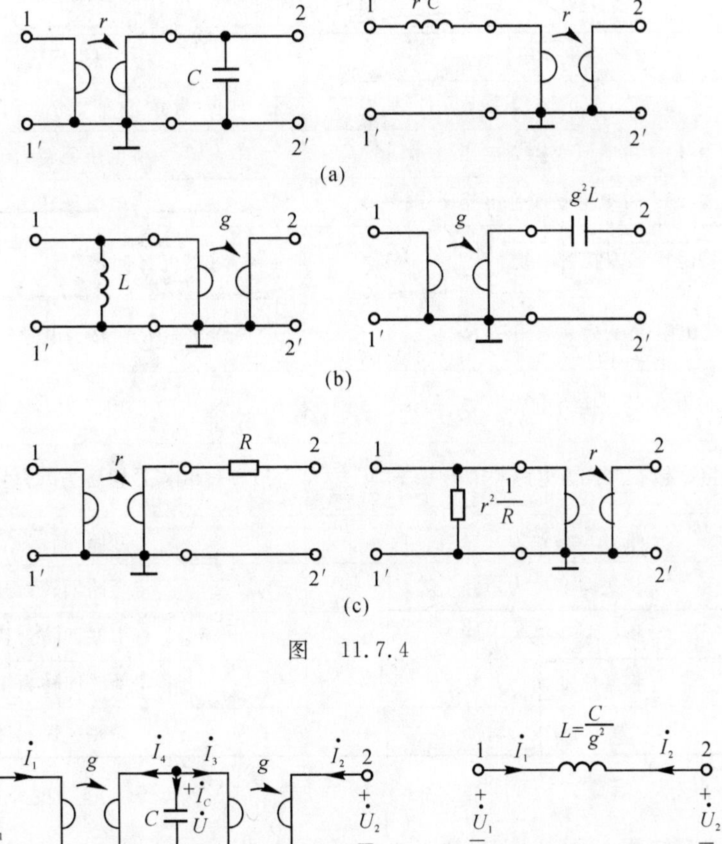

图　11.7.4

图 11.7.5　获得浮地电感的回转器电路

表 11.7.1　理想变压器与理想回转器的比较

序　号	理想变压器	理想回转器
1	i_1　1:n　i_2　u_1　u_2	i_1　$r(g)$　i_2　u_1　u_2
2	$\begin{cases} u_1 = \frac{1}{n}u_2 \\ i_1 = -ni_2 \end{cases}$；$\begin{cases} u_2 = nu_1 \\ i_2 = -\frac{1}{n}i_1 \end{cases}$ $\boldsymbol{A} = \begin{bmatrix} \frac{1}{n} & 0 \\ 0 & n \end{bmatrix}$；$\boldsymbol{B} = \begin{bmatrix} n & 0 \\ 0 & \frac{1}{n} \end{bmatrix}$	$\begin{cases} u_1 = -ri_2 \\ u_2 = ri_1 \end{cases}$；$\begin{cases} i_1 = gu_2 \\ i_2 = -gu_1 \end{cases}$ $\boldsymbol{Z} = \begin{bmatrix} 0 & -r \\ r & 0 \end{bmatrix}$；$\boldsymbol{Y} = \begin{bmatrix} 0 & g \\ -g & 0 \end{bmatrix}$
3	唯一参数 n	唯一参数 g(或 r)
4	有互易性	无互易性

续 表

序　号	理想变压器	理想回转器
5	为静态(非记忆、无源)元件	为静态(非记忆、无源)元件
6	将电压变换为电压	将电压回转为电流
7	将电流变换为电流	将电流回转为电压
8	将阻抗 Z 变换为阻抗　$Z_0=\frac{1}{n^2}Z$	将阻抗 Z 回转为导纳　$Y_0=g^2Z$
9	将电阻 R 变换为电阻　$R_0=\frac{1}{n^2}R$	将电阻 R 回转为电导　$G_0=g^2R$
10	将电容 C 变换为电容　$C_0=n^2C$	将电容 C 回转为电感　$L=r^2C$
11	将电感 L 变换为电感　$L_0=\frac{1}{n^2}L$	将电感 L 回转为电容　$C=g^2L$
12	将开路变换为开路	将开路回转为短路
13	将短路变换为短路	将短路回转为开路
14	将串联变换为串联	将串联回转为并联
15	将并联变换为并联	将并联回转为串联
16	为非相关性元件	为相关性元件

*三、负阻抗变换器

(1) 电路符号与端口伏安关系。负阻抗变换器(Negative Impedance Converter,NIC)是一种二端口元件,其电路符号如图 11.7.6(a) 所示,分为电流倒置型(CNIC)与电压倒置型(VNIC)两种。在理想情况下,前者的端口伏安关系为

$$\left.\begin{aligned}\dot{U}_1&=\dot{U}_2\\ \dot{I}_1&=K_1\dot{I}_2\end{aligned}\right\}\tag{11.7.3a}$$

后者的伏安关系为

$$\left.\begin{aligned}\dot{U}_1&=-K_2\dot{U}_2\\ \dot{I}_1&=-\dot{I}_2\end{aligned}\right\}\tag{11.7.3b}$$

式中,K_1,K_2 均为大于 0 的实常数。

由式(11.7.3a)可见,输入电压 $\dot{U}_1$ 经 传输后等于输出电压 $\dot{U}_2$,大小和极性均未改变,但电流 $\dot{I}_1$ 经传输后变为 $K_1\dot{I}_2$,即大小和方向都变了,故名电流倒置型;由式(11.7.3b)可见,经传输后,电流的大小和方向未变,但电压的大小和正负极性都变了,故名电压倒置型。

(2) 阻抗负变换作用。今在 NIC 的输出端接以阻抗 Z,如图 11.7.6(b) 所示,则其输入阻抗可由式(11.7.3a)求得为

$$Z_{\text{in}}=\frac{\dot{U}_1}{\dot{I}}=\frac{\dot{U}_2}{K_1\dot{I}_2}=-\frac{\dot{U}_2}{-K_1(-\dot{I}_2)}=-\frac{1}{K_1}Z$$

或由式(11.7.3b)得

$$Z_{in}=\frac{\dot{U}_1}{\dot{I}_1}=-\frac{-K_2\dot{U}_2}{-\dot{I}_2}=-K_2Z$$

可见 Z_{in} 为 Z 的 $\left(-\dfrac{1}{K_2}\right)$ 倍或 $(-K_2)$ 倍，即把正阻抗 Z 变换成了负阻抗，亦即能把 R,L,C 元件分别变换为 $-\dfrac{1}{K_1}R$，$-\dfrac{1}{K_1}L$，$-\dfrac{1}{K_1}C$（或 $-K_2R$，$-K_2L$，$-K_2C$），故名负阻抗变换器。

负阻抗变换器可用运算放大器来实现。

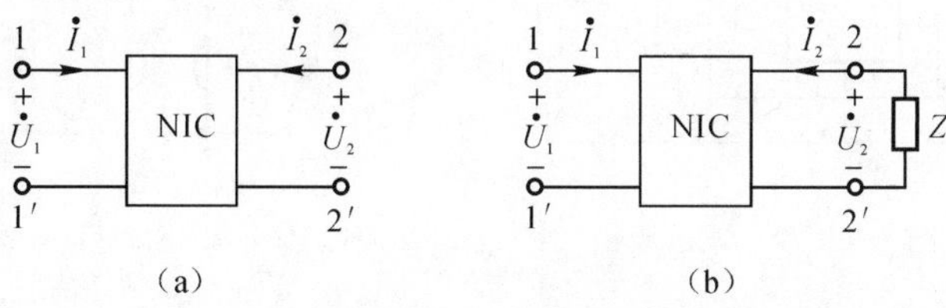

图 11.7.6　负阻抗变换器

现将常用二端口电路元件的电路符号及其端口伏安关系汇总于表 11.7.2 中，以便记忆和查用。

表 11.7.2　二端口电路元件的电路符号及其端口伏安关系

名　称	电路符号	端口伏安关系	性质与作用
耦合电感元件		$\dot{U}_1=j\omega L_1\dot{I}_1+j\omega M\dot{I}_2$ $\dot{U}_2=j\omega M\dot{I}_1+j\omega L_2\dot{I}_2$	① 具有互易性； ② 为储能元件； ③ 可变换电压和电流
理想变压器		$\dfrac{\dot{U}_1}{\dot{U}_2}=\dfrac{n}{1}$ $\dfrac{\dot{I}_1}{\dot{I}_2}=-\dfrac{1}{n}$	① 具有互易性； ② 不耗能，不储能； ③ 可变换阻抗
回转器		$\begin{cases}\dot{I}_1=g\dot{U}_2\\ \dot{I}_2=-g\dot{U}_1\end{cases}$ $\begin{cases}\dot{U}_1=-r\dot{I}_2\\ \dot{U}_2=r\dot{I}_1\end{cases}$	① 非互易性； ② 不耗能，不储能； ③ 具有阻抗逆变换作用
负阻抗变换器		$\begin{cases}\dot{U}_1=\dot{U}_2\\ \dot{I}_1=K_1\dot{I}_2\end{cases}$ $\begin{cases}\dot{U}_1=-K_2\dot{U}_2\\ \dot{I}_1=-\dot{I}_2\end{cases}$	具有阻抗负变换作用，能把正阻抗变换成负阻抗

四、思考与练习

11.7.1　图 11.7.1 所示电路，求证 $u_2=\dfrac{R_2}{R_1+R_2}u_1$。

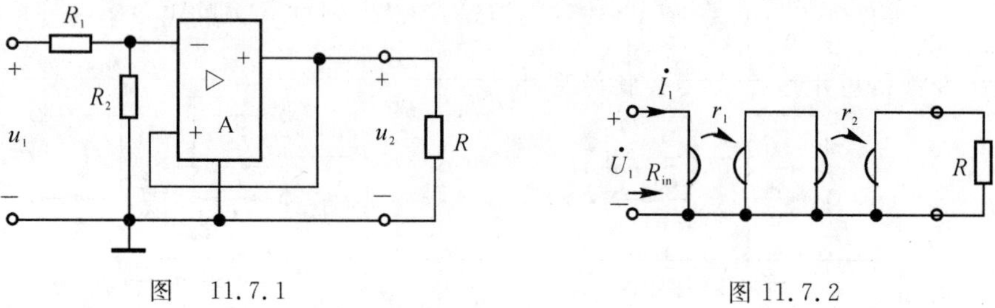

图　11.7.1　　　　图 11.7.2

11.7.2　图 11.7.2 所示电路，回转常数 $r_1=2\ \Omega$，$r_2=1\ \Omega$，$R=20\ \Omega$。求输入电阻 $R_{in}=\dfrac{\dot{U}_1}{\dot{I}_1}$。（答：80 Ω）

11.7.3　求证图 11.7.3(a)，(b) 所示两个电路互为等效电路。

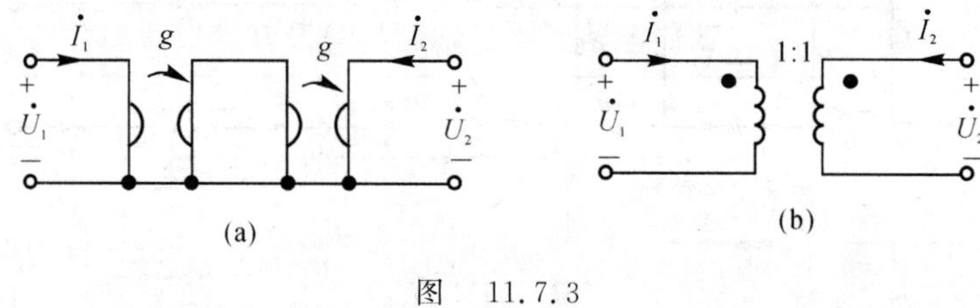

图　11.7.3

11.8　有载二端口网络分析计算

一、定义

二端口网络的输入端口接有电源，输出端口接有负载阻抗 Z_L，就称为有载二端口网络，如图 11.8.1 所示。

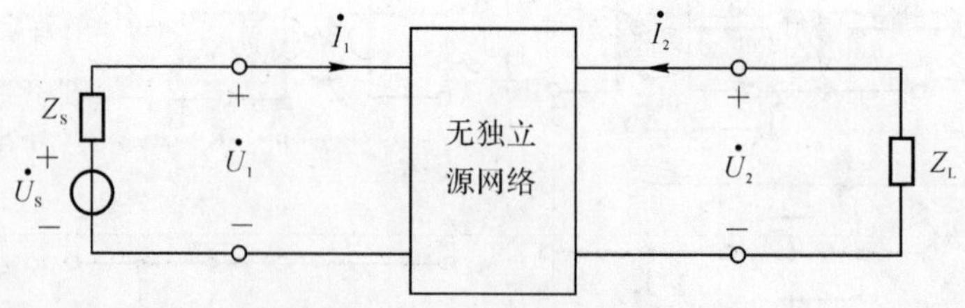

图 11.8.1　有载二端口网络

二、分析计算的任务

有载二端口网络分析计算的任务有两类：第 1 类是，已知二端口网络的参数和 U_S，Z_S，Z_L，求端口变量 $\dot{U}_1$，$\dot{I}_1$，$\dot{U}_2$，$\dot{I}_2$；第 2 类是，已知端口变量 $\dot{U}_1$，$\dot{I}_1$，$\dot{U}_2$，$\dot{I}_2$，求二端口网络的参数。

三、分析计算的理论依据(以 A 参数为例)

$$\left.\begin{aligned}\dot{U}_1 &= a_{11}\dot{U}_2 + a_{12}(-\dot{I}_2)\\ \dot{I}_1 &= a_{21}\dot{U}_2 + a_{22}(-\dot{I}_2)\end{aligned}\right\}\text{网络方程}$$

$$\left.\begin{aligned}\dot{U}_1 &= \dot{U}_S - Z_S\dot{I}_1\\ \dot{U}_2 &= -Z_L\dot{I}_2\end{aligned}\right\}\text{端接支路的伏安方程}$$

等效二端口网络理论。

例 11.8.1　图 11.8.2(a) 所示电路,已知 $U_S = 60\ \text{V}$,$R_S = 7\ \Omega$,$R_L = 3\ \Omega$,$\boldsymbol{A} = \begin{bmatrix}\frac{5}{2} & \frac{3}{2}\Omega\\ \frac{1}{2}\text{S} & \frac{3}{2}\end{bmatrix}$。

(1) 求 R_L 吸收的功率 P_L;

(2) 求 1-1′ 端口吸收的功率 P_1;

(3) 求传输效率 η。

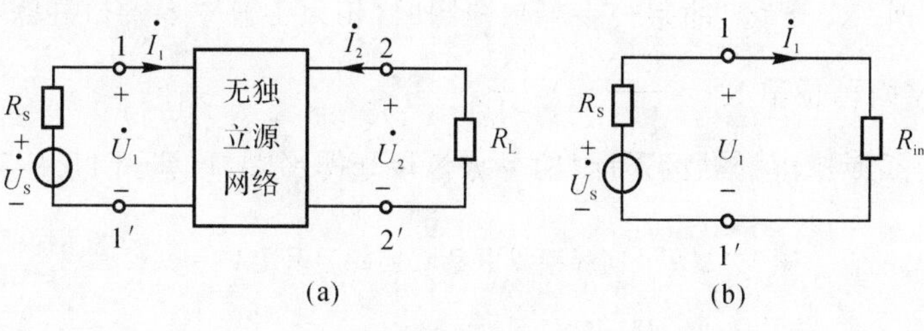

图　11.8.2

解　(1)1-1′ 端口的输入电阻为

$$R_{in} = \frac{a_{11}R_L + a_{12}}{a_{21}R_L + a_{22}} = \frac{\frac{5}{2}\times 3 + \frac{3}{2}}{\frac{1}{2}\times 3 + \frac{3}{2}}\ \Omega = 3\ \Omega$$

输入端口的等效电路如图 11.8.2(b) 所示。故

$$I_1 = \frac{U_S}{R_S + R_{in}} = \frac{60}{7+3}\ \text{A} = 6\ \text{A}$$

$$U_1 = U_S - R_S I_1 = (60 - 7\times 6)\ \text{V} = 18\ \text{V}$$

或

$$U_1 = R_{in} I_1 = 3\times 6\ \text{V} = 18\ \text{V}$$

$$\frac{U_2}{U_1} = \frac{R_L}{a_{11}R_L + a_{12}} = \frac{3}{\frac{5}{2}\times 3 + \frac{3}{2}} = \frac{1}{3}$$

故得

$$U_2 = \frac{1}{3}U_1 = \frac{1}{3}\times 18\ \text{V} = 6\ \text{V}$$

$$P_L = \frac{U_2^2}{R_L} = \frac{6^2}{3}\ \text{W} = 12\ \text{W}$$

(2)

$$P_1 = U_1 I_1 = 18\times 6\ \text{W} = 108\ \text{W}$$

(3)

$$P_S = U_S I_1 = 60\times 6\ \text{W} = 360\ \text{W}$$

$$\eta=\frac{P_{L}}{P_{S}}=\frac{12}{360}=3.33\%$$

例 11.8.2 图 11.8.3 所示电路，已知 $\boldsymbol{H}=\begin{bmatrix}40\ \Omega & 0.4\\ 10 & 0.1\ \mathrm{S}\end{bmatrix}$。

(1) 求 10 Ω 电阻吸收的功率 P_2；

(2) 求 1－1′ 端口吸收的功率 P_1；

(3) 求 1 V 电压源发出的功率 P_S。

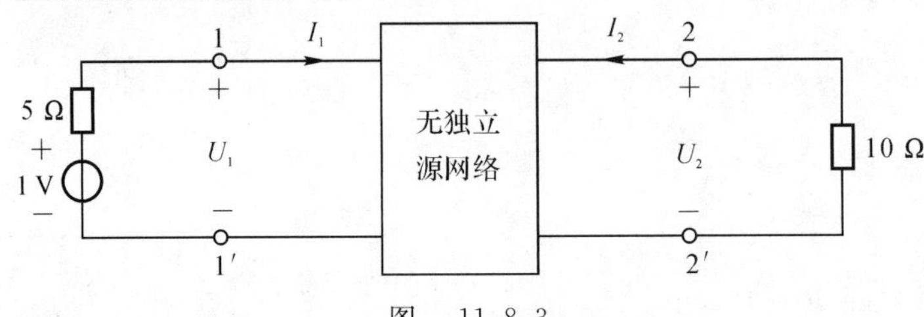

图 11.8.3

解 (1)
$$U_1=40I_1+0.4U_2,\quad I_2=10I_1+0.1U_2$$

又有
$$U_1=1-5I_1,\quad I_2=-\frac{U_2}{10}=-0.1U_2$$

联立求解得 $I_1=0.04$ A，$U_2=-2$ V，$U_1=0.8$ V，$I_2=0.2$ A。故得

$$P_2=-U_2I_2=-(-2)\times 0.2\ \mathrm{W}=0.4\ \mathrm{W}$$

(2)
$$P_1=U_1I_1=0.8\times 0.04\ \mathrm{W}=0.032\ \mathrm{W}$$

(3)
$$P_S=1I_1=1\times 0.04\ \mathrm{W}=0.04\ \mathrm{W}$$

例 11.8.3 图 11.8.4(a) 所示电路，已知网络 N 的阻抗矩阵 $\boldsymbol{Z}=\begin{bmatrix}15 & 9\\ 9 & 9+\mathrm{j}10\end{bmatrix}\ \Omega$，$\dot{U}_S=36\underline{/0^\circ}$ V，$Z_L=4.5-\mathrm{j}10$ (Ω)。

(1) 求 $\dot{U}_1$，$\dot{I}_1$，$\dot{U}_2$，$\dot{I}_2$；

(2) 求 Z_L 吸收的功率 P_L 和电源 $\dot{U}_S$ 发出的功率 P_S；

(3) 求网络 N 吸收的功率 P_N；

(4) 求传输效率 $\eta=\dfrac{P_L}{P_S}$。

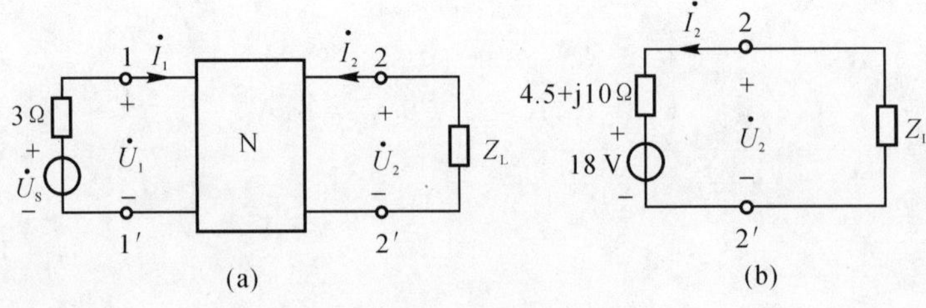

图 11.8.4

解 (1) 二端口网络 N 的 Z 方程为

$$\dot{U}_1=15\dot{I}_1+9\dot{I}_2 \quad ①$$

$$\dot{U}_2=9\dot{I}_1+(9+\mathrm{j}10)\dot{I}_2 \quad ②$$

输入端口 1 - 1′ 的支路伏安方程为

$$\dot{U}_1 = \dot{U}_S - 3\dot{I}_1 = 36\angle 0^\circ - 3\dot{I}_1 \qquad ③$$

以上三式联立求解得

$$\dot{U}_2 = 18 + (4.5 + j10)\dot{I}_2$$

根据此式可画出 2 - 2′ 端口的等效电压源电路，如图 11.8.4(b) 所示。故得

$$\dot{I}_2 = -\frac{18}{4.5 + j10 + Z_L} = \frac{-18}{4.5 + j10 + 4.5 - j10} = -2\ \text{A}$$

$$\dot{U}_2 = Z_L(-\dot{I}_2) = (4.5 - j10) \times 2 = 9 - j20\ (\text{V})$$

将 $\dot{I}_2 = -2$ A 和 $\dot{U}_2 = 9 - j20$ (V)，代入式 ①、式 ②，得

$$\dot{U}_1 = 27\angle 0^\circ\ \text{V},\quad \dot{I}_1 = 3\angle 0^\circ\ \text{A}$$

(2)
$$P_L = I_2^2 \times 4.5 = 2^2 \times 4.5\ \text{W} = 18\ \text{W}$$

$$P_S = \text{Re}[\dot{U}_S \overset{*}{I}_1] = 36 \times 3\ \text{W} = 108\ \text{W}$$

(3) $P_N = \text{Re}[\dot{U}_1 \overset{*}{I}_1] + \text{Re}[\dot{U}_2 \overset{*}{I}_2] = 27 \times 3 + \text{Re}[(9 - j20) \times (-2)] = 63\ \text{W}$

(4)
$$\eta = \frac{P_L}{P_S} = \frac{18}{108} = 16.7\%$$

例 11.8.4　图 11.8.5(a) 所示电路，已知二端口网络 N_0 的 $\boldsymbol{Z} = \begin{bmatrix} 5 & 4 \\ 4 & 12 \end{bmatrix}\Omega$，求 $\dot{U}_2$，$\dot{I}_2$，4 Ω 电阻吸收的功率 P_2。

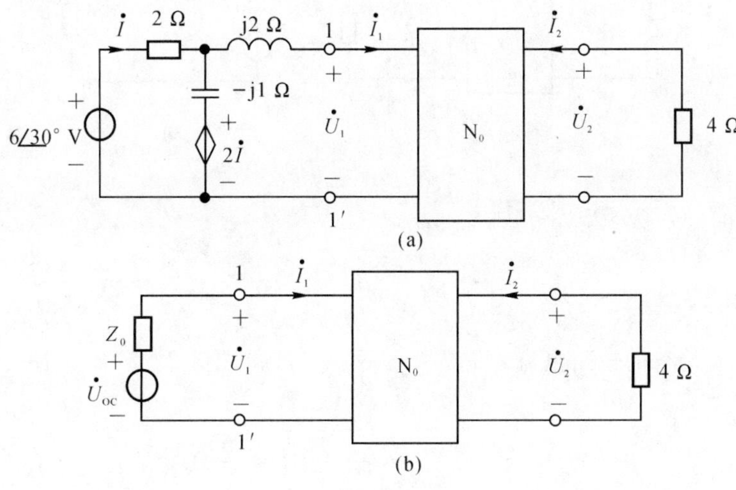

图　11.8.5

解　先求出 1 - 1′ 端口向左看去的等效电压源电路，如图 11.8.5(b) 所示，其中 $\dot{U}_{OC} = 3.26\angle 17.43^\circ$ V，$Z_0 = 1.54\angle 85.6^\circ\Omega$。故有方程

$$\dot{U}_1 = 5\dot{I}_1 + 4\dot{I}_2,\quad \dot{U}_2 = 4\dot{I}_1 + 12\dot{I}_2,\quad \dot{U}_1 = \dot{U}_{OC} - Z_0\dot{I}_1,\quad \dot{U}_2 = -4\dot{I}_2$$

联立求解得 $\dot{U}_2 = 0.74\angle -6^\circ$V，$\dot{I}_2 = 0.185\angle 174^\circ$A。故又得

$$P_2 = I_2^2 \times 4 = 0.185^2 \times 4\ \text{W} = 0.137\ \text{W}$$

例 11.8.5　图 11.8.6(a) 所示电路，已知二端口网络 N 的 A 参数矩阵为 $\boldsymbol{A} = \begin{bmatrix} 1 & 2 \\ 3 & 4 \end{bmatrix}$。求 R 为何值时能获得最大功率 P_m，P_m 的值多大。

解 (1) 先求得端口 1-1′ 向左看去的等效电压源电路,如图 11.8.6(b) 所示。

(2) 再根据图 11.8.6(b) 求端口 2-2′ 向左看去的等效电压源电路。因已知有

$$\begin{cases} U_1 = 1U_2 + 2(-I_2) \\ I_1 = 3U_2 + 4(-I_2) \end{cases}$$

即

$$\begin{cases} 2-2I_1 = U_2 + 2(-I_2) \\ I_1 = 3U_2 + 4(-I_2) \end{cases}$$

当 $I_2=0$(即输出端口 2-2′ 开路) 时,有

$$\begin{cases} 2-2I_1 = U_{2OC} \\ I_1 = 3U_{2OC} \end{cases}$$

联立求解得端口 2-2′ 的开路电压为

$$U_{2OC} = \frac{2}{7}\ \text{V}$$

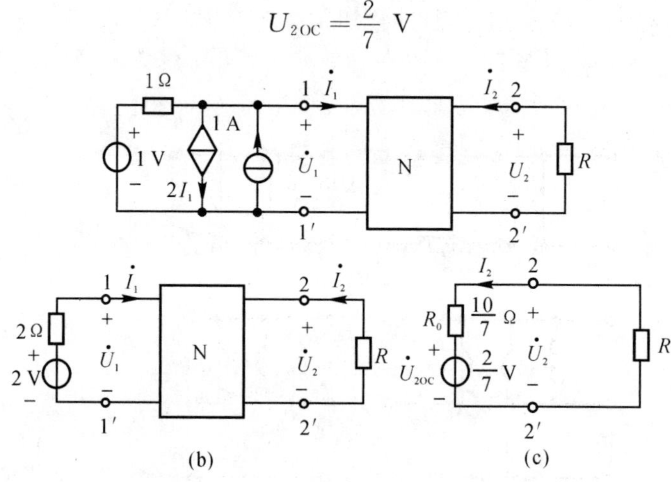

图 11.8.6

当 $U_2=0$(即输出端 2-2′ 短路) 时,有

$$\begin{cases} 2-2I_1 = 2(-I_{2SC}) \\ I_1 = 4(-I_{2SC}) \end{cases}$$

联立求解得端口 2-2′ 的短路电流为 $I_{2SC} = -\frac{1}{5}$ A。故得端口 2-2′ 向左看去的输入电阻为

$$R_0 = \frac{-U_{2OC}}{I_{2SC}} = \frac{-\frac{2}{7}}{-\frac{1}{5}}\ \Omega = \frac{10}{7}\ \Omega$$

R_0 也可更简便地直接用式(11.3.2) 求解(因 N_0 为互易网络),即

$$R_0 = \frac{a_{22}R_S + a_{12}}{a_{21}R_S + a_{11}} = \frac{4\times 2+2}{3\times 2+1}\ \Omega = \frac{10}{7}\ \Omega$$

于是可作出端口 2-2′ 向左看去的等效电压源电路,如图 11.8.6(c) 所示。

(3) 当 $R=R_0=\frac{10}{7}\ \Omega$ 时,R 可获得最大功率 P_m

$$P_m = \frac{U_{2OC}^2}{4R_0} = \frac{\left(\frac{2}{7}\right)^2}{4\times\frac{10}{7}}\ \text{W} = \frac{1}{70}\ \text{W}$$

四、思考与练习

11.8.1　图 11.8.7 所示电路，已知二端口网络 N 的 A 参数矩阵为 $\boldsymbol{A}=\begin{bmatrix}2 & 0\\ \frac{2}{3} & \frac{1}{2}\end{bmatrix}$。求：

(1) 端口 1-1′ 吸收的功率 P_1，4 V 电压源发出的功率 P_S，1.6 Ω 电阻吸收的功率 P_R。(答：2.4 W，4 W，1.6 W)

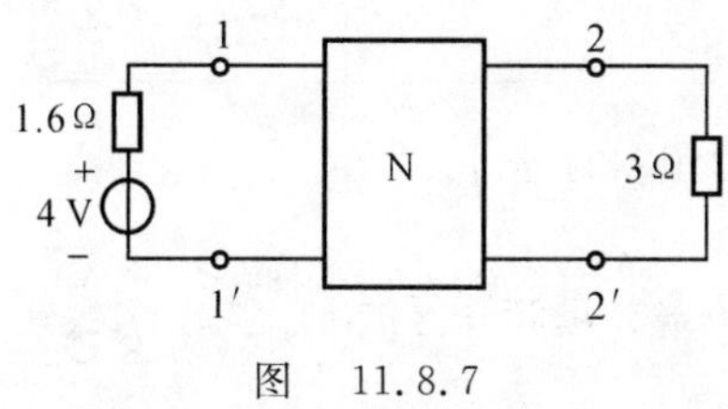

图　11.8.7

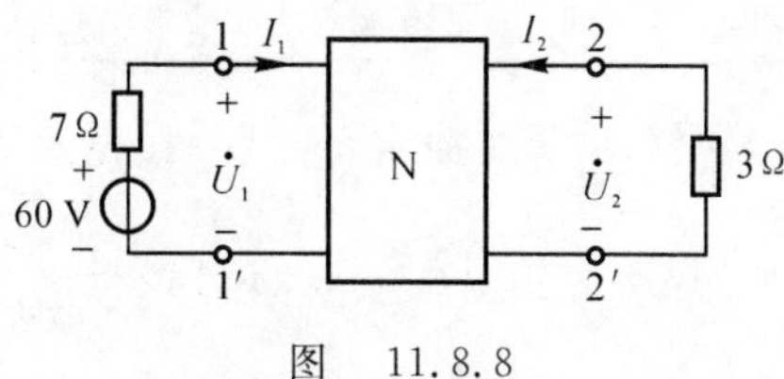

图　11.8.8

11.8.2　图 11.8.8 所示电路，已知二端口网络 N 的 A 参数矩阵 $\boldsymbol{A}=\begin{bmatrix}2.5 & 1.5\\ 0.5 & 1.5\end{bmatrix}$。求：3 Ω 电阻吸收的功率 $P_{3\,\Omega}$，端口 1-1′ 吸收的功率 P_1，60 V 电压源发出的功率 P_S，传输效率 η。(答：12 W，108 W，360 W，8.33%)

11.8.3　图 11.8.9 所示电路，已知二端口网络 N 的 H 参数矩阵 $\boldsymbol{H}=\begin{bmatrix}40 & 0.4\\ 10 & 0.1\end{bmatrix}$。求 10 Ω 电阻吸收的功率 $P_{10\,\Omega}$，端口 1-1′ 吸收的功率 P_1，1 V 电压源发出的功率 P_S。(答：0.4 W，0.032 W，0.04 W)

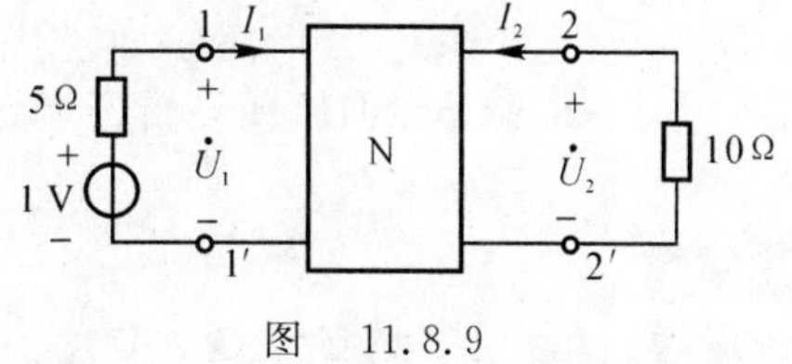

图　11.8.9

现将有载二端口网络的分析计算汇总于表 11.8.1 中，以便复习和查用。

表 11.8.1　有载二端口网络的分析计算

定　义	输入端口接电源支路，输出端口接负载 Z_L 支路，称为有载二端口网络
有载二端口网络	Z_S，$\dot{U}_S$，$\dot{I}_1$，$\dot{U}_1$，无独立源零状态网络，$\dot{I}_2$，$\dot{U}_2$，Z_L
分析计算的任务	第 1 类：已知二端口网络的参数和 $\dot{U}_S$，Z_S，Z_L，求端口变量 $\dot{U}_1$，$\dot{I}_1$，$\dot{U}_2$，$\dot{I}_2$ 第 2 类：已知端口变量，求二端口网络的参数
理论依据(以 A 方程和 A 参数为例)	$\begin{cases}\dot{U}_1=a_{11}\dot{U}_2+a_{12}(-\dot{I}_2)\\ \dot{I}_1=a_{21}\dot{U}_2+a_{22}(-\dot{I}_2)\end{cases}$　(A 方程) $\begin{cases}\dot{U}_1=\dot{U}_S-Z_S\dot{I}_1\\ \dot{U}_2=-Z_L\dot{I}_2\end{cases}$　(端接支路伏安方程) $Z_{in}=\dfrac{a_{11}Z_L+a_{12}}{a_{21}Z_L+a_{22}}$　(输入阻抗)

续 表

定　义	输入端口接电源支路，输出端口接负载 Z_L 支路，称为有载二端口网络
理论依据(以 A 方程和 A 参数为例)	$Z_{out}=\dfrac{a_{22}Z_S+a_{12}}{a_{21}Z_S+a_{11}}$ （输出阻抗）（只适用于互易网络） $\dfrac{\dot{U}_2}{\dot{U}_1}=\dfrac{Z_L}{a_{11}Z_L+a_{12}}$ （电压比） $\dfrac{\dot{I}_2}{\dot{I}_1}=\dfrac{-1}{a_{21}Z_L+a_{22}}$ （电流比） 等效二端口网络

习题十一

11－1　求图题 11－1 所示二端口网络的 Z 参数矩阵 $\boldsymbol{Z}$。$\left(\text{答}:\begin{bmatrix}4 & 1\\4 & 3\end{bmatrix}\right)$

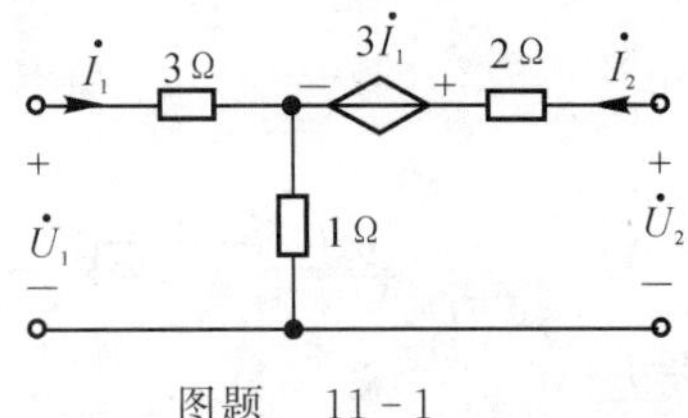

图题　11－1

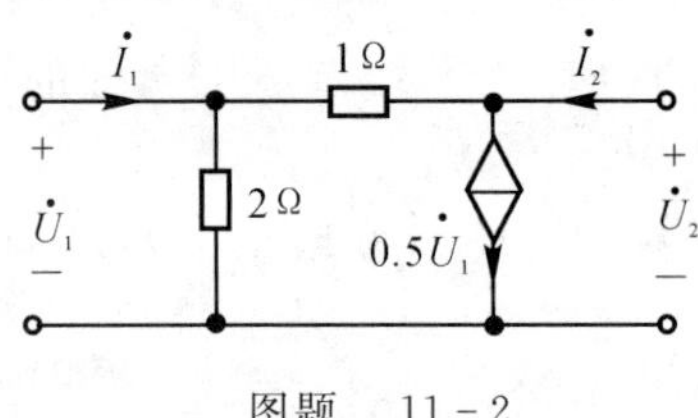

图题　11－2

11－2　求图题 11－2 所示二端口网络的 Y 参数矩阵 $\boldsymbol{Y}$。$\left(\text{答}\begin{bmatrix}1.5 & -1\\-0.5 & 1\end{bmatrix}\right)$

11－3　求图题 11－3 所示二端口网络的 Y 参数矩阵 $\boldsymbol{Y}$。$\left(\text{答}:\begin{bmatrix}\frac{3}{2} & -\frac{1}{2}\\-5 & 3\end{bmatrix}\right)$

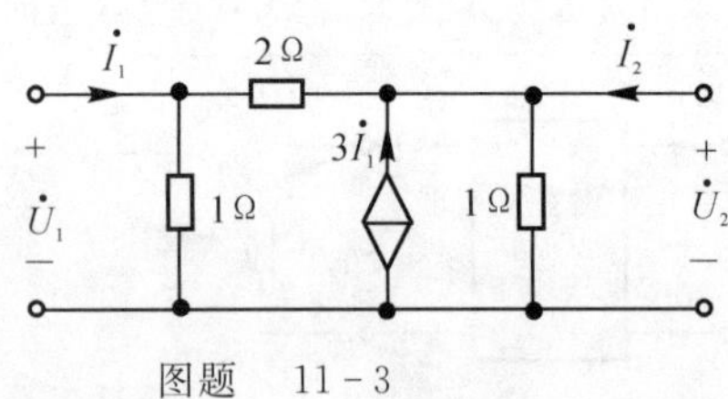

图题　11－3

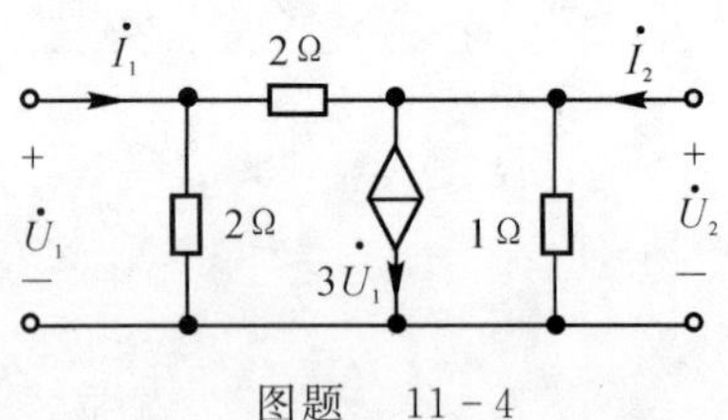

图题　11－4

11－4　求图题 11－4 所示二端口网络的 H 参数矩阵 $\boldsymbol{H}$。$\left(\text{答}:\begin{bmatrix}1 & \frac{1}{2}\\2.5 & 2.75\end{bmatrix}\right)$

11－5　欲使图题 11－5 所示二端口网络为互易网络，求 μ 和 α 之间的关系。（答：$\alpha=\mu\neq 1$）

11－6　求图题 11－6 所示二端口网络的 A 参数矩阵 $\boldsymbol{A}$。$\left(\text{答}:\begin{bmatrix}-0.1 & -0.5\ \Omega\\-0.05\ \text{S} & -0.25\end{bmatrix}\right)$

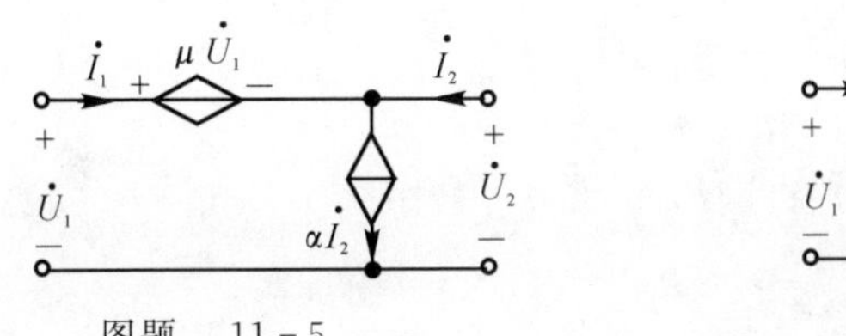

图题　11-5

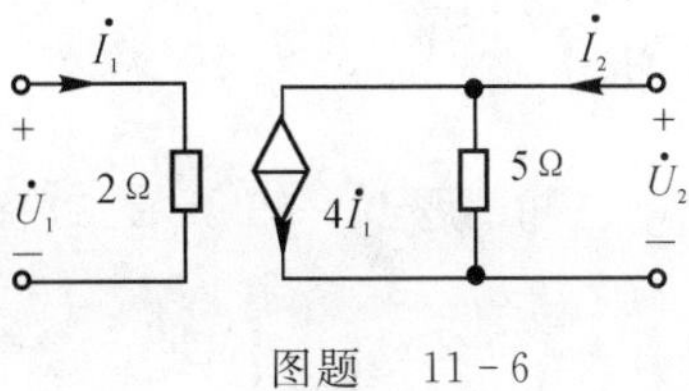

图题　11-6

11-7　图题 11-7 所示网络，已知 $R=\sqrt{\frac{L}{C}}$，求输入端口的输入阻 R_{in}。(答：R)

11-8　图题 11-8 所示网络。

(1) 求二端口网络的特性阻抗 Z_{C1}，Z_{C2}；

(2) 求 R 吸收的功率 P_R。(答：120 Ω，30 Ω；120 W)

11-9　图题 11-9 所示二端口网络，$L=0.1\ \text{H}$，$C=0.1\ \text{F}$，$\omega=10^4\ \text{rad/s}$。

(1) 求特性阻抗 Z_C；

(2) 当二端口网络接上负载电阻 $R=Z_C$ 时，求电压比 $H(\text{j}\omega)=\frac{\dot{U}_2}{\dot{U}_1}$。(答：1 000 Ω；$-$j1)

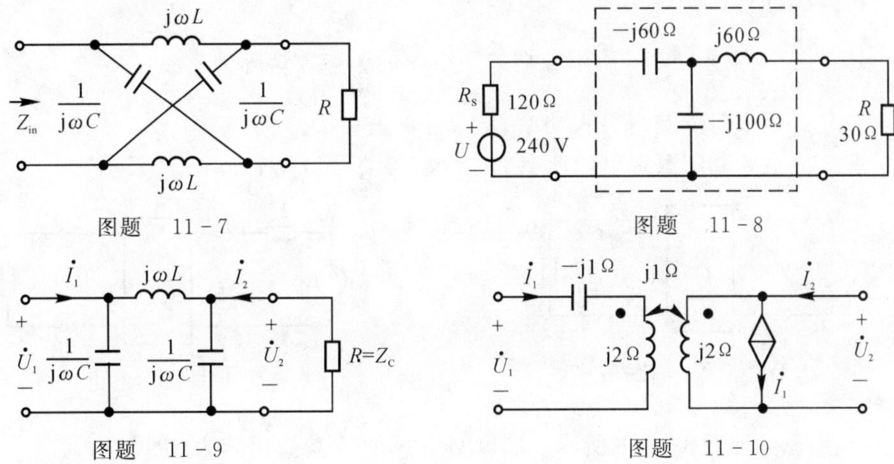

图题　11-7

图题　11-8

图题　11-9

图题　11-10

11-10　求图题 11-10 所示二端口网络的 Z 参数矩阵 $\mathbf{Z}$。$\left(\text{答：}\begin{bmatrix}0 & \text{j}1\\ -\text{j}1 & \text{j}2\end{bmatrix}\right)$

11-11　求图题 11-11 所示二端口网络的 A 参数矩阵 $\mathbf{A}$。$\left(\text{答：}\begin{bmatrix}2 & 0\\ \frac{2}{3} & \frac{1}{2}\end{bmatrix}\right)$

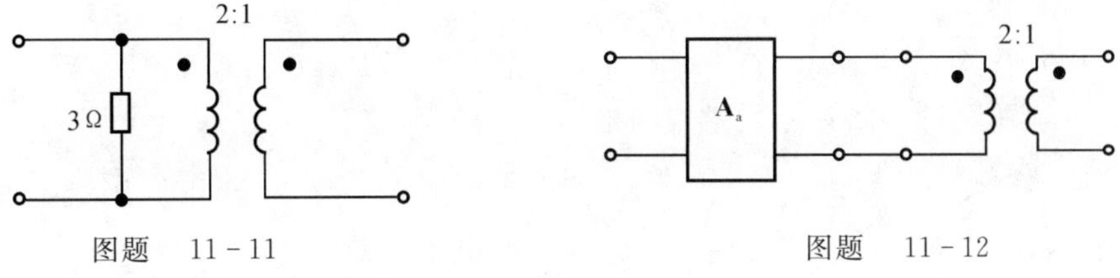

图题　11-11

图题　11-12

11-12　已知图题 11-12 所示二端口网络的 A 参数矩阵为 $\mathbf{A}=\begin{bmatrix}4 & 6\\ 0.5 & 1\end{bmatrix}$。求

$\boldsymbol{A}_a$。$\left(答:\begin{bmatrix}2 & 12\\0.25 & 2\end{bmatrix}\right)$

11-13　已知图题11-13所示二端口网络N的Z参数矩阵为$\boldsymbol{Z}=\begin{bmatrix}5 & 3\\3 & 7\end{bmatrix}\Omega$,求输入端口的输入电阻$R_{in}=\dfrac{\dot{U}_1}{\dot{I}_1}$。(答:4 Ω)

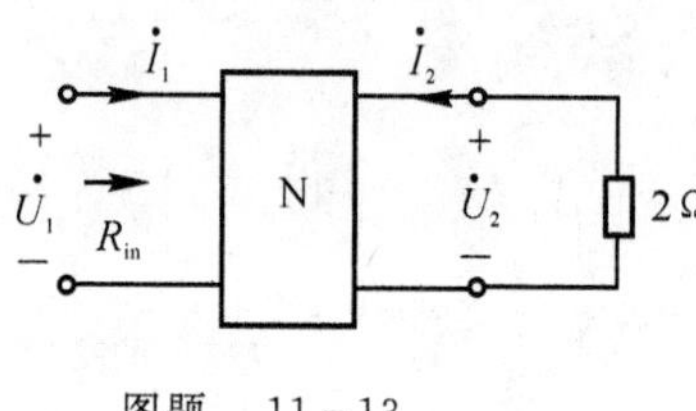

图题　11-13

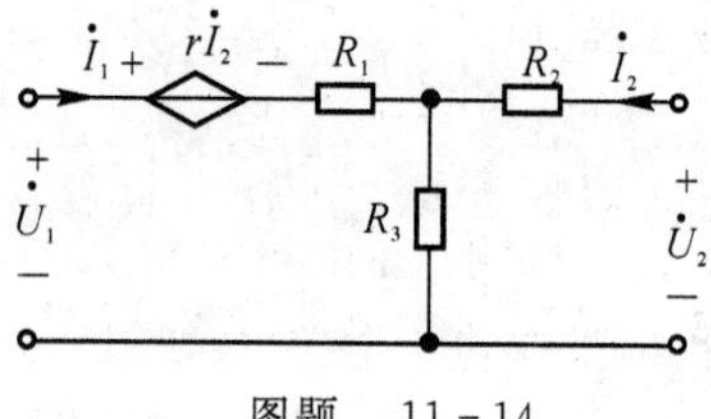

图题　11-14

11-14　已知图题11-14所示二端口网络的Z参数矩阵为$\boldsymbol{Z}=\begin{bmatrix}10 & 8\\5 & 10\end{bmatrix}$,求$R_1$,$R_2$,$R_3$,$r$的值。(答:5 Ω,5 Ω,5 Ω,3 Ω)

11-15　已知图题11-15所示二端口网络N的Y参数矩阵为$\boldsymbol{Y}=\begin{bmatrix}1 & -0.25\\-0.25 & 0.5\end{bmatrix}$ S。

(1) 求R为何值时能获得最大功率P_m,P_m的值多大?

(2) 求此时4 V电压源发出的功率P_S。(答:2 Ω,0.5 W;15 W)

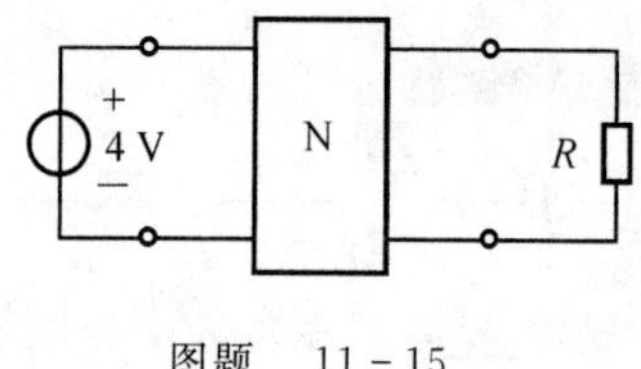

图题　11-15

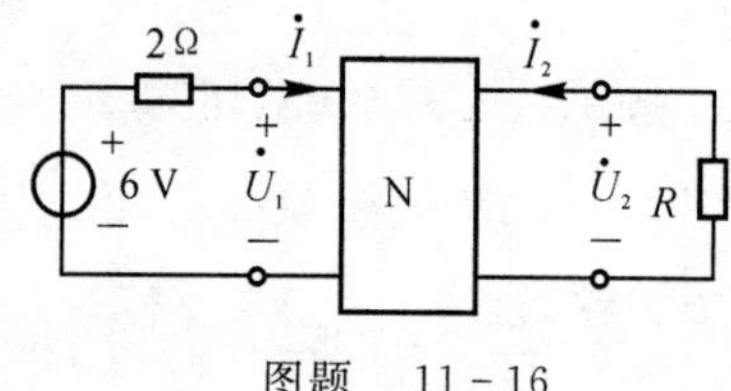

图题　11-16

11-16　已知图题11-16所示二端口网络N的A参数矩阵为$\boldsymbol{A}=\begin{bmatrix}2 & 8\ \Omega\\0.5\ \text{S} & 2.5\end{bmatrix}$。求$R$为何值时能获得最大功率$P_m$,$P_m$的值多大?$\left(答:\dfrac{13}{3}\ \Omega,0.231\ \text{W}\right)$

11-17　已知图题11-17所示二端口网络N的H参数矩阵为$\boldsymbol{H}=\begin{bmatrix}2\ \Omega & \dfrac{1}{2}\\5 & \dfrac{2}{5}\ \text{S}\end{bmatrix}$,$R_S=2\ \Omega$,$\dot{U}_S=100\underline{/0^\circ}$ V,$Z=4+\text{j}3\ \Omega$。求阻抗Z吸收的功率P。(答:135×10^3 W)

11-18　图题11-18所示二端口网络。

(1) 求A参数矩阵$\boldsymbol{A}$;

(2) 欲使$\dot{U}_2$与$\dot{U}_1$反相,求此时的角频率ω及电压比$H(\text{j}\omega)=\dfrac{\dot{U}_2}{\dot{U}_1}$。

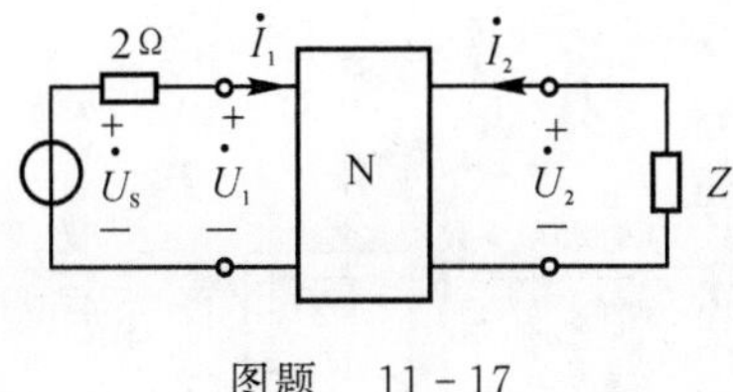

图题　11-17

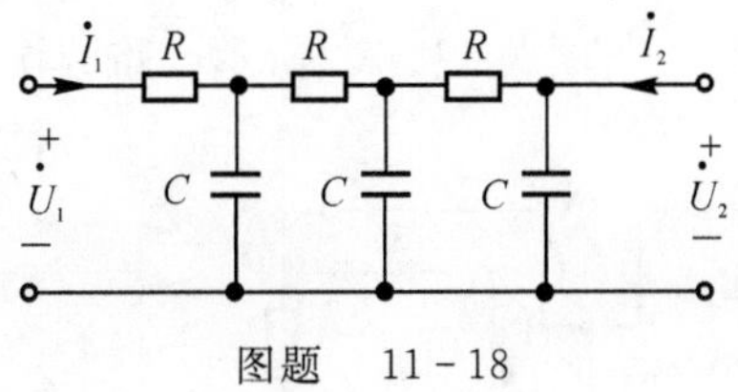

图题　11-18

11-19　求图题 11-19 所示二端口网络的 Z 参数矩阵 $\boldsymbol{Z}$。

$\left(\text{答：}\begin{bmatrix} 0 & -\dfrac{n}{g} \\ \dfrac{n}{g} & 0 \end{bmatrix}\right)$

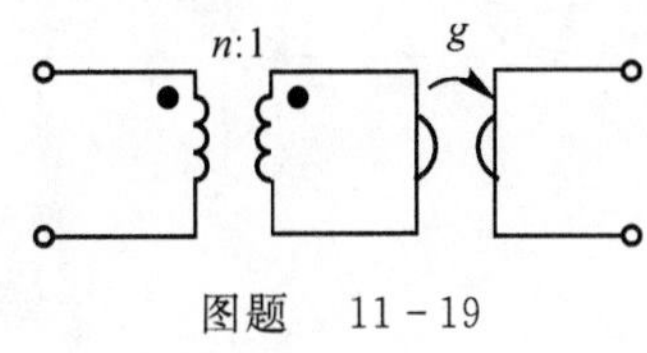

图题　11-19

11-20　证明图题 11-20 中各对电路相互等效。

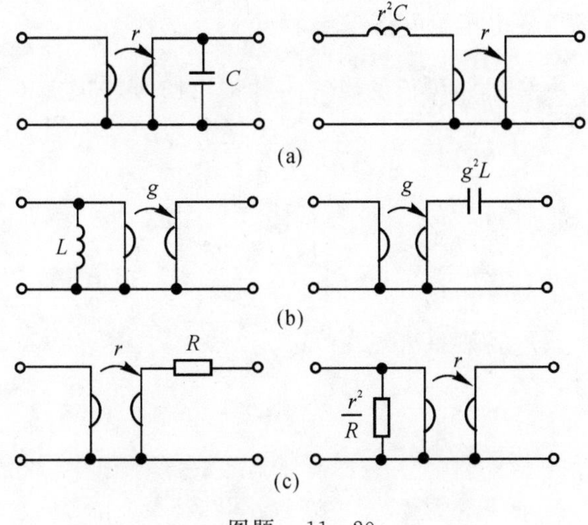

图题　11-20

11-21　求图题 11-21 所示二端口网络的 H 参数矩阵 $\boldsymbol{H}$。$\left(\text{答：}\begin{bmatrix} 0 & -n \\ -n & 0 \end{bmatrix}\right)$

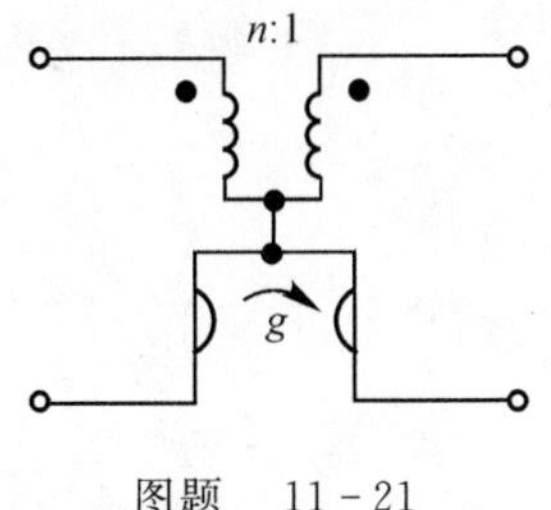

图题　11-21

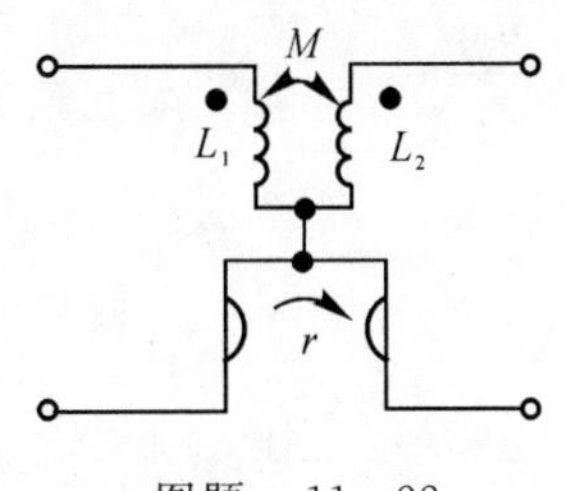

图题　11-22

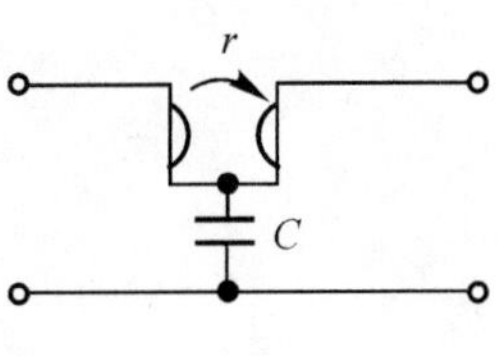

图题　11-23

11-22　求图题 11-22 所示二端口网络的 Z 参数矩阵 $\boldsymbol{Z}$。$\left(\text{答：}\begin{bmatrix} \text{j}\omega L_1 & \text{j}\omega M - r \\ \text{j}\omega M + r & \text{j}\omega L_2 \end{bmatrix}\right)$

11-23　求图题 11-23 所示二端口网络的 Z 参数矩阵 $\boldsymbol{Z}$。$\left(\text{答：}\begin{bmatrix} \dfrac{1}{\text{j}\omega C} & \dfrac{1}{\text{j}\omega C} - r \\ \dfrac{1}{\text{j}\omega C} + r & \dfrac{1}{\text{j}\omega C} \end{bmatrix}\right)$

11－24　求图题 11－24 所示电路的输入阻抗 $Z_{in}=\dfrac{\dot{U}_1}{\dot{I}_1}$。$\left(答:\dfrac{Z+j\omega Cr^2}{1+j\omega CZ}\right)$

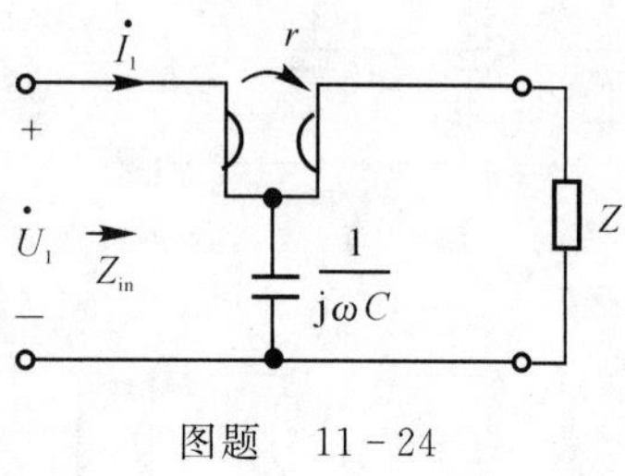

图题　11－24

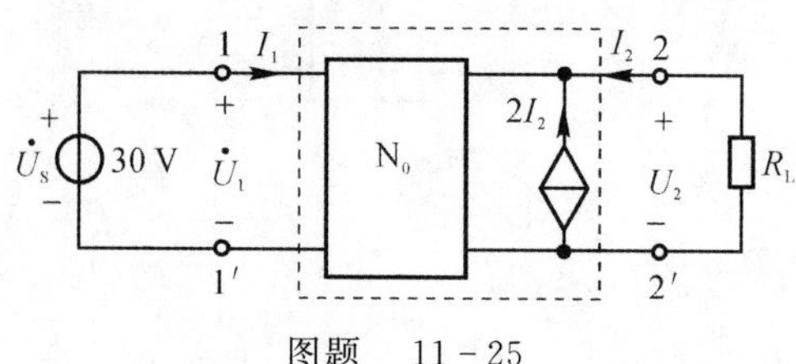

图题　11－25

11－25　图题 11－25 所示电路，已知二端口网络 N_0 的 $\mathbf{A}_0=\begin{bmatrix}2 & 10\\5 & 1\end{bmatrix}$，$U_S=30$ V。

(1) 求虚线框内复合二端口网络的 **A** 矩阵；

(2) 求 2－2′ 端口的等效电压源电路；

(3) 求 R_L 获得最大功率时的 I_1 值。$\left(答:\begin{bmatrix}2 & 30\\5 & 3\end{bmatrix};15\ \text{V},15\ \Omega;36\ \text{A}\right)$

第 12 章　动态电路时域分析

内容提要

本章讲述电路时域分析中常用的电信号，换路定律，电路变量初始值的求解，RC 和 RL 一阶电路微分方程的列写及零输入响应、零状态响应、全响应的求解，求一阶电路阶跃激励全响应的三要素公式及应用，一阶电路的正弦激励响应，简单二阶电路微分方程的列写及零输入响应与阶跃响应的分析。

以前各章中研究的都是电路工作在稳定状态的情况。但实际上电路在达到一种稳定工作状态之前，一般是要经历一个过渡过程的，称为瞬态过程。研究电路中瞬态过程的规律，可更深刻地理解电路稳定工作状态的由来与本质，同时提供了利用瞬态过程的理论根据，是电路理论极其重要的内容。本章中，将利用建立和求解电路微分方程的方法(称为时域经典法)，来研究电路中瞬态过程的规律与应用。

12.1　常用的电信号

一、信号的定义

含有信息的物理量或物理现象称为信号。若信号为电压、电流等电量，则称为电信号。在简单情况下，信号可表示为时间变量 t 的函数，记为 $f(t)$。

二、本课程中用到的电信号

1. 直流信号

直流信号也称常量信号，其函数定义式为

$$f(t)=A, \qquad t\in \mathbf{R}$$

其波形如图 12.1.1(a) 所示。若 $A=1$，则称为单位直流信号，如图 12.1.1(b) 所示。直流电压源与直流电流源都是产生直流电信号的“信号源”。

2. 单位阶跃信号

单位阶跃信号用 $U(t)$ 表示[①]，其函数定义式为

$$U(t)=\begin{cases}0, & t<0\\ 1, & t>0\end{cases}$$

① 有的书上用 $\varepsilon(t)$ 表示单位阶跃信号。

其波形如图 12.1.2(a) 所示。从图中看出有 $U(0^-)=0, U(0^+)=1, U(0^+)\neq U(0^-)$，即 $U(t)$ 在 $t=0$ 时刻不连续，发生了跳变，出现了第一类间断点。图中的“0^-”，“0^+”分别表示“0”的左极限与右极限。

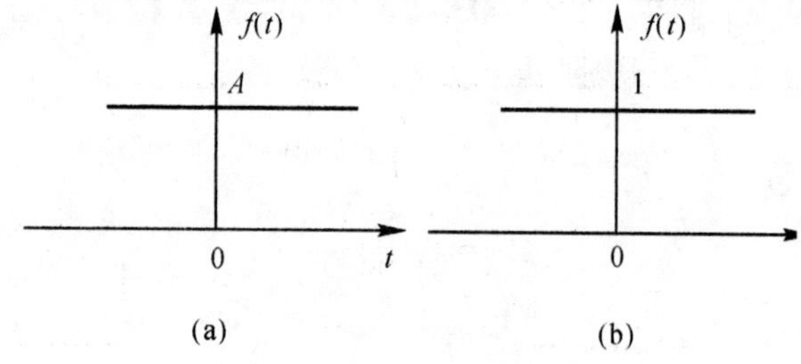

图 12.1.1　直流信号

在时间上延迟 t_0（t_0 为正实常数）的单位阶跃信号表示为 $U(t-t_0)$，其波形如图 12.1.2(b) 所示。

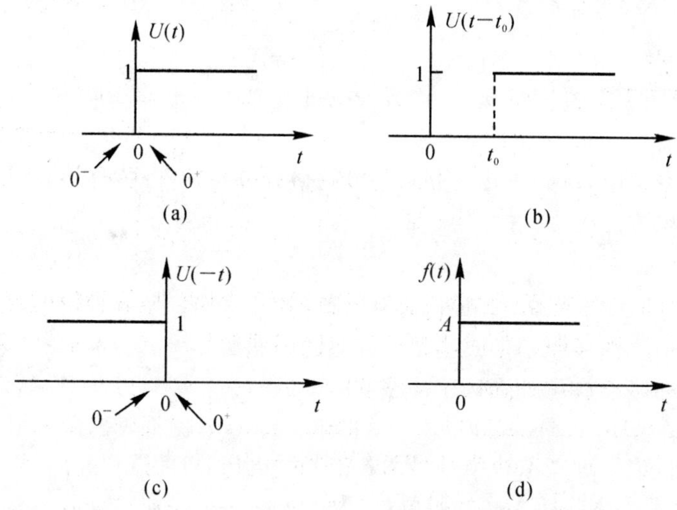

图 12.1.2　阶跃信号

将 $U(t)$ 中的 t 换为 $(-t)$，即得 $U(-t)$，$U(-t)$ 称为反单位阶跃信号，其波形如图 12.1.2(c) 所示。

阶跃幅度为 A 的阶跃信号 $f(t)$ 可表示为

$$f(t)=AU(t)$$

其波形如图 12.1.2(d) 所示。

阶跃信号是电路、信号与系统工程中最简单、应用最多的信号之一。

单位阶跃信号 $U(t)$ 有两个重要作用：

(1)“切除”作用。设 $f_1(t)$ 为任意时间信号，$t\in\mathbf{R}$，设其波形如图12.1.3(a) 中所示，图 12.1.3(b) 所示为单位阶跃信号 $U(t)$。今将 $f_1(t)$ 与 $U(t)$ 相乘，即得信号 $f(t)=f_1(t)U(t)$，$f(t)$ 的波形如图 12.1.3(c) 所示。可见 $f(t)$ 具有了“单边”特性。这就是 $U(t)$ 的“切除”作用。这样，$f(t)$ 可有两种表示方法，即

$$f(t)=f_1(t)U(t)$$

或

$$f(t)=\begin{cases}0, & t<0\\ f_1(t), & t>0\end{cases}$$

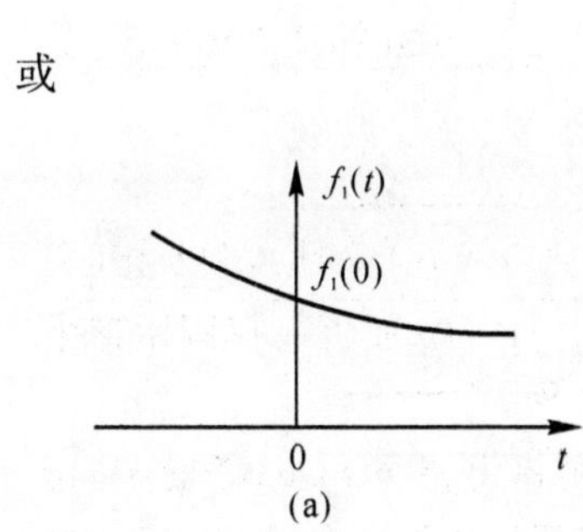

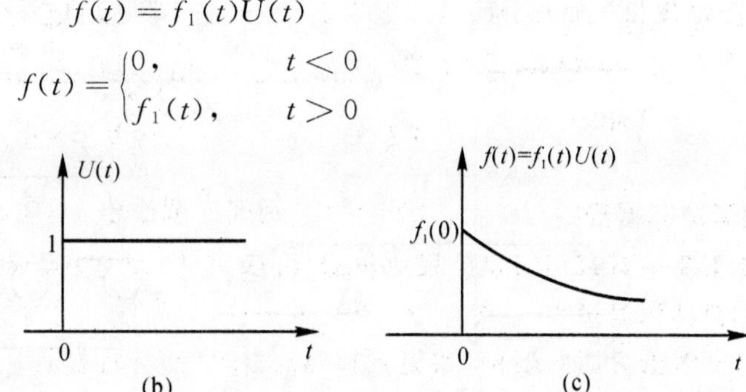

图 12.1.3　$U(t)$ 的"切除"作用

(2)"开关作用"。如图 12.1.4(a) 所示电路，其中 $U(t)$(V) 为单位阶跃电压源。此电路可用图 12.1.4(b) 所示的电路等效，称为 $U(t)$ 的开关等效电路，其中 1 V 为直流电压源。当 $t<0$ 时，开关 S 在"1"位置，a，b 两点间的电压 $u(t)=0$；今于 $t=0$ 时刻，将开关 S 扳到"2"位置，则在 $t>0$ 时有 $u(t)=1$ V。可见在时间区间 $(-\infty,\infty)$ 上有 $u(t)=U(t)$ (V)，即

$$u(t)=\begin{cases}0, & t>0\\ 1, & t<0\end{cases}=U(t)\ (\mathrm{V})$$

故把 $U(t)$ 又称为"开关信号"，即 $U(t)$ 在电路中能起"开关作用"。

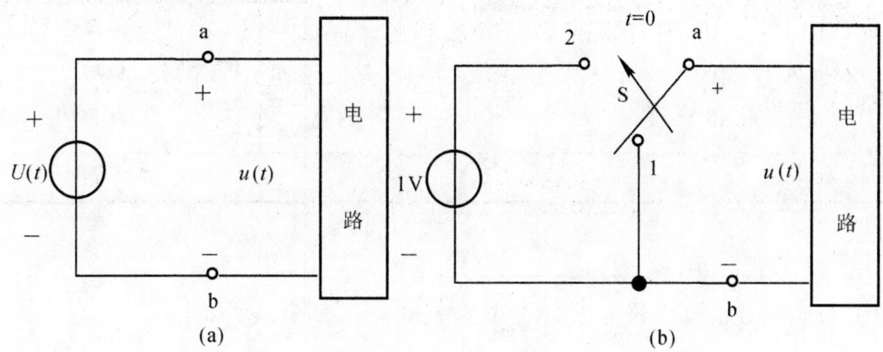

图 12.1.4　单位阶跃信号的开关等效电路

例 12.1.1　试用阶跃函数 $U(t)$ 的线性组合表示图 12.1.5 所示的信号 $f(t)$。

解

$$f(t)=U(t)+2U(t-2)-5U(t-3)+2U(t-4)$$

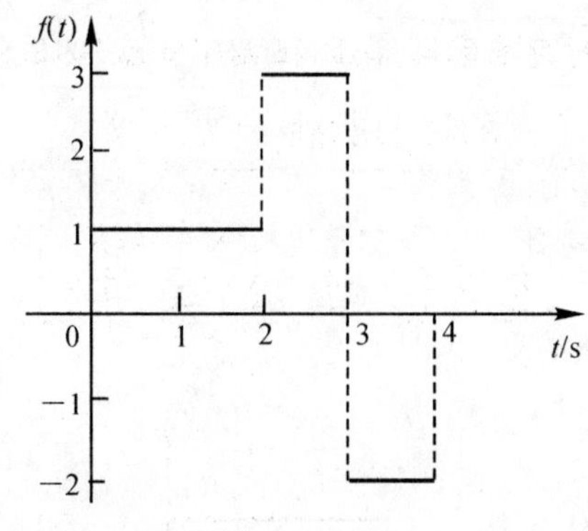

图　12.1.5

例 12.1.2 试画出图 12.1.6(a) 所示电压信号 $u(t)$ 的开关等效电路。

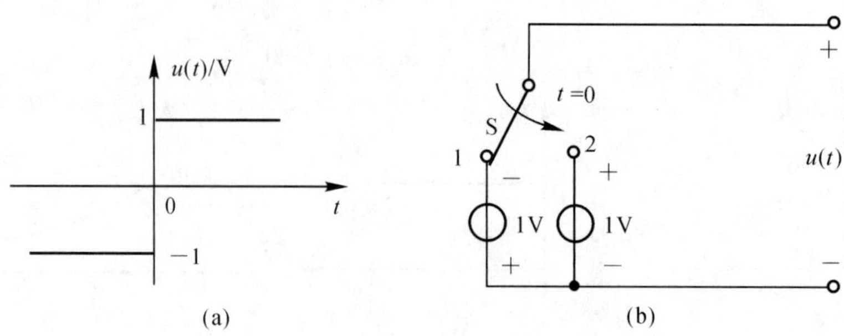

图 12.1.6

解 其开关等效电路如图 12.1.6(b) 所示。$t<0$ 时开关 S 在"1"，$u(t)=-1\ \mathrm{V}$；在 $t=0$ 时刻，将开关 S 从"1" 扳到"2"，故 $t>0$ 时 $u(t)=1\ \mathrm{V}$。故

$$u(t)=\begin{cases}-1\ \mathrm{V}, & t<0\\ 1\ \mathrm{V}, & t>0\end{cases}$$

或者写成
$$u(t)=[-U(-t)+U(t)]\ (\mathrm{V})$$

3. 单边衰减指数信号

单边衰减指数信号 $f(t)$ 的函数定义式为

$$f(t)=A\mathrm{e}^{-\frac{1}{\tau}t}, \qquad t>0 \tag{12.1.1}$$

其中 τ 称为时间常数，单位为 s，τ 为大于零的实常数，其波形如图 12.1.7(a) 所示。时间常数 τ 描述了曲线衰减得快慢程度。τ 越小，曲线衰减得越快；τ 越大，曲线衰减得越慢，如图 12.1.7(b) 所示。令 $\alpha=1/\tau$，α 称为衰减系数，单位为 1/s。

当 $t=\tau$ 时，代入式(12.1.1)，有

$$f(\tau)=A\mathrm{e}^{\frac{1}{\tau}\times\tau}=A\mathrm{e}^{-1}=\frac{A}{\mathrm{e}}=0.368A$$

即经过 τ 的时间，函数值就衰减为原来值 A 的 0.368 倍，即衰减了 63.2%。

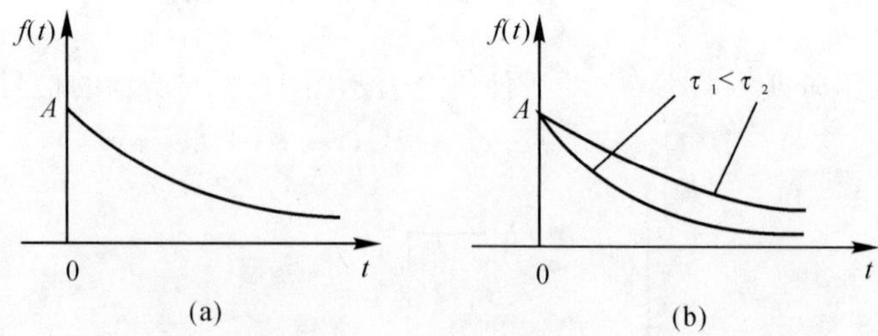

图 12.1.7 单边衰减指数信号

式(12.1.1) 也可写为如下的形式，即

$$f(t)=A\mathrm{e}^{-\frac{1}{\tau}t}U(t)$$

4. 振幅按指数规律衰减的正弦信号

其函数定义式为

$$f(t)=\begin{cases}0, & t<0\\ A\mathrm{e}^{-\alpha t}\sin\omega t, & t\geqslant 0\end{cases}$$

或写成　　$f(t)=A\mathrm{e}^{-\alpha t}\sin\omega t U(t)$

式中，α 为大于零的实常数，为衰减系数。其波形如图 12.1.8 所示。

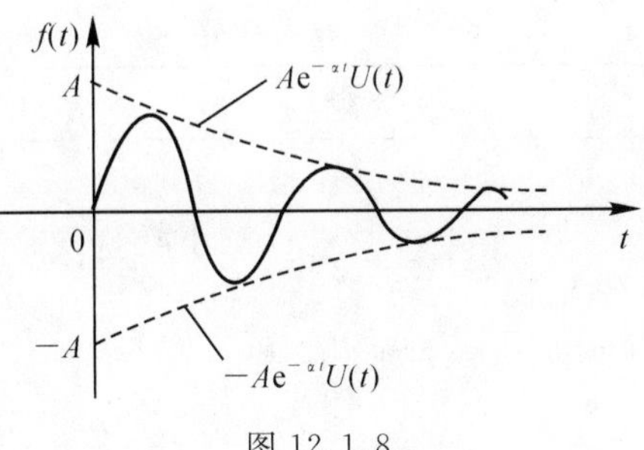

图 12.1.8

现将本课程中常用的电信号汇总于表 12.1.1 中，以便复习和查用。

表 12.1.1　本课程中常用的电信号

名　称	信号的函数式	波　形
直流信号	$f(t)=A,\quad t\in\mathbf{R}$	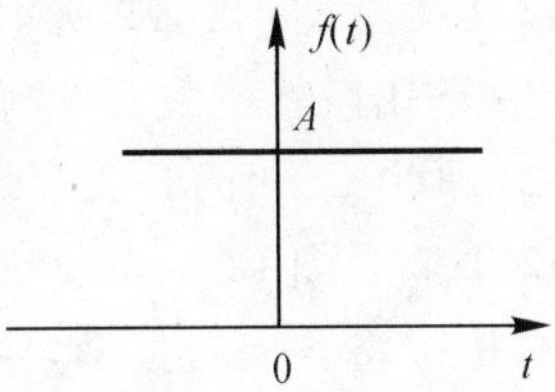
单位阶跃信号	$U(t)=\begin{cases}0, & t<0\\ 1, & t>0\end{cases}$	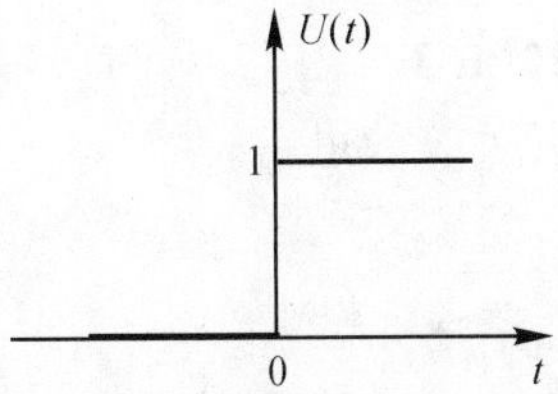
反单位阶跃信号	$U(-t)=\begin{cases}1, & t<0\\ 0, & t>0\end{cases}$	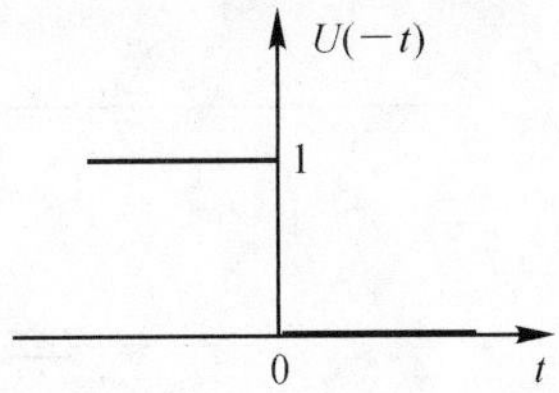
单位矩形脉冲信号	$f(t)=U(t)-U(t-t_0)$	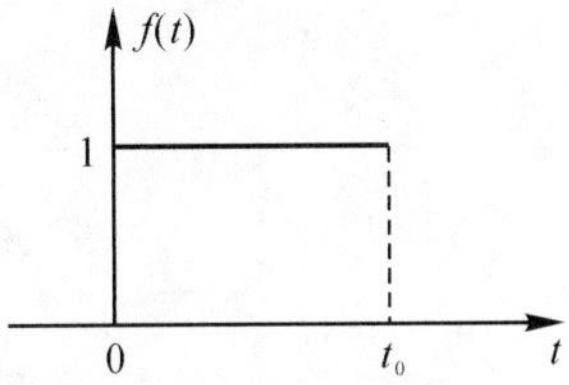
单边衰减指数信号	$f(t)=A\mathrm{e}^{-\alpha t}U(t),\quad \alpha>0$	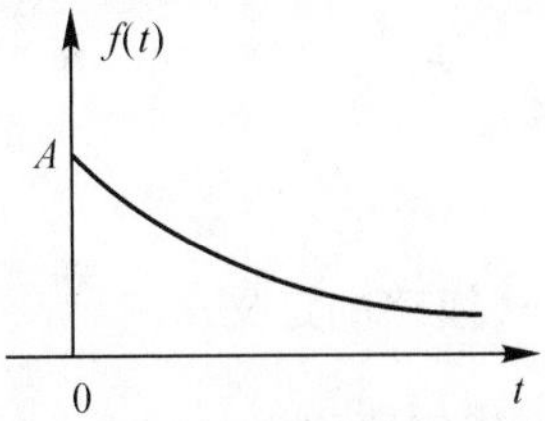

续表

名　称	信号的函数式	波　形
单边指数衰减正弦信号	$f(t)=A\mathrm{e}^{-\alpha t}\sin\omega t U(t),\quad \alpha>0$	

三、思考与练习

12.1.1　图 12.1.9 所示电压信号 $u(t)$ (V)。

(1) 试用阶跃函数 $U(t)$ 的线性组合表示 $u(t)$；

(2) 画出 $u(t)$ 的开关等效电路。(答：$u(t)=U(t)-U(t-2)$ (V))

12.1.2　图 12.1.10 所示电路，已知 $t<0$ 时，S 一直在“0”位置。今从 $t=0$ 时刻开始，每隔 T s，依次将 S 向右扳动，当扳到位置“3”时，即长期停住。试画出电压 $u(t)$ 的波形，并用 $U(t)$ 的线性组合表示。

12.1.3　图 12.1.11(a) 所示电路，已知 $u_S(t)$ 的波形如图 12.1.11(b) 所示。试画出该电路的开关等效电路。

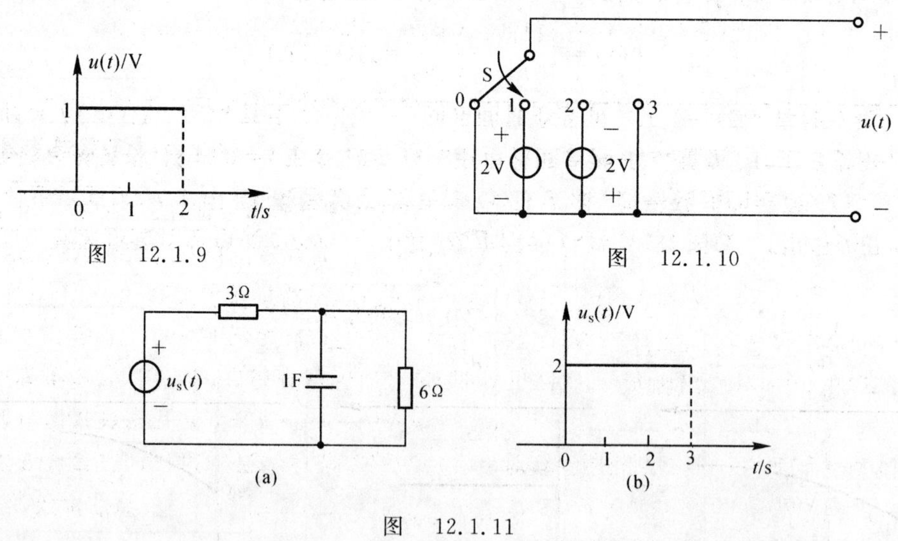

图　12.1.9

图　12.1.10

图　12.1.11

12.2　换 路 定 律

一、换路的定义

由任何原因引起的电路结构或参数的改变，统称为换路，如电路的接通、断开，元件参数值的改变，电路连接方式的改变，电源的改变，等等。

在对电路进行分析时，把换路的瞬间作为计算时间的起点，即 $t=0$ 的时刻，亦即坐标的原点，如图 12.2.1 所示，而把换路的前一瞬间（即左极限）用 0^- 表示，而把换路的后一瞬间（即右极限）用 0^+ 表示。

图 12.2.1　换路瞬间的表示　　　　图 12.2.2　电容元件

二、换路定律

1. 电容换路定律

图 12.2.2 所示为电容元件电路，电容量为 C。取 $u_C(t)$ 与 $i(t)$ 为关联方向，则其微分形式的伏安关系为

$$i(t)=C\frac{\mathrm{d}u_C(t)}{\mathrm{d}t}$$

即

$$\mathrm{d}u_C(t)=\frac{1}{C}i(t)\mathrm{d}t$$

将上式在时间区间$(-\infty,t]$上积分，即有

$$u_C(t)=\frac{1}{C}\int_{-\infty}^{t}i(\tau)\mathrm{d}\tau=\frac{1}{C}\int_{-\infty}^{0^-}i(\tau)\mathrm{d}\tau+\frac{1}{C}\int_{0^-}^{t}i(\tau)\mathrm{d}\tau=$$

$$u_C(0^-)+\frac{1}{C}\int_{0^-}^{t}i(\tau)\mathrm{d}\tau \tag{12.2.1}$$

式中

$$u_C(0^-)=\frac{1}{C}\int_{-\infty}^{0^-}i(\tau)\mathrm{d}\tau$$

$u_C(0^-)$ 称为电容元件的初始电压，也称初始状态。$u_C(0^-)$ 总结了从 $t\to-\infty$ 到 $t=0^-$ 期间电容元件的工作状态，故电容元件具有记忆功能，为一记忆元件（也称动态元件），它以 $u_C(0^-)$ 的值记忆了电容元件在时间区间$(-\infty,0^-)$上的“历史”。

式(12.2.1) 说明了电容电压 $u_C(t)$ 等于初始电压 $u(0^-)$ 与 $t>0$ 时由电流 $i(t)$ 充电所得电压$\frac{1}{C}\int_{0^-}^{t}i(\tau)\mathrm{d}\tau$ 之和，这说明 $u_C(0^-)$ 对电容电压 $u_C(t)$ 要做出贡献，或者说要产生作用。

式(12.2.1) 称为电容元件伏安关系的积分形式。

由式(12.2.1) 看出，当 $t=0^+$ 时有

$$u_C(0^+)=u_C(0^-)+\frac{1}{C}\int_{0^-}^{0^+}i(\tau)\mathrm{d}\tau$$

由此式可见，若电流 $i(t)$ 为有限值，则必有$\int_{0^-}^{0^+}i(\tau)\mathrm{d}\tau=0$，故得

$$u_C(0^+)=u_C(0^-)$$

此结果表明，若流过电容元件 C 中的电流 $i(t)$ 为有限值，则在换路瞬间（即$t=0$ 瞬间），电容两端的电压不会突变，只能连续变化。此结论即为电容换路定律。

2. 电感换路定律

图 12.2.3 为电感元件电路，电感为 L。取 $i_L(t)$ 与 $u(t)$ 为关联方向，则其微分形式的伏安关系为

$$u(t)=L\frac{\mathrm{d}i_L(t)}{\mathrm{d}t}$$

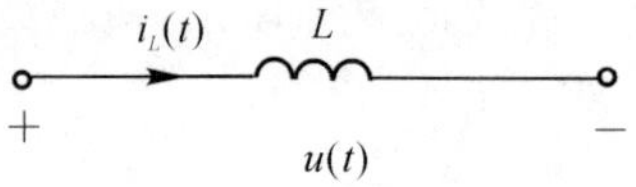

即
$$\mathrm{d}i_L(t)=\frac{1}{L}u(t)\mathrm{d}t$$

图 12.2.3　电感元件

将上式在时间区间$(-\infty,t]$上积分，即有

$$i_L(t)=\frac{1}{L}\int_{-\infty}^{t}u(\tau)\mathrm{d}\tau=\frac{1}{L}\int_{-\infty}^{0^-}u(\tau)\mathrm{d}\tau+\frac{1}{L}\int_{0^-}^{t}u(\tau)\mathrm{d}\tau=$$
$$i_L(0^-)+\frac{1}{L}\int_{0^-}^{t}u(\tau)\mathrm{d}\tau \qquad (12.2.2)$$

式中
$$i_L(0^-)=\frac{1}{L}\int_{-\infty}^{0^-}u(\tau)\mathrm{d}\tau$$

$i_L(0^-)$称为电感元件的初始电流，也称初始状态。$i_L(0^-)$总结了从 $t\to-\infty$ 到 $t=0^-$ 期间电感元件的工作状态，故电感元件也具有记忆功能，也为一记忆元件(也称动态元件)，它以 $i_L(0^-)$的值记忆了电感元件在时间区间$(-\infty,0^-)$上的“历史”。

式(12.2.2)说明了电感电流 $i_L(t)$ 等于初始电流 $i_L(0^-)$ 与 $t>0$ 时由电压 $u(t)$ 充电所得电流$\frac{1}{L}\int_{0^-}^{t}u(\tau)\mathrm{d}\tau$之和，这说明 $i_L(0^-)$ 对电感电流 $i_L(t)$ 要做出贡献，或者说要产生作用。

式(12.2.2)称为电感元件伏安关系的积分形式。

由式(12.2.2)看出，当 $t=0^+$ 时有

$$i_L(0^+)=i_L(0^-)+\frac{1}{L}\int_{0^-}^{0^+}u(\tau)\mathrm{d}\tau$$

由此式可见，若电压 $u(t)$ 为有限值，则必有$\int_{0^-}^{0^+}u(\tau)\mathrm{d}\tau=0$，故得

$$i_L(0^+)=i_L(0^-)$$

此结果表明，若加在电感元件 L 两端的电压 $u(t)$ 为有限值，则在换路瞬间(即 $t=0$ 瞬间)，电感中的电流不会突变，只能连续变化。此结论即为电感换路定律。

由上述内容可知，换路定律的成立是有条件的，即必须满足流过电容 C 中的电流 $i(t)$ 为有限值，加在电感 L 两端的电压 $u(t)$ 为有限值。

三、换路定律的应用

换路定律的应用，主要是从已知的初始状态 $u_C(0^-)$ 和 $i_L(0^-)$ 求 $u_C(0^+)$ 和 $i_L(0^+)$。

现将动态元件的伏安关系与换路定律汇总于表 12.2.1 中，以便复习和查用。

表 12.2.1　动态元件的伏安关系与换路定律

元　件	伏安关系	换路定律
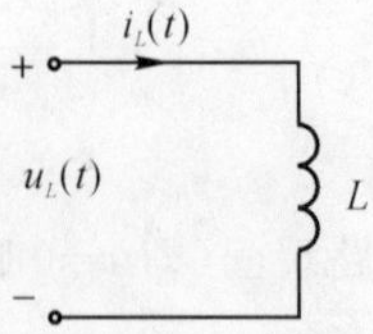 $i_L(t)$，+，$u_L(t)$，−，L	$u_L(t)=L\frac{\mathrm{d}i(t)}{\mathrm{d}t}$ $i_L(t)=i_L(0^-)+\frac{1}{L}\int_{0}^{t}u_L(\tau)\mathrm{d}\tau$	$i_L(0^+)=i_L(0^-)$ (条件：$u_L(t)$ 为有限值)

续 表

元　件	伏安关系	换路定律
$i_C(t)$ + − $u_C(t)$ C	$i_C(t)=C\dfrac{\mathrm{d}u_C(t)}{\mathrm{d}t}$ $u_C(t)=u_C(0^-)+\dfrac{1}{C}\int_0^t i_C(\tau)\mathrm{d}\tau$	$u_C(0^+)=u_C(0^-)$ （条件：$i_C(t)$ 为有限值）

注：换路定律的应用，主要是从已知的 $i_L(0^-)$ 和 $u_C(0^-)$ 求 $i_L(0^+)$ 和 $u_C(0^+)$。

12.3　电路变量初始值的求解

一、初始值的定义

$t=0^+$ 时刻电路中的电压、电流以及它们的各阶导数值，统称为电路变量的初始值，简称电路的初始值。

二、求电路初始值的理论依据和方法

求电路初始值的理论依据仍然是KCL，KVL，R，L，C，M元件的伏安关系，再加上换路定律。

求电路初始值的方法仍然是网孔法，节点法，叠加定理法，等效电源定理法，以及电路的各种等效变换原理等。

三、两个重要概念

当电路中作用的独立源为直流电源或阶跃电源且电路已工作于稳定状态时，电容元件 C 相当于开路，电感元件 L 相当于短路，如图 12.3.1 所示。

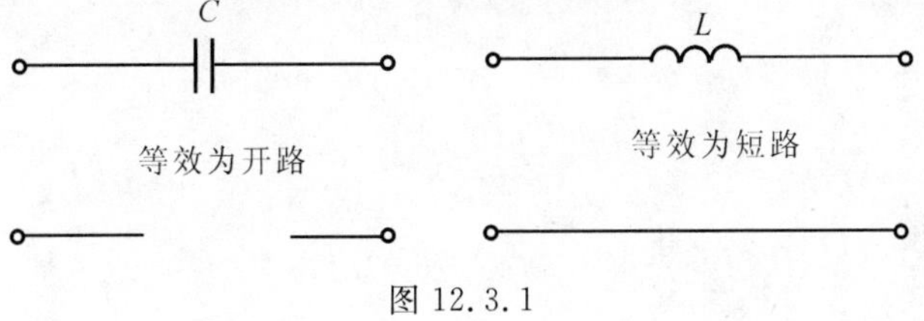

图 12.3.1

例 12.3.1　图 12.3.2 所示电路，已知当 $t<0$ 时 S 在“1”位置，电路已达到稳定工作状态。今于 $t=0$ 时刻，将 S 从“1”扳到“2”，求 $i_L(0^+)$，$u_C(0^+)$，$i_1(0^+)$，$i_2(0^+)$，$u_L(0^+)$。

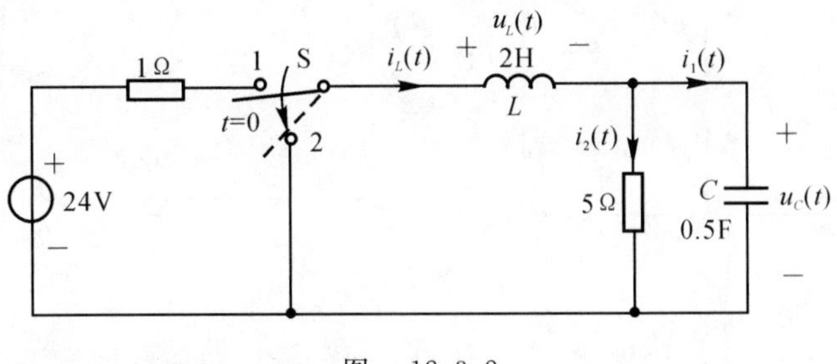

图　12.3.2

解　因已知 $t<0$ 时S在"1"位置，电路已工作于稳态，故电感 L 相当于短路，电容 C 相当于开路，故有

$$i_L(0^-)=\frac{24}{1+5}\ \text{A}=4\ \text{A},\quad u_C(0^-)=5i_L(0^-)=5\times 4\ \text{V}=20\ \text{V}$$

$t>0$ 时，S扳到了"2"位置，故有

$$i_L(0^+)=i_L(0^-)=4\ \text{A},\quad u_C(0^+)=u_C(0^-)=20\ \text{V}$$

$$i_2(0^+)=\frac{u_C(0^+)}{5}=\frac{20}{5}=4\ \text{A},\quad i_1(0^+)=i_L(0^+)-i_2(0^+)=4-4=0$$

$$u_L(0^+)=-u_C(0^+)=-20\ \text{V}$$

例 12.3.2　图12.3.3所示电路，已知当 $t<0$ 时S打开，电路已达到稳定工作状态。今于 $t=0$ 时刻闭合S，求 $i(0^+)$，$i_C(0^+)$，$u_L(0^+)$，$\frac{\mathrm{d}u_C(t)}{\mathrm{d}t}(0^+)$。

解　因已知当 $t<0$ 时S打开，电路已工作于稳态，故各个电感相当于短路，电容 C 相当于开路，故有

$$i_1(0^-)=i_2(0^-)=\frac{2}{1}\ \text{A}=2\ \text{A},\quad u_C(0^-)=1i_2(0^-)=1\times 2\ \text{V}=2\ \text{V}$$

当 $t>0$ 时，S闭合，故有

$$i_1(0^+)=i_1(0^-)=2\ \text{A},\quad i_2(0^+)=i_2(0^-)=2\ \text{A}$$

$$u_L(0^+)=-1i_2(0^+)=-1\times 2\ \text{V}=-2\ \text{V}$$

$$u_C(0^+)=u_C(0^-)=2\ \text{V}$$

$$i_C(0^+)=-\frac{u_C(0^+)}{5}=-\frac{2}{5}\ \text{A}=-0.4\ \text{A}$$

又因有

$$i_1(0^+)=i_C(0^+)+i(0^+)+i_2(0^+)$$

故得

$$i(0^+)=i_1(0^+)-i_C(0^+)-i_2(0^+)=[2-(-0.4)-2]\ \text{A}=0.4\ \text{A}$$

又因有

$$i_C(t)=C\frac{\mathrm{d}u_C(t)}{\mathrm{d}t}$$

故

$$\frac{\mathrm{d}u_C(t)}{\mathrm{d}t}=\frac{1}{C}i_C(t)$$

故得

$$\frac{\mathrm{d}u_C(t)}{\mathrm{d}t}(0^+)=\frac{1}{3}i_C(0^+)=\frac{1}{3}(-0.4)\ \text{V/s}=-\frac{2}{15}\ \text{V/s}$$

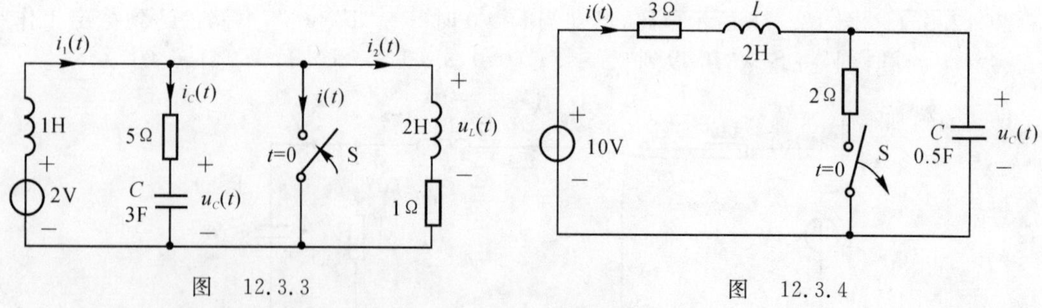

图　12.3.3　　　　图　12.3.4

例 12.3.3　图12.3.4所示电路，当 $t<0$ 时S闭合，电路已稳定。今于 $t=0$ 时刻打开S，求 $t=0^+$ 时刻电感的磁场能量 $W_L(0^+)$ 和电容的电场能量 $W_C(0^+)$。

解　因已知当 $t<0$ 时，S 闭合，电路已工作于稳态，故 L 相当于短路，C 相当于开路，故有

$$i(0^-)=\frac{10}{2+3}\ \mathrm{A}=2\ \mathrm{A},\quad u_C(0^-)=2i(0^-)=2\times 2\ \mathrm{V}=4\ \mathrm{V}$$

当 $t>0$ 时，S 打开，故有

$$i(0^+)=i(0^-)=2\ \mathrm{A},\quad u_C(0^+)=u_C(0^-)=4\ \mathrm{V}$$

故得

$$W_L(0^+)=\frac{1}{2}L[i(0^+)]^2=\frac{1}{2}\times 2\times 2^2\ \mathrm{J}=4\ \mathrm{J}$$

$$W_C(0^+)=\frac{1}{2}C[u_C(0^+)]^2=\frac{1}{2}\times 0.5\times 4^2\ \mathrm{J}=4\ \mathrm{J}$$

四、思考与练习

12.3.1　图 12.3.5 所示电路，已知当 $t<0$ 时 S 闭合，电路已工作于稳态。今于 $t=0$ 时刻打开 S，求 $t=0^+$ 时刻的 $i_1(0^+)$，$i_2(0^+)$，$u_C(0^+)$，$u_L(0^+)$ 的值。（答：-2 A，2 A，10 V，-40 V）

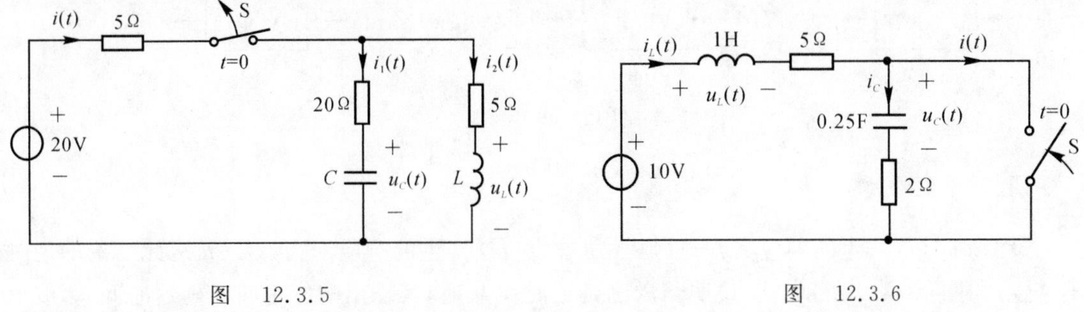

图　12.3.5　　　　图　12.3.6

12.3.2　图 12.3.6 所示电路，已知当 $t<0$ 时 S 打开，电路已工作于稳态。今于 $t=0$ 时刻闭合 S，求 $t=0^+$ 时刻的 $i_L(0^+)$，$i_C(0^+)$，$i(0^+)$，$u_L(0^+)$ 的值。（答：0，-5 A，5 A，10 V）

12.4　线性电路的性质

电路参数不随时间变化的电路称为定常电路或时不变电路。若电路同时又满足叠加性与齐次性，则称为线性定常电路或线性时不变电路。线性定常电路有一些重要性质在第 4 章中已作了介绍，但为了给读者关于这些性质的一个完整概念，在此再简要提及。为了简明，采用方框图来说明。

一、齐次性

若激励 $f(t)$ 产生的响应为 $r(t)$，则激励 $Af(t)$ 产生的响应即为 $Ar(t)$，如图 12.4.1 所示，其中 A 为任意常数。此结论即为齐次性。

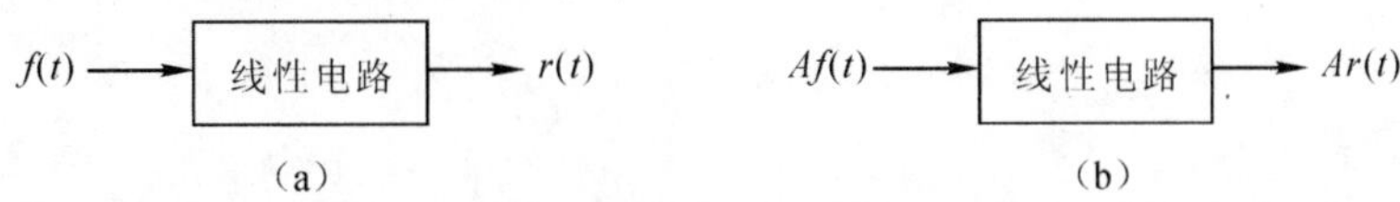

图 12.4.1　齐次性

二、叠加性

若激励 $f_1(t)$ 产生的响应为 $r_1(t)$，激励 $f_2(t)$ 产生的响应为 $r_2(t)$，则激励 $f_1(t)+f_2(t)$ 产生的响应即为 $r_1(t)+r_2(t)$，如图 12.4.2 所示。此结论即为叠加性。

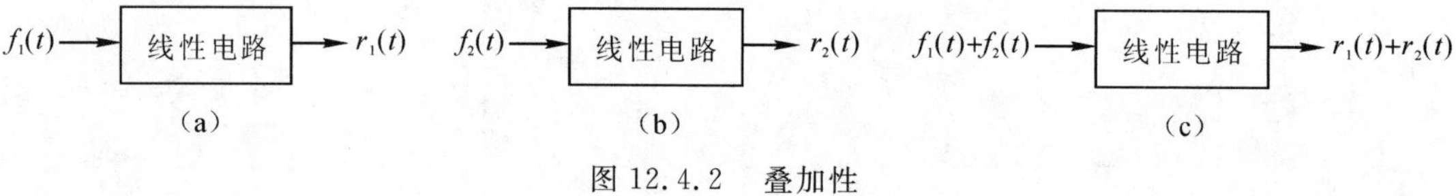

图 12.4.2　叠加性

三、线性

设激励 $f_1(t)$，$f_2(t)$ 产生的响应分别为 $r_1(t)$，$r_2(t)$，A_1 和 A_2 为两个任意常数，则激励 $A_1f_1(t)+A_2f_2(t)$ 产生的响应即为 $A_1r_1(t)+A_2r_2(t)$。此结论即为线性，如图 12.4.3 所示。

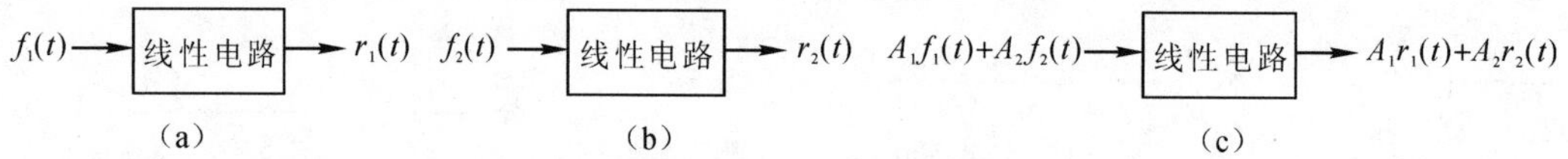

$f_1(t)$ → 线性电路 → $r_1(t)$　(a)

$f_2(t)$ → 线性电路 → $r_2(t)$　(b)

$A_1f_1(t)+A_2f_2(t)$ → 线性电路 → $A_1r_1(t)+A_2r_2(t)$　(c)

图 12.4.3　线性

四、时不变性

设激励 $f(t)$ 产生的响应为 $r(t)$，则激励 $f(t-t_0)$ 产生的响应即为 $r(t-t_0)$，此结论即为时不变性，如图 12.4.4 所示。它说明当激励延迟时间 t_0 时，其输出响应也同样延迟时间 t_0，波形不变。时不变性也称定常性或延迟性。

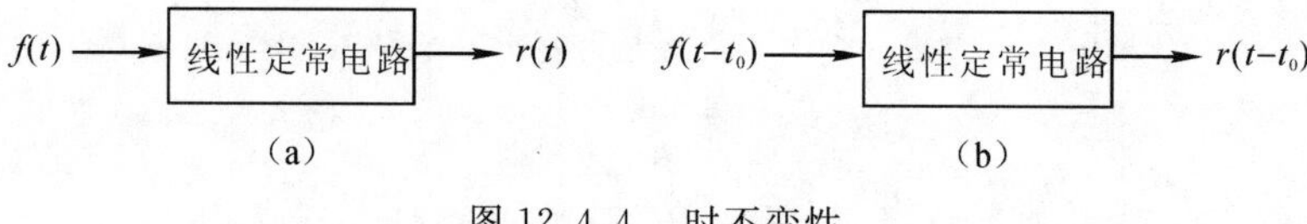

图 12.4.4　时不变性

五、微分性

设激励 $f(t)$ 产生的响应为 $r(t)$，则激励 $\frac{\mathrm{d}f(t)}{\mathrm{d}t}$ 产生的响应即为 $\frac{\mathrm{d}r(t)}{\mathrm{d}t}$，如图 12.4.5 所示。此结论即为微分性。

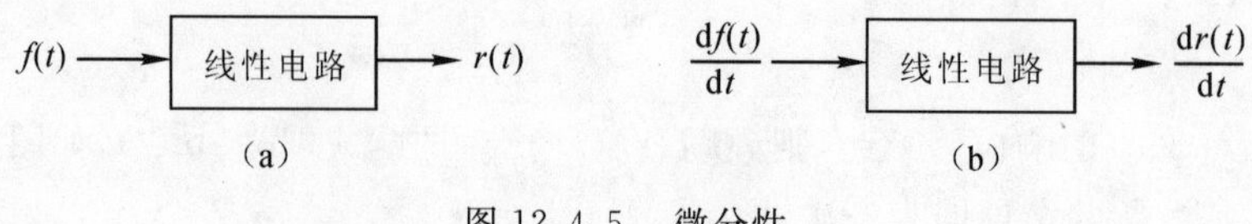

图 12.4.5　微分性

六、积分性

设激励 $f(t)$ 产生的响应为 $r(t)$，则激励 $\int_{-\infty}^{t} f(\tau)\mathrm{d}\tau$ 产生的响应即为 $\int_{-\infty}^{t} r(\tau)\mathrm{d}\tau$。此结论

即为积分性，如图 12.4.6 所示。

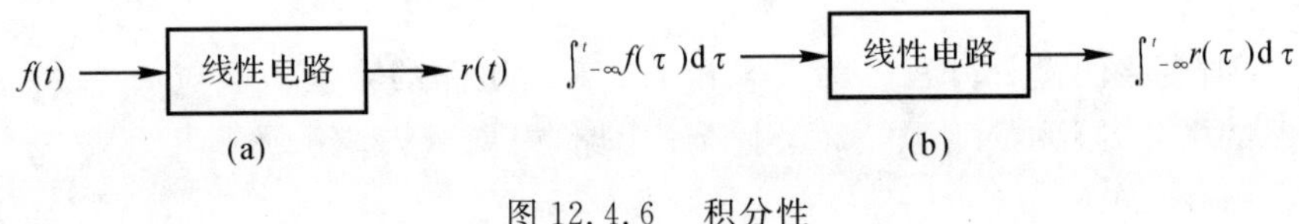

图 12.4.6　积分性

现将线性电路的性质汇总于表 12.4.1 中，以便复习和查用。设激励为 $f(t)$，响应为 $y(t)$。

表 12.4.1　线性电路的性质

序　号	性质名称	激　励	响　应
1	齐次性	$Af(t)$	$Ay(t)$
2	叠加性	$f_1(t)+f_2(t)$	$y_1(t)+y_2(t)$
3	线性	$A_1f_1(t)+A_2f_2(t)$	$A_1y_1(t)+A_2y_2(t)$
4	定常性	$f(t-t_0)$	$y(t-t_0)$
5	微分性	$\frac{\mathrm{d}f(t)}{\mathrm{d}t}$	$\frac{\mathrm{d}y(t)}{\mathrm{d}t}$
6	积分性	$\int_{-\infty}^{t} f(\tau)\mathrm{d}\tau$	$\int_{-\infty}^{t} y(\tau)\mathrm{d}\tau$

12.5　RC 一阶电路响应分析

从本节起，将研究几种常用电路响应的求解问题。求解的一般步骤是：

(1) 求 $t=0^-$ 时刻电路的初始状态 $i_L(0^-)$，$u_C(0^-)$。

(2) 对当 $t>0$ 时的电路，列写电路的微分方程。

(3) 求解微分方程的通解形式。

(4) 根据换路定律，求 $t=0^+$ 时刻待求变量的初始值。

(5) 根据所求得的初始值，确定通解形式中的积分常数。

(6) 将所确定的积分常数代入通解形式中，即得所要求的响应，并画出响应的波形。至此，求解工作即告完毕。

一、零输入响应

(1) 零输入电路与非零状态电路。外激励（即电源）为零的电路，称为零输入电路。图12.5.1 即为 RC 串联一阶零输入电路。设电路的初始状态 $u_C(0^-)=U_0\neq 0$，初始状态 $u_C(0^-)$ 也称为内激励。初始状态 $u_C(0^-)\neq 0$ 的电路，称为非零状态电路；初始状态 $u_C(0^-)=0$ 的电路，则称为零状态电路。

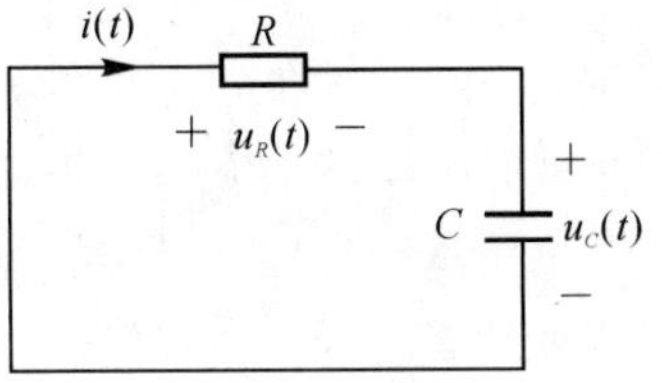

图 12.5.1　RC 零输入电路与零输入响应

(2) 零输入响应的定义。在非零状态电路中，仅由内激励(即初始状态)$u_C(0^-)=U_0$ 产生的响应,称为零输入响应。图 12.5.1 中的 $u_C(t)$,$i(t)$,$u_R(t)$ 均为零输入响应。

(3)$t>0$ 时电路的微分方程。为了求得 $t>0$ 时电路的零输入响应 $u_C(t)$,应先列写出 $t>0$ 时电路的微分方程。对于图 12.5.1 所示电路,根据 KVL 有

$$u_R(t)+u_C(t)=0$$

即

$$Ri(t)+u_C(t)=0$$

因有

$$i(t)=C\frac{\mathrm{d}u_C(t)}{\mathrm{d}t}$$

代入上式有

$$\begin{cases}RC\dfrac{\mathrm{d}u_C(t)}{\mathrm{d}t}+u_C(t)=0, & t\geqslant 0\\ u_C(0^+)=u_C(0^-)=U_0\end{cases}$$

这是一个待求变量为 $u_C(t)$ 的一阶线性常系数齐次常微分方程。我们把能用一阶微分方程描述的电路,称为一阶电路。从电路结构上看,只含有一个独立动态元件的电路即为一阶电路。

(4)$t>0$ 时零输入响应的解。为了求得上述微分方程的解,引入微分算子 p,定义 $p=\dfrac{\mathrm{d}}{\mathrm{d}t}$,代入上述方程有

$$RCpu_C(t)+u_C(t)=0$$

即

$$(RCp+1)u_C(t)=0$$

由于 $u_C(t)\neq 0$,故必有

$$RCp+1=0$$

所以得

$$p=-\frac{1}{RC}=-\frac{1}{\tau}$$

其中

$$\tau=RC$$

τ 称为 RC 电路的时间常数,单位为秒(s)。故得 $u_C(t)$ 的通解形式为

$$u_C(t)=A\mathrm{e}^{pt}=A\mathrm{e}^{-\frac{1}{\tau}t},\qquad t>0 \tag{12.5.1}$$

式中 A 为积分常数,应根据初始值 $u_C(0^+)$ 确定。当 $t=0^+$ 时有

$$u_C(0^+)=A\mathrm{e}^{-\frac{1}{\tau}\times 0^+}=A\times 1=1$$

故得

$$A=u_C(0^+)=u_C(0^-)=U_0$$

代入式(12.5.1)中,即得 $t>0$ 时的零输入响应为

$$u_C(t)=U_0\mathrm{e}^{-\frac{1}{\tau}t},\qquad t\geqslant 0 \tag{12.5.2}$$

根据式(12.5.2)即可画出 $u_C(t)$ 的波形,如图 12.5.2(a) 所示。可见 $u_C(t)$ 为一随时间 t 按指数规律衰减的曲线,衰减的快慢取决于时间常数 τ 的大小,若 τ 大则衰减得慢,若 τ 小则衰减得快。

电路从一种稳定工作状态变化到另一种新的稳定工作状态,其间所经历的过程,称为过渡过程或瞬态过程。由式(12.5.2)可知,当 $t\to\infty$ 时即有 $u_C(\infty)=0$,但实际上当 $t=5\tau$ 时即有 $u_C(5\tau)\approx 0$,即经历约 5τ 时间,即可认为电路已达到了新的稳定状态。$u_C(\infty)$ 称为 $u_C(t)$ 的稳态值。

根据式(12.5.2)又可求得响应电流 $i(t)$ 与响应电压 $u_R(t)$ 分别为

$$u_R(t)=-u_C(t)=-U_0\mathrm{e}^{-\frac{1}{\tau}t},\qquad t>0$$

$$i(t)=\frac{u_R(t)}{R}=-\frac{U_0}{R}e^{-\frac{1}{\tau}t},\qquad t>0$$

或写成
$$u_R(t)=-U_0e^{-\frac{1}{\tau}}U(t),\quad i(t)=-\frac{U_0}{R}e^{-\frac{1}{\tau}t}U(t)$$

$u_R(t)$ 与 $i(t)$ 的波形分别如图 12.5.2(b)(c) 所示。

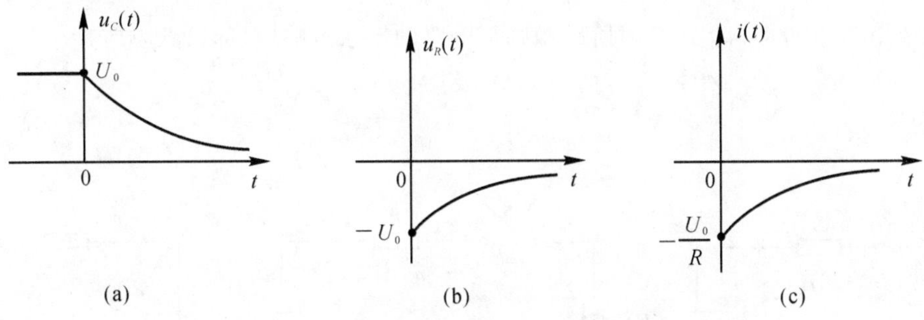

图 12.5.2　RC 串联电路的零输入响应

(5) 电容器 C 在放电过程中电阻 R 消耗的电能。电容器在放电过程中电阻 R 消耗的电能为

$$W=\int_0^{\infty}[i(t)]^2R\mathrm{d}t=\int_0^{\infty}\left(-\frac{U_0}{R}e^{-\frac{1}{\tau}t}\right)^2R\mathrm{d}t=\frac{1}{2}CU_0^2$$

可见电容器原来的储能全部被电阻 R 消耗殆尽，这是符合能量守恒定律的。

二、零状态响应与阶跃响应

初始状态 $u_C(0^-)=0$ 的电路，称为零状态电路。

仅由外激励在零状态电路中产生的响应，称为零状态响应。

单位阶跃激励 $U(t)$ 在零状态电路中产生的响应，称为单位阶跃响应，简称阶跃响应。

图 12.5.3(a) 所示为阶跃电压源 $EU(t)$ 激励下的 RC 串联零状态(即 $u_C(0^-)=0$) 电路，其开关等效电路如图 12.5.3(b) 所示，其中 E 为直流电压源的电压。因此也可以将阶跃激励 $EU(t)$ 作用下电路的阶跃响应，理解为电路与直流电压 E 接通后的响应，此两者是相互等效的。

为了求得 $t>0$ 时阶跃激励下电路的零状态响应，应先列写出当 $t>0$ 时电路的微分方程。对于图 12.5.3(a) 或(b) 所示电路，根据 KVL 有

$$u_R(t)+u_C(t)=E$$

即
$$Ri(t)+u_C(t)=E$$

即
$$\begin{cases}RC\dfrac{\mathrm{d}u_C(t)}{\mathrm{d}t}+u_C(t)=E, & t\geqslant 0\\ u_C(0^+)=u_C(0^-)=0\end{cases}$$

这是一个待求变量为 $u_C(t)$ 的一阶线性常系数非齐次常微分方程，其非齐次项为常量 E。该方程的通解由两部分组成：① 齐次方程的通解 Be^{pt}，称为自由解，B 为积分常数；② 强迫解，其形式取决于外激励的形式，由于该电路中的外激励为常量 E，故强迫解即为 E，故有

$$u_C(t)=\text{自由解}+\text{强迫解}$$

即 $$u_C(t)=Be^{pt}+E=Be^{-\frac{1}{\tau}t}+E \tag{12.5.3}$$

式中，$\tau=RC$ 为电路的时间常数。积分常数 B 应根据初始值 $u_C(0^+)=u_C(0^-)=0$ 确定。当 $t=0^+$ 时有

$$u_C(0^+)=Be^{-\frac{1}{\tau}\times 0^+}+E=B+E=0$$

故得
$$B=-E$$

代入式(12.5.3)中，即得 $t>0$ 时阶跃激励下电路的零状态响应(即阶跃响应)为

$$u_C(t)=-Ee^{-\frac{1}{\tau}t}+E=E(1-e^{-\frac{1}{\tau}t}),\quad t\geqslant 0 \tag{12.5.4(1)}$$

或写成
$$u_C(t)=E(1-e^{-\frac{1}{\tau}t})U(t) \tag{12.5.4(2)}$$

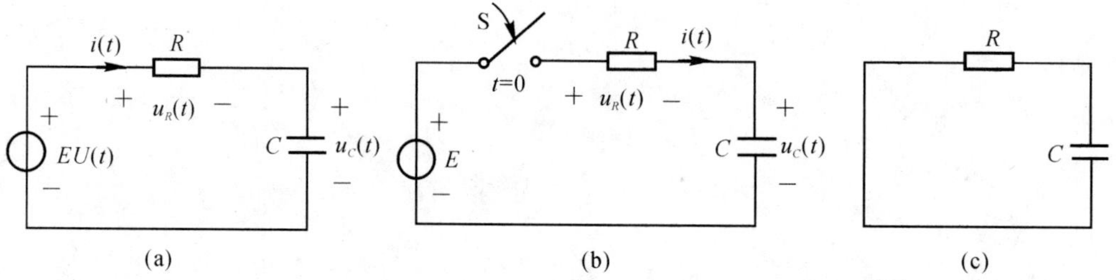

图 12.5.3　RC 电路的阶跃响应

$u_C(t)$ 的波形如图 12.5.4(a) 所示。可见 $u_C(t)$ 为一随时间 t 按指数规律增长的曲线，增长的快慢取决于时间常数 τ 的大小，τ 大增长得慢，τ 小增长得快。

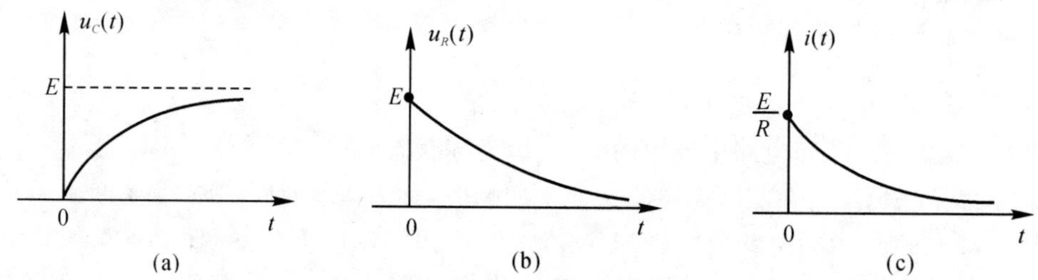

图 12.5.4　RC 串联电路的阶跃响应

电路的时间常数 τ 应按图 12.5.3(c) 所示电路求解，该电路是令图 12.5.3(a) 或(b) 电路中的激励为零而得到的，称为无激励电路。之所以这样求解，是因为时间常数 τ 只与电路的连接形式和元件值有关，而与电源、电流、电压无关。

在理论上，当 $t\to\infty$ 时，$u_C(\infty)=E$，但实际上，当 $t=5\tau$ 时即有 $u_C(5\tau)\approx E$，即可认为经历约 5τ 的时间，电容器 C 的充电即告完成，电路又达到了新的稳定工作状态。

根据式(12.5.4) 又可求得 $u_R(t)$ 和 $i(t)$ 为

$$u_R(t)=E-u_C(t)=E-E(1-e^{-\frac{1}{\tau}t})=Ee^{-\frac{1}{\tau}t},\qquad t>0$$

$$i(t)=\frac{1}{R}u_R(t)=\frac{E}{R}e^{-\frac{1}{\tau}t},\qquad t>0$$

或写成
$$u_R(t)=Ee^{-\frac{1}{\tau}t}U(t),\quad i(t)=\frac{E}{R}e^{-\frac{1}{\tau}t}U(t)$$

$u_R(t)$ 和 $i(t)$ 的波形分别如图 12.5.4(b)(c) 所示。

从上式中看出，在阶跃激励或直流激励的电路中，当 $t \to \infty$ 时有 $i(\infty)=0$，即电路工作在稳定状态时，电容 C 相当于开路。

电容器 C 在整个充电过程中电阻 R 消耗的电能为

$$W=\int_0^{\infty}[i(t)]^2R\mathrm{d}t=\int_0^{\infty}[\frac{E}{R}\mathrm{e}^{-\frac{1}{\tau}t}]^2R\mathrm{d}t=\frac{1}{2}CE^2$$

可见整个充电过程中电阻 R 消耗的电能 W，是等于充电结束后电容器的储能 $CE^2/2$ 的，因此充电效率为 50%，即充电效率不高。

三、阶跃激励下的全响应

由外激励与初始状态（即内激励）共同产生的响应，称为全响应。

图 12.5.5(a) 所示为非零状态 RC 串联电路，其外激励为阶跃电压 $EU(t)$，并设初始状态 $u_C(0^-)=U_0\neq 0$。故该电路中的响应 $u_C(t)$ 为全响应。

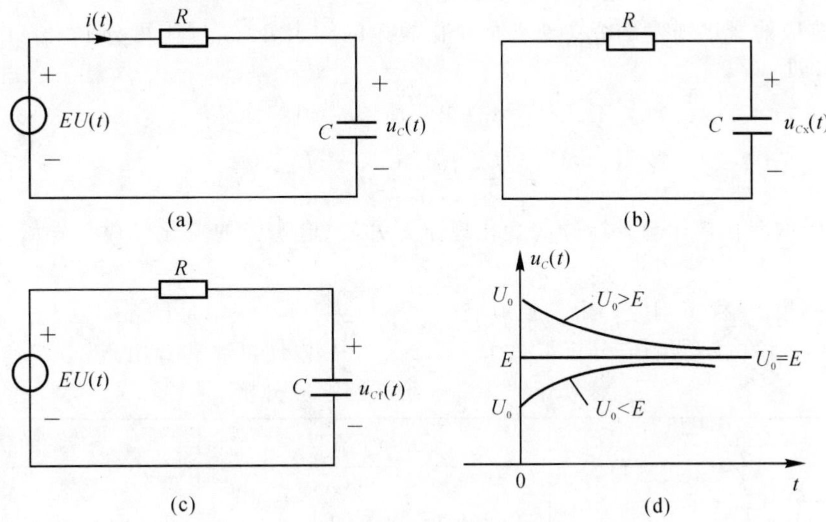

图 12.5.5　RC 串联电路阶跃激励下的全响应

(a) 非零状态电路；(b) 零输入响应

(c) 零状态响应；(d) 全响应的波形

根据叠加定理，可将图 12.5.5(a) 所示电路，分解成图 12.5.5(b) 所示零输入电路与图 12.5.5(c) 所示零状态电路的叠加，于是图 12.5.5(a) 电路中的全响应 $u_C(t)$，即等于图 12.5.5(b) 电路中的零输入响应 $u_{Cx}(t)$ 与图12.5.5(c) 电路中的零状态响应 $u_{Cf}(t)$ 的叠加，即

$$\text{全响应 } u_C(t)=\text{零输入响应 } u_{Cx}(t)+\text{零状态响应 } u_{Cf}(t)$$

即
$$u_C(t)=u_{Cx}(t)+u_{Cf}(t)$$

将式(12.5.2) 所表示的零输入响应和式(12.5.4) 所表示的零状态响应代入上式，即得全响应为

$$u_C(t)=U_0\mathrm{e}^{-\frac{1}{\tau}t}+E(1-\mathrm{e}^{-\frac{1}{\tau}t}),\qquad t\geqslant 0$$

或

$$u_C(t)=[\underbrace{U_0\mathrm{e}^{-\frac{1}{\tau}t}}_{\text{零输入响应}}+\underbrace{E(1-\mathrm{e}^{-\frac{1}{\tau}t})}_{\text{零状态响应}}]U(t)=[\underbrace{(U_0-E)\mathrm{e}^{-\frac{1}{\tau}t}}_{\substack{\text{瞬态响应}\\\text{(自由响应)}}}\ \underbrace{+E}_{\substack{\text{稳态响应}\\\text{(强迫响应)}}}]\,U(t)\tag{12.5.5}$$

相应于 $U_0 > E, U_0 = E, U_0 < E$ 三种情况下的 $u_C(t)$ 的波形，如图 12.5.5(d) 所示，其增长或衰减的快慢取决于时间常数 τ 的大小。

四、全响应的三种分解方式

电路的全响应可按 3 种方式分解：

(1) 按响应产生的原因分，全响应可分解为零输入响应与零状态响应之和，即

$$\text{全响应 } u_C(t) = \text{零输入响应 } u_{Cx}(t) + \text{零状态响应 } u_{Cf}(t)$$

此结论已如上述，如式(12.5.5) 所示。

(2) 按响应存在的方式分，全响应可分解为瞬态响应与稳态响应之和，即

$$\text{全响应} = \text{瞬态响应} + \text{稳态响应}$$

即
$$u_C(t) = [\underbrace{(U_0 - E)e^{-\frac{1}{\tau}t}}_{\text{瞬态响应}} \underbrace{+E}_{\text{稳态响应}}]U(t)$$

瞬态响应存在的时间很短，稳态响应将恒定存在。

(3) 按响应的变化规律是否受外激励变化规律的约束分，全响应可分解为自由响应与强迫响应之和，即

$$\text{全响应} = \text{自由响应} + \text{强迫响应}$$

即
$$u_C(t) = [\underbrace{(U_0 - E)e^{-\frac{1}{\tau}t}}_{\text{自由响应}} \underbrace{+E}_{\text{强迫响应}}]U(t)$$

自由响应的变化规律与外激励的变化规律无关，强迫响应的变化规律与外激励的变化规律相同。

需要强调指出，稳态响应一定是强迫响应，但强迫响应不一定是稳态响应。

现将 RC 一阶电路的响应分析汇总于表 12.5.1 中，以便复习和查用。

表 13.4 RC 一阶电路响应分析

分类	电路	电路微分方程	响应的函数式
零输入响应	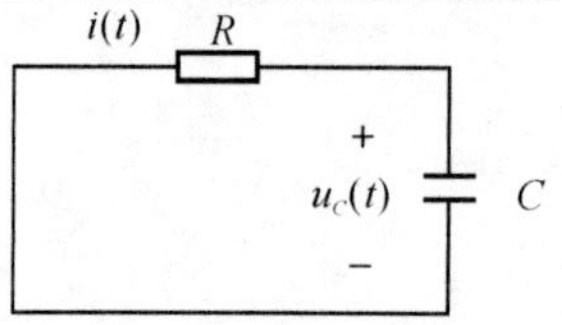 $i(t)$，R，$u_C(t)$，C；$u_C(0^-)=U_0$	$\begin{cases} RC\dfrac{d}{dt}u_C(t) + u_C(t) = 0 \\ u_C(0^+) = u_C(0^-) = U_0 \end{cases}$	$u_{Cx}(t) = U_0 e^{-\frac{1}{\tau}t}U(t)$ $\tau = RC$
阶跃激励下的零状态响应	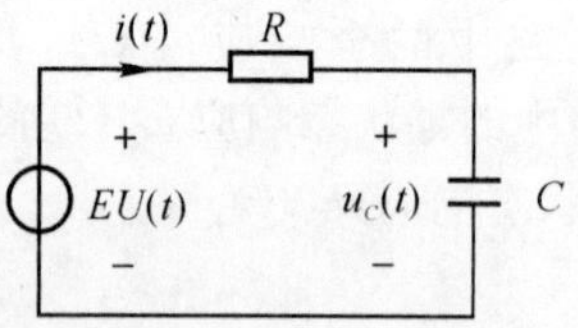 $i(t)$，R，$EU(t)$，$u_C(t)$，C；$u_C(0^-)=0$	$\begin{cases} RC\dfrac{d}{dt}u_C(t) + u_C(t) = E, t > 0 \\ u_C(0^+) = u_C(0^-) = 0 \end{cases}$	$u_{Cf}(t) = E(1 - e^{-\frac{1}{\tau}t})U(t)$ $\tau = RC$
阶跃激励下的全响应	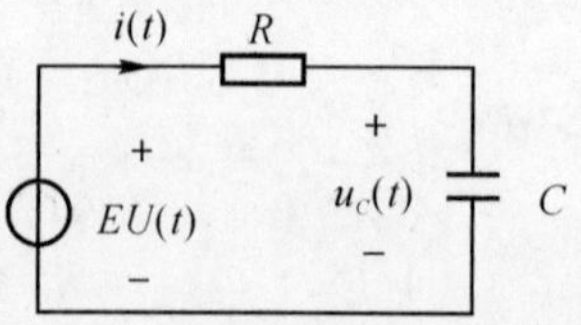 $i(t)$，R，$EU(t)$，$u_C(t)$，C；$u_C(0^-)=U_0$	$\begin{cases} RC\dfrac{d}{dt}u_C(t) + u_C(t) = E, t > 0 \\ u_C(0^+) = u_C(0^-) = U_0 \end{cases}$	$u_C(t) = u_{Cx}(t) + u_{Cf}(t) =$ $[U_0 e^{-\frac{1}{\tau}t} + E(1 - e^{-\frac{1}{\tau}t})]U(t)$ $\tau = RC$

12.6　RL 一阶电路响应分析

一、零输入响应

图 12.6.1(a) 所示电路，已知当 $t<0$ 时 S 在“1”位置，电路已达稳态，电感 L 相当于短路，故有 $i(0^-)=I_0$。今于 $t=0$ 时刻，将 S 从“1”位置扳到“2”位置，求 $t>0$ 时的 $i(t)$，$u_L(t)$，$u_R(t)$。很显然，$i(t)$，$u_L(t)$，$u_R(t)$ 均为电路的零输入响应。

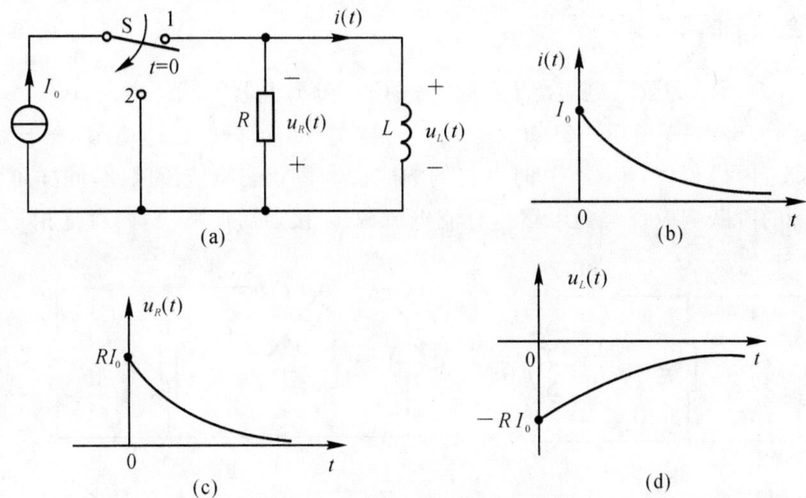

图 12.6.1　RL 电路的零输入响应

根据 KVL，可列出 $t>0$ 时电路的 KVL 方程为

$$u_L(t)+u_R(t)=0 \tag{12.6.1}$$

即

$$\left.\begin{aligned} &L\frac{\mathrm{d}i(t)}{\mathrm{d}t}+Ri(t)=0, \qquad t\geqslant 0 \\ &i(0^+)=i(0^-)=I_0 \end{aligned}\right\} \tag{12.6.2}$$

这是一个待求变量为 $i(t)$ 的一阶线性常系数齐次常微分方程。其特征方程为

$$Lp+R=0$$

故得

$$p=-\frac{R}{L}=-\frac{1}{\dfrac{L}{R}}=-\frac{1}{\tau}$$

其中 $\tau=L/R$，单位为秒(s)，称为 RL 电路的时间常数。故得 $i(t)$ 的通解形式为

$$i(t)=A\mathrm{e}^{pt}=A\mathrm{e}^{-\frac{1}{\tau}t} \tag{12.6.3}$$

式中 A 为积分常数，由初始值 $i(0^+)$ 确定。当 $t=0^+$ 时有

$$i(0^+)=A\mathrm{e}^{-\frac{1}{\tau}\times 0^+}=A=I_0$$

代入式(12.6.3)，得零输入响应电流为

$$i(t)=I_0\mathrm{e}^{-\frac{1}{\tau}t}, \qquad t\geqslant 0 \tag{12.6.4}$$

$i(t)$ 的波形如图 12.6.1(b) 所示。可见 $i(t)$ 为一随时间 t 按指数规律衰减的曲线，衰减的

快慢取决于时间常数 τ 的大小，τ 大衰减得慢，τ 小衰减得快。

响应电压 $u_R(t)$ 和 $u_L(t)$ 分别为

$$u_R(t)=Ri(t)=RI_0\mathrm{e}^{-\frac{1}{\tau}t},\qquad t>0$$

或
$$u_R(t)=RI_0\mathrm{e}^{-\frac{1}{\tau}t}U(t)$$

$$u_L(t)=-u_R(t)=-RI_0\mathrm{e}^{-\frac{1}{\tau}t},\qquad t>0$$

或
$$u_L(t)=-RI_0\mathrm{e}^{-\frac{1}{\tau}t}U(t)$$

$u_R(t)$ 与 $u_L(t)$ 的波形分别如图 12.6.1(c)(d) 所示。

二、阶跃激励下的零状态响应

图 12.6.2(a) 所示为阶跃电流源 $I_SU(t)$ 激励下的 RL 并联零状态电路，$i(0^-)=0$，其开关等效电路如图 12.6.2(b) 所示。已知 $t<0$ 时 S 在"1"位置，电路已达稳态，今于 $t=0$ 时刻将 S 从"1"位置扳到"2"位置，则 $t>0$ 时电路的响应即为零状态响应。因此，同样可将阶跃激励 $I_SU(t)$ 作用下的阶跃响应理解为电路与直流电流源 I_S 接通后的响应，两者是相互等效的。

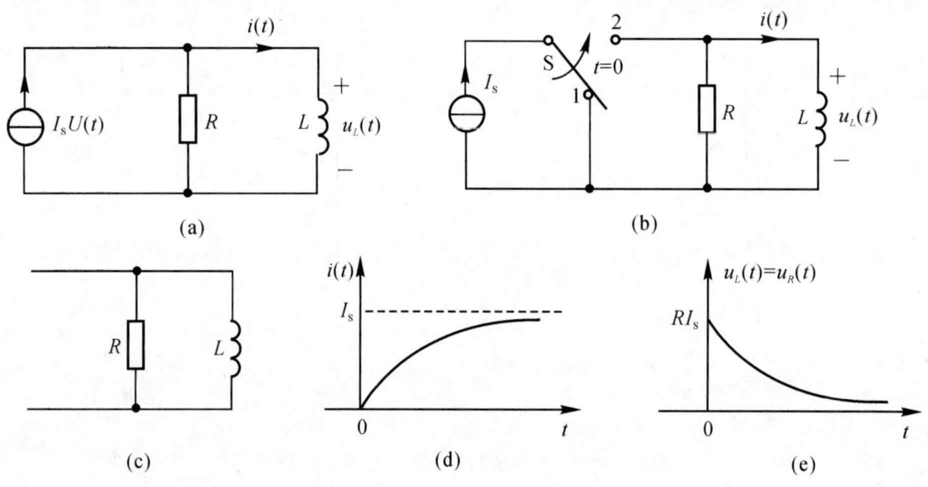

图 12.6.2　RL 电路的阶跃响应

根据 KCL，可列出 $t>0$ 时的 KCL 方程为

$$\frac{1}{R}u_L(t)+i(t)=I_S,\qquad t\geqslant 0$$

即
$$\begin{cases}\dfrac{L}{R}\dfrac{\mathrm{d}i(t)}{\mathrm{d}t}+i(t)=I_S, & t\geqslant 0\\ i(0^+)=i(0^-)=0\end{cases}$$

该方程的解为
$$i(t)=\text{自由解}+\text{强迫解}$$

即
$$i(t)=B\mathrm{e}^{-\frac{1}{\tau}t}+I_S,\qquad t\geqslant 0 \tag{12.6.5}$$

式中，B 为积分常数，由初始值 $i(0^+)=0$ 确定；$\tau=L/R$ 为电路的时间常数，求 τ 的电路如图 12.6.2(c) 所示。当 $t=0^+$ 时有

$$i(0^+)=B+I_S$$

故得
$$B=-I_S$$
代入式(12.6.5)，即得 $t>0$ 时阶跃激励下的零状态响应(即阶跃响应)为
$$i(t)=-I_S e^{-\frac{1}{\tau}t}+I_S=I_S(1-e^{-\frac{1}{\tau}t}),\qquad t\geqslant 0 \tag{12.6.6a}$$
或写成
$$i(t)=I_S(1-e^{-\frac{1}{\tau}t})U(t) \tag{12.6.6b}$$
$i(t)$ 的波形如图 12.6.2(d) 所示。可见，$i(t)$ 为一随时间 t 按指数规律增长的曲线，增长得快慢取决于时间常数 τ 的大小，若 τ 大则增长得慢，若 τ 小则增长得快。

响应电压
$$u_L(t)=u_R(t)=R[I_S-i(t)]=R[I_S-I_S(1-e^{-\frac{1}{\tau}t})]=RI_S e^{-\frac{1}{\tau}t}U(t)$$
$u_L(t)=u_R(t)$ 的波形，如图 12.6.2(e) 所示。

三、阶跃激励下的全响应

图 12.6.3(a) 所示为非零状态(即 $i(0^-)=I_0\neq 0$) 的 RL 并联电路，外激励为阶跃电流源 $I_S U(t)$，并设电路的初始状态为 $i(0^-)=I_0\neq 0$，图 12.6.3(b) 为其开关等效电路。已知 $t<0$ 时 S 在“1”位置，并设 $i(0^-)=I_0\neq 0$；今于 $t=0$ 时刻将 S 从“1”位置扳到“2”位置，则 $t>0$ 时的响应即为全响应。

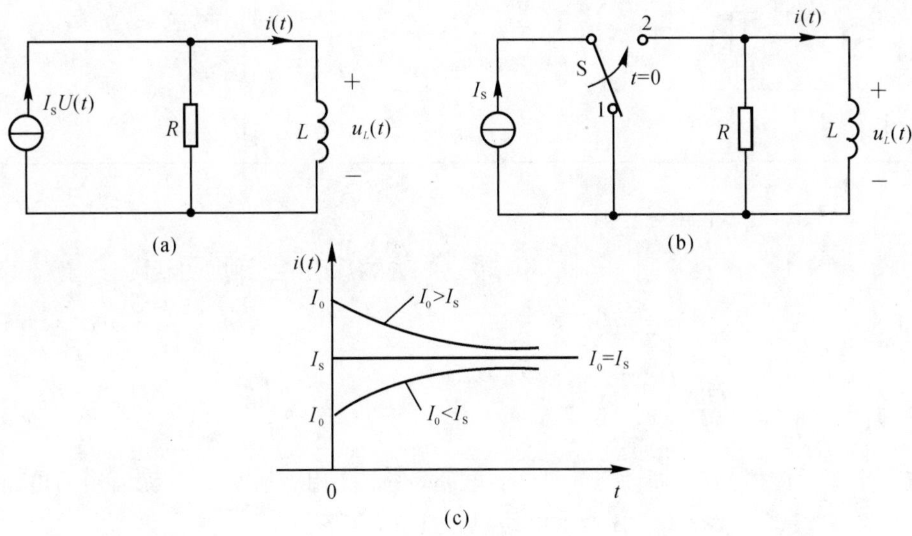

图 12.6.3　RL 并联电路阶跃激励下的全响应

由于全响应＝零输入响应＋零状态响应，故根据式(12.6.4) 和式(12.6.6) 的结果，可得阶跃激励下的全响应为
$$i(t)=[\underbrace{I_0 e^{-\frac{1}{\tau}t}}_{\text{零输入响应}}+\underbrace{I_S(1-e^{-\frac{1}{\tau}t})}_{\text{零状态响应}}]U(t)=[\underbrace{(I_0-I_S)e^{-\frac{1}{\tau}t}}_{\text{瞬态响应}}\underbrace{+I_S}_{\text{稳态响应}}]U(t)=$$
$$[\underbrace{(I_0-I_S)e^{-\frac{1}{\tau}t}}_{\text{自由响应}}\underbrace{+I_S}_{\text{强迫响应}}]U(t) \tag{12.6.7}$$
相应于 $I_0>I_S$，$I_0=I_S$，$I_0<I_S$ 三种情况下的 $i(t)$ 的波形，如图 12.6.3(c) 所示。

现将 RL 一阶电路响应分析汇总于表 12.6.1 中，以便复习和查用。

表 12.6.1　RL 一阶电路响应分析

分　类	电　路	电路微分方程	响应的函数式
零输入响应	$i(t)$　R　$u_L(t)$　L　$i(0^-)=I_0$	$\begin{cases}\frac{L}{R}\frac{\mathrm{d}i(t)}{\mathrm{d}t}+i(t)=0\\ i(0^+)=i(0^-)=I_0\end{cases}$	$i_x(t)=I_0\mathrm{e}^{-\frac{1}{\tau}t}U(t)$ $\tau=\frac{L}{R}$
阶跃激励下的零状态响应	$i(t)$　$I_SU(t)$　R　u_L　L　$i(0^-)=0$	$\begin{cases}\frac{L}{R}\frac{\mathrm{d}i(t)}{\mathrm{d}t}+i(t)=I_S,t>0\\ i(0^+)=i(0^-)=0\end{cases}$	$i_f(t)=I_S(1-\mathrm{e}^{-\frac{1}{\tau}t})U(t)$ $\tau=\frac{L}{R}$
阶跃激励下的全响应	$i(t)$　$I_SU(t)$　R　u_L　L　$i(0^-)=I_0$	$\begin{cases}\frac{L}{R}\frac{\mathrm{d}i(t)}{\mathrm{d}t}+i(t)=I_S,t>0\\ i(0^+)=i(0^-)=I_0\end{cases}$	$i(t)=i_x(t)+i_f(t)=$ $[I_0\mathrm{e}^{-\frac{1}{\tau}t}+I_S(1-\mathrm{e}^{-\frac{1}{\tau}t})]U(t)$ $\tau=\frac{L}{R}$

12.7　求一阶电路阶跃激励全响应的三要素公式

一、一阶电路的定义

含有一个等效储能元件(即动态元件)的电路,或者能用一阶微分方程描述的电路,称为一阶电路。图 12.5.5 与图 12.6.3 所示电路,均为一阶电路。

二、三要素公式

在式(12.5.5)中,当 $t=0^+$ 时有 $u_C(0^+)=U_0$,$u_C(0^+)$ 为电路的初始值;当 $t\to\infty$ 时有 $u_C(\infty)=E$,$u_C(\infty)$ 为电路的稳态值;τ 为电路的时间常数。$u_C(0^+)$,$u_C(\infty)$,τ 称为三要素。于是可将式(12.5.5)改写为

$$u_C(t)=\{u_C(\infty)-[u_C(\infty)-u_C(0^+)]\}\mathrm{e}^{-\frac{1}{\tau}t}U(t)$$

此式称为求一阶电路阶跃激励全响应的三要素公式。即对于阶跃激励的一阶电路,只要求得了 $u_C(0^+)$,$u_C(\infty)$,τ 这三个要素值,然后代入上式,即求得了电路的全响应。

上式中的响应变量为 $u_C(t)$,推广之,对于阶跃激励一阶电路中的任何变量 $x(t)$,上式都是成立的。故可写为一般性的公式。即

$$x(t)=\{x(\infty)-[x(\infty)-x(0^+)]e^{-\frac{1}{\tau}t}\}U(t)$$

式中，$x(0^+)$，$x(\infty)$，τ 为待求变量 $x(t)$ 的三要素值。

三、三要素公式应用的条件

三要素公式的应用必须满足如下条件：

(1) 必须是一阶电路。

(2) 电路的激励必须是阶跃激励，或者是带开关的直流激励。

(3) 电路必须具有稳定性，即电路的时间常数 τ 必须大于零。

上述 3 个条件缺一不可，必须同时满足。否则，三要素公式不能应用。

现将求一阶电路阶跃激励全响应的三要素公式汇总于表 12.7.1 中，以便复习和查用。

表 12.7.1　求一阶电路阶跃激励全响应的三要素公式

三要素	① 电路变量 $x(t)$ 的初始值 $x(0^+)$ ② 电路变量 $x(t)$ 的稳态值 $x(\infty)$ ③ 当 $t>0$ 时电路的时间常数 τ
三要素公式	$x(t)=\{x(\infty)-[x(\infty)-x(0^+)]e^{-\frac{1}{\tau}t}\}U(t)$
应用条件	① 是一阶电路 ② 是阶跃激励或是带开关的直流激励 ③ 时间常数 $\tau>0$
全响应三种分解方式	① 全响应 = 零输入响应 + 零状态响应 ② 全响应 = 自由响应 + 强迫响应 ③ 全响应 = 瞬态响应 + 稳态响应

注：稳态响应一定是强迫响应，但强迫响应不一定都是稳态的。

例 12.7.1　图 12.7.1(a) 所示电路，已知 $t<0$ 时 S 闭合，电路已达稳定工作状态。今于 $t=0$ 时刻打开 S，求当 $t>0$ 时的响应 $u_C(t)$，$i_R(t)$，$i_C(t)$，并画出曲线。

解　因已知 $t<0$ 时 S 闭合，电路已工作于稳定状态，C 相当于开路，故有

$$u_C(0^-)=0$$

当 $t>0$ 时，S 打开，故有

$$u_C(0^+)=u_C(0^-)=0,\quad u_C(\infty)=RI_S$$

求 τ 的电路如图 12.7.1(b) 所示，故得

$$\tau=RC$$

故得 $t>0$ 时的响应电压为

$$u_C(t)=u_C(\infty)-[u_C(\infty)-u_C(0^+)]e^{-\frac{1}{\tau}t}=RI_S-[RI_S-0]e^{-\frac{1}{\tau}t}=$$
$$RI_S(1-e^{-\frac{1}{\tau}t})\ \text{V},\qquad t\geqslant 0$$

或
$$u_C(t)=RI_S(1-e^{-\frac{1}{\tau}t})U(t)\ (\text{V})$$

进一步又可求得

$$i_R(t)=\frac{u_C(t)}{R}=I_S(1-e^{-\frac{1}{\tau}t})U(t)\ (\text{A})$$

$$i_C(t)=I_S-i_R(t)=I_S e^{-\frac{1}{\tau}t}U(t)\ (\text{A})$$

$u_C(t)$,$i_R(t)$,$i_C(t)$ 的波形如图 12.7.1(c)(d)(e) 所示。

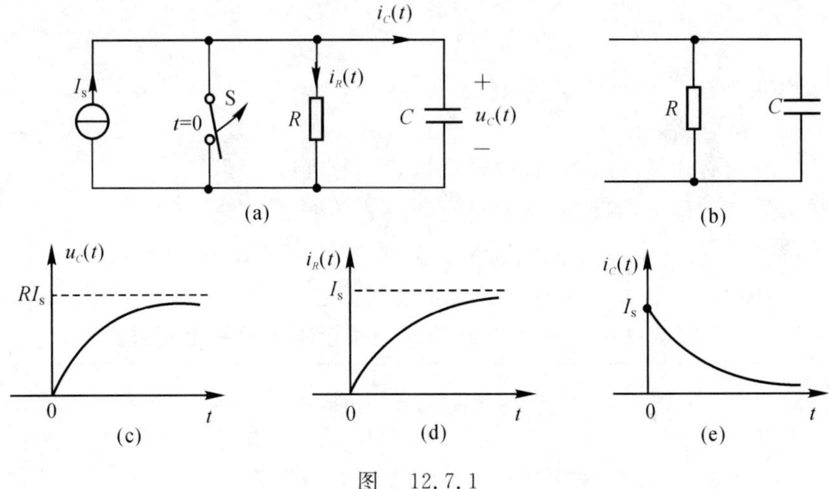

图 12.7.1

例 12.7.2 图 12.7.2(a) 所示电路,已知当 $t<0$ 时 S 在"1"位置,电路已工作于稳态。今于 $t=0$ 时刻将 S 从"1"位置扳到"2"位置,求当 $t>0$ 时的响应 $u_C(t)$,并求 $u_C(t)$ 经过零值时的时刻 t_0。

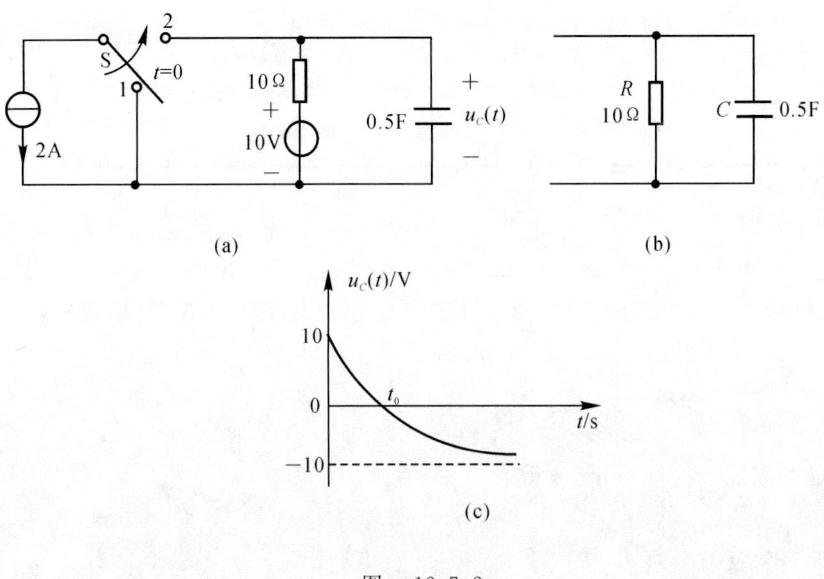

图 12.7.2

解 当 $t<0$ 时,S 在"1"位置,电路已达稳态,C 相当于开路,故有

$$u_C(0^-)=10\ \text{V}$$

当 $t>0$ 时,S 在"2"位置,故有

$$u_C(0^+)=u_C(0^-)=10\ \text{V},\quad u_C(\infty)=(10-10\times 2)\ \text{V}=-10\ \text{V}$$

求 τ 的电路如图 12.7.2(b) 所示,故

$$\tau = RC = 10 \times 0.5\ \text{s} = 5\ \text{s}$$

故得　$$u_C(t) = -10 - [-10 - 10]\text{e}^{-\frac{1}{\tau}t} = [-10 + 20\text{e}^{-0.2t}]U(t)\ (\text{V})$$

$u_C(t)$ 的波形如图 12.7.2(c) 所示。由图 12.7.2(c) 可知，$u_C(t)$ 在 $t=t_0$ 时刻的值为零。t_0 可如下求得：

$$u_C(t_0) = -10 + 20\text{e}^{-0.2t_0} = 0$$

故得　$$t_0 = \frac{\ln 0.5}{-0.2} = 3.466\ \text{s}$$

例 12.7.3　图 12.7.3(a) 所示电路，当 $t<0$ 时 S 打开，今于 $t=0$ 时刻闭合 S，求当 $t>0$ 时的响应 $i_L(t)$，$i(t)$，$u_L(t)$，并画出曲线。

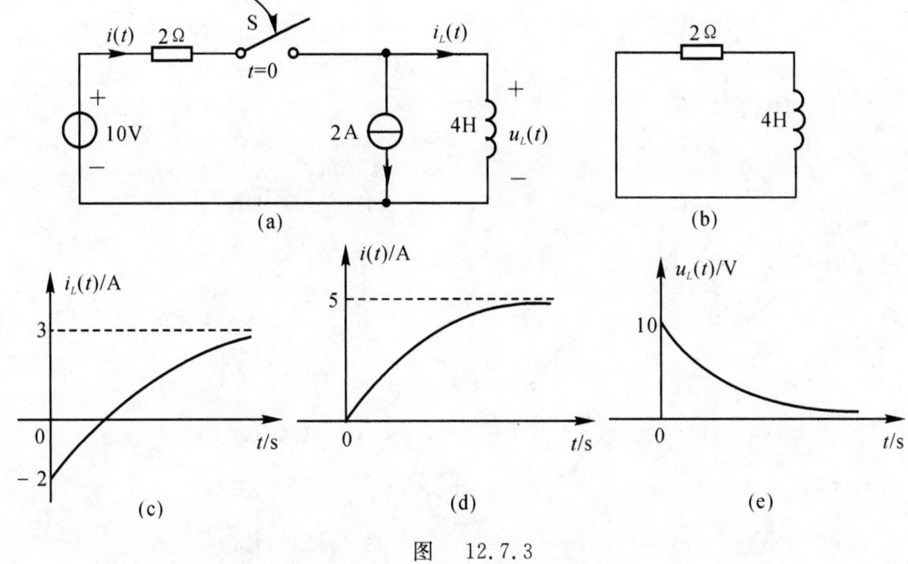

图　12.7.3

解　$t<0$ 时，S 打开，电路已达稳态，L 相当于短路，故有

$$i_L(0^-) = -2\ \text{A}$$

$t>0$ 时，S 闭合，故有

$$i_L(0^+) = i_L(0^-) = -2\ \text{A},\quad i_L(\infty) = \left(\frac{10}{2} - 2\right)\ \text{A} = 3\ \text{A}$$

求 τ 的电路如图 12.7.3(b) 所示，故

$$\tau = \frac{L}{R} = \frac{4}{2} = 2\ \text{s}$$

故得　$$i_L(t) = 3 - [3 - (-2)]\text{e}^{-\frac{1}{2}t} = (3 - 5\text{e}^{-0.5t})U(t)\ (\text{A})$$

又得　$$i(t) = 2 + i_L(t) = 2 + (3 - 5\text{e}^{-0.5t}) = (5 - 5\text{e}^{-0.5t})U(t)\ (\text{A})$$

$$u_L(t) = 10 - 2i(t) = 10 - 2(5 - 5\text{e}^{-0.5t}) = 10\text{e}^{-0.5t}U(t)\ (\text{V})$$

或　$$u_L(t) = L\frac{\text{d}i_L(t)}{\text{d}t} = 4\frac{\text{d}}{\text{d}t}(3 - 5\ \text{e}^{-0.5t}) = 10\ \text{e}^{-0.5t}U(t)\ (\text{V})$$

$i_L(t)$，$i(t)$，$u_L(t)$ 的波形，分别如图 12.7.3(c)(d)(e) 所示。

例 12.7.4　图 12.7.4(a) 所示电路，$t<0$ 时，S 打开，电路已达稳态。今于 $t=0$ 时刻闭合

S,求 $t>0$ 时的 $i(t)$ 和 $u_{ab}(t)$。

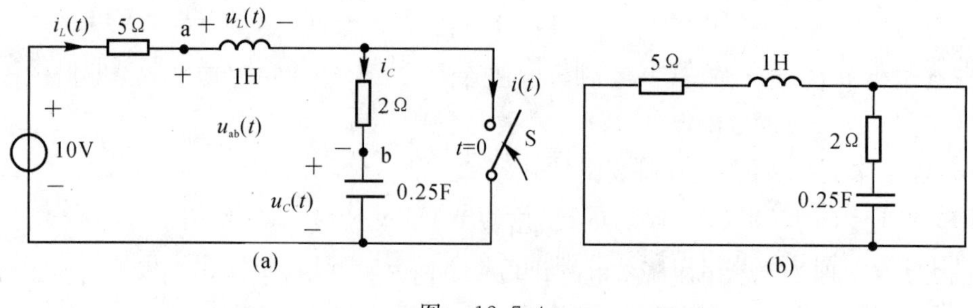

图 12.7.4

解 $t<0$ 时,S 打开,电路已达稳态,L 相当于短路,C 相当于开路,故有

$$u_C(0^-)=10\ \text{V},\quad i_L(0^-)=0$$

当 $t>0$ 时,S 闭合,故有

$$u_C(0^+)=u_C(0^-)=10\ \text{V},\quad u_C(\infty)=0$$

$$i_L(0^+)=i_L(0^-)=0,\quad i_L(\infty)=\frac{10}{5}=2\ \text{A}$$

求 τ 的电路如图 12.7.4(b) 所示,故电路有两个时间常数,即

$$\tau_1=RC=2\times 0.25\ \text{s}=0.5\ \text{s},\quad \tau_2=\frac{L}{R}-\frac{1}{5}\ \text{s}=0.2\ \text{s}$$

故得
$$u_C(t)=0-(0-10)\text{e}^{-\frac{1}{\tau_1}t}=10\text{e}^{-2t}U(t)\ (\text{V})$$

$$i_L(t)=2-(2-0)\text{e}^{-\frac{1}{\tau_2}t}=2(1-\text{e}^{-5t})U(t)\ (\text{A})$$

又
$$i_C(t)=-\frac{1}{2}u_C(t)=-\frac{1}{2}\times 10\text{e}^{-2t}U(t)=-5\text{e}^{-2t}U(t)\ (\text{A})$$

故得
$$i(t)=i_L(t)-i_C(t)=[2(1-\text{e}^{-5t})U(t)+5\text{e}^{-2t}U(t)]\ (\text{A})$$

$$u_L(t)=10-5i_L(t)=10-5\times 2(1-\text{e}^{-5t})=10\text{e}^{-5t}U(t)\ (\text{V})$$

故又得
$$u_{ab}(t)=u_L(t)+2i_C(t)=[10\text{e}^{-5t}U(t)-10\text{e}^{-2t}U(t)]\ (\text{V})$$

例 12.7.5 图 12.7.5(a) 所示零状态电路,电压源 $u_S(t)$ 的波形如图 12.7.5(b) 所示,求响应 $u_C(t)$,并画出曲线。

解 激励 $u_S(t)$ 可表示为阶跃函数的线性组合,即

$$u_S(t)=[4U(t)-4U(t-2)]\ (\text{V})$$

于是根据叠加定理,图 12.7.5(a) 电路中的 $u_C(t)$,可等效为图 12.7.5(c) 电路与图 12.7.5(d) 电路中响应的叠加,即

$$u_C(t)=u_{C1}(t)-u_{C2}(t)$$

利用三要素法可以很容易地求得图 12.7.5(c) 电路中的响应 $u_{C1}(t)$。

因已知为零状态电路,故 $u_{C1}(0^-)=0$,故得

$$u_{C1}(0^+)=u_{C1}(0^-)=0$$

又
$$u_{C1}(\infty)=2\ \text{V}$$

求 τ 的电路如图 12.7.5(e) 所示,故

$$\tau=RC=2\times 1=2\ \text{s}$$

故得
$$u_{C1}(t)=2-(2-0)\text{e}^{-\frac{1}{\tau}t}=2(1-\text{e}^{-\frac{1}{2}t})U(t)\ (\text{V})$$

由于线性电路具有延时性，故图 12.7.5(d) 所示电路中的响应 $u_{C2}(t)$ 可根据延时性求得，即

$$u_{C2}(t)=u_{C1}(t-2)=2[1-e^{-\frac{1}{2}(t-2)}]U(t-2)\ (\text{V})$$

故得

$$u_C(t)=u_{C1}(t)-u_{C2}(t)=\{2(1-e^{-\frac{1}{2}t})U(t)-2[1-e^{-\frac{1}{2}(t-2)}]U(t-2)\}\ (\text{V})$$

$u_{C1}(t)$，$u_{C2}(t)$，$u_C(t)$ 的波形，分别如图 12.7.5(f)(g)(h) 所示。

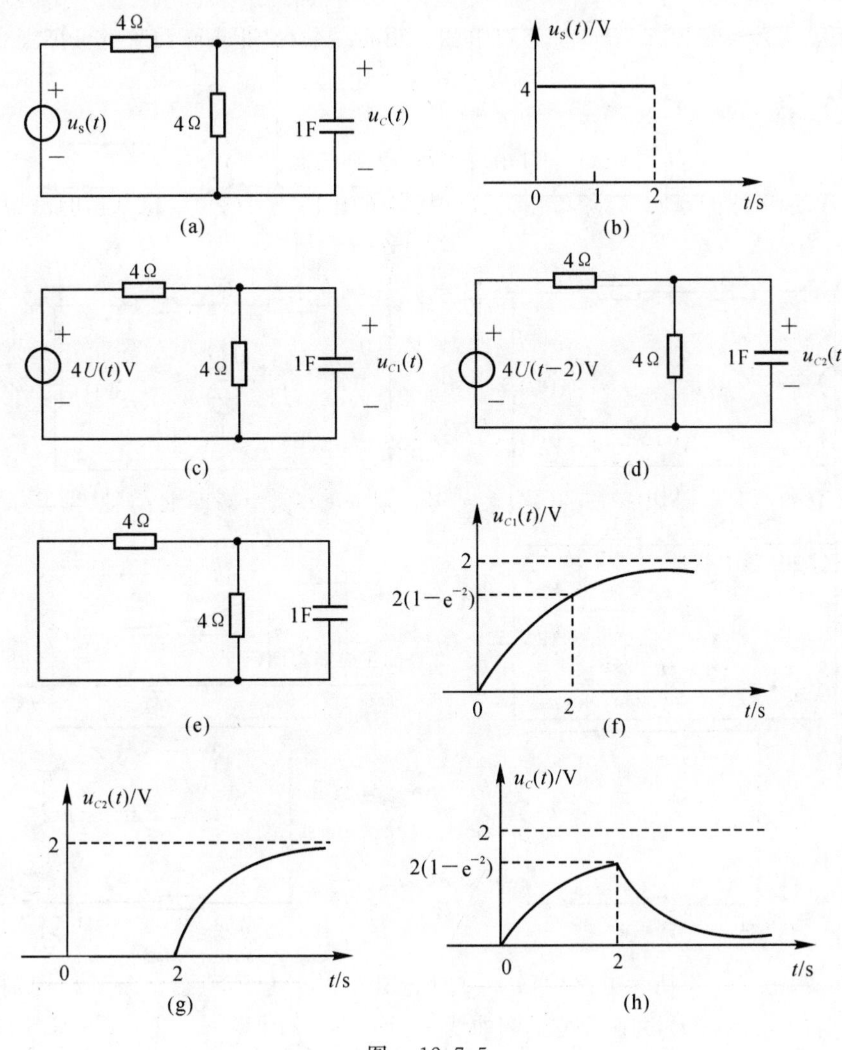

图　12.7.5

例 12.7.6　图 12.7.6(a) 所示电路，求响应 $u_C(t)$，$t\in\mathbf{R}$，并画出曲线。

解　$10U(-t)$ V 和 $U(t)$ V 的曲线分别如图 12.7.6(b)(c) 所示。$t<0$ 时的等效电路如图 12.7.6(d) 所示，故得

$$u_C(0^-)=10\ \text{V}$$

当 $t>0$ 时的等效电路如图 12.7.6(e) 所示。故得

$$u_C(0^+)=u_C(0^-)=10\ \text{V},\quad u_C(\infty)=5\ \text{V}$$

$$\tau=(5+5)\times 0.1\ \text{s}=1\ \text{s}$$

求 τ 的电路如图 12.7.6(f) 所示。故得

$$u_C(t)=5-(5-10)\mathrm{e}^{-\frac{1}{\tau}t}=(5+5\mathrm{e}^{-t})U(t)\ \mathrm{V}$$

故得
$$u_C(t)=\begin{cases}10\ \mathrm{V}, & t<0\\ 5+5\mathrm{e}^{-t}\ \mathrm{V}, & t\geqslant 0\end{cases}$$

$u_C(t)$ 的曲线如图 12.7.6(g) 所示。

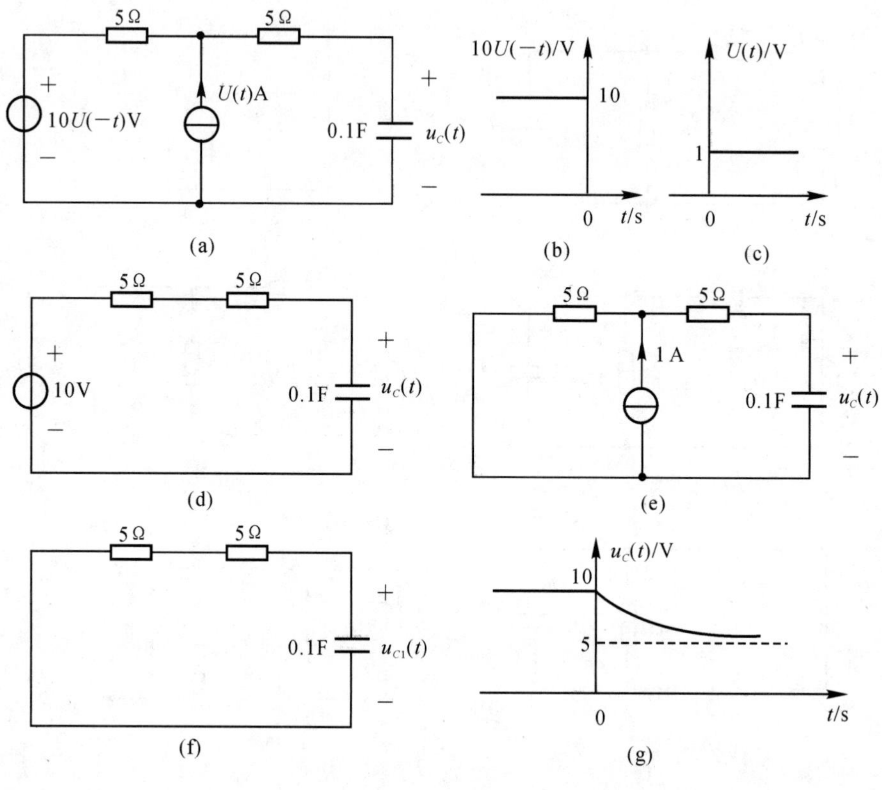

图 12.7.6

(d) 当 $t<0$ 时的电路；(e) 当 $t>0$ 时的电路；(f) 求 τ 的电路

四、思考与练习

12.7.1 图 12.7.7 所示电路，当 $t<0$ 时 S 闭合，电路已达稳态。今于 $t=0$ 时刻打开 S，求当 $t>0$ 时的 $u_C(t)$，$i(t)$，并画出它们的曲线。[答：$3\mathrm{e}^{-t}U(t)$ V，$-\mathrm{e}^{-t}U(t)$ A]

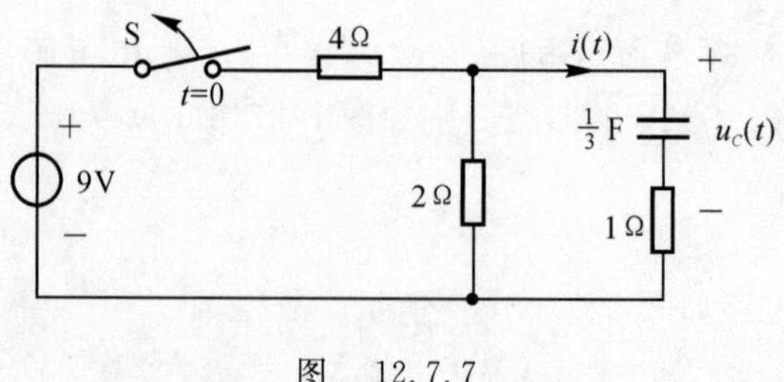

图 12.7.7

12.7.2 图 12.7.8 所示电路，当 $t<0$ 时 S 闭合，电路已达稳态。今于 $t=0$ 时刻打开 S，

求当 $t>0$ 时的 $u(t)$ 和 $u_L(t)$，并画出它们的曲线。[答：$9e^{-t}U(t)$ V，$-15e^{-t}U(t)$ V]

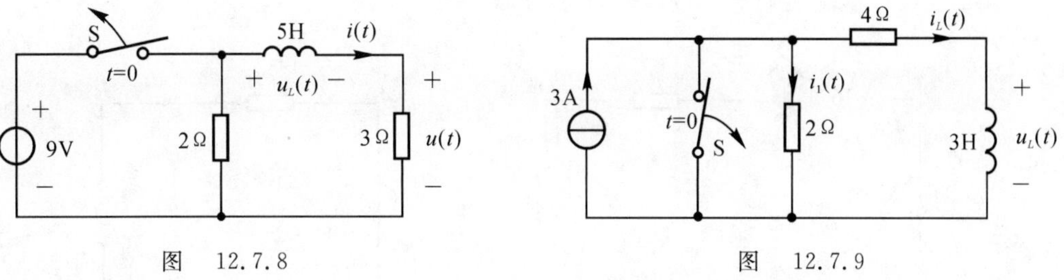

图　12.7.8　　　　图　12.7.9

12.7.3　图 12.7.9 所示电路，当 $t<0$ 时 S 闭合，电路已达稳态。今于 $t=0$ 时刻打开 S，求当 $t>0$ 时的 $i_L(t)$，$u_L(t)$，$i_1(t)$，并画出曲线。[答：$(1-e^{-2t})U(t)$ A，$6e^{-2t}U(t)$ A，$(2+e^{-2t})U(t)$ A]

12.7.4　图 12.7.10 所示电路，当 $t<0$ 时，S 打开，电路已达稳态。今于 $t=0$ 时刻闭合 S，求当 $t>0$ 时的 $u_C(t)$，$i(t)$，并画出它们的曲线。[答：$(5+20e^{-0.25t})U(t)$ V，$(1+4e^{-0.25t})U(t)$ A]

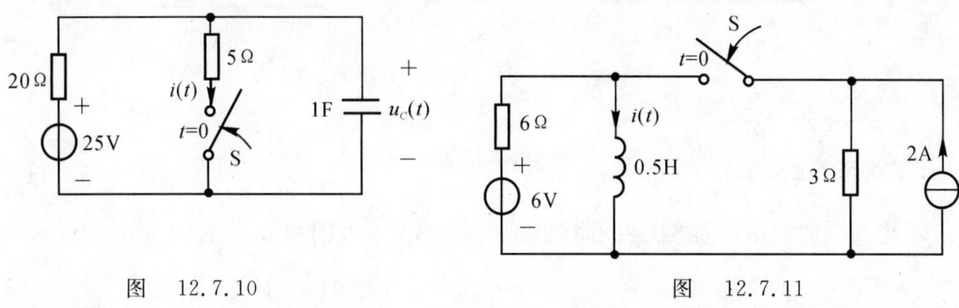

图　12.7.10　　　　图　12.7.11

12.7.5　图 12.7.11 所示电路，当 $t<0$ 时，S 打开，电路已达稳态。今于 $t=0$ 时刻闭合 S，求当 $t>0$ 时的 $i(t)$ 和 $u(t)$，并画出它们的曲线。[答：$(3-2e^{-4t})U(t)$ A，$(6-4e^{-4t})U(t)$ V]

12.7.6　图 12.7.12(a) 所示电路，$u_S(t)$ 的波形如图 12.7.12(b) 所示。求 $i(t)$。[答：$(1-e^{-1.2t})U(t)-[1-e^{-1.2(t-1)}]U(t-1)$ (A)]

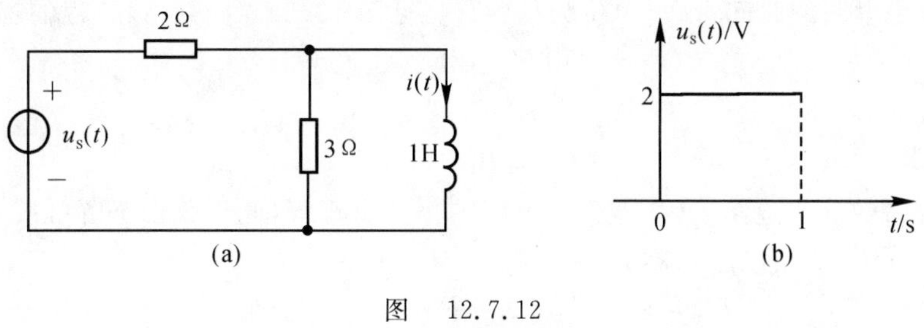

图　12.7.12

*12.8　一阶电路的正弦激励响应

正弦激励在零状态电路中产生的响应，称为正弦激励响应，简称正弦响应。

图 12.8.1(a) 所示为 RL 串联电路与正弦电压源 $u_S(t)=U_m\cos(\omega t+\theta)$ 接通的电路，$t<0$

时 S 打开，设 $i(0^-)=I_0\neq 0$，即电路为非零状态电路。今于 $t=0$ 时刻闭合 S，求当 $t>0$ 时的零状态响应 $i_f(t)$，零输入响应 $i_x(t)$，全响应$i(t)$。

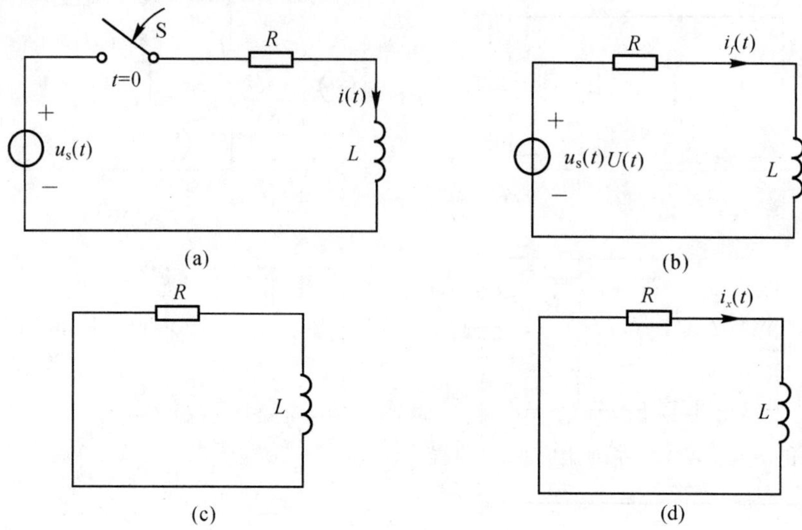

图 12.8.1　RL 电路的正弦激励响应

一、零状态响应 $i_f(t)$

求零状态响应的电路如图 12.8.1(b) 所示。当 $t>0$ 时电路的 KVL 方程为

$$\begin{cases} L\dfrac{\mathrm{d}i_f(t)}{\mathrm{d}t}+Ri_f(t)=U_m\cos(\omega t+\theta), & t\geqslant 0 \\ i_f(0^+)=i_f(0^-)=0 \end{cases}$$

其特征方程为

$$Lp+R=0$$

故得特征根为

$$p=-\frac{R}{L}=-\frac{1}{\frac{L}{R}}=-\frac{1}{\tau}$$

其中 $\tau=L/R$ 为电路的时间常数，单位为秒(s)(参见图 12.8.1(c))。该方程的解为

$$i_f(t)=\text{自由解 } i_t(t)+\text{强迫解 } i_p(t)$$

自由解 $i_t(t)$ 为

$$i_t(t)=Be^{pt}=Be^{-\frac{1}{\tau}t} \tag{12.8.1}$$

其中 B 为积分常数。强迫解 $i_p(t)$ 即为该电路的正弦稳态解，此正弦稳态解可按第 5 章正弦稳态电路的分析方法(即相量法) 求解。即

$$\dot{U}_m=U_m\angle\theta,\quad Z=R+j\omega L=|Z|\angle\varphi$$

其中

$$|Z|=\sqrt{R^2+(\omega L)^2},\quad \varphi=\arctan\frac{\omega L}{R}$$

φ 为阻抗 Z 的阻抗角。故得

$$\dot{I}_m=\frac{\dot{U}_m}{Z}=\frac{U_m\angle\theta}{|Z|\angle\varphi}=I_m\angle\theta-\varphi$$

其中 $I_m=\dfrac{U_m}{|Z|}$ 为正弦稳态电流的最大值。故得正弦稳态电流(即强迫解) 的解为

$$i_p(t)=I_m\cos[\omega t+(\theta-\varphi)] \tag{12.8.2}$$

故得零状态响应为

$$i_f(t)=i_p(t)+i_t(t)=I_m\cos[\omega t+(\theta-\varphi)]+Be^{-\frac{1}{\tau}t} \tag{12.8.3}$$

积分常数 B 根据初始值 $i_f(0^+)=i_f(0^-)=0$ 确定，即

$$i_f(0^+)=I_m\cos(\theta-\varphi)+B=0$$

故得

$$B=-I_m\cos(\theta-\varphi)$$

代入式(12.8.3)即得零状态响应为

$$i_f(t)=\{\underbrace{I_m\cos[\omega t+(\theta-\varphi)]}_{\substack{\text{正弦稳态响应}\\\text{(强迫响应)}}}-\underbrace{I_m\cos(\theta-\varphi)e^{-\frac{1}{\tau}t}}_{\substack{\text{瞬态响应}\\\text{(自由响应)}}}\}U(t)$$

由此式看出，若正好有 $\theta-\varphi=\pm\dfrac{\pi}{2}$，即 $\theta=\varphi\pm\dfrac{\pi}{2}$，则瞬态响应 $I_m\cos(\theta-\varphi)e^{-\frac{1}{\tau}t}U(t)=0$，即在换路的瞬间(即 $t=0$ 时刻)，电路就立即进入了稳态，而在零状态响应中不出现瞬态响应，即此时有

$$i_f(t)=I_m\cos(\omega t\pm\frac{\pi}{2})U(t)$$

二、零输入响应 $i_x(t)$

求零输入响应 $i_x(t)$ 的电路，如图 12.8.1(d) 所示，初始状态为 $i_x(0^-)=I_0\neq 0$。利用三要素公式可求得零输入响应为

$$i_x(t)=I_0e^{-\frac{1}{\tau}t},\qquad t\geqslant 0$$

三、全响应 $i(t)$

全响应 $i(t)$ = 零状态响应 + 零输入响应，即

$$i(t)=i_f(t)+i_x(t)=\{\underbrace{I_m\cos[\omega t+(\theta-\varphi)]-I_m\cos(\theta-\varphi)e^{-\frac{1}{\tau}t}}_{\text{零状态响应}}\underbrace{+I_0e^{-\frac{1}{\tau}t}}_{\text{零输入响应}}\}U(t)=$$

$$\{\underbrace{I_m\cos[\omega t+(\theta-\varphi)]}_{\substack{\text{正弦稳态响应}\\\text{(强迫响应)}}}+\underbrace{[I_0-I_m\cos(\theta-\varphi)]e^{-\frac{1}{\tau}t}}_{\substack{\text{瞬态响应}\\\text{(自由响应)}}}\}U(t)$$

由此式看出，当 $I_0=I_m\cos(\theta-\varphi)$ 时，全响应 $i(t)$ 中的瞬态响应 $[I_0-I_m\cos(\theta-\varphi)]e^{-\frac{1}{\tau}t}U(t)=0$，即在换路后电路就立即进入稳态，而在全响应 $i(t)$ 中不出现瞬态响应。

例 12.8.1　图 12.8.2(a) 所示电路，已知 $u_S(t)=\cos 2t$ V，$t\in\mathbf{R}$，当 $t<0$ 时 S 打开，$u_C(0^-)=U_0=2$ V。今于 $t=0$ 时刻闭合 S。

(1) 求当 $t>0$ 时的全响应 $u_C(t)$；

(2) 确定一个 U_0 值，使当 $t>0$ 时全响应 $u_C(t)$ 中只存在正弦稳态响应，而不出现瞬态响应。

解　(1) 求零状态响应 $u_{Cf}(t)$。根据图 12.8.2(b) 所示零状态电路求零状态响为

$$u_{Cf}(t)=\text{自由解 } u_t(t)+\text{强迫解 } u_{Cp}(t)$$

其中

$$u_t(t)=Be^{-\frac{1}{\tau}t}$$

$\tau=RC=0.5\times 1=0.5$ s，为时间常数，求 τ 的电路如图 12.8.2(c) 所示；B 为积分常数，根据电

路的初始值 $u_{Cf}(0^+)=u_{Cf}(0^-)=0$ 确定。$u_{Cf}(t)$ 的求解如下：

$u_S(t)$ 的相量为 $$\dot{U}_{Sm}=1\angle 0^\circ\ \text{V}$$

电路的阻抗为 $$Z=|Z|\angle\varphi=R+\frac{1}{j\omega C}=0.5+\frac{1}{j2\times 1}=\frac{\sqrt{2}}{2}\angle -45^\circ\ \Omega$$

故 $$\dot{I}_m=\frac{\dot{U}_{Sm}}{Z}=\frac{1\angle 0^\circ}{\frac{\sqrt{2}}{2}\angle -45^\circ}=\sqrt{2}\angle -45^\circ\ \text{A}$$

故 $$\dot{U}_{Cpm}=\frac{1}{j\omega C}\dot{I}_m=\frac{1}{j2\times 1}\times\sqrt{2}\angle 45^\circ=\frac{\sqrt{2}}{2}\angle -45^\circ\ \text{V}$$

故得强迫解为 $$u_{Cp}(t)=\frac{\sqrt{2}}{2}\cos(2t-45^\circ)\ (\text{V})$$

故得零状态响应为

$$u_{Cf}(t)=Be^{-\frac{1}{\tau}t}+\frac{\sqrt{2}}{2}\cos(2t-45^\circ)=Be^{-2t}+\frac{\sqrt{2}}{2}\cos(2t-45^\circ)$$

因有 $$u_{Cf}(0^+)=u_{Cf}(0^-)=0$$

故 $$u_{Cf}(0^+)=B+\frac{\sqrt{2}}{2}\cos(-45^\circ)=0$$

故 $$B=-\frac{\sqrt{2}}{2}\cos(-45^\circ)=-\frac{1}{2}$$

故得 $$u_{Cf}(t)=\left[-\frac{1}{2}e^{-2t}+\frac{\sqrt{2}}{2}\cos(2t-45^\circ)\right]U(t)\ (\text{V})$$

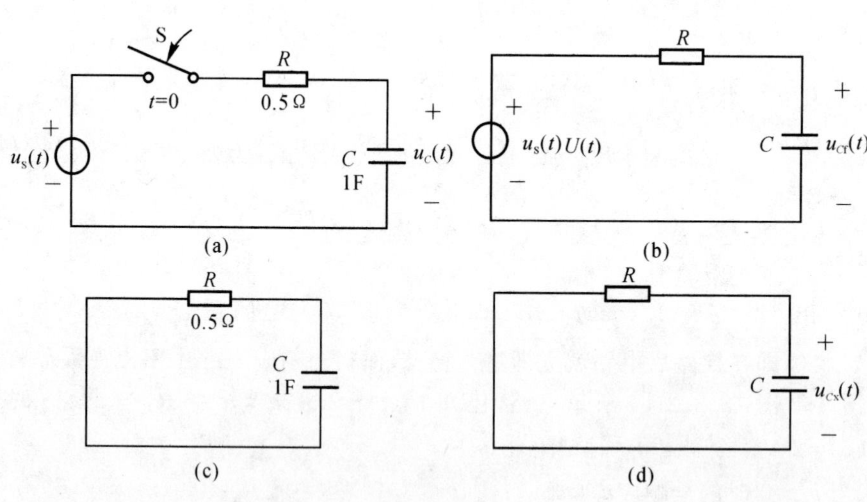

图 12.8.2

(2) 求零输入响应 $u_{Cx}(t)$。根据图 12.8.2(d) 所示电路，利用三要素公式，可求得零输入响应为

$$u_{Cx}(t)=U_0e^{-\frac{1}{\tau}t}=2e^{-2t}U(t)\ (\text{V})$$

(3) 求全响应 $u_C(t)$。

$$u_C(t)=\text{零状态响应}\ u_{Cf}(t)+\text{零输入响应}\ u_{Cx}(t)$$

即
$$u_C(t)=\{\underbrace{-\frac{1}{2}e^{-2t}+\frac{\sqrt{2}}{2}\cos(2t-45^\circ)}_{\text{零状态响应}}+\underbrace{2e^{-2t}}_{\text{零输入响应}}\}U(t)=$$

$$[\underbrace{\frac{\sqrt{2}}{2}\cos(2t-45^\circ)}_{\substack{\text{正弦稳态响应}\\(\text{强迫响应})}}+\underbrace{\frac{3}{2}e^{-2t}}_{\substack{\text{瞬态响应}\\(\text{自由响应})}}]U(t)$$

(4) 因全响应为

$$u_C(t)=[\frac{\sqrt{2}}{2}\cos(2t-45^\circ)-\frac{1}{2}e^{-2t}+U_0e^{-2t}]U(t)=$$

$$[\frac{\sqrt{2}}{2}\cos(2t-45^\circ)+(U_0-\frac{1}{2})e^{-2t}]U(t)$$

由此式可见，当 $U_0=\frac{1}{2}$ V 时，全响应 $u_C(t)$ 中就不存在瞬态响应而只有正弦稳态响应，即

$$u_C(t)=\frac{\sqrt{2}}{2}\cos(2t-45^\circ)U(t)\ (\text{V})$$

四、思考与练习

12.8.1　图 12.8.3 所示电路，$i_S(t)=10\cos 10t$ A，当 $t<0$ 时 S 打开，$i(0^-)=0$。今于 $t=0$ 时刻闭合 S，求当 $t>0$ 时的响应 $i(t)$。{答：$[2\sqrt{5}\cos(10t-45^\circ)-5e^{-10t}]U(t)$ A}

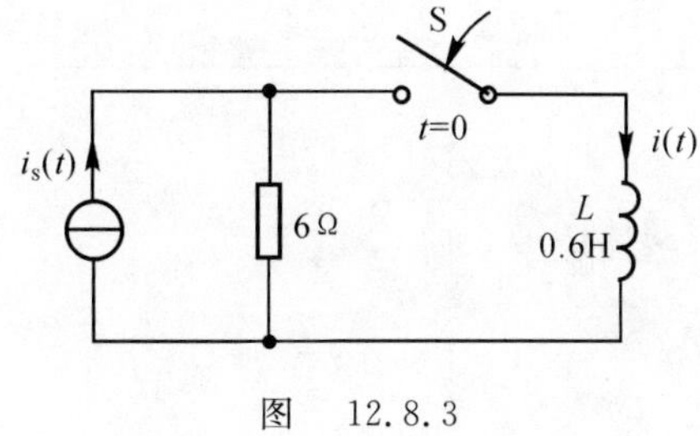

图　12.8.3

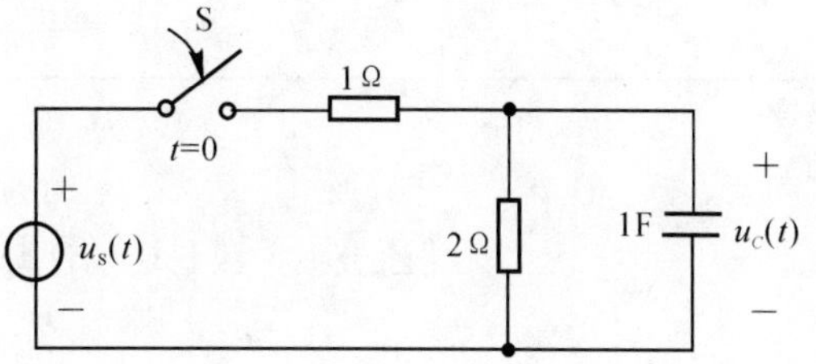

S
t=0
1Ω
+
$u_s(t)$
−
2Ω
1F
+
$u_C(t)$
−

图　12.8.4

12.8.2　图 12.8.4 所示电路，$u_S(t)=10\cos 2t$ V，当 $t<0$ 时 S 打开，电路已达稳态。今于 $t=0$ 时刻闭合 S，求当 $t>0$ 时的响应 $u_C(t)$。{答：$[4\cos(2t-53.1^\circ)-2.4e^{-15t}]U(t)$ V}

12.8.3　图 12.8.5 所示电路，当 $t<0$ 时，S 在"1"位置，电路已达稳态。今于 $t=0$ 时刻将 S 扳到"2"位置，欲使当 $t>0$ 时全响应 $i(t)$ 中只存正弦稳态响应，求 R_1 应为多大的值。已知 $u_S(t)=10\cos 2t$ (V)。(答：1 Ω)

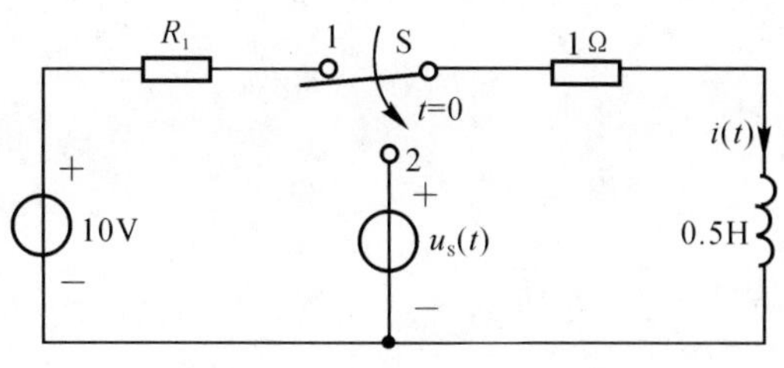

图　12.8.5

现将一阶电路正弦激励响应汇总于表 12.8.1 中，以便复习和记忆。

表 12.8.1　一阶电路正弦激励响应

定　义	一阶电路在正弦信号激励下产生的零状态响应
电路	
已知条件	$i(0^-)=I_0\neq 0$ $u_S(t)=U_m\cos(\omega t+\theta)U(t)$ V
零输入响应	$i_x(t)=I_0 e^{-\frac{1}{\tau}t}U(t)$，　$\tau=\dfrac{L}{R}$
零状态响应	$i_f(t)=\{I_m\cos[\omega t+(\theta-\varphi)]-I_m\cos(\theta-\varphi)e^{-\frac{1}{\tau}t}\}U(t)$ $\varphi=\arctan\dfrac{\omega L}{R}$
全响应	$i(t)=i_x(t)+i_f(t)=\{I_m\cos[\omega t+(\theta-\varphi)]+[I_0-I_m\cos(\theta-\varphi)]e^{-\frac{1}{\tau}t}\}U(t)$
全响应的特殊情况	当 $I_0=I_m\cos(\theta-\varphi)$ 时，有 $i(t)=I_m\cos(\omega t+\theta-\varphi)U(t)$

*12.9　RLC 串联电路的零输入响应

一、电路的微分方程

能用二阶微分方程描述的电路，称为二阶电路。在电路结构上含有两个独立的动态电路元件。

图 12.9.1(a) 所示为 RLC 串联二阶电路。已知 $t<0$ 时 S 在 a。今在 $t=0$ 时刻将 S 从 a 扳到 b，并设初始条件为 $i(0^-)\neq 0$，$u_C(0^-)\neq 0$，求当 $t>0$ 时的响应 $u_C(t)$ 和 $i(t)$。很显然，$u_C(t)$ 和 $i(t)$ 均为 RLC 串联电路的零输入响应。

当 $t>0$ 时电路的 KVL 方程为

$$L\frac{di(t)}{dt}+Ri(t)+u_C(t)=0$$

将 $i(t)=C\dfrac{du_C(t)}{dt}$ 代入上式，得该电路的微分方程为

$$\left.\begin{aligned}&LC\frac{d^2u_C(t)}{dt^2}+RC\frac{du_C(t)}{dt}+u_C(t)=0,\qquad t\geqslant 0\\&u_C(0^+)=u_C(0^-)\neq 0\\&i(0^+)=i(0^-)\neq 0\end{aligned}\right\}\tag{12.9.1}$$

式(12.9.1)是待求变量为 $u_C(t)$ 的二阶线性常系数齐次常微分方程，其特征方程为

$$LCp^2 + RCp + 1 = 0$$

故得特征根为

$$p_1 = -\frac{R}{2L} + \sqrt{\left(\frac{R}{2L}\right)^2 - \frac{1}{LC}} = -\alpha + \sqrt{\alpha^2 - \omega_0^2} \tag{12.9.2a}$$

$$p_2 = -\frac{R}{2L} - \sqrt{\left(\frac{R}{2L}\right)^2 - \frac{1}{LC}} = -\alpha - \sqrt{\alpha^2 - \omega_0^2} \tag{12.9.2b}$$

式中，$\alpha = R/2L$，称为电路的衰减常数，单位为 1/s；$\omega_0 = 1/\sqrt{LC}$，称为电路的固有振荡角频率，单位为 rad/s。特征根 p_1，p_2 也称为电路的固有频率或自然频率，只与电路的结构、元件数值及角频率 ω 有关，而与激励和响应无关。

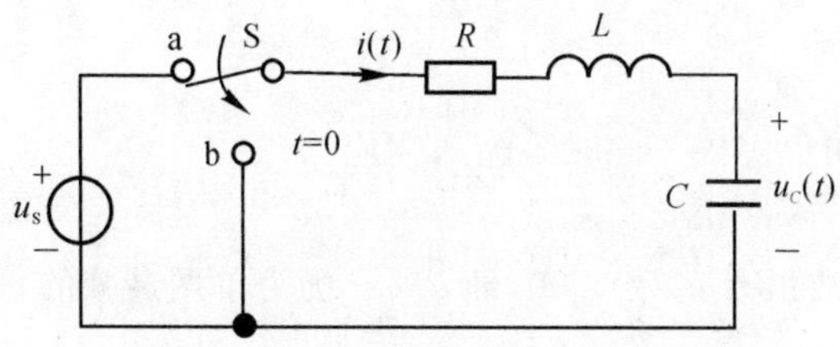

图 12.9.1　RLC 串联电路的零输入响应

二、零输入响应 $u_C(t)$ 的通解形式

当特征根 p_1 和 p_2 不相等时，$u_C(t)$ 的通解形式为

$$u_C(t) = A_1 e^{p_1 t} + A_2 e^{p_2 t}$$

当特征根 $p_1 = p_2 = p$ 时，$u_C(t)$ 的通解形式为

$$u_C(t) = A_1 e^{pt} + A_2 t e^{pt}$$

上两式中的 A_1 和 A_2 为积分常数，根据电路的初始值 $i(0^+)$，$u_C(0^+)$ 确定。

三、零输入响应的性质

零输入响应的性质与电路元件的数值有关，即与特征根 p_1，p_2 的大小有关。以下分 4 种情况分析。

1. 过阻尼情况($R > 2\sqrt{\frac{L}{C}}$)

当 $\alpha > \omega_0$，即 $\frac{R}{2L} > \sqrt{\frac{1}{LC}}$，即 $R > 2\sqrt{\frac{L}{C}}$ 时，有

$$p_1 = -\left(\frac{R}{2L} - \sqrt{\left(\frac{R}{2L}\right)^2 - \frac{1}{LC}}\right) = -\alpha_1$$

$$p_2 = -\left(\frac{R}{2L} + \sqrt{\left(\frac{R}{2L}\right)^2 - \frac{1}{LC}}\right) = -\alpha_2$$

其中

$$\alpha_1 = \frac{R}{2L} + \sqrt{\left(\frac{R}{2L}\right)^2 - \frac{1}{LC}} > 0$$

$$\alpha_2 = \frac{R}{2L} - \sqrt{\left(\frac{R}{2L}\right)^2 - \frac{1}{LC}} > 0$$

可见 p_1 和 p_2 为不相等的两个负实根，且有 $\alpha_1 > \alpha_2$。此时零输入响应为

$$u_C(t) = (A_1 e^{-\alpha_1 t} + A_2 e^{-\alpha_2 t})U(t)$$

由于有 $\alpha_1 > 0, \alpha_2 > 0$，所以恒有 $u_C(t) > 0$，即 $u_C(t)$ 为单调衰减的。电路的这种状态称为过阻尼状态。

2. 临界阻尼情况($R = 2\sqrt{\frac{L}{C}}$)

当 $\alpha = \omega_0$，即 $\frac{R}{2L} = \frac{1}{\sqrt{LC}}$，即 $R = 2\sqrt{\frac{L}{C}}$ 时，由式(12.9.2)有

$$p_1 = p_2 = -\alpha = -\frac{R}{2L}$$

即 p_1 和 p_2 为两个相等的负实根。此时零输入响应为

$$u_C(t) = (A_1 e^{-\alpha t} + A_2 t e^{-\alpha t})U(t)$$

由于 $\alpha = R/2L > 0$，故恒有 $u_C(t) > 0$，即 $u_C(t)$ 仍为单调衰减的。电路的这种状态称为临界阻尼状态，$R = 2\sqrt{\frac{L}{C}}$ 称为临界电阻。

3. 欠阻尼情况($R < 2\sqrt{\frac{L}{C}}$)

当 $\alpha < \omega_0$，即 $\frac{R}{2L} < \frac{1}{\sqrt{LC}}$，即 $R < 2\sqrt{\frac{L}{C}}$ 时，由式(12.9.2)有

$$p_1 = -\alpha + j\sqrt{\omega_0^2 - \alpha^2} = -\alpha + j\omega$$

$$p_2 = -\alpha - j\sqrt{\omega_0^2 - \alpha^2} = -\alpha - j\omega = p_1^*$$

式中

$$\omega = \sqrt{\omega_0^2 - \alpha^2}$$

ω 称为电路的自由振荡角频率。同时看出 $p_1 \neq p_2$，但 p_1 与 p_2 共轭。此时零输入响应为

$$u_C(t) = A_1 e^{(-\alpha + j\omega)t} + A_2 e^{(-\alpha - j\omega)t} = e^{-\alpha t}(A_1 e^{j\omega t} + A_2 e^{-j\omega t})U(t)$$

可见，此时 $u_C(t)$ 已不再具有单调衰减的性质，而是具有周期性了，其周期为 $T = 2\pi/\omega$，称为自由振荡周期。又由于有 $\alpha > 0$，故 $u_C(t)$ 作衰减的周期性振荡。电路的这种状态称为欠阻尼状态。

4. 无阻尼情况($R = 0$)

当 $R = 0$ 时，则有 $\alpha = R/2L = 0, \omega = \sqrt{\omega_0^2 - \alpha^2} = \omega_0, p_1 = j\omega_0, p_2 = -j\omega_0 = p_1^*$。此时零输入响应为

$$u_C(t) = (A_1 e^{j\omega_0 t} + A_2 e^{-j\omega_0 t})U(t)$$

可见，此时 $u_C(t)$ 已变为等幅振荡，其振荡周期为 $T = 2\pi/\omega_0$。电路的这种状态称为无阻尼状态。

现将 RLC 串联电路零输入响应 $u_C(t)$ 的性质汇总于表 12.9.1 中，以备复习和查用。

表 12.9.1　RLC 串联电路的零输入响应及其性质

二阶电路的定义	能用二阶微分方程描述响应与激励关系的电路，称为二阶电路；在电路结构上含有两个独立的动态元件
二阶电路零输入响应的定义	当外激励为零时，仅由电路初始条件（内激励）在二阶电路中产生的响应
RLC 串联零输入电路	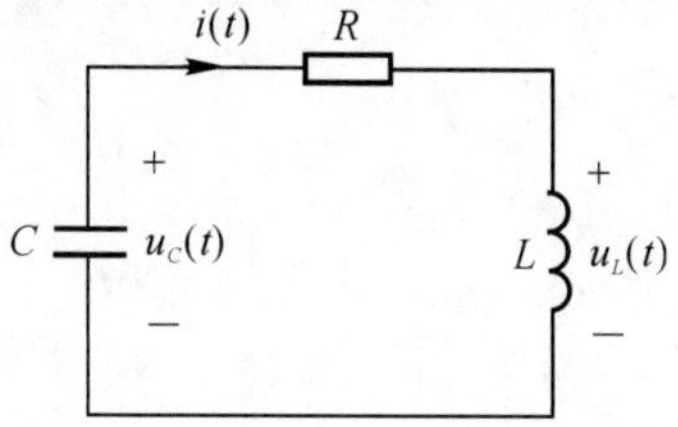 $u_C(0^-)=U_0,\quad i(0^-)=I_0$
电路的微分方程	$\begin{cases} LC\dfrac{\mathrm{d}^2}{\mathrm{d}t^2}u_C(t)+RC\dfrac{\mathrm{d}}{\mathrm{d}t}u_C(t)+u_C(t)=0,\ t\geqslant 0 \\ u_C(0^+)=u_C(0^-)=U_0 \\ i(0^+)=i(0^-)=I_0 \end{cases}$
特征方程与特征根	$LCp^2+RCp+1=0$ $p_1=-\dfrac{R}{2L}+\sqrt{\left(\dfrac{R}{2L}\right)^2-\dfrac{1}{LC}}=-(\alpha-\sqrt{\alpha^2-\omega_0^2})=-\alpha_1$ $p_2=-\dfrac{R}{2L}-\sqrt{\left(\dfrac{R}{2L}\right)^2-\dfrac{1}{LC}}=-(\alpha+\sqrt{\alpha^2-\omega_0^2})=-\alpha_2$
零输入响应的解及其性质	$R>2\sqrt{\dfrac{L}{C}}$，过阻尼，非振荡放电，单调衰减 $u_C(t)=(A_1\mathrm{e}^{-\alpha_1 t}+A_2\mathrm{e}^{-\alpha_2 t})U(t)$
	$R=2\sqrt{\dfrac{L}{C}}$，临界阻尼，非振荡放电，单调衰减 $u_C(t)=(A_1\mathrm{e}^{-\alpha t}+A_2t\mathrm{e}^{-\alpha t})U(t)$
	$R<2\sqrt{\dfrac{L}{C}}$，欠阻尼，衰减振荡放电 $u_C(t)=\mathrm{e}^{-\alpha t}(A_1\mathrm{e}^{\mathrm{j}\omega t}+A_2\mathrm{e}^{-\mathrm{j}\omega t})U(t)$
	$R=0$，无阻尼，等幅振荡放电 $u_C(t)=(A_1\mathrm{e}^{\mathrm{j}\omega_0 t}+A_2\mathrm{e}^{-\mathrm{j}\omega_0 t})U(t)$

例 12.9.1　图 12.9.2 所示电路，已知 $i(0^-)=1\ \mathrm{A}$，$u_C(0^-)=-7\ \mathrm{V}$。求零输入响应 $i(t)$。

解　该电路的微分方程为

$$\begin{cases} \dfrac{\mathrm{d}^2}{\mathrm{d}t^2}i(t)+5\dfrac{\mathrm{d}}{\mathrm{d}t}i(t)+6i(t)=0, \qquad t\geqslant 0 \\ i(0^+)=i(0^-)=1 \\ u_C(0^+)=u_C(0^-)=-7 \end{cases}$$

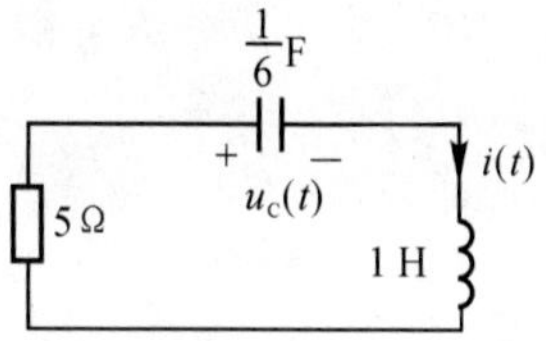

图　12.9.2

其特征方程为　　$p^2+5p+6=0$

解得特征根为 $p_1=-2$，$p_2=-3$，故电路为过阻尼状态。故零输入响应为

$$i(t)=A_1\mathrm{e}^{-2t}+A_2\mathrm{e}^{-3t}$$

又
$$i'(t)=-2A_1\mathrm{e}^{-2t}-3A_2\mathrm{e}^{-3t}$$

故有
$$\begin{cases}i(0^+)=A_1+A_2=i(0^-) & ①\\ i'(0^+)=-2A_1-3A_2 & ②\end{cases}$$

根据换路定律有

$$i(0^+)=i(0^-)=1\ \mathrm{A}$$

下面求 $i'(0^+)$。因有
$$u_C(t)+L\frac{\mathrm{d}i(t)}{\mathrm{d}t}+Ri(t)=0$$

故
$$u_C(0^+)+1i'(0^+)+Ri(0^+)=0$$

故得
$$i'(0^+)=-u_C(0^+)-5i(0^+)=[-(-7)-5\times1]\ \mathrm{A/s}=2\ \mathrm{A/s}$$

将 $i(0^+)=1$ A 和 $i'(0^+)=2$ A/s 代入式 ① 和式 ②，有

$$\begin{cases}A_1+A_2=1\\ -2A_1-3A_2=2\end{cases}$$

联解得 $A_1=5, A_2=-4$。故得零输入响应为

$$i(t)=(5\mathrm{e}^{-2t}-4\mathrm{e}^{-3t})U(t)\ \mathrm{A}$$

*12.10 RLC 串联电路的阶跃响应

图 12.10.1(a) 所示为阶跃电压源 $U_\mathrm{S}U(t)$ 激励的 RLC 串联零状态电路，图 12.10.1(b) 所示为其开关等效电路。求当 $t>0$ 时的 $u_C(t)$，$i(t)$。求解步骤如下：

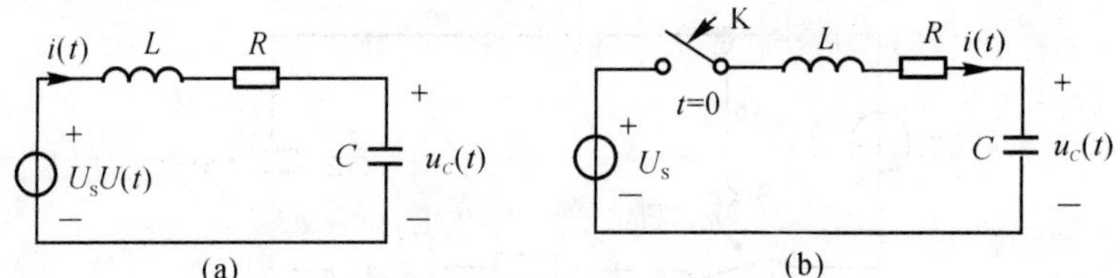

图 12.10.1 RLC 串联电路的阶跃响应

(1) 列写当 $t>0$ 时电路的微分方程，即

$$\left.\begin{aligned}&LC\frac{\mathrm{d}^2u_C}{\mathrm{d}t^2}+RC\frac{\mathrm{d}u_C}{\mathrm{d}t}+u_C=U_\mathrm{S}, \quad t\geqslant 0\\ &u_C(0^+)=u_C(0^-)=0\\ &i(0^+)=i(0^-)=0\end{aligned}\right\}\tag{12.10.1}$$

(2) 写出微分方程的特征方程并求特征根，即

$$LCp^2+RCp+1=0$$

其特征根(固有频率)为

$$p_1=-\frac{R}{2L}+\sqrt{\left(\frac{R}{2L}\right)^2-\frac{1}{LC}}=-\alpha+\sqrt{\alpha^2-\omega_0^2}$$

$$p_2=-\frac{R}{2L}-\sqrt{\left(\frac{R}{2L}\right)^2-\frac{1}{LC}}=-\alpha-\sqrt{\alpha^2-\omega_0^2}$$

(3) 写出对应于微分方程的齐次方程的自由解 $u_{Ct}(t)$。若 $p_1\neq p_2$，则自由解的形式为

$$u_{Ct}(t)=B_1e^{p_1t}+B_2e^{p_2t}$$

若 $p_1=p_2=p$，则自由解的形式为

$$u_{Ct}(t)=(B_1+B_2t)e^{pt}$$

(4) 写出与微分方程的非齐次项对应的强迫解 $u_{Cf}(t)$ 为

$$u_{Cf}(t)=U_S$$

(5) 写出微分方程的全解表达式，即

$$u_C(t)=\text{自由解 } u_{Ct}(t)+\text{强迫解 } u_{Cf}(t)=B_1e^{p_1t}+B_2e^{p_2t}+U_S \tag{12.10.2a}$$

或

$$u_C(t)=u_{Ct}(t)+u_{Cf}(t)=(B_1+B_2t)e^{pt}+U_S \tag{12.10.2b}$$

(6) 根据换路定律求初始值，即 $i(0^+)=i(0^-)=0$，$u_C(0^+)=u_C(0^-)=0$，并根据初始值确定式(12.10.2)中的积分常数 B_1，B_2。

(7) 将所确定的积分常数 B_1，B_2，代入全解表达式(12.10.2)，即得满足初始值的全解的表达式，并画出波形。至此求解工作即告完毕。

例 12.10.1　图 12.10.1(a)所示零状态电路，已知 $L=1$ H，$C=1/3$ F，$R=4$ Ω，激励 $u_S(t)=16U(t)$ V 求 $u_C(t)$，$i(t)$。

解　该电路的微分方程如式(12.10.1)所示。

$$\alpha=\frac{R}{2L}=\frac{4}{2\times1}=2\ 1/\text{s},\quad \omega_0=\frac{1}{\sqrt{LC}}=\frac{1}{\sqrt{1\times\frac{1}{3}}}=\sqrt{3}\ \text{rad/s}$$

由于 $\alpha>\omega_0$，所以电路工作在过阻尼情况。固有频率为

$$p_1=-\alpha+\sqrt{\alpha^2-\omega_0^2}=-2+\sqrt{4-3}=-1$$

$$p_2=-\alpha-\sqrt{\alpha^2-\omega_0^2}=-2-\sqrt{4-3}=-3$$

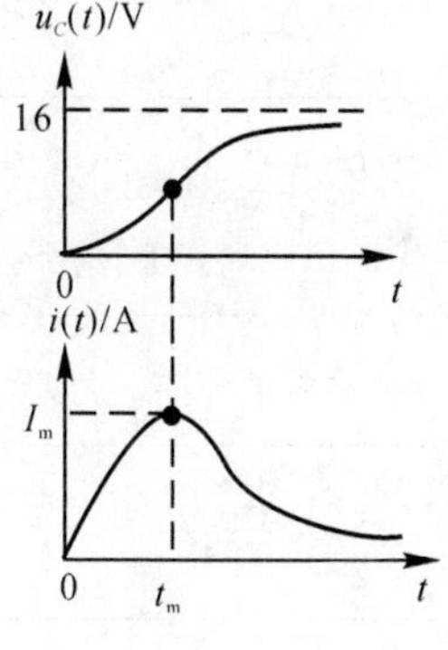

图　12.10.2

代入式(12.10.2a)，得通解为

$$u_C(t)=B_1e^{-t}+B_2e^{-3t}+16 \tag{12.10.3}$$

故

$$u_C(0^+)=u_C(0^-)=B_1+B_2+16=0 \quad ①$$

又

$$\frac{du_C}{dt}=-B_1e^{-t}-3B_2e^{-3t}=\frac{1}{C}i(t)$$

故

$$\frac{du_C}{dt}(0^+)=-B_1-3B_2=$$

$$\frac{1}{C}i(0^+)=\frac{1}{C}i(0^-)=\frac{1}{C}\times0=0 \quad ②$$

由式 ①、式 ② 联解得

$$B_1=-24,\quad B_2=8$$

代入式(12.10.3)得

$$u_C(t)=(-24e^{-t}+8e^{-3t}+16)U(t)\ \text{V}$$

故又得

$$i(t)=C\frac{du_C}{dt}=8(e^{-t}-e^{-3t})U(t)\ \text{A}$$

其波形如图 12.10.2 所示。

思考与练习

12.10.1　图 12.10.3 所示 RLC 并联零状态电路，以 $i(t)$ 为待求变量，试列写当 $t>0$ 时

关于 $i(t)$ 的微分方程。

$$\text{答:}\begin{cases} LC\dfrac{\mathrm{d}^2}{\mathrm{d}t^2}i(t)+\dfrac{L}{R}\dfrac{\mathrm{d}}{\mathrm{d}t}i(t)+i(t)=1 \quad t\geqslant 0 \\ u_C(0^+)=u_C(0^-)=0 \\ i(0^+)=i(0^-)=0 \end{cases}$$

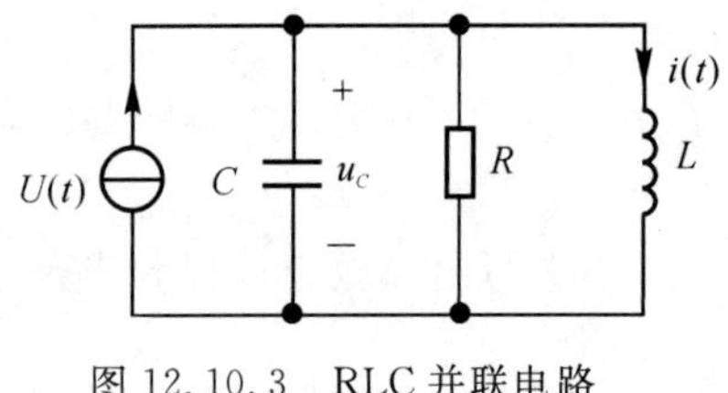

图 12.10.3　RLC 并联电路

习题十二

12-1　图题 12-1 所示电路，已知当 $t<0$ 时 S 打开，电路已工作于稳态。今于 $t=0$ 时刻闭合 S，求当 $t>0$ 时的响应 $i(t)$，并画出曲线。[答：$(2+4\mathrm{e}^{-10t})U(t)$ A]

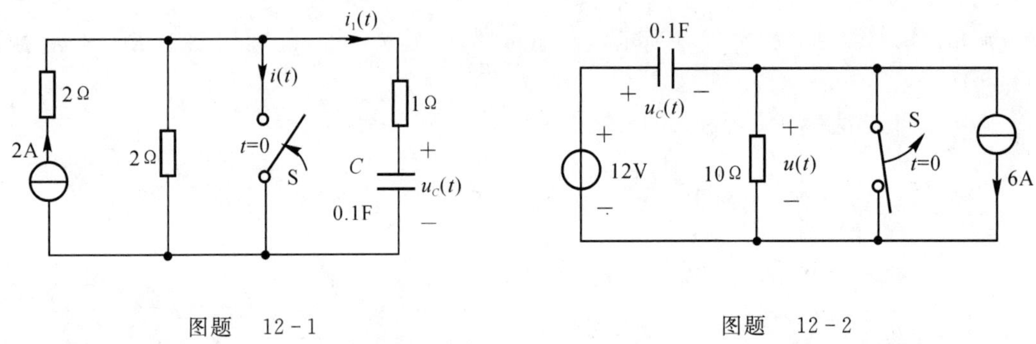

图题　12-1　　　　图题　12-2

12-2　图题 12-2 所示电路，当 $t<0$ 时 S 闭合，电路已达稳态。今于 $t=0$ 时刻打开 S，求当 $t>0$ 时的响应 $u_C(t)$ 和 $u(t)$，并画出它们的曲线。[答：$(72-60\mathrm{e}^{-t})U(t)$ V，$(-60+60\mathrm{e}^{-t})U(t)$ V]

12-3　图题 12-3 所示电路，当 $t<0$ 时 S 闭合，电路已工作于稳定状态。今于 $t=0$ 时刻打开 S，求当 $t>0$ 时的响应电压 $u(t)$，并画出曲线。[答：$(10-4\mathrm{e}^{-4t})U(t)$ V]

12-4　图题 12-4 所示电路，当 $t<0$ 时 S 在“1”位置，电路已达稳态。今于 $t=0$ 时刻将 S 扳到“2”位置，求当 $t>0$ 时的 $u(t)$，并画出曲线。[答：$(3-6\mathrm{e}^{-2t})U(t)$ V]

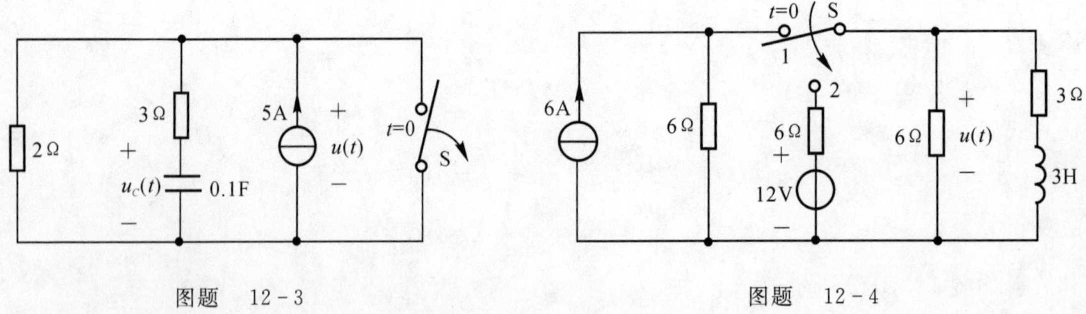

图题　12-3　　　　图题　12-4

12-5　图题 12-5 所示电路，当 $t<0$ 时 S 打开，电路已工作于稳态。今于 $t=0$ 时刻闭合 S，求当 $t>0$ 时的 $i_L(t)$ 和 $u(t)$，并画出波形。[答：$2\mathrm{e}^{-5t}U(t)$ A，$-4\mathrm{e}^{-5t}U(t)$ V]

12－6　图题 12－6 所示电路，当 $t<0$ 时 S 闭合，电路已工作于稳态。今于 $t=0$ 时刻打开 S，求当 $t>0$ 时的 $u(t)$，并画出波形。[答：$-4e^{-2t}U(t)$ V]

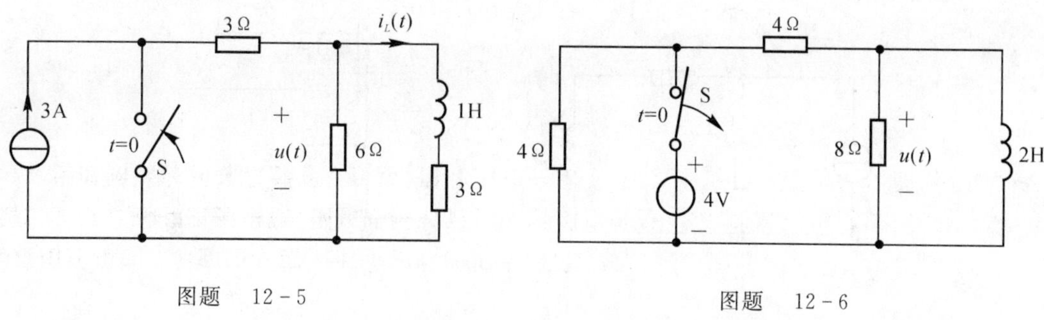

图题　12－5　　　　图题　12－6

12－7　图题 12－7 所示电路，当 $t<0$ 时 S 闭合，电路已工作于稳态。今于 $t=0$ 时刻打开 S，求当 $t>0$ 时的 $u(t)$，并画出波形。[答：$-6e^{-4t}U(t)$ V]

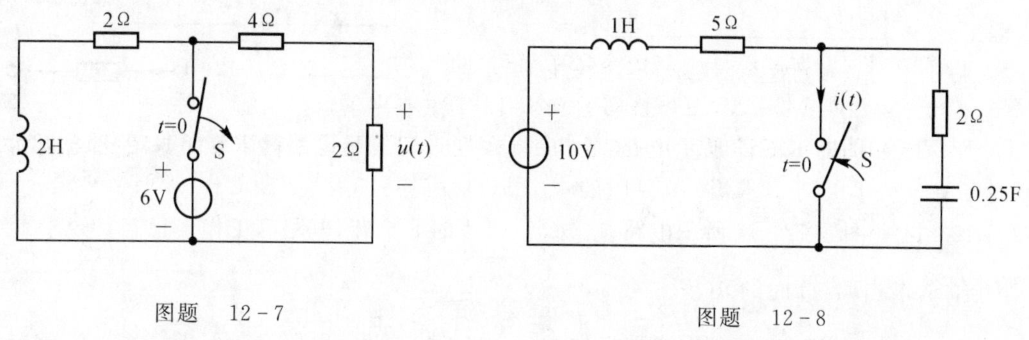

图题　12－7　　　　图题　12－8

12－8　图题 12－8 所示电路，当 $t<0$ 时 S 打开，电路已工作于稳态。今于 $t=0$ 时刻闭合 S，求当 $t>0$ 时的 $i(t)$。[答：$[2(1-e^{-5t})+5e^{-2t}]U(t)$ A]

12－9　图题 12－9 所示电路，当 $t<0$ 时 S 闭合，电路已工作于稳态。今于 $t=0$ 时刻打开 S，求当 $t>0$ 时的 $u(t)$，并画出曲线。[答：$(10-4e^{-2t})U(t)$ V]

12－10　图题 12－10 所示零状态电路，$i_S(t)=10U(t)$ A，求响应 $u_C(t)$。[答：$20(1-e^{-5t})U(t)$ V]

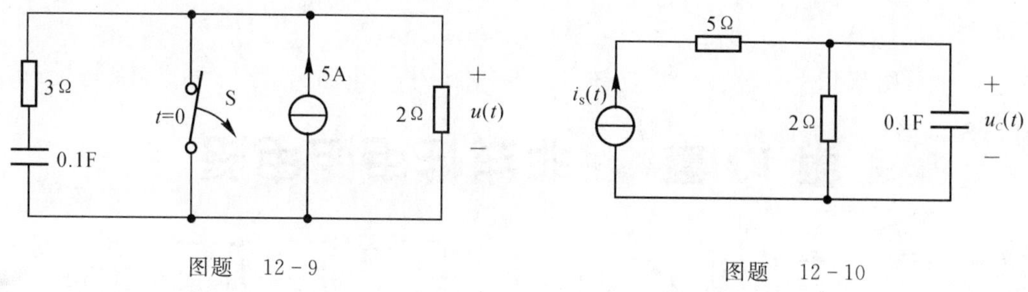

图题　12－9　　　　图题　12－10

12－11　图题 12－11(a) 所示电路，激励 $i_S(t)$ 的波形如图题 12－111(b) 所示，求零状态响应 $u(t)$。[答：$4e^{-2t}U(t)+4e^{-2(t-1)}U(t-1)-8e^{-2(t-3)}U(t-3)$ V]

12 - 12　图题 12 - 12 所示电路，激励 $u_S(t)=[-U(-t)+U(t)]$ (V)，求零状态响应 $u_C(t)$，并画出曲线。$\left[\text{答}: u_C(t)=\begin{cases}-1\ \text{V}, & t<0\\(1-2e^{-t})\ \text{V}, & t\geqslant 0\end{cases}\right]$

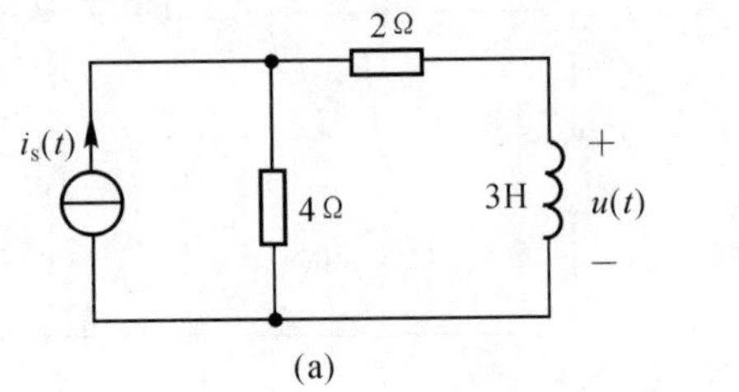

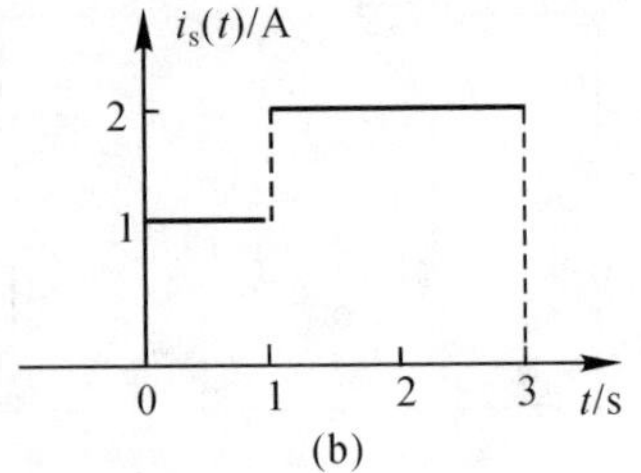

图题　12 - 11

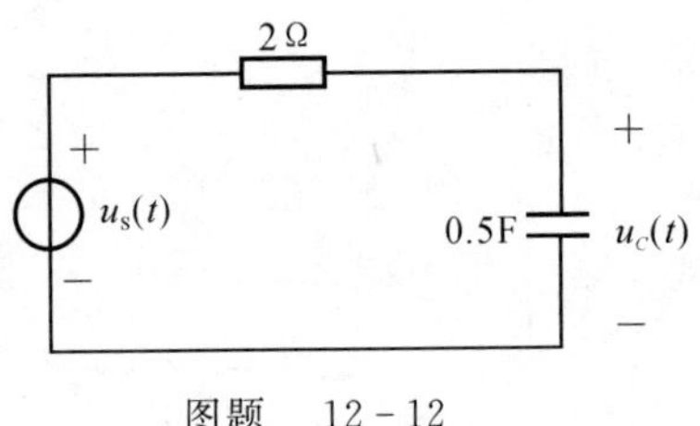

图题　12 - 12

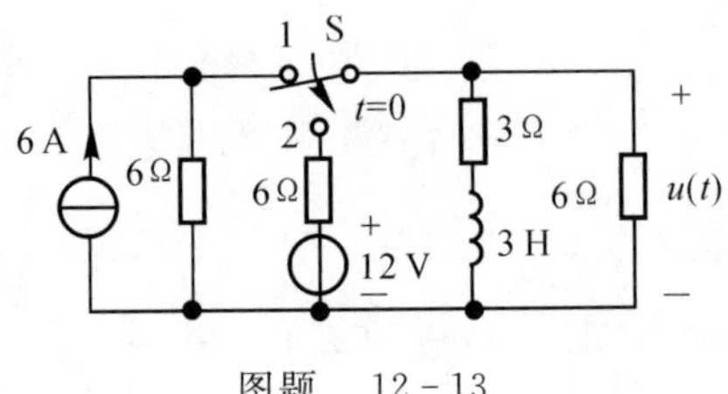

图题　12 - 13

12 - 13　图题 12 - 13 所示电路，已知当 $t<0$ 时 S 在 1，电路已工作于稳定状态。今于 $t=0$ 时刻将 S 从 1 扳到 2，求当 $t>0$ 时的响应 $u(t)$。[答：$(3-6e^{-2t})\ U(t)$ V]

12 - 14　图题 12 - 14 所示电路，已知当 $t<0$ 时 S 打开，电路已工作于稳态。今于 $t=0$ 时刻闭合 S，求当 $t>0$ 时的 $u(t)$。$\left[\text{答}: -\dfrac{4}{3}e^{-0.5t}\ U(t)\ \text{V}\right]$

12 - 15　图题 12 - 15 所示电路，已知当 $t<0$ 时 S 打开，电路已工作于稳态。今于 $t=0$ 时刻闭合 S，求当 $t>0$ 时的 $u(t)$。[答：$(3-e^{-4t})U(t)$ V]

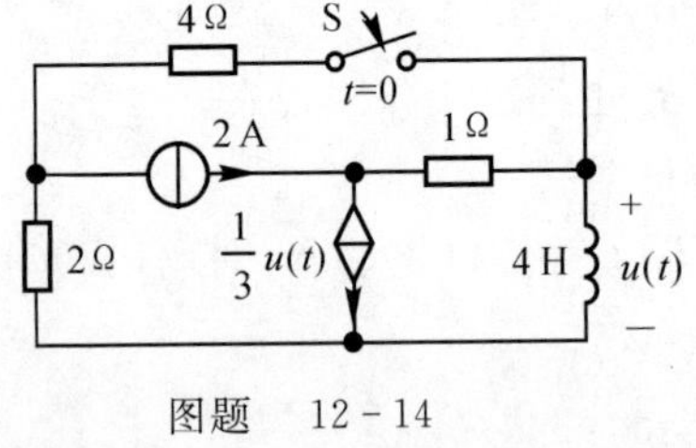

图题　12 - 14

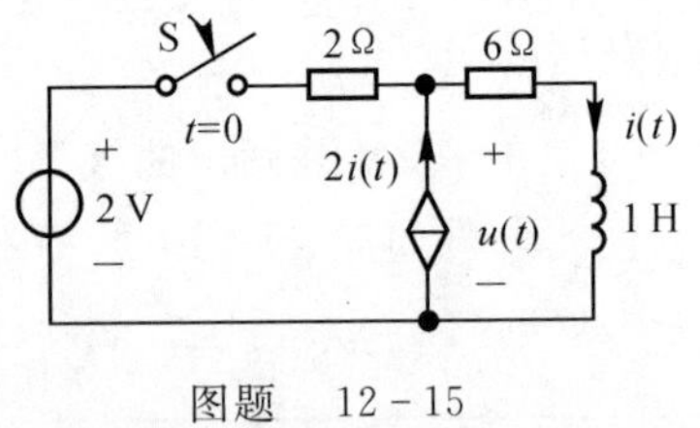

图题　12 - 15

12 - 16　图题 12 - 16 所示电路，已知当 $t<0$ 时 S 闭合，电路已工作于稳态。今于 $t=0$ 时刻打开 S，求当 $t>0$ 时的 $u_2(t)$。[答：$-1e^{-\frac{1}{4}t}U(t)$ V]

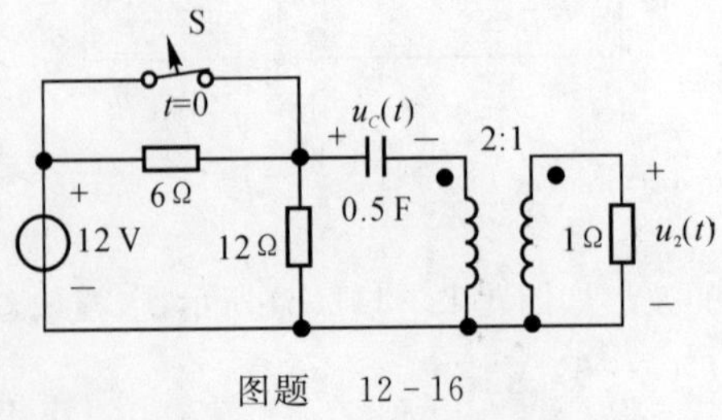

图题　12 - 16

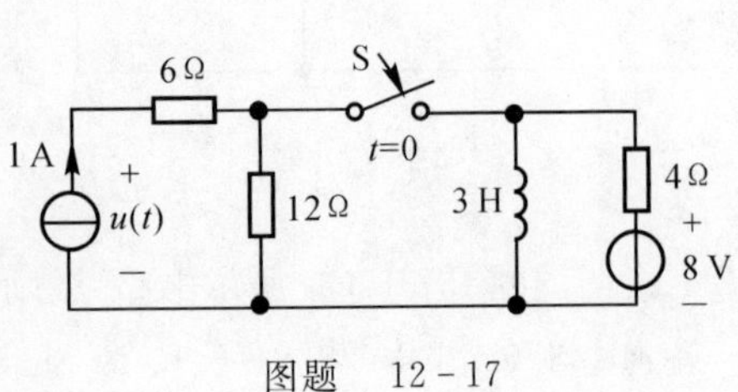

图题　12 - 17

12-17　图题 12-17 所示电路，已知当 $t<0$ 时 S 打开，电路已工作于稳态。今于 $t=0$ 时刻闭合 S，求当 $t>0$ 时的 $u(t)$。[答：$(6+3e^{-t})U(t)$ V]

12-18　图题 12-18 所示电路，求零状态响应 $u_C(t)$。[答：$-10(1-e^{-\frac{1}{3}t})U(t)$ V]

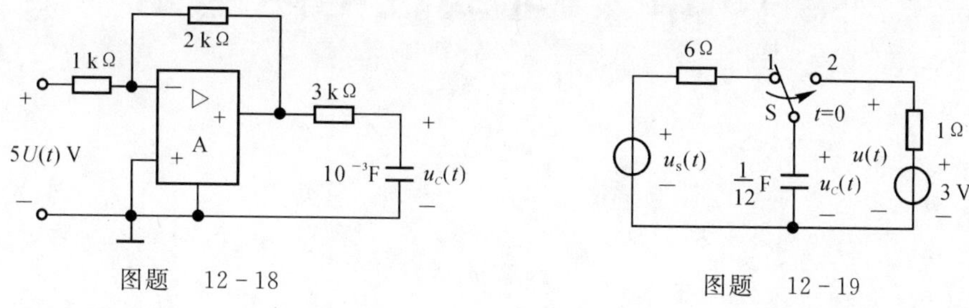

图题　12-18

图题　12-19

12-19　图题 12-19 所示电路，$u_S(t)=\cos 2t$ V，当 $t<0$ 时 S 在 1，电路已工作于稳态。今于 $t=0$ 时刻将 S 扳到 2，求当 $t>0$ 时的响应 $u(t)$，并画出波形。[答：$(3-2.5e^{-12t})U(t)$V]

12-20　图题 12-20 所示电路，已知 $u_S(t)=10\cos(4t+\theta)$ V，当 $t<0$ 时 S 打开，$i(0^-)=0$。今于 $t=0$ 时刻闭合 S，欲使当 $t>0$ 时响应 $i(t)$ 中不存在瞬态响应分量，求 $u_S(t)$ 的初相角 θ 的值。(答：53.1°)

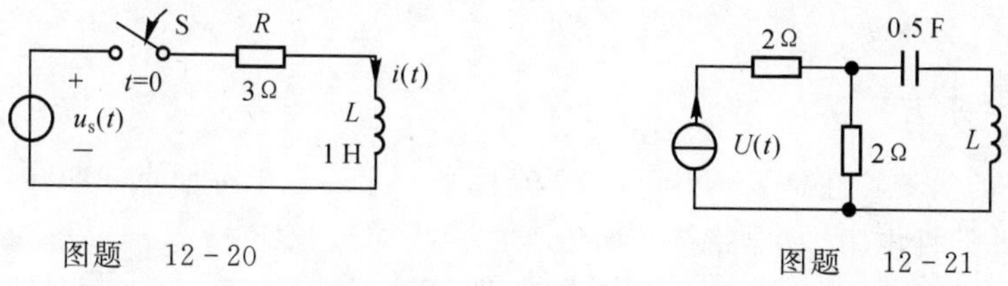

图题　12-20

图题　12-21

12-21　欲使图题 12-21 所示电路产生阻尼响应，求电感 L 的值。(答：0.5 H)

12-22　试判断图题 12-22 所示电路中响应 $i(t)$ 是振荡型还是非振荡型的。(答：衰减振荡型的)

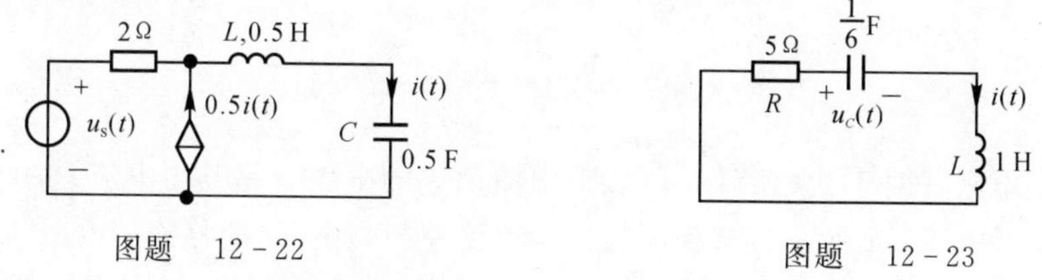

图题　12-22

图题　12-23

12-23　图题 12-23 所示电路，已知 $u_C(0^-)=-7$ V，$i(0^-)=1$ A，求 $t>0$ 时的零输入响应 $i(t)$。[答：$(5e^{-2t}-4e^{-3t})U(t)$ A]

12-24　图题 12-24 所示电路，求零状态响应 $u_C(t)$。[答：$-10(1-e^{-\frac{1}{\tau}t})U(t)$ V，$\tau=12\times10^2$ s)]

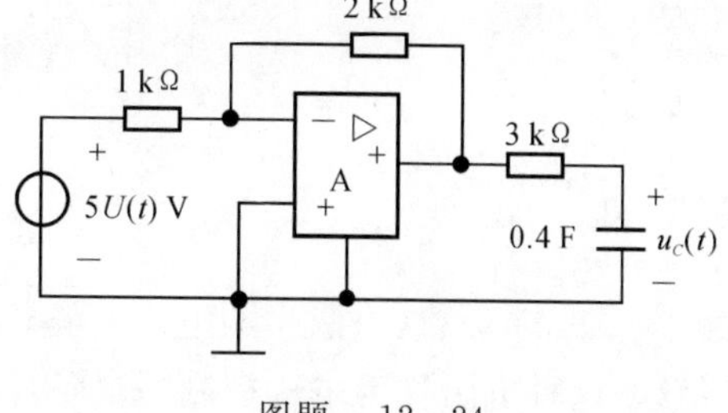

图题　12-24

第 13 章　非线性电阻电路

内容提要

本章讲述非线性电阻元件的定义与分类，静态电阻与动态电阻的概念，非线性电阻电路的图解分析法，非线性电阻电路的串联与并联，小信号等效电路分析法，分段线性化分析法，非线性电阻电路方程的列写。

13.1　非线性电阻元件

一、定义与电路符号

若电阻元件的伏安特性是 $u-i$（或 $i-u$）坐标平面上通过坐标原点的曲线，即称为非线性电阻元件，简称非线性电阻，其电路符号如图 13.1.1 所示。

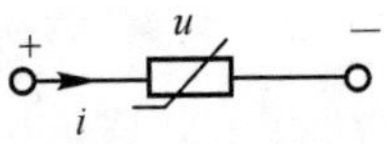

图 13.1.1　非线性电阻元件的电路符号

非线性电阻的伏安特性一般用函数式表示，即

$$u=g(i) \tag{13.1.1}$$

$$i=f(u) \tag{13.1.2}$$

式(13.1.1)表示 u 是 i 的非线性函数，式(13.1.2)表示 i 是 u 的非线性函数。

二、分类

(1) 流控型电阻。对于式(13.1.1)而言，电阻两端的电压 u 是其中电流 i 的单值函数，其典型伏安特性如图 13.1.2 所示。这种电阻称为电流控制型电阻，简称流控电阻。充气二极管即具有这样的伏安特性。但要注意，对于同一电压 u 值，电流 i 可能是多值的。例如当 $u=u_0$ 时，电流 i 就有 3 个不同的值 i_1，i_2，i_3，如图 13.1.2 所示。

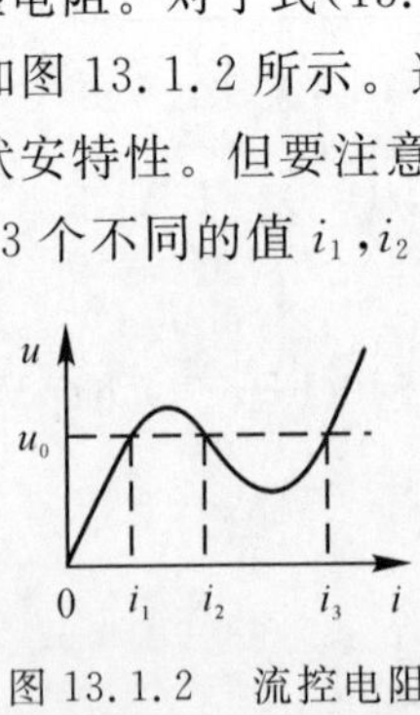

图 13.1.2　流控电阻 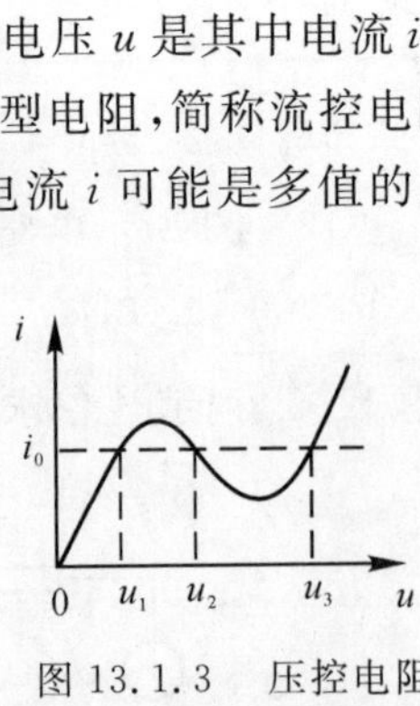　　图 13.1.3　压控电阻

(2) 压控型电阻。对于式(13.1.2)而言，电阻中的电流 i 是其两端电压 u 的单值函数，其典型伏安特性如图 13.1.3 所示。这种电阻称为电压控制型电阻，简称压控电阻。隧道二极管

即具有这样的伏安特性。但要注意，对于同一电流 i 值，电压 u 可能是多值的。例如当 $i=i_0$ 时，电压 u 就有 3 个不同的值 u_1, u_2, u_3，如图 13.1.3 所示。

(3) 流控压控型电阻。另有一类非线性电阻，它既是流控的又是压控的，其典型伏安特性如图 13.1.4 所示，其中图 13.1.4(a) 为白炽灯泡的伏安特性，图 13.1.4(b) 为半导体二极管的伏安特性。此类非线性电阻的伏安特性既可用 $u=g(i)$ 描述，也可用 $i=f(u)=g^{-1}(u)$ 描述，其中 f 为 g 的逆。从图中看出，曲线的斜率 $\frac{\mathrm{d}i}{\mathrm{d}u}$ 对所有的 u 值都是正值，即为单调增长型的。图 13.1.4(a) 所示的伏安特性对坐标原点对称，具有双向性；图 13.1.4(b) 所示的伏安特性对坐标原点不对称，具有单方向性，这种性质可用来整流和检波。流控压控型电阻也称单调性非线性电阻。

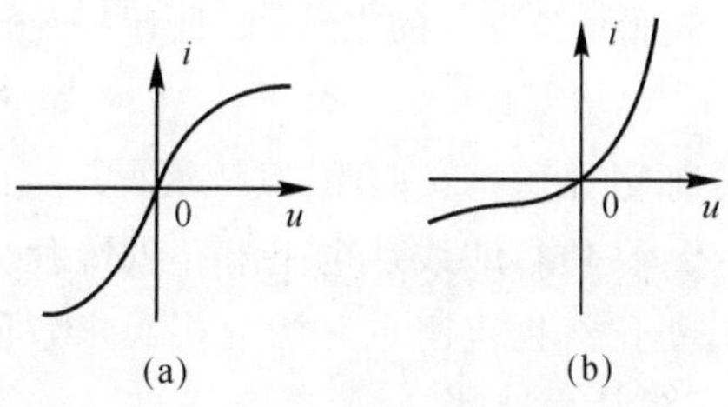

图 13.1.4　单调增长的伏安特性

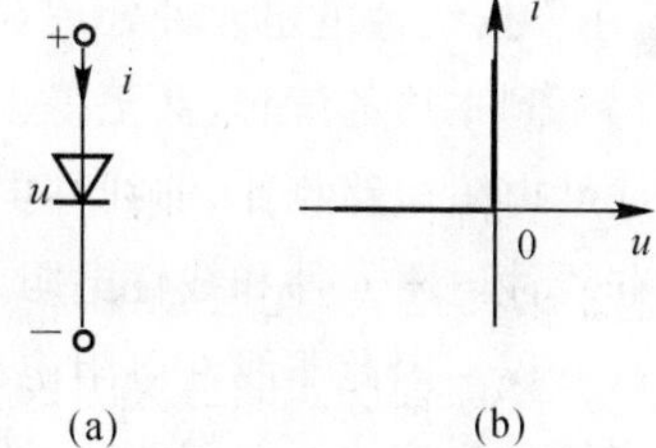

图 13.1.5　理想半导体二极管的符号及其伏安特性

(4) 非流控非压控型电阻。还有一类非线性电阻，它既不是流控的，也不是压控的。理想半导体二极管[见图 13.1.5(a)] 的伏安特性即属此类，如图 13.1.5(b) 所示。其数学描述为

$$\left.\begin{array}{ll} i=0, & u<0 \\ u=0, & i>0 \end{array}\right\} \tag{13.1.3}$$

由式(13.1.3) 或图 13.1.5(b) 可见，由于当 $u<0$ 时 $i=0$，故此时理想半导体二极管相当于开路；当 $i>0$ 时 $u=0$，故此时理想半导体二极管相当于短路。

需要指出的是，上面所谈的伏安特性均指静态伏安特性，即在直流情况下测得的伏安特性，一般是用实验方法求得，且用曲线或表格给出；也有用解析式描述的，不过这种解析式有时颇复杂，并不便于应用。

三、参数：静态电阻与动态电阻

为了计算与分析上的需要，我们引入静态电阻 R 与动态电阻 R_d 的概念。其定义分别为

P 点的静态电阻：　$R=\left.\frac{U}{I}\right|_{\text{P点}}$

P 点的动态电阻：　$R_\mathrm{d}=\left.\frac{\mathrm{d}u}{\mathrm{d}i}\right|_{\text{P点}}=\left.\frac{\mathrm{d}g(i)}{\mathrm{d}i}\right|_{\text{P点}}$

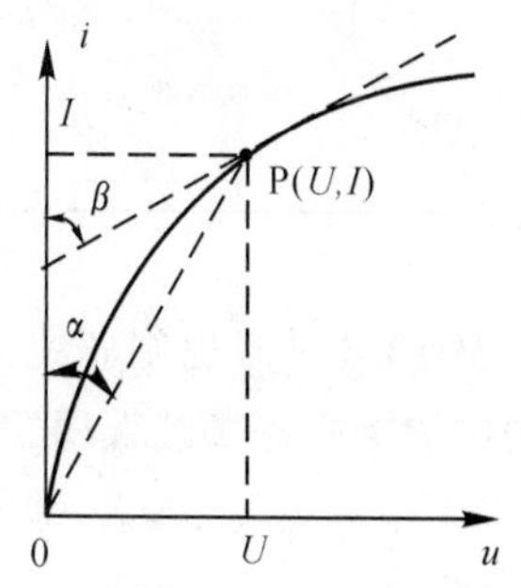

图 13.1.6　静态电阻与动态电阻的定义

如图 13.1.6 所示。P 点称为工作点。可见 R 和 R_d 的值都随工作点 P 而变化，亦即都是 u 和 i 的函数，且 P 点的 R 正比于 $\tan\alpha$，P 点的 R_d 正比于 $\tan\beta$。

R_d 的倒数称为动态电导，即

$$G_d = \frac{1}{R_d} = \left.\frac{di}{du}\right|_{P点}$$

当研究非线性电阻上的直流电压和直流电流的关系时，应采用静态电阻 R；当研究其上的变化电压与变化电流的关系时，应采用动态电阻 R_d 或动态电导 G_d。

四、非线性与线性的对立统一与转化

在实际中，一切电阻元件严格说都是非线性的。但在工程计算中，在一定条件下，对有些电阻元件可近似看作是线性的。例如一个金属丝电阻器，当环境温度变化不大时，即可近似看做是一个线性电阻元件。但若这一定的条件不满足，那就只能是非线性电阻元件了。在此情况下，若还要按线性电阻元件处理，那将不但在量的方面引起极大的误差，而且还将使许多物理现象得不到本质的解释，甚至得出错误的结果。

与线性电阻电路相比，非线性电阻电路不满足叠加定理和齐次定理，但基尔霍夫定律仍然适用。非线性电阻元件和线性电阻元件的伏安特性不同，使得非线性电阻电路的方程变为非线性代数方程。因此非线性电阻电路的分析和求解，要比线性电阻电路的分析和求解困难得多。常用的分析方法有图解法、分段线性化法、小信号等效电路法、数值法等。

现将非线性电阻元件汇总于表 13.1.1 中，以便复习和查用。

表 13.1.1　非线性电阻元件

定　义	若电阻元件的伏安关系为非线性的，则称为非线性电阻元件，简称非线性电阻
电路符号	i　+　u　−
分　类	① 流控型电阻，$u = g(i)$ ② 压控型电阻，$i = f(u)$ ③ 既是流控型又是压控型的电阻，$u = g(i)$，$i = f(u)$ ④ 既不是流控型也不是压控型的电阻
参　数	静态电阻 $R = \left.\frac{U}{I}\right\|_{P点}$；　动态电阻 $R_d = \left.\frac{du}{di}\right\|_{P点}$；　动态电导 $G_d = \frac{1}{R_d} = \left.\frac{di}{du}\right\|_{P点}$

例 13.1.1　已知非线性电阻元件的伏安特性为 $u=100i+i^2$(V)，$i \geqslant 0$。(1) 设工作点 P 上的电流为 $i=I=2$ A，求工作点 P 上的电压值 U；(2) 求工作点 P 上的静态电阻 R，动态电阻 R_d，动态电导 G_d；(3) 若 $i(t)=2\cos\omega t$ A，求对应的 $u(t)$。

解　(1)$U = 100 \times 2 + 2^2 = 204$ V，故工作点为

$$P(I,U) = P(2,204)$$

(2)

$$R = \frac{U}{I} = \frac{204}{2}\ \Omega = 102\ \Omega$$

$$R_d=\frac{du}{di}\Big|_{i=2}=\frac{d}{di}(100i+i^2)\Big|_{i=2}=100+2i\Big|_{i=2}=104\ \Omega$$

$$G_d=\frac{1}{R_d}=\frac{1}{104}\ \text{S}$$

R,R_d,G_d 的值都随工作点 P 的不同而不同。

$$(3)u(t)=100\times 2\cos\omega t+(2\cos\omega t)^2=200\cos\omega t+4\times\frac{1+\cos 2\omega t}{2}=$$

$$200\cos\omega t+2+2\cos 2\omega t=2+200\cos\omega t+2\cos 2\omega t\ (\text{V})$$

可见非线性电阻元件在正弦信号激励下，其响应电压 $u(t)$ 中产生了 2ω 的新的频率分量。这是非线性电阻元件与线性电阻元件的差别之一。

五、思考与练习

13.1.1　已知非线性电阻元件的伏安特性为 $i=3u+u^2$(A)，$u\geqslant 0$。(1) 求 $u=10$ V 和 20 V 时的 i；(2) 求 $u=10$ V 和 20 V 时的静态电阻 R，动态电阻 R_d，动态电导 G_d；(3) 求 $u(t)=2\cos\omega t$ V 时的 $i(t)$。

13.1.2　已知非线性电阻元件的伏安特性为 $u=5i+2i^2$(V)，u 和 i 为关联方向。(1) 若 $i=i_1=1$ A，求 u_1；(2) 若 $i=i_2=2i_1=2$ A，求 u_2，并回答 $u_2=2u_1$ 吗？(3) 若 $i=i_1+i_2=1+2=3$ A，求 u_3，并回答 $u_3=u_1+u_2$ 吗？

13.2　图解分析法

一、曲线相交法

图 13.2.1(a) 所示为一线性电阻 R 与非线性电阻串联的电路，直流电压源电压为 U_S，非线性电阻的伏安特性为 $i=f(u)$，如图 13.2.1(b) 所示。

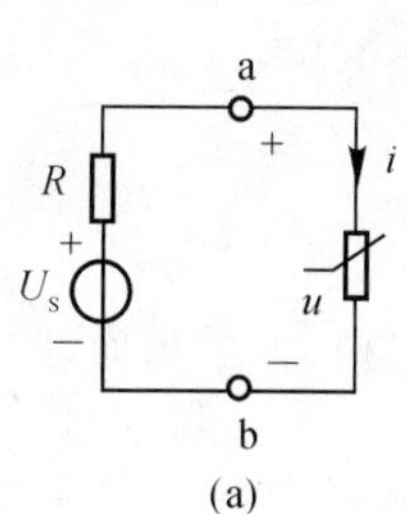

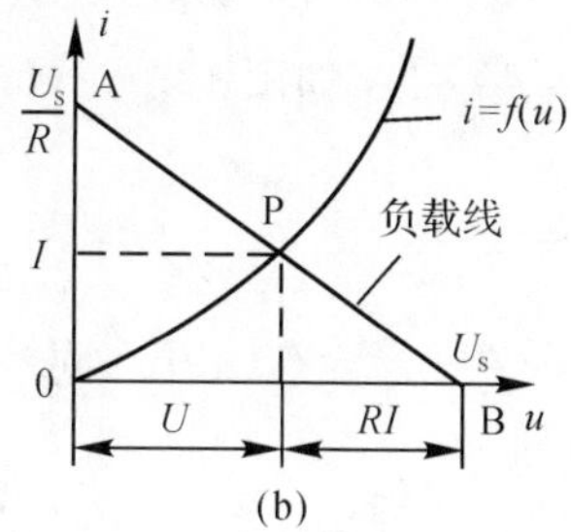

图 13.2.1　电路静态工作点的图解

对于图 13.2.1(a) 中 a,b 两点以左的电路，根据 KVL 可写出方程

$$u=U_S-Ri$$

这是一直线方程，因此可在 i-u 平面上画出一条直线 AB，如图 13.2.1(b) 中所示。

对于图 13.2.1(a) 中 a,b 两点以右的电路有方程

$$i = f(u), \quad u \geqslant 0$$

它就是非线性电阻的伏安特性。电路的解必然是图 13.2.1(b) 中两条曲线交点 P 的坐标所确定的值 U 和 I，即所求得的解答为 $u=U, i=I$。交点 $P(U,I)$ 称为静态工作点，直线 AB 称为负载线。电阻 R 上的电压值也可从图上求得为 $u_R = RI$。

二、曲线相加法

当非线性电阻元件串联或并联时，只要求出它们等效电阻的伏安特性，即可根据已知的电压求电流，或根据已知的电流求电压 。

对图 13.2.2(a) 所示两个非线性电阻(均为压控型) 的串联电路，设其伏安特性分别为 $i_1 = f_1(u_1), i_2 = f_2(u_2)$，如图 13.2.2(b) 所示。根据 KCL 和 KVL，有

$$i = i_1 = i_2, \quad u = u_1 + u_2$$

将曲线 $i_1 = f_1(u_1)$ 与 $i_2 = f_2(u_2)$ 在同一电流值 i 下的横坐标值 u_1, u_2 相加，即得此串联组合的等效电阻的伏安特性 $i = f(u)$，如图 13.2.2(b) 所示。

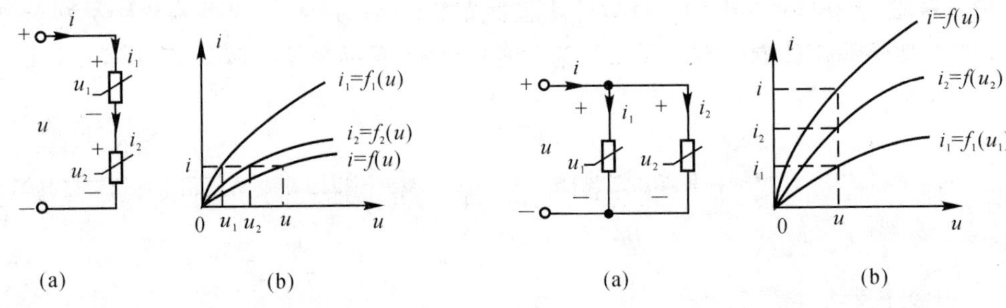

图 13.2.2　非线性电阻的串联

图 13.2.3　非线性电阻的并联

对图 13.2.3(a) 所示两个非线性电阻(均为压控型) 的并联电路，设其伏安特性分别为 $i_1 = f_1(u_1), i_2 = f_2(u_2)$，如图 13.2.3(b) 所示。根据 KCL 和 KVL，有

$$u = u_1 = u_2$$

$$i = i_1 + i_2$$

将曲线 $i_1 = f_1(u_1)$ 与 $i_2 = f_2(u_2)$ 在同一电压值 u 下的纵坐标值 i_1, i_2 相加，即得 $i = f(u)$，如图 13.2.3(b) 所示。

要指出，只有相同类型的非线性电阻串联或并联，才有可能得出等效的非线性电阻的伏安特性曲线的解析形式。

图解法的优点是直观，缺点是准确度不高，实际计算也很麻烦。当电路中含有多个非线性电阻时，图解法实际上已无法使用。另外，它也不适于编写程序，因而不适于用计算机计算。

现将非线性电阻的串联与并联汇总于表 13.2.1 中，以便复习和应用。

表 13.2.1　非线性电阻的串联与并联

名　称	电　路	条　件	已知和计算
串联		各电阻必须为同种类型,即同为流控型或同为压控型	$u_1=g_1(i_1)$ （流控型） $u_2=g_2(i_2)$ （流控型） $i=i_1=i_2$ $u=u_1+u_2=g_1(i_1)+g_2(i_2)=g(i)$ （仍为流控型）
并联		同上	$i_1=f_1(u_1)$ （压控型） $i_2=f_2(u_2)$ （压控型） $u=u_1=u_2$ $i=i_1+i_2=f_1(u_1)+f_2(u_2)=f(u)$ （仍为压控型）

例 13.2.1　图 13.2.4(a)(b) 所示电路,试画出端口等效伏安特性(即 $u-i$ 关系) 曲线$i=f(u)$。

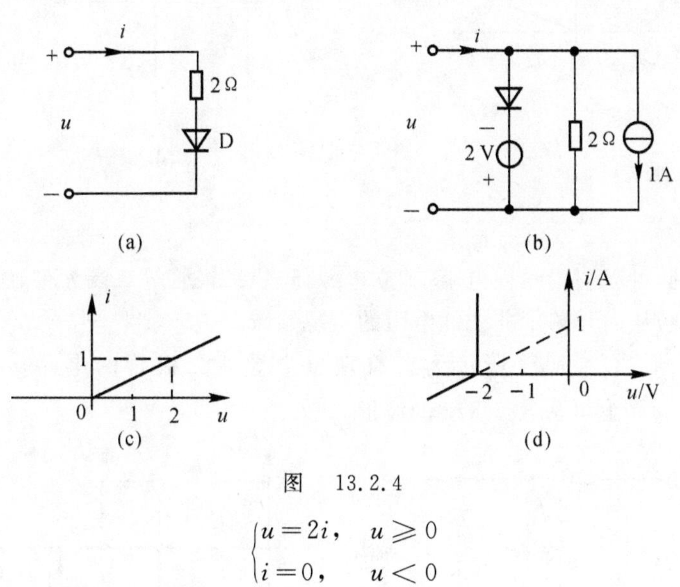

图　13.2.4

解　(1)

$$\begin{cases}u=2i, & u\geqslant 0\\ i=0, & u<0\end{cases}$$

其端口等效伏安特性如图 13.2.4(c) 所示。

(2)

$$\begin{cases}u=\dfrac{1}{2}u+1, & u<-2\ \text{V}\\ i=\text{不定值(其值由外电路确定)}, & u\geqslant -2\ \text{V}\end{cases}$$

其端口伏安特性如图 13.2.4(d) 所示。

例 13.2.2　图 13.2.5(a)(b) 所示两个电路,试画出它们的端口等效伏安特性曲线。

解　(a)

$$\begin{cases}i=\text{不定值}, & u\geqslant 2\ \text{V}\\ i=\dfrac{u}{\dfrac{1}{2}}=2u, & u<2\ \text{V}\end{cases}$$

其端口等效伏安特性曲线如图 13.2.5(c) 所示。

(b)
$$\begin{cases} i=\dfrac{u}{\dfrac{1}{2}}=2u, & u\geqslant 2\ \text{V} \\ i=\text{不定值}, & u<2\ \text{V} \end{cases}$$

其端口等效伏安特性曲线如图 13.2.5(d) 所示。

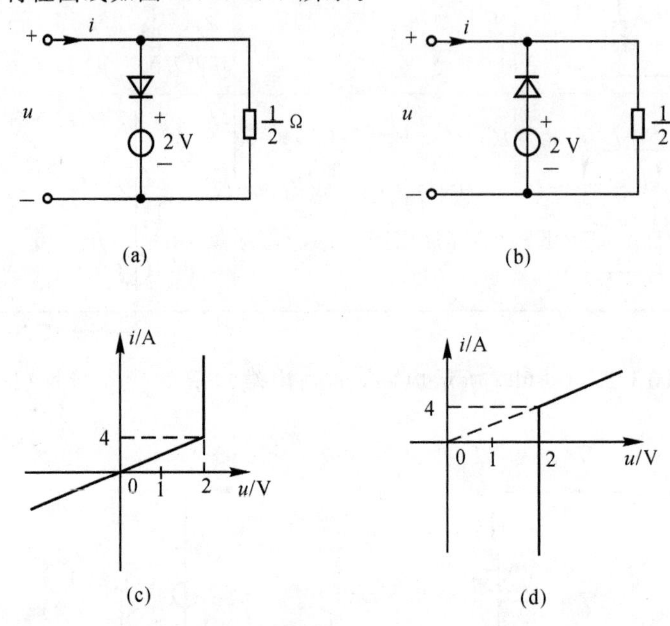

图 13.2.5

从此例题可见，可以利用线性电阻、独立电源、理想二极管等二端元件，综合出所需要的各种非线性伏安特性，从而开拓了非线性电阻的实现领域。

例 13.2.3 图 13.2.6(a) 所示为含有理想半导体二极管的电路，$u_S(t)$ 的波形如图 13.2.6(b) 所示。试求解并画出 $u_o(t)$ 的波形。

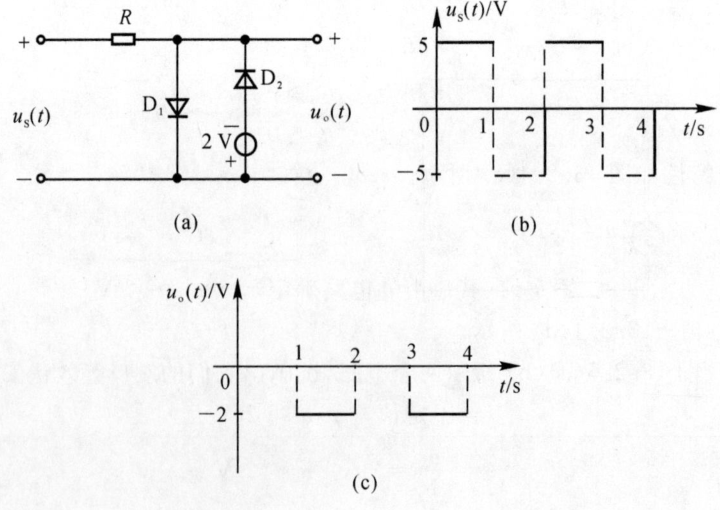

图 13.2.6

解　在 0 ～ 1 s 之间，$u_S(t)=5$ V，D_1 导通，D_2 截止，故 $u_o(t)=0$。

在 1 ～ 2 s 之间，$u_S(t)=-5$ V，D_1 截止，D_2 导通，故 $u_o(t)=-2$ V。

在 2 ～ 3 s 和 3 ～ 4 s 的工作类似。故 $u_o(t)$ 的波形如图 13.2.6(c) 所示。

例 13.2.4　图 13.2.7(a) 所示电路，已知非线性电阻的伏安曲线如图 13.2.7(b) 中所示。求 u 和 i 的值，即求静态工作点 P(I,U)。

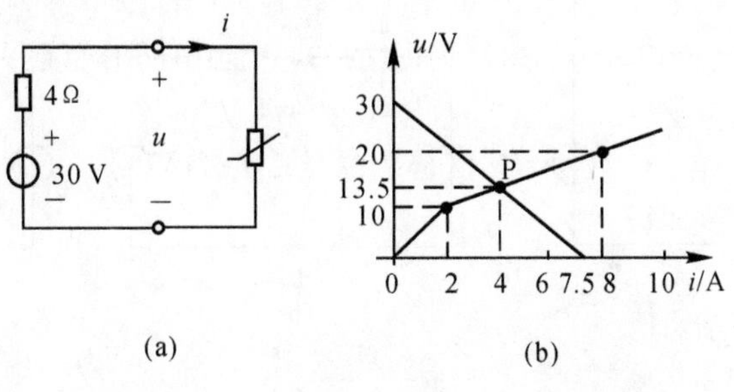

图　13.2.7

解　其端口伏安关系为 $u=30-4i$，于是可画出负载线，如图 13.2.7(b) 中直线所示，它与非线性电阻的伏安曲线交于 P 点，P 点的坐标为 $i=I=4.1$ A，$u=U=13.5$ V。故得静态工作点为 P(I,U) = P(4.1,13.5)。

例 13.2.5　图 13.2.8(a) 所示电路，已知非线性电阻的伏安特性为 $i=2u^2$ A，$u\geqslant 0$。求电流 i_o。

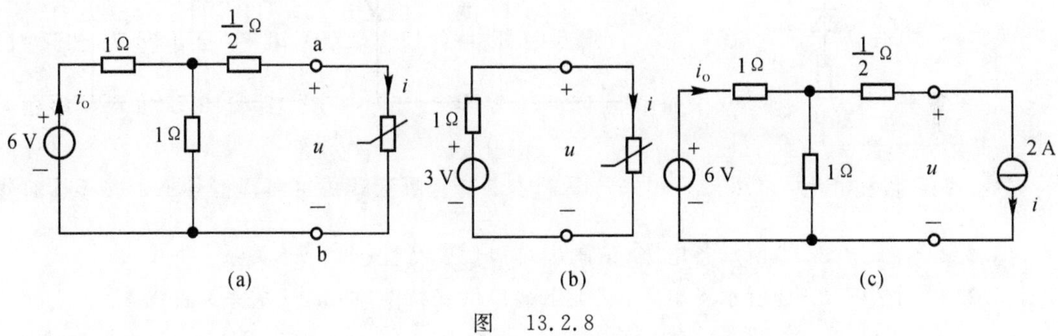

图　13.2.8

解　先求图 13.2.8(a) 中 ab 端口以左电路的等效电压源电路，如图 13.2.8(b) 所示。根据图(b) 电路可列出如下方程组：

$$\begin{cases} u=3-1i \\ i=2u^2 \end{cases}$$

消元后得 $2u^2+u-3=0$，解之得 $u=1$ V(u 的另一根 −1.5 V 舍去)，$i=2$ A。再应用替代定理(用电压源或电流源替代均可)，得图 13.2.8(c) 所示电路。于是根据图(c) 电路即可求得

$$i_o=5\text{ A}$$

例 13.2.6　图 13.2.9(a) 所示电路，求 I_D 和 I 的值。

解　将二极管 D 支路断开，求得端口 a,b 以左电路的等效电路如图 13.2.9(b) 所示，得

$$I_0=\frac{14-6}{4+4}\text{ A}=1\text{ A}$$

$$U_{ab}=-4I_0+14=(-4\times1+14)\ \text{V}=10\ \text{V}>0$$

故图 13.2.9(a) 电路中的二极管是导通的，于是得图 13.2.9(c) 所示等效电路。故得

$$I=\frac{-14}{4}=-3.5\ \text{A},\quad I_D=\frac{-6}{4}-I=[-1.5-(-3.5)]\ \text{A}=2\ \text{A}$$

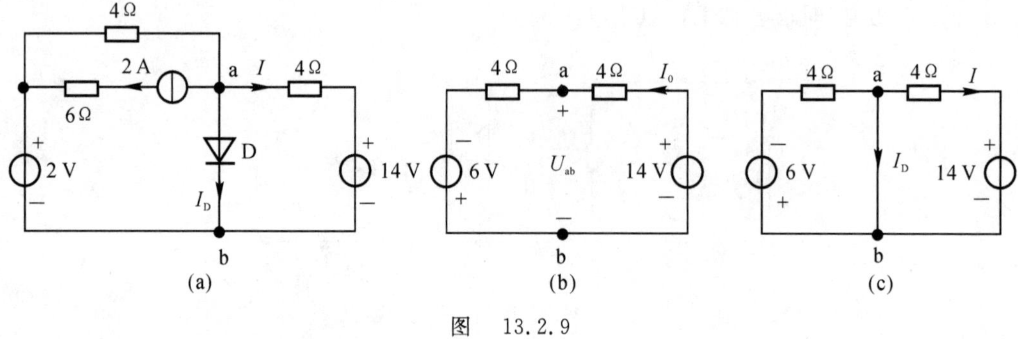

图 13.2.9

三、思考与练习

13.2.1 图 13.2.10 所示电路，试画出端口伏安特性(即 u-i 关系) 曲线。

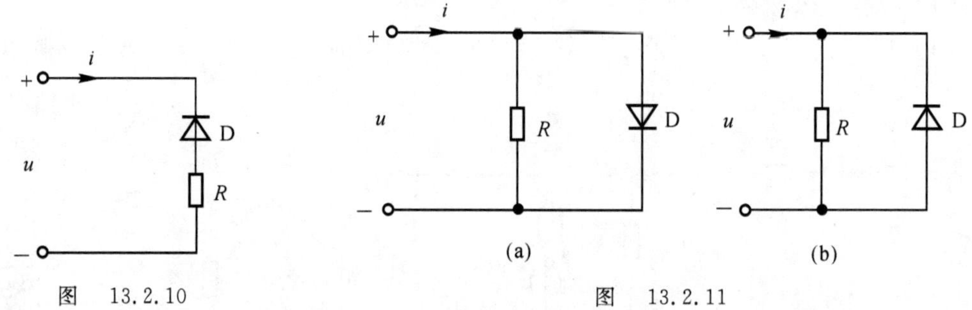

图 13.2.10　　图 13.2.11

13.2.2 图 13.2.11 所示各电路，试画出端口伏安特性(即 u-i 关系) 曲线。

13.2.3 图 13.2.12 所示各电路，试画出端口伏安特性(即 u-i 关系) 曲线。

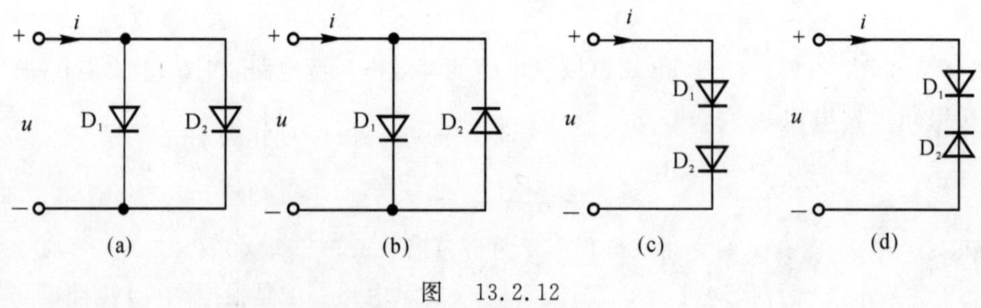

图 13.2.12

13.2.4 图 13.2.13(a) 所示电路，已知非线性电阻的伏安特性如图(b) 所示。求电压 u_o。(答:2 V)

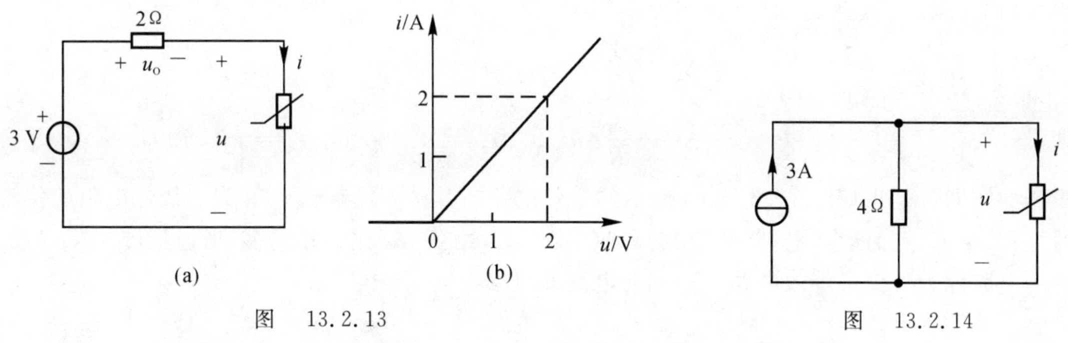

图　13.2.13　　　　图　13.2.14

13.2.5　图13.2.14所示电路，已知非线性电阻的伏安特性为 $u=i^2$ V$(i\geqslant 0)$。求电压 u 和 i 以及电流源发出的功率 P。(答：4 V，2 A，12 W)

13.3　小信号等效电路分析法

采用图13.3.1(a)(b)所示电路来介绍小信号等效电路分析法，其中 $i=f(u)$ 为非线性电阻。将图(b)与图(a)电路比较，可看出它们两者相似，只是图(b)电路中增加了一个电流源 Δi_S。电流源 Δi_S 可理解为图(a)电路中电流源 i_S 的增量。设 u^* 为图(a)电路中电压 u 的真实解，则在 $\Delta i_S=0$ 时，图(b)电路中的 u 值即等于图(a)电路中的 u^*，即 $u=u^*$，且一定有

$$I_S-\frac{1}{R}u^*-f(u^*)=0 \tag{13.3.1}$$

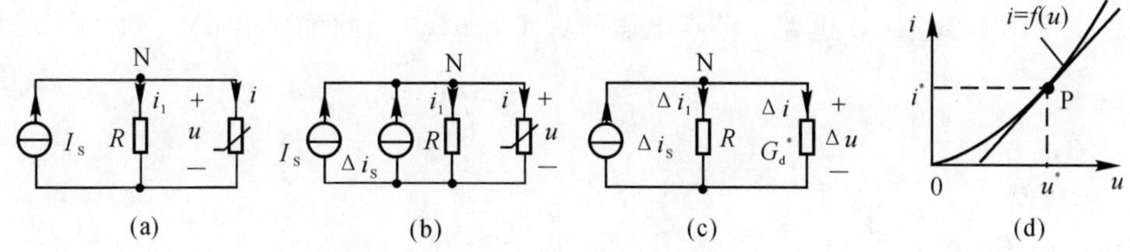

图13.3.1　小信号等效电路分析法

若 $\Delta i_S\neq 0$，则对于图13.3.1(b)电路可列出KCL方程为

$$(I_S+\Delta i_S)-\frac{u}{R}-f(u)=0$$

设当激励由 i_S 变化到 $I_S+\Delta i_S$ 时，节点N的电压相应地由 u^* 变化到了 $u=u^*+\Delta u$。故有

$$(I_S+\Delta i_S)-\frac{1}{R}(u^*+\Delta u)-f(u^*+\Delta u)=0 \tag{13.3.2}$$

将函数 $f(u^*+\Delta u)$ 在 u^* 点的邻域展开为泰勒级数并略去高阶项，即有

$$f(u^*+\Delta u)\approx f(u^*)+f'(u^*)\Delta u$$

代入式(13.3.2)得

$$(I_S+\Delta i_S)-\frac{1}{R}(u^*+\Delta u)-f(u^*)-f'(u^*)\Delta u=0$$

即

$$I_S-\frac{1}{R}u^*-f(u^*)+\Delta i_S-\frac{1}{R}\Delta u-f'(u^*)\Delta u=0$$

将式(13.1.1)代入此式,即有

$$\Delta i_S - \frac{1}{R}\Delta u - f'(u^*)\Delta u = 0$$

即 $$\Delta i_S - \frac{1}{R}\Delta u - G_d^*\Delta u = 0 \qquad (\text{因 } G_d^* = f'(u^*))$$

根据此式即可画出如图 13.3.1(c) 所示的等效电路。其中 $G_d^* = f'(u^*)$ 为非线性电阻的伏安特性在 $u=u^*$ 点的动态电导,如图 13.3.1(d) 所示。由于 Δi_S 比 i_S 小得多,所以把图 13.3.1(c) 所示电路称为小信号等效电路。根据此电路即可求得

$$\Delta u = \frac{\Delta i_S}{\frac{1}{R} + G_d^*}$$

然后再把 u^* 与 Δu 相加,即得图 13.3.1(b) 电路中的解 u,即

$$u = u^* + \Delta u$$

这种分析法称为小信号等效电路分析法。它对于非线性电路在输入激励只有较小的变化时作近似计算极为有效。

例 13.3.1 图 13.3.1(b) 电路中的 $I_S = 10$ A,$\Delta i_S = \cos t$ (A),$R = 1/3\ \Omega$,非线性电阻为压控的,即 $i = f(u) = \begin{cases} u^2(\text{A}), & u \geqslant 0 \\ 0, & u < 0 \end{cases}$。求静态工作点,在工作点上由 Δi_S 产生的 Δu 和 Δi,以及电压 u 和电流 i。

解 由于 $\Delta i_S = \cos t$ 是在 +1 与 −1 之间变化,其幅值仅为 $I_S = 10$ A 的 1/10,故可按小信号等效电路分析法求解。

首先求出图 13.3.1(a) 电路中节点电压的真实解 u^*。为此可列出节点 N 的 KCL 方程为

$$I_S - \frac{1}{R}u^* - i^* = 0$$

即 $$I_S - \frac{1}{R}u^* - (u^*)^2 = 0$$

代入已知数据并移项整理得

$$(u^*)^2 + 3u^* - 10 = 0$$

用因式分解法可求得其真实解为

$$u^* = 2\ \text{V}(\text{另一解 } -5\ \text{V 舍去})$$

又得 $$i^* = (u^*)^2 = 2^2\ \text{A} = 4\ \text{A}$$

故得静态工作点为 $P(u^*, i^*) = P(2,4)$,如图 13.3.1(d) 中的 P 点所示。

再根据图 13.3.1(c) 求 Δu 和 Δi。静态工作点 P 处的动态电导为

$$G_d^* = \frac{\mathrm{d}i}{\mathrm{d}u}\bigg|_{u=u^*} = \frac{\mathrm{d}f(u)}{\mathrm{d}u}\bigg|_{u=u^*} = 2u\big|_{u=2} = 4\ \text{S}$$

故得 $$\Delta u = \frac{\Delta i_S}{\frac{1}{R} + G_d^*} = \frac{\cos t}{3+4} = \frac{1}{7}\cos t\ (\text{V})$$

$$\Delta i = G_d^*\Delta u = 4 \times \frac{1}{7}\cos t = \frac{4}{7}\cos t\ (\text{A})$$

又得 $$u = u^* + \Delta u = 2 + \frac{1}{7}\cos t\ (\text{V}), \quad i = i^* + \Delta i = 4 + \frac{4}{7}\cos t\ (\text{A})$$

例 13.3.2　图 13.3.2(a) 所示电路,非线性电阻的伏安特性为 $u=2i+i^3$(V),当 $u_S(t)=0$ 时 $i=I=1$ A,$u_S(t)=\cos\omega t$ (V)。求电流 i。

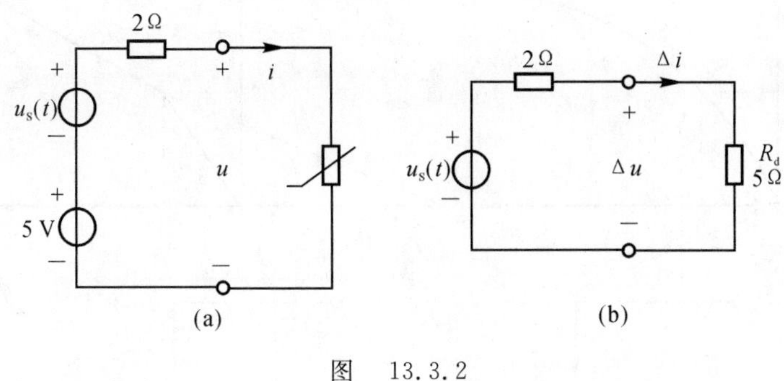

图　13.3.2

解　当 $u_S(t)=0$ 时,电压 $u=U=(2\times1+1^3)$ V $=3$ V,故静态工作点为 P$(I,U)=$P(1, 3)。动态电阻为

$$R_d=\left.\frac{du}{di}\right|_{i=1}=\left.\frac{d}{di}(2i+i^3)\right|_{i=1}=\left.2+3i^2\right|_{i=1}=5\ \Omega$$

故可画出小信号等效电路如图 13.3.2(b) 所示。故

$$\Delta i=\frac{u_S(t)}{2+R_d}=\frac{1}{2+5}\cos\omega t=\frac{1}{7}\cos\omega t\ \text{(A)}$$

故得

$$i=I+\Delta i=1+\frac{1}{7}\cos\omega t\ \text{(A)}$$

又得

$$\Delta u=R_d\Delta i=5\times\frac{1}{7}\cos\omega t=\frac{5}{7}\cos\omega t\ \text{(V)}$$

$$u=U+\Delta u=3+\frac{5}{7}\cos\omega t\ \text{(V)}$$

思考与练习

13.3.1　图 13.3.3 所示电路,非线线电阻元件的伏安特性为 $i=0.01u^{\frac{3}{2}}$(A),$u\geqslant0$,$u_S(t)=\cos\omega t$ (V)。求电压 $u(t)$ 和电流 $i(t)$。[答:P(4 V,0.08 A),$4+\frac{1}{4}\cos\omega t$ (V),$0.08+\frac{3}{400}\cos\omega t$ (A)]

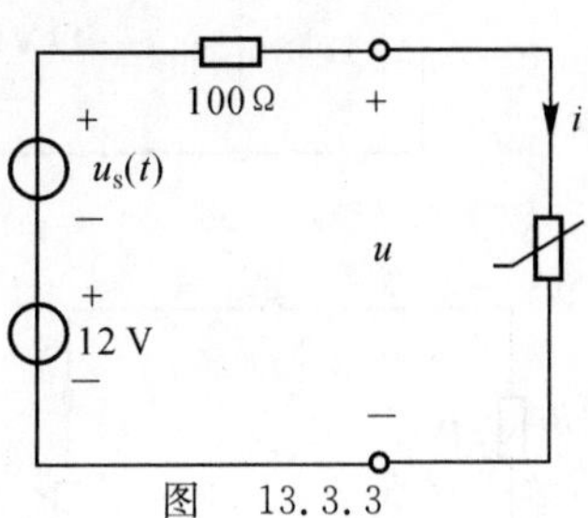

图　13.3.3

*13.4　分段线性化分析法

非线性电阻的伏安特性虽为一条曲线,但在不影响工程精确度的前提下,我们可以用由若干段直线组成的折线来近似表示它。例如图 13.4.1(a) 所示的曲线,就可用图 13.4.1(b) 所示的两段直线 $0A$ 和 AB 所组成的分段直线近似地表示,而对其中的每一段直线都可以画出一个线性的等效电路来作为其相应段的电路模型,即 $0A$ 段的伏安方程为 $u=i/2$ V($0\leqslant u\leqslant 1$ V),其等效电路模型如图 13.4.1(c) 所示;AB 段的伏安关系为 $u=3i-5$ (V)($u\geqslant1$ V),其

等效电路模型如图 13.4.1(d) 所示。此种方法称为分段线性化法。下面举例说明具体应用。

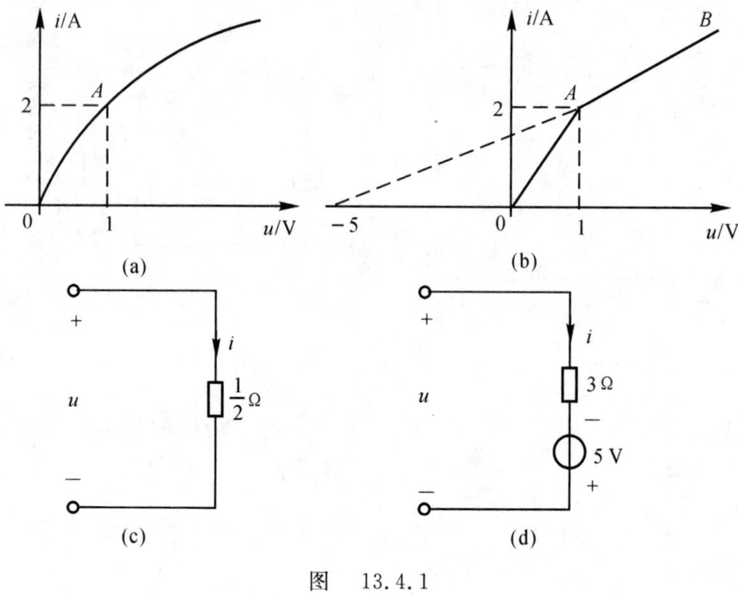

图 13.4.1

例 13.4.1 图 13.4.2(a) 所示电路,已知非线性电阻的伏安特性曲线如图 13.4.2(b) 所示。求 i 和 u 的值,并求非线性电阻吸收的功率 P。

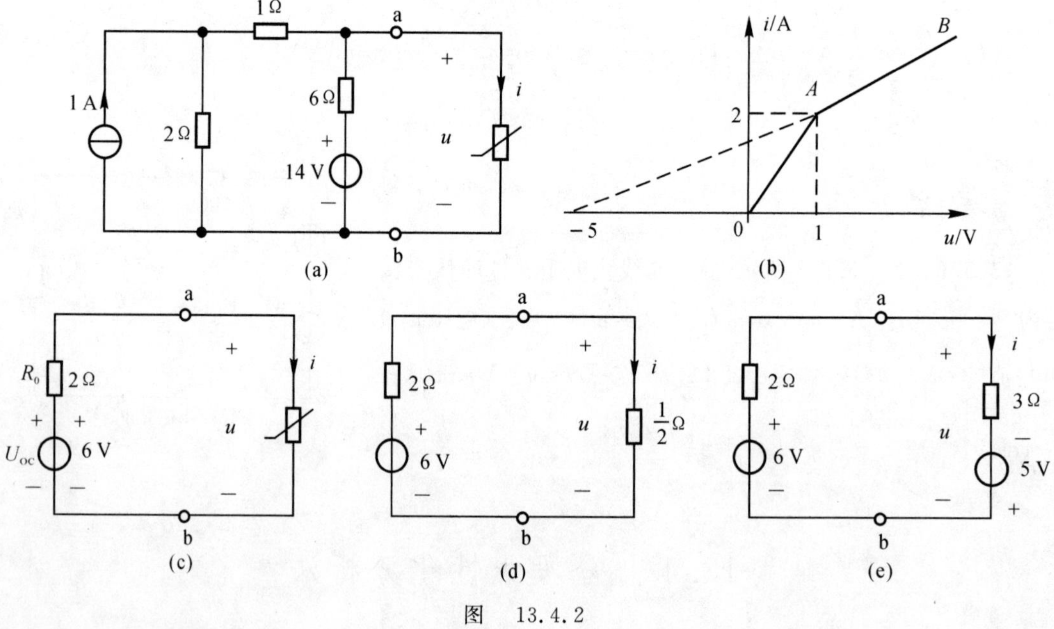

图 13.4.2

解 (1) 可先求得端口 a,b 以左电路的等效电压源电路,如图 13.4.2(c) 所示。

(2)0A 段的伏安关系为 $i=2u$,$R=1/2\ \Omega$,其等效电路如图 13.4.2(d) 所示。故得

$$i=\frac{6}{2+\frac{1}{2}}=2.4\ \text{A}>2\ \text{A}(\text{此解不合实际,舍去})$$

(3)AB 段的伏安关系为 $u=3i-5$ (V),$R=\frac{1-(-5)}{2}\ \Omega=3\ \Omega$,其等效电路如图 13.4.2(e) 所示。故得

$$i=\frac{6+5}{2+3}\ \text{A}=2.2\ \text{A},\quad u=3i-5=(3\times 2.2-5)\ \text{V}=1.6\ \text{V}$$

此 $i=2.2$ A,$u=1.6$ V 即为所求。又得

$$P=ui=1.6\times 2.2\ \text{W}=3.52\ \text{W}$$

现将非线性电阻电路的分析方法汇总于表 13.4.1 中,以便于复习和查用。

表 13.4.1　非线性电阻电路的分析方法

定　义	至少含有一个非线性电阻的电路,称为非线性电阻电路
理论依据	KCL,KVL 非线性电阻元件的伏安关系(特性)
分析计算方法	① 图解分析法(曲线相交法,曲线相加法); ② 小信号等效电路法; ③ 分段线性化法; ④ 非线性电阻电路方程的列写

注:非线性电阻电路方程的列写见 13.5 节。

思考与练习

13.4.1　已知非线性电阻的伏安特性曲线是由 3 个直线段顺序连接成的折线组成的,如图 13.4.3 所示。试写出各直线段的伏安关系方程并画出相应的线性化电路模型。[答:$u=2i$ (V),$0\leqslant i\leqslant 1$ A;$u=i+1$ (V),$1\ \text{A}\leqslant i\leqslant 2$ A;$u=\frac{1}{2}i+2$ V,$i\geqslant 2$ A]

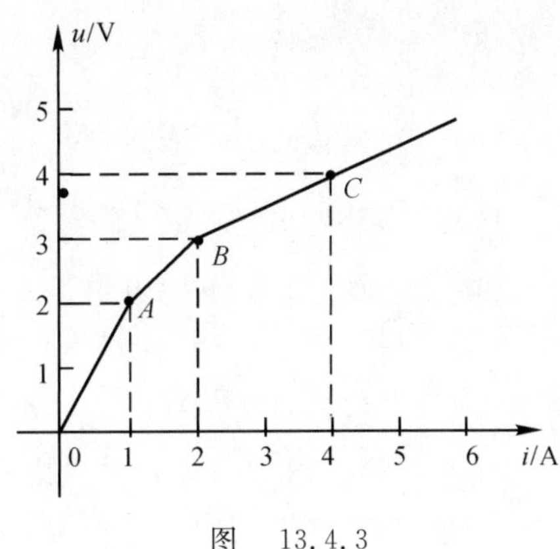

图　13.4.3

*13.5　非线性电阻电路方程的列写

非线性电阻电路方程的列写,其理论依据仍然是 KCL,KVL 和非线性电阻元件的伏安关系。但由于非线性电阻元件的伏安关系是非线性的,所以非线性电阻电路的方程是一组非线性代数方程。非线性代数方程组的求解要比线性代数方程组的求解困难了。

如果电路的非线性电阻都是流控型时，就容易写出回路电流方程；当电路中的非线性电阻都是压控型时，就容易写出节点电位方程。当电路中的非线性电阻既有流控型的，又有压控型的，则电路方程的列写就更复杂和困难了。

例 13.5.1 图 13.5.1 所示电路，非线性电阻为流控型的，即 $u_3=20i_3^{\frac{1}{2}}$ V。试列写电路的回路电流方程。

解

$$\begin{cases}R_1i_1+R_2(i_1-i_3)=U_S\\R_2(i_1-i_3)=u_3=20i_3^{\frac{1}{2}}\end{cases}$$

经整理为

$$\begin{cases}(R_1+R_2)i_1-R_2i_3=U_S\\R_2i_1-R_2i_3-20i_3^{\frac{1}{2}}=0\end{cases}$$

可见为非线性代数方程组，待求变量为 i_1,i_3（此电路中有两个网孔，故独立完备的变量有两个）。

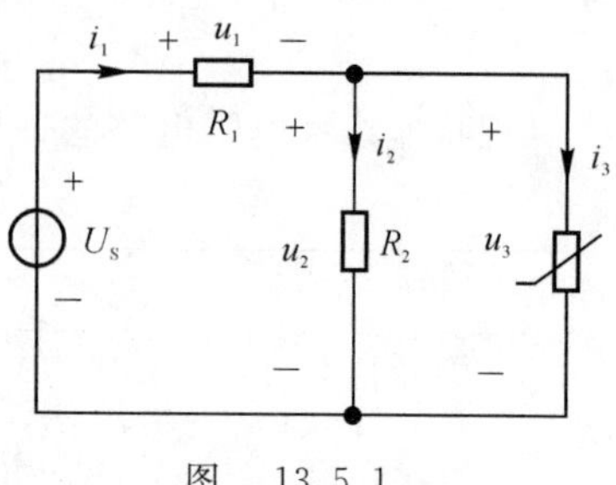

图　13.5.1

例 13.5.2 图 13.5.2 所示电路，各非线性电阻为压控型的，$i_1=3u_1^3,i_2=6u_2^4,i_3=5u_3^2$，$i$ 和 u 的单位分别为 A，V。试列写电路的节点电位方程。

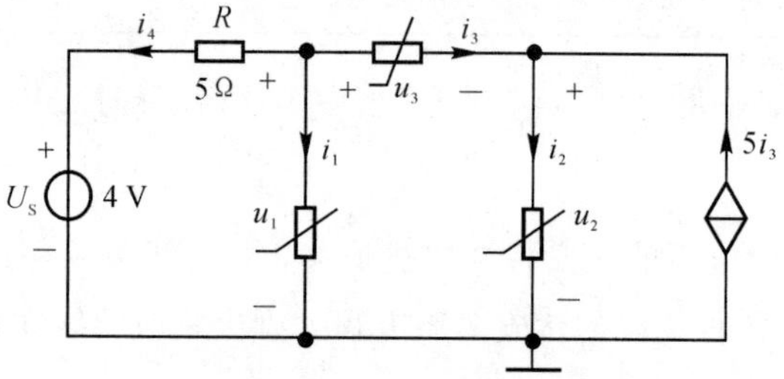

图　13.5.2

解

$$\begin{cases}i_1+i_3+i_4=0\\i_2-i_3-5i_3=0\end{cases}$$

即

$$\begin{cases}3u_1^3+5u_3^2+\dfrac{1}{5}(u_1-4)=0\\6u_2^4-5u_3^2-5\times5u_3^2=0\\u_3=u_1-u_2\end{cases}$$

消去 u_3，经化简整理得以 u_1 和 u_2 为待求变量的方程为

$$\begin{cases}3u_1^3+5u_1^2+0.2u_1-10u_1u_2+5u_2^2-0.8=0\\-30u_1^2+60u_1u_2-30u_2^2+6u_2^4=0\end{cases}$$

这是待求变量为 u_1,u_2 的非线性代数方程组（此电路有两个独立的节点，故独立完备的变量有两个）。

例 13.5.3 图 13.5.3 所示电路，已知 $u_1=i_1^2$ V$(i_1\geqslant0)$，$u_2=i_2^2$ V$(i_2\geqslant0)$，$I=2$ A。求 u_1 和 u_2 的值。

解　电路的 KVL 和 KCL 方程为

$$1i_1+u_1+3(2-1)+1\times2+u_2=12 \qquad ①$$

$$i_2=(2-1)\text{ A}=1\text{ A} \qquad ②$$

又有

$$u_1 = i_1^2 \quad ③$$

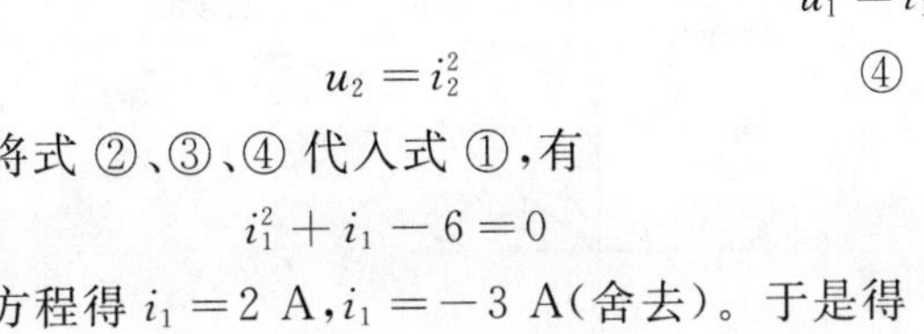

$$u_2 = i_2^2 \quad ④$$

将式 ②、③、④ 代入式 ①，有

$$i_1^2 + i_1 - 6 = 0$$

解此方程得 $i_1 = 2$ A，$i_1 = -3$ A(舍去)。于是得

$$u_1 = i_1^2 = 2^2 \text{ V} = 4 \text{ V}$$

$$u_2 = i_2^2 = 1^2 \text{ V} = 1 \text{ V}$$

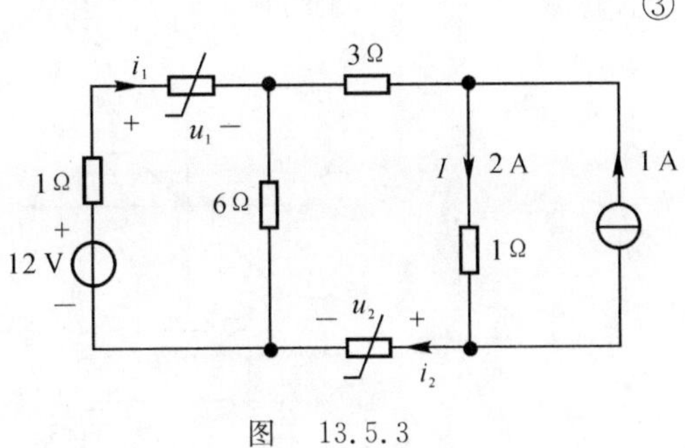

图　13.5.3

习题十三

13-1　图题 13-1 所示电路，试画出端口等效伏安特性(即 u-i 关系)曲线。

13-2　图题 13-2 所示电路，试画出端口等效伏安特性(即 u-i 关系)曲线。

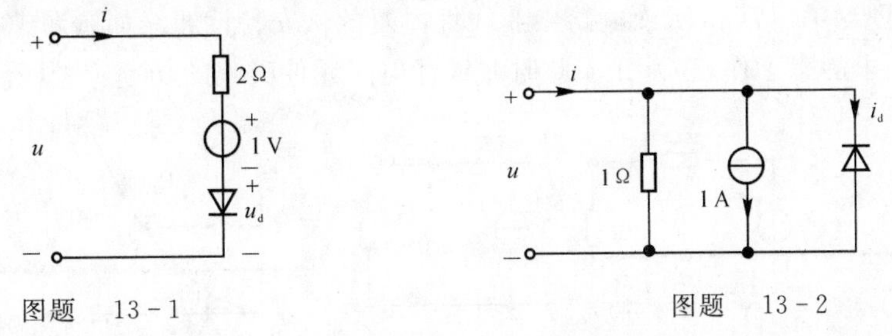

图题　13-1　　　图题　13-2

13-3　图题 13-3 所示电路，试画出端口等效伏安特性(即 u-i 关系)曲线。

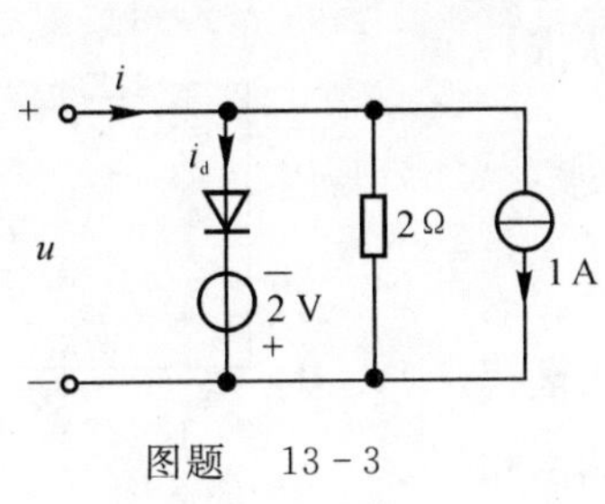

图题　13-3

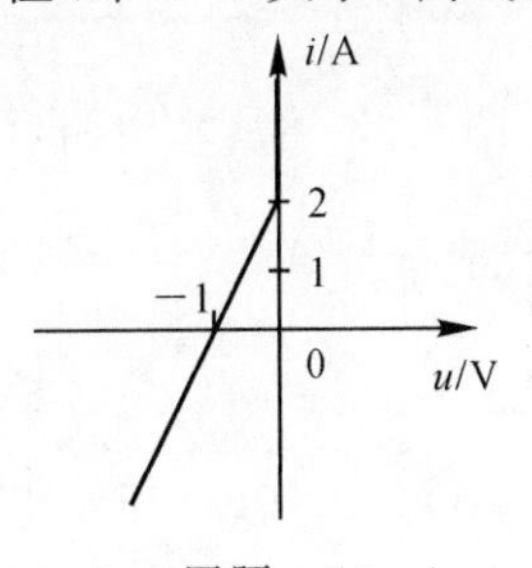

图题　13-4

13-4　试利用独立源、理想二极管、线性电阻等电路元件，组成一个一端口电路，使其端口伏安特性(即 u-i 关系)曲线如图题 13-4 所示。

13-5　图题 13-5 所示电路，已知非线性电阻的伏安特性为 $i = u^2$ A，$u \geqslant 0$。求电路的静态工作点 P 及其在工作点 P 处的静态电阻 R，动态电阻 R_d，动态电导 G_d。[答：P(2,4)，1/2 Ω，0.25 Ω，4 S]

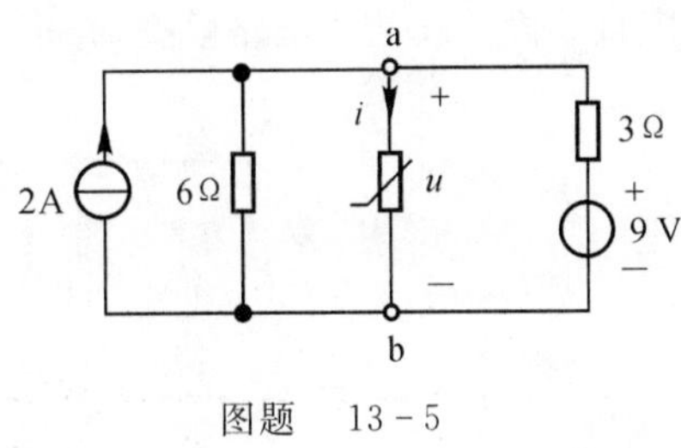

图题　13-5

13-6　两个非线性电阻的伏安特性曲线如图题 13-6(a)，(b) 所示。求这两个非线性电

阻按图题 13-6(c)(d) 两种不同方式串联时的端口伏安特性曲线(即 $u-i$ 关系曲线)。

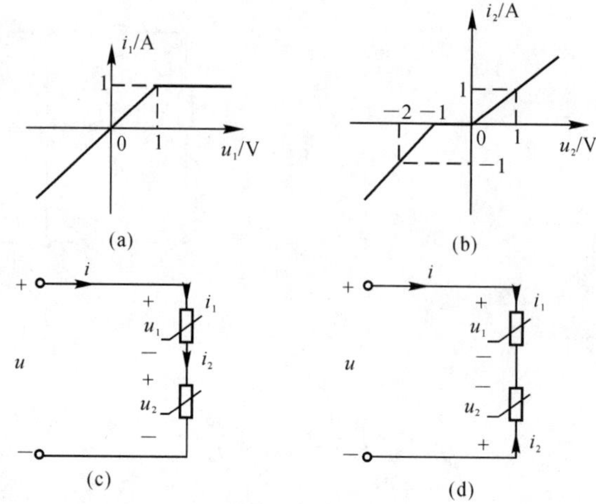

图题　13-6

13-7　图题 13-7(a) 所示电路中非线性电阻的伏安特性曲线如图题 13-7(b) 所示。试用图解分析法求静态工作点 Q,并求此时非线性电阻元件吸收的功率 P。(答:2 V,2 A,4 W)

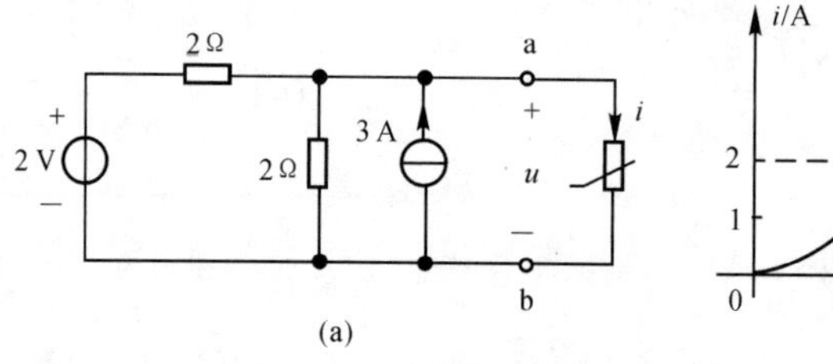

图题　13-7

13-8　图题 13-8 所示电路,已知非线性电阻的伏安特性为 $u=-2i+\frac{1}{3}i^3$(V),$u_S(t)=\cos\omega t$ V。求电流 i。[答:$3-\frac{1}{9}\cos\omega t$ (A)]

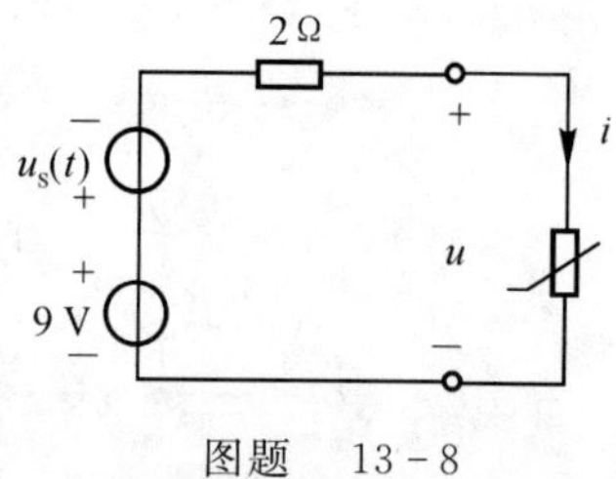

图题　13-8

13-9　图题 13-9(a) 所示电路,已知非线性电阻的伏安特性如图题 13-9(b) 所示。试用分段线性化分析法求相应直线段的线性化电路模型,并求相应的静态工作点。

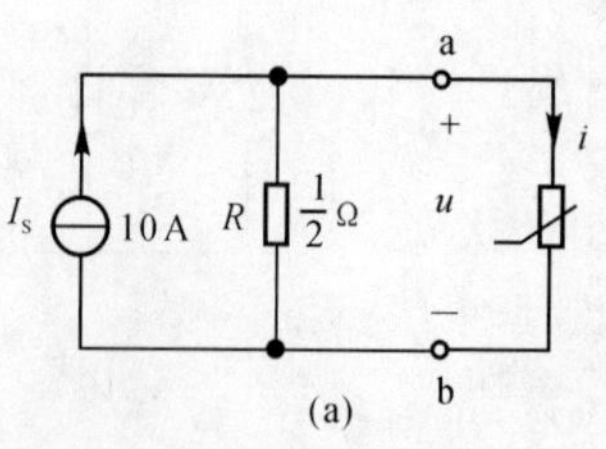

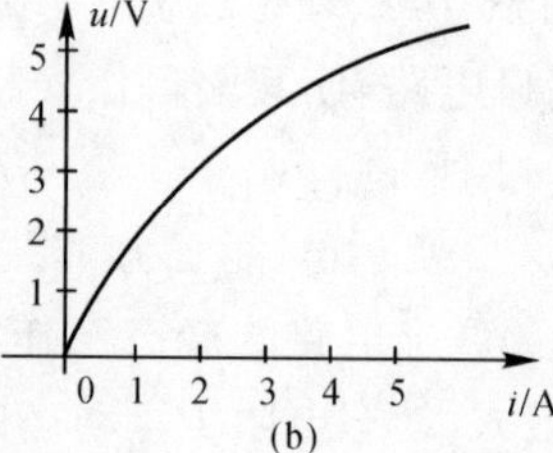

图题　13-9

13-10　图题 13-10(a) 所示电路，已知非线性电阻的伏安特性如图题 13-10(b) 所示。求工作点 P 处的电压 U 和电流 I。(答：2 V，2 A)

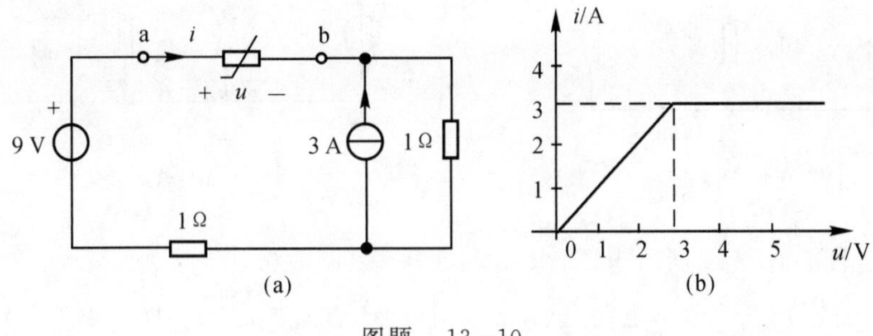

图题　13-10

13-11　图题 13-11(a) 所示电路，已知非线性电阻的伏安特性如图题 13-11(b) 所示。求静态工作点 P(U,I)。$\left[答:\mathrm{P}\left(\frac{53}{42},\frac{11}{7}\right)\right]$

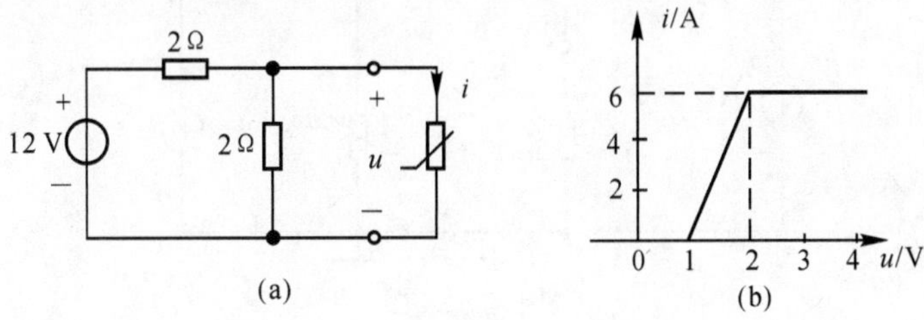

图题　13-11

13-12　图题 13-12 所示电路，已知非线性电阻的伏安特性为 $u=2i^2+1$ V。求电压 u_1。(答：$8\pm2\sqrt{2}$ V)

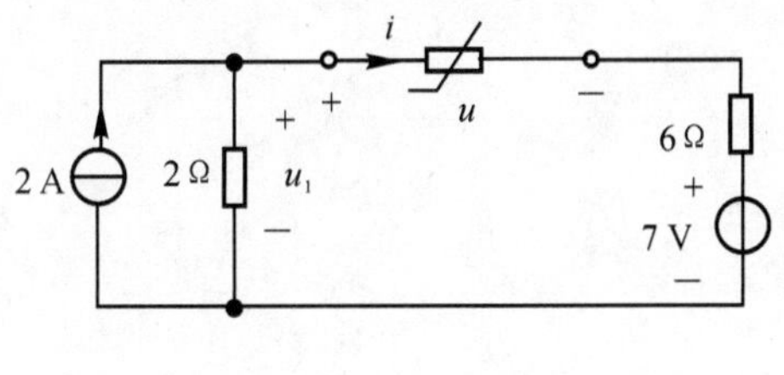

图题　13-12

13-13　图题 13-13 所示电路，已知非线性电阻的伏安特性为 $i=0.02u^2$ A，$u\geqslant0$，$u_S(t)=15\times10^{-3}\cos\omega t$ V。

(1) 求电路的工作点 P(U,I)；

(2) 求工作点 P 处 $u_S(t)$ 产生的电压 Δu 和电流 Δi；

(3) 求工作点 P 处的 u 和 i。(答：(1，0.02)；$3.125\times10^{-3}\cos\omega t$ V，$0.125\times10^{-3}\cos\omega t$ A；$1+3.125\times10^{-3}\cos\omega t$ V，$0.02+0.125\times10^{-3}\cos\omega t$ A)

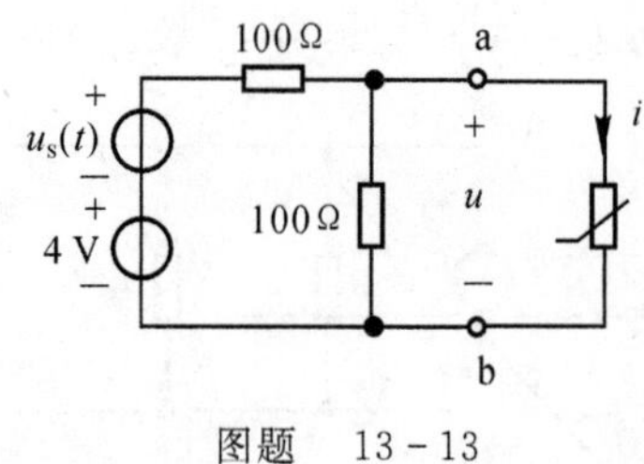

图题　13-13

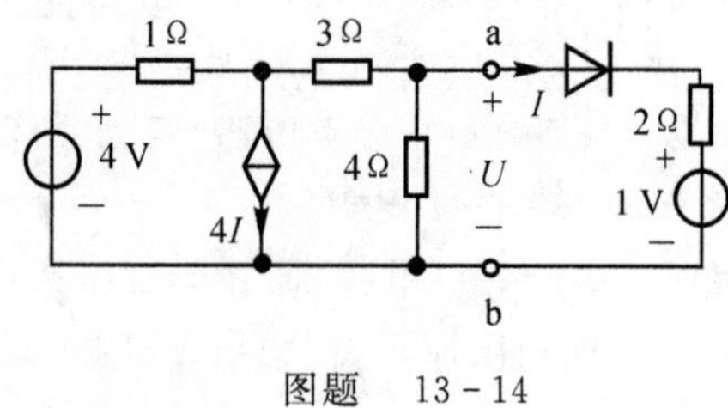

图题　13-14

13-14　图题13-14所示电路，求 U 和 I。（答：2 V，0.5 A）

13-15　图题13-15所示电路，已知 $i_1=u_1^3$，$i_2=u_2^2$，$u_3=u_3^{\frac{3}{2}}$，u 和 i 的单位分别为 V 和 A。试列写以 u_1 和 u_2 为待求变量的节点电位方程。$\left(答:\begin{cases}u_1+2u_1^3+2(u_1-u_2)^{\frac{3}{2}}=4\\u_2^2-(u_1-u_2)^{\frac{3}{2}}=1\end{cases}\right)$

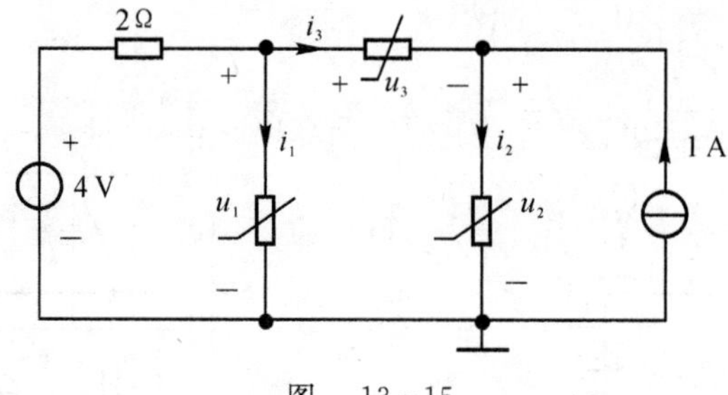

图　13-15

参考文献

[1] 邱关源.电路[M].5版.北京:高等教育出版社,2006.

[2] 范世贵.电路基础[M].3版.西安:西北工业大学出版社,2007.

[3] 张永瑞,陈生潭.电路分析基础[M].北京:电子工业出版社,2003.

[4] 范世贵,傅高明.电路导教·导学·导考[M].西安:西北工业大学出版社,2004.

[5] 江缉光.电路原理[M].北京:清华大学出版社,1997.

[6] 王蔼.基本电路理论[M].3版.上海:上海科学技术文献出版社,2002.

[7] ROBBINS A H, MILTER W C. Circuit Analysis: Theory and Practice[M]. 2nd ed. 北京:科学出版社,2003.

[8] KEMMERLY J E, DURBIN S M. Engineering Circuit Analysis[M]. 6th ed. 北京:电子工业出版社,2002.